U0901269

中国国家标准汇编

471

GB 25486～25505

（2010年制定）

中国标准出版社　编

中国质检出版社
中国标准出版社
北　京

图书在版编目（CIP）数据

中国国家标准汇编：2010年制定．471：GB 25486～25505/中国标准出版社编．—北京：中国标准出版社，2012
ISBN 978-7-5066-6557-5

Ⅰ．①中…　Ⅱ．①中…　Ⅲ．①国家标准-汇编-中国-2010
Ⅳ．①T-652.1

中国版本图书馆CIP数据核字(2011)第195027号

中国质检出版社
中国标准出版社 出版发行
北京市朝阳区和平里西街甲2号(100013)
北京市西城区三里河北街16号(100045)
网址：www.spc.net.cn
总编室：(010)64275323　发行中心：(010)51780235
读者服务部：(010)68523946
中国标准出版社秦皇岛印刷厂印刷
各地新华书店经销

*

开本 880×1230　1/16　印张 40　字数 1 118 千字
2012年1月第一版　2012年1月第一次印刷

*

定价 220.00 元

出 版 说 明

1.《中国国家标准汇编》是一部大型综合性国家标准全集。自1983年起，按国家标准顺序号以精装本、平装本两种装帧形式陆续分册汇编出版。它在一定程度上反映了我国建国以来标准化事业发展的基本情况和主要成就，是各级标准化管理机构，工矿企事业单位，农林牧副渔系统，科研、设计、教学等部门必不可少的工具书。

2.《中国国家标准汇编》收入我国每年正式发布的全部国家标准，分为"制定"卷和"修订"卷两种编辑版本。

"制定"卷收入上一年度我国发布的、新制定的国家标准，顺延前年度标准编号分成若干分册，封面和书脊上注明"20××年制定"字样及分册号，分册号一直连续。各分册中的标准是按照标准编号顺序连续排列的，如有标准顺序号缺号的，除特殊情况注明外，暂为空号。

"修订"卷收入上一年度我国发布的、修订的国家标准，视篇幅分设若干分册，但与"制定"卷分册号无关联，仅在封面和书脊上注明"20××年修订-1，-2，-3，……"字样。"修订"卷各分册中的标准，仍按标准编号顺序排列（但不连续）；如有遗漏的，均在当年最后一分册中补齐。需提请读者注意的是，个别非顺延前年度标准编号的新制定的国家标准没有收入在"制定"卷中，而是收入在"修订"卷中。

读者配套购买《中国国家标准汇编》"制定"卷和"修订"卷则可收齐上一年度我国制定和修订的全部国家标准。

3.由于读者需求的变化，自1996年起，《中国国家标准汇编》仅出版精装本。

4.2010年我国制修订国家标准共2846项。本分册为"2010年制定"卷第471分册，收入国家标准GB 25486～25505的最新版本。

中国标准出版社

2011年8月

出版说明

目　　录

ICS 35.240.50
J 07

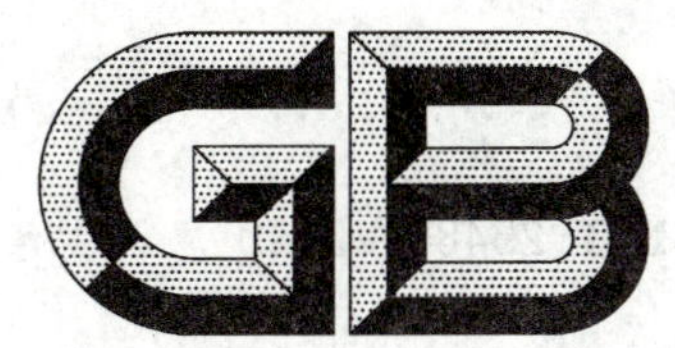

中华人民共和国国家标准

GB/T 25486—2010

网络化制造技术术语

Networked manufacturing—Technical terminology

2010-12-01 发布　　　　2011-05-01 实施

中华人民共和国国家质量监督检验检疫总局
中国国家标准化管理委员会　发布

前 言

本标准的附录 A 为资料性附录。

本标准由中国机械工业联合会提出。

本标准由全国自动化系统与集成标准化技术委员会(SAC/TC 159)归口。

本标准起草单位:北京机械工业自动化研究所、上海同济大学。

本标准主要起草人:王坚、戴毅茹、黎晓东、高雪芹。

网络化制造技术术语

1 范围

本标准给出了企业利用网络化技术开展产品设计、制造、销售、采购和管理等一系列制造活动的相关技术术语。

本标准适用于我国面向制造业信息化的网络化制造的开发、应用和测评。

2 网络化制造技术术语和定义

下面是具体术语的定义，按术语英文首字母的顺序排列。

A

2.1

敏捷制造 agile manufacturing

通过动态联盟的形式，把优势互补的企业联合在一起，用最有效和最经济的方式组织企业活动，并参加竞争，迅速响应市场瞬息万变的需求，这种联盟式的企业按照市场和产品的变化随时做出相应的调整，并不是一成不变的，因此也称为虚拟企业，它将改变企业的价值观、业务流程和企业文化。

2.2

敏捷性 agility

是敏捷企业的一种核心能力，可以采用能力集表示，包括响应能力(R)、知识管理能力(K)、变革能力(Ch)、快捷性(Q)、柔性(F)、学习能力(L)、纠错能力(E)、协同能力(Co)、其他能力(O)等。敏捷性能力集可表示为 AC=(R,K,Ch,Q,F,L,E,Co,O)，能力集中表示了九种能力。

2.3

敏捷化基础设施 agility basic establishment

主要指信息基础设施与网络。

2.4

敏捷企业协作平台 agility enterprise collaboration platform

用作产品工程图纸和技术资料的传送与在线浏览；产品的网上协同设计；设计生产任务的异地进度监控与信息管理；虚拟会议室等的平台。目的是提高企业间协作的效率，降低协作成本。

2.5

合约能力 agreement ability

组成虚拟企业的各成员间存在的利益共享、风险共担的条约关系。

2.6

诊断结果原因分析过程 analyze process of diagnostic results

该过程的目的是以模型诊断过程诊断出的结果为起始点，其最终目标是推导出该事实(结果)的起因。该过程属于基于规则的企业诊断方法，所涉及到的规则均为业务诊断规则。

2.7

分离原则 apart principle

由于企业模型的复杂性，将企业考虑为一个整体的做法是不现实的。因此必须对每个功能领域进行分离，并对分离出来的功能领域逐个进行分析。通过这种方法来降低系统的复杂性。

2.8

显式表示法 apparent display

诊断系统要以一种直观的表示方法将事实呈现给用户；加深用户对事实的了解，有利于人工诊断的进行。

2.9

应用服务提供商制造　application service provider manufacturing

一种利用集中管理的设施，通过网络，以租赁的方式，为客户提供应用部署、租赁、托管和外包等各种服务的模式。

2.10

应用层　apply layer

提供系统能接受的编程语言，并配置其他一些支持工程应用、数据库访问的软件，还可提供 Web 服务接口，使用户可以 Web 方式提交其作业并取得计算结果。

2.11

组装设计　assembly design

尽管在企业的资源数据库中没有满足客户需要的产品存在，但是所要求的产品可以通过查询企业资源数据库方式，选择出满足要求的现有功能模块，进行重新的总体设计，快速配置出客户需要的产品模型。

2.12

独立制造岛　autocephaly manufacturing island

将某一类零件集中在一起加工，并将加工这类零件所需的机床集中在一起，从而减少物流路线，提高生产效率。

B

2.13

全新设计　bran-new design

客户所需要的产品数据在企业的资源数据库中不存在，同时也没有相关的相似资料可查，需要设计人员根据产品的要求经历从功能分析，原理选择直至结构设计的一系列过程，最终设计出满足需要的产品。

2.14

业务控制模型　business control model

是对业务处理过程的定义、描述和业务过程控制的实施。

2.15

业务导向　business guide

基于企业工程理论和企业参考模型，为软件设计和开发提供有效的导向和依据，帮助开发者全面、正确和迅速地实现管理者的管理和业务要求，大幅度地提升管理软件的开发、发布和维护的效率及质量，并在业务持续完善的过程中实现快速调整。

2.16

业务建模　business modeling

赖以获得业务模型的对问题的建立与解决的过程。

2.17

业务流程模型　business process model

对企业主干业务过程及分支业务过程的定义和描述。

2.18

业务流程重组　business process reengineering

BPR 是对企业的业务流程(Process)作根本性(Fundamental)的再思考和彻底性(Radical)再设计重建，其目的是在成本、质量、服务和速度等方面取得显著性(Dramatic)的改善，使得企业能最大限度地适应以顾客(Customer)、竞争(Competition)、变化(Change)为特征的现代企业经营环境。

C

2.19

分类联系　categorization relationship

一个具有某种属性或特征的一般实体，在某种意义上或更细致的特性上是其他一些实体的类，则此两者之间的联系称为分类联系。对同一个一般实体的分类实体总是互相不相容的，也就是，一般实体的一个实例只能与一个分类实体的一个实体例相对应，其中一般实体的每一个实例都可以是某个分类实体的实例，称为"完全分类联系"；如果存在一个一般实体的一个实例不与任何分类实体的任一实例相关联，则称为"不完全分类联系"。

2.20

单元性诊断　cell diagnose

对整个企业的某一个具体过程进行诊断，它所涉及的多是一些具有局部特征的内容，而且这些诊断多与过程、数据及参数等信息有关。如企业营销管理诊断、企业生产管理诊断、产品开发设计诊断、企业质量管理诊断、企业财务管理诊断等。

2.21

单元化制造　cellular manufacturing

只在一条线或一个设备单元内生产零部件族的制造过程。这些线和设备单元的控制人员也都实行专职管理，不再兼管其他线上或单元的控制工作。

2.22

变革能力　change ability

指敏捷企业实施变革管理的熟练程度。快捷性(Q)指活动的加速，过程执行时间的缩短，如快速的产品开发、快速及时的交货、较短的制造周期等。

2.23

计算机集成制造体系结构　CIM architecture

CIM结构可解释为制造企业信息处理的构造和设计的形式。

2.24

协同设计　collaborative design

为了完成某一设计目标，由两个或两个以上设计主体，通过一定的信息交换和相互协同机制，分别以不同的设计任务共同完成一个设计目标。协同设计具有多主体性，协同性，目标一致性和灵活性的特点。

2.25

协同产品商务　collaborative product commerce

利用Internet技术，将制造商，供应商，合作伙伴和客户关系联系起来，在产品生命周期中协同开发，生产和管理产品。

2.26

计算机辅助设计　computer aided design

使用信息处理系统完成诸如设计或改进零、部件或产品的功能，包括绘图和标注的所有设计活动。

2.27

计算机辅助制造　computer aided manufacturing

利用计算机将产品的设计信息自动地转换成制造信息，以控制产品的加工、装配、检验、试验和包装等全过程，并对与这些过程有关的全部物流系统进行控制。

2.28

计算机辅助工艺规划　computer aided process planning

利用计算机生成零件工艺规程的过程。

2.29

计算机支持的协同工作　computer-supported cooperative work

计算机支持协同工作(CSCW)是支持协作开展工作的方法、技术和系统的统称。群件产品以及工作流管理系统都属于这个范畴。

2.30

计算机辅助软件工程　computer aided software engineering

一套方法和工具,可使系统开发商规定企业的应用规则,并由计算机自动生成合适的计算机程序。计算机辅助软件工程(CASE)工具分成“高级“CASE 和”低级“CASE。高级 CASE 工具用来绘制企业模型以及规定应用要求,低级 CASE 工具用来生成实际的程序代码。CASE 工具和技术可提高系统分析员和程序员工作效率。其重要的技术包括应用生成程序,前端开发过程面向图形的自动化,配置和管理系统以及寿命周期分析工具。

2.31

计算机集成制造　Computer Integrated Manufacturing;CIM

信息技术与制造技术的联合应用,藉以提高制造企业的生产能力和反应能力。其所有的活动都集成为计算机的计划,管理和控制系统的一种制造技术。它是企业组织与运行生产的一种哲理,综合应用多种技术,将企业生产中的人,技术,经营管理三要素以及信息交流与物流集成到基于计算机的系统中,使企业实现优质,低耗和高效生产并获得快速响应市场的能力。

2.32

计算机集成产品工程　computer-integrated product engineering

在系统思想指导下,继承并发展了计算机信息科学合理的管理和并行工程等思想,用整体优化的观点,对经营管理,产品结构和信息技术等进行重组的哲理,方法和技术。它强调在经营管理重组的基础上,通过标准化和规范化,尽可能的减少零部件数量,建立集成的智能产品模型和跨功能的并行工作环境,以充分挖掘,开发设计领域中极为客观的时间和费用的潜力,大幅度缩短产品开发设计周期,降低产品成本和提高产品质量。

2.33

并行协同设计　concurrent cooperative design

利用网络系统的一种新的设计概念。即在异地分布的网络环境下,从事零部件的设计与制造工作的各类人员并行协作的参与同一零部件的设计和生产过程,产生符合 CAD/CAM 集成的各个环节的要求的产品模型,因为它可以从单机环境转变为异地分布的网络环境,将串行处理方式转变为并行处理方式,将人机交互转变为人与人的直接交互,因而可以提高设计和制造的效率。

2.34

现代集成制造　contemporary integrated manufacturing

从实现企业内部的信息集成和功能集成,发展到实现产品开发过程的集成,进而实现全球企业间集成的敏捷化生产。

2.35

协同工作　cooperative work

在不同任务和不同空间之下,在协同、协调和协作工作组中计算机的应用。简言之,通过协同工作技术可以使不同工作组在不同背景和技术情况下讨论他们的工作,相互交流意见,促进多学科领域中不同观点的发展。协同工作系统的功能要求是:交互对话、协调性、分布性、特殊用户的响应,可视化和实现数据的隐藏等。

2.36

分类　classification

将属性和特征相似或相近的事物划分为同一类型,用类表示,类的实例为对象。通过搜集公共特性把现实世界抽象为不同类型事物间的关联，并把这种公共特性扩充到特例之中来显示现实世界事件的通用性及专用性。

2.37

一致性原则　consistency principle

包括某个视图模型的一致性和不同视图模型之间的一致性。

2.38

隐式表达法　concealed display

诊断系统要以一种便于推理的过程运行的方式表示事实，并不需要将其内容传达给用户，它存在的原因是规范化事实信息，以便于规则推理的良好运行。

2.39

并行工程　concurrent engineering

对产品及其相关过程(包括制造过程和支持过程)进行并行、集成化处理的系统方法和综合技术。

2.40

汇集层　collective layer

该层的作用是将资源层提交的受控资源汇集在一起，供虚拟组织的应用程序共享、调用。为了对来自应用的共享进行管理和控制，汇集层提供目录服务、资源分配、日程安排、资源代理、资源监测诊断、网格启动、负荷控制、账户管理等多种功能。

2.41

诊断问题　consultant matter

企业弊病

妨碍企业的正常经营与管理，妨碍经济效率、效益提高的一种不规则行为，即人们常说的“问题”或“毛病”。它有失误、错误、弊端等方面含义。由于这些“问题”或“毛病”是在经营管理过程中产生的，也称为经营管理弊病。

2.42

连接层　connectivity layer

网格中网络事务处理通信与授权控制的核心协议。构造层提交的各种资源间的数据交换都在这一层的控制下实现。各资源间的授权验证、安全控制也在这里实现。在Toolkit中，相应组件采用基于公钥的网格安全基础协议(GS工)。在此协议中提供一次登录、委托授权、局域安全方案整合、基于用户的信任关系等功能。资源间的数据交换通过传输、路由及名字解析实现。

2.43

协同产品制造过程　cooperate product manufacturing process

为应新经济时代业务环境，大部分产品是在跨部门或跨企业的协同工作下制造出来的。尽管企业通过ERP软件实现了企业内部信息化管理，提高了企业内部管理效率，联盟企业通过SCM软件规划供应链，提高整个供应网络的效率，企业通过CRM软件赢得和改善顾客满意度，但是为支持产品协同制造过程，有必要将产品设计、工程、分销、营销及客户服务紧密地联系起来，形成一个全球知识网，使分布于价值链环节的不同角色在产品的全生命周期内互相协同地对产品进行设计开发、制造与管理，并让客户参与系统。

2.44

协同能力　cooperating ability

分布的组织/组织单元在计算机支持的协同工作环境下共同工作的能力，如并行工作、协调、冲突解决、信息互换等。

2.45

结点及互联层　crunode and internet layer

由各类资源及连接这些资源的高速网络组成，这些资源包括异构的各种局域网、高性能计算机、数据服务器、大型检索存储系统等。

2.46

关键路线法　critical path method

通过分析哪个工作序列(哪条路线)进度安排的灵活性(浮动时间)最少来预测项目历时的一种网络分析技术,是进度控制最常采用的方法。

2.47

客户订单解耦点　customer order decoupling point

企业供应链上的某个点,也是产品研制过程中的某个点,在该点处对作业或库存等计划的制订不再依据对需求的预测,而是根据某个或某些特定的订单,用一种从左到右的流程形式来描绘生产活动。

D

2.48

数据和事件分离的原则　data separate from business principle

良好的建模语言应能够将活动使用的数据和触发活动的事件分离。活动应由事件触发,而不是活动。

2.49

需求　demand

在不考虑技术问题的情况下,确定为实现企业的目标应该"做什么"。

2.50

设计　design

该层根据企业的所有约束条件以及所选择的技术来对需求进行构造和优化,即解决"怎么做"的问题。得出的模型能够通过仿真技术进行评价和优化。

2.51

面向拆卸的设计　design for disassembly

是一种使产品最容易拆卸并能从材料回收和零件重新使用中获得最高利润的设计方法学,它研究如何设计产品才能高效率、低成本地进行组件、零件的拆卸以及材料的分类拆卸,以便重新使用及回收。

2.52

面向装配的设计　design for assembly

在设计初期把产品设计过程与制造装配过程有机结合,从设计的角度来保证产品的可装配性。

2.53

面向制造的设计　design for manufacturing

在产品设计时不但要考虑功能和性能要求,而且要同时考虑制造的可能性、高效性和经济性的一种设计方法。

2.54

数字化　digitalization

以数字形式表示(或表现)本来不是离散数据的数据。具体的说,也就是将图像或声音等转化为数字码,以便这些信息能由计算机系统处理与保存。在信息化时代,数字化已经变成代表信息化程度的一个重要指标。

2.55

数字化鸿沟　digitized divide

在信息化时代,单位和部门,企业和企业乃至地区和地区之间在实现数字化方面的差距。也可以视指那些拥有数字化手段的人(单位)和那些拥有实现数字化手段的人(单位)之间存在的差距(鸿沟)。

数字化鸿沟体现了当代信息技术领域中存在的一种差距现象。进入20世纪90年代以来,随着数字化浪潮的深入推进,各个单位(企业)在实现数字化方面的不均衡现象逐步加大;从另一方面来看,这种不均衡现象又将有力的推进信息化的进展。

2.56

数字化制造　digitized manufacturing

一种利用数字化定量表述、存储、处理和控制方法，支持产品生命周期和企业的全局优化的制造技术。它视在计算机网络技术与制造技术的不断融合、发展和广泛应用的基础上产生的全新技术。其内涵可以包括：

a）以 CAD/CAM/CAE 为主体的技术；

b）以 MRPⅡ、MIS、PDM 为主体的制造信息支持系统；

c）数字控制制造系统等。

2.57

分散网络化制造　dispersed networked manufacturing

一种新的生产方式，按照这种新的制造哲理运作的经济实体称为网络联盟企业，它是通过互联网连接的、多个机构组成的一个组织、具有协作和联盟的关系，能共享知识和资源，并能协同提供产品或服务。

分散网络化制造将改变企业的组织结构形式和工作方式，增强新产品的开发能力，缩短上市时间，降低成本，提高质量，从而增强企业的市场竞争能力。

2.58

分散网络化生产系统　dispersed networked productions system

利用现代化的信息处理技术和通信设施，通过并行工程决策产品开发机构，在网络上运行电子营销和采购、电子财务和人事管理系统等，将具有工程技术、管理、组织和人员柔性的独立制造岛联系在一起，组成以其为基础的虚拟企业。这种虚拟企业是一种新型企业的组织形式，可以快速的响应市场需求，最大限度的满足客户需要。

2.59

分散控制法　disperse control

将系统按控制过程分解为不同的阶段，通过对不同阶段系统状态的优化控制实现整个系统的全局优化。在这种系统中，每个子系统只能得到整个系统的一部分信息，同时也只能对系统变量的某一子集进行操作和处理，各部分各自有独立的控制目标。这种控制方法实现方式比较简单，但是，由于将系统人为地分解为几个不同状态，没有很好地体现不同阶段系统之间的状态转换关系，所以，存在着一定的系统整体性缺陷。

2.60

分布式监测诊断系统　distributed control-diagnostic system

通过网络对多种设备的故障进行监测的一种系统。针对大型机电设备的主机和多辅机功能分布和地域分布的特点，通过工业局域网把分布于各个局部现场，独立完成特定功能的本地计算机互联起来，成为实现资源共享，协同工作，分散监测和集中操作、管理、诊断的工业计算机网络系统。它是一种基于工业局域网的相对开放的系统，监测信息的交流和处理是在局域网内部进行。

2.61

分布式数据处理　distributed data processing

一种数据处理的组织化概念。在这种工作方式中，公司的计算机资源一般都分散在几个地方，即几个地方都安装有计算机，然后经过通信联系实现处理工作。一般说来，用户在自己的小型机上进行处理工作，处理过程中用户自己实行控制并编制作业计划。这和那种为所有用户在大型的、集中式计算机系统上加工处理不一样。

2.62

分布式制造系统　distributed manufacturing system

由分散在计算机网络上的若干个结点所组成，每个结点具有制造系统中的某一项（或几项）功能，这些结点之间通过密切的协调与合作，可以共同完成一个制造过程。

2.63

分布计算环境　distributing calculate setting

系统集成的重要基础，其目标是实现分散对等的协同计算（Decentralized，Peer-to-Peer Collaboration Computing）。制造计算环境倾向于是多CPU、操作系统、连接能力的异构混合。共性中间件层次（如CORBA.JAVA.DCOM等）提供了系统异构组件集成的灵活性与互操作能力。

2.64

分布式制造　distributing manufacturing

具有不同生产规模和能力的、处于不同地域上的、使用不同应用工具平台的各联盟企业建立面向产品开发的暂时合作关系，以最快的速度提供高质量、低成本的市场需求的产品；各联盟企业的相关工程技术人员借助于网络进行产品的异地开发，分布式制造又称异地制造。

2.65

分布式控制系统　distributing control system

在这种系统中，各子系统的控制单元是按子系统分布的。整个系统的控制目标事先按一定方式分配给各子系统的控制单元，它们之间可以有有限的信息交换。

2.66

直接控制　direct control

统盘考虑各子系统、各单元的设计及其耦合关系，直接在整个大系统设计空间中寻优。由于未能体现各子系统相对独立性和大系统的复杂性，直接法不易对整个系统的每个子系统取得局部的优化效果。

2.67

领域　domain

明确了所要建模的范围和内容，是功能建模的首要问题。每个领域DM定义了在给定企业约束下与达到某些业务目标相关企业功能范围。一个DM由多个领域过程DP组成。

2.68

领域过程　domain process

在DM（领域）基础上的进一步的更低层次的功能分解。每个DP完成所属DM的某些目标，一个DM包含的全部DP实现该DM的完整目标。

2.69

动态协调　dynamic coordinate

发生了冲突或发生了将来会引起冲突的事件（新的方案、数据或知识），必须通过调整事件的内容，才能化解冲突。

2.70

动态企业联盟　dynamic enterprise league

为了抓住市场机遇，快速开发产品，由一些独立的成员公司结成的联盟。组成企业动态联盟的目的是降低成本和体现产品的独特性，而不需要考虑组织规模、地理位置、计算环境、技术配备、实现过程等。企业动态联盟的成员公司可以共享成本、技能、核心技术，使得他们可以用最佳的解决方案进入全球市场，而这是一个公司无法完成的。为了能实现上述目的，联盟通过一系列的基于面向技术和可编程适配器对象的同一协议，使得错综复杂的通信网络对用户透明。这将使得地理上分散的、任何规模的组织可以很容易地共享信息，因而可以共同高效地实施企业计划。

2.71

动态和不确定的系统行为　dynamic and uncertain system action

在传统高性能计算系统中，资源是独占的，因此系统行为是可以预测的，而在网格计算系统中，资源的共享会造成系统行为和系统性能经常变化。

E

2.72

电子商务 electronic business;electronic commerce

以电子形式进行的商务活动。它在供应商、消费者、政府机构和其他业务伙伴之间通过任一电子方式(如电子邮件、报文、万维网技术、电子公告牌、智能卡、电子资金转账、电子数据交换、数据自动采集技术等)实现标准化的非结构化或业务信息的共享,以管理和执行商业、行为和消费活动中的交易。

2.73

封装 encapsulation

将系统功能、一组数据和在这些数据上的操作隔离在一个模块中,并为该模块提供精确的规格说明的软件开发技术。

2.74

企业组织模型 enterprise organization model

对企业组织和人员结构的一种描述。

2.75

企业数据模型 enterprise data model

所有企业数据(包括管理数据、生产数据、产品数据等)的集合。企业数据模型大多由关系型数据库系统所支持。

2.76

企业对象 enterprise object

企业域中的信息,描述了一个或普遍、或真实、或抽象的实体,该实体能够作为一个整体被概念化。

2.77

工程设计系统 engineering design system

由产品设计(产品 CAD)、工艺规程编制(CAPP)、产品数据管理(PDM)组成,是集成化的工程子系统。

2.78

使能信息技术 enabling information technology

实现动态联盟的一种支持技术。在实现动态联盟的过程中,利用信息技术使得企业能够及时获取并有效维护所需要的信息,对企业的资源进行高效的管理和集成,使企业具有开放性和能够进行动态组合等使能特性,从而对敏捷制造和动态联盟提供必要的支持。

2.79

企业应用集成 enterprise application integration

为分布的、异构的开放系统环境提供一个交互式通信框架,开发一个集成结构使得制造数据可以准确的、兼容的、安全的在虚拟企业中通信,以支持最优的制造过程。

2.80

企业工程 enterprise engineering

用于致力于建立、改进或重组企业的一种专业。

2.81

企业集成 enterprise integration

以提高企业或企业群体对环境的快速适应能力为目的,通过现代信息技术和先进制造技术,建立灵活机动的、高效率的信息处理和反馈系统,在复杂多变的市场环境中提高竞争能力和可持续发展能力。企业集成包括系统集成(企业内部的集成)和企业级集成(企业之间的集成)两个层次,但其重心已经由系统级集成转向企业级集成。

2.82

企业建模框架 enterprise modeling framework

特指企业(CIMS)建模的大致过程步骤及所建模型的基本结构要素。

2.83

实体 entity

一个具有相同属性或特征的现实和抽象事物的集合。

2.84

财务效果的评价 estimate of financial effect

指对可用货币计量的项目经营效果进行测算,包括由于工作效率提高节省的费用、由于优化产品设计、工艺设计和生产计划而节省的费用、由于减少生产作业环节而节省的费用、由于减少工作错误而避免的损失、由于缩短生产周期和降低库存而减少的资金占用费用以及由于抓住市场机遇而带来的收益等等。

2.85

战略效益的评价 estimate of stratagem effect

虚拟企业项目的长远利益,主要体现为企业竞争力和敏捷性。包括在市场应变能力、技术水平等方面所体现的核心竞争力、管理水平、生产效率的提高,人力资源的整合和管理,质量体系的完善,协作与后勤支持的建立等。

2.86

技术功能评价 estimate of technology effect

虚拟企业系统项目的整体技术竞争力,包括生产设备与工艺水平的提高、产品开发、业务流程优化、管理体系的合理化等。

2.87

外部效益评价 estimate of exterior effect

虚拟企业对于外面环境(包括行业、社会、生活环境)的影响,涉及绿色制造、技术创新、制度创新、工作方式、竞争策略等等。

2.88

评价 evaluation

决定某产品、项目、活动或服务是否符合它的规定的准则的过程。

2.89

事件 event

描述包括信息对象本身和它的状态变化,信息对象的状态变化可以是该信息对象的首次出现,如“客户需求已接收”,也可以是用不同属性表示的状态变化,如“报价被拒绝”。事件可以触发功能,也可能是功能的结果。

F

2.90

构造层 fabric layer

物理或逻辑实体功能是向上提供网格中可供共享的资源。常用的资源包括处理能力、存储系统、目录、网格资源、分布式文件系统、分布式计算机池、计算机集群等。Toolkit 中相应组件负责监测可用的软硬件资源的特性、当前负荷、状态等信息,并将其打包供上层协议调用。

2.91

现场总线 fieldbus

一种实现现场级设备数字化通信的网络技术。它是集控制技术、计算机技术和通信技术于一体,是现场设备(如现场仪表、传感器和执行机构等)与控制系统及控制室之间的一种全分散的、全数字化的、智能的、双向互联的、多变量的和多带点的通信与控制系统。它将自动控制系统与设备加工到工厂的信息网络中,成为企业信息网络的底层,使企业信息沟通的覆盖范围可以延伸到生产现场,大大提高了控制效率。

2.92

现场总线体系结构　fieldbus architecture

一种控制结构,它在智能装置和控制、监控系统之间,采用数字式的、串行的、多点式、双通路通信。

2.93

柔性　flexible

可变性

产品配置的柔性、产品批量的柔性、制造单元设备的柔性、组织的柔性、人员的柔性等。

2.94

柔性自动化　flexible automation

产品更换(从一个产品到另一个产品)时能提供较短得调置时间和能力得一种自动化方式。

2.95

柔性生产能力　flexible capability

机床在加工过程中能很快适应加工处理不同零件的能力。

2.96

柔性制造系统　flexible manufacturing system;FMS

由统一的控制系统和输送系统连接起来的一组加工设备,包括数控机床、自动传输设备和自动检测装置等。它们是一种不仅能进行自动化生产,而且还能在一定范围内完成不同工件的加工任务的制造系统。

2.97

柔性制造单元　flexible manufacturing cell

一种自动化生产系统,通常由数控机床和机器人组成。机器人用来给系统传递装卸零部件。使用这种生产系统的目的是为了在制造多种产品时能有更多的吞吐量(生产量),更快的更换和调整能力等。

2.98

柔性制造技术　flexible manufacturing technology

采用计算机技术、电子技术、系统工程理论和现代管理科学与方法,能快速响应市场需求且能适应生产环境变化的自动化制造技术。

2.99

柔性传输线　flexible transfer line

适于少品种、大批量生产并具有一定柔性的自动生产线。

2.100

柔性制造系统仿真器　FMS simulator

一种在计算机上对柔性制造系统建模并进行试验,以评估和研究系统特性的软件,用于柔性制造系统的设计、分析和运行的决策支持。

2.101

功能设计　functional design

制定数据处理系统各部分的功能及相互之间接口的规格说明。

2.102

功能需求　functional requirement

规定系统或系统组成部分必须能够执行的功能的需求。

2.103

功能视图 function view

根据 CIM-OSA 概念,CEM 方法在功能视图中采用一个自顶向下的递阶建模结构。系统的功能性由高到低分为四层,即域 DM、域过程 DP、事务过程 BP 和企业活动 EA。

2.104

功能分解原则 function separation principle

根据企业经营目标分解成子目标的方法将企业功能逐层分解成子功能。

2.105

功能和行为分离的原则 function separate from business principle

企业功能考虑企业要做什么,而企业行为关心的是企业如何做的问题。因此在企业建模的过程中应该清晰的区分企业的功能与行为。企业模型中很适当的分功能与行为,将为以后修改功能和行为而不影响另一部分的实施提供了很大的帮助,有利于提高企业组织的柔性。

2.106

全局性诊断 full-scale diagnose

对整个系统的全局进行的诊断,它所涉及的多是一些方向性的诊断问题。如企业经营状况诊断、企业经营战略诊断、企业未来发展趋势诊断。

G

2.107

通用层 generic layer

由一些可重用的基本构件类组成,它包括企业模型中的通用构件。如用于描述企业功能的基本构件类,只说明了企业功能的基本特征,不对应企业的具体功能。

2.108

通用制造原则 generally manufacturing principle

一整套不受具体技术影响的原则,阐明制造企业应该如何进行管理。其中包括如下要素:对数据准确性的要求,市场工作与生产环节的经常联系,高层领导对生产计划过程的控制,将上层计划有效地转换为各种详细计划的系统能力等等。

2.109

全球分布制造管理 global distributing manufacturing management

全球制造公司中所有事情的管理、监督与控制,包括供应商管理、制造管理、装配管理、后勤管理、甚至包括经销商和客户管理。

2.110

绿色设计 green design

在设计阶段就将环境因素和预防污染的措施纳入产品设计之中,将环境性能作为产品的设计目标和出发点,力求使产品对环境的影响最小。

2.111

产品使用的绿色度 green degree of product using

产品在使用过程中所产生的二次污染程度和人体健康危害的倒数。

2.112

绿色评价 green estimate

对评价对象进行的一种系统、综合、定性定量的评价。是对生产、使用、废弃等过程中的原材料使用、物耗、能耗、排放物等对环境所产生的影响和冲击,根据一定的判断标准,进行全面的评估,衡量出产品的绿色程度,提出改善的建议。

2.113

绿色制造　green manufacturing

一个综合考虑环境影响和资源效率的现代制造模式，其目标是使得产品从设计、制造、包装、运输、使用到报废处理的整个产品生命周期中，对环境的影响（负作用）最小，资源效率最高，并使企业经济效益和社会效益协调优化。

2.114

绿色制造过程　green manufacturing process

开发和使用节省资源和对环境及用户友好的生产设备，限制使用有毒有机溶剂为基体的材料和会产生有害排放物的工艺过程。

2.115

绿色商品　green merchandise

资源消耗少，生产和使用能耗小，对环境污染少和对人体健康无害，并且便于回收利用和废弃的产品。

2.116

绿色原材料　green raw materiel

来源丰富，便于充分利用和产品报废后可以回收利用或循环再造的材料。

2.117

网格　grid

一个集成的计算与资源环境，或者说是一个计算资源池，它能够充分吸纳各种计算资源，并将它们转成一种随处可得的、可靠的、标准的同时还是经济的计算能力。这种计算资源还包括网络通讯能力、数据资源、仪器设备甚至人等各种相关的资源。

2.118

网格计算　grid account

基于网格的问题求解。

H

2.119

层次组织　hierarchical organization

在层次组织中，权力关系是一个树状结构，通常表现为组织图的形式。

2.120

高级 Petri 网　high-level Petri net

经过颜色、时间和层次扩展后的 Petri 网。于是，我们可以使用简单的方式来描述复杂的过程。

2.121

质量屋　house of quality

驱动整个质量功能部署过程的核心，它是一个大型的矩阵，由 7 个不同的部分组成。这 7 个组成部分分别是：

a)　顾客需求；

b)　产品特性；

c)　顾客需求的重要性；

d)　计划矩阵；

e)　顾客需求与产品特性之间的关系；

f)　特性与特性之间的关系；

g)　目标值。

I

2.122

独立标识符实体　identifier independent entity

该类实体的每个实例可唯一标识，而不依赖于该实体与其他实体的联系。

2.123

从属标识符实体　identifier dependent entity

该类实体的每个实例的唯一标识依赖于该实体与其他实体的联系，或以一个完全外来键(或外来码)为实体主键的全部或部分者，就称该实体为从属实体。

2.124

标定联系　identifying relationship

连接联系的一种，其子实体的每个实例都是由它与父实体的联系确定的；或者说，用于唯一确定子实体的主键必然是部分地由父实体继承而来。

2.125

信息包　information package

基本任务单元 BP 中的内部信息对象集合，该集合是对领域包中基于 BP 的进一步分组。

2.126

信息元素　information element

企业中基本信息或数据，是不可再分的信息项。

2.127

智能 CAD　intelligent computer aided design

一种由多个智能体与多种 CAD 功能模块有机集成的支持产品设计的复杂 CAD 系统。

2.128

投入/产出控制　input/output control

一种能力控制技术，它将工作中心的实际产出与由能力需求计划产生并由生产部门批准的计划产出相比较。并且监控投入，以检查是否与计划一致，这样，当工作中心不能得到加工作业时，也不期望它有产出。

2.129

智能代理技术　intelligence agent technology

基于分布式异质代理协同求解的智能化制造系统模式，是新一代网络化制造系统的主要形式，众多具有自治能力的独立的制造个体通过简单的控制规则相互作用，形成系统整体的自组织、自适应与可进化行为能力，从而实现制造系统的快速重组与行为控制。

2.130

网上撮合　internet match

企业利用互联网在公共网址上发布产品等信息，并通过该网址开展交易前的活动，以最终达成交易的商务活动。

2.131

网上交易　internet transaction

利用互联网实现交易结算的活动。

2.132

智能工程　intelligent engineering

一种关于知识的自动化处理和应用的新技术。在一般情况下，知识既包括理论性知识，也包括经验性知识。智能工程是探索关于知识得表示、获取(包括学习)、保存(记忆)、变换(交换)、运用(包括检索、推理及其他形式的加工)的方法和如何实现的技术。智能工程在设计和制造方面的应用,导致了智能设计和智能制造,亦即基于知识的设计和制造的出现。智能工程也可称为知识工程。

2.133

智能制造系统　intelligent manufacturing system

采用人工智能、智能制造设备、测控技术和分布自治技术等各学科的先进技术和方法,实现从产品设计到销售整个生产过程的自律化。

2.134

结构的不可预测性　inscrutability of structure

与一般的局域网系统和单机的结构不同,网格计算系统由于其地域分布和系统的复杂使其整体结构经常发生变化。

2.135

输入装置　input device

数控机床输入装置将程序载体上的数控代码变成相应的电脉冲信号,传送给数控装置并进行存储。

2.136

集成产品开发团队　integrated product team

以产品开发为对象跨部门组成的产品开发团队,由企业的管理决策者、团队领导和团队成员组成。

2.137

信息视图　information view

实体关系图,表示了企业信息的组织结构,包含数据(实体)、关系、关系实体、一般化。

2.138

反求设计　inverse design

以设计方法学为指导,以现代设计理论、方法、技术为基础,利用设计人员的经验、知识和创新思维,对现有高水平的结构设计进行解剖、深化,通过对结构的充分消化和吸收,来寻求结构设计的科学性、技术性、先进性、合理性等,在此基础上对其改进、挖潜和再创造,是对已有设计的设计。

J

2.139

作业车间　job shop

为特定顾客进行小批量生产,提供专用的零部件或产品的制造单位。

2.140

联合应用设计　join application design

一种在使用交互式工作组的研究和开发过程中开发规规说明的方法。

2.141

准时制生产　just in time

采用逻辑数学的计算方法,在多品种混合流水生产中及时合理地安排各种产品(零件)的生产顺序,达到产量、品种、工时和生产负荷的均衡,从而充分利用生产能力和资金,提高经济效益的生产方式。

K

2.142

知识供应链　knowledge supply chain

将工业企业、大学和科研机构的各自知识优势加以集成和系统化,以便为企业提供能够提高效益和创新能力的信息和方法。

L

2.143

学习能力　learning ability

在这里主要指协同学习能力，通过学习、模仿伙伴企业的核心能力，改善自身核心能力，向竞争对手学习，以便使自身具有抢先反应的能力。

2.144

生命周期维　life cycle dimension

提供对系统生命周期的建模支持，由需求定义、设计说明、实施描述、运行维护和联盟解体五个建模阶段组成。

2.145

生命历程　life history

系统在其生命周期中走过的实际步骤序列。

M

2.146

可维护性　maintainability

a） 软件系统或部件能修改以排除故障、改进性能或其他属性或适应变更了的环境的容易程度；

b） 硬件系统或部件能从执行它所要求的功能的状态得到或重新存放回去的容易程度。

2.147

制造中心　manufacturing center

网络化制造中的基本单元是制造中心，制造中心是由一个或多个功能实体组成的组织单元，负责制订决策、执行任务。

2.148

制造软件　manufacturing software

一种自动化系统中的软件资源，对制造应用（例如 CAD/PDM）的价值在于使得控制流和信息流能够在制造过程自动化系统组件之间流动，或者在这些组件和其他企业资源间流动，或者在企业间的供应链或需求链上流动。

2.149

制造软件应用　manufacturing software application

在某个制造应用中使用制造软件，在给定的硬件平台上和执行环境中执行一套特定软件的功能。

2.150

制造软件能力　manufacturing software capability

一组制造软件的功能和服务，它对应着一组给定的制造条件下评价性能的标准。

2.151

制造软件能力专规　manufacturing software capability profile

制造软件能力的简明的表述，以适应制造应用的需求。

2.152

制造软件组件　manufacturing software component

一类制造软件资源，用于支持某种制造任务的执行。

2.153

制造软件单元　manufacturing software unit

一类软件资源，由一个或多个制造软件组件组成，在制造活动中执行一个特定的功能或任务，同时支持与其他单元的公共信息交换的机制。

注：一个软件单元能用 UML 建模成一个软件对象。

2.154

制造系统 manufacturing system

由一个特定的信息模型所指定的系统，它支持制造过程的执行和控制，制造厂的制造过程中包括信息流、物流和能源流。

2.155

企业诊断 management consultant

企业经营管理诊断的简称，又称企业管理咨询，它运用一系列分析技术和判断方法对企业经营管理做出评定和咨询，它是促进企业不断改善经营管理的重要措施，是防止企业衰败的自我治理手段。它的目的就是为了发现、解释并解决现存企业中存在的问题，提高企业的经济效益，优化企业模型，从而使CIMS工程的实施能够更有效的进行。

2.156

基于模型的企业诊断方法 management consultant base on model

可以通过诊断模型提供可靠的诊断结果，并可提供对诊断结果更深刻、更详细的解释，诊断能力较强。

2.157

基于知识的企业诊断方法 management consultant base on knowledge

所使用的多是系统的表层知识，因此具有迅速的确定故障源的优点。但是基于知识的企业诊断方法的基本要求是首先要解决知识获取问题，而不同企业有其各自的特点，而且知识的获取应该是一个不断积累的过程，即在实际运行过程中需要不断丰富“知识”。此外，基于知识的诊断方法是一个比较封闭式的过程，结果只能以一种文字方式显示给用户，使得用户对问题的了解较为模糊。

2.158

管理信息系统 management information system

用于执行管理功能的信息系统。

2.159

管理支持对象 management support object

一个专门定义来支持系统管理功能的系统被管客体(例如：日志、鉴别器)。

2.160

大批量定制生产 mass customization manufacturing

又称大量个性化生产，大批量定制生产企业通过在同一条生产线上生产出多种产品的方法达到满足不同客户所提出的产品性能、质量要求。并且保证产品的低成本及快速产品交货期的目的。

2.161

人工诊断 manual diagnosing

最常见的诊断方法。在进行传统的人工诊断的过程中，咨询公司首先派一些调查人员对企业现状进行调研，具体的调研方法有通过发放大量的用于调查的表格发放给企业的经理、部门负责人以及员工，做到从企业的不同角度获取内部信息；通过进行整个行业调查，得到大量统计资料，调研产品市场动向，获得企业外部的有关整个行业的外部信息；还可以通过对公司产品的购买，体验公司的有关经营、销售以及售后服务方面的信息。

2.162

制造执行系统 manufacturing execution system

生产活动管理系统，该系统能启动、指导、响应并向生产管理人员报告在线、实时生产活动的情况。这个系统辅助执行制造订单的活动。

2.163

矩阵组织 matrix organization

根据功能和层次进行结构化，功能结构基于一个临时的项目。

2.164

中间件层 middle layer

网格计算的核心，负责提供远程进程管理、资源分配、存储访问、登录和认证、安全性和服务质量等。

2.165

模型 model

现实世界中进程、设备或概念的一种表示。

2.166

模型诊断过程 model diagnose process

该过程属于模型诊断方法，推理过程由模型所展现的事实开始，通过与模型诊断规则的前提进行匹配，发现企业中存在的事实(问题)。

2.167

模型可视化原则 model viewable principle

建立的模型要在不同的人员之间交流，因此建模方法应能提供清晰明了的图形化表示方法。

2.168

模型通用性原则 model general principle

通过定义通用构件、部分通用模型的方法将模型中的共性问题统一进行表示。从而提高企业建模通用化程度。这也是处理企业建模复杂性的一种方法。

2.169

模型诊断原则 model diagnose principle

该类规则是由模型设计人员在进行模型设计时定义的一系列规则，即模型本身所具有的规则。它包括视图内的一致性规则和视图间的一致性规则两方面。其内容主要针对的是诊断模型，而不是针对具体的企业，因此是诊断模型的通用规则。

2.170

建模效率 modeling efficiency

模型重用和协同建模是决定敏捷虚拟企业建模过程效率的两个重用方面，因此 AVE 建模过程的评价应该包括敏捷虚拟企业建模过程对于不同敏捷虚拟企业建模途径和方法的支持能力以及对于协同建模的支持能力等。

2.171

模型质量 model quality

使用某种 AVE 建模方法建立的 AVE 模型的质量反映了该种 AVE 建模方法的有效性，它主要包括 AVE 模型的一致性、可重用性和可维护性等。

2.172

多媒体导购系统 multimedia promotion system

采用声音、图像等直观信息，实现商品推销、图像活动广告、自动查询、远程作业培训的计算机系统。

2.173

多媒体计算机辅助工程 multimedia computer aided engineering

多媒体技术在工程领域中的一种应用新技术。其目标是指借助计算机多媒体信息处理和通信技术，使工程设计人员能够更好的发挥创造力，提高生产效率。多媒体计算机辅助工程的发展有两大趋势：一方面计算机在软、硬件的性能上将进一步提高，成为“多维信息处理机”；另一方面，信息的表征能力和信息模型的科学性将加强，使得人们从设计制造和管理等环节搜集到的信息更加规范化，从而可以高效地反映出各种规律，促进科学研究和生产制造，实际上，这也是多媒体计算机辅助工程的目标。

2.174

多级管理域　multilevel management domain

由于构成网格计算系统的计算机资源通常属于不同的机构或组织并且使用不同的安全机制，因此需要各个机构或组织共同参与解决多级管理域的问题。

N

2.175

网状组织　network organization

由独立的参与者组成，他们一起生产产品和/或提供服务。因此在参与者之间存在相互授权关系，我们有时也称之为“虚拟公司”。

2.176

网络化制造　networked manufacturing

企业利用网络技术开展产品设计、制造、销售、采购、管理等一系列制造活动的总称。

2.177

非标定联系　non-identifying relationship

连接联系的另一种，其子实体的每个实例都能被唯一地确认而无需了解与之相联系的父实体的实例；或者说，用于唯一确定子实体的主键不是从父实体继承来的。

2.178

非确定联系　non-specific relationship

关联两实体之间的任一实体的一个实例都将对应另一个实体的0个、1个或多个实例。这是在建模初始阶段的一种暂时联系，在不断细化中必须被改成确定的联系。

2.179

数控机床　numerical control machine tool

装有数控系统的机床。

2.180

数控程序　numerical control programme

数控机床自动加工零件的工作指令。

2.181

数控装置　numerical control device

数控装置是数控机床的核心，它接受输入装置送来的脉冲信号，经过数控装置的系统软件或逻辑电路进行编译、运算和逻辑处理后，输出各种信号和指令控制机床的各个部分，进行规定的、有序的动作。

O

2.182

对象　object

某个实体的模型。

2.183

组织图　organizational chart

是树状结构，图形化地阐明了权力关系。换句话说，它显示了组织职位的层次结构。

2.184

组织单元　organizational unit

员工通常成组工作。分组可以基于工作场所、基于承担的角色或基于一个任务包。在这样的情况下，我们分别称之为地理的、功能的或基于结构的组结构。具有明确的领导、明确的任务、明确的责任并在一起工作的这一群人，我们称之为一个组织单元。一个组织经常采用一种分层的方式划分为组织单元，这样使得一个组织单元可以成为其他组织单元的一部分。有时需要明确负责执行每个任务的组织单元，这通常依赖于案例本身。例如，处理价值超过20万美元的抵押由单元A负责。每个资源都被一个特定的组织单元拥有。事实上，这样一个单元只不过是基于组织特性的一个资源类。

2.185

组织视图　organize view

以组织单元为构件进行组织结构的递阶分解而得的视图。

P

2.186

无纸设计/制造　paperless design/manufacturing

一种直接利用计算机进行产品设计和制造的技术，它无需利用工程图纸作为设计/制造的依据。其关键是利用数字化设计和功能交叉的设计和管理技术。其具体措施包括：

a）将所有产品零件在计算机上进行三维设计，并进行数字化预装配；

b）组织综合设计组，开展并行工程，并行进行结构的详细设计、系统布置、分析、计算、工艺规划、工装设计和跟踪服务等工作。

2.187

部分通用层　part currency layer

提供企业参考模型。该层将通用层的基本构件类部分实例化，提供适用于某种行业的、具有参考意义的构件及构件库。这些构件及构件库可以用来搭建企业模型的骨架。这种具有行业特征的构件及构件库称为行业参考模型。

2.188

Petri网　Petri net

由库所、变迁和弧组成的一个过程描述。具有形式化语义，即具有精确的含义。

2.189

库所　place

Petri网中的被动元素。一个库所可能包括零个、一个或者多个标记。在工作流过程建模中，它用于描述条件。

2.190

计划评审技术　program evaluation and review

利用活动的逻辑关系和活动持续时间三个值（最乐观值、最可能值和最悲观值）的加权平均，用概率方法进行估计的估算值来计算项目的各种时间参数。

2.191

产品生命周期管理　product life cycle management

联结所有活动：从获得订单到生产、运输、客户支持，然后到不同生命周期阶段产生的信息返回公司。产品生命周期管理的关键是遍布产品生命周期各阶段的信息流以及在不同的生命周期阶段不同组织间的数据和知识的无缝转换。

2.192

原型　prototype

一种软件系统，该系统的功能与将要生产的系统非常类似。原型也可以看做一个比例模型。

2.193

产品多生命周期　product multi-life cycle

在产品可持续发展中出现的一种新概念。多生命周期不仅包括该代产品生命周期的全部时间，而且还包括该代产品报废或停止使用后，产品或其有关零部件在换代、下一代、再下一代等多代产品中的循环使用和循环利用的时间。所谓循环使用，是指将旧产品或其零部件直接或经整修后用在新产品中；所谓循环利用，是指将旧产品或其零部件转换成新产品的原材料。

2.194

精确表示的原则　precision express principle

模型作为描述系统、分析系统和仿真系统的工具，因此建立的模型必须是精确的、无歧义的、无冗余的。

2.195

产品数据交换规范　product data exchange specification

美国国家标准研究所(NIST)主持拟定的产品数据交换标准，草案被国际标准化组织(ISO)接受后已作为STEP继续研制。

2.196

产品数据管理　product data management

指对整个产品生命周期内的产品设计、制造数据及产品管理数据进行管理。

Q

2.197

质量功能配置　quality function deployment

一种将用户需求转换成各设计阶段和各生产阶段对产品要求的方法。它包括市场销售、计划、产品设计、原型产品评价、生产过程设计和生产的各项技术要求。

R

2.198

快速原型制造　rapid prototype manufacturing

一项国外80年代中期才发展起来的高新技术，包括一切由CAD模型直接驱动的快速制造任意复杂形状三维实体的技术总称。快速原型制造改变了传统采用的“去除”原理，采用离散/堆积成型原理成型，先有三维CAD制成三维实体(电子)模型，然后将三维电子模型变成二维平面信息(离散)过程，最后在快速原型制造设备中分层加工每个薄层并自动粘接(材料堆积过程)形成原型或零件。

2.199

快速可重构制造　rapid reconfigurable manufacturing

一种能按市场需求变化，以重排、重复利用、革新元素或子系统的方式快速实现快速调整的制造过程，功能和生产力的可变集成的制造系统。

2.200

快速响应工程　rapid response engineering

一种企业为适应市场竞争而采用的新的运营机制。它可以使企业具备从捕捉产品信息到及时投放市场的全面快速响应能力。主要内容包括建立快速捕捉市场动态需求信息的决策机制，实现产品的快速设计、追求新产品的快速试制定型和推行快速响应的生产体系。它是以关系产品模型和与之相适应的产品信息管理系统，以及基于实例推理的智能技术为主要手段，特别强调对企业产品信息的标准化和规范化重组，通过对企业现有成熟产品的变型再设计，使企业的宝贵信息资源能得到尽可能多的重用，从而达到以快交货、高质量、低成本和重环保的快速响应竞争为策略，赢得市场的目的。

2.201

资源　resource

服务提供商使用的可量化的资产，或者是另外一个服务提供商代表一个服务提供商来完成服务请求(例如:文件、通讯、货物等)。

2.202

资源层　resource layer

这一层的作用是对单个资源实施控制,与可用资源进行安全握手、对资源做初始化、监测资源运行状况、统计与付费有关的资源使用数据。在Toolkit中有一系列组件用来实现资源注册、资源分配和资源监视。Toolkit还在这一层定义了客户端的C,Java的AP工和SDK。

2.203

参考模型　reference model

工作流管理组织参考模型定义了一个体系结构,包括下列组件:

a) 工作流执行服务;

b) 过程定义工具;

c) 工作流客户端应用;

d) 被调用应用;

e) 管理和监督工具。

2.204

响应能力　response ability

一个实体从业务活动中收集信息,发现及预测变化的能力。

2.205

重用性原则　reuse principle

在模块化与通用性原则基础上,在建立企业模型时应尽可能的重用已经成熟的模型构件和部分通用模型,这样一方面可以显著缩短企业建模周期。另一方面可以大大提高建模质量。

2.206

关系　relation

实体之间的联系。

2.207

关系实体　relation entity

同时既为关系,又为实体。

2.208

基于网络化的区域性制造系统　regional manufacturing system based on network

在一定地域(如省、市、地、县)范围内,采用管产学研的组织模式,在计算机网络(包括Internet和Intranet)和数据库支持下,以市场为导向,动态集成区域内的企业、高校、研究单位的制造系统与科技资源,形成一个包括网络化制造信息系统、网络化资源系统、虚拟仓库及网络的销售系统、网络化的产品协同开发系统、虚拟供应链及网络化的供应系统等分系统和网络化的技术支持中心及服务中心的一个开放性的现代集成制造系统。它和"分散网络化制造系统"的主要区别在于强调区域性,使地方政府可以发挥很大的作用,同时,也具有相对的稳定性,而整个系统及其技术支持中心是长期存在的。

2.209

可靠性系统工程　reliability system engineering

一种研究产品全生命过程以及同故障作斗争的工程技术。它是从产品的整体性及其同外界环境的辨证关系出发,用实验研究、现场调查、故障或维修活动分析等方法,研究产品寿命和可靠性与外界环境的相互关系,研究产品故障的发生、发展及其预防和维修保障,直到消灭故障的一种规律。它还是提高可靠性、延长寿命和提高效能的一系列技术和管理活动的综合。

2.210

反求工程　reverse engineering

逆向工程

以先进产品、设备的实物,软件(图纸、程序及技术文件等)或影像(图片、照片)作为研究对象,反求出初始设计意图，包括形状、材料、工艺、强度等诸多方面的技术过程。

2.211

漫游　roaming

一个服务消费者初始化一个服务使用，但是此项服务并不是由与此消费者已有商业关系的服务提供商提供。

2.212

规则　rule

表示过程的控制逻辑，包含或(OR)、与(AND)、异或(XOR)三种。

S

2.213

领域包　scopes package

虚拟企业单个实体企业中的内部信息对象集合。这些信息对象具有企业内部高内聚和企业外部低耦合的关联性。

2.214

服务　service

可以给服务消费者提供其所要求的资源的网络和/或应用操作。

2.215

服务消费者　service consumer

一项服务的受益者(人或者系统)。

2.216

服务元素　service element

任何完成一项用户请求所需要的元素。

2.217

服务提供商　service provider

提供基于通讯的服务的企业。

2.218

通话　session

一套相关服务的使用，这些服务的使用可能是也可能不是以时间为测量单元。

2.219

车间作业管理　shop task management

利用来自车间的数据及其他数据处理文件，维护和传送生产订单及工作中心各种状态信息的系统。车间作业管理的子功能有：安排各项生产订单的先后顺序；维护在制品的数量信息；传递生产订单状态信息；为能力控制提供实际投入和产出数据；为库存和财务核算提供按地点及生产订单分类的在制品数量信息；衡量劳动力和机器设备的有效性、利用率和生产率。

2.220

仿真　simulation

模拟一个过程(在一台计算机上)，通过顺序运行该过程来实现，这样可以对被仿真的过程进行分析。

2.221

专用层　special layer

涉及具体企业对象。其构件已经对通用层提供的基本构件类实现了完全实例化。它是所有关于企业的必需知识的具体化。

2.222

静态协调　static coordinate

采用合适的关系表示机制，将产品开发过程中的关系全面表示出来，通过维持这些关系的有效性，来避免冲突的发生。

2.223

曲面造型技术　surface sculpt technology

通过数学方法描述曲面形状，可在计算机内精确表示各种形状复杂的表面的技术。

2.224

语义网　semantic web

由W3C提出的下一代因特网概念。目标是为Internet上的信息提供计算机可以理解的语义，满足智能软件代理(agent)对WWW上异构、分布信息的有效检索和访问，实现网上信息资源在语义层上的全方位互联和信息互操作，并在此基础上，实现更高层次、基于知识的智能应用。

2.225

系统集成技术　system integration technology

把来自各方的各类部件、子系统、分系统，按照最佳性能的要求，通过科学方法与技术进行综合集成，组成有机、高效、统一、优化的系统。系统集成技术与方法从全局考虑各分系统之间的关系，研究各分系统之间的接口问题。系统集成包括信息集成、功能集成、过程集成及企业集成。网络化制造中包含了以上四种集成。

2.226

系统多层次的异构性　system multilayer isomerous

构成网格计算的超级计算机有多种类型，不同类型的超级计算机在体系结构，操作系统及应用软件等多个层次上具有不同的结构。

2.227

系统构件　system component

系统的不同类型、不同层次的要素，具有相对的稳定性。

T

2.228

技术无关性　technology independent

通过运行平台直接执行企业的业务，实现业务模型和系统实现技术的分离，应用软件开发人员只需要聚焦于客户的业务逻辑，并可以使用多种程序语言来支持复杂业务逻辑，甚至可以将已有的应用软件转换为可用的业务逻辑，使应用系统可以在各类主流和标准的基础平台上运行，并可以顺利地迁移到未来的实现技术上。

2.229

三维数字测量技术　three-dimensional digital measuring technology

采用先进测量设备，获取实物模型表面若干组点的几何坐标值的过程。

2.230

企业全面集成　total enterprise integration

实现企业信息化的一个重要手段。主要是指建立企业内部各生产和经营环节之间的计算机通信网络系统及相应的分布式数据库管理系统，实现企业的全面集成。在这样的工作环境里，整个经营管理需要采取群体决策的方式。为此，需要在企业各类人员之间准确及时地交换和传递产品设计制造，生产计划调度及制造资源和经营管理等各种数据信息，实现全方位协调，多快好省的实现企业的运营目标。

2.231

全面质量控制　total quality control

企业为了保证和提高产品质量所运用的一套完整的质量管理活动体系、手段和方法。

2.232

全面质量管理　total quality management

一种思想观念，一套方法、手段和技巧，它强调通过全体员工的参与来改进流程、产品、服务和公司文化，达到在百分之百时间内生产百分之百的合格产品，以满足顾客的需求，从而获取竞争优势和长期成功。其核心内容是满足顾客需要。

2.233

工具层　tool layer

提供给用户的工具，以便用户能够更好地利用网格资源。

U

2.234

使用　usage

服务消费者消耗资源和服务的过程。

2.235

使用属性　usage attribute

一个参数，其值指出了某项服务或资源被使用的情况。

2.236

使用实体　usage entity

一个服务特定的触发器，它是由一个服务元素所产生的。此服务元素有一套与某个特定的服务消费者相关的使用属性值。

V

2.237

变型设计　variant design

在企业资源数据库中客户所需要的产品数据不存在，并且通过配置设计也不能完全满足要求，但是在资源数据库中有与客户需求相似的产品，功能模块数据存在，设计人员可以通过利用相似性原理进行产品设计，在产品和功能模块模型上进行一些变动来设计出满足特定客户需要的产品。

2.238

虚拟会议空间　virtual conferencing space

由计算机技术、通信技术与虚拟现实技术构造出来的虚拟会场。所有与会者的影像活跃在虚拟会场中，给每个与会者的感觉是大家同在一个会议室内开会，或专题发言，或自由讨论。它能提供无缝的会场环境、眼神接触和凝视感知等普通多媒体会议系统不具备的虚拟协同工作环境。为此，它作为网络时代的一项新技术，深受欢迎。目前，对这种虚拟会议空间的深入研究主要集中在虚拟现实技术和增强现实技术两方面。

2.239

虚拟企业　virtual enterprise

为了快速响应某一市场需求，通过信息高速公路，将产品涉及到的不同公司临时组建成为一个没有围墙、超越时空的约束、靠计算机网络的联系、统一指挥的合作经济实体。

虚拟企业是一种多家独立企业通过信息技术在网络中联系起来的一种临时性组织结构。网络中的各个成员充分信任和相互合作，发挥各自的核心优势，共享技术，分摊费用，迅速将共同开发与制造的产品推向市场。它通过企业间的最佳动态组合,不仅能迅速抓住市场,提供差别化的产品和服务,快速响应复杂多变的市场,而且还可以通过集成各成员企业的核心能力,发挥综合效应。

2.240

虚拟环境　virtual environment

采用虚拟技术模拟出来的一个虚幻的场景。其特点是用户与三维场景的充分融合与和谐统一。在虚拟环境中,用户和利用计算机生成的三维场景完全融为一体,用户通过特殊的设备利用语言、手势和头部的运动等尽可能的接近于现实的操作方式,有效的控制和改变场景的状态,就象置身于现实世界一样,有一种身临其境的感觉。处于一个分布式虚拟环境中的用户,相互之间还可以进行交流。使设计工作实现集成化和智能化,从机制和手段上保证了CAD产品的高性能、高质量、低成本和短周期。

2.241

虚拟制造　virtual manufacturing

一种新的制造技术,它以信息技术、仿真技术、虚拟现实技术为支持,在产品设计或制造系统的物理实现之前,就能使人体感受到未来产品的性能或者制造系统的状态,从而可以做出前瞻性的决策与优化实施方案。

2.242

虚拟制造设备　virtual manufacturing device

对实际制造设备的资源和功能特性定集的抽象表达,并将该抽象表达映射到实际制造设备的物理和功能的各个方面。

2.243

虚拟产品开发　virtual product development

产品开发设计制造的全过程在计算机虚拟环境中的映射,同时也是将产品的设计、分析、测试和制造等开发过程在计算机构造虚拟开发环境中进行数字化的模拟过程。

虚拟产品开发是以计算机仿真和建模为基础,集计算机图形学、智能技术、并行工程、虚拟现实及多媒体技术等为一体,由多学科知识组成的综合系统技术。

2.244

虚拟原型　virtual prototype

在CAD模型的基础上,使虚拟技术与仿真技术相结合,为建立产品原型而使用的新的方法。通过虚拟环境在可视化方面的优势以及可以交互的探索虚拟物体的功能,对产品进行虚拟设计分析,从而进行建模。运用虚拟模型,可以减少甚至消除物理原型的制作,从而加速新产品的开发过程。

2.245

虚拟现实　virtual reality

可以对真实世界进行动态模拟,产生的动态模拟环境能对用户的姿势、语言命令等做出实时响应,也就是说计算机能够跟踪用户的输入,并及时按输入修改模拟获得的虚拟环境,使用户和模拟环境之间建立起一种实时交互性关系,进而使用户产生身临其境的感觉。

2.246

可视化工程设计　visualized engineering design

可视化技术是计算几何、计算机图形/图像处理技术、CAD技术、计算机视觉及用户接口技术等交叉作用而形成的一门新技术。可视化工程设计则是可视化技术在工程设计领域的应用技术。它主要解决如何把设计对象、分析计算以及设计对象相关的现实环境转换成视觉可以直接感受的静止或活动的图像或图形。这种设计结果成为人能直观的、容易判别的形式可视化技术不仅极大的提高了设计质量,而且还加速了设计和制造的革命。

2.247

视图维度　view dimension

视图维度分别从功能、信息、组织、资源和过程五个方面刻画虚拟企业的全局信息，由此形成了功能视图、信息视图、组织视图、资源视图和过程视图组成的企业模型体系。

W

2.248

加工中心　work center

能够完成相类似的加工操作的一组机器设备或人员，能够被能力需求计划作为一个单元来考虑。

Z

2.249

零库存生产　zero stock production

现代化生产管理中的一种新方式，也是企业物流管理的基本要求。其具体的实施内容就是按订货单制造产品，按生产情况购进原材料，使库存等于零。这样做不仅可以减少库存积压，还可以减少在制品和材料的占有资金。它既需要有科学的管理手段，又需要有严格的管理制度。这种管理方式不仅可以提高企业的管理水平，而且还可以提高企业的经济效益。

附　录　A
（资料性附录）
网络化制造技术术语结构表及术语词条

A.1　网络化制造技术术语结构表

网络化制造技术术语结构表，见表 A.1。

表 A.1　术语结构表

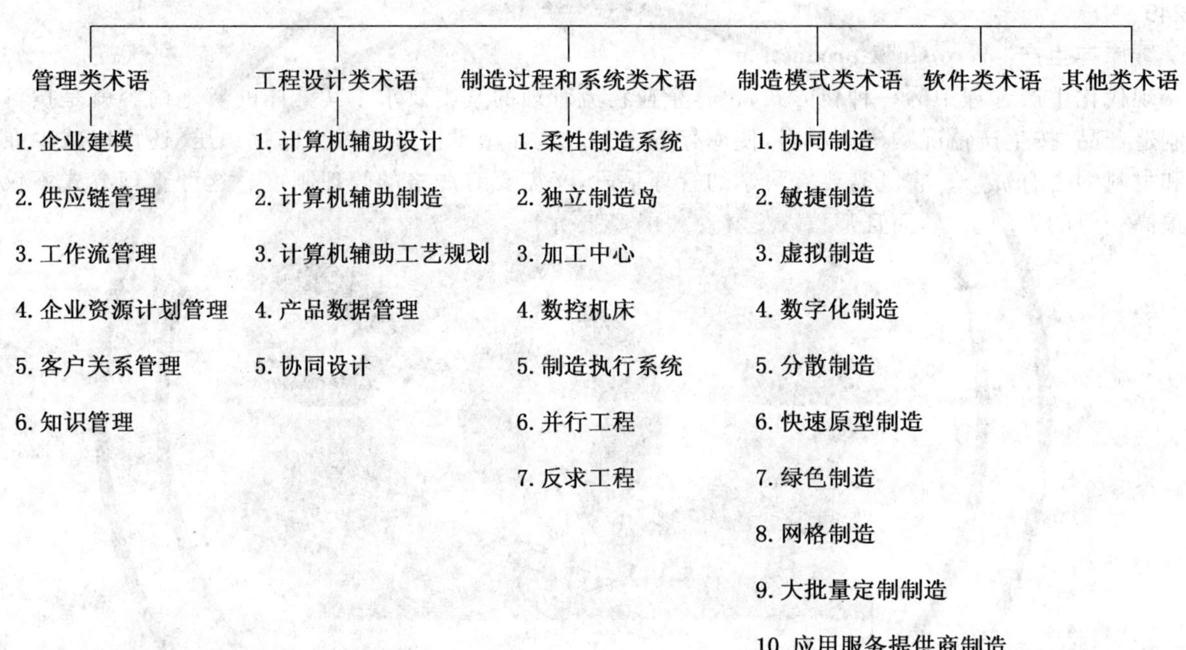

A.2　术语词条

下列术语词条按类别而列，已经有行业协会或者联盟的相关类别的术语只收录其类型名，未一一列出，可参考类型名后的相关行业协会或者联盟制定的术语标准。

A.2.1　管理类术语

a）　企业建模

1）　敏捷性　agility

2）　诊断结果原因分析过程　analyze process of diagnostic results

3）　分离原则　apart principle

4）　显式表示法　apparent display

5）　业务建模　business modeling

6）　业务控制模型　business control model

7）　业务导向　business guide

8）　业务流程模型　business process model

9）　单元性诊断　cell diagnose

10） 分类联系　categorization relationship
11） 分类　classification
12） 隐式表达法　concealed display
13） 诊断问题（又称企业弊病）　consultant matter
14） 一致性原则　consistency principle
15） 数据和事件分离的原则　data separate from business principle
16） 需求　demand
17） 设计　design
18） 数字化　digitalization
19） 领域　domain
20） 领域过程　domain process
21） 企业组织模型　enterprise organization model
22） 企业数据模型　enterprise data model
23） 财务效果的评价　estimate of financial effect
24） 战略效益的评价　estimate of stratagem effect
25） 技术功能评价　estimate of technology effect
26） 外部效益评价　estimate of exterior effect
27） 企业建模框架　enterprise modeling framework(EMF)
28） 实体　entity
29） 企业对象　enterprise object
30） 封装　encapsulation
31） 评价　evaluation
32） 事件　event
33） 功能和行为分离的原则　function separate from business principle
34） 全局性诊断　full-scale diagnose
35） 功能设计　functional design
36） 功能需求　functional requirement
37） 功能视图　function view
38） 功能分解原则　function separation principle
39） 通用层　generic layer
40） 层次组织　hierarchical organization
41） 从属标识符实体　identifier dependent entity
42） 独立标识符实体　identifier independent entity
43） 标定联系　identifying relationship
44） 信息包　information package
45） 信息元素　information element
46） 信息视图　information view
47） 生命周期维　life cycle dimension
48） 企业诊断　management consultant
49） 基于知识的企业诊断方法　management consultant base on knowledge
50） 基于模型的企业诊断方法　management consultant base on model
51） 人工诊断　manual diagnosing
52） 可维护性　maintainability

53） 矩阵组织　matrix organization
54） 模型　model
55） 模型通用性原则　model general principle
56） 模型可视化原则　model viewable principle
57） 模型诊断原则　model diagnose principle
58） 模型诊断过程　model diagnosing process
59） 建模效率　modeling efficiency
60） 模型质量　model quality
61） 非标定联系　non-identifying relationship
62） 非确定联系　non-specific relationship
63） 对象　object
64） 组织视图　organize view
65） 原型　prototype
66） 部分通用层　part currency layer
67） 精确表示的原则　precision express principle
68） 纠错能力　rectify ability
69） 参考模型　reference model
70） 关系　relation
71） 关系实体　relation entity
72） 重用性原则　reuse principle
73） 响应能力(R)　response ability
74） 规则　rule
75） 仿真　simulation
76） 专用层　special layer
77） 技术无关性　technology independent
78） 视图维度　view dimension

b） 供应链管理(采购和供应链管理联盟 International Federation of Purchasing and Supply Management http://www.ifpmm.org/)
c） 工作流管理(工作流管理联盟 WFMC 制定的相关术语标准 http://www.wfmc.org/)
d） 企业资源计划管理(中国制造业信息化 ERP 产业技术联盟术语标准)
e） 客户关系管理(中国客户关系管理研究中心 http://www.crmforum.org/中国客户关系管理专业委员会)
f） 知识管理(中国知识管理网 http://www.chinakm.com/default.asp 亚洲知识管理协会 Asian Knowledge Management Association)

A.2.2　工程设计类术语

a） 计算机辅助设计
  1） 计算机辅助设计　computer aided design
  2） 智能 CAD　intelligent computer aided design
b） 计算机辅助制造
  1） 计算机辅助制造　computer aided manufacture
c） 计算机辅助工艺规划
  1） 计算机辅助工艺规划　computer aided process planning
  2） 工艺路线　routing

d) 产品数据管理

1) 产品数据管理 product data management

e) 协同设计

1) 协同设计 collaborative design

A.2.3 制造过程和系统类术语

a) 柔性制造系统

1) 柔性自动化 flexible automation

2) 柔性生产能力 flexible capability

3) 柔性制造单元 flexible manufacturing cell

4) 柔性制造技术 flexible manufacturing technology

5) 柔性传输线 flexible transfer line

6) 柔性制造系统 flexible manufacturing system

7) 柔性制造系统仿真器 flexible manufacturing system simulator

b) 制造执行系统(制造执行系统国际联盟组织 MESA Manufacturing Execution System International Association)

c) 加工中心

1) 加工中心 work center

d) 独立制造岛

1) 独立制造岛 autocephaly manufacturing island

e) 数控机床

1) 数控机床 numerical control machine tool

2) 数控装置 numerical control device

3) 数控程序 numerical control programme

4) 输入装置 input device

f) 并行工程

1) 业务流程重组 business process reengineering

2) 并行工程 concurrent engineering

3) 关键路线法 critical path method

4) 面向装配的设计 design for assembly

5) 面向制造的设计 design for manufacturing

6) 动态协调 dynamic coordinate

7) 质量屋 house of quality

8) 集成产品开发团队 integrated product team

9) 计划评审技术 program evaluation and review

10) 质量功能配置 quality function deployment

11) 静态协调 static coordinate

g) 反求工程(逆向工程)

1) 反求设计 inverse design

2) 反求工程(逆向工程) reverse engineering

3) 曲面造型技术 surface sculpt technology

4) 三维数字测量技术 three-dimensional digital measuring technology

A.2.4 制造模式类术语

a) 协同制造

1） 协同设计 collaborative design
2） 协同产品商务 collaborative product commerce
3） 计算机辅助软件工程 computer aided software engineering
4） 计算机支持的协同工作 computer-supported cooperative work
5） 并行协同设计 concurrent cooperative design
6） 协同能力 cooperating ability
7） 协同工作 cooperative work
8） 直接控制 direct control
9） 动态协调 dynamic coordinate
10） 联合应用设计 join application design
11） 学习能力 learning ability
12） 产品数据交换规范 product data exchange specification
13） 产品数据管理 product data management
14） 共享信息平台 shared information platform
15） 静态协调 static coordinate

b） 敏捷制造

1） 敏捷制造 agile manufacturing
2） 敏捷性 agility
3） 敏捷化基础设施 agility basic establishment
4） 敏捷企业协作平台 agility enterprise collaboration platform
5） 变革能力 change ability
6） 协同设计 collaborative design
7） 协同产品商务 collaborative product commerce
8） 计算机支持的协同工作 computer-supported cooperative work
9） 计算机集成制造体系结构 computer integrated manufacturing architecture
10） 计算机集成制造 computer integrated manufacturing
11） 计算机集成产品工程 computer-integrated product engineering
12） 并行协同设计 concurrent cooperative design
13） 现代集成制造 contemporary integrated manufacturing
14） 协同工作 cooperative work
15） 动态企业联盟 dynamic enterprise league
16） 电子商务 electronic business/commerce
17） 使能信息技术 enabling information technology
18） 工程设计系统 engineering design system
19） 企业应用集成 enterprise application integration
20） 企业工程 enterprise engineering
21） 企业集成 enterprise integration
22） 现场总线 fieldbus
23） 现场总线体系结构 fieldbus architecture
24） 通用制造原则 generally manufacturing principle
25） 高级 Petri 网 high-level Petri net
26） 投入/产出控制 input/output control
27） 智能代理(Agent)技术 intelligence agent technology

28） 网上撮合　internet match
29） 网上交易　internet transaction
30） 智能工程　intelligent engineering
31） 智能制造系统　intelligent manufacturing system
32） 联合应用设计　join application design
33） 准时制生产　just in time
34） 生命周期　life cycle
35） 生命历程　life history
36） 制造执行系统　manufacturing execution system
37） 制造周期时间　manufacturing cycle time
38） 管理信息系统　management information system
39） 管理支持对象　management support object
40） 制造中心　manufacturing center
41） 制造软件应用　manufacturing software application
42） 多媒体导购系统　multimedia promotion system
43） 多媒体计算机辅助工程　multimedia computer aided engineering
44） 网络化制造　networked manufacturing
45） Petri 网　Petri net
46） 库所　place
47） 产品生命周期管理　product life cycle management
48） 产品多生命周期　product multi-life cycle
49） 基于网络化的区域性制造系统　regional manufacturing system based on network
50） 可靠性系统工程　reliability system engineering
51） 车间作业管理　shop task management
52） 系统集成技术　system integration technology
53） 企业全面集成　total enterprise integration
54） 全面质量控制　total quality control
55） 全面质量管理　total quality management
56） 零库存生产　zero stock production

c） 虚拟制造
1） 财务效果的评价　estimate of financial effect
2） 战略效益的评价　estimate of stratagem effect
3） 技术功能评价　estimate of technology effect
4） 外部效益评价　estimate of exterior effect
5） 评价　evaluation
6） 网状组织　network organization
7） 领域包　scopes package
8） 虚拟会议空间　virtual conferencing space
9） 虚拟企业　virtual enterprise
10） 虚拟环境　virtual environment
11） 虚拟制造　virtual manufacturing
12） 虚拟制造设备　virtual manufacturing device
13） 虚拟产品开发　virtual product development

14） 虚拟原型 virtual prototype

15） 虚拟现实 virtual reality

16） 可视化工程设计 visualized engineering design

d） 数字化制造

1） 数字化 digitalization

2） 数字化鸿沟 digitized divide

3） 数字化制造 digitized manufacturing

4） 无纸设计/制造 paperless design/manufacturing

e） 分散制造

1） 单元化制造 cellular manufacturing

2） 分散网络化制造 dispersed networked manufacturing

3） 分散网络化生产系统 dispersed networked productions system

4） 分布式监测诊断系统 distributed control-diagnostic system

5） 分布式数据处理 distributed data processing

6） 分布式制造系统 distributed manufacturing system

7） 全球分布制造管理 global distributing manufacturing management

8） 组织图 organizational chart

9） 组织单元 organizational unit

f） 快速原型制造

1） 快速原型制造 rapid prototyping manufacturing

2） 快速可重构制造 rapid reconfigurable manufacturing

3） 快速响应工程 rapid response engineering

g） 绿色制造

1） 面向拆卸的设计 design for disassembly

2） 绿色设计 green design

3） 绿色评价 green estimate

4） 产品使用的绿色度 green degree of product using

5） 绿色制造 green manufacturing

6） 绿色制造过程 green manufacturing process

7） 绿色商品 green merchandise

8） 绿色原材料 green raw materiel

h） 网格制造

1） 应用层 apply layer

2） 连接层 connectivity layer

3） 汇集层 collective layer

4） 结点及互联层 crunode and internet layer

5） 动态和不确定的系统行为 dynamic and uncertain system action

6） 构造层 fabric layer

7） 网格 grid

8） 网格计算 grid account

9） 加工车间 job shop

10） 中间件层 middle layer

11） 多级管理域 multilevel management domain

12) 系统多层次的异构性 system multilayer isomerous
13) 工具层 tool layer
14) 结构的不可预测性 inscrutability of structure
15) 资源层 resource layer
16) 专用层 special layer
17) 系统构件 system component

i) 大批量定制生产

1) 组装设计 assembly design
2) 全新设计 bran-new design
3) 客户订单解耦点 customer order decoupling point
4) 大批量定制生产 mass customization manufacturing
5) 变型设计 variant design

j) 应用服务提供商制造

1) 应用服务提供商制造 application service provider manufacturing
2) 资源 resource
3) 漫游 roaming
4) 服务 service
5) 服务消费者 service consumer
6) 服务元素 service element
7) 服务提供商 service provider
8) 通话 session
9) 使用 usage
10) 使用属性 usage attribute
11) 使用实体 usage entity

A.2.5 软件类术语

1) 制造软件 manufacturing software
2) 制造软件组件 manufacturing software component
3) 制造软件单元 manufacturing software unit
4) 制造系统 manufacturing system
5) 制造软件能力 manufacturing software capability
6) 制造软件能力专规 manufacturing software capability profile

A.2.6 其他类术语

参 考 文 献

[1] GB/T 5271 信息技术(所有部分)

[2] GB/T 11457—2006 信息技术 软件工程术语

[3] GB/T 15312—2008 制造业自动化 术语

[4] GB/T 16642—2008 企业集成 企业建模框架(ISO 19439:2006,IDT)

[5] GB/T 16720.1—2005 工业自动化系统 制造报文规范 第1部分:服务定义(ISO 9506-1:2003,IDT)

[6] GB/T 18725—2008 制造业信息化 技术术语

[7] GB/T 18755.2—2003 工业自动化系统与集成 制造自动化编程环境(MAPLE) 第2部分:服务与接口(ISO 13281-2:2000,IDT)

[8] GB/T 19902.1—2005 工业自动化系统与集成 制造软件互操作性能力建规 第1部分:框架(ISO 16100-1:2002,IDT)

索　引

汉语拼音索引

英文对应词索引

A

B

C

F

G

ICS 35.240.50
J 07

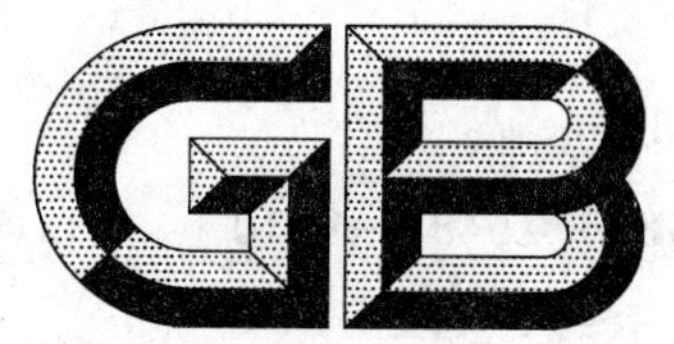

中华人民共和国国家标准

GB/T 25487—2010

网络化制造系统应用实施规范

Networked manufacturing system implementing specification

2010-12-01 发布

2011-05-01 实施

中华人民共和国国家质量监督检验检疫总局
中国国家标准化管理委员会 发布

前　言

本标准的附录A和附录B均为资料性附录。

本标准由中国机械工业联合会提出。

本标准由全国工业自动化系统与集成标准化技术委员会(SAC/TC 159)归口。

本标准主要起草单位:北京机械工业自动化研究所、清华大学。

本标准主要起草人:黄双喜、黎晓东、高雪芹、陈天华。

网络化制造系统应用实施规范

1 范围

本标准为企业进行网络化制造的应用与实施提供参考指南。本标准给出了企业在应用和实施网络化制造系统时的总体指导方针、需求分析方法、系统设计内容、应用工程的项目管理方法，并规范了网络化制造系统的实施、运行和维护的步骤与任务。

本标准适用于企业、网络化制造咨询服务单位以及提供网络化制造技术支持的单位。

2 术语和定义

下列术语和定义适用于本标准。

2.1

参考体系结构 reference architecture

一套方法和框架，它通过结构化的方法论、规范化的操作和支持工具来指导企业集成系统的设计和实现。

2.2

体系结构 architecture

系统（不论物理的或概念的对象或实体）中各部分的基本配置和连接的描述（模型）。

注：针对系统集成有且只有两种体系结构。它们是：

a) 系统体系结构（有时又称为“第1类”体系结构）涉及系统的设计。例如整个企业集成系统中的计算机控制系统部分。

b) 企业参考项目（有时称为“第2类”体系结构）涉及诸如企业集成或其他企业开发计划的项目的开发与实施的组织。

［GB/T 18757—2008，定义3.2］

2.3

生命周期模型 life cycle model

与生存周期有关的过程和活动的一个框架，也作为沟通和理解的通用参考。

［GB/T 22032—2008，定义4.8］

2.4

经营过程 business process

企业活动的部分有序集，通过其执行来实现企业或企业某一部分的既定目标以达到某种期望的最终结果。

［GB/T 18757—2008，定义3.5］

2.5

企业 enterprise

共同承担确定使命、目标和目的，以提供产品或服务等输出的一个或多个组织。

注：该术语包括诸如广义企业、虚拟企业等相关概念。

［GB/T 18757—2008，定义3.6］

2.6

框架 framework

表明概念化实体各组成部分彼此间相互关系的结构图。

注：对照企业参考体（“第2类”）系结构，这里所涉及的结构或各部分的相互关系都没有生命周期或时间关系。

［GB/T 18757—2008，定义3.9］

2.7

生命周期　life cycle

系统走完其全部生命历程所经历的一般阶段和步骤的有限集。

[GB/T 18757—2008,定义 3.11]

2.8

项目　project

具有预定的起始与结束时间,根据规定的资源和需求承诺创建产品或服务的一个行动。

[GB/T 22032—2008,定义 4.12]

2.9

方法论　methodology

(以文本、计算机程序、工具等方式提供的)指令集,是指导人们思考问题和解决问题的步骤和工作内容。

注:在执行实体集成项目生命周期的各方面时,方法论描述或规定了企业工程和集成的过程。方法论可能会考虑到所涉及的社会、政治、经济等方方面面。

[GB/T 18757—2008,定义 3.14]

2.10

模型　model

为回答所研究的问题和表达真实事物的特定方面而采用任何形式(包括数学、物理、符号、图形或文字描述等)对实际事物的抽象表达法。

注:模型可用于描述企业活动或企业生命周期的不同阶段。

[GB/T 18757—2008,定义 3.16]

2.11

阶段　stage

在一个系统的生命周期中与系统描述或系统自身的状态有关的一段时间。

注 1:阶段与系统在其生存周期中的进展和成果里程碑相关。

注 2:阶段可以是重叠的。

[GB/T 22032—2008,定义 4.14]

2.12

系统　system

为达到一个或多个规定目的而组织起来的,相互作用的元素的组合体。

注 1:一个系统可被认为是一个产品或它提供的服务。

注 2:实际上,对系统含义的介绍通常通过使用一个联合名词来阐明,如飞行器系统。或者,单词"系统"可简单地由上下文相关的同义词来替代,如飞行器,虽然这可能使系统的观点不太明显。

[GB/T 22032—2008,定义 4.17]

2.13

系统生命周期　system life cycle

所关心的系统从概念到退役随时间的进化。

[GB/T 22032—2008,定义 4.20]

2.14

网络化制造　networked manufacturing

企业利用网络技术开展产品设计、制造、销售、采购和管理等一系列制造活动的总称。

2.15

网络化制造系统　networked manufacturing system

企业在网络化制造模式的指导思想、相关理论和方法的指导下,在网络化制造集成平台和软件工具的支持下，结合企业具体的业务需求，设计实施的基于网络的制造系统。

2.16

网络化制造技术　networked manufacturing technology

支持企业设计、实施、运行和管理的基于网络的制造系统所涉及的所有技术的总称。

3　网络化制造系统应用实施总体战略

3.1　应用实施方针

网络化制造系统的实施遵循“战略导向，总体规划；需求牵引，分步实施；效益驱动，重点突破”的二十四字总体指导方针。

“战略导向，总体规划”：网络化制造系统为企业发展战略服务，以企业的长远发展战略和近期经营发展目标为基础进行总体规划。

“需求牵引，分步实施”：企业网络化制造系统各分系统、子系统以及功能模块的实施，需要根据企业对其需求的紧迫程度，以及企业的准备情况、系统实施的难易程度制定出实施的先后顺序。当各方面的客观条件和准备工作就绪后，才稳妥地推进某特定分系统、子系统或功能模块的实施工作。

“效益驱动，重点突破”：企业网络化制造系统的实施以能为企业带来显著效益的环节为重点，并根据制造系统各分系统、子系统以及功能模块需求的轻重缓急，选择相应的技术方案和实施策略进行重点突破。

3.2　应用实施方法

网络化制造系统应用实施所需的方法论包含三个部分：参考模型、建模方法和实施指南。

a)　参考模型(参考体系结构)

网络化制造系统体系结构由一组代表整个网络化制造系统各个方面的多视图、多层次的模型组成，网络化制造系统的应用实施需要参考模型给予具体的引导，需要为企业实施网络化制造系统提供一套系统参考模型。

b)　建模方法

网络化制造系统应用实施有必要采用一套全方位、多层次的系统建模方法，用于建立系统的功能模型、信息模型、组织模型、资源模型、过程模型。

c)　实施指南

网络化制造实施指南包括网络化制造应用实施各阶段工作的结构化进程、项目管理方法以及质量保证应做的工作。实施指南是对网络化制造应用实施整个进程的内容、组织、步骤和应有的工作进行结构化和标准化规范，保证网络化制造的应用实施过程能有条不紊地进行。这里所提的结构化和标准化是指为达到网络化制造开发所应完成的一系列目标而规定的各种活动的顺序及其内容与要求。

3.3　应用实施过程

网络化制造系统的应用实施过程包括需求分析、可行性论证、总体设计、详细设计、系统开发、应用实施和运行维护几个阶段。首先要针对具体的企业进行网络化制造系统应用工程的需求分析。在需求分析的基础上进行网络化制造系统应用工程的总体设计。根据总体设计，进行网络化制造系统的开发、应用实施、运行和维护。网络化制造系统的实施需要引进工程项目管理的方法。

4　网络化制造系统需求分析

4.1　需求分析的工作内容

需求分析工作是系统设计的出发点和依据。网络化制造系统的需求分析根据企业的具体情况，明确企业需要什么样的网络化制造系统，需要什么样的功能和性能，以及各种需求的紧迫程度。网络化制造系统需求分析的工作内容包括企业现状分析、企业间协同需求分析、问题与瓶颈分析、目标分析和系统约束分析。

4.2 企业现状分析

a) 企业概况分析

分析企业的规模、水平、经济实力及地位,包括:企业所属行业;企业在行业及整个国民经济中的地位;企业人数及其素质情况;企业的资产、产值、利税等生产经济指标;企业的地理分布、分散情况,交通便利情况;企业的历史及演变过程;企业的体制、组织机构等;企业其他有关情况等。

b) 企业经营管理特点分析

企业产品种类及型号,产品技术含量,产品的结构特点;企业的生产方式;生产工艺特点:主要生产流程特点及先进程度等;企业设备特点;企业的经营特点;企业的财务成本管理特点等。

c) 企业的组织机构和工作流程分析

分析企业的组织机构和企业经营过程。

d) 企业生产流程分析

调查现有产品、部件、零件的生产流程和工艺路线,分析其合理性。

e) 产品的市场占有率分析

通过国内市场需求分析、国外市场需求分析和国内外同行竞争状况分析确定企业未来市场的占有率。

f) 企业技术现状分析

对企业的设备基础,计算机资源情况、各种自动化系统的应用情况,以及与上述有关的技术人员的水平、能力等情况进行分析。

4.3 问题与瓶颈分析

问题与瓶颈分析研究企业发展战略,确定经营目标,分析企业组成系统的各环节存在的问题,然后予以改进。问题与瓶颈分析主要步骤和任务包括:

a) 明确要解决问题的准确含义,并用确切的语言把问题表达出来;
b) 从质量问题出发先分析大原因,再以大原因作为结果寻找中原因,然后以中原因为结果寻找小原因,甚至更小的原因;
c) 分析问题和大、中、小原因之间的因果关系,并明确原因内容;
d) 找出主要问题与瓶颈。

4.4 网络化制造系统目标分析

4.4.1 总目标和阶段目标

网络化制造系统的总目标是确定一个企业网络化制造系统最终的发展方向,为实现企业生产经营战略目标服务,由企业领导和网络化制造系统总设计师共同反复讨论确定。

网络化制造系统总目标是依据企业生产经营战略目标,企业实际情况和需求,当前所存在的薄弱环节及未来行业发展方向而制定。

网络化制造系统应该分阶段实施,需要确定分阶段目标。

阶段目标是总目标在某个阶段的具体化,分为近期阶段目标和远期阶段目标。近期阶段目标要明确,具体、可操作性要强,完成后能产生相应的经济效益。远期阶段目标可以宏观一些,当它变成近期阶段目标时再予以细化。

4.4.2 功能、应用和效益目标

a) 功能目标

网络化制造系统功能目标应指出系统所具有的功能和性能,即针对企业的网络化经营活动,指出可以实现的计算机和网络技术应用内容,包括单元技术应用、集成的水平、系统的安全运行,尤其是与企业外部应用集成水平。网络化制造系统的功能目标,还须按分系统(包括企业内部和面向外部的各网络化制造分系统)进行细化,给出各分系统的功能目标。

b) 应用目标

指出功能的应用覆盖面。明确网络化制造系统实施各阶段的应用程度。

c) 效益目标

指出实现网络化制造系统功能和应用后对解决企业存在问题并产生经济效益所做的贡献。网络化制造系统效益目标的制定考虑以下方面的内容：优化企业产品结构；提高劳动生产率；提高生产能力；缩短产品开发和生产周期；提高产品质量；降低生产成本；增强市场应变能力；实现管理科学化等。效益目标也同样要针对每个阶段给出。

4.5 系统约束分析

网络化制造系统的主要约束条件有：

a) 系统范围：明确网络化制造系统所涉及到的子企业和部门，便于系统设计和实施；
b) 资金约束：企业可用于网络化制造系统工程的资金，应明确指出可用的资金数量；
c) 资源约束：明确网络化制造系统需要使用和集成的资源以及信息提取、转换、传输的安全性。

5 网络化制造系统可行性论证

5.1 目的和任务

网络化制造系统可行性论证目的是确定是否要投资网络化制造系统应用实施。任务是要确定本企业实施网络化制造系统的总体目标和主要功能，拟定集成的方案，比较并选定实施的技术路线，并从技术、经济和社会条件方面论证集成方案的可行性和系统可靠运行的安全性，制定投资规划和开发计划，编写可行性论证报告。

5.2 可行性论证的工作内容

a) 组织队伍拟定可行性论证工作计划；
b) 了解并阐述企业的市场环境、战略目标以及其外部条件；
c) 调查分析内部资源，找出缺陷与瓶颈；
d) 提出原系统改造的需求，确定实施网络化制造的目标；
e) 拟订网络化制造系统的集成方案、运行系统的安全性、环境要求以及拟采取的技术路线；
f) 提出开发过程的关键技术和解决途径；
g) 明确组织机构改变的相应需求及可能造成的影响；
h) 进行投资概算和初步成本效益分析；
i) 拟订系统开发计划；
j) 编写可行性论证报告；
k) 组织可行性论证报告评审。

6 网络化制造系统总体设计

6.1 总体设计的任务

总体设计的任务是确定本企业网络化制造系统的系统需求、建立目标系统的功能模型、确定信息模型的实体和联系、提出网络化制造系统实施主要技术方案。

6.2 总体设计内容

a) 制定总体设计工作计划；
b) 系统需求分析，将可行性论证中提出的需求具体化为已有具体技术实现方案的需求；
c) 系统总体结构设计，明确系统体系结构的框架；
d) 分系统技术方案确定；
e) 系统功能模型及技术性能指标设计；
f) 确定系统信息模型；

g） 确定系统内部、外部接口；

h） 确定开发方法和技术路线；

i） 提出关键技术及解决方案；

j） 规划系统软硬件配置；

k） 规划网络化制造应用实施环境和系统可靠运行的安全保障；

l） 确定详细设计任务及实施进度计划；

m） 编制有关设计报告和文档。

6.3 总体设计阶段

总体设计工作划分为下列几个阶段：

a） 准备阶段：接受和理解承担的总体设计任务书；制定总体设计大纲；组织队伍，明确分工；下达各分系统总体设计任务书；

b） 设计阶段：完成总体方案的设计；

c） 文档报告编写阶段：总体设计报告正文可按总体设计的工作内容编写；

d） 评审阶段：组织项目内部和外部专家进行总体设计方案的评审。

6.4 总体设计的组织

企业要成立以一把手为组长的网络化制造系统领导小组。网络化制造系统的应用实施要由一把手直接领导。领导小组要定期听取汇报，进行重大问题的决策和高层次的协调，并最后审定批准设计结果。总体设计实行总设计师负责制。设计队伍应由企业内外专家共同组成联合设计组，负责各方面的设计工作。

7 网络化制造系统工程实施

7.1 工程实施任务

工程实施的任务是物理实现总体设计的内容，建设一个支撑网络化制造的系统。为此要完成应用软件编码、安装、调试，计算机硬件和生产设备的安装调试，全局数据库、局部数据库和网络的安装调试，以及组织机构落实和人员定岗。

7.2 工程实施的内容

a） 制定并落实工程实施的计划；

b） 购买或制造硬件设备；

c） 硬件设备的安装、调整、测试及验收；

d） 建立试验数据库，加载典型数据做好测试设计；

e） 调试数据库；

f） 数据库加载；

g） 制定应用软件编程约定；

h） 程序开发；

i） 单元测试；

j） 程序联调；

k） 确定集成系统测试内容，准备测试环境；

l） 对子系统及分系统进行联调测试，并编写测试报告；

m） 总系统联调和测试；

n） 文档编制和完善；

o） 进行组织机构的调整与各类人员的培训。

8 网络化制造系统运行维护

8.1 系统运行与维护的任务

网络化制造系统运行与维护的任务是保证投入运行后的网络化制造系统正常高效的运行，纠正在开发阶段产生而在测试阶段未发现的错误，改善系统功能和性能。这一时期起始于系统开始运转，终止于被替代或报废。网络化制造系统运行维护有改正性的、完善性的和适应性的三类维护。

8.2 系统运行与维护的工作内容

a) 完善各种操作规程和维护规程；

b) 做好备份和故障后恢复的准备；

c) 系统应用(操作)人员和维护人员的技术培训；

d) 系统运行状况记录；

e) 硬件资源维护；

f) 应用软件维护；

g) 技术基础结构维护；

h) 数据和数据文件维护，以及相应的安全保安工作；

i) 机构和人员的调整；

j) 定期进行系统运行评价，做出阶段报告。

9 网络化制造系统应用实施工程项目管理

9.1 应用实施工程项目管理生命周期

网络化制造系统应用实施工程项目管理的生命周期分为四个阶段，项目启动、项目规划、项目执行和项目收尾。

9.2 应用实施工程项目计划

网络化制造系统应用实施工程项目计划作用：减少不定因素，理清项目目标，提供评价项目进度情况的基础，建立行动的指南和标准，确定工作人员的职责。项目计划包含项目总貌、项目目标、项目方针、项目规程、项目资源、项目检验标准、项目组织、项目分解和问题预测。

9.3 应用实施工程项目调度

网络化制造系统应用实施工程项目调度应根据项目的交付期和有限的资源环境，对各个子项目活动做出时间上的安排，确定各子项目的启动和完成日期，规划需要投入的人力，制定项目主调度计划。

9.4 应用实施工程项目资源分配

项目的资源包括人力、物力和财力三个方面。网络化制造系统应用实施工程项目资源分配要作出资源分配计划，把现有的和将来有可能获得的资源，合理地分配到各个子项目的活动中去。

9.5 应用实施工程项目监控

网络化制造系统应用实施工程项目监控的目标是减小项目实施过程和项目规划之间的差距，及时发现并及时修正实施过程中的偏差。项目监控包含三种操作：

a) 项目检测与监视；

b) 项目误差评判；

c) 项目控制。

9.6 应用实施工程项目组织

在项目人员之间建立组织管理上的联系，赋予项目人员明确的责任，协调好项目组织与企业组织机构之间的关系，使项目实施能够正常进行。

9.7 应用实施工程评价准则

网络化制造系统应用实施工程的效益由下列三部分组成：

a) 可计量效益:可以按规定计量外部收益率和年金值。还可以具体计算生产率的提高、开发周期的缩短、成本的降低、劳动力的节省、技术的提高、设计成本的下降、库存在制品的减少等因素带来的经济效益。
b) 战略效益:考虑下列因素:
   1) 市场竞争力:满足市场变化的能力或绝对市场占有率;
   2) 产品竞争力:产品竞争力强指质量高、交货时间短、新产品开发能力强、易满足顾客需求等用以赢得市场份额的因素,结果要体现在销售额上升比率高;
   3) 改变批量能力或企业的柔性;
   4) 提高企业知名度,改善形象;
   5) 提高经营管理水平。
c) 其他效益:考虑下列因素:
   1) 改善技术人员和工人的工作条件;
   2) 提高职工企业意识,增强凝聚力;
   3) 有利于国际合作;
   4) 提高职工技术、文化素养;
   5) 职工待遇、企业文化。

10 网络化制造系统应用实施支撑软件系统

网络化制造系统的应用实施需要一系列的软件支持平台,包括工具软件、应用软件和集成支持平台。

a) 工具软件支持平台

   网络化制造系统的工具软件包括建模工具、项目管理工具、操作系统、数据库管理系统和系统开发工具等软件。
b) 应用软件支持平台

   企业网络化制造业务的开展,需要大量的应用软件平台的支撑,如在产品开发方面的CAD/CAE/CAPP/CAM/PDM/CPC等软件;在经营管理方面的OA、MRP、MRPII、ERP、SCM、CRM、网络化产品销售和定制系统、网络化分销管理系统等软件,在生产制造方面的MES、FMS、DNC、网络化设备资源共享支持系统等相关软件。
c) 网络化制造集成支持平台

   企业网络化制造业务的开展一般均要涉及到产品生命周期多个环节;也将涉及多种应用软件的集成,包括信息集成、功能集成和过程集成,还涉及企业间的人员和制造资源等方面的集成,因此,需要一套网络化制造集成支持平台,为企业基于Internet/Intranet/Extranet开展网络化制造业务提供协同支撑环境。

附 录 A
（资料性附录）
网络化制造的体系结构及运行模式

A.1 网络化制造的背景

网络化制造是在网络经济情况下产生并得到广泛应用的先进制造模式。与其他先进制造模式的产生和应用背景一样，网络化制造这种先进制造模式的产生也是需求与技术双轮驱动的结果。需求是网络化制造模式产生和应用的基础，技术是网络化制造模式使能的条件。对网络化制造模式的需求一方面来自于市场竞争的压力，另一方面来自于企业提高自身生产经营管理水平的需要。信息技术与网络技术，特别是因特网(Internet)技术的迅速发展和广泛应用，促进了网络化制造这一先进制造模式的研究和应用。

在经济全球化、信息和服务网络化的大趋势下，网络化制造技术和系统能够较好地满足企业开展市场竞争的核心需求，因而，近些年来关于网络化制造的研究、开发与应用得到了广泛的重视，发展速度非常迅速，取得了丰富的成果，形成了一整套网络化制造相关的理论、方法、工具、系统和应用体系。在其发展过程中，存在以下相关的概念和定义：

a） 分布式网络化制造系统

面对网络经济时代制造环境的变化，传统的组织结构相对固定、制造资源相对集中、以区域性经济环境为主导、以面向产品为特征的制造模式已与之不相适应，需要建立一种市场驱动的、具有快速响应机制的网络化制造模式，这将是当前乃至今后若干长的时期内制造业所面临的最紧迫的任务之一，是制造企业摆脱困境，赢得市场，掌握竞争主动权的关键。分布式网络化制造系统是一种由多种、异构、分布式的制造资源，以一定互联方式，利用计算机网络组成的、开放式的、多平台的、相互协作的、能及时灵活地响应客户需求变化的制造系统，是一种面向群体协同工作并支持开放集成性的系统。其基本目标是将现有的各种在地理位置上或逻辑上分布的异构制造系统/企业，通过其代理连接到计算机网络中去，以提高各个制造系统/企业间的信息交流与合作能力，进而实现制造资源的共享，为寻求市场机遇，及时、快速地响应和适应市场需求变化，赢得竞争优势，求得生存与发展。”

b） 分散网络化制造

分散网络化制造的目标是利用不同地区的现有生产资源，把它们迅速组合成为一种没有围墙、超越空间约束、靠电子手段联系、统一指挥的经营实体，以便快速推出高质量、低成本的新产品。

c） 区域性网络制造系统

区域性网络制造系统是指在一定区域(如省、市、地、县)范围内，采用官产学研的组织模式，在计算机网络(包括因特网和区域局域网)和数据库的支撑下，动态集成区域内的企业、高校、研究院所及其制造资源和科技资源，所形成的一个包括网络化的区域性制造信息系统、区域性制造资源系统、区域性虚拟仓库及其网络化的销售系统、网络化的产品协同开发系统、虚拟供应链及其网络化的供应系统等分系统和网络化的区域性技术支持中心及服务中心的、一个开放性的现代集成制造系统。区域性网络制造系统能够充分调动地方政府的积极性，能够通过网络特别是区域宽带网络有效地优化利用区域内的制造资源和科技资源，能够从整体上提高一个区域内企业的市场竞争能力，因而受到不少地方政府的重视和欢迎。

A.2 网络化制造的定义

A.2.1 网络化制造的概念

网络化制造具有以下特征：

a) 网络化制造是基于网络技术的先进制造模式，它是在因特网和企业内外网络环境下，企业组织和管理其生产经营过程的理论与方法；
b) 覆盖了企业生产经营的所有活动，网络化制造技术可以用来支持开展企业生产经营的所有活动，也可以覆盖产品全生命周期的各个环节；
c) 以快速响应市场为实施的主要目标之一，通过网络化制造提高企业的市场响应速度，进而提高企业的竞争能力；
d) 突破地域限制，通过网络突破地理空间上的差距给企业的生产经营和企业间协同造成的障碍；
e) 强调企业间的协作与社会范围内的资源共享，通过企业间的协作和资源共享，提高企业(企业群体)的产品创新能力和制造能力，实现产品设计制造的低成本和高速度；
f) 有多种形态和功能系统，结合不同企业具体情况和应用需求，网络化制造系统有许多种不同的形态和应用模式，在不同形态和模式下，可以构建形成具有不同功能的多种网络化制造应用系统；
g) 技术内容丰富，网络化制造的研究与应用实施中涉及大量的组织、使能、平台、工具、系统实施和运行管理技术，这些技术的研究和应用既可以深化网络化制造系统的应用，同时又可以促进先进制造和信息技术的理论、方法和工具系统的研究与发展。

A.2.2 网络化制造的内涵

a) 网络化制造

网络化制造是企业为应对知识经济和制造全球化的挑战、实施的以快速响应市场需求和提高企业(企业群体)竞争力为主要目标的一种先进制造模式。通过采用先进的网络技术、制造技术及其他相关技术，构建面向企业特定需求的基于网络的制造系统，并在系统的支持下，突破空间地域对企业生产经营范围和方式的约束，开展覆盖产品整个生命周期全部或部分环节的企业业务活动(如产品设计、制造、销售、采购和管理等)，实现企业间的协同和各种社会资源的共享与集成，高速度、高质量、低成本地为市场提供所需的产品和服务。网络化制造定义中所指的网络技术包括因特网、企业内联网和企业外联网技术；企业间协同包括产品设计协同、制造协同、供应链协同和商务协同；社会资源包括制造资源、智力资源和环境资源。作为一种先进制造技术与网络技术结合的先进制造模式，网络化制造为企业指出了在网络环境下，通过企业间协同，集成和利用全社会资源开展企业的生产经营管理活动的指导思想，在这一指导思想下，结合企业具体应用需求，构建特定的基于网络的制造系统，为企业的业务运作提供系统和工具上的支持。因此，网络化制造既包括了通用的基础性的网络化制造模式、理论和方法，又包括结合企业具体需求构建的各种形式的网络化制造系统，还包括一批支持网络化制造系统的规划、组织、设计、实施、运行和管理的技术。

b) 网络化制造系统

网络化制造系统是企业在网络化制造模式的指导思想、相关理论和方法的指导下，在网络化制造集成平台和软件工具的支持下，结合企业具体的业务需求，设计实施的基于网络的制造系统。这里所指的制造，是大制造的概念，既包括传统的车间生产制造，也包括企业的其他业务。根据企业的不同需求和应用范围，其设计实施的网络化制造系统可以具有不同的形态，每个系统的功能也会有差异，但是它们在本质上都是基于网络的制造系统，如网络化产品定制系统、网络化产品协同设计系统、网络化协同制造系统、网络化营销系统、网络化资源共享系统、网络化管理系统、网络化供应链管理系统、网络化设备监控系统、网络化售后服务系统和网络化采购系统等。

c) 网络化制造技术

网络化制造技术是支持企业设计、实施、运行和管理基于网络的制造系统所涉及的所有技术的总称。

A.3 网络化制造系统体系结构

网络化制造系统是一个运行在异构分布环境下的制造系统，在网络化制造集成平台的支持下，帮助企业在网络环境下开展企业业务和实现不同企业之间的协作。图 A.1 给出了网络化制造系统的体系结构。

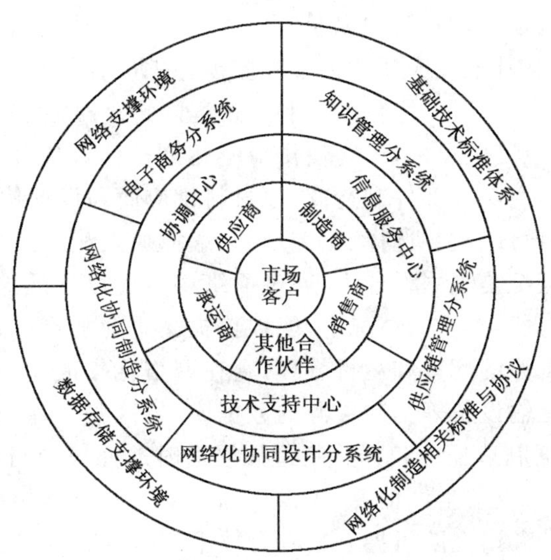

图 A.1 网络化制造系统的体系结构

网络化制造系统的体系结构从内到外分为五层。

第 1 层为市场和客户，即网络化制造系统是以市场和客户为中心，满足客户需求和赢得市场竞争是实施网络化制造系统的核心目标。

第 2 层是为满足市场和客户需求而组成的由多个企业通过建立合作伙伴关系形成的企业联盟，具体包括制造商、供应商、销售商、承运商和其他合作伙伴。根据客户和市场需求，企业联盟协作完成从原材料获取、产品设计与制造、配送分销到售后服务的全过程，通过产品和服务满足客户需求获得利润，并实现所有合作伙伴的"多赢"。企业联盟中的制造商是指产品制造企业；供应商包括制造商的供应商和供应商的供应商，供应商主要是零部件生产企业和原材料供应企业等；销售商包括分销商和零售商等；承运商是指负责产品、零部件和原材料运输的企业；其他合作伙伴包括企业形象策划公司、设计伙伴、物流管理伙伴、知识资源提供者、管理顾问和信息提供者等。企业形象策划公司负责长期的网络联盟企业的形象策划、品牌宣传和广告宣传等工作；设计伙伴可以是高等院校、科研院所、设计公司以及独立设计人等；物流管理伙伴是专门的物流解决方案提供者，以第三方后勤方式来管理和优化网络联盟企业的物流；知识资源提供者拥有网络联盟企业所生产产品的知识产权和专有技术等，为网络联盟企业提供知识产权使用权和关键技术支持；管理顾问可以是咨询公司、高等院校、科研院所和管理专家等，负责为网络联盟企业的组织机构设立、变更、运作、管理、业务流程组织和优化等管理问题提供方案、咨询和实施支持；信息提供者可以是咨询公司、市场研究机构(含高等院校和科研院所)或个人等，负责为网络联盟企业收集、分析与市场、技术和产品等相关的信息。其他合作伙伴的工作可以看作第三方后勤服务的扩展，一个单位或个人可以担当上述合作伙伴中的多个角色。

第 3 层为网络化制造系统提供基础使能服务支持，具体包括协调中心、信息服务中心和技术支持中心三个部分。网络化协调中心提供联盟企业结盟和权限管理等使能服务，如企业入盟申请的审批、入盟注册、数据访问权限的授予、安全保障与病毒防范等。信息服务中心为联盟成员提供公共信息的存储、发布和查询服务，如网络联盟企业组织原则、合作伙伴情况(包括技术专长和生产能力等)、任务分配信息、项目和任务进展情况、产品和原材料库存情况等；技术支持中心为网络联盟企业的运作提供技术支持和技术服务，与软硬件供应商、系统集成公司等一起维护网络化制造系统的各支撑分系统和功能分系统的正常运行。上述三个中心可以建立在一个企业或组织中，也可以分布在多个企业或组织中，这些中心可以由网络联盟企业中的核心企业建立和维护，也可以委托网络联盟企业外的中立支持中心来承担。

第 4 层是支持业务运行的网络化制造应用系统层，包括电子商务分系统、供应链管理分系统、网络化协同设计分系统、网络化制造执行分系统和知识管理分系统等。电子商务分系统的功能包括产品发布、定单获取、财务管理及相关的电子支付、电子交易流程管理等；供应链管理分系统完成供应链组织、合作伙伴任务分配、协同采购、销售计划管理以及制造过程优化等功能，合作伙伴基于供应链管理分系统发起和组建供应链，并在此基础上完成任务分配和监控，并协调供应商、制造商、分销商和零售商等合作伙伴之间的生产、供应和传递等任务，优化产品制造过程的物流路径，平衡合作伙伴库存，达到降低成本、提高供应链效率和客户满意度的目标，最终使供应链达到整体最优并实现合作伙伴"多赢"；网络化协同设计分系统支持产品制造商与零部件制造商、原材料供应商和设计伙伴甚至客户，通过网络并行和协同地进行产品设计、零部件设计、材料选择、工艺规划、虚拟加工和虚拟装配。产品制造商的设计伙伴可以是设计院所、高等院校，甚至是独立设计人，通过网络将企业以外的这些设计资源和设计人员集成在一起为企业所用，在不增加大量投入的情况下，能很快提高企业的产品设计和开发能力；网络化制造执行分系统完成网络化制造资源的配置和运行管理，它在网络化集成制造系统中建立相关企业的加工设备、装配设备、检测设备和运输设备等制造资源的数据库，将这些企业及其制造单元作为制造执行代理(Agent)加入到系统中，根据制造任务和相关制造数据适时地完成原材料供应、零部件加工和产品生产(加工和装配)等工作，并及时反馈生产信息；知识管理分系统完成公共知识库和专有知识库的建立和管理，维护相关企业、高等院校和研究院所拥有的专有技术、开发能力和人才等信息，以及独立设计人的技术和能力信息，在此基础上支持合作伙伴间的知识有偿共享、技术转让以及合作开发知识的权利共享。

第5层是网络化制造系统的基础环境，具体包括涵盖 Internet/Intranet/Extranet 的网络支撑环境、跨不同地域及异构的数据库互联的支撑环境和基础数据库(产品数据库、制造资源数据库、基础数据库)、基础技术标准体系(标准、规范、系统体系结构、网络化制造系统实施指南)及网络化制造相关标准与协议等，它们共同支撑着整个网络化制造系统的运行。

A.4 网络化制造的运行模式

根据制造业的发展历史和现状，现代制造企业的组织形态和关联模式可总结为以下几种：独立企业、企业集团、制造行业、制造区域和动态联盟。针对不同企业组织形态和关联模式，应建立相应的网络化制造系统模式，包括面向独立企业的网络化制造系统、面向企业集团的网络化制造系统、面向行业的网络化制造系统、面向区域的网络化制造系统和面向动态联盟的网络化制造系统。

a) 面向独立企业的网络化制造系统

由于独立企业在人才、技术、资金、设备和市场等方面资源的有限，面对激烈的市场竞争，企业的产品开发、经营管理、生产制造和市场销售等方面的能力已渐显不足，并在很大程度上影响到了企业的竞争能力，企业在充分组织、集成和优化企业内部各种资源的同时，利用现代信息技术，联合和集成企业外部的技术力量和制造资源，进行网络化协同产品开发、物资供应、生产制造和市场开拓，已成为广大独立企业发展的重要思路之一，因此面向独立企业的网络化制造系统，一方面要建立企业内部网络化制造系统；另一方面在此基础上还要建立面向企业外部的网络化协同产品开发、网络化敏捷供应、网络化设备资源共享、网络化市场运作等网络化支持系统。

b) 面向企业集团的网络化制造系统

面向企业集团的网络化制造系统，在集团内需要建立一个企业信息化支持平台，促进现代企业集团组织结构向扁平化和敏捷化方向的发展；在集团外与独立企业类似，也需要建立一个与外部资源开展产品开发、物资供应、生产制造和市场开拓等网络化协作的支撑平台。由于企业集团在组织架构上是以母公司性质的集团公司为核心，因此面向企业集团的网络化制造系统可以在核心层集团公司的技术支持和组织协调下进行总体规划和系统建设。首先，根据企业集团成员与母公司的紧密程度和成员之间的业务关系，分别建立各成员单位的网络化制造系统，在核心层和紧密层具有与面向独立企业网络化制造系统相类似的体系结构，在半紧密层和松散层，则根据其在企业集团具体业务关系建立相关的网络化制造支持系统;其次,要在集团公司重点建设一个面向整个企业集团的网络化制造平台,包括网络化协同设计与制造、网络化敏捷供应链管理、网络化分销商管理,以及企业产品网络化销售和定制系统等功能分系统。一方面实现企业集团成员网络化制造系统之间在信息、功能和过程上的集成,促进企业集团内部的制造资源优化利用和市场综合竞争能力的提高;另一方面,利用该平台建立企业集团全球化的产品协同开发、物资配送、生产制造和市场运作支持系统,以支持企业集团的跨国经营和企业集团及其成员单位与其他企业开展全球性的网络化制造业务。

c) 面向行业的网络化制造系统

面向行业的网络化制造系统的重点应为整合行业制造信息和技术资源,建立一个能支持整个行业产业链协作(如产品开发、物资采购、市场营销、以及设备、技术和人才资源共享等)的行业性网络化制造服务平台。从而实现整个制造行业管理经营理念的突破,提高行业企业产品创新能力、灵活应变能力、抗御风险能力和行业整体竞争能力等。面向行业的网络化制造系统,可以通过行业性管理机构或行业协会组织行业内外相关的技术支持力量,按照市场化运作机制,建立一个行业性网络化制造工程技术中心,同时行业性管理机构或行业协会也是该中心的组织和管理机构。在该中心的技术支持和管理协调下,建立一个面向整个行业的网络化制造平台。

d) 面向区域的网络化制造系统

区域经济是我国经济发展最快和最具活力的组成部分之一。不同地区由于受着各自不同的发展历史背景、不同的地理位置状况、不同的制造资源配置以及不同的区域市场特点等多种因素的影响,从而形成了一系列的各具特色的区域经济发展模式和制造业发展模式。面向区域的网络化制造系统体系结构需要结合区域制造业构成特点,以整个区域的各种制造资源(包括信息资源、网络资源、技术资源、设备资源等)的整合和优化利用为核心,综合提高整个区域制造业的技术水平、管理水平和市场竞争能力,从而系统地促进区域经济的发展。具体实现的方式为:充分利用地方政府的支持和协调作用,利用计算机网络(Internet 和区域宽带网),整合区域的科技资源和技术力量,按照市场化运作机制,建立一个网络化的区域性制造技术支持和服务中心,建立一系列面向整个区域制造企业的区域性网络化制造的功能系统,包括区域性网络化的制造信息系统、区域性虚拟研究所及网络化协同产品开发支持系统、区域性网络化销售和定制支持系统、区域性网络化产品销售和博览中心、区域性网络化敏捷供应链管理系统、区域性网络化设备资源共享及优化利用系统等;在区域性网络化工程技术中心技术支撑和一系列网络化制造功能系统的应用支持下,区域内制造企业利用 Internet 和区域宽带网络便可以开展各种网络化制造业务。

e) 面向动态联盟的网络化制造系统

动态联盟是敏捷制造的一种核心理念,它是为了响应已经或即将出现的市场机遇,由若干个优势互补的企业临时快速地组成一个联盟。各成员企业分别发挥各自的优势或核心能力,快速、低成本、高质量地开发出新产品以投放市场,并按一定的方式共享利益、分担风险,当市场需求消失时,联盟又迅速解体。企业通过参与动态联盟,可以发挥自身的专长,利用已有的技术基础和生产条件来完成新产品的开发和生产。动态联盟已经成为当今企业合作模式的一种主要发展趋势之一。面向动态联盟的网络化制造系统体系结构,应强调以市场订单(包括实际订单和市场预测订单)为驱动,以成员企业资源优化组合为核心,以利益分配为基础,以项目管理为纽带,以法律体系为保障,以计算机网络和面向动态联盟的网络化制造平台为支撑。其功能主要包括市场机遇的捕捉与分析、联盟伙伴的优化选择、动态联盟运行的项目管理、动态联盟的重构和解散等。

附　录　B
（资料性附录）
网络化制造系统分析与建模方法

B.1　引言

网络化制造系统由一组模型来描述，这些模型描述了网络化制造系统的功能结构、特性和运行方式，更加深入地分析和描述网络化制造系统的本质特征。需要基于所建立的系统模型进行网络化制造系统的设计实施、系统改进和优化运行。如在进行网络化制造系统规划设计时，对目标系统进行全面的定义；通过网络化制造系统的建模发现当前网络化制造系统存在的问题，进而改进当前网络化制造系统结构或优化系统运行等。

B.2　网络化制造系统模型

由于网络化制造系统的复杂性，只从某一角度来描述网络化制造系统的体系结构难以反映网络化制造系统的各个方面的特性以及各方面之间的内在有机联系。只有用多视图才能对网络化制造系统作出整体的描述。网络化制造系统模型包括了功能视图、资源视图、过程视图、信息视图和组织视图等五个视图：

a)　功能视图：描述网络化制造系统中较为稳定的静态功能组成（静态视图）和动态功能联系（动态视图）；

b)　信息视图：描述网络化制造系统的信息结构（静态视图）、信息流动和信息处理过程（动态视图）；

c)　资源视图：描述网络化制造系统中的设备、物流等系统资源配置（静态视图）以及资源流模型（动态视图）；

d)　组织视图：描述网络化制造系统中的组织构成（静态视图）和组织方式（动态视图）；

e)　过程视图：描述制网络化造系统中涉及上述四个视图的业务流程构成（静态视图）与运行过程（动态视图）。

B.3　网络化制造系统分析与建模参考方法

图 B.1 给出了网络化制造系统模型的主要内容及参考建模方法。网络化制造系统由一组从五个角度描述网络化制造系统的动态视图、静态视图和一组建模、分析方法集所组成。

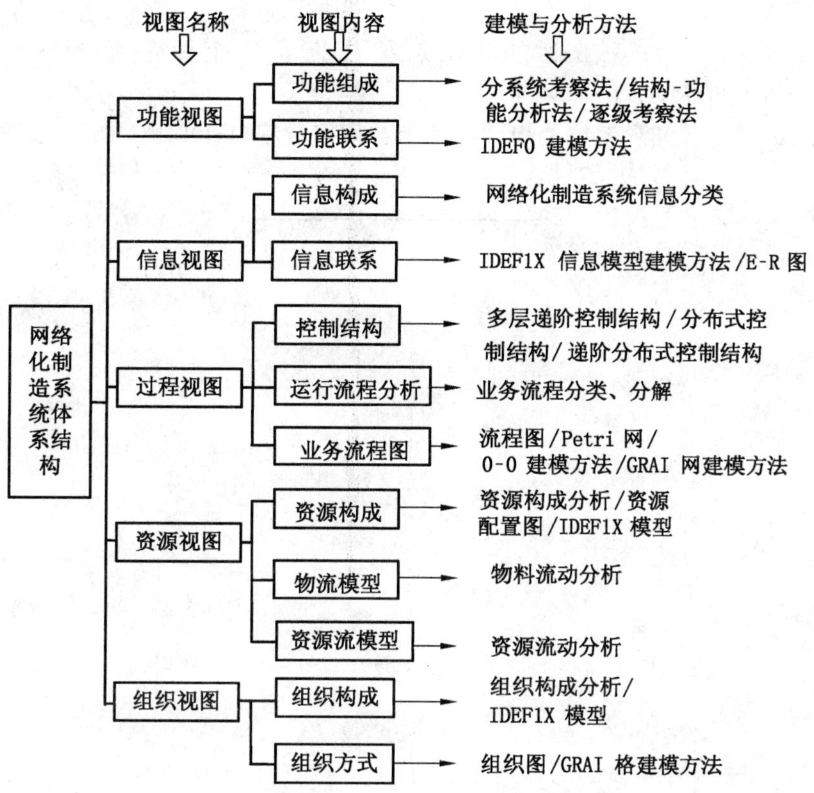

图 B.1 网络化制造系统模型及参考建模方法

参 考 文 献

[1] GB/T 18757—2008 工业自动化系统与集成 企业参考体系结构与方法论需求(ISO 15704:2000,IDT)

[2] GB/T 22032—2008 系统工程 系统生存周期过程(ISO/IEC 15288:2002,IDT)

ICS 35.240.50
J 07

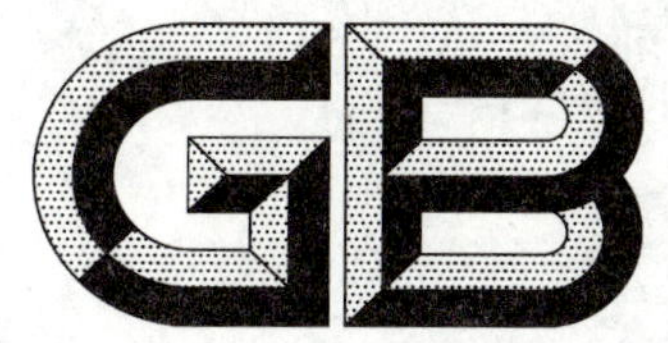

中华人民共和国国家标准

GB/T 25488—2010

网络化制造系统集成模型

Integrated model for networked manufacturing system

2010-12-01 发布　　2011-05-01 实施

中华人民共和国国家质量监督检验检疫总局
中国国家标准化管理委员会　发布

前　言

本标准的附录 A、附录 B 和附录 C 均为资料性附录。

本标准由全国工业机械联合会提出。

本标准由全国自动化系统与集成标准化技术委员会(SAC/TC 159)归口。

本标准主要起草单位:北京机械工业自动化研究所、清华大学。

本标准主要起草人:黄双喜、范玉顺、黎晓东、刘颖、陈天华。

本标准是首次制订。

引 言

系统集成是网络化制造的基础和关键，系统集成模型是实现系统集成的有力工具和依据。

本标准针对我国制造企业信息化的特点，规范了网络化制造系统集成的相关术语，给出了网络化制造系统集成模型的体系结构，定义了网络化制造系统集成元模型，明确了网络化制造系统的集成要素，并给出了网络化制造系统各集成要素的对象模型以及对象之间的关联关系。

本标准的制定可以为我国企业实施网络化制造系统提供参考指南，使企业明确网络化制造系统的集成对象和集成关系，指导网络化制造系统的设计与开发。

《网络化制造系统集成模型》是推荐性标准，作为企业实施网络化制造工程时的指导性文件。

网络化制造系统集成模型

1 范围

本标准为企业建立网络化制造系统集成模型提供参考指南。本标准给出了网络化制造系统集成模型的体系结构,定义了网络化制造系统集成元模型,明确了网络化制造系统的集成要素,并给出了网络化制造系统各集成要素的对象模型以及对象之间的关联关系。

本标准适用于企业、网络化制造咨询服务单位以及提供网络化制造技术支持的单位。

2 术语和定义

下列术语和定义适用于本标准。

2.1

网络化制造 networked manufacturing

企业利用网络技术开展产品设计、制造、销售、采购、管理等一系列制造活动的总称。

2.2

网络化制造系统 networked manufacturing system

企业在网络化制造模式的指导思想、相关理论和方法的指导下,在网络化制造集成平台和软件工具的支持下,结合企业具体的业务需求,设计实施的基于网络的制造系统。

2.3

模型 model

为回答所研究的问题和表达真实事物的特定方面而采用各种形式(包括数学、物理、符号、图形或文字描述等)的、实际事物的抽象表达法。

注:模型可用于描述企业活动或企业生命周期的不同阶段。

[GB/T 18757—2008,定义 3.16]

2.4

系统模型 system model

关于系统的功能以及系统行为的表示方法。

注:系统模型用于改进系统的性能,识别基本的要素并将其分解到需要的程度。它也规定了这些要素对信息、资源和组织方面的需求,以及提供定义系统所要的信息。

2.5

系统集成模型 integrated system model

表示系统组成要素及各组成要素之间关联和引用关系的模型。系统集成模型用来控制系统各要素作为一个统一的整体运行。

2.6

体系结构 architecture

系统(不论物理的或概念的对象或实体)中各部分的基本配置和连接的描述(模型)。

注:针对系统集成,有且只有两种体系结构,它们是:

a) 系统体系结构(有时又称为“第 1 类”体系结构)涉及系统的设计。例如整个企业集成系统中的计算机控制系统部分;

b) 企业参考项目(有时称为“第 2 类”体系结构)涉及诸如企业集成或其他企业项目的开发与实施的组织。

[GB/T 18757—2008,定义 3.2]

2.7

企业 enterprise

共同承担确定使命、目标和目的，以提供产品或服务等输出的一个或多个组织。

注：该术语包括诸如广义企业、虚拟企业等相关概念。

[GB/T 18757—2008，定义 3.6]

2.8

系统 system

为达到一个或多个规定目的而组织起来的，相互作用的元素的组合体。

注 1：一个系统可被认为是一个产品或它提供的服务。

注 2：实际上，对系统含义的介绍通常通过使用一个联合名词来阐明，如飞行器系统。或者，单词“系统”可简单地由上下文相关的同义词来替代，如飞行器，虽然这可能使系统的观点不太明显。

[GB/T 22032—2008，定义 4.17]

2.9

信息 information

数据、文字和消息等所包含的内容和意义。

[GB/T 15312—2008，定义 3.26]

2.10

生命周期 life cycle

系统走完其全部生命历程所经历的一般阶段和步骤的有限集。

[GB/T 18757—2008，定义 3.11]

2.11

组织 organization

企业的结构和企业中责任与权力的分配。

[GB/T 18757—2008，定义 3.17]

2.12

资源 resource

在执行企业活动和/或经营过程中提供所需的部分或全部能力的企业实体。

[GB/T 18757—2008，定义 3.18]

2.13

过程 process

涉及各种企业实体的一套结构化的活动，是为特定的目的设计和组织的。

[GB/T 19114.1—2003，定义 3.6.29]

2.14

阶段 stage

系统生命周期中以某特定条件、事件或现象的发生为特征的时间段。

2.15

参考体系结构 reference architecture

一套方法和框架，它通过结构化的方法论、规范化的操作和支持工具来指导企业集成系统的设计和实现。

2.16

功能 functions

为实现某种制造目的的若干活动的分组。

[GB/T 16980.1—1997，定义 2.2.3]

3 网络化制造系统集成模型参考体系

3.1 基本框架

网络化制造系统集成模型参考体系从不同角度对网络化制造系统进行描述，规定了网络化制造系统建模的阶段、内容、任务和模型构件的基本框架，为网络化制造系统的开发和实施提供理论指导和规范化的标准。

网络化制造系统集成模型参考体系由视图模型维、生命周期维和通用性层次维组成一个三维的立方体结构。这三个维度分别描述网络化制造系统所涉及的不同视图、不同阶段和不同建模构件的通用程度。网络化制造系统集成模型参考体系结构图见图1。

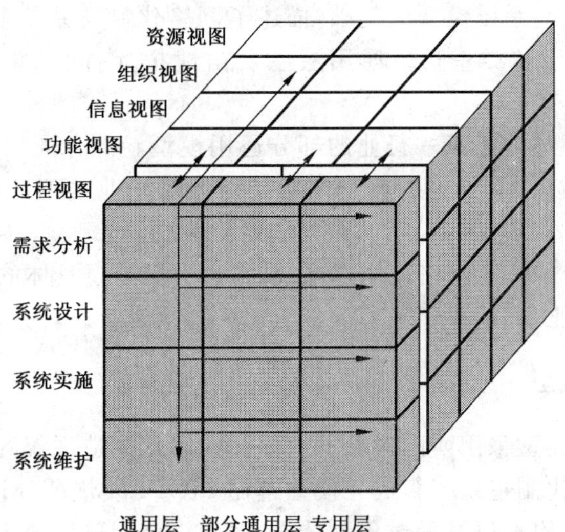

图1 网络化制造系统集成模型参考体系结构

3.2 视图模型维

网络化制造系统集成模型由五个视图组成：过程视图、功能视图、信息视图、组织视图、资源视图：

a) 功能视图描述网络化制造系统的各种功能，包括网络化制造系统各种职能性活动以及网络化制造系统各组成要素的关系；

b) 资源视图：描述网络化制造系统资源的分类、构成、结构、资源之间联系及资源与其他企业视图元素（如组织、过程）之间的联系；

c) 组织视图：描述网络化制造系统的组织结构，也包括与过程、资源等企业要素之间的关系；

d) 过程视图：描述网络化制造系统业务过程与活动，以及完成该过程需要的组织、资源等的情况；

e) 信息视图：描述网络化制造系统的信息结构和流动关系。

3.3 生命周期维

网络化制造系统生命周期维定义了网络化制造系统需求分析、系统设计、系统实施和运行维护四个阶段：

a) 需求分析阶段：确定网络化制造系统需求，建立需求分析模型，并进行优化。所建立的需求分析模型主要说明网络化制造系统要实现的目标，以及系统为完成该目标而必须具有的功能及所采用的业务流程；

b) 系统设计阶段：在需求分析阶段所建立的模型基础上，逐步建立网络化制造系统设计模型，所得到的设计模型独立于具体实施语言和实施方式。它们是在企业需求的基础上，采用了可行的信息和制造技术方法，并优化了网络化制造系统业务过程的可实施模型；

c) 系统实施阶段：在设计模型的基础上，通过定义具体的操作者、执行器、资源实体、组织单元、应用软件，形成网络化制造系统的实施模型。所得到的实施模型在给定的软件、硬件和网络环境下，按照系统规划的实施步骤逐步投入运行；

d) 运行维护阶段：对于投入运行的网络化制造系统进行运行维护，实现对网络化制造系统运行的有效管理和监控，并通过维护工具对运行过程中不断提出的新的需求进行记录和管理，所积累的需求作为下一个生命周期的输入。

3.4 通用性层次维

通用性层次维面向建立通用的网络化制造系统模型，构建不同建模阶段、不同建模视图的基本构件，建立基本构件模型库，并以不同行业为背景建立网络化制造系统参考模型，从而形成特定的网络化制造系统模型。这个过程采用由粗到精、由浅到深、由特殊到一般的建立方法，包括通用层、部分通用层和专用层三个层次：

a) 通用层：是网络化制造系统模型的基础，描述了网络化制造系统的基本构成成分，通用层描述的内容广泛地适用于各类企业。通用层主要由建模元件、约束、规则、术语、服务和协议等组成。

b) 部分通用层：是一组适应于某一行业的部分通用模型。部分通用模型包括了针对不同工业类型，如汽车、航空、航天、电子等的典型结构。而针对工业类型的部分通用模型还可按照企业的规模和类别继续划分。

c) 专用层：适用于一个的特定网络化制造系统，在这一层通过具体的制造单元和信息单元描述特定的网络化制造企业。

4 网络化制造系统集成元模型

网络化制造系统集成元模型采用面向对象方法描述网络化制造系统的组成要素以及各组成要素之间的关联与引用关系。网络化制造系统集成元模型遵循 MOF1.4 规范(Meta Object Facility 元对象机制)。网络化制造系统集成元模型以过程对象为核心，对网络化制造系统中的对象类及对象之间的关联关系进行组织。

4.1 类(Class)

a) CIMFlowElement

是 CIMFlow 元模型的公共基类。

b) ModelElement

是所有描述与业务相关元素的父类，抽象类。

1) SuperClasses

CIMFlowElement

2) Attributes

——ID：string//类对象的标识；

——Name：string//类对象的名称；

——Description：string//类对象的描述；

——Author：string//模型的创建者；

——CreatedDate：date//模型的创建日期；

——ModifiedDate：date//模型的修改日期；

——Version：String//版本号。

c) ModelLibrary

用于组织和整理企业模型的类。

1) SuperClasses

ModelElement

2) Attributes

3) Operations

——LookupModel(Cstring ModelName):查找模型库中指定名字的模型,如果找到则返回该模型的 ID,如果没有找到则产生"ModelNotFound"异常;

——ModelCopyTo():将模型复制到另外一个位置,如果复制成功则返回"ModelCopy-Success",如果不成功则返回"ModelCopyFailed"异常;

——ModelMerge():将两个模型合并成为一个模型,如果合并成功,则返回新的模型的 ID;如果没有则产生"ModelMergeFailed"异常。

4) Contained Elements

ModelLibrary//ModelLibrary 可以包含自身;

Model//ModelLibrary 类可以包含和管理不同的企业模型。

5) Constraints

只能包含 ModelLibrary,Model。

d) Model

表示一个完整的业务模型。

1) SuperClasses

父类为:ModelElement。

2) Attributes

3) Operations

——LookUpElement(Element elementname):根据给定元素的名称查到相应的元素的信息,如果找到则返回该元素的 ID,如果找不到则返回"ElementNotFound"异常;

——LookUpElementByType(Type typename):根据给定的元素类型的名称找出该类型的元素的列表,如果找到则返回该元素的列表,否则返回"TypeElementNotFound"异常;

——LookUpElementType():返回当前系统的元素类型。如果成功则返回元素的类型列表,如果不成功则返回"ElementTypeLookUpFailed"异常;

——NameIsValid()。

4) Contained Elements

Model 类包含如下元素:

——Process Subtypes//过程模型;

——Participant Subtypes//资源组织模型;

——BusinessObject Subtypes//业务对象;

FunctionUnit//功能单元;

——Relationship Subtypes//关系;

——View Subtypes//视图;

——ExternalAttributes//外部属性。

e) Process

是所有用来表示业务过程元素的基类,抽象类。

1) SuperClasses

父类为:ModelElement。

2) Attributes

3) Operations

——SaveData()://保存过程元素的数据,如果成功则返回"True",如果失败则返回"DataSaveFailed"异常;

——ReadData()://读取过程元素的数据,如果成功则返回相应的数据;如果失败,则返回“DataReadFailed”异常。

f) BusinessProcess

表示一个完整的业务过程模型。

1) SuperClasses

Process,Model,多继承关系。

2) Atrributes

AccessLevel://对其他过程的开放权限。

3) Operations

4) Contained Elements

——Activity Subtypes://活动类型;

——Activity Set://活动组,概念同子过程;

——Transition://活动之间的变迁;

——FormalParameter://过程的输入/输出形参。

5) References

——DataFields://来源于过程与业务对象中数据的关联,表示过程中处理的数据;

——BusinessConstraints://来源于过程与业务对象中业务规则的关联,表示对于过程的约束(如 deadline)。

g) Activity

构成过程的节点,是所有活动的基类,抽象类。

1) SuperClasses

Process

2) Atrributes

——JoinType://AND/XOR 入口连接弧间的逻辑关系;

——SplitType://AND/XOR 出口连接弧间的逻辑关系;

——ProcID://活动所在的过程 ID;

——Type://活动的类型:人工活动,自动应用,子过程等;

——ParentID://活动的父活动 ID。

3) References

——SplitTransitions://来源于连接弧与活动的 From 关系,此集合有顺序;

——JoinTransitions://来源于连接弧与活动的 To 关系,此集合有顺序;

——StartCondition://活动的开始条件;

——EndCondition://活动的结束条件;

——RelatedData://活动的关联数据。

h) Implementation

表示执行性活动。

1) SuperClasses

Activity

2) References

——Participants://来源于执行性活动与组织资源对象的关联,表示活动的执行者和支持资源;

——BusinessConstraints://来源于执行性活动与业务对象中业务规则的关联,表示对于活动的约束(如 deadline);

——SimulationInfos://来源于执行性活动与仿真信息对象的关联,表示活动用于仿真的属性(如 EstimateTime)。

i) Route

路由型活动

1) SuperClass

Implementation

2) Attributes

——Type://Start/End/Dummy 即开始节点/结束节点/空活动;

——InputData://路由型活动的输入数据;

——OutData://路由型活动的输出数据。

3) Constraints

包含 Route 的 Container 有且仅有一个开始节点和一个结束节点。

j) BlockActivity

活动块,包含一个活动集,即子过程。

1) SuperClasses

Activity

2) Contained Elements

——Activity Subtypes://活动类型;

——Activity Set://活动组,概念同子过程;

——Transition://活动之间的变迁;

——FormalParameter://过程的输入/输出形参。

3) References

ActivitySet://来源于与活动集的包含关系。

k) SubFlow

调用活动,调用其他的一个 BusinessProcess 来执行该活动,概念同引用过程。

1) SuperClasses

Implementation

2) Attributes

Execution://ASYNCHR/SYNCHR 表示执行时本过程和被调用过程的同步异步模式。

3) Contained Elements

ActualParameter://传给被调用过程的实参。

4) References

SubProcess://来源于与被调用过程的调用关联。

l) Application

自动应用,调用资源中的某个自动应用系统来执行该活动

1) SuperClasses

Implementation

2) Contained Elements

ActualParameter://传给被调用应用的实参。

3) References

Application://来源于与组织资源对象中应用系统的调用关联。

m) Transition

活动间的连接弧,表示活动流

1) SuperClasses

Process

2) Attributes

Type://关联的类型。

3) Contained Elements

Condition://弧上包含的条件。

4) References

Activity://与转移关联的活动。

n) Condition

用于表示使能活动间连接弧的条件。

1) SuperClasses:

Process

2) Attributes

——Type:Condition/OtherWise/Exception/DefaultException。

——Content。

o) Participant

组织资源抽象类,是组织资源的基类,其余有关组织资源的类均直接或间接继承于此类。

1) SuperClasses:ModelElement

2) Contained Elements:

3) Attributes:

——Available_status:Bool//描述资源可用状态;

——Available_time_slot:Time//描述资源可用时间片段;

——Input:DataType//描述资源输入;

——Onput:DataType//描述资源输出。

4) References:

——Principal:Human//描述资源负责人;

——RelatedFiles:BussinessObject//描述描述资源的相关文件。

5) Operations:

——ChangePrincipal()//修改资源负责人;

——ChangeRelatedFiles()//修改资源的相关文件。

p) ResourceSet

资源组合类,完成关于资源组合的设置

1) SuperClasses:

Participant

2) References:

——ContainedResource:Participant//描述资源组合包括的资源实体;

——ContainedResourceType:Participant//描述资源组合包括的资源型;

——ContainedResourceSet:Participant//描述资源组合包括的资源组合。

3) Operations:

——CreateResourceSet()//创建新的资源组合;

——DeleteResourceSet()//删除资源组合;

——ChangeResourceSet()//改变资源组合。

q) ResourceType

资源型类,完成关于资源型的设置

1) SuperClasses:Participant;

2) Contained Elements:

3) Attributes:

4) References:

——ContainedResource:Participant//描述资源型包括的资源实体;

——ContainedResourceType:Participant//描述资源型包括的资源型;

——ContainedResourceSet:Participant//描述资源型包括的资源组合。

5) Operations:

——CreateResourceType()//创建新的资源型;

——DeleteResourceType()//删除资源型;

——ChangeResourceType()//改变资源型。

r) Resource

资源实体类

1) SuperClasses:

Participant

2) Attributes:

——Standard_cost:Cost//描述资源实体的标准费用;

——Fix_cost:Cost//描述资源实体的固定费用;

——Over_time_cost:Cost//描述资源实体的超时费用;

——Max_Over_time:Time//描述资源实体的最大超时;

——Schedule:Time//描述资源实体的日程表;

——Priority:Integer//描述资源实体的优先级。

3) Operations:

——AddResource()//创建新的资源实体;

——DeleteResource()//删除资源实体;

——ChangeResource()//改变资源实体。

s) Link

资源连接类,完成资源之间的连接

1) SuperClasses:

Participant

2) References:

——InputParticipant:Participant//表示输入的资源;

——OuputParticipant:Participant//表示输出的资源。

3) Constraints:

InputParticipant 和 OutParticipant 表示的资源的 Output 和 Input,必须匹配。

t) Organization Unit

组织部门类

1) SuperClasses:

ModelElement

2) Attributes:

Contact:String//表示部门联系方式。

3) References:

——Principal:Human//表示部门负责人。

——Location:Location//表示部门位置。

4) Operations:

——AddUnit()//创建新的部门;

——DeleteUnit()//删除部门;

——ChangeUnit()//改变部门属性。

u) Position

职位类,是各种具体职位的基类。

1) SuperClasses:

ModelElement

2) Attributes:

——Count:Integer//职位个数;

——Manage_field:String//管理范围。

3) Operations:

——AddUnit()//创建新的职位;

——DeleteUnit()//删除职位;

——ChangeUnit()//改变职位属性。

v) Role

角色类

1) SuperClasses:

ModelElement

2) Attributes:

Count:Integer//角色个数。

3) Operations:

——AddRole()//创建新的角色;

——DeleteRole ()//删除角色;

——ChangeRole()//改变角色属性。

w) Human

人员类

1) SuperClasses:

Resource

2) Attributes:

——Information:String//人员信息(包括姓名、年龄、工作证号码、性别、身份证号码、国籍、学历、学位、毕业时间、参加工作时间、工龄等);

——Contact:String//联系信息包括(住址、办公地址、家庭电话、办公电话、移动电话等)。

3) References:

——Role:ModelElement//人员角色;

——Position:ModelElement//人员职位。

4) Operations:

——ChangeInformation()//改变人员信息;

——ChangeContact()//改变人员联系信息;

——ChangeRole()//改变人员角色;

——ChangePosition()//改变人员职位。

5） Constraints：

x） Equipment

机器设备类，继承于资源类

1） SuperClasses：

Resource

2） Attributes：

——Information：String//机器设备信息（包括单价、型号、购入日期、使用年龄、性能参数、保修期、制造厂商、来源、数量等）；

——Physical characters//机器设备物理信息（比如温度、湿度、处理速度等）。

3） References：

Location：Location//表示机器设备位置。

4） Operations：

——ChangeInformation()//改变机器设备信息；

——AddPhysicalCharacters()//添加机器设备物理信息；

——DeletePhysicalCharacters ()//删除机器设备物理信息。

y） Cost

成本类，反映各种成本

1） SuperClasses

2） Attributes：

——Amount：Double//成本数额；

——Unit：String//成本单位。

4.2 关联关系（Association）

定义具体的类、模型元素之间的关联关系。

a） RelatedData

用来表达业务过程执行所需的业务对象的数据和业务规则。

Requirement：

Class	BusinessProcess
Multiplicity	0 or more

Data：

Class	RelatedData
Multiplicity	0 or more

b） TransitionTo

用来描述变迁连接的元素，从变迁到活动的关联。

Start：

Class	Transition
Multiplicity	0 or more

End：

Class	Activity
Multiplicity	1

c) TransitionFrom

用来描述变迁连接的元素，从活动到变迁的关联。

Start

Class	Activity
Multiplicity	1

End

Class	Transition
Multiplicity	0 or more

d) ImplementationRequirements

表示执行性活动所需其他部分的资源支持，包括组织、设备、业务对象等。

Implementation:

Class	Implementation
Multiplicity	0 or more

Execution:

Class	Execution
Multiplicity	0 or 1

e) SupportImplementation

其他部分的资源支持执行性活动的运行。

Participant:

Class	Implementation
Multiplicity	0 or more

Execution:

Class	Execution
Multiplicity	0 or 1

f) Owns

用来表达组织部门中所拥有的角色、人员、职位。

Start

Class	Organization Unit
Multiplicity	1 or more

End

Class	Role, Position, Participant
Multiplicity	1 or more

g) Compose

用来表达资源组合和资源组合、资源型、资源实体之间的包含关系。

Start

Class	ResourceSet
Multiplicity	1 or more

End

Class	ResourceSet,ResourceType,Resource
Multiplicity	1 or more

h) Typeof

用来表达资源型和资源组合、资源型、资源实体之间的分类种属关系。

Start

Class	ResourceType
Multiplicity	0 or 1

End

Class	ResourceSet,ResourceType,Resource
Multiplicity	1 or more

i) Linkin

用来表达 participant 和 link 之间的输入关系。

Start

Class	Participant
Multiplicity	1

End

Class	Link
Multiplicity	1

j) Linkout

用来表达 participant 和 link 之间的输出关系。

Start

Class	Link
Multiplicity	1

End

Class	Participant
Multiplicity	1

附　录　A
（资料性附录）
网络化制造系统集成模型的使用

A.1　网络化制造系统集成模型的作用和意义

网络化制造系统集成模型是经过抽象得到的网络化制造系统组成要素及各组成要素之间关联和引用关系的描述，它是实施网络化制造与实现网络化制造系统集成的基础。网络化制造系统集成模型的作用主要表现在以下几个方面：

a）系统集成模型可以提供一个公共一致的、规范的网络化制造系统的表达和描述。集成模型为网络化制造应用实施中的所有人员提供一个公共的表达，可以使规划和决策人员可以站在同一个理解层面上讨论网络化制造的开展和实施，同时也为网络化制造系统或部件的设计提供一个公共的模型规范，避免在每个信息系统设计时都直接去抽取需要的数据，减少由于这种工作方式带来的不同信息系统数据的不一致问题。

b）建模和基于模型的分析是实施网络化制造工作的入手点和建立有效实施途径的基础。实施网络化制造，首先必须要明确目的和范围，明确网络化制造希望达到的业务目标，需要与哪些业务伙伴建立合作关系，那些流程环节需要协作等问题。因此网络化制造实施的第一步应该是需求诊断。建模是有效准确地进行需求诊断和分析的必要基础，通过模型来总结概括企业的现状，使网络化制造工作建立在一个具体准确的需求基础上。通过建模过程以及基于模型的诊断来辅助发现网络化制造中需要解决的瓶颈问题和实现企业战略目标的业务需求，指明网络化制造需要解决的企业实际问题，为企业决策提供科学的支持。

c）建模可以对网络化制造系统规划方案进行预评价。网络化制造工程是一项系统工程，会牵涉到企业内/外的过程、组织、人员、资源等方面。在需求诊断之后，要进行网络化制造系统规划，对网络化制造系统方案进行选择和论证。建模可以用于建立网络化制造系统的改进模型（To Be），并基于对改进模型的分析来评价改进的效果以及对整个企业的影响。网络化制造实施过程也是一种改进过程，建模可以描述按照某种规划方案布置了系统后的企业业务运行模型，通过对该模型的仿真分析，并与企业现状模型进行比较，评价这个系统规划方案的效果以及需要付出的代价。通过对多种不同方案的比较分析，可以选择一种相对优异的系统规划方案。

d）基于模型的网络化制造系统运行可以导航和监控各信息系统之间及信息系统与外界的交互。面向执行的网络化制造系统集成模型可以准确地描述贯穿网络化制造所有信息系统的业务过程，以及过程执行中传递的信息，并且可以定义信息系统交互过程中出现的异常情况的处理过程。在网络化制造工程进入实施阶段后，模型可以对集成的信息系统运行的导航和监控起到支持作用。

由此可以看出，网络化制造系统集成模型是应用和实施网络化制造工程的重要内容。在网络化制造系统实施方案的每个部分中都会包含集成建模、模型管理、模型操作、模型标准、模型评价、模型转换、参考模型等相应的内容和工具。

A.2　网络化制造系统集成模型的使用过程

网络化制造系统集成模型描述了网络化制造系统的功能结构、特性和运行方式。模型驱动的网络化制造系统应用与实施目的在于更加深入地分析和描述网络化制造系统的本质特征，并基于所建立的系统集成模型进行网络化制造系统的设计实施、系统改进和优化运行。

在网络化制造系统实施的不同阶段，其工作内容、工作方式、系统组成均有不同，不同的阶段对集成模型的广度、深度和粒度要求都是不同的，各阶段需要采用哪些模型视图、各模型视图采用什么样的描述方法也都会有所不同，所以，在网络化制造系统的实施过程中，需要什么样的集成模型，这些模型如何支持网络化制造系统的实施也在不断变化和演进。

网络化制造系统实施的生命周期可以分成需求分析阶段、系统设计阶段、系统实施阶段和运行维护阶段。下面分别介绍这四个阶段对集成模型的要求和应用情况。

需求分析阶段主要完成网络化制造系统业务调查、信息技术/系统策略的确定与分析，并在完成业务调查及建立网络化制造系统现状模型的基础上，结合用户需求，针对缺点和瓶颈提出优化需求以及优化目标。在这一阶段通过对用户需求的抽象形成需求分析模型以作为下一个阶段的输入。所建立的需求分析模型应该包含有较高层次上的业务分析、资源分配、组织结构、产品结构等信息。最后还需要确定网络化制造系统的总体目标和评价标准。

在确定了网络化制造系统的需求之后，系统设计阶段则主要完成系统目标模型的确定和网络化制造系统集成框架建立。从未来的信息系统相关的业务模型中抽取出功能模型和信息模型，用它们来设计和构造信息系统。功能模型描述系统功能的划分和逐级分解，每一个功能单元对应信息系统的一个功能模块，功能模型是对业务过程模型中过程和活动所实现功能的归纳。信息模型描述信息系统需要使用到的数据结构和数据之间的关系，为建立信息系统数据库进行概念建模和物理建模，信息模型中的内容也来源于需求分析阶段建立的业务核心模型。

系统实施阶段主要完成网络化制造系统的信息系统构建，将网络化制造系统集成框架物化为实现网络化制造系统集成化运作的协同信息系统。这一阶段实现了集成模型从设计模型向可执行模型的转化。在设计模型的基础上，通过定义具体的操作者、执行器、资源实体、组织单元、应用软件等，形成系统的实施模型。在给定的软硬件和网络环境下，将所得到的实施模型按照系统规划的实施步骤逐步投入运行。具体的工作包括将经过优化后得到的过程模型进行实例化，为业务流程中需要使用的人员、资源、产品指派实际的对象，建立信息的物理数据库供实际业务系统使用。

运行维护阶段则主要完成对投入运行的网络化制造系统的运行维护，通过文档管理、版本控制等方法实现对于运行系统的有效管理和监控，并通过集成需求管理软件工具来对运行过程中网络化制造系统不断提出的新的需求进行记录和管理，所积累的需求和文档是下一个生命周期的输入。

网络化制造系统的优化是一个持续的过程，一个系统实施后在运行维护阶段搜集的问题和需求又会启动一个新的生命周期。所以整个集成模型演进构成一个闭环，每个阶段的结果（输出）是下一个阶段的输入，上一个生命周期的运行维护阶段得到的结果（输出）是下一个生命周期需求分析阶段的输入。这个不断循环的生命周期以螺旋式上升的形式实现网络化制造系统相关状态及行为的改进与扩展。

附 录 B
（资料性附录）
网络化制造系统集成模型建模方法

网络化制造系统是在不断变化的全球市场环境中形成的跨企业的动态组织，网络化制造系统的建立需要在很短的时间内快速组成，需要有一套专门的网络化制造系统建模方法体系和建模方法论为网络化制造系统的组织与运营提供全过程的指导与参照。

B.1 网络化制造系统建模方法体系

网络化制造系统建模方法体系包括多视图模型、参考模型库、模型管理体系、外部接口和集成化计算机支撑环境5部分内容。

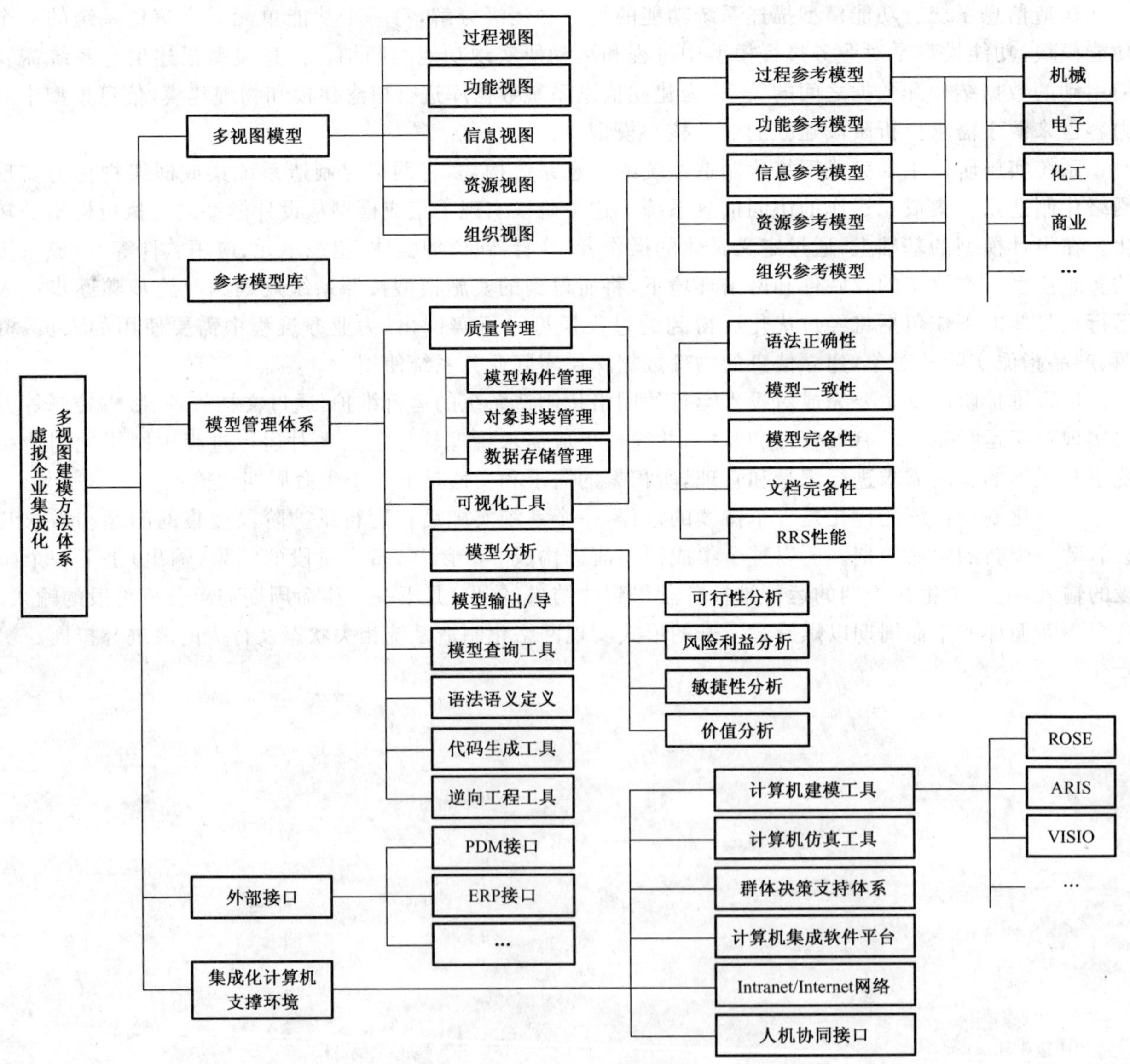

图 B.1 网络化制造系统建模方法体系

a) 多视图模型

网络化制造系统集成模型应从多个侧面描述网络化制造系统。网络化制造系统集成模型包含网络化制造系统的过程、功能、信息、资源与组织五个视图。以过程视图为中心来控制其它视图,面向过程来定义所需的功能、资源、组织和信息。过程视图将引用组织视图和资源视图中定义的属性。

模型采用面向对象的分析和设计方法以及 UML 表达方法,具有统一性、可重用性、可扩充性和易维护性。

b) 参考模型库

网络化制造系统参考模型库是提高网络化制造系统建模效率的有效方法。应建立基本构件模型库,并以不同的行业为背景分别建立网络化制造系统参考模型库。

c) 模型管理体系

模型管理体系包括质量管理、可视化工具、模型分析、模型输出/导入、模型查询工具、语法语义定义、代码生成工具和逆向工程工具几部分。质量管理对模型的语法正确性、一致性、完备性、可重构/重用/扩充性能和文档完备性进行检测和评价;可视化工具将评价结果以图形或图表的形式输出;模型分析对模型进行可行性分析、敏捷性分析、风险利益分析及价值分析;模型输出/导入功能实现模型间的转换;模型查询工具可为参考模型的查询提供方便;语法语义定义通过扩展 UML 以支持网络化制造系统特殊需求;代码生成工具和逆向工程工具实现了模型到信息系统开发阶段代码框架的无损转换,并维护开发的信息系统与模型的一致性。

d) 外部接口

定义和开发专用接口实现模型与外部系统的无缝连接。包括外部的 ERP 系统和 PDM 系统等。

e) 集成化计算机支撑环境

网络化制造系统建模需要采用集成化的计算机环境来予以支持。集成化的计算机支撑环境包括计算机建模与仿真工具、群体决策支持体系、计算机集成软件平台、Intranet/Internet 网络系统和人机协同接口等。

B.2 网络化制造系统建模过程

网络化制造系统建模过程包括建模准备、需求定义、设计说明、实施描述和运行维护五个阶段。各阶段要完成的工作内容如下:

a) 建模准备阶段

1) 步骤 1:对产品的核心过程进行业务调查、现状分析,获取市场和用户需求。

2) 步骤 2:建立网络化制造系统建模的集成化计算机支撑环境,选择合适的建模工具,满足异构环境下分布式建模的需求。

3) 步骤 3:根据网络化制造系统的实际情况利用模型查询工具寻找参考模型库内相应行业内的参考模型,对合适的参考模型进行适应性修改。否则,创建全新的模型。

b) 需求定义阶段

1) 步骤 1:在获取需求并进行过程分析后,根据分析的结果抽取过程,用活动图或顺序图、合作图建立起过程模型。

2) 步骤 2:根据过程完成的功能,采用用例图来建立功能模型。用例图中包含角色、用例和用例间的关系,每个用例表达一个功能实体。

3) 步骤 3:针对每个用例,编写用例说明来描述功能内部活动的业务流程,主要用领域语言描述需求。

4) 步骤 4:如果用例内部存在并发行为或者流程比较复杂,建立该用例的活动图来辅助说明用例。

5) 步骤 5:根据功能模型中的角色确定组织模型,该阶段主要描述组织的需求。

6) 步骤 6:根据过程、功能和组织模型中涉及的信息和资源建立起资源模型和信息模型,主要表达产品的资源需求和信息需求等。

c) 设计说明阶段

1) 步骤1:将需求定义层模型按企业功能分解为相对独立的子模型,采用模型输出功能将子模型分发给各合作企业。盟主企业负责本企业内部的建模和维护各伙伴企业子模型相互联系的部分。

2) 步骤2:各企业根据子模型进行建模,并定期或不定期地更新盟主企业保留的模型关联部分,保持同盟主企业相关部分版本的一致性。

——过程模型:设计说明阶段的过程模型是对需求定义阶段的过程模型进行分解和设计。随着过程的细化其所涉及的资源、组织和信息也越来越具体。过程分解的粒度要满足"职责可述性",即在虚拟企业过程中,大量活动的结果是完成了某种功能,起了某种作用,造成了某种影响等。为建立适合虚拟企业的过程模型,可能会引起伙伴企业过程重组,在这一阶段是动态联盟与伙伴企业互相设计、互相满足的过程,伙伴企业提供过程重组方案给动态联盟,以实现优化过程设计。根据分解的粒度,过程模型采用活动图、顺序图和合作图表示。

——功能模型:设计说明阶段的功能模型是在需求定义层功能模型的基础上对其进行分解和设计,并对分解的各功能实体进行描述。每个功能实体需要一个或多个过程来实现。根据集成的需要,可用包图对功能实体进行划分而形成功能子系统。

——信息模型:信息模型是从信息集成的角度,对产品实现所需求的信息及其传递与交换关系进行详细的设计与描述。在设计说明阶段,信息实体的粒度视其他视图分解的粒度而定。信息模型可采用多种模型图表达,但一般以类图为主。

——资源模型:资源模型对需求定义阶段资源模型进行分解和设计。根据资源的类型建立资源分类树,根据资源的地理分布建立资源池。

——组织模型:设计说明阶段的组织视图是对需求定义层组织视图的分解和设计。用来描述组成动态联盟的人员组织结构及其相互联系。组织模型的设计可能会引起伙伴企业的组织重组,有效的组织重组可降低过程集成的难度。

3) 步骤3:各伙伴企业完成子模型设计后,盟主企业采用模型导入功能将子模型引入。

4) 步骤4:对子模型进行联接优化,建立总的模型一览图,检查模型的正确性、完备性和一致性。

d) 实施描述阶段

1) 步骤1:过程模型应描述到基本操作,建立其详细的顺序图或合作图。功能模型、资源模型、信息模型应描述到原子级实体对象,并将对象类分配到相应的构件图中以支持动态连接库和执行代码的生成。信息模型直接转化为可映射为各种数据库的中间文件。

2) 步骤2:根据网络化制造系统分布性和动态性特点,对其软件、硬件和运行环境进行部署,建立配置图。

3) 步骤3:模型仿真及实例化。将网络化制造系统模型实例化,对其信息流、物流、价值流进行仿真优化,根据需要进行可行性、风险利益分析、敏捷性分析和价值分析,建立价值链视图。

e) 运行维护阶段

1) 步骤1:文档管理和版本控制,可借助相应的文档管理和版本控制软件来进行。

2) 步骤2:从模型构件、对象和数据层对模型可重构/重用/扩充性能进行评价,抽取通用部分丰富参考模型库。

3) 步骤3:选择需要生成的面向对象语言,利用代码生成工具生成支持信息系统开发的代码框架。选择需要生成的数据库类型,利用代码生成工具生成支持信息系统开发的数据库。根据开发中的变动利用逆向工程工具更新原模型。

4) 步骤4:定义并开发模型与外部系统的接口,完成模型与PDM、ERP等系统的无缝连接。

附 录 C
（资料性附录）
企业网络化制造系统参考模型

C.1 企业网络化制造系统总体结构

企业网络化制造系统是在计算机网络(Internet/Intranet,因特网/企业内部网)和数据库的支撑下,有效集成各种制造资源和科技资源等,所形成的以企业内部网络化制造为基础,以网络化协同产品开发、供应链管理和电子商务等为拓展的一种网络化集成制造系统。企业网络化制造系统的总体结构如图C.1所示。

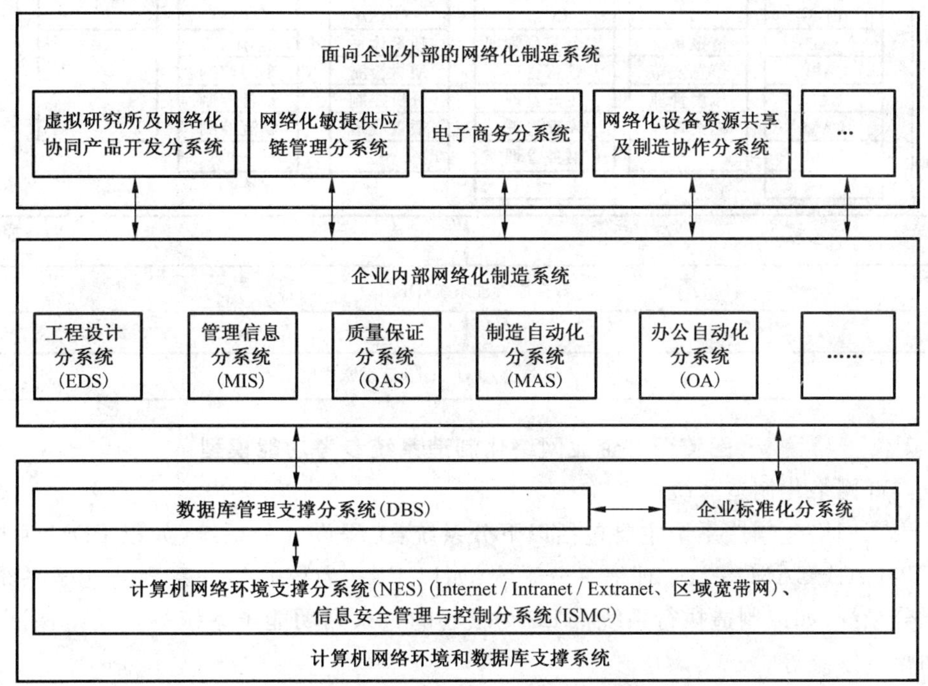

图 C.1 企业网络化制造总体结构

企业网络化制造系统包括计算机网络环境和数据库支撑、企业内部网络化制造、面向企业外部的网络化制造等三个层面。

计算机网络环境和数据库支撑是企业网络化制造系统支撑层,包括计算机网络环境分系统(NES)、信息安全管理与控制分系统(ISMC)、数据库管理分系统(DBS)和企业标准化分系统等支撑分系统。

企业内部网络化制造是基于Intranet(企业内部网)的企业网络化制造系统核心层,包括工程设计分系统(EDS)、管理信息分系统(MIS)、质量保证分系统(QAS)、制造自动化分系统(MAS)和办公自动化分系统(OA)等实现企业内部信息化功能分系统。

面向企业外部的网络化制造系统是基于Internet的企业网络化制造系统拓展层,包括网络化协同产品开发、网络化敏捷供应链管理、电子商务、网络化设备资源共享及制造协作等实现企业与外部环境之间信息交互和网络化协同的各功能分系统。

C.2 企业网络化制造系统功能参考模型

企业网络化制造系统功能模型描述了系统的功能构成方案。企业网络化制造系统的参考功能模型如图C.2所示。

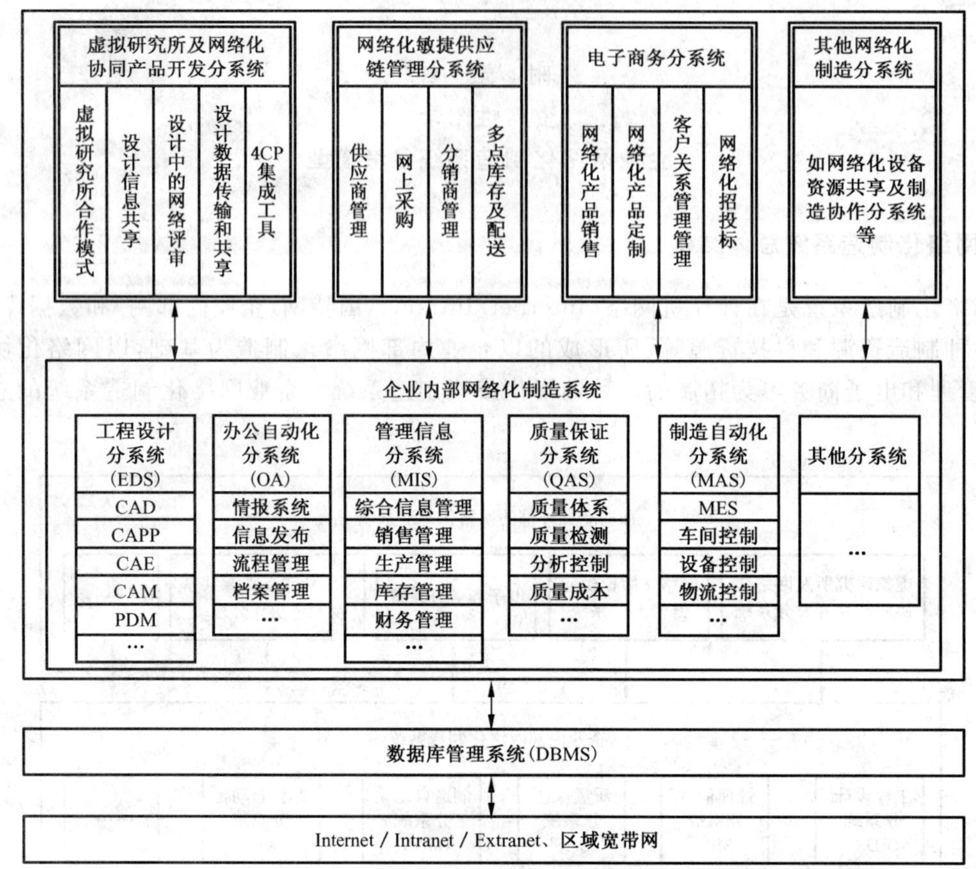

图 C.2　企业网络化制造系统参考功能模型

a）企业内部网络化制造系统

企业内部网络化制造系统主要包括以下分系统：工程设计分系统（如以 PDM 为核心的 CAD/CAPP/CAE/CAM 等）、管理信息分系统（如以 ERP 为核心的一系列功能子系统等）、制造自动化分系统（如以制造执行系统 MES 为核心的一系列功能子系统等）、质量保证分系统、办公自动化分系统等。

b）企业外部网络化制造系统

1）网络化产品协同开发系统

企业通过网络化产品协同开发系统将企业与所需合作的其他企业、研究院所、专家、产品用户等组织起来，开展网络化产品协同开发，包括产品协同设计和协同评审等功能。

2）网络化敏捷供应链管理系统

建立企业虚拟供应链和网络化供应系统，使企业能够通过网络与上下游企业在动态供应链中进行合作，实现从订货合同获取、执行到完成的整个过程，通过企业内部集成及企业间的动态联盟，组建起从原材料供应到满足客户需要的最终商品的快速、廉价、适应性强的动态供应链，从而高效、充分地利用企业内部和外部资源。

3）电子商务系统

企业通过电子商务系统建立一种基于 Internet 的网络化市场运作模式，支持广大企业特别是中小企业利用全球信息网络建立现代化的企业营销策略。企业通过电子商务系统可以方便、快捷、低成本的宣传企业及企业的各种产品，包括已有的产品和刚开发成功还未投入生产的虚拟产品等；可以配合企业传统的销售手段，建立企业现代化的市场开拓机制；建立企业产品网络化定制模式，可以提高企业对客户个性化需求的快速响应能力；

与企业内部的生产管理、制造执行系统（MES）密切配合，可以提高企业的市场反应能力等。

4） 其他网络化制造分系统

根据企业的具体情况可以包括网络化设备资源共享及网络化制造协作等分系统。

C.3 企业网络化制造系统组织参考模型

面向独立企业的网络化制造系统组织参考模型如图C.3所示。

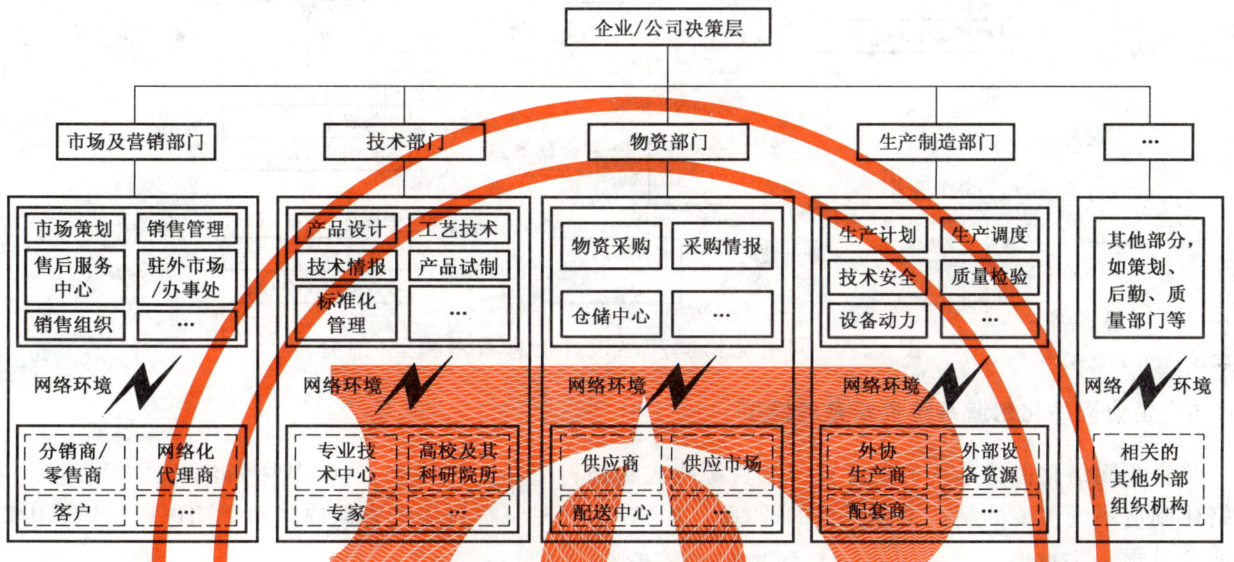

图C.3 企业网络化制造系统组织参考模型

企业网络化制造系统组织包括企业内部组织和外部组织两部分。图C.3中虚线部分表示在企业外部的组织机构，它们通过信息交换网络作为企业组织结构的一部分，与企业之间是一种以制造业务和经济利益等作为纽带的弱关系，这些弱关系在与企业业务开展过程中是一种基于网络的紧密协作关系。

C.4 企业网络化制造系统信息参考模型

企业网络化制造系统信息模型包括网络化制造系统的信息组成以及信息处理视图。

按照信息的来源可分为企业外部信息和企业内部信息。企业内部信息又可分为公司层信息、工厂层信息、车间层信息、单元层信息和工作站层信息和设备层信息。企业外部信息可分为市场信息（供需状况、客户信息、产品价格、竞争对手等）、技术信息（新技术、新产品、新工艺等）、国家或地区宏观经济信息及政策法规、行业标准及规范等方面的信息。

网络化制造系统的信息联系视图可以采用实体-联系（Entity-Relation，E-R）方法或IDEF1X方法进行描述。在用IDEF1X方法描述的网络化制造系统信息视图中，通过实体描述出网络化制造系统的信息构成以及信息的内容、存储方式，通过定义实体之间的联系描述信息的分布和接口，因此可以清楚地表达网络化制造系统的信息联系视图。

某产品网络化协同设计过程中的部分信息处理过程的参考模型如图C.4所示。

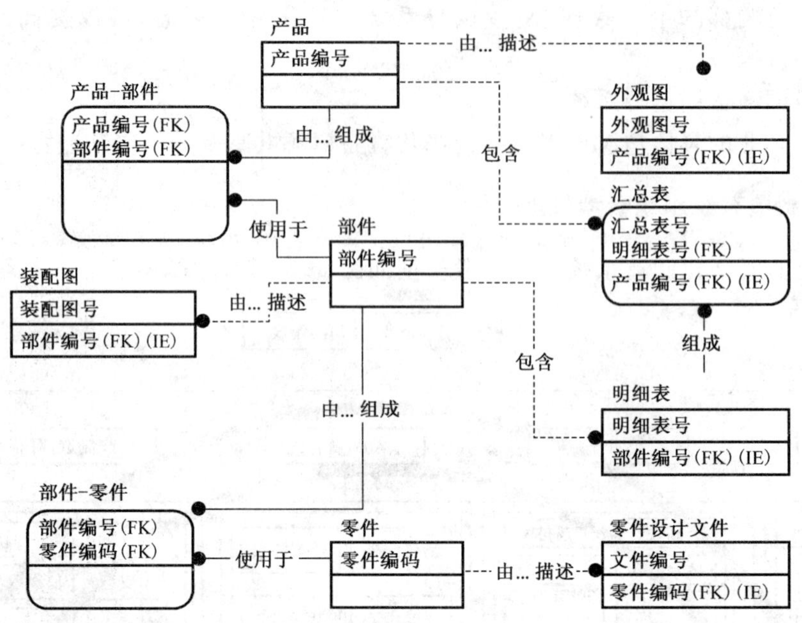

图 C.4　网络化协同产品设计信息参考模型(部分)

C.5　企业网络化制造系统资源参考模型

企业网络化制造系统的资源视图从资源构成和物料流两个方面来描述,其中资源构成考虑企业网络化制造系统主要的制造资源所处的地理位置、结构与分类;物料流考虑从原材料采购进厂到检验出厂的全过程。

a)　企业网络化制造系统资源构成

按制造资源所处的地域位置来分,面向独立企业网络化制造系统制造资源可以分为企业内部制造资源和企业网络化协作的外部制造资源。

按照硬件和软件来划分,面向独立企业网络化制造系统制造资源可分为硬件资源和软件资源。按照硬软件划分的制造资源构成如图 C.5 所示。

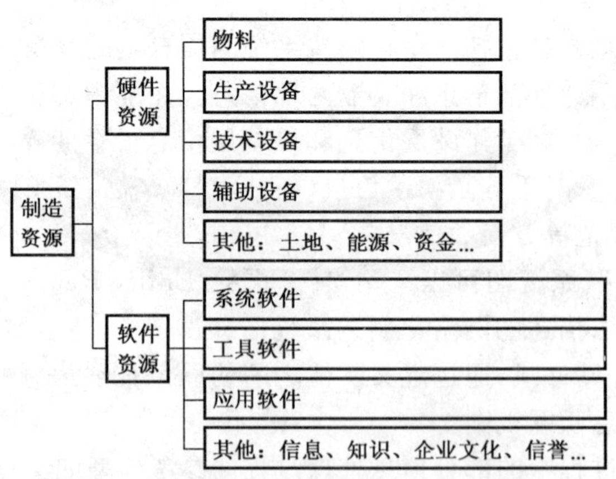

图 C.5　按硬软件进行资源分类

按照范围的分类,制造资源分为狭义制造资源(即物能资源)和广义制造资源两种,如图 C.6 所示。

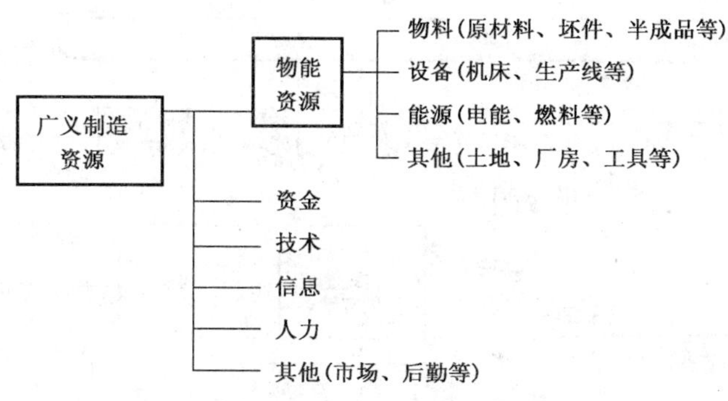

图 C.6 广义制造资源的构成

b) 企业网络化制造系统的物料流

企业网络化制造系统的物料流包括了企业内部的物料流和物资采购、外协生产和产品销售等环节的企业外部物料流。如图 C.7 所示。

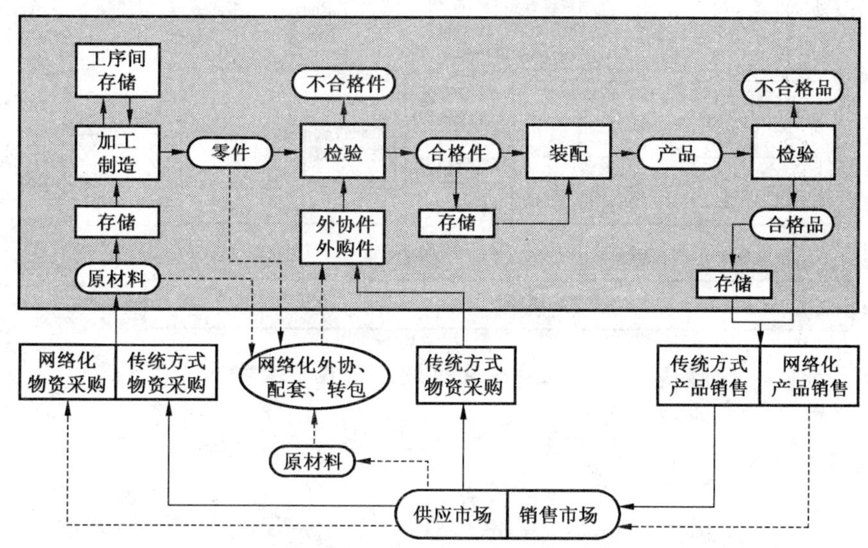

图 C.7 企业网络化制造系统的物料流示例

C.6 企业网络化制造系统过程参考模型

企业网络化制造系统过程参考模型如图 C.8 所示。企业网络化制造过程包括销售、采购、物流、生产计划控制、财务、产品开发、生产制造和质量保障等流程。其中用虚线框表示的部分是传统企业运行流程中没有的环节,包括网络化销售和定制、网络化协同设计、网络化敏捷供应、网络化协同加工制造等。

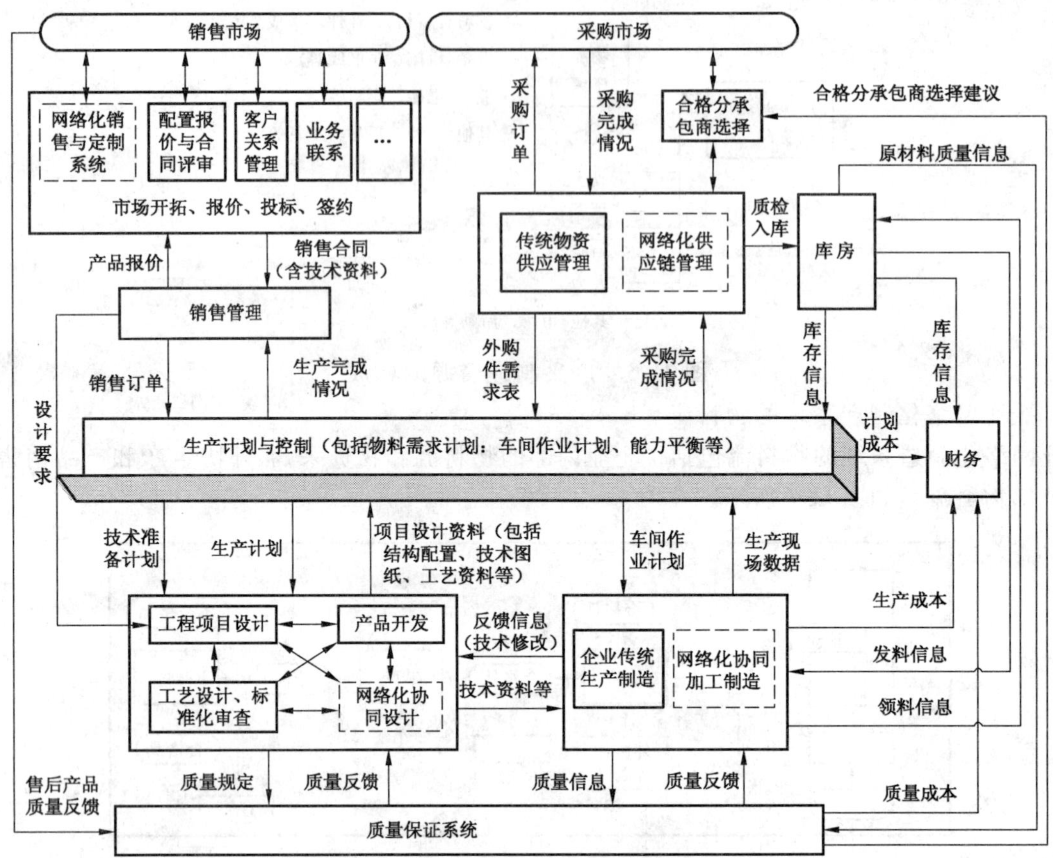

图 C.8　企业网络化制造系统过程参考模型

参考文献

[1] GB/T 15312—2008 制造业自动化 术语

[2] GB/T 16980.1—1997 工业自动化 车间生产 第1部分:标准化参考模型和确定需求的方法论(ISO/TR 10314-1:1990,IDT)

[3] GB/T 18757—2008 工业自动化系统与集成 企业参考体系结构与方法论的需求(ISO 15704:2000,IDT)

[4] GB/T 19114.1—2003 工业自动化系统与集成 工业制造管理数据 第1部分:综述(ISO 15531-1:2002,IDT)

[5] GB/T 22032—2008 系统工程 系统生存周期过程(ISO/IEC 15288:2002,IDT)

ICS 35.240.50
J 07

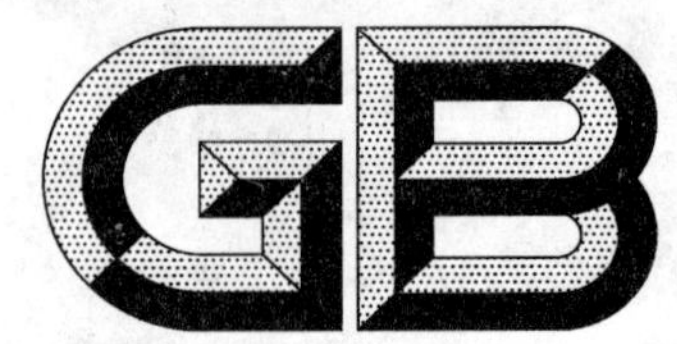

中华人民共和国国家标准

GB/T 25489—2010

网络化制造系统功能规划技术规范

Technical specification for the functional planning of networked manufacturing system

2010-12-01 发布 2011-05-01 实施

中华人民共和国国家质量监督检验检疫总局
中国国家标准化管理委员会 发布

前　言

本标准由中国机械工业联合会提出。

本标准由全国工业自动化系统与集成标准化技术委员会(SAC/TC 159)归口。

本标准负责起草单位:北京机械工业自动化研究所,上海交通大学。

本标准主要起草人:奚立峰、周炳海、李春常、孙洁香。

引　言

随着制造业全球化进程的加剧，制造企业之间的协同与合作日趋增加，制造活动需要突破企业范围和地域的限制，产品生命周期的各种业务活动需要在不同的企业、部门、应用等之间实现有效地集成；同时，制造企业面临时间、质量、成本和服务等诸多方面的激烈竞争，而快速响应市场逐渐成为提高企业或企业群体竞争力的首选要素。网络化制造模式的出现为应对这些新环境提供了有效的解决方案。标准化是实现网络化制造的关键，通过制定一系列标准，以形成网络化制造标准体系，作为我国制造企业实施网络化制造的标准依据和参考。

本标准属于网络化制造标准体系中的通用标准。制定本标准的基本目的是为企业在实施网络化制造过程中进行网络化制造系统的功能规划时提供指导性的参考依据。

本标准的主要内容包括：网络化制造系统的基本功能要求；网络化制造系统的功能模型；网络化制造系统平台、应用平台、基础平台的功能组成描述；网络化制造系统功能规划的基本方法。

网络化制造系统功能规划技术规范

1 范围

本标准规定了网络化制造系统各组成部分的功能，从功能视图的角度给出了网络化制造系统的参考结构，在此基础上建立了网络化制造系统功能模型。正文列举了网络化制造系统的基本功能要求，给出了网络化制造系统功能模型基本框架，描述了网络化制造系统中网络联盟企业管理平台、系统应用平台和系统基础平台需要具备的基本功能组成，以此作为规划网络化制造系统各组成部分的功能联系的参考基础，最后总结功能规划的基本方法。

本标准适用于我国企业实施网络化制造过程中进行网络化制造系统功能规划和网络化制造系统的设计、运作与管理。

2 术语和定义

下列术语和定义适用于本标准。

2.1

网络化制造　networked manufacturing

企业利用网络技术开展产品设计、制造、销售、采购、管理等一系列制造活动的总称。

2.2

网络化制造系统　networked manufacturing system

企业在网络化制造模式的指导思想、相关理论和方法的指导下，在网络化制造集成平台和软件工具的支持下，结合企业具体的业务需求，设计实施的基于网络的制造系统。

2.3

企业　enterprise

以提供产品和服务为共同目标及任务的组织群体。

［GB/T 18999—2003，2.2.1］

2.4

网络联盟企业　networked alliance enterprise

由市场驱动，通过市场竞争机制，为特定的任务组成的适应网络化制造模式的动态联盟企业。组成这种动态联盟的成员可以是地理上分布的企业或企业的某些部门，它们通过网络互连，开展与制造活动相关的各种业务，通常由作为核心企业的盟主企业发起，同时客户参与产品全生命周期的活动。网络联盟企业可以随任务完成而解散，随新的任务产生而快速重组。

2.5

功能视图　function view

对企业中活动及工作过程的描述及表达。功能视图描述元素的处理以及用若干单个处理步骤组来描述复杂过程，并反映它们的逻辑连结及相互依存性的构造。功能视图着重表达系统行为特征、相互依存性及元素在企业功能执行过程中的效应。

［GB/T 18999—2003，3.7.4.2］

2.6

互操作性　interoperability

a）　两个或多个系统交换信息并相互使用已交换的信息的能力。

b）　两个或两个以上系统可互相操作的能力。

[GB/T 11457—2006,2.807]

2.7

可扩展性 scalability

系统或部件能修订以增加它的存储或功能的能力的情况。

[GB/T 11457—2006,2.594]

2.8

安全性,保密性 security

对计算机硬件、软件进行的保护,以防止其受到意外的或蓄意的存取、使用、修改、毁坏或泄密。安全性也涉及对人员的数据、通讯以及计算机安装的物理保护。

[GB/T 11457—2006,2.1420]

2.9

资源 resource

是服务提供商使用的可量化的资产,或者是另一个服务商代表一个服务提供商来完成服务请求(例如:文件、通讯、货物等)。

3 缩略语

ARIS Architecture of integrated information system 集成信息系统体系结构

ASP Application service provider 应用服务提供商

CAD Computer-Aided Design 计算机辅助设计

CAE Computer-Aided Engineering 计算机辅助工程

CAM Computer-Aided Manufacturing 计算机辅助制造

CAPP Computer-Aided Process Planning 计算机辅助工艺规划

CIM-OSA Computer Integrated Manufacturing-Open System Architecture) 计算机集成制造开放系统体系结构

COM Component Object Model 组件对象模型

CORBA Common Object Request Broke Architecture 公共对象请求代理体系结构

CRM Customer Relationship Management 客户关系管理

EDI Electronic Data Interchange 电子数据交换

ERP Enterprise Resource Planning 企业资源计划

FTP File Transfer Protocol 文件传输协议

GERAM General Enterprise Reference Architecture and Methodology 通用企业参考体系结构与方法学

HTML Hyper Text Markup Language 超文本标识语言

ICMP Internet Control Manage Protocol 因特网控制报文协议

IP Internet Protocol 网际协议

ISO International Organization for Standardization 国际标准化组织

MANDATE Manufacturing Management Data Exchange 制造管理数据交换

MES Manufacturing Execution System 制造执行系统

MMS Manufacturing Message Specification 制造报文规范

NE Networked Enterprise 网络联盟企业

NMS Networked Manufacturing System 网络化制造系统

OMG Object Management Group 对象管理集团

PDM Product Data Management 产品数据管理

PLM　Product Life-cycle Management　产品全生命周期管理

RIP　Routing Information Protocol　路由信息协议

SCM　Supply Chain Management　供应链管理

SGML　Standard Generalized Markup Language　标准通用化置标语言

SMTP　Simple Mail Transfer Protocol　简单邮件传输协议

SNMP　Single Network Management Protocol　简单网络管理协议

STEP　Standard for the exchange of product model data　产品模型数据交换标准

TCP　Transmission Control Protocol　传输控制协议

UDDI　Universal Description,Discovery and Integration　统一描述、发现和集成协议

UDP　User Datagram Protocol　用户数据报协议

W3C　World Wide Web Consortium　万维网联盟

XML　Extensible markup language　可扩展标记语言

4　网络化制造系统功能规划基本要求

4.1　全方位地支持网络联盟企业

通过网络开展覆盖产品全生命周期各个环节的业务，支持网络联盟企业的所有生产经营活动。功能规划应通过网络化制造系统功能模型体现产品全生命周期的各种主要功能，提供包括从供应商、制造商、销售商到客户等的价值链的各种应用服务功能。

4.2　功能规划应有利于集成性

按照 CIM-OSA 的分类，集成包括企业内部的物理系统集成、应用集成和业务集成以及企业间的集成。实现企业内部和企业之间的集成，是网络联盟企业开展生产经营活动的基础。网络化制造系统功能规划主要通过功能模型体现网络联盟企业范畴内的系统应用服务间的集成，包括：

——提供支持企业集成的应用服务功能；

——能够尽可能集成企业原有的遗留系统；

——提供应用服务与应用服务之间的集成，满足应用服务之间的有效耦合。

4.3　功能规划应有利于互操作性

网络化制造系统功能规划过程中系统功能模型应有利于体现互操作性，满足以下要求：

——支持网络联盟企业的协作和资源共享；

——满足分布式、异构式、动态网络化环境的要求；

——系统具有开放性和模块化特性，应用功能之间具有标准化接口；

——系统具有可扩展性，满足未来服务的发展和更新。

4.4　业务过程数字化及商务过程的安全性

网络化制造通过网络传递产品设计、制造、设备控制等的各种信息，数字化是网络化制造的重要基础；而商务过程通过网络传递信息必须具备安全性。

5　网络化制造系统功能模型基本框架

5.1　功能视图参考结构

图 1 从系统功能视图的角度给出了网络化制造系统的参考结构，网络化制造系统由网络联盟企业管理平台、应用平台和基础平台 3 部分组成，各个部分具有独立的功能，同时整个系统在功能上具有集成性和互操作性。网络化制造活动随网络联盟企业的组建而开始，活动结束网络联盟企业随之解散。网络化制造系统提供了网络联盟企业管理功能，包括组建、优化、运行、解散与重组，这些活动体现网络化制造环境下的企业集成与协作。网络化制造应用平台是网络化制造系统的核心，包括了网络化制造系统所需要实现的功能目标，覆盖了产品全生命周期的各项活动，是实施网络化制造过程中进行功能规

划的主要对象。网络化制造系统具有多种形态,不同形态和模式下可以具有参考结构中全部或部分功能,可以根据实际需要进行必要的扩展。网络化制造基础平台提供了网络化制造必要的支撑环境,包括计算机网络环境、基础技术体系、平台公共服务管理、知识库管理、应用软件和使能工具等。网络联盟企业通过应用界面执行各项应用功能,应用平台与基础平台通过集成接口互联,从而实现应用功能在网络环境下的集成。

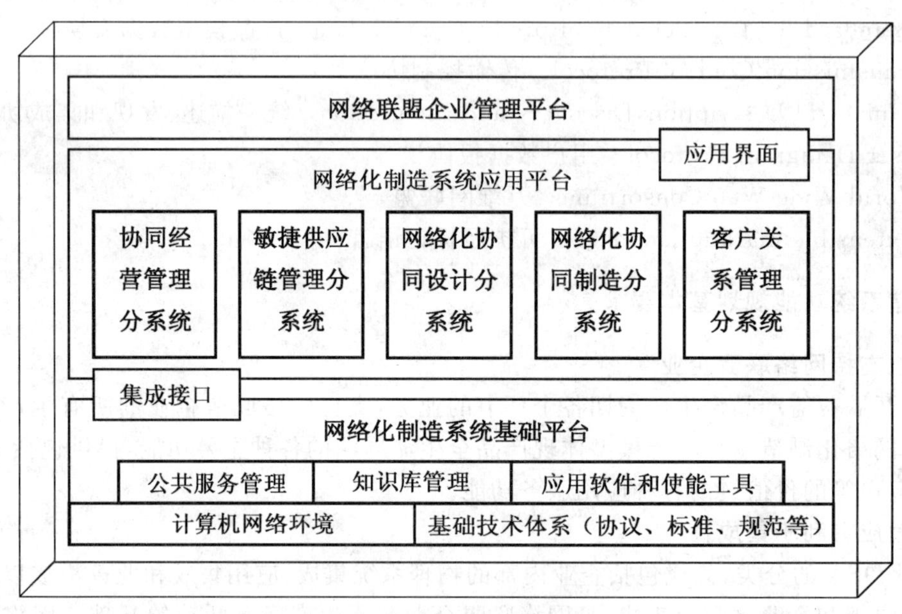

图 1 网络化制造系统功能视图参考结构

5.2 功能模型

在网络化制造系统功能视图参考结构的基础上,根据网络化制造系统主要组成要素,建立相应的网络化制造系统功能模型,如图2所示,包括网络联盟企业管理平台、系统应用平台及基础平台3部分功能。各部分由若干分系统、子系统及功能模块组成,网络化制造系统功能模型建立在这些功能组成之上。其中系统应用平台功能包含了网络化制造系统的主要应用功能,本标准对其功能组成作了主要描述。网络化制造系统功能视图参考结构中的应用界面和集成接口两部分的内容不在本技术规范阐述之列,因此未进一步对其进行描述。

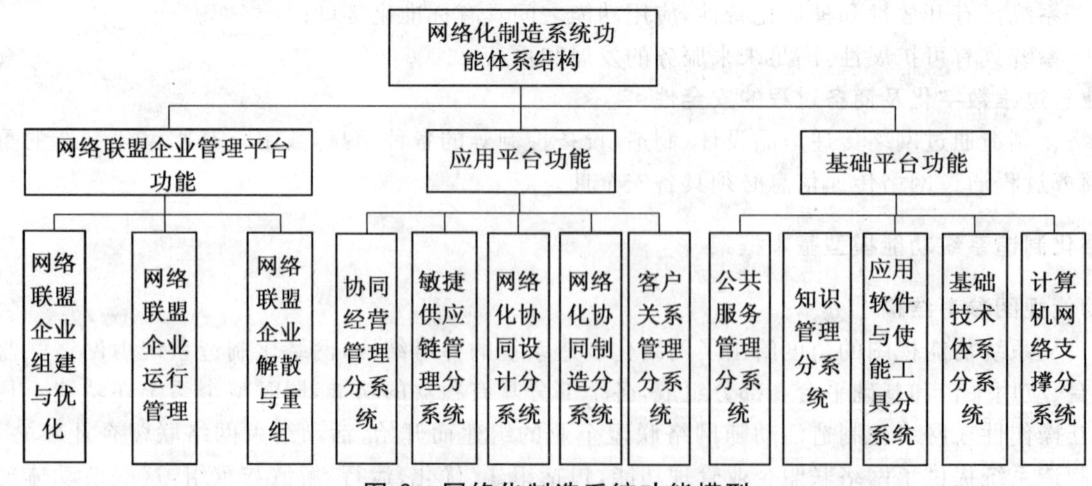

图 2 网络化制造系统功能模型

6 网络联盟企业管理平台功能描述

6.1 网络联盟企业生命周期

网络联盟企业是网络化制造系统的主体，是网络化制造环境下企业集成与协作的特有形态。作为一种因市场机遇而组建的动态企业联盟，网络联盟企业自身具有一定的生命周期，包括其组建与优化、运行管理、解散或重组。网络联盟企业管理是对这一生命周期的各阶段中合作伙伴(盟员)间的相互关系的管理。

6.2 网络联盟企业组建与优化

6.2.1 基本逻辑

网络联盟企业组建是网络化制造过程的重要内容，它以市场为导向，以资源优化为基础，以产品或服务为对象，以获取企业利益为目标。网络联盟企业成员的选择需要一定的策略并根据策略制定相应的评价标准。

6.2.2 基本功能

网络联盟企业组建与优化的基本功能包括：

a) 盟员资源要素管理

盟员是网络联盟企业的基本单元，盟员资源是结盟的基础。盟员资源管理包括以下功能：

1) 盟员资源要素分类。盟员应具有相应的人员、设备、物料、技术和市场中的部分或全部要素。资源要素的分类便于网络联盟企业组建时的资源发现及对盟员资源的评价；

2) 盟员资源信息模型建立。提取盟员资源要素信息，构建起信息模型。盟员资源要素信息化是企业利用网络和计算机技术对盟员资源进行最优选择的基础。

b) 制定盟员选择策略

网络联盟企业盟员的选择需要遵循科学合理的策略。合理的决策将降低网络联盟企业中盟员选择的难度。盟员选择策略需要根据网络联盟企业的任务确定各个阶段的合作类型，例如开发设计合作伙伴、制造合作伙伴、供应链合作伙伴等，并做出相应的决策。

c) 制定盟员的评价标准

根据盟员选择策略，结合具体的影响因素，制定相应的评价标准。

1) 确定选择盟员的影响因素：

——候选企业内部因素：如成本、时间、质量、服务、设计制造销售能力等；

——候选企业外部因素：如合作伙伴间的相互作用、地域影响、协作能力、社会环境等。

2) 影响因素的定量与定性评价：根据网络联盟企业的经营目标与上述因素之间的相互关系，确定定量与定性因素，按一定规则和优化决策目标进行分类评价，并将结果作为盟员选择的参考依据。评价过程需要相应的评价方法和工具作为支持。

d) 组建网络联盟企业

在盟员资源要素信息化基础上，根据盟员选择策略和评价标准，通过一定的结盟机制组建网络联盟企业。这种机制通常需要将市场竞争中的招标/投标机制与结盟过程的实际情况相结合进行操作。结盟过程一般包括：

1) 信息发布与资源搜索。联盟发起者通过网络发布任务信息，启动招标/投标机制，同时根据需求，通过网络搜索具备所需资源要素的相关企业，寻找潜在的结盟企业。

2) 方案组合。根据一定的盟员选择策略和评价标准(如最大利益原则、最短时间原则等)，将上述过程得到的潜在的企业与盟主结合，形成多个候选的方案。

3) 决策与选优。通过一定的决策理论和综合评价选择方法，选出最优的组合方案。

4) 构建联盟。根据盟员选择结果，建立动态联盟并明确成员的责任与义务，签订合同，建立以过程和项目管理为主线、以协作为主要方式的动态组织机构。

6.3 网络联盟企业运行管理

6.3.1 基本逻辑

网络联盟企业根据合同任务开始协同规划项目整体进程和制定解决方案，并在其执行过程中进行协同监控，从企业层次对网络联盟企业的运行进行管理。

6.3.2 基本功能

该模块应该具备以下功能：

a) 项目整体进程规划

在全局宏观约束条件下，网络联盟企业协同规划项目制造进程、网络联盟企业成员间合作机制，通过协作进行任务分解，制定解决方案。

b) 过程协同监控

在网络联盟企业运行过程中对项目进程、企业间协作活动的监控，实现企业间的集成与协作，包括：

1) 保持网络联盟企业成员间竞争协作机制。企业间的协作是网络联盟企业正常运行的基础；

2) 确保网络联盟企业信息与资源共享。信息与资源共享是企业集成的必要条件；

3) 网络联盟企业项目进程监控。按照进程计划与解决方案对产品全生命周期协同活动进行监控；

4) 网络联盟企业运行过程冲突解决。企业运行过程不可避免会产生目标冲突与约束冲突，过程协同监控提供冲突预测与冲突解决方案，确保网络联盟企业正常运行。

6.4 网络联盟企业解散与重组

6.4.1 基本逻辑

作为由市场驱动、任务导向的临时性动态联盟，网络联盟企业随任务完成而解散，随新的任务而快速重组。

6.4.2 基本功能

该模块应该具有以下功能：

a) 网络联盟企业解散

1) 合作关系终止。根据合同，随任务的完成，终止网络联盟企业成员间的合作关系，网络联盟企业成员重新成为完全自主的实体；

2) 网络联盟企业组织机构解散。实施网络化制造过程中，网络联盟企业可能需要组建临时性组织机构，由于合作关系终止，这些机构也随之解散。

b) 网络联盟企业重组

根据新市场机遇，接受任务的企业重新进行合作伙伴选择，组建新的网络联盟企业。历史结盟记录将为网络联盟企业重组提供参考信息，加速其重组过程。

7 网络化制造系统应用平台主要功能描述

7.1 功能模型

应用服务层是网络化制造系统功能模型中的核心层，包含了网络化制造环境中覆盖产品全生命周期的协同设计、协同制造、协同生产经营管理活动及供应链管理、客户关系管理等相关活动。图 3 给出了应用平台的功能模型。

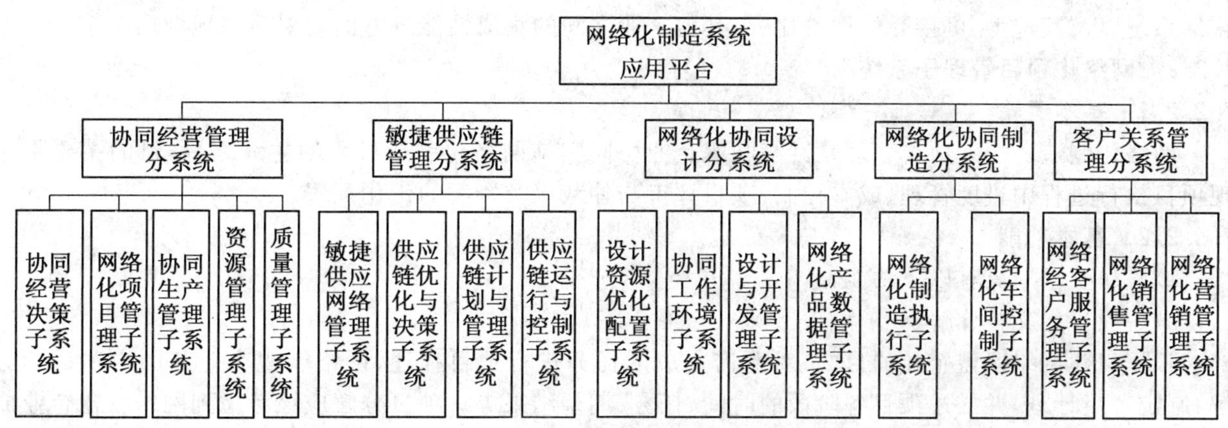

图 3　网络化制造系统应用平台功能模型

7.2　协同经营管理分系统

网络联盟企业运行，主要以过程和项目管理为主线，协同经营管理分系统在职能范围上包括协同经营决策、网络化项目管理、协同生产管理、资源管理、质量管理等成员企业级和项目级任务执行过程的管理功能。从产品增值过程看，协同经营管理分系统与供应链管理、协同工程设计、协同制造及客户关系管理等功能紧密联系，实现网络化制造需要这些功能分系统进行无缝集成。

根据实际需要，协同经营管理分系统可能与供应链管理、客户关系管理在功能上有一定的重叠，需要相互之间集成，并提供互操作接口。对于某些情况，质量管理可以单独设立分系统，其功能应覆盖产品全生命周期和项目执行过程，也可以在各功能分系统中设立相应的质量管理子系统。

7.2.1　协同经营决策子系统

7.2.1.1　基本逻辑

网络化制造环境下企业为共同的利益而形成网络联盟企业，因此在进行经营管理时应该体现联盟企业之间的协作，而经营决策的制定及维护是其中反映这种协作关系的重要内容。该子系统为网络联盟企业实现协同经营决策提供支持。

7.2.1.2　基本功能

该模块要求应该具有以下基本功能：

a)　为网络联盟企业成员之间的协作提供基础支持

企业间的协作，存在着大量的信息交流活动，需要建立一个网络化经营决策的协作平台，为决策提供基础性的支持以提高企业间协作的效率，降低协作成本。包括以下方面的：

1)　明确网络联盟企业成员的共同目标，企业成员的共同目标是进行协作的基础，应该拟定长期、中期、短期的经营目标；

2)　企业内部环境和外部环境的分析，特别是行业、区域甚至全球竞争者的情况分析；

3)　网络联盟企业成员之间能力互补：网络联盟企业各成员企业具有自身的核心能力，在核心能力的基础上进行成员企业之间的能力互补，达到企业间集成的目的；

4)　在网络联盟企业成员之间创造一个“共赢”的网络联盟企业文化氛围。

b)　与产品相关的决策

实施网络化制造最终需要提供满足客户需要的产品或服务，因此在市场分析的基础上，根据客户需求如何确定网络化制造系统提供的产品以及与产品相关的经营决策，如产品为中心的项目立项，产品定制模式，产品性能，产品设计制造方式等。

c)　与应用软件系统相关的决策

实施网络化制造离不开应用软件系统,而且由于制造相关活动均以网络为基础,因此,对应用软件系统提出了更多的要求,如基本功能、安全性、可靠性、升级功能等,因此在对开发还是购买相应的应用软件系统以及其选型、可接受的性价比、与其他企业之间的集成性能等方面需要适当地做出决策。

7.2.2 网络化项目管理子系统

7.2.2.1 基本逻辑

网络化制造环境下项目管理是网络联盟企业协同实施网络化制造过程的主线之一,目的主要是实现项目执行过程中进度管理、成本控制、项目评审与仲裁以及资源的优化配置。

7.2.2.2 基本功能

该模块要求应具有以下功能:

a) 项目定义与分解

根据组建网络联盟企业的目的,对所需完成的任务进行项目描述,网络联盟企业范围内项目的分解,制定项目计划,并描述项目各阶段的时间、任务、期望结果等。项目分解应该考虑到网络联盟企业成员的核心能力,体现协同合作企业的优势互补、资源共享。

b) 网络化协作项目进度控制

进度控制是网络化制造项目管理中的主要部分,既包括网络联盟企业成员所承担任务的监控,还包括网络联盟企业整体实施网络化制造任务的进展情况的监控。通过获取项目进展信息,判断其影响结果,及时与盟主及各成员企业进行协调,制定相应的对策。

c) 网络化协作项目评审与仲裁

从网络联盟企业对制造任务的立项策略、任务分配、实施、阶段性成果等方面,根据一定的标准(如时间、质量、成本控制等)对项目进行系统的评价,为项目进度控制提供相应的依据。同时项目评审为网络联盟企业运行管理提供仲裁依据。

d) 网络化项目风险回避

网络联盟企业中存在较多的不确定因素,给项目实施带来了相应的风险,通过明确网络联盟企业成员的风险责任,制定相应策略控制项目实施过程费用的追加,降低项目失败率。

7.2.3 协同生产管理子系统

7.2.3.1 基本逻辑

协同生产管理子系统是根据网络化制造项目管理的要求,对网络化制造过程相应项目的生产活动进行规划并对相应的活动进行管理。在层次上覆盖企业级(主要指成员企业)计划管理层,在职能上主要包括与生产活动相关基础数据管理、生产计划、资源、设备、生产能力等。

7.2.3.2 基本功能

该模块要求具有以下基本功能:

a) 基础数据管理

基础数据管理是实施网络化制造生产活动的基础。这里的基础数据管理指企业的生产与技术数据,主要包括物料清单数据、工艺路线数据、工时管理、资源管理(人、设备、工作中心或班组、工段、车间等机构的能力)、用户权限管理、数据备份与恢复等。

b) 生产计划管理

生产计划模块根据网络化制造项目分解和项目进度安排要求,对网络联盟企业成员承担的项目任务作出计划安排,以协调网络化制造相关活动,驱动其他的计划,如供应链、人力、设备、资金等,协调网络联盟企业的制造能力,衡量各网络联盟企业成员的绩效。生产计划管理具体包括以下方面:

1) 生产计划编制。根据企业承担项目任务合同和生产预测,将生产产品的需求具体化,制定产品生产计划;

2) 生产计划调整。根据实际生产环境和制造任务的变更,及时调整生产计划,保证提供可靠的生产进度;

3） 生产计划查询与反馈等。提供生产计划的查询、生产计划评估及其他生产管理活动的反馈等功能。

c） 物料需求计划管理

物料需求计划根据生产计划，针对最终产品可能由许多相关物料组成，而对这些物料的需求制定相应计划。物料需求计划与敏捷供应链管理密切联系。主要包括：

1） 物料需求计划自动生成、编制与调整；

2） 物料需求计划可行性和平衡分析；

3） 物料需求计划、计划生产订单等的查询；

4） 计划生产订单确认、拖期订单报告等。

d） 能力需求计划

能力需求计划在物料需求计划的基础上，检查企业各生产部门执行生产作业计划的可行性。当生产能力出现不平衡时，需要调整生产计划和物料需求计划；当能力达到平衡后，可以下达生产加工单，并根据物料需求计划通过敏捷供应链管理系统下达采购单。

7.2.4 资源管理子系统

7.2.4.1 基本逻辑

网络化环境下资源管理实现网络联盟企业成员之间共享资源的管理和优化配置，提高资源的利用率。

7.2.4.2 基本功能

该模块应该具有以下功能：

a） 设备管理

网络化制造环境中的设备管理主要是根据各网络联盟企业成员的生产制造活动，提供设备使用情况的记录管理，避免制造活动对设备需求的冲突。包括设备台账基本信息、设备在用统计管理、设备维修管理、设备事故和故障情况、设备备件管理等。

b） 资产管理

对网络联盟企业为实现网络化制造任务而投入的固定资产进行有效管理，最大限度减少资金占用，保证生产经营活动的正常进行。包括固定资产类别定义、批量登记和修改资产信息、固定资产折旧、固定资产状态和变动情况查询等。

c） 人力资源管理

网络联盟企业人力资源需管理是以实现网路化制造任务为目标，对网络联盟企业及其成员企业的人力资源的需求、规划，以及人力资源的配置进行管理。包括以下方面：

1） 人力资源需求预测与规划：根据网络化制造过程企业承担的任务，结合企业自身现有人力资源状况，对人力资源的需求作出预测，并进行一定的规划；

2） 人力资源配置管理：负责人员档案的建立与维护、人员调配管理以及人员信息综合统计查询等；

3） 人力资源评价：包括考勤管理、工资管理、员工效率分析、技能开发、培训与考核等。

d） 财务管理

包括网络联盟企业运行过程中的财务计划管理、帐务管理、资金流动管理、成本管理等。由于网络联盟企业各成员存在独立的财务管理系统，成员企业内部财务管理活动保持其独立性，涉及网络联盟企业总体需求的财务活动需要各成员企业的协作与配合。

7.2.5 质量管理子系统

7.2.5.1 基本逻辑

网络化制造环境下质量管理覆盖了产品全生命周期相关的质量活动，以质量信息管理为核心，主要表现为以网络为基础，质量信息在盟主与成员企业及各成员企业内部的传输、交换和管理，并能对市场用户和供应链上的质量信息作出快速响应。

7.2.5.2 基本功能

质量管理子系统应具有以下基本功能：

a) 质量计划功能

包括两方面的质量计划制定：

1) 制定网络联盟企业总体质量目标和计划：根据市场需求和网络联盟企业的经营战略，盟主与各成员企业协同确定总体质量目标，并制定质量活动计划。
2) 具体产品或过程质量目标和计划：针对具体的产品或过程，根据产品质量历史状况、网络联盟企业生产技术现状以及市场需求，制定产品质量目标，再根据质量目标制定产品的质量计划、产品检验计划和产品制造过程监控计划等，并生成相关文档和信息。

b) 在线/过程质量控制

在质量计划的指导下，对产品设计和各个生产过程的质量数据进行采集，对产品全过程实行监控，其中包括设计质量监控、生产质量监控、使用质量监控、供应链质量控制、客户服务质量监控等。

c) 质量改进管理

实现对质量信息的采集，在网络联盟企业运行过程中记录质量问题、指派质量问题责任者，记录改进措施及其效果，维护质量改进措施信息，跟踪质量改进过程。

d) 质量评估分析

为产品及其过程质量评估提供工具与技术支持，协助进行质量持续改进。包括产品设计质量评价、制造过程质量评价、原材料及供应链质量评价、售后产品质量评价、质量成本分析和客户满意度分析等。

e) 质量信息管理

实现各种质量数据和信息的采集、汇总、统计、分析，实现质量数据与信息的自动化处理，及时准确地向网络联盟企业提供产品质量信息(报表、数据等)，主要提供以下方面的功能：

1) 质量信息生成和质量综合查询。生成各种质量指标报表信息，报表中各种导出数据的建库存储，制定质量信息综合查询的方法；
2) 质量文档管理。建立质量文档及相关标准、规范的索引与目录库，提供通过网络进行文档管理的权限设置；
3) 检验、检测设备管理、检验人员管理。对检验检测设备、检验人员的档案进行管理，记录检验、检测设备和检验人员的相关情况；
4) 质量信息传输的安全保证。质量信息大多都是企业的机要信息，一方面需要在合作范围内对成员企业间共享的质量信息进行一定的控制，另一方面需要保证其在网络传递过程中的信息安全。

7.3 敏捷供应链管理分系统

网络化制造下敏捷供应链是由供应商、制造企业、运输商、销售商等实体构成的动态网络，通常它以制造企业为核心，将供应商、制造企业、分销商、合作伙伴等进行一体化的整合，实现彼此间的信息共享、工作协同和商务协作，构建一个动态、虚拟的协同化供应网络，实现供应链集成化和协同管理。供应链管理贯穿整个网络化制造过程，包括供应链的迅速组建、优化、计划、运行，并随网络联盟企业的解散而解体。

本分系统包括敏捷供应链网络管理、供应链决策与优化、供应链计划与管理、供应链运行与控制等子系统。敏捷供应链管理与网络联盟企业协同经营管理、客户关系管理紧密联系，根据实际情况可能存在功能上的重叠。

7.3.1 敏捷供应网络管理子系统

管理网络化制造环境下网络联盟企业与客户、合作伙伴和供应商之间形成的供应网络，基于网络化环境敏捷地实施供应商关系的管理，运用网络化环境的基础架构，将网络联盟企业成员和供应链合作伙伴联系在一起，管理网络化制造环境下网络联盟企业与客户、合作伙伴和供应商之间的关系，提供基于供应链的网络联盟企业门户解决方案及支持工具。

7.3.2 供应链决策与优化子系统

供应链决策与优化主要包括网络化制造环境下供应链评价、决策与优化：

a） 供应链评价

包括评价模型管理、供应商评价、经销商评价、核心制造企业评价以及供应链评价整体等。评价模型管理是对具体进行评价时所采用的评价模型进行比较、选择。在评价模型确定后，可分别对供应商、经销商、核心制造企业、整体供应链列出相应评价指标进行评价。

b） 供应链决策

主要包括供应链网络选择策略、重构决策和供应链网络内协调决策。

1） 供应链网络选择决策：即供应链伙伴的选择及优化。根据网络联盟企业的战略目标，如何在众多潜在合作伙伴中选择最佳盟友；

2） 供应链网络重构决策：供应链网络在原有资源的基础上，通过调整结构、功能等快速地适应新的需求变化。供应链网络动态重构需要根据动态联盟企业的需要、内部和外界因素的影响迅速完成；

3） 供应链网络内协调决策：提供供应链内部行为之间相互协作的依据。

7.3.3 供应链计划与管理子系统

该模块根据网络联盟企业的项目任务，结合供应链网络历史需求数据，并考虑采购、生产、营销、运输等的要求和限制因素，创建供应链计划，并对供应链合作伙伴的协同计划进行管理。供应链计划包括以下几个层次：

a） 战略层计划

供应链战略级计划根据网络联盟企业的战略目标及项目管理制定。包括供应链经营计划、产品周期计划、产品生命周期管理、任务分解计划、供应链配置计划等。

b） 策略层计划

可以认为是过程实体级计划，根据网络联盟企业各成员企业追求的项目目标、自身的产品任务分解结果制定适合自身企业运作过程的计划。

c） 操作层计划

与网络联盟企业各成员企业的生产计划紧密联系，具体包括资源配置、制造工艺和销售运输等具体计划细节。

7.3.4 供应链运行与控制子系统

该模块在网络化制造环境下全面管理供应链中的采购、运输、物料配送等各项活动，并与网络联盟企业生产经营活动协调。包括以下主要功能：

a） 协同过程管理

包括对采购、制造、仓储、运输、销售等网络联盟企业的运作过程实现所有环节准时执行计划或订单。包括协同采购、订单管理、销售管理、客户服务管理、供应商管理库存与分布式库存管理、物资配送管理、运输管理、采购管理、财务管理、客户服务与管理等功能。

b） 协同生产管理

供应链运行应与网络联盟企业的制造活动协调，共享信息，提高响应能力和生产效率。

c） 供应链事件管理

定义和管理供应链各种预期事件，通过监控供应链网络，当事件出现时运行相应的处理方案；对意外事件可向供应链合作伙伴提供警示，以便于采取相应的措施。

d） 供应链性能管理

提供定义、选择和监控供应链关键性能参数的功能，从而使网络联盟企业全面了解整个供应链的性能，并据此调整、优化业务过程。

7.4 网络化协同设计分系统

本分系统覆盖网络联盟企业的工程设计领域、产品开发与工程设计的完整过程。网络化制造环境下产品设计可能需要多个成员企业的协同工作，并且产品设计与网络化制造系统其他功能(如制造、营销等)紧密联系，通过网络化制造环境下 CAD/CAE/CAPP/CAM 功能的集成，开展异地产品协同设计，实现产品定义和结构管理、在线、异地、远程协同设计、产品数据管理和信息交换等。

7.4.1 设计资源的优化配置子系统

建立完备的设计资源库，表达资源属性，针对具体的设计工作，进行资源评价与优化配置。

7.4.2 协同工作环境子系统

提供基于网络(包括 Internet/Intranet/Extranet)的协同设计与工程分析平台，使产品模型能够按所需要的格式实时快速传递和浏览，协同工作成员之间能够实时进行讨论协商。协同工作环境视具体情况提供包括网络视频会议、论坛、电子白板、公告栏、E-mail、应用程序共享、文件传输等功能。

7.4.3 设计与开发管理子系统

在网络化制造系统提供的协同工作环境下，协同工程设计采取并行工作模式进行设计任务的分配、冲突的协调、进度的控制。主要包括以下方面：

a) 产品协同设计计划；
b) 跨企业的产品并行设计；
c) 产品性能分析，如有限元分析、动力学仿真分析等；
d) 设计数据传输与共享；
e) 虚拟加工与装配；
f) 设计中的网络评审；
g) 工程设计信息的安全控制。网络化制造环境下协同工程设计可能涉及到多个成员企业的协同工作，产品设计过程需要通过网络进行工程设计信息的传输与交换，存在着相应的安全控制相关问题，包括：数据传输的安全，保证协同设计、分析过程产品数据在网络联盟企业中传输的安全，保证同步或异步信息的一致性；技术保密、知识保护，根据实际需要制定网络环境下的技术保密、知识保护规范，采取有效措施对参与设计各方的知识产权予以保护。

7.4.4 网络化的产品数据管理子系统

通过使用 Internet 和基于 Web 的技术，将传统的产品数据管理功能适用于网络化制造环境，通过提供友好的用户界面、共享更广范围的产品相关信息、采用标准的产品数据表达方法对产品生命周期内的所有数据实现网络化管理，包括：

a) 数据仓库和文档管理：提供产品信息的存储、读取访问等；
b) 工作流与过程管理：控制处理产品数据的程序，提供用信息驱动业务的机制；
c) 产品结构配置管理：处理物料清单，产品配置以及相关的版本和工程变更的管理；
d) 零部件管理：提供关于标准件的信息，方便设计上的重复使用，提供零部件信息的分类和检索功能；
e) 设计项目管理：定义工程设计的细目分类结构、任务的分级网络及完成设计项目所需的子任务，对各流程、设计资源和项目进程进行协调。

7.5 网络化协同制造分系统

本分系统关注网络化制造过程具体的制造活动，以实现网络联盟企业各成员在具体实施制造活动过程中的相互协同为目的。网络化制造环境中，完成产品设计后，通过协同对制造任务进行分解，产品实现的制造过程可能需要在不同的企业或制造车间进行零部件的加工，是产品具体实现环节。主要包括：实现企业级信息系统与底层生产控制集成的网络化制造执行系统及实施制造、加工的网络化车间生产控制系统。

7.5.1 网络化制造执行子系统

7.5.1.1 基本逻辑

网络化制造执行子系统实现过程运行的管理和企业级的信息与底层生产数据的集成，解决面向网络化制造的车间生产管理问题，通过实施动态的生产调度与控制，实现制造过程的管理，并根据市场需求的变化，以最快的速度在网络环境下管理和优化生产制造活动。该子系统将连接实施网络化制造的网络联盟企业的计划层与底层控制，通过连续的信息流实现网络联盟企业内信息集成。

7.5.1.2 基本功能

网络化制造执行子系统的主要功能包括：

a) 资源配置与跟踪

维护和提供网络联盟企业资源的状态信息，提供资源使用情况的历史记录，如机床、工具、人员、物料、其他设备等，网络联盟企业成员根据一定的权限可以通过网络查询、管理这些信息。

b) 规范管理

负责在网络化制造执行过程中控制、管理和递送规范信息，包括工作指令、图纸、标准操作程序、生产计划书、工程变更通知、环境、健康与安全规则等。

c) 工序详细调度

根据网络化制造项目进度管理和生产管理的生产计划安排，编制具体的生产作业计划，制定与提供生产单元的作业排序功能，通过良好的作业顺序最大限度减少生产过程中的准备时间。

d) 生产单元分配

按照作业、定单、批量、工作单等形式管理生产单元的工作流，提供一定顺序的调度信息并按此进行相关的实时操作。该模块能够调整车间已制定的生产进度，对生产中出现的问题进行处理。

e) 数据采集

在网络化制造执行过程中以各种报表和记录方式从生产系统中采集和存储与生产管理功能相关的各种参数和数据。

f) 过程管理

监控生产过程，纠正生产中的错误，并为制造执行过程提供决策支持以提高生产效率。过程管理还应提供一定的警示功能，避免加工制造过程出现不必要的损失。生产过程根据需要可以实现通过网络实时、远程监控。

g) 维护管理

跟踪和指导设备与工具的维护活动以保证生产和调度的过程正常进行，提供对紧急问题的反映，维护历史记录以支持问题的诊断。

h) 产品跟踪及谱系管理

跟踪和监控物料、产品，使工作全过程具有可见性，提供具有可追溯性的信息，如版本、材料来源、序列号、供应商标或批次等，一旦出现质量问题或过程发生改变时能及时辨识，并提供其信息供查询。

i) 性能分析

具有将采集的数据进行整理、分析的能力，提供与历史记录、期望结果的比较分析报告，对网络化协同制造过程进行相应的评价。

7.5.2 网络化车间控制子系统

7.5.2.1 基本逻辑

该模块是网络化制造过程中产品实现的重要组成部分。为适应网络化环境下的制造活动，实现车间的网络化，一方面可以通过 Intranet 或 Internet 实现跨车间或企业的资源组合，另一方面，使得车间控制更为高效。

7.5.2.2 基本功能

网络化车间控制子系统的主要功能包括：

a) 车间资源管理

通过对车间制造设备、制造单元进行封装，提供相关制造资源的网络化接口，为实现车间生产的网络化控制提供相应的资源基础。

b) 网络化生产控制

该模块实现对原材料到产品的实物转化过程的网络化控制，并提供该过程中涉及的相应其他功能，主要包括以下功能：

1) 发布原材料需求：根据接收到的生产任务，发布对各项原材料和相应设备的需求；
2) 加工过程控制：根据制造任务队列为网络化的制造设备、制造单元进行生产任务分配，实现原材料依照生产进度表和生产标准转化为成品的转化过程的控制；根据实际需要，提供加工过程的可视化服务；
3) 车间过程计划的更改：根据车间实时情况，及时反馈车间生产负荷能力，对生产过程出现的冲突做出相应的计划变更；
4) 生产和控制设备的检测与诊断：提供设备基于网络的在线检测功能，通过对设备相关数据分析提供设备状态信息，并对设备可能出现的故障进行预测，对发生的故障通过网络进行远程诊断；
5) 制定执行和成本报告：根据车间完成生产任务的实际情况，对制造过程的执行情况进行总结，同时提供相关成本信息，对车间制造控制能力进行评估，并提供相应的文档。

7.6 客户关系管理分系统

7.6.1 网络化客户服务管理子系统

7.6.1.1 基本逻辑

通过网络化客户服务管理，与网络化销售与营销紧密结合，为网络联盟企业提供更多的市场机会，为客户提供更好的产品和服务。

7.6.1.2 基本功能

网络化客户关系管理子系统的主要包括以下功能：

a) 客户资源收集与分类

利用网络环境信息发掘的优势，收集客户的各种信息，并根据网络联盟企业自身的需要进行一定的分类，如销售、选配、定制方式等类别分类查询等。

b) 客户群需求分析与管理

根据所收集的客户信息，分析客户对产品及服务的各种需求，为网络联盟企业生产经营提供必要的信息。分配管理权限，提供客户信息的查询、修改、增加等功能。

c) 客户关系的构建与优化

主要体现通过网络途径创建客户合同、管理客户服务合同，使网络联盟企业高效处理客户关系相关事宜。

d) 客户服务计划与控制

根据客户合同，网络联盟企业对一定时期范围内合同的执行、合同续订等活动进行安排，并制定相应的预防性控制措施。

e) 客户过程管理与控制

这是客户包括客户服务管理的主要内容，包括现场服务管理、客户服务跟踪、产品质量跟踪、客户关怀、服务分析、客户意见反馈与处理、客户满意度评价等。

7.6.2 网络化销售管理子系统

7.6.2.1 基本逻辑

网络化制造环境下的销售活动应该实现管理的信息化、网络化，以对客户订单做出快速响应，便于实施异地销售活动，包括销售计划与预测分析、销售合同管理、产品网络化定制与销售、销售分析等。

7.6.2.2 基本功能

网络化销售管理子系统主要包括以下功能：

a) 销售计划与预测分析

制定网络联盟企业的目标销售计划，可按项目进度或按月、周的时间段分解到成员企业及其下属机构或人员。根据销售过程的反馈信息及对销售过程的跟踪，及时补充足够的线索和商机，预计未来销售额。

b) 销售订单管理

提供通过网络实现订单的处理，订单的确认、订单状态管理、订单出库和订单查询以及订单退货记录等功能。

c) 产品网络化定制与销售

通过网络实现产品信息的发布，提供客户查询产品信息的功能，实现网络化的产品报价与定制。根据产品定制情况，实现网络化管理销售进程、销售活动、销售任务、销售费用等。

d) 销售分析

提供销售报表、业绩报表、销售利润、成效分析、费用分析等与网络化销售相关的分析。

7.6.3 网络化营销管理子系统

7.6.3.1 基本逻辑

网络化营销管理为网络联盟企业完成市场研究、市场细分、市场需求预测以及销售策略的定制等活动，并获取潜在客户。

7.6.3.2 基本功能

网络化营销管理子系统主要包括以下功能：

a) 市场环境分析

通过市场营销活动，全面跟踪市场活动的变化，获取市场情报，分析竞争对手的优势与不足，并根据市场反馈信息建立目标客户群、生成销售线索。

b) 营销过程管理

在市场环境分析的基础上，对营销过程的具体活动进行管理，包括市场研究、市场细分、市场需求预测、产品定价、组合、分销、促销等。

c) 营销分析

分析营销活动和方式，支持营销数据库的整理、控制和筛选，并就结果及时作出报告和分析，检查营销活动的执行情况。

8 网络化制造系统基础平台功能描述

8.1 公共服务管理分系统

8.1.1 基本逻辑

公共服务管理为网络化制造系统提供通用的基础服务功能，为网络化制造系统基础平台提供管理、监控等功能，并为网络化制造系统应用层功能提供基础支持。

8.1.2 基本功能

本分系统根据网络化制造系统具体需要可以具有以下功能：包括用户管理、权限管理、消息管理、日志管理、域名服务、目录服务、代理定义服务、信息访问服务、资源共享服务、网络安全服务和应用功能接口服务等。

其中，由于网络化制造系统需要大量的信息作为基础，信息访问服务要求具有处理共性基础信息的功能，这些信息应该包括国内外、行业内外、企业与企业间、企业与客户间的相关信息：

——提供国内外信息动态、相关政策法规；

——为网络联盟企业提供各成员企业信息、产品信息和供求信息的发布机制；

——提供将信息在网络化制造平台上发布、供企业和客户查询的功能；

——提供信息检索、供求匹配、智能信息代理服务及各种个性化服务。

公共服务管理各服务内容独立于具体的应用和操作环境，以标准化的方式为使能工具、应用软件及网络化制造系统应用平台各功能提供所需的低层数据和通用操作功能。

8.2 知识管理分系统

8.2.1 基本逻辑

网络化制造系统需要对大量的知识进行管理，为参与网络化制造的网络联盟企业提供专有知识和技术支持，一方面对网络联盟企业所具有的知识进行管理，一方面为网络化制造过程的创新提供基础。

8.2.2 基本功能

知识管理功能具体表现为以下方面：

a） 提供网络化制造环境所需的知识管理工具与技术

包括网络化制造相关的知识获取、知识处理、知识存储、知识发现等。

b） 提供并管理支持网络化制造的模型库

为网络化制造系统中应用功能的执行提供信息、模型、知识上的支持。包括企业模型库、共享信息模型库、协同过程模型库、产品资源库、制造资源库、多代理协调策略与协调模型库等。

c） 提供并管理支持网络化制造的分布式数据库

提供网络化制造相关的实例、方法等基础数据。基础数据库具有分布式的特点，满足网络化制造过程对分布在不同地域、异构的数据库进行访问、存取的要求。

8.3 应用软件与使能工具分系统

网络化制造系统基础平台为网络化制造系统提供使能工具和应用软件，为实施网络化制造提供相应工具支持，保证应用平台各功能的顺利实现。

8.3.1 使能工具

使能工具为制造网络系统的构建和运行提供方法和工具的支持，主要包括：

——企业建模与诊断工具；

——工作流与项目管理工具；

——共享信息模型管理工具；

——共享资源管理工具；

——代理能力注册与维护工具；

——合作伙伴发现工具；

——多代理协调工具；

——用于应用软件和资源封装的代理封装工具；

——远程制造工具和网上技术支持等。

8.3.2 应用软件

根据网络联盟企业实施网络化制造的具体任务，为支持产品设计制造、经营运作管理等提供应用软件系统，主要包括：

——支持企业经营运作管理的 ERP、SCM、CRM、MES 软件；

——支持产品设计制造的 CAD、CAE、CAPP、CAM 软件;

——支持企业产品数据管理的 PDM 软件;

——支持企业产品全生命周期管理的 PLM 软件;

——支持网络化制造的 ASP 应用服务软件;

——支持经营决策的办公自动化软件和决策支持系统软件等。

8.4 基础技术体系分系统

网络化制造要实现各种应用功能,除了应用软件和使能工具的支持外,还需要有基础技术的全面支持,网络化制造基础技术体系包括了网络化制造基础技术、制造技术标准、网络标准及协议及数据库管理技术等。基础技术体系所包含的标准、协议是网络化制造系统实现集成与互操作的基础。

8.4.1 网络化制造基础技术

网络化制造基础技术是支持网络化制造基础的、具有共性的技术,主要包括:

a) 网络化制造基础共性技术

1) 敏捷制造技术:敏捷制造通过将高素质的员工、动态灵活的虚拟组织机构、先进的柔性生产技术进行全面集成,使企业能对持续变化、不可预测的市场做出快速反应,从而获得长期的经济效益。建立企业间的动态联盟是实现敏捷制造的主要方式。网络化制造是在敏捷制造的基础上的进一步发展;

2) 并行工程:并行工程是集成地、并行地设计产品及其相关过程(包括制造过程和支持过程)的系统方法。这种方法要求产品开发人员在一开始就考虑产品整个生命周期中从概念形成到产品报废的所有因素,包括质量、成本、进度计划和用户要求,从而达到提高质量、降低成本、缩短产品开发周期和产品上市时间的目的;

3) 多代理技术:代理表示具有推理决策与问题求解的智能逻辑单元。代理之间通过计算机网络连接并作为网络上的智能节点,构成多代理系统。网络化制造环境中,根据粒度选择的不同,代理可以代表制造企业、工厂、职能部门、车间、制造子系统、制造设备或软件等功能独立的实体;

4) 工作流管理技术:是实现网络化制造过程集成的重要工具。利用工作流管理技术,可以在网络联盟企业各成员及部门之间进行项目、业务、工程和制造任务的协调;

5) 企业建模与企业集成技术:组建网络联盟企业是开展网络化制造活动的前提,这需要企业建模技术和企业集成技术的支持。企业建模技术主要有 CIM-OSA、ARIS、GRAI/GIM、GERAM、IEM 等方法及其他相关企业建模国际标准。企业集成既包括企业内部的集成又包括企业之间的集成,网络化制造系统中企业集成主要指后者。

b) 网络化制造基础应用技术

网络化制造基础应用技术是支持应用软件的相关技术,包括 CAD、CAE、CAPP、(CAM)、PDM 技术等。

8.4.2 制造技术标准

网络化制造进行协同工程设计、协同制造等活动需要建立在标准化的基础上。网络化制造基础技术体系中包含了一系列制造技术标准,为实现网络化制造活动的协同、实现异构环境下的互操作与集成提供了必要的标准化支持。现有制造技术标准主要包括:

a) 产品数据表达与交换标准 STEP(ISO 10303)

STEP 是为解决产品全生命周期各个阶段产品数据表达和交换的国际标准,提供贯穿产品整个生命周期的、独立于任何特定系统的、描述产品数据的中性机制。网络化制造环境下产品全生命周期涉及到网络联盟企业中不同成员企业、不同部门以及异构的计算软件环境,STEP 提供的中性机制使它们之间能够共享信息。STEP 包括以下部分：

1） 描述方法；

2） 集成资源；

3） 应用协议；

4） 一致性测试方法和框架；

5） 抽象测试套件；

6） 实现方法。

b） 零件库标准(ISO 13584)

零件库标准提供一个计算机可解释的零件库数据表达和交换的中性传输机制，使零件库独立于任何应用系统。零件库标准有利于网络化制造过程中有效地利用(包括重用)零部件资源、降低网络联盟企业的成本、加快产品上市速度。

c） 制造管理数据交换标准 MANDATE(ISO 15531)

MANDATE 是与 STEP 标准、零件库标准相关的标准，用于实现与制造管理相关信息(如资源管理数据、流程管理数据)在应用软件中的交换，如 ERP 软件、制造管理软件、维护管理软件、报价软件等之间的信息交换。MANDATE 标准与 STEP 标准具有兼容性。

d） EDI 运作标准

EDI 是一种标准化的电子数据传输方法，它将商业或行政事务处理按照国际公认标准形成结构化的数据报文，通过网络实现数据传输。EDI 是电子商务的核心技术，为网络化制造过程的电子商务活动提供必要的标准支持。目前，EDI 的国际标准主要有 ISO 9735、ANSI X. 12 两大通用标准体系和一些应用于具体行业的专门标准。

e） 质量管理相关标准

网络化制造系统需要建立和运行质量管理体系，采取相应的质量管理国际标准，以实现网络联盟企业的质量目标，增强其市场竞争能力。质量管理标准与环境管理体系标准关系密切，即互为补充，又彼此独立。

1） ISO 9000 系列标准：该系列标准由质量管理体系基础和术语标准、质量管理体系要求、业绩改进指南、质量和环境管理体系审核指南等部分组成。质量管理体系有利于网络联盟企业稳定和提高产品和服务质量、提高整体管理水平、增强市场竞争力，并为实施网络联盟企业全面的科学管理奠定基础；

2） ISO 14000 系列标准：该系列标准是 ISO 制定的一套针对所有组织的、强调污染预防、遵守法规和持续改进的环境管理体系标准，涵盖了环境管理体系、环境审核、环境标志、环境行为评价、生命周期评估等国际环境管理领域研究与实践的焦点问题。网络化制造系统遵循环境管理标准可以获得许多潜在的效益，包括：提高网络联盟企业的形象和市场份额、减少事故、降低材料和能源消耗、改进控制成本、为网络联盟企业组建、运行提供环境保障准则、增强客户信心等。

8.4.3 网络与通讯标准

基础技术体系包括用来支持网络化制造系统的计算机网络通用协议、标准和规范，主要包括：

a） 分布式计算技术标准

网络化制造系统需要集成地理位置上或逻辑上分布的异构制造资源、系统或企业，分布式计算技术标准为网络化制造环境下构建系统集成平台、实现各种信息交流、共享和处理提供了有效的标准化支持。这些标准包括：CORBA、COM、J2EE、Web Services、Grid Services 等。

b） 多代理之间合作协议、标准及规范

多代理技术应用于网络化制造系统中来实现复杂制造系统的动态重组和和运行控制。代理之间按照约定的规则进行通信和协调，这些规则即代理之间的合作协议、标准及规范，如FIPA（Foundation of Intelligent Physical Agent）组织提出的FIPA标准、OMG组织提出的MASIF（Mobile agent system Interoperability Facilities）标准等。

c） 车间设备、底层数据集成标准

网络化制造系统最终实现自动化需要车间设备及其底层数据的集成。不同的制造商所提供的制造设备的通讯标准和协议有所差异，解决这一问题需要具有通用性强的标准和协议，如基于分布式对象技术的制造报文规范（MMS）、现场总线（Field-Bus）标准等。

d） 公共通讯协议

网络化制造系统在因特网（Internet）和企业内外网环境下进行运作。为了保证网络性能，满足网络化制造应用的需要，网络化制造系统网络需要采用公共通讯协议，遵循国际标准化组织提出的开放系统互连（OSI）网络体系结构框架。Internet作为全球最大的计算机广域网，其所使用的TCP/IP协议族已成为事实上的国际标准和工业标准，包括：

1） 应用协议：远程登陆协议（Telnet）、文件传输协议（FTP）、简单邮件传输协议（SMTP）、简单网络管理协议（SNMP）等；
2） 传输协议：传输控制协议（TCP）、数据报协议（UDP）；
3） 网际协议：网际协议（IP）、Internet控制报文协议（ICMP）、路由信息协议（RIP）；
4） 网络接口协议：广域网协议、局域网协议。

e） XML规范

XML是W3C制定的面向各类信息的数据存储工具和可配置载体的开放式标准。它是通过对SGML标准进行简化而形成的元标记语言，具有语法清晰简单和结构无歧义的特点，解决了HTML在表达能力、可扩展性和交互性等方面的缺陷。在网络化制造系统中，基于STEP和XML的数据交换与信息共享在产品全生命周期中起着重要作用，在PDM系统中可以解决非结构化产品文档一致性的问题。

8.4.4 数据库管理技术

数据库管理技术是实施网络化制造的重要基础。网络化制造的过程产生大量具有复杂关系的数据，从网络联盟企业的组建开始，各个具体环节，如盟员选择、协同生产管理、设计与开发管理、车间生产控制、销售等都需要互相交换数据。这些数据在空间上经常处于分散状态，在逻辑上却紧密联系，需要借助支持网络的数据库管理技术进行管理，为网络化制造系统的各种应用服务提供具有完整性、一致性和安全性的数据访问和数据交换支持。这些技术主要包括：

a） 分布式数据库系统，它是地理上分散而逻辑上集中的数据库系统，具有分散性、集中性、自治性和协作性等特点；
b） 支持网络环境的数据库软件，如Oracle公司的Oracle Web Server，IBM公司的DB2数据库管理系统，微软公司的Microsoft SQL Server等。

8.5 计算机网络支撑分系统

8.5.1 网络化制造系统计算机网络的组成

网络化制造系统计算机通讯网络由因特网（Internet）、企业内部互联网（Intranet）、企业外部网络Extranet等组成。参与网络化制造的企业既是独立的实体，又在一定的利益驱动下形成相互协作的网络联盟企业，独立的企业通过企业内部网络处理内部各种业务，而涉及网络联盟企业的协作需要通过Internet和Extranet开展各种业务。

a） 因特网（Internet）

Internet 是当今全球最大的、开放的、有众多网络互联组成的计算机广域网。Internet 作为一种公共网络，提供了丰富的资源，是实施网络化制造所需要的基础设施。

b) 企业内部互联网(Intranet)

Intranet 是指将 Internet 技术应用于企业或政府部门的内部专用网络，一些大型企业或集团公司、分厂、分公司可能分布在多个城市、地区或国家，通过租用专线或自建通讯网络，组建企业内部互联的计算机广域网。对于参与网络化制造的企业来说，Intranet 建立在企业范围内多种通讯网络的基础之上，主要包括：

1) 制造车间级网络(现场网络)：制造车间级网络以局域网和现场总线为基础，连接控制器、可编程序设备或加工中心等；
2) 厂级(或部门级)网络：以局域网为基础，连接服务器、工作站等，执行生产控制、工程设计、制造准备、质量保证等功能；
3) 企业级网络：对大型企业或集团公司将其内部各种网络连成一体。网络化制造环境下企业级网络对外表现为执行和实现网络化制造系统中一定的应用功能。

c) 企业外部网(Extranet)

Extranet 是网络基于公共网络(主要指 Internet)的安全专用网络，通过利用公共网络(Internet)把企业和其合作伙伴的 Intranet 网络安全地连接起来实现信息资源的共享。Extranet 是对企业内部网 Intranet 的扩展，可以充分发挥 Intranet 的作用，为网络化环境下企业间的协作提供基础，同时通过代替传统的专线访问服务设施，可以降低通讯成本。

8.5.2 网络化制造系统对计算机网络支撑环境的要求

网络化制造系统需要实现分布式、异构软件环境下的通讯，同时具有通讯实时性强、灵活性高和可扩展的特点，因此，计算机网络支撑环境要求满足以下要求：

a) 开放性

网络化制造系统实施应用需要实现网络联盟企业范围内的有效协同、集成与互操作，开放的网络支撑环境是网络化制造各种应用功能的集成、网络化制造系统正常运作的基础。

b) 标准化

标准化是实现开放性的主要途径，主要指采用国际标准、协议及被广泛应用、事实上的工业标准等。网络化制造系统基础平台基础技术体系提供实现标准化的标准、协议和规范。

c) 实时性

实时性对网络化协同制造执行过程至关重要，车间级底层加工过程中，异构设备间实现通讯的实时性才能保证制造活动的正常进行。

d) 适应网络化制造分布式环境

网络化制造系统通过网络突破地域上的分布性给网络联盟企业的生产经营活动和成员企业间协同的障碍，实现远程化的管理、控制。

e) 安全性

计算机网络支撑环境的安全性体现在两个方面，参与网络化制造的企业之间竞争与合作的关系，既要保证为实现网络化制造进行必要的数据交换和信息共享，又要提供有效的安全机制保护各成员企业自身的商业秘密，保证不会由于参与网络化制造过程的协同与合作而泄密。

9 网络化制造系统功能规划基本方法

9.1 功能规划的内容

进行网络化制造系统功能规划的目的在于描述网络化制造系统的功能组成和功能联系。

根据企业具体的业务需求的不同,设计实施的网络化制造系统因而具有多种表现形态和功能系统,其中几种典型的形态包括:面向独立企业、企业间、制造行业及面向区域的网络化制造系统,尽管形态具有各异,但是基于网络实施制造相关的活动使它们具有共性之处。

进行功能规划时,通过对包括面向独立企业、企业间、制造行业及面向区域等的网络化制造系统的比较、提取共性之处,并借鉴实施计算机集成制造所取得的经验,在满足网络化制造系统的基本功能要求前提下,建立网络化制造系统功能视图参考结构,在此基础上构建网络化制造系统功能模型,并对结构中各个模块功能进行详细的描述。通过提供具有一般性的功能构成,结合企业实施网络化制造的具体需求,首先确定系统的功能组成,然后明确其功能元素的相互联系,从整体上实现网络化制造系统的功能规划。

网络化制造系统的形态多样性决定了其功能组成的不确定性,进一步增加了对功能联系规划的难度。因此,本标准前述部分主要从功能组成角度给出网络化制造系统功能模型,可以为制造企业规划网络化制造系统功能组成提供指导,为描述功能联系提供基础。

9.2 网络化制造系统的功能组成规划

9.2.1 功能组成分析方法

通常制造系统功能组成的分析方法有分系统考察法、结构-功能分析法、逐级考察法等[8]。

分系统考察法,根据制造系统分工的类别,通常可将制造系统的功能分为经营管理和产品开发与制造功能两条主线。

根据结构-功能分析法和逐级考察法,按照制造系统的控制结构,可分为工厂层功能、车间层功能、单元层功能、工作站层功能和设备层功能,每一层又可细分为若干子功能。多层递阶控制结构是较为成熟的控制结构。对网络化制造系统进行功能规划时,由于通常系统较为复杂,可借鉴多层递阶控制结构,采取逐级细分的方法定义各层的功能,以减少功能规划过程的难度和复杂度。

9.2.2 功能组成的规划方法

综合上述方法并结合网络化制造系统的特点,本标准在已建立的网络化制造系统参考结构模型的基础上,采取如图4所示的"平台—分系统—子系统—功能模块"逐级细分的方法构建网络化制造系统功能模型。该方法以分系统考察法为主,综合结构-功能分析法和逐级考察法,结合网络化制造的特点,主要集中在体现网络化制造应用服务的各个功能组成,如其中体现网络化制造系统中协同生产管理的协同经营管理分系统,同时也反映了网络化制造环境下的管理特点,即体现了项目管理是网络联盟企业协同实施网络化制造过程的主线之一。而网络化协同设计分系统和网络化协同制造分系统主要体现了产品开发与制造功能,同时考虑到了网络联盟企业实施网络化制造的多种形式,如可能存在以外包加工为主、或设计制造均在网络联盟企业范围实现的情况。网络化车间控制子系统是从结构-功能分析法的角度突出了网络化协同制造分系统中车间作为产品转化场所的重要性,考虑到实施网络化制造不仅仅是企业级的应用软件系统的集成,实现网络化的车间控制更是使网络化制造系统真正具有集成性能的难点和重点之一。从平台到功能模块的功能规划同时也体现了逐级考察法,将网络化制造系统功能组成逐步细化到具体可实施、可操作的层次。

实施网络化制造过程中,根据本标准进行网络化制造系统功能规划,参考功能模型,按照逐级细分的方法确定满足企业需求的系统功能组成。

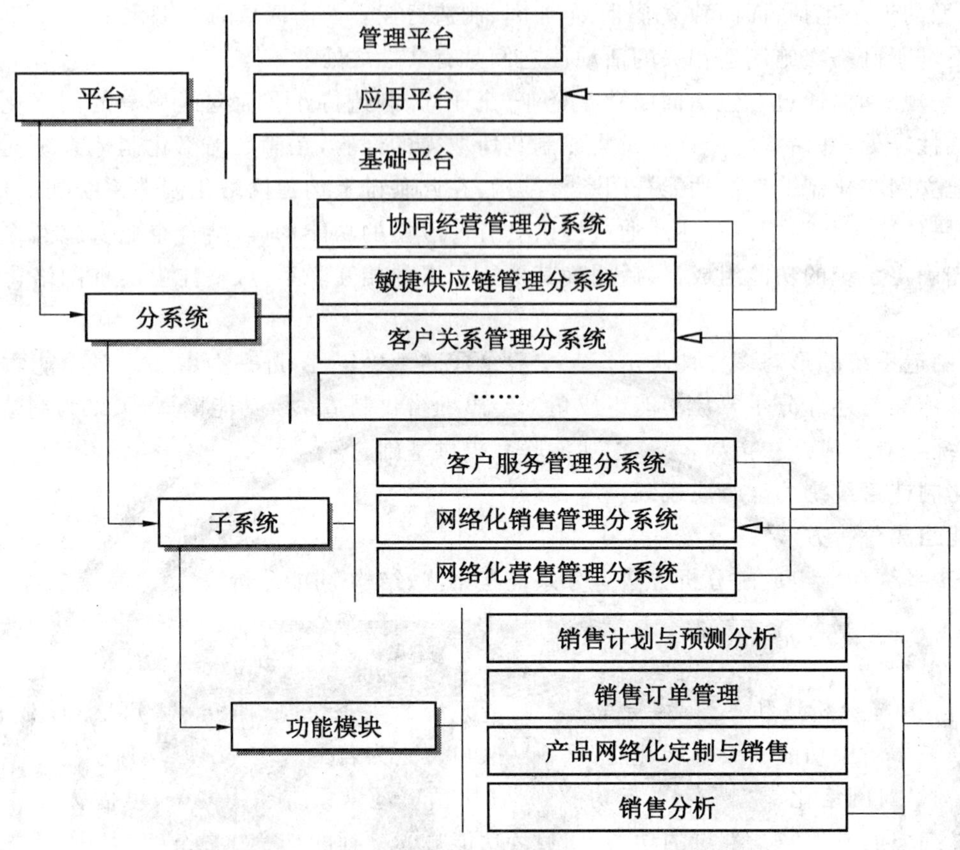

图 4 网络化制造系统功能组成规划方法

9.3 网络化制造系统功能组成的联系规划方法

在完成网络化制造系统功能组成的规划的基础上，即可采用 IDEF0（Integration Definition for Function Modeling）建模方法进一步描述各功能组成之间的联系。

IDEF0 方法是用于描述系统功能活动及其联系、建立制造系统功能模型的重要工具，其基础是 SADT（Structured Analysis and Design Technique）的活动模型方法。IDEF0 方法是对系统功能活动进行描述的一种有效方法，按照自顶而下，逐层分解的结构化方法建立系统的功能模型，描述功能活动之间的相互联系，能够全面地描述系统功能。IDEF0 方法在国内外计算机集成制造系统的设计中得到普遍应用。采用 IDEF0 方法可明确网络化制造系统各功能组成之间的联系。

图 5 给出了采用 IDEF0 对网络化制造系统各个层次的功能组成进行功能联系规划的节点树示意图。其中，A-0 图是网络化制造系统最高层次模型，抽象地描述网络化制造系统的系统功能，提供了系统的边界及其与外部的接口，从系统的角度体现了网络化制造系统的输入、输出、控制及支撑机制。A0 图是对网络化制造系统的功能的第一次分解，参考本指导性文件提出的功能组成规划方法得到的网络化制造系统功能模型，将系统分解为管理平台、应用平台、基础平台，A0 图应能体现 3 个平台之间的功能联系。对 A0 图进行分解成 A1、A2、A3 等，得到各个平台的 IDEF0 图。依次类推，按照 IDEF0 自顶向下的方法，对 A0 图进行逐层分解，直到分解到具有独立的功能组成的网络化制造系统最底层的功能模块为止。通过上述步骤，按照“平台—分系统—子系统—功能模块”逐级细分构建的网络化制造系统功能模型可以与 IDEF0 建模方法相结合，实现对网络化制造系统的功能规划。

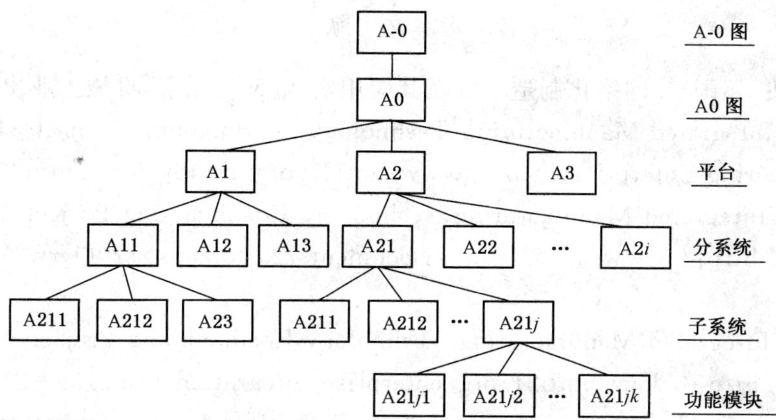

图 5 IDEF0 方法规划网络化制造系统功能联系示意图

参 考 文 献

[1] 范玉顺,刘飞,祁国宁.网络化制造系统及其应用实践[M].北京:机械工业出版社,2003.

[2] IMTI Inc.. Integrated Manufacturing Technology Roadmapping Project—Information Systems for the Manufacturing Enterprise. http://www.imti21.org/InfoSystems.htm. 2000-7.

[3] IMTI Inc.. Integrated Manufacturing Technology Roadmapping Project—An Overview of the IMTR Roadmaps. http://www.imti21.org/Documents/Roadmaps%20Ovrw%20no%20cover.pdf. 2000-7.

[4] IMTI Inc.. Integrated Manufacturing Technology Roadmapping Project—Technologies for Enterprise Integration. http://www.imti21.org/enterprise_integration.htm. 1999-12.

[5] CIMdata Inc.. Product data management: the Definition, an introduction to concepts, benefits, and terminology. 1998.

[6] ANSI/ISA-95.00.01—2000 Enterprise—Control System Integration—Part 1: Models and Terminology

[7] MESA International, MES Explained: A High Level Vision. American: MESA International White Paper Number 6, 1997.

[8] 刘飞,张晓冬,杨丹.制造系统工程(第2版)[M].北京:国防工业出版社,2000.

[9] FIPS183 Integration Definition for Function Modeling (IDEF0), NIST, Dec. 1993, www.itl.nist.gov/fipspubs/idef02.doc

[10] K. Kosanke, F. Vernadat, and M. Zelm, CIMOSA: enterprise engineering and integration. Computers in Industry, 1999. 40(2-3): 83-97.

[11] 王宛山等.网络化制造[M].东北大学出版社,2003.

[12] GB/T 11457—2006 软件工程术语[S].北京:中国标准出版社,2006.

[13] GB/Z 18729—2002 基于网络的企业信息集成规范[S].北京:中国标准出版社,2002.

[14] GB/T 18999—2003 企业模型的概念与规则[S].北京:中国标准出版社,2003.

[15] GB/T 19662—2005 工业自动化系统 制造报文规范 术语[S].北京:中国标准出版社,2005.

ICS 79.120.10
J 65

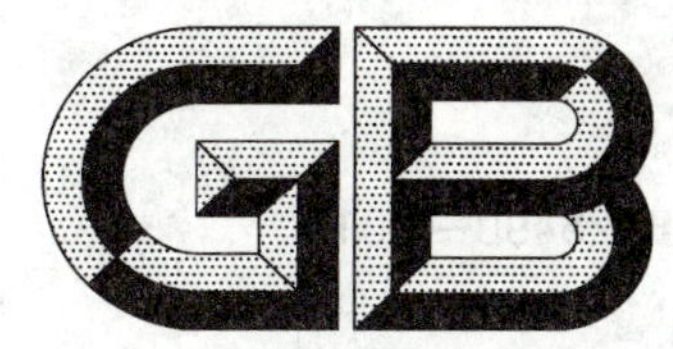

中华人民共和国国家标准

GB 25490—2010

木工机床安全 带移动工作台单头开榫机

Safety of woodworking machines—Single end tenoning machines with sliding table

2010-12-01 发布 2011-10-01 实施

中华人民共和国国家质量监督检验检疫总局
中国国家标准化管理委员会 发布

前　言

本标准第3章、5.3.2.1及附录A、附录B是推荐性的，其余为强制性的。

本标准修改采用欧洲标准EN 1218-1:1999《木工机床安全　带移动工作台单头开榫机》(英文版)。

本标准与EN 1218-1:1999相比，修改内容如下：

——名称的改变；

——一些文字的编辑性修改；

——增加了机床空运转噪声声压级限值；

——删除了EN标准的附录B和附录ZA，将EN标准的附录C改为本标准的附录B；

——增加了附录C。

——对EN引用的其他ISO标准或EN标准，有被采用为我国标准的用我国标准代替对应的ISO标准或EN标准；未被采用为我国标准的直接采用ISO标准或EN标准。

本标准的附录C为规范性附录，附录A、附录B为资料性附录。

本标准由中国机械工业联合会提出。

本标准由全国木工机床与刀具标准化技术委员会(SAC/TC 84)归口。

本标准起草单位：福州木工机床研究所、山东工友集团股份有限公司。

本标准起草人：肖晓晖、宋志敏。

木工机床安全
带移动工作台单头开榫机

1 范围

本标准规定了在带移动工作台单头开榫机(以下简称机床)上去除危险和限制风险的要求和/或措施。

本标准适用于切削实木、刨花板、纤维板、胶合板和有塑料贴面或贴边材料的机床。

本标准包括与该机床有关的所有危险,详见第4章。

本标准不适用下列机床:

a) 仅用圆锯开榫;

b) 任一刀轴的设计转速超过6 000 r/min;

c) 移动工作台进给的平均直线速度超过25±5% m/min;

d) 用于开榫的联合机(见EN 940:1997);

e) 垂直铣刀轴上装有开榫装置(见GB 20007—2005)。

注:由链进给的单头或双头开榫机见EN 1218-2,仅由圆锯开榫的机床见EN 1218-3。

2 规范性引用文件

下列文件中的条款通过本标准的引用而成为本标准的条款。凡是注日期的引用文件,其随后所有的修改单(不包括勘误的内容)或修订版均不适用于本标准,然而,鼓励根据本标准达成协议的各方研究是否可使用这些文件的最新版本。凡是不注日期的引用文件,其最新版本适用于本标准。

GB/T 3767—1996 声学 声压法测定噪声源声功率级 反射面上方近似自由场的工程法(eqv ISO 3744:1994)

GB/T 3768—1996 声学 声压法测定噪声源声功率级 反射面上方采用包络测量表面的简易法(eqv ISO 3746:1995)

GB 4208—2008 外壳防护等级(IP代码)(IEC 60529:2001,IDT)

GB/T 5013.1—2008 额定电压450/750 V及以下橡皮绝缘电缆 第1部分:一般要求(IEC 60245-1:2003,IDT)

GB/T 5023.1—2008 额定电压450/750 V及以下聚氯乙烯绝缘电缆 第1部分:一般要求(IEC 60227-1:2007,IDT)

GB 5226.1—2008 机械电气安全 机械电气设备 第1部分:通用技术条件(IEC 60204-1:2005,IDT)

GB/T 6881.2—2002 声学 声压法测定噪声源声功率级 混响场中小型可移动声源工程法 第1部分:硬壁测试室比较法(ISO 3743-1:1994,IDT)

GB/T 6881.3—2003 声学 声压法测定噪声源声功率级 混响场中小型可移动声源工程法 第2部分:专用混响测试室法(ISO 3743-2:1994,IDT)

GB/T 8196—2003 机械安全 防护装置 固定式和活动式防护装置设计与制造一般要求(ISO 14120:2002,MOD)

GB 12265.1—1997 机械安全 防止上肢触及危险区的安全距离(eqv EN 294:1992)

GB 12265.3—1997 机械安全 避免人体各部位挤压的最小间距(eqv EN 349:1993)

GB 12557—2010 木工机床 安全通则

GB 14048.4—2003 低压开关设备和控制设备 机电式接触器和电动机起动器(IEC 60947-4-1:2000,IDT)

GB 14048.5—2008 低压开关设备和控制设备 第5-1部分:控制电路电器和开关元件 机电式控制电路电器(IEC 60947-5-1:2003,MOD)

GB/T 14574—2000 声学 机器和设备噪声发射值的标示和验证(eqv ISO 4871:1996)

GB/T 15706.1—2007 机械安全 基本概念与设计通则 第1部分:基本术语和方法(ISO 12100-1:2003,IDT)

GB/T 15706.2—2007 机械安全 基本概念与设计通则 第2部分:技术原则(ISO 12100-2:2003,IDT)

GB 16754—2008 机械安全 急停 设计原则(ISO 13850:2006,IDT)

GB/T 17248.3—1999 声学 机器和设备发射的噪声 工作位置和其他指定位置发射声压级的测量 现场简易法(eqv ISO 11202:1995)

GB/T 17248.5—1999 声学 机器和设备发射的噪声 工作位置和其他指定位置发射声压级的测量 环境修正法(eqv ISO 11204:1995)

GB/T 18831—2002 机械安全 带防护装置的联锁装置 设计和选择原则(ISO 14119:1998,MOD)

GB 18955—2003 木工刀具安全 铣刀、圆锯片(EN 847-1:1997,MOD)

GB 20007—2005 木工机床安全 单轴铣床

JB/T 3105—1992 木工单头直榫开榫机 精度

ISO 3745:2003 声学 声压法测定噪声源声功率级 消声室和半消声室的精密法

ISO/TR 11688-1:1995 声学 低噪声机械与设备的推荐设计方法 第1部分:计划

EN 940:1997 木工机床安全 联合机

EN 982:1996 机械安全 对流体系统及其部件的安全要求 液压装置

EN 983:1996 机械安全 对流体系统及其部件的安全要求 气动装置

EN 1218-2:2004 木工机床安全 开榫机 第2部分:链进给双端开榫机

EN 1218-3:2002 木工机床安全 开榫机 第3部分:建筑木材用手动进给带移动工作台开榫机

3 术语和定义

以下术语和定义适用于本标准。

3.1

带移动工作台的单头开榫机 single end tenoning machines with sliding table

在一个加工周期中,在工件的一端进行开榫的机床。榫头是由安装在至少一根主轴上的铣刀和圆锯片切削而成。

3.2

榫头 tenon

工件的一端切削形成的凸起或凹槽,以便于工件的接合,也包括成形榫头。

3.3

手动进给 hand feed

GB 12557—2010 中 3.4。

3.4

机械进给 integrated feed

GB 12557—2010 中 3.6。

3.5

抛射 ejection

GB 12557—2010 中 3.12。

3.6

起动时间 run-up time

见 GB 12557—2010 中 3.15。

3.7

惯性运动时间 run-down time

见 GB 12557—2010 中 3.16。

3.8

机械致动机构 machine actuator

用以使机械产生运动的动力机构。

3.9

保证书 confirmation

见 GB 12557—2010 中 3.17。

4 危险一览表

危险一览表(见表 2)涉及了本机床的所有危险:

——对于重要的危险,通过规定安全要求和/或措施,或者通过指示恰当的 B 类标准;

——对于不重要的危险,例如一般的、从属的或者次要的危险通过指示恰当的 A 类标准,特别是 GB/T 15706.1~15706.2。

这些危险是通过 GB/T 15706.1—2007 第 4 章提出的。

表 1 危险一览表

序号	危 险	符合本标准的条文
1	**机械危险,如由机器部件或工件的下列要素引起的:** 形状; 相对位置; 质量和稳定性(各元件的位能); 质量和速度(各元件的动能); 机械强度不足; 由以下原因引起的位能积累: 弹性元件(弹簧),或压力下的液体或气体,或真空。	
1.1	挤压危险	5.2.1,5.2.7,5.2.8
1.2	剪切危险	5.2.7,5.2.8
1.3	切割或切断危险	5.2.2,5.2.3,5.2.7,5.2.8
1.4	缠绕危险	5.2.3,5.2.4,5.2.6,5.2.7
1.5	引入或卷入危险	5.2.7,5.2.8
1.6	冲击危险	5.2.7
1.7	刺伤或扎伤危险	不适合
1.8	摩擦或磨损危险	不适合
1.9	高压流体喷射危险	5.3.7,5.3.8
1.10	(机械或被加工的材料/工件)部件抛射危险	5.2.2,5.2.3,5.2.5,5.2.6,5.2.8
1.11	(机械或机械零件)不稳定	5.2.1
1.12	与机械有关的滑倒、倾倒、跌倒危险	不适合

表 1（续）

序号	危　　险	符合本标准的条文
2	**电气危险，例如由以下各因素引起：**	
2.1	电接触（直接或间接）	5.3.4，5.3.15
2.2	静电现象	不适合
2.3	热辐射或其他现象，如熔化粒子的喷射、短路、化学效应，过载等	不适合
2.4	电气设备外部影响	5.1.1，5.3.4，5.3.12
3	**热危险导致**	
3.1	通过人们可接触的火焰或爆炸及热源辐射的烧伤和烫伤	不适合
3.2	由于热或冷的工作环境对健康的影响	不适合
4	**由噪声产生的危险导致：**	
4.1	听力损失（耳聋），其他生理障碍（例如失去平衡，失去知觉）	5.3.2
4.2	干扰语言通讯、听觉信号等	5.3.2
5	**由振动产生的危险**	不适合
6	**由辐射等产生的危险（如离子辐射源）**	不适合
7	**由机械加工时、使用的或排出的材料和物质产生的危险，例如：**	
7.1	由于接触吸入有害的液体、气体、烟雾和灰尘导致的危险	5.3.3
7.2	火或爆炸危险	5.3.1
7.3	生物和微生物（病毒或细菌）危险	不适合
8	**在设计中忽略人类工效学产生的危险（机械与人的特征和能否匹配），例如：**	
8.1	不利于健康的姿态或过分用力	5.1.2
8.2	不适当的考虑人的手臂或脚/腿构造	没有意义
8.3	忽略了使用个人防护装备	6.3
8.4	不适当的工作面照明	没有意义
8.5	精神过分紧张或准备不足等	不适合
8.6	人的差错	6.3
9	**各种危险的组合**	5.1.7
10	**由于能源失效、机械零件损坏或其他功能故障产生的危险，例如：**	
10.1	能源故障（能量和/或控制电路）	5.1.10
10.2	机械零件或流体意外抛射	5.2.5，5.3.15
10.3	控制系统的失效、失灵（意外起动、意外过流）	5.1.11
10.4	装配错误	6.3
10.5	机械翻倒、意外失去稳定性	5.2.1
11	**由于安全措施错误的或不正确的定位产生的危险，例如：**	
11.1	各类防护装置	5.2.7
11.2	各类安全有关的（防护）装置	5.1.1，5.2.7
11.3	起动和停机装置	5.1.2，5.1.3，5.1.4
11.4	安全信号和信号装置	6.1，6.2
11.5	各类信息和报警装置	6.1，6.2，6.3
11.6	能源切断装置	5.3.15
11.7	急停装置	5.1.5
11.8	工件的进给/取出装置	5.2.5
11.9	安全调整和或维修的主要设备和附件	5.3.16
11.10	气体等的排送设备	5.3.3

5 安全要求和/或措施

机床的安全除应符合本标准的规定外，还应符合 GB 12557、GB/T 15706.1～15706.2 的规定。

通过设计降低风险的有关指示按 GB/T 15706.2—2007 第 4 章。

5.1 控制和指令装置

5.1.1 控制系统的安全性和可靠性

对本标准而言，有关安全控制系统包括从最初的手动操纵器或位置传感器到最终的机械致动机构或部件(例如电机)的输入端，例如电动机。

机床的有关安全控制系统如下：

——起动(见 5.1.3)；

——正常停止(见 5.1.4)；

——紧急停止(见 5.1.5)；

——联锁(见 5.2.7)；

——带防护锁定装置的联锁(见 5.2.7)；

——触发装置(见 5.2.7)；

——在下列情况下移动工作台运动时防护装置的开启和关闭(见 5.2.7)：

a) 在动力源出现故障情况下，保证工件处于夹紧状态(见 5.2.8)，和

b) 在机械进给机床上，在工件没有夹紧的情况下，应防止工作台的运动；

——主轴的定位(见 5.2.3)

——残余压力的释放(见 5.3.15)；

——在动力源故障情况下，防止意外起动(GB/T 15706.2—2007 中 4.11.5)；

——模式选择(见 5.1.7)；

——停止进给(见 5.1.6)；

——制动系统的引发(见 5.2.4)。

这些控制系统至少应采用“经验证”的元器件和“经验证”的原则予以设计和制造。

本标准中“经验证”的元件和原则是指：

a) 电气元器件应符合相应国家标准、行业标准的规定，包括下列元器件：

——强制切断的控制开关(用于联锁的防护装置中作为机械操作的位置传感器)和用于辅助电路中的继电器应符合 GB 14048.5 的规定；

——用于主电路上的电气机械式接触器和电动机起动器应符合 GB 14048.4 的规定；

——橡胶绝缘电缆应符合 GB 5013.1 的规定；

——通过固定(例如安装在机床床身内部)以防止机械损坏的聚氯乙稀电缆应符合 GB 5023.1 的规定。

b) 在电路原则方面，应符合 GB 5226.1—2008 中 9.4.2.1 规定的前四种措施，电路应硬接线。若有关安全控制系统中采用电子元器件，则应符合 GB 5226.1—2008 中 9.4.2.2 的要求。

c) 机械的零部件应符合 GB/T 15706.2—2007 中 4.5 的规定。

d) 防护装置用机械操作的位置传感器如采用强制作用的模式，它的安排和连接以及凸轮设计和安装应符合 GB/T 18831—2002 中 5.2.2 和 5.3 的规定。

e) 带防护锁的联锁装置应符合 5.2.7.1 的要求。

f) 气动和液压元器件及系统应分别符合 EN 983:1996 和 EN 982:1996 的规定。

检验方法：检验相应图样(包括电路图)并在机床上进行检验；应提供元器件制造者出具的所有元器件符合相应标准的保证书。

5.1.2 操纵器的位置

用于起动刀轴的、机械进给装置上用于起动进给的、正常停止和模式选择的主要操纵器,应安装在上料位置。

急停装置的位置见5.1.5。

当主轴通电后应有指示,例如:通过指示灯。指示标志应靠近起动开关,和启动按钮连成一体,或提供双位置开关。

检验方法:检查相应图样(包括电路图):在机床上作功能试验。

5.1.3 起动

见GB 5226.1—2008中9.2.5.2。

对本标准而言,“安全防护装置就位并起作用”是由5.2.7.1中联锁装置的安排而实现的。

而“运转”是指刀具主轴的旋转和/或机动调整,和/或移动工作台的机动进给(如果提供)。

对于人工上料的机械进给机床,工作周期的开始不应由工件引发或自动引发。

应能独立起动每一刀轴电机。

主轴的轴承若为外置轴承,则应在安装完成后,才能起动该主轴。

检验方法:检查相应图样(包括电路图);在机床上作功能试验。

5.1.4 正常停止

机床上应装有一个正常停止操纵器,它能停止所有的机床致动机构。

对于机械进给机床,当移动工作台回到上料位置时,停止操纵器应能使机床完全停止。

正常停止操纵器应能独立停止每一刀轴电机。

当机床装有一机械进给装置和/或电气制动器和/或机动夹紧装置时,正常停止的顺序应:

——停止进给(如果提供动力驱动);

——切断到刀轴电机的动力;

——引发制动器;

——锯轴回到起始位置(如果适用);

——切断制动器的动力,若采用电气的制动器,则在主轴停止转动后再切断制动器的动力(例如通过一个时间继电器);

——切断机动夹紧装置的动力(如果提供)。

停止顺序应通过相应的控制电路来实现。若采用时间继电器,则延时至少等于最小的制动时间。时间继电器应是固定的或其延时调整装置是密封的。

正常停止顺序不适用非切削区的刀轴,但可以用于制动(见5.1.6)。

机床上若装有一个机械式制动器,则正常停止控制系统应按GB 5226.1—2008中9.2.2的0类。

机床上若装有一个电气制动器和/或机动的夹紧装置,则正常停止控制系统应按GB/T 5226.1—2008中9.2.2的1类。

若机床装有程序控制,正常停止控制系统则应符合GB 5226.1—2008中9.2.2的2类,这时只对电子设备提供动力。

在手动进给机床上,如果急停按钮至少满足了上述要求,也可以看作满足了正常停止的要求。

检验方法:检查相应图样和电路图,在机床上作功能试验。

5.1.5 紧急停止

对机械进给机床,急停操纵器应安装在机床的上料(和下料)位置,放在操作者在操作位可见并能触及的位置。

若机床装有一个机械式制动器,则急停控制系统应按GB 5226.1—2008中9.2.5.4的0类和GB 16754—2008中4.1.5的0类。

若机床装有一个电气式制动器和/或一个工件机动夹紧装置,则急停控制系统应按GB 5226.1—

2008 中 9.2.5.4 的 1 类和 GB 16754—2008 中 4.1.5 的 1 类。

在手动进给机床上，急停操纵器应安装在移动工作台处于任一位置时，操作者能触及的位置。

紧急停止顺序应按 5.1.4 的要求。

检验方法：检查机床相应图样（包括电路图），在机床上作功能试验。

5.1.6 机械进给

当所有主轴都旋转，或不旋转的主轴退至非切削区，且满足 5.2.8 的要求时，进给才能开启。

检验方法：检查相应图样（包括电路图），在机床上作功能试验。

5.1.7 模式选择

若一个机动操作的防护装置因维修（包括换刀）需打开时，应提供一个模式选择开关。模式选择开关应满足下列要求：

a) 切断到刀轴电机的动力后，防护装置才能打开；

b) 关闭防护装置，才能驱动刀轴；

c) 切断到进给的动力；

d) 释放制动器；

e) 切断到主轴定位装置的动力。

若模式选择开关允许给主轴定位提供动力，则应符合 a)～d)的要求，但应保持动力以供主轴定位。

仅仅启动模式选择开关不应引发任何运动。

检验方法：检查相应图样（包括电路图），在机床上作功能试验。

5.1.8 转速改变

当机床装有刀轴无级变速装置（例如变频器），则刀轴实际转速的偏差不能超过最高转速的 10%。实际速度或输出频率可通过一个比较器来调整。

检验方法：检查相应图样（包括电路图），零部件制造者的保证书和证明。

5.1.9 双倍指令控制

当机床上装有二个启动操纵器，则应符合 GB/T 15706.2—2007 中 4.11.8e)的规定。

检验方法：检查相应图样（包括电路图），在机床上作功能试验。

5.1.10 动力源故障

电驱动的机床应对电源中断随后复原后的重新起动按 GB 5226.1—2008 中 7.5 的第 1 段和第 3 段进行防护。

装有工件机动夹紧装置的机床，应在动力源故障情况下，保持气源的气压，例如通过使用一单向阀来防护。

检验方法：检查相应图样（包括电路图），在机床上作相应功能试验。

5.1.11 控制电路失效

见 5.1.1。

5.2 机械危险的防护

5.2.1 稳定性

机床上应有将其固定在地面或其他稳定的结构上的措施，例如在机床底座有孔。

检验方法：检查相应图样，在机床上作检验。

5.2.2 运转中的断裂危险

刀具防护装置应用下列材料制造：

a) 钢——抗拉强度大于等于 350 N/mm^2，壁厚大于等于 2 mm；

b) 轻合金——性能按表 2；

c) 聚碳酸酯——壁厚大于等于 3 mm；或其他塑性材料，其抗冲击强度大于等于 3 mm 厚的聚碳酸酯抗冲击强度；

d) 铸铁——抗拉强度大于等于 200 N/mm²,壁厚大于等于 5 mm。

表 2 轻合金刀具防护装置材料特性

抗拉强度下限/ (N/mm²)	最小壁厚/ mm
180	5
240	4
300	3

对于机械进给机床,所有在加工位置刀轴的动力调整只能是在移动工作台处于上料位置时进行。在刀轴动力调整时,应避免刀轴与机床的各部分接触,例如通过一个手动调节的机械抑制装置(见 GB 15706.1—2007 中 3.26)。

动力调整不包括切削中受到控制的运动(见 5.1.6,5.2.3.4,5.2.3.7 和 6.3)。

检验方法:检查相应图样,在机床上作检验,检查材料制造者提供的抗拉强度的保证书。

5.2.3 刀具和刀夹的结构

刀具除应符合 GB 18955—2003 中 6.3 的规定外,还应符合下列规定,并建议采用附录 A 的要求。

5.2.3.1 几何特性

所有刀轴的径向圆跳动和端面圆跳动应符合 JB/T 3105—1992 的要求。

刀轴上安装刀具部分的直径公差为 g6。

检验方法:检查相应图样,在机床作检测。

5.2.3.2 强度

刀轴的抗拉强度应大于等于 580 N/mm²。

检验方法:检查相应图样和钢制造者的保证书。

5.2.3.3 刀轴和刀的尺寸

刀轴的动平衡要求见 GB 18955—2003 中 6.2.4 的要求,对给定直径的主轴,其最大长度、最大转速、最大质量以及可用刀具的尺寸,制造商应能保证设计余量。

检验方法:通过计算或其他方法,例如:试验等。

5.2.3.4 刀轴部件的锁紧

可调的主轴部分,加工前应在调好的位置上可靠锁紧,例如可以通过下列方法:

a) 在手动调节装置的场合,由一保险装置来保持;

b) 在电机驱动调节的场合,由制动器或自锁转换器(例如一个齿轮齿条副)来保持;

c) 在气动驱动调节的场合,由一直接联结到气缸上的单向阀来保持:

d) 在 NC 控制调节的场合,由控制电路来保持。

检验方法:检查相应图样(包括电路图),在机床上进行相应功能试验。

5.2.3.5 主轴的锁紧

若换刀时必需锁定主轴,则应提供主轴锁定装置。可采用双头扳手,也可由操作者在主轴内插入锁定棒。

当采用棒锁定时,该棒的最小直径为 8 mm,并应采用抗拉强度大于等于 350 N/mm² 的钢制造。

当主轴电机意外接通时,该锁定棒应能防止主轴旋转。

检验方法:检查相应图样(包括电路图),测量、检查和锁定棒制造者的保证书,并在机床上进行相应功能试验。此外还可通过下列试验:当锁紧装置起作用时,启动主轴电机,主轴仍能保持静止。

5.2.3.6 主轴隔套

主轴隔套的内径公差为 H8。

其夹紧表面间的平行度及孔的径向圆跳动不超过 0.02 mm。

主轴隔套应用抗拉强度大于等于 580 N/mm^2,厚度不低于 9.5 mm 的钢制造。

(或平装锯片时为一个法兰盘)和钢制造者的保证书。

5.2.3.7 **刀具的紧固装置**

5.2.3.7.1 **锯片的锁紧**

用于横截的锯轴应提供二个锯片法兰盘(或平装锯片时为一个法兰盘)。

两个法兰盘(或平装锯片时为一个法兰盘)的直径至少为$\frac{D}{6}$(式中,D 为锯片最大设计直径)。

对于除平装锯片外,其余锯片所用法兰盘外部的夹紧表面应平直,宽度至少为 5 mm,并向中心中凹,两法兰盘外径差不大于 1 mm。

锯片与固定在锯轴上的后法兰盘之间,或是前法兰盘与锯轴之间应采用强制联接,例如用键联结。

检验方法:检查相应图样,检查并作相应测量。

5.2.3.7.2 **铣刀的锁紧**

铣刀轴应安装下列刀具紧固装置之一:

a) 一个锁紧螺母或一个主轴螺杆与分离/整体主轴隔套(锁紧隔套),此结构能保证主轴隔套与主轴之间实现强制联接;

b) 一个锁紧螺母或一个主轴螺杆与一个主轴,此结构能保证刀具与主轴之间实现强制联接。

当装有液压式刀具紧固装置时,应安装能防止当液压系统失效时刀具产生轴向运动的装置。

检验方法:检查相应图样(包括电路图),测量并在机床上进行相应功能试验。

5.2.4 **制动**

5.2.4.1 **一般要求**

每一刀轴都应配备一自动制动器。

制动时间应符合下列规定:

——小于等于 10 s;

——起动时间超过 10 s 的机床,应小于起动时间,但不得超过 30 s。

检验方法:惯性运转时间,起动时间和制动时间的确定方法详见以下试验。

5.2.4.2 **试验条件**

按 GB 12557—2010 中 5.3.4.2。

5.2.4.3 **试验**

5.2.4.3.1 **起动时间**

按 GB 12557—2010 中 5.3.4.3.2。

5.2.4.3.2 **制动时间**

按下列方法测量制动时间:

a) 起动机床,机床在额定转速下空运转 1 min;

b) 切断主轴驱动电机的动力,测量制动时间;

c) 使主轴停止 1 min;

d) 重新起动主轴并空运转 1 min;

e) 重复步骤 b)~d)的试验 9 次。

10 次测量的平均值为机床主轴的制动时间。

5.2.4.3.3 **制动器释放**

为了能用手转动主轴和调整刀具,而装有一个操纵器来释放主轴制动器,只有当主轴停止转动时才能释放制动器(例如通过致动操纵器和制动器释放之间的延时来实现)。

5.2.5　将抛射的可能性和影响降低到最小的装置

见5.2.8。

例如通过挡板、推棒等，把切下物从锯片处移开，以防止其进入并接触下面的刀体而从机床上抛射出去。

手动进给的机床不应设计成同向切削(顺切削)。

检验方法：检查相应图样(包括电路图)，在机床上进行相应功能试验。

5.2.6　工件的支承与导向装置

机床在移动工作台(加工中工件置于其上)，应装有一导向装置，在加工中工件靠在导向装置上，若导向装置的导向部分可调，且有可能接触刀具，则这部分应由轻合金、塑料、木头或木质材料制造。

机械进给的机床应提供断屑器(防碎片装置)，对于手动进给的机床应采用固定的断屑器，例如导向板开孔。所有断屑器可能接触到刀体的部分应由硬木、刨花板、纤维板、胶合板或塑料等材料制造(见6.3)。

检验方法：检查相应图样，在机床上作检验。

5.2.7　进入运动零部件的防护

各种类型的防护装置和安全装置的定义和要求见GB/T 15706.1—2007中3.25、GB/T 15706.2、GB 12265.1—1997、GB/T 8196、GB/T 18831。GB 12265.1—1997按年龄14岁以上的要求。

移动工作台或移动元件与机床固定部分不应有冲击危险和剪切危险。

检验方法：检查相应图样(包括电路图)，在机床上进行相应功能试验。

5.2.7.1　手动进给机床的刀具防护

手动进给机床上应按下列方法防止接触刀具：

a) 固定式防护装置和带联锁的活动式防护装置的结合体，与工件及相应的可调式防护装置一起完全地封闭刀体，以防止接触刀具(见图1)。

b) 同a)一样，但该装置只能局部地封闭刀体(见图2)，则应按GB 12265.1、GB 12265.3的要求补充设计措施，以防止接触刀具。

c) 通过动力操作式防护装置或自关闭式防护装置，来防止接触刀具，移动工作台在加工和回程时除外(见图3)。这些防护装置的打开或关闭应由活动的机构来引发和控制，此外，应在移动工作台上安装阻挡装置。在工作台的全行程上，该装置应能防止从水平方向(与装置垂直)接触外露的刀体。固定在移动工作台上的阻挡装置没有辅助工具不能被移动。

d) a)和c)的联合。

此外，防护装置需要时能被部分地打开或移去，例如在换刀、安装、调整、清洗、切下物的移去等情况下，这些部分应采用带防护锁的联锁式活动式防护装置。

带或不带防护锁的联锁装置应符合GB/T 18831的规定。尤其对于最大惯性运转时间小于等于10 s的机床，其防护装置至少采用GB/T 18831—2002附录N中带手动操作延时装置的带防护锁定的联锁装置。

对于惯性运转时间大于10 s，至少应采用一个位置探测器及时间延时解锁来实现。

模式选择应符合5.1.7的规定。

检验方法：检查相应图样(包括电路图)，进行测量和检验，在机床上作功能试验。

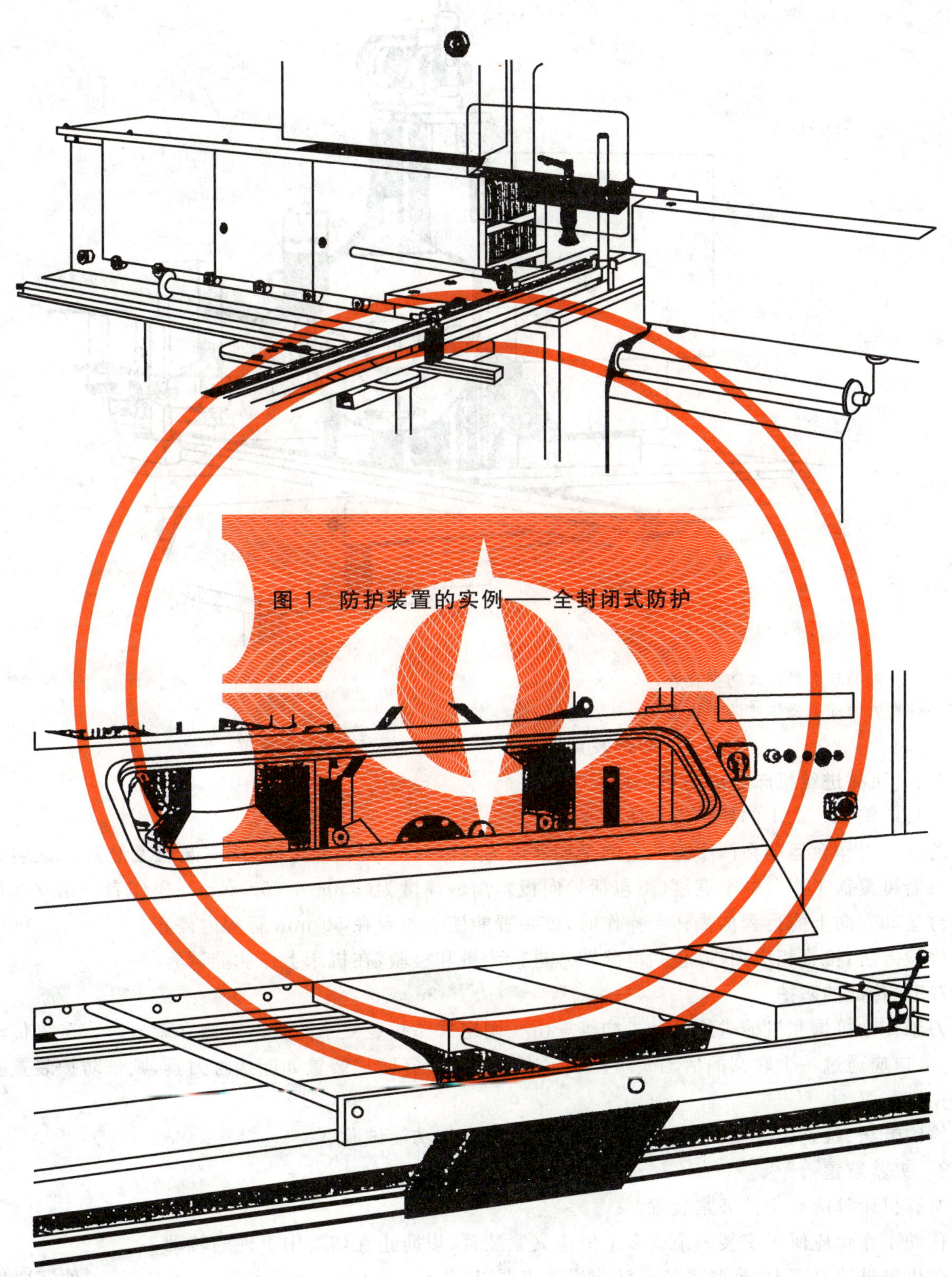

图 1　防护装置的实例——全封闭式防护

图 2　防护装置的实例——局部封闭式防护

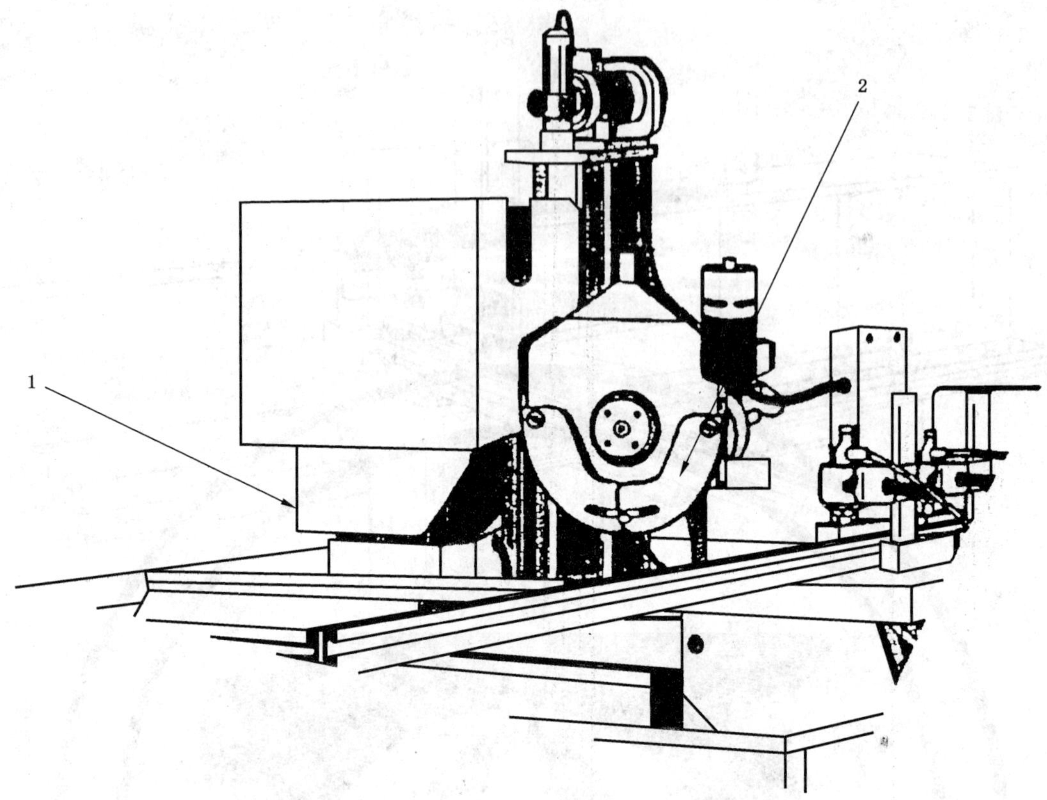

1——铣刀的动力操作式防护装置；

2——铣刀的动力操作式防护装置。

图3 防护装置的实例——动力操作式防护装置

5.2.7.2 机械进给机床上的防护

刀具应按5.2.7.1的要求进行防护。

若移动工作台运动在两个方向上的平均速度为(20～25)m/min之间，应安装触发装置。该装置有一传感器可覆盖工作台的全宽度(不包括导向板)，离地高度为(800～1 000)mm。操作者可站立在移动工作台运动方向上的行程内操作。操作时，该装置能使工作台在50 mm行程内停止。

检验方法：检查相应图样(包括电路图)，进行测量和检验，在机床上作功能试验。

5.2.7.3 传动的防护

刀轴传动机构和机械进给传动机构等应由一固定式防护装置来防护。维修和调节时需进入传动机构，则入口应通过一个联锁的活动式防护装置来防护。打开防护装置如能接触刀具，则该防护装置应带防护锁定装置。

检验方法：检查相应图样(包括电路图)，在机床上作功能试验。

5.2.8 夹紧装置

所有机床都应有工件夹紧装置。

移动工作台应便于安装一个或多个侧边夹紧装置，以防止在切削中工件的转动。

在机械进给机床上，夹紧系统设计成机动夹紧，以保证在动力源发生故障的情况下，工件还要保持夹紧状态直到主轴停止运转。

夹紧系统只有满足下列要求移动工作台才能运动：

应提供气动夹紧或液压夹紧，且气缸或液压缸不要使用至最大行程。

在采用机动夹紧的场合，应防止挤压危险，例如：

a) 用两步夹紧，首先在1 s内施加不超过50×10^3 Pa的压力，随后施加全部压力；

b) 通过手动调整装置,将夹紧装置与工件的间隙减少到不大于 6 mm 和气缸行程不大于 10 mm;

c) 将夹紧关闭速度不大于 10 mm/s;

d) 通过固定在夹紧装置上的防护装置来防护,工件与防护装置的间隙应不大于 6 mm。夹紧装置延伸到防护装置外的最大值不应超过 6 mm。

机械夹紧装置应能便于释放。

检验方法:检查相应图样(包括电路图),在机床上作功能试验。

5.3 非机械危险的防护

5.3.1 火和爆炸

为了避免和最大限度地减小火和爆炸危险,应满足 5.3.3 和 5.3.4 的要求。

5.3.2 噪声

5.3.2.1 设计阶段的降噪

设计机床时,应考虑 GB 12557—2010 的附录 B 和 ISO/TR 11688-1:1995 中在噪声源方面控制噪声的信息和技术测量。

5.3.2.2 噪声测量

5.3.2.2.1 空载噪声声压级限值及测量

机床在空运转条件下,测定出的机床噪声最大声压级不得超过 GB 12557—2010 中表 5 的规定。

测量噪声时的机床工作(运转)条件按附录 C 的规定。

测量方法按 GB 12557—2000 中 5.4.2.2.2 的规定。但环境修正系数 K_{2A} 或局部环境修正系数 K_{3A} 应小于等于 4 dB(A)。

局部环境修正系数 K_{3A} 应按 GB/T 17248.5—1999 附录 A 中的 A.2 计算。

5.3.2.2.2 噪声声功率级的测定

在本标准实施二年之内,应进行机床噪声声功率级的测定。测出的机床噪声声功率级连同工作(运转)条件及测定方法记入机床的使用说明书。

测定方法按 GB 12557—2010 中 5.4.2.2.2 和附录 C 的规定。传声器的位置应为 9 个,按附录 C。

5.3.2.3 噪声声明

见 6.3 中 n)。

5.3.3 木屑、粉尘和有害气体的排放

5.3.3.1 控制措施

应采取措施从机床中吸出粉尘和木屑。在机床上设置有吸尘管接头以便机床与吸尘系统相连接。

注:为了保证木屑和粉尘从其原始点被输送到收集系统,建议吸尘罩、导管、挡板的结构应满足抽出的气体在导管中的速度为 20 m/s(对于含水率小于等于 18%的木屑)和 28 m/s(对于含水率大于 18%的木屑)。

检验方法:检查相应图样,在机床上作检验。

5.3.4 电气设备

应符合 GB 5226.1 的要求。尤其是电击防护应按 GB 5226.1—2008 第 6 章的规定,短路保护和过载保护应按 GB 5226.1—2008 第 7 章的规定。保护接地应按 GB 5226.1—2008 第 8 章的规定。控制装置的外壳和电动机等的防护等级应达到 GB 4208—2008 中 IP54。

检验方法:检查相应图样(包括电路图),制造者的保证书,在机床上作检查及按 GB 5226.1 作相应检验。

5.3.5 人类工效学和安全搬运的要求

机床人类工效学和安全搬运的要求应符合 GB 12557—2010 中 5.4.5 和 5.1.2 的规定。

5.3.6 照明

不适合。

5.3.7 气动装置

按 GB/T 15706.2—2007 中 4.10 和 EN 983:1996 规定。

5.3.8 液压装置

按 GB/T 15706.2—2007 中 4.10 和 EN 982:1996 规定。

5.3.9 热危险

不适合。

5.3.10 危险材料

不适合。

5.3.11 振动

不适合。

5.3.12 激光

不适合。

5.3.13 静电

不适合。

5.3.14 装配错误

不适合。

5.3.15 能量输送的切断

见 GB/T 15706.2—2007 中 4.10 和 5.5.4。

电源的切断开关应按 GB 5226.1—2008 中 5.3.2 除型式 d 外的规定。

若机床上装有直流电的制动器，则总开关应带有一个锁定装置，只有当锁定装置手动脱开后总开关才能切断。

气动系统应安装合适的切断装置，例如一个阀门。该装置应能将其锁定在断开位置，例如加一把锁。

但当气动系统只用于夹紧工件，则应采用一个快速作用的离合器来切断气动源。该离合器可不带锁定措施。

装有一个液压装置的机床，应采用电的切断开关切断。当能量储存在储存器或管道时，应提供释放残余压力的措施，例如采用一个阀。残余能量的释放不应通过任何管道或管接头的切断来实现。

检验方法：检查相应图样（包括电路图）；在机床上作功能试验。

5.3.16 维修

机床维修方面的有关要求按 GB 12557—2010 第 6 章的规定。

应提供 GB/T 15706.2—2007 中 6.5.1e）中的维修信息。

检验方法：检查相应图样，使用说明书，在机床上作功能试验。

6 使用信息

6.1 警告装置

不适合。

6.2 标志

按 GB 12557—2010 中 6.2 的规定。

刀具的标志按 GB 18955—2003 中 7.1 的规定。

若机床装有气源，则应在该电源切断总开关的附近设置一个的警告标牌，在上面写着：气源未切断。

转速改变装置或进入皮带传动机构的门附近有一指示，该指示应标明在每一位置的转速或皮带轮直径。

检验方法：检查相应图样；在机床上的检查。

6.3 使用说明书

按 GB 12557—2010 中 6.3 的规定，此外至少应包括下列内容：

a) 遗留风险的警告；
b) 推荐的安全工作方法(参见附录 A)；
c) 5.3.16 要求的信息；
d) 用于该机床的刀具的范围、型式、尺寸等；
e) 推荐的工件最大长度、宽度和厚度：
f) 警告：只能选用符合 GB 18955 制造的刀具；
g) 应能确保残余能量的安全释放的措施；
h) 不能使用用高速钢制造的圆锯片；
i) 满足使机床安全地固定在地面上的要求；
j) 有关如何避免刀具和机床的其他零部件发生接触的信息；
k) 安全和维护需求包括要检验的设备清单、检验的频次、检验方法的信息，应至少包括如下：
急停——功能试验时检验，两周一次；
联锁防护装置——依次打开每一防护装置使机床停止，验证每一防护装置在打开状态下不能起动机床，两周一次；
触发装置——功能试验时检验，两周一次；
制动器——功能试验时检查是否在规定制动时间内制动，两周一次；
l) 给定的接地措施的安装说明，尤其是与吸尘设备连接的安装说明；
m) 安装到机床上吸尘装置的下列有关信息：
——风量 m^3/h；
——各连接管的压降(建议提供)，Pa；
——吸尘管中建议的空气速度，m/s；
——各吸尘管接头的断面尺寸和结构细节(建议提供)。
n) 按 5.3.2.2 给定的方法测定气动力噪声的声明(按 GB 12557—2010 中 6.3 的要求)。噪声声明应附有所采用时的测量方法和检验时机床工作(运转)条件的说明，及相应的不确定度数值(用双数字声明的形式，其定义在 GB/T 14574 中)，不确定度 K 的数值规定如下：
4dB 当使用 GB/T 3768 和 GB/T 17248.3 时；
2dB 当使用 GB/T 3767、GB/T 6881.2、GB/T 6881.3 时；
1dB 当使用 ISO3745:2003 时。
举例如下：
噪声声功率级 $L_{WA}=93$ dB(测量值)
不确定度 $K=4$ dB
测量方法按 GB/T 3768—1996。
如果要核查噪声声明中发射值，则应采用与声明中的测定相同的方法和工作(运转)条件。
在使用说明中的噪声声明应附下列说明：
“这里给出的数值只是排放值而不是安全工作数值。尽管在排放值和暴露值之间存在修正关系，但这不能可靠地作为确定是否需要进一步防护措施。影响实际工作力暴露值的因素包括工作间的特性、其他噪声源等。例如机床的数量，其他的邻近加工。然而这些信息能使机床使用者较好地评价危险和风险。”

检验方法：检查使用说明书和相应图样。

附　录　A
（资料性附录）
安全工作方法

A.1　一般要求

使用手册应包含本附录所列各项建议，制造商也应将与本机床安全使用的相关信息纳入其中。

所有操作者在机床的使用、调整和操作方面要经充分的培训。

保证机床四周地面平整，维护良好，没有木屑、切下物等松散材料。

提供全面或局部的充足照明。

待加工件及加工完的工件靠近操作者的正常工作位置。

必要时穿戴适宜的个人防护器，包括：

a）　听力保护器，用以降低听力损失风险；

b）　呼吸保护器，用以降低有害粉尘吸入的风险；

c）　装卸刀具时用的手套(在一般情况下，刀具均应装在刀夹中)。

无人时应停止机床的运行。

一旦发现机床出现故障或损坏应立即报告，包括防护装置和刀具。

采用安全的程序，定期进行清理、维修机床和去除木屑和粉尘，以避免火灾。

A.2　刀具

按照制造商的使用说明书，使用、调整和维修刀具。

注意刀具上所标注的转速范围。

使用正确的锋利的刀具。

确保所有主轴隔套和锯片法兰盘均适用于制造商规定的使用目的。

A.3　工件

应可靠地支承工件，必要时可用辅助支承装置。

确保工件的有效夹紧，如同一批加工的工件保持同样的尺寸。

有效的夹紧取决于夹紧装置的正确定位。

根据工件的外形决定是否使用辅助夹紧装置，尤其是在加工中存在工件运动危险的场合。如果同时加工超过一个工件，必须特别注意，保证每一工件的夹紧。

必要时，切下物从加工区移入适合的容器，并清空。

机床运转时，不能将切下物或工件的其他部分排除出机床的切削区。

A.4　移动工作台

保持移动工作台在全行程上自由移动。特别注意：防止移动工作台时和一些固定的构件之间产生冲击和剪切的危险，可在机床四周设置防护栏。

在工作台横向区域或其 1 m 范围内，不能有任何障碍并在地面上注标这个区域。

A.5　防护装置

所有在加工时所必需的防护装置和安全装置均就位且处于良好的工作状态下，才能起动机床；操作者均应经接受培训和指导，并掌握防护装置和安全装置的正确使用和常规检查。

连接吸尘口到机床，并在机床起动前开启。

附 录 B
（资料性附录）
有关安全控制系统的实例

图 B.1～图 B.4 所示是满足本标准要求的有关安全控制系统不同的实例。

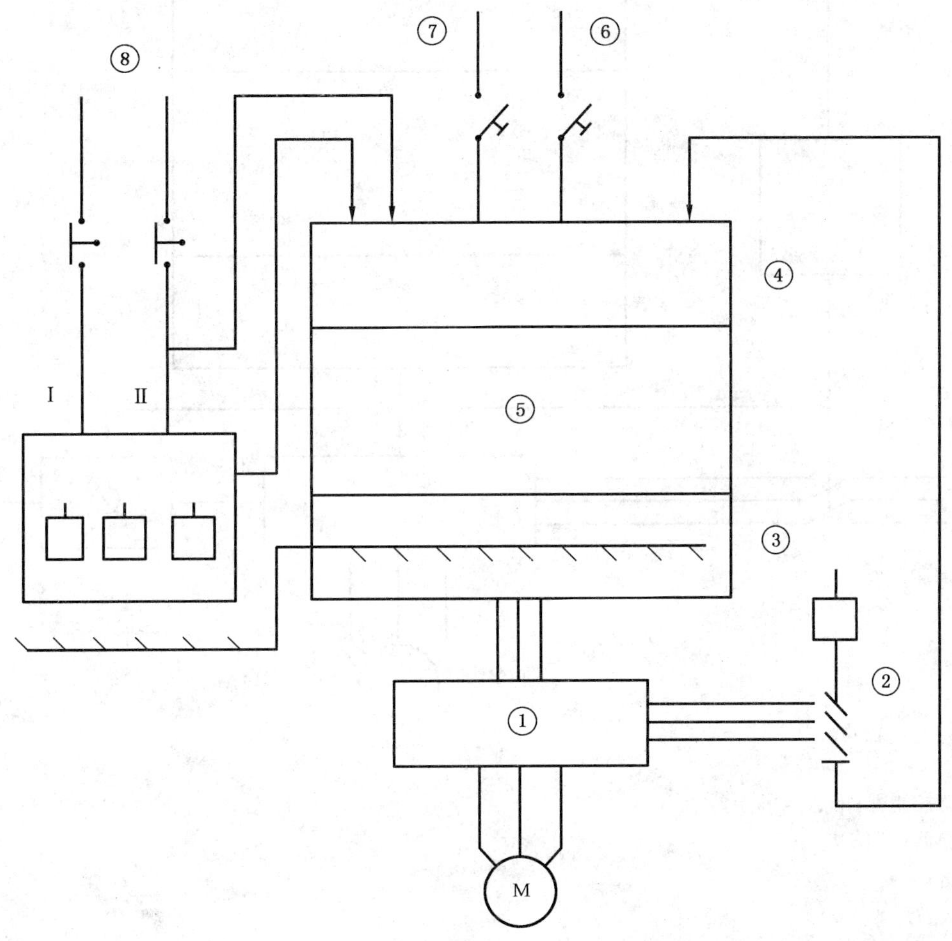

1——驱动控制器；
2——接触器；
3——输出；
4——输入；
5——可编程电子系统(PES)；
6——停止；
7——起动；
8——安全装置。

图 B.1 有关联锁的安全控制系统

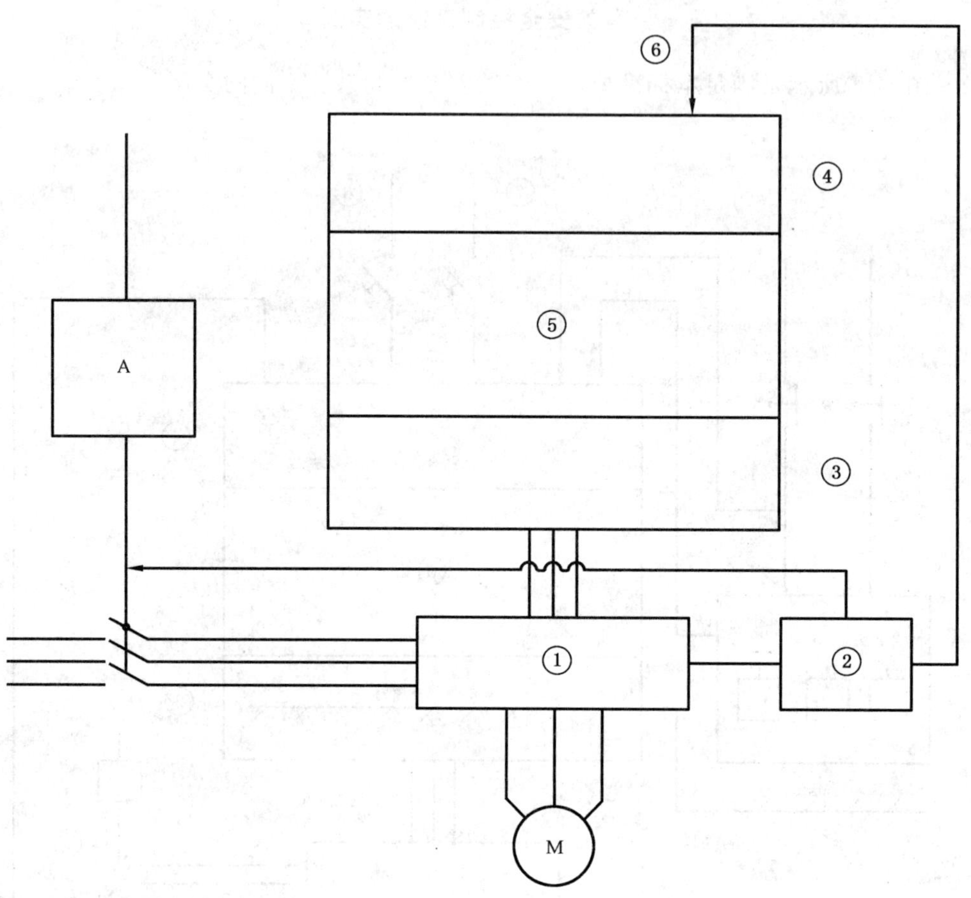

1——驱动控制器；

2——监控器；

3——输出；

4——输入；

5——可编程电子系统(PES)；

6——测试回路。

图 B.2　按 GB 5226.1—2008 正常停止中的安全控制系统

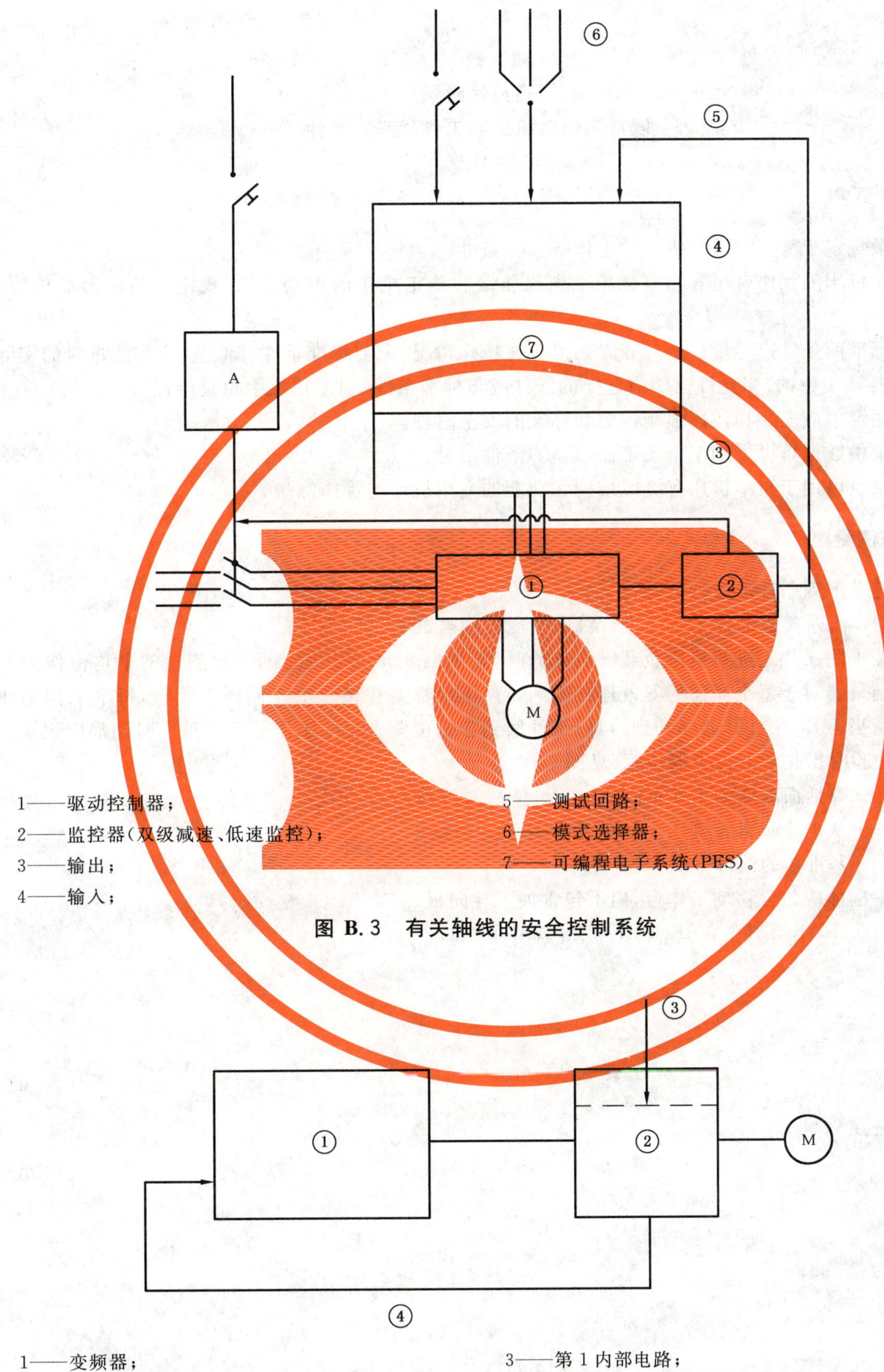

1——驱动控制器；
2——监控器(双级减速、低速监控)；
3——输出；
4——输入；
5——测试回路；
6——模式选择器；
7——可编程电子系统(PES)。

图 B.3　有关轴线的安全控制系统

1——变频器；
2——可编程电子系统(PES)；
3——第 1 内部电路；
4——第 2 外部电路。

图 B.4　变频器与电机之间没有变速装置的有关安全控制系统系统的实例

附 录 C
（规范性附录）
噪声测量时机床的工作(运转)条件

C.1 一般要求

本附录规定了噪声测量时机床的工作(运转)条件。

为了在机床的操作者位置测量机床噪声声压级和测定机床的声功率级，规定了传声器的位置(见图C.1)。

这些标准的条件应尽量严格遵守。如果存在特殊情况，需与标准条件有偏差，应将测量时的实际条件记录在表C.1中的"在允许范围内选择的条件或与标准条件(偏差)"栏中相应位置。

噪声测定中应安装和使用强制性的和标准的安全附件。

本附录中数据单也可用于记录工作(运转)条件信息。

本附录也可用于与本机床有类似结构和功能的专用机床的噪声测量。

C.2 噪声测量

机床应在下列条件下进行试验：

a) 按本附录规定的技术条件进行机床空运转噪声试验。

b) 按本附录规定进行机床负载噪声试验时，至少以5.3.2.2规定的3次测量的平均值作为测量结果。对于每个操作的等效连续不间断声压级都要在整个工作循环下测量，每个工作循环是指当刀具/工件开始移动到刀具/工件回到起始位置。每一工作循环的每一时期都应记录。

c) 检验时操作者的传声器位置(见图C.1)：

——离地面高度为1.5 m；

——从锯片起离导轨0.6 m处；

——基准体的前部平面。

d) 基准体应包含移动工作台，但不包含加工导向板。

注：在特殊情况下，这种测量只能通过使用整体式声压测量。

单位为米

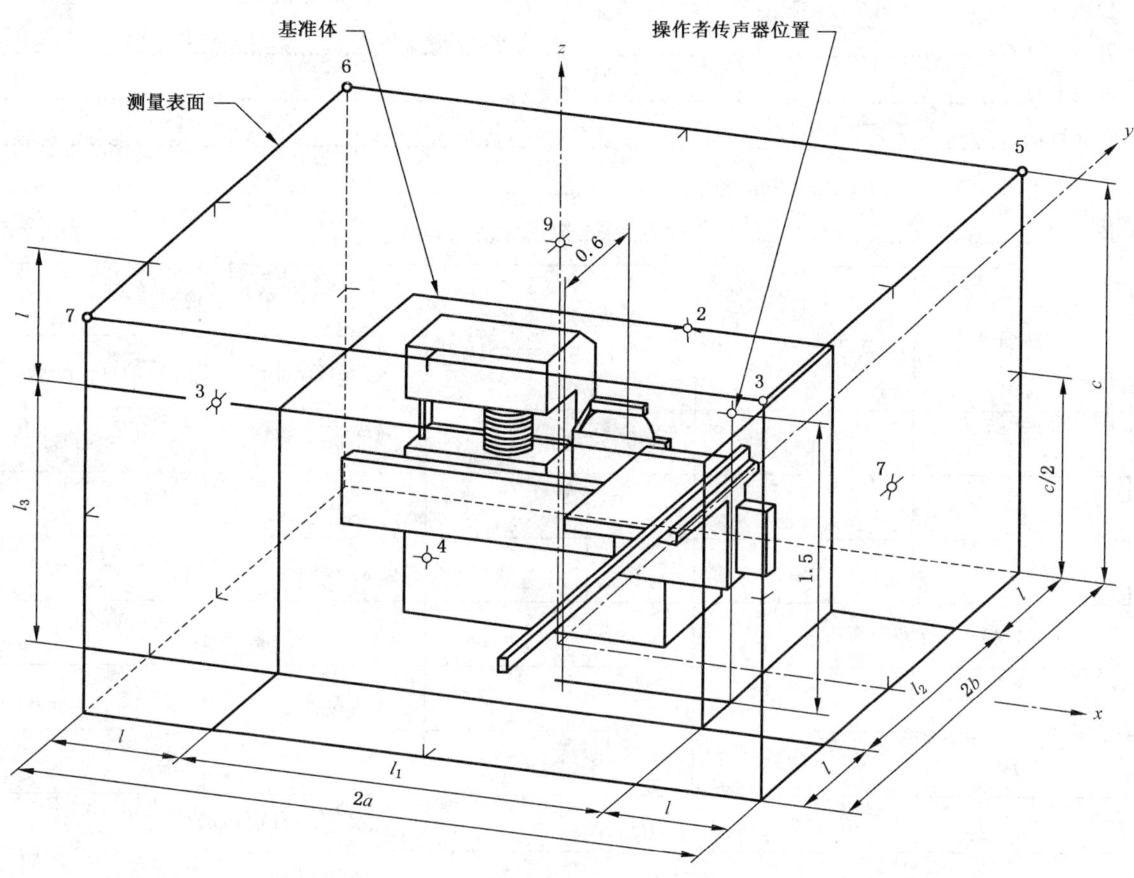

○ 传声器位置。

图 C.1 测定机床噪声声功率级的测量表面和传声器位置

C.3 机床噪声测量数据单

机床应在下列条件下进行试验：

表 C.1　机床噪声测量数据单

机床数据

机床制造者：……………………………………………………………………………………

机床型号：………………………………………………………………………………………

制造日期：………………………………………… 系列号 ………………………………………

机床外形尺寸[a]：………………………………………………………………………………

长度 l_1 ………………… mm　　宽度 l_2 ………………… mm　　高度 l_3 ………………… mm

主轴编号	主轴功能	最大刀具直径/mm	正常主轴转速	
			电机/(r/min)	主轴/(r/min)
1				
2				
3				
4				
5				
6				

□ 手动运动　　　□ 自动运动

机床的安装

按机床制造者使用说明书安装机床 ……………………………

是 □　　否 □ ……………………………

按制造者的技术条件安装机床 ……………………………

是 □　　否 □ ……………………………

机床安装在减/隔振材料 ……………………………

是 □　　否 □ ……………………………

机床安装有单独吸声的封闭式防护装置 ……………………………

是 □　　否 □ ……………………………

机床安装有吸声的整体封闭式防护装置 ……………………………

是 □　　否 □ ……………………………

机床装有降噪的吸尘罩 ……………………………

是 □　　否 □ ……………………………

其他的噪声控制措施 ……………………………

是 □　　否 □ ……………………………

防反弹装置 ……………………………

是 □　　否 □ ……………………………

a　凸出机床而不影响噪声传播的零件(如手轮、手柄等)可忽略不计。

表 C.1（续）

运转条件 运转安排	软木的开榫和开槽	标准条件	在允许范围内选择的条件或偏差标准条件
	其他许可的形状 a b e d c		
	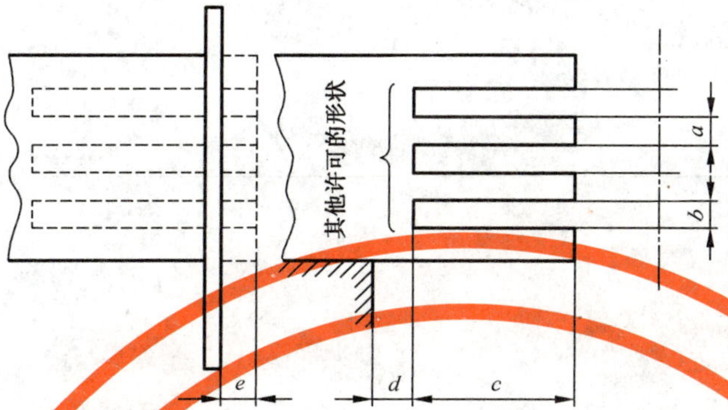 开榫厚度： a mm 开槽宽度： b mm 榫头深度： c mm 到支承面距离： d mm 横截余量： e mm	8 8 60～65 尽可能小 2～20	
刀具和切削参数	a) 主轴Ⅰ 横截锯片(标准硬质合金圆锯片) 主轴转速 r/min 切削圆直径 mm 切削速度 m/s 齿数 齿形:顶部交错 齿宽 mm 实际刀片厚度 mm	 3 000[a] 355(350) 48～64 3.2～3.6 2.2～2.6	
	b) 主轴Ⅱ 开槽刀(切削方向与进给方向相反) 主轴转速 r/min 切削圆直径 mm 切削速度 m/s 切片数量 刀片形状	 3 000[a] 300 2～3	
	c) 开榫时的进给速度 m/min	6±2	

[a] 主轴转速应尽量接近 3 000 r/min。

表 C.1（续）

<table>
<tr><td>试验材料：

材料：　　　　软木，中等等级
含水率：　　　8%～14%
试件长度：　　1 000 mm～2 000 mm
试件高度：　　58mm～65mm
预加工：　　　四面已经刨削</td></tr>
<tr><td>试验机床的照片或总装图</td></tr>
<tr><td>进行试验实验室
公司/研究所：……
地址：……
电话：……
日期：……　　签名：……
试验地点：……
试验日期：……</td></tr>
</table>

ICS 25.120.30
J 61

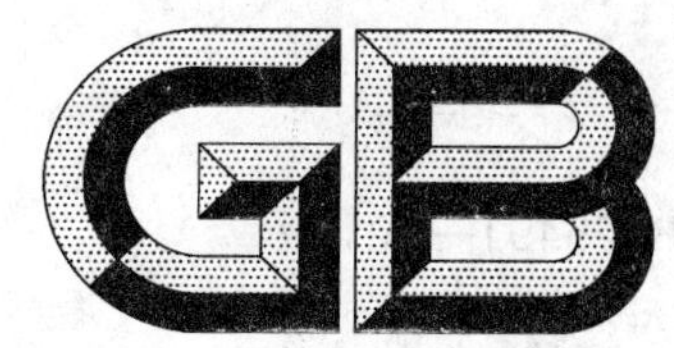

中华人民共和国国家标准

GB 25491—2010

造型机　安全要求

Molding machine—Safety requirements

2010-12-01 发布　　2011-10-01 实施

中华人民共和国国家质量监督检验检疫总局
中国国家标准化管理委员会　发布

前　言

本标准的全部技术内容为强制性。

本标准由中国机械工业联合会提出。

本标准由全国铸造机械标准化技术委员会(SAC/TC 186)归口。

本标准起草单位:济南铸锻所捷迈机械有限公司、济南铸造锻压机械研究所、致恒(天津)实业有限公司。

本标准主要起草人:卢军、朱小钢、任玉宝。

造型机　安全要求

1 范围

本标准规定了造型机设计人员、制造厂和供应商和使用者应遵循的基本安全技术要求。

本标准适用于铸造车间造型用各种型式造型机(以下简称造型机),也适用于造型线中的铺机。

2 规范性引用文件

下列文件中的条款通过本标准的引用而成为本标准的条款。凡是注日期的引用文件,其随后所有的修改单(不包括勘误的内容)或修订版均不适用于本标准,然而,鼓励根据本标准达成协议的各方研究是否可使用这些文件的最新版本。凡是不注日期的引用文件,其最新版本适用于本标准。

GB 5083　生产设备安全卫生设计总则

GB 5226.1—2008　机械电气安全　机械电气设备　第1部分:通用技术条件(IEC 60204-1:2005,IDT)

GB/T 9969　工业产品使用说明书　总则

GB 12265.3　机械安全　避免人体各部位挤压的最小间距(GB 12265.3—1997,eqv EN 349:1993)

GB/T 14776　人类工效学　工作岗位尺寸　设计原则及其数值

GB/T 15706.1　机械安全　基本概念与设计通则　第1部分:基本术语、方法(GB/T 15706.1—2007,ISO 12100-1:2003,IDT)

GB/T 15706.2—2007　机械安全　基本概念与设计通则　第2部分:技术原则(ISO 12100-2:2003,IDT)

GB/T 16251　工作系统设计的人类工效原则(GB/T 16251—2008,ISO 6385:2004,IDT)

GB 16754　机械安全　急停　设计原则(GB 16754—2008,ISO 13850:2006,IDT)

GB/T 16855.1　机械安全　控制系统有关安全部件　第1部分:设计通则(GB/T 16855.1—2008,ISO 13849-1:2006,IDT)

GB/T 16856.1　机械安全　风险评价　第1部分:原则(GB/T 16856.1—2008,ISO 14121-1:2007,IDT)

GB 20905—2007　铸造机械　安全要求

GB 23821　机械安全　防止上下肢触及危险区的安全距离(GB 23821—2009,ISO 13857:2008,IDT)

3 重要危险项目

3.1 总则

下列重要危险项目是依据GB/T 16856.1对本标准适用范围内的造型机进行风险评估。

3.2 机械危险

3.2.1　造型机工作过程中,其运动件对人身可能造成夹挤、剪切、碰撞、缠绕等危险。

3.2.2　造型机零部件由于形状因素,其锐边、尖角可能对人身造成割伤或扎伤危险。

3.2.3　造型机零部件在使用过程中,由于松动、松脱、掉落或折断、碎裂、甩出等可能造成的危险。

3.2.4　造型机中自行运动或控制失灵发生意外运动的零部件可能造成的危险。

3.2.5　在高空作业(维修或保养等)时可能造成人员跌落危险。

3.2.6 造型机四周可能造成人员滑倒、绊倒危险。

3.2.7 维修人员操作空间窄小或操作不便可能遭受的碰撞、夹挤等危险。

3.3 高压流体可能造成的危险

3.3.1 液压和气动系统的最大压力超过系统中元器件的额定安全工作压力造成的危险。

3.3.2 气力紧实的造型机中高压容器(贮气包)和气缸等可能发生的爆炸危险。

3.3.3 带有蓄能器的液压回路,其蓄能器在未完全泄压情况下进行拆卸或维修造成的危险。

3.3.4 液压或气动系统泄漏可能造成的喷射危险和污染地面引起人员滑倒等危险。

3.3.5 压力损失或严重的压力下降可能造成机构失灵引起危险。

3.3.6 系统管路中能导致元件(包括密封件)损伤的异物(如氧化皮、毛刺、水分等)可能造成机构失灵和人身伤害。

3.3.7 气力紧实的造型机工作过程中,由于密封失灵、气力紧实的余气未排出或其他原因(如突然停电、断气等)可能造成的喷砂危险。

3.3.8 气力紧实的造型机工作过程中,空载气冲或空射可能造成的危险。

3.4 电气危险

3.4.1 人员直接接触裸露带电或绝缘失效的带电零件、导线或元器件可能造成电击、火灾、烧伤、惊恐跌倒等危险。

3.4.2 电子控制元件失灵造成非正确操作引起的危险。

3.5 噪声和振动危险

3.5.1 造型机由以下原因致使噪声过大,引起操作人员长期工作后听力损伤、耳鸣、疲劳、精神压抑和干扰听觉信号造成危险:

——震击压实机构、震动子、震动加砂等的机械撞击;

——气动系统及气流冲击、射砂排气;

——电机和泵运转不平衡;

——管路安装不当,固定不牢;

——其他机械撞击。

3.5.2 操作人员的工作位置和经常走动区域由于机械振动引起操作人员长期工作后造成身体不适。

3.6 材料和物质产生的危险

3.6.1 生产过程中产生的粉尘或其他有害物质可能对人体器官造成刺激和吸入危险。

3.6.2 造型机使用的模具润滑剂可能造成燃烧的危险。模具润滑剂产生的烟和雾可能对人体器官造成刺激和吸入危险。

3.6.3 造型机使用的液压介质可能造成燃烧的危险。

3.7 其他危险

3.7.1 由于忽略了人类工效学原则可能造成的危险,如易产生差错的操作方向、不适宜的照明、过分紧张和疲劳等。

3.7.2 吊装、运输过程中由于偏重、稳定性差、零部件没固定好、吊具强度不够等原因造成意外倾翻、移动或坠落危险。

3.7.3 造型机中的装置和控制系统抗电磁干扰性能差致使机器不能正常运行可能产生危险。

3.7.4 两个或两个以上操作者操作造型机时,由于操作的不协调或其他意外造成的危险。

4 安全要求和/或措施

4.1 基本要求

4.1.1 造型机的安全设计应符合 GB/T 15706.1、GB/T 15706.2 和 GB 5083 的规定。

4.1.2 造型机的安全防护除应符合本标准的规定外,还应符合 GB 20905 的有关规定。

4.1.3 造型机应最大限度地通过设计消除危险或降低风险，使其具有本质安全性能。如不能实现或不能完全实现时，应通过提供安全防护装置对人员进行保护。不允许忽视上述原则，仅简单地依靠使用信息向使用者提出警告或提示。

4.1.4 使用信息只能用于对无法通过设计来消除或充分减小的、而且安全防护装置对其无效或不完全有效的遗留风险，向使用者提出有关通知和警告。使用信息不应用于弥补设计和制造的缺陷。

4.1.5 不应将通过设计能够消除的危险留给用户去解决（如需对机器进行改造），也不应将安全防护装置的制造和装设留给用户承担。

4.1.6 造型机的设计应充分体现人类工效学原则，并应符合 GB/T 16251、GB/T 14776 和其他有关标准的规定。

4.2 造型机工作台-型板危险区的安全防护要求

4.2.1 造型机的主要危险区是工作台-型板区，应采取各种措施消除有关危险。

4.2.2 造型机在设计上应能保证型板、型板框等工装牢固地安装在工作台及有关部件上，不会由于意外的松脱产生危险。

4.2.3 有压实机构的造型机，压实工位与操作位置之间的距离应是安全距离或采用双手控制压实砂型。

4.2.4 压实机构压实砂型采用双手控制时，双手控制应符合 GB 5226.1—2008 中 9.2.6.2 的型式Ⅲ的规定。

4.2.5 两个控制器之间的距离和布置位置，应防止由一只手或一只手和小臂、腹、膝等部位进行操作的可能性。同步操作的时间限差不应大于 1 s。

4.2.6 在压射时应能防止操作者身体的任何部位伸入到压头和砂箱之间。

4.2.7 气力紧实的造型机中，防止喷砂的密封装置应密封可靠。

4.2.8 自动造型线的工作台-型板区应设置防护装置（防护门、防护罩或挡板），以对所有易遭受危险的人员提供安全保障。

4.2.9 各类防护装置的选用、设计和安装要求应符合 GB/T 15706.2 和其他有关标准的规定。

4.2.10 防护装置的安装不应对操作人员造成操作和视线障碍。

4.2.11 防护装置应同控制系统保持联锁，在防护装置未进入正确位置时，造型机不能启动气力紧实或填砂动作。

4.2.12 与防护装置有关的控制器和联锁装置应能防止意外的操作。

4.2.13 防护装置定位后，应能防止人体的任何部位进入工作台-型板危险区或附近的辅助装备的危险部位。

4.2.14 防护装置定位后，应能确保气冲头或射砂头与砂箱接触面之间一旦有型砂喷射出后对人身不会造成危害。

4.2.15 在气力紧实过程中，防护装置应能一直连续的处于完全关闭状态。只有在气力紧实结束后，防护装置才能被打开。

4.2.16 造型机按需要应备有光电式安全装置等安全装置，以保证需要人工操作时的安全。

4.3 对电气系统的要求

4.3.1 所有电气设备应符合 GB 5226.1 和 GB 16754 的有关规定，防止电气危险。

4.3.2 由于造型机工作环境较差，对于有可能在恶劣条件（如粉尘、热砂、热金属等）下工作的控制元件遭受损坏的情况，应对电气柜及元件提供保护设施。

4.3.3 电缆线的布置应充分考虑造型机的工作环境，必要时应提供防护装置，并应在使用说明书中加以说明。

4.4 对控制系统的要求

4.4.1 造型机控制系统有关安全部件的安全要求和设计应符合 GB/T 16855.1 的有关规定。

4.4.2 气力紧实的造型机在设计上应保证不能发生空载气冲或空射。各动作之间应有可靠的联锁。

4.5 对液压和气动系统的要求

4.5.1 一般要求

4.5.1.1 系统中应装有能保证工作压力保持在允许范围内的装置,系统的密封应可靠。除此之外,还应采取措施保证系统不能由于内、外部的泄漏或严重的压力下降而产生危险。

4.5.1.2 应采取措施保证系统不能由于控制动力源(电、液或气)的接通、中断或恢复、压力波动或下降(预期的或未预料到的)而产生危险。

4.5.1.3 应对系统中安装的所有元件和零部件在超过最大工作压力时进行保护。

4.5.1.4 系统中各元件,包括管路的布局应易于接近、安全可靠地调整、维修和拆装。应有措施保证拆卸时不会使液体有较大的流失。

4.5.1.5 管道中不应存留异物(如氧化皮、毛刺、切屑等)。系统中应具有控制介质清洁度的手段(如过滤器),以确保装置及元件的功能安全可靠。系统清洁度应符合有关标准的规定。

4.5.1.6 管道的设计和安装应防止作为阶梯和踏板利用,也不能用来支撑零、部件。任何情况下在管道和管接头上不能作用有拉力。

4.5.1.7 固定式管道除应在两端固定外,在较长的管道上还须增加固定点,且固定牢靠,避免振动或移动。应采取措施防止因热膨胀而造成的损坏或危害。

4.5.1.8 管道的外壁上不许焊有紧固件、连接件或其他零件。

4.5.1.9 需固定安装的阀应固定到造型机机体、阀板等物体上,不允许仅依靠管道支撑。

4.5.1.10 对于管道装配时有可能产生引起危险的错误连接的情况,管道上应作出标记。无论硬管和软管的安装都应能防护任何类型可预见的损伤(特别是软管的布局应充分考虑被热金属灼烧的可能性),不应妨碍元件的调整、维修及更换,不应妨碍造型机的工作和对造型机的操作。

4.5.1.11 压力容器的制造应按国家对压力容器的有关规定执行。禁止擅自对压力容器进行任何机加工、焊接或其他措施的修改。

4.5.1.12 玻璃和塑料容器应有防碎保护。

4.5.2 液压系统和蓄能器

4.5.2.1 所有的液压元件(包括密封件、过滤件等)应能与系统中所应用的液压介质相容。为了避免由于液压介质原因所出现的不相容问题,还需对与系统有关的保护层和其他液体(如油漆、润滑油等)以及可能与之接触的结构材料和安装材料(如电缆、软管和非金属操作件等)采取附加的预防措施。

4.5.2.2 液压系统应具有良好的散热能力,系统中应安装有热交换器,当油温超过55 ℃时应能自动报警,达到60 ℃时应能自动停机。

4.5.2.3 在液压系统的设计中,应具有保证安全释放残存液压能量的措施。

4.5.2.4 包含液压蓄能器的液压回路,当设备停止时,蓄能器的压力应能自动泄荷或蓄能器能安全的闭锁。

注:在特殊情况下,当液压装置断开后还需要压力时,可不必满足此要求。但应在蓄能器上或附近显著的位置上加以提示性说明,同样的说明还需在使用说明书和液压系统图中给出。

4.5.2.5 蓄能器和与之连接的受压元件,应对液体一侧过高的压力、可能遭受的腐蚀影响和过高的温度采取保护措施。在特殊情况下对气体一侧过高的压力也需保护。

4.5.2.6 带蓄能器的液压装置应装设警示标牌,如“注意:在维修工作开始前装置应泄压!”。

4.5.2.7 蓄能器的安装位置应使维修时易于接近。蓄能器和所有所属的受压元件应固定牢固,安全可靠。

4.5.2.8 在蓄能器上或蓄能器的标牌上应给出如下标识:

——“警告:压力容器,拆卸前排出油液”;

——额定充气压力;

——"仅有…作为充气介质"(如氮气)。

4.5.2.9 应在使用说明书中详细说明对蓄能器的维护安全要求,至少包括以下内容:

——按蓄能器制造厂推荐的方法进行气体充填压力的检验和调节,对此需注意不能超过允许的压力,在每次调节和检验后不允许气体排出;

——从装置中将蓄能器拆下进行维修前,液体和气体压力应降为零;

——只允许经过培训的人员按照技术指导文件并在使用按规定有效的图纸制造同时具有合格证的零件和材料的条件下进行维修、安装、拆卸、更换零件;

——对继续使用蓄能器的装配和验收检验,应由蓄能器的制造厂或者授权的人员进行。

4.5.3 气动系统

4.5.3.1 气动系统中应使用气水分离器和过滤器来防止湿气和固体颗粒进入控制系统。必要时应装设油雾润滑器对控制系统的元件进行润滑,以尽量减少不稳定的操作危害。

4.5.3.2 气控系统排出的气体不应产生危险,在排气孔中使用的消声器也不应出现危险。

4.6 对噪声和振动的安全防护要求

4.6.1 应采取措施使造型机的噪声辐射危害减至最小。

4.6.2 气阀的排气孔应使用消声器。

4.6.3 相并排列的管路不应互相接触,以防产生噪声和异常声响。

4.6.4 各种类型造型机的噪声限值应符合其产品技术条件标准的规定。

4.6.5 造型机应采取措施使可能引起伤害和影响身体健康的振动减至最小。

4.7 其他安全防护要求

4.7.1 造型机部件的设计应使有可能造成人体某部位受到夹挤的危害因素减至最小。避免人体各部位受挤压的最小间距应符合 GB 12265.3 的有关规定。

4.7.2 造型机的设计应充分利用安全距离防止人的四肢触及危险区,防护装置的安装和布局也应保证安全距离。防止四肢触及危险区的安全距离应符合 GB 23821 和其他有关标准的规定。

4.7.3 造型机应使其零部件由于断裂、松动或掉落而引起的危险减至最小,这应由设计、可靠固定或覆盖加以保证。

4.7.4 除工作台-型板危险区外,对于其他有可能产生碰撞、夹挤、卷入、零件甩出、型砂喷射或热、噪声辐射等危险的区域,亦应提供防护装置。对于只有在接触的情况下才会发生危险的区域,也可设置阻挡装置(如涂有黄色的隔离链条、隔离栏杆等)以引起人员对安全的注意。

4.7.5 由于势能或动能有使造型机零部件或活塞自行发生意外运动的可能时,应设置止动或锁紧机构。

4.7.6 对于多人操作的情况,应为每个辅助操作者提供安全防护装置。安全防护装置应能满足各自操作所需要的安全防护范围和安全防护保持时间的要求。

4.7.7 在维修机器或更换、调整型板时,可能引起伤害的有关运动机构应设有动力源(电、液压或气动)切断装置。

4.7.8 造型机应采用集中润滑方式。如无可能,人工润滑应在保证造型机停车期间所有的机构都能有效止动的条件下进行。自动润滑系统的工作状况(包括压力不足和润滑油量的不足)应有显示器显示,一旦系统发生故障,机器的工作循环应自动停车。

4.8 其他要求

4.8.1 造型机使用的压力油应在使用说明书中明确规定。有防火要求的液压介质应加以说明。同时,对推荐应用的液压介质应通过型号和性能来说明,而不能仅仅通过液压介质生产者的名称或牌号来确定。

4.8.2 造型机应使用水溶性磨具润滑剂,当使用油质模具润滑剂时,要注意防火,并应在使用说明书中加以说明。

4.8.3 造型机的电磁兼容性应符合 GB 5226.1—2008 中 4.4.2 的规定。

4.8.4 当要求工作人员在工作台-型板危险区或其他有可能遭受危害的区域以内工作时(如调整、试车、维修、润滑油等),如果造型机在生产试验中使用的安全防护装置不能保证使用的话,则除机器正常的安全防护措施外,还应额外增设或备有预防措施和工具,或者从动力源控制方面提供安全保证。

4.8.5 造型机上的作业平台应符合 GB 20905—2007 中第 11 章的规定。

4.8.6 应采取适当措施防治有损健康的粉尘、有害物质、气雾和烟的形成或被吸入的可能性。必要时应提供除尘排放装置和采取个人劳动保护措施,并应在使用说明书中加以说明。

4.8.7 造型机的设计应充分考虑吊装、运输的安全,应提供可靠的起吊方法和配备供起吊用物件。起吊和运输过程中有可能移动活掉落的零部件应有可靠地固定措施,并应在使用说明书中说明。

4.8.8 使用说明书中应规定安全操作规程,至少应包括:操作、调整、维修、维护、检查、故障排除、更换安装型板和试型、试压、试车、搬运等方面的安全说明。

4.8.9 使用说明书中应注明对高压容器的定期检查。

4.8.10 使用说明书中应说明机器使用空间要求,空气要流通。

4.8.11 使用说明书中应说明对型板制造和保养的原则要求。型板应通过设计使其安全可靠。

5 安全要求和/或措施的判定

5.1 总则

造型机是否与第 4 章中的安全要求和/或措施相符,应按下列 4 种方法予以判定。根据安全要求和/或措施的性质,判定方法应遵循以下优先顺序,在前一种方法无法实施或不能判定的情况下,允许按后种方法判定,依次进行。每一项安全要求和/或措施至少需用一种方法判定,当某一项安全要求和/或措施具有多种方法可判定时,几种方法判定的结果均应相符。

5.2 判定方法 1——功能试验

通过安全功能试验检查部件的功能是否满足规定要求。如果安全功能试验由于技术原因客观上无法实现,或者只可能使用破坏性试验,或者由于减至所要求的风险就会导致过高的费用等,则按 5.3、5.4、5.5 给出的方法。

5.3 判定方法 2——检测

借助检测仪器、仪表,优先选择标准规定的测定方法,检查规定的要求是否在限定之内。如果测定方法因目前技术上的限制无法证明机器是否满足要求,或者安全要求和/或措施是定性的等,则按 5.4、5.5 给出的方法。

5.4 判定方法 3——计算和/或查看图纸

利用计算和/或图纸来分析和检查规定部件是否满足要求,对某些特定要求(如稳定性、重心位置等)适用这种方法。如果仅通过计算和/或图纸不能得出明确的结论,则按 5.5 给出的方法。

5.5 判定方法 4——观察

通过对规定部件的目视测定,检查是否达到应具备的要求和性能。

注:观察包括检查或审查机器的使用信息。

6 使用信息

6.1 警示信息

设备的视觉信号(如警示灯)、听觉信号(如报警器)装置应符合 GB/T 15706.2—2007 中 6.3 的规定。

6.2 使用说明书

6.2.1 随机提供的使用说明书应按 GB/T 15706.2—2007 中 6.5 和 GB/T 9969 规定的有关内容和要求编制。

6.2.2 造型机的使用说明书至少应包括下列信息：

a) 造型机的参数和特性数据；
b) 造型机设计、制造时使用的标准；
c) 造型机用户应遵守的国家和地方的有关安全卫生、环境保护法规、规定和标准的提示信息；
d) 压力容器检验报告的说明或合格证明；
e) 可靠的安装说明；
f) 第一次试车前对造型机及其安全防护装置应进行的首次验证的要求；
g) 包括电气、液压和气动系统图在内的控制系统说明；
h) 关于造型机的噪声数据；
i) 关于存在遗留风险时对操作人员可能需要的其他保护的详细信息，例如听觉保护、视觉保护和手、脚或身体保护等；
j) 安全使用、调节、试车、维护、润滑、清洗和维修等的说明，以及防止有关危害的说明；
k) 型板安装调试好后，正式生产开始前对安全防护装置必要的详细检查信息；
l) 液压系统及润滑所使用的液体的技术数据和说明；
m) 可能发生的故障类型说明和通过定期维护进行鉴别、预防和排除的提示；
n) 在安全功能可能受到损坏并修复后，所需进行的必要的检验要求；
o) 对造型机及其安全防护装置进行定期检验、维修、试验的间隔时间以及检验所需要的工具和装备。专用的工具和装备应随机提供。

6.3 标志

6.3.1 造型机上所需的标志、符号(象形图)和文字警示牌应符合 GB/T 15706.2—2007 中 6.4 的有关规定。

6.3.2 造型机上至少应标明下列信息：

a) 制造厂和供应商(必要时)的名称；
b) 造型机的型号和名称；
c) 制造日期；
d) 出厂编号；
e) 产品执行标准编号；
f) 主参数；
g) 机器质量；
h) 运输和安装时的起吊点；
i) 人工润滑的润滑点；
j) 电气、液压和气动系统的有关连接信息(包括元件接头处的标志)；
k) 介质流向；
l) 电动机的旋转方向；
m) 蓄能器的安全说明标牌；
n) 有关电气装置的标志；
o) 安全防护装置的有关特性数据；
p) 利用安全色和安全标志提醒人们注意的运动件和其他部件。

ICS 25.120.30
J 61

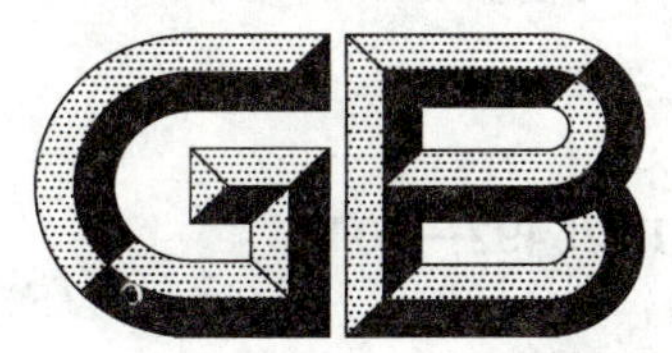

中华人民共和国国家标准

GB 25492—2010

落砂机 安全要求

Shakeout—Safety requirements

2010-12-01 发布 2011-10-01 实施

中华人民共和国国家质量监督检验检疫总局
中国国家标准化管理委员会 发布

前　言

本标准全部技术内容为强制性。

本标准由中国机械工业联合会提出。

本标准由全国铸造机械标准化技术委员会(SAC/TC 186)归口。

本标准起草单位:济南铸锻所捷迈机械有限公司、济南铸造锻压机械研究所。

本标准主要起草人:田永恒、卢军、詹昌俊。

落砂机　安全要求

1　范围

本标准规定了振动落砂机设计人员、制造厂和供应商以及使用者应遵循的安全要求和措施。

本标准适用于固定式惯性振动落砂机、输送式惯性振动落砂机(以下简称落砂机),冲击式惯性振动落砂机和偏心振动落砂机也可参照执行本标准。

本标准也适用于构成落砂机设备组件的各单元和辅助设备。

2　规范性引用文件

下列文件中的条款通过本标准的引用而成为本标准的条款。凡是注日期的引用文件,其随后所有的修改单(不包括勘误的内容)或修订版均不适用于本标准,然而,鼓励根据本标准达成协议的各方研究是否可使用这些文件的最新版本。凡是不注日期的引用文件,其最新版本适用于本标准。

GB/T 3098.1—2000　紧固件机械性能　螺栓、螺钉和螺柱(idt ISO 898-1:1999)

GB 5083　生产设备安全卫生设计总则

GB 5226.1　机械电气安全　机械电气设备　第1部分:通用技术条件(GB 5226.1—2008,IEC 60204-1:2005,IDT)

GB/T 9969　工业产品使用说明书　总则

GB 23821　机械安全　防止上下肢触及危险区的安全距离(GB 23821—2009,ISO 13857:2008,IDT)

GB 12265.3　机械安全　避免人体各部位挤压的最小间距(GB 12265.3—1997,eqv EN 349:1993)

GB/T 14776　人类工效学　工作岗位尺寸　设计原则及其数值

GB/T 15706.1　机械安全　基本概念与设计通则　第1部分:基本术语和方法(GB/T 15706.1—2007,ISO 12100-1:2003,IDT)

GB/T 15706.2—2007　机械安全　基本概念与设计通则　第2部分:技术原则(ISO 12100-2:2003,IDT)

GB/T 16251　工作系统设计的人类工效学原则(GB/T 16251—2008,ISO 6385:2004,IDT)

GB 16754　机械安全　急停　设计原则(GB 16754—1997,eqv ISO/IEC 13850:1995)

GB/T 16855.1　机械安全　控制系统有关安全部件　第1部分:设计通则(GB/T 16855.1—2008,ISO 13849:2006,IDT)

GB/T 16856　机械安全　风险评价(GB/T 16856—2008,ISO 14121:2007,IDT)

GB 20905—2007　铸造机械　安全要求

JB/T 6331.2　铸造机械噪声的测定方法　声压级测定

3　重要危险项目

3.1　总则

下列重要危险项目是依据GB/T 16856的规定,对本标准适用范围内的落砂机进行风险评估。

3.2　机械危险

3.2.1　落砂机工作过程中,其运动部件对人身可能造成夹挤、剪切、碰撞、缠绕等危险。

3.2.2　落砂机零部件由于形状因素,其锐边、尖角可能对人身造成割伤或扎伤危险。

3.2.3 落砂机零部件在使用过程中，由于松动、松脱、掉落或折断、碎裂、甩出等可能造成的危险。

3.2.4 在落砂机上抓取或吊取工件时，由于偏重、滑落、吊具强度不够等原因造成的工件意外倾翻、移动或掉落危险。

3.2.5 落砂机四周可能造成人员滑倒、绊倒危险。维修人员操作空间窄小或操作不便可能遭受的碰撞夹挤等危险。

3.3 电气危险

3.3.1 人员直接接触裸露带电或绝缘失效的带电零件、导线或元器件可能造成电击、火灾、烧伤、跌倒等危险。

3.3.2 控制元件失灵造成非正确操作引起的危险。

3.3.3 两台振动电机激振的落砂机由于电源接线错误造成同向旋转而引起设备损坏的危险。

3.4 热危险

3.4.1 由于高温型砂和铸件在落砂过程中可能造成人员烫伤、灼伤等危险。

3.4.2 由于落砂机连续在高温环境下工作，导致机体高温可能造成人员烫伤、灼伤等危险。

3.5 噪声危险

由于但不仅限于以下原因致使落砂机噪声过大，操作人员长期工作后造成听力损伤、耳鸣、疲劳、精神压抑和干扰听觉信号等危险：

——激振器运转不平衡；

——铸件及浇冒口等与栅格板撞击。

3.6 材料和物质产生的危险

3.6.1 落砂机使用过程中产生的粉尘可能对人体造成吸入危险。

3.6.2 由生产性粉尘产生的燃烧或爆炸的危险。

3.7 其他危险

3.7.1 由于忽略了人类工效学原则可能造成的危险，如易产生差错的操作方向、不适宜的照明、过分紧张和疲劳等。

3.7.2 吊装、运输过程中由于偏重、稳定性差、零部件未固定好、吊具强度不够等原因造成意外倾翻、移动或掉落危险。

4 安全要求和/或措施

4.1 基本要求

4.1.1 落砂机应最大限度地通过设计减小风险，使其达到本质安全。通过设计不能适当地避免或充分限制的风险，应采用安全防护装置对操作者加以防护。

4.1.2 落砂机的安全设计应符合 GB/T 15706.1、GB/T 15706.2 和 GB 5083 的规定。

4.1.3 落砂机的安全除应符合本标准的规定外，还应符合 GB 20905 的有关规定。

4.1.4 控制系统有关安全部件的安全要求和设计应符合 GB/T 16855.1 的有关规定。

4.1.5 落砂机的设计应充分体现人类工效学原则，并应符合 GB/T 14776、GB/T 16251 和其他有关标准的规定。

4.1.6 对于无法通过设计来消除或充分减小的，而且安全防护装置对其无效或不完全有效的遗留风险，应通过使用信息通知和警告设备的使用者。使用信息是设备供应的一个组成部分。使用信息不应用于弥补设计的缺陷或代替安全防护装置。

4.2 机械危险的安全要求

4.2.1 落砂机应根据工艺和结构要求，合理选择激振器的型式和安装方式。激振器可以选择电动激振器（振动电机）、箱式激振器和双轴激振器；激振器可以安装在落砂机的下方（下振式）、两侧（侧振式）、上方（上振式）。

4.2.2 环境使用温度超过 40 ℃的输送式落砂机,应采用上激振方式;额定负荷超过 30 kN 的输送式落砂机应采用箱式激振器激振。

4.2.3 额定负荷超过 200 kN 的固定式落砂机应采用双质体结构。

4.2.4 固定式落砂机四周护板的高度应能防止浇冒口和砂散落。

4.2.5 落砂机的激振器零件不允许有裂纹,旋转件不允许焊补修整;偏心块应牢固安装在轴上,并应装有防护罩。

4.2.6 落砂机的激振器应润滑良好,密封可靠,不应使粉尘、杂物侵入。滚动轴承最高温度不应高于 90 ℃。

4.2.7 落砂机激振器的旋转方向应满足其技术要求,并在机体明显位置设置转向标志或转向警示标志。

4.2.8 落砂机所有螺栓的强度不应低于 GB/T 3098.1—2000 中 8.8 级规定强度级别,并应采取防松措施。

4.2.9 连接两台激振器的联轴器或连接驱动电机与激振器的联轴器应符合现行标准的规定。并应设置固定有效的防护装置,防护装置应符合 GB/T 15706.2—2007 中 5.3.2 的规定。

4.2.10 当两台固定式落砂机并联使用时,应留取合理间隙防止互相碰撞,同时也应采取措施防止浇冒口等杂物从接缝处散落。

4.2.11 当两台输送式落砂机串联使用时,应留取合理间隙防止互相碰撞。

4.2.12 对落砂机进行安装调试、调整、维修或维护时,落砂机应处于停止状态,并保证其他人员无法启动落砂机。

4.2.13 在不影响使用的条件下,易接近的机械零部件不应有可能引起人体损伤的锐边、尖角、粗糙的表面、凸缘。

4.2.14 落砂机的工作平台及阶梯设施应符合 GB 20905—2007 第 11 章的规定。

4.2.15 落砂机在设计和安装使用上应使设备周围内引起滑倒、绊倒和跌落的风险减少到最低程度。

4.3 控制系统的安全要求

4.3.1 控制系统应能按规定顺序动作和实现联锁。

4.3.2 电气联锁应具备防止因误动作引起的意外故障和/或危险事件发生的功能。

4.3.3 过共振区工作的落砂机应采用能耗制动停机,不应采用反接制动。

4.3.4 应在落砂机附近设置急停装置,将急停装置复位后不应引起重新启动。

4.4 电气危险的安全要求

4.4.1 落砂机的电气系统应符合 GB 5226.1 和 GB 16754 的有关规定。

4.4.2 落砂机的激振器和驱动电机应采取可靠接地措施。

4.4.3 激振器的电源接线应保证其转向与转向标志或转向警示标志要求一致。

4.5 噪声危险的安全要求

4.5.1 落砂机空载条件下运转的噪声声压级不应高于 93 dB(A),采用电动激振器激振的不应高于 90 dB(A)。噪声测定方法按 JB/T 6331.2 的规定。

4.5.2 落砂机应配有密闭或半密闭隔声除尘罩使噪声辐射的危险减至最小。

4.6 材料和物质产生危险的安全要求

4.6.1 落砂机在使用中应配有密闭或半密闭隔声除尘罩,并配置通风除尘系统或设有与除尘系统连接的接口。设备的通风量应能满足除尘要求。

4.6.2 通风除尘系统应有防止除尘管道堵塞的措施。

4.6.3 除尘系统工作时各部位不应出现漏尘现象。

4.7 其他安全防护要求

4.7.1 落砂机部件的设计应使有可能造成人体某部位受到夹挤的危害减至最小。避免人体各部位的最小间距应符合 GB 23821 和 GB 12265.3 的有关规定。

4.7.2 落砂机应使在安装、运输过程中由于偏重、稳定性差、吊具强度不够等原因造成的意外倾翻、移动或掉落危险减至最小。

5 安全要求和/或措施的判定

5.1 总则

落砂机是否与第 4 章中的安全要求和/或措施相符，应按下列四种方法予以判定。根据安全要求和/或措施的性质，判定方法应遵循以下优先顺序，在前一种方法无法实施或不能判定的情况下，允许按后一种方法判定，依次进行。每一项安全要求和/或措施至少需用一种方法判定，当某一项安全要求和/或措施具有多种方法可判定时，几种方法判定的结果均应相符。

5.2 判定方法 1——功能试验

通过安全功能试验检查规定部件的功能是否满足要求。如果安全功能试验由于技术原因客观上无法实现，或者只可能使用破坏性试验，或者由于减至所要求的风险就会导致过高的费用等，则按 5.3、5.4和 5.5 给出的方法。

5.3 判定方法 2——检测

借助检测仪器、仪表优先选择现有的和标准化的测定方法，检查规定的要求是否在限定之内。

如果测定方法因目前技术上的限制无法证明设备是否满足要求，或者安全要求和/或措施是定性的等，则按 5.4、5.5 给出的方法。

5.4 判定方法 3——计算和/或查看图样

利用计算和/或图样来分析和检查设备是否满足要求，对某些特定要求(如稳定性、重心位置、机械强度等)适用这种方法，如果仅通过计算和/或图样不能得出明确的结论，则按 5.5 给出的方法。

5.5 判定方法 4——观察

通过对规定零部件的目视测定，检查设备是否达到必须具备的要求和性能。

注：观察包括检查或审查设备的使用信息。

6 使用信息

6.1 警示信息

设备的视觉信号(如警示灯)、听觉信号(如报警器)装置应符合 GB/T 15706.2—2007 中 6.3 的规定。

6.2 标志

6.2.1 标志、符号(象形图)、文字警告应符合 GB/T 15706.2—2007 中 6.4 和有关标准的规定。

6.2.2 落砂机的标志至少应有(或表明)如下信息：

a) 制造厂和供应商(必要时)的名称；

b) 制造日期；

c) 型号名称；

d) 出厂编号；

e) 产品执行标准编号；

f) 额定负荷；

g) 机器质量；

h) 运输和安装时的起吊点；

i) 人工润滑的润滑点；

j） 激振器或驱动电机的转向标志或转向警示标志。

6.3 使用说明书

6.3.1 使用说明书应符合 GB/T 15706.2—2007 中 6.5 和 GB/T 9969 的规定。

6.3.2 落砂机的使用说明书中应至少规定以下内容：

a） 在操作者身体的任何部分置于危险区之前，应先把落砂机置于停止状态；

b） 激振器的电源接线应保证其转向与转向标志或转向警示标志要求一致；

c） 应经常检查落砂机的紧固件有否松动现象，如有松动应紧固到位；

d） 应经常检查弹簧是否有断裂，如有应及时更换；

e） 应经常检查栅格板和槽体是否有开焊部位，如有应补焊后再用；

f） 应及时清除栅格孔上的金属堵塞物，以免影响落砂效果；

g） 应及时清除落砂机周围的散落物和其他障碍物；

h） 所用的吊钩、吊具应按有关规定进行定期检查；

i） 定期对润滑点进行润滑。

6.3.3 使用说明书还应包括下列信息：

a） 落砂机的参数和特性数据；

b） 落砂机设计、制造时使用的标准；

c） 安装说明（如安装地基图、地基要求、连接要求、减振要求、安装程序与步骤、各系统的安装要求与调整等），环境条件；

d） 落砂机与动力源的连接说明；

e） 对落砂机及其附件、防护和/或安全装置的详细说明；

f） 对用户应采取的防护措施（如落砂及周围设防护栏、为降低环境噪声将设备隔离等）提出建议；

g） 电气控制系统说明书；

h） 试运转前应完成的调试项目及其应达到的要求，需要检验保护措施的要求；

i） 落砂机工作时产生的噪声等数据；

j） 安全操作步骤、安全规程的详细说明；

k） 操作者可能需要的其他保护的详细资料，如听觉保护、视觉保护以及防护服、头盔、呼吸罩等；

l） 对故障的识别与位置确定、排除方法以及调整、维修后再启动的详细说明；

m） 维修、维护程序和要求的详细说明；

n） 润滑部位、润滑方法及润滑油种类牌号的说明。

ICS 25.080.99
J 59

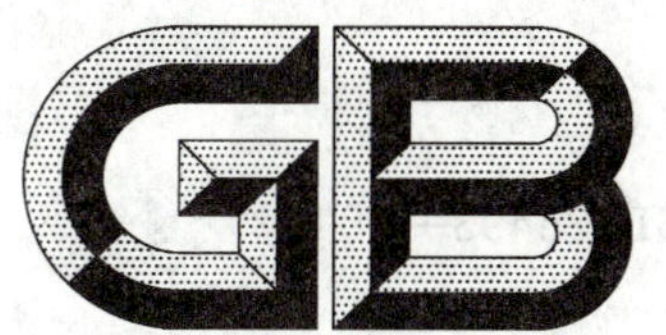

中华人民共和国国家标准

GB 25493—2010

以激光为加工能量的快速成形机床安全防护技术要求

Rapid prototyping machines by laser as processing energy—Technical requirements for safeguarding

2010-12-01 发布　　2011-10-01 实施

中华人民共和国国家质量监督检验检疫总局
中国国家标准化管理委员会　发布

前　　言

本标准的第5章～第7章为强制性的，其余为推荐性的。

本标准的附录A为资料性附录。

本标准由中国机械工业联合会提出。

本标准由全国特种加工机床标准化技术委员会(SAC/TC 161)归口。

本标准起草单位：西安交通大学、快速制造国家工程研究中心、苏州电加工机床研究所。

本标准主要起草人：赵万华、宋松辉、于志三、王应、傅初森、卢秉恒。

以激光为加工能量的快速成形机床安全防护技术要求

1 范围

本标准规定了以激光为加工能量的快速成形机床的安全防护技术要求。

本标准适用于以激光为加工能量的快速成形机床(以下简称“机床”)。

2 规范性引用文件

下列文件中的条款通过本标准的引用而成为本标准的条款。凡是注日期的引用文件,其随后所有的修改单(不包括勘误的内容)或修订版均不适用于本标准,然而,鼓励根据本标准达成协议的各方研究是否可使用这些文件的最新版本。凡是不注日期的引用文件,其最新版本适用于本标准。

GB 2893 安全色(GB 2893—2008,ISO 3864-1:2002,MOD)

GB 2894 安全标志及其使用导则

GB 5226.1—2008 机械电气安全机械电气设备 第1部分:通用技术条件(IEC 60204-1:2005,IDT)

GB 7247.1 激光产品的安全 第1部分:设备分类、要求和用户指南(GB 7247.1—2001,IEC 60825-1:1993,IDT)

GB 10320 激光设备和设施的电气安全(GB 10320—1995,eqv IEC 820:1986)

GB/T 14896.7—2004 特种加工机床 术语 第7部分:快速成形机床

GB/T 15706.1—2007 机械安全 基本概念与设计通则 第1部分:基本术语和方法(ISO 12100-1:2003,IDT)

GB/T 15706.2—2007 机械安全 基本概念与设计通则 第2部分:技术原则(ISO 12100-2:2003,IDT)

GB/T 16769—2008 金属切削机床 噪声声压级测量方法

GB 18490 激光加工机械 安全要求(GB 18490—2001,eqv ISO 11553:1996)

GB/T 18569.1—2001 机械安全 减小由机械排放的危害性物质对健康的风险 第1部分:用于机械制造商的原则和规范(eqv ISO 14123-1:1998)

GB/T 18569.2—2001 机械安全 减小由机械排放的危害性物质对健康的风险 第2部分:产生验证程序的方法学(eqv ISO 14123-2:1998)

3 术语和定义

GB/T 14896.7—2004 确立的以及下列术语和定义适用于本标准。

3.1

危险 hazard

可能损伤或危害健康的起源。

注:“危险”一词一般与其他词联合使用限定其起源和预料其对身体损伤或危害健康的性质,如电击危险、辐射危险、冷热危险、污染危险、挤压危险、剪切危险、中毒危险等(由机床产生的各种危险见第4章)。

3.2

风险 risk

在危险状态下,可能损伤或危害健康的概率和程度的综合。

3.3

危险区 danger zone

使人面临损伤或危害健康风险的机床内部的某一区域，特别是与激光系统、激光光路、光束传输系统的有关区域及成形加工区和(或)周围的区域。

注：产生本定义中所设想的风险中的危险既可在机床预定试用期间经常存在(危险运动件的运动，焊接时的电弧等)，也可能意外地出现(意外起动)。

3.4

加工区 machining area

成形室内激光光束与成形材料或工件相互作用的区域。

3.5

安全防护 safeguarding

采用称为安全防护装置(安全装置、防护装置)的特定技术手段，防止人们遭到不能由设计适当避免或充分限制的各种危险的安全措施。

3.6

操作者 operator

对机床进行安装、使用、调整、维护、修理或转场运输的人员。

3.7

防护装置 guard device

通过物体障碍方式专门用于人身保护的装置。防护装置的结构可以是壳、屏、门、防护罩、挡板围封、封闭式防护装置等。

注1：防护装置的作用可以是：

——单独作用，只有当它关闭时才是有效的；

——与有或无防护锁的联锁装置联合作用，在这种情况下，防护装置无论在任何位置都能保证防护作用。

注2："关闭"对固定式防护装置来说是"保持在应有位置"。

3.8

安全装置 safety device

消除或减小风险的单一装置或与防护装置联用(而不是防护装置)的装置。

3.9

激光器 laser

主要通过受控受激发射过程产生或放大波长在180 nm～1 mm的电磁辐射的装置。又称光量子放大器。

3.10

激光辐射 laser radiation

由激光产品的受控受激发射而产生的波长为180 nm～1 mm的所有电磁辐射。

3.11

激光快速成形机床 laser rapid prototyping machines

以激光为加工能量，采用逐层离散/堆积的原理进行快速成形加工处理的机床。其包含有一台或多台激光器，能够提供足够的能量或功率，使至少有一部分成形材料或工件融化烧结、气化蒸发、相变固化。

3.12

成形材料 forming materials

用于以激光为加工能量的快速堆积加工处理成形零件的材料。

4 危险一览表

机床的危险因素参见附录A。

5 安全防护要求及措施

5.1 一般要求(检查见7.1)

5.1.1 在设计机床确定预定功能、预定用途、预期寿命、选用激光系统以及推荐适用成形加工材料时，应考虑安全防护措施。机床按规定条件制造、安装、调试、维护、修理、贮存、运输和使用时，不应对人员和环境构成危险和造成伤害。

5.1.2 应通过设计排除或减小风险，包括单独或组合使用以下措施：

——选用适当的设计结构避免及减小风险；

——减少操作者进入危险区的需要，以控制其面临危险。

5.1.3 通过设计不能避免或充分限制的危险，应采用安全防护装置对人员加以防护。

5.1.4 对于因防护装置不足而残留的风险以及某些不能防护的危险，应通过有效方式告知操作者。应在使用说明书中说明，必要时还应在危险部位设置警告标志或标牌。

5.2 机械危险及防护(检查见7.2)

5.2.1 在操作者可能触及的机床部位不得有尖棱、尖角、锐边等缺陷，以免引起刺伤和割伤危险。

5.2.2 在预定工作条件下，机床及其部件不应出现意外倾覆。激光系统、光束传输部件应有防护措施并牢固定位，防止造成冲击和振动。

5.2.3 机床的往复运动部件应采取可靠的限位措施。各运动轴应设置可靠的电气、机械双重限位装置，防止造成滑落的危险。

5.2.4 机床的加工区应设联锁的防护罩，光束的通道应防护围封。对于工作区采用封闭结构的机床，成形室应设联锁的门。

5.2.5 联锁的防护装置打开时，机床应停止工作或不能起动，并应确保在防护装置关闭前不能起动。如成形室的门打开时，机床不能加工，以防止运动部件高速运行时造成冲撞的危险。

5.2.6 机床的激光成形加工装置应安全、可靠，确保其不致脱落或在运动时不被甩出。

5.2.7 在危险性较大的部位应考虑采用多重不同安全防护装置，并有可靠的失效保护机制。如高温保护措施，光束终止衰减器、挡板、自动停机机构等光机电多重保护装置。

5.3 安全防护装置(检查见7.3)

5.3.1 安全防护装置是针对所涉及的机构运动危险而设置的。它应做到：

——满足所需的机构强度和刚度，性能可靠；

——不增加任何附加危险(如造成夹伤、剪切等)；

——能牢固可靠地固定。

5.3.2 可拆卸的防护装置应装拆方便，其质量不得大于6 kg。防护装置的开启推动力不得大于40 N。

5.4 控制系统和装置的安全防护(检查见7.4)

5.4.1 机床的控制装置和控制电路应符合GB 5226.1的要求，对于激光系统和机床其余部分，可使用各自独立的控制装置，保证其功能可靠，并确保所有功能不相互干扰。控制系统应能承受预期的工作负荷和外来影响。控制信息载体的中断和损坏不应导致运动失控、激光系统的延时关断等危险局面的出现。

5.4.2 设置控制系统时应考虑到误操作可能导致的附加危险。容易出现误操作的控制器件应在设计上考虑容错。

5.4.3 机床应为每种控制功能设置工作状态选择开关，其每一个设置只允许对应一种控制功能或工作状态(如自动控制或调整、检查)，也可用其他方式(如代码控制)进行工作状态选择。机床停机开关应能使在机床运动部件停止的同时隔离激光光束,或不再产生激光光束;激光器停机开关应能使激光光束不再产生。

5.4.4　每个“起动”控制元器件附近均应设置一个“停止”控制元器件。机床的每个操作位置均应设置急停器件。机床的急停应能实现:

——使激光光束不再产生并自动把激光光闸放到关断位置;

——使机床停机(控制装置断电);

——切断激光电源并释放储存的所有能量。

5.4.5　经常观察读数的仪表的安装高度一般为 0.7 m~1.7 m。不经常观察读数的仪表的安装高度允许为 0.3 m~2.5 m。激光系统的光束监测位置应高于操作者的水平视线,同时应采取相应的安全防护措施。

5.4.6　在防护装置被打开或被移动,或联锁装置失效时,机床不能自动运行工作。如机床的设计要求在一个或多个防护装置被打开(正常加工时是闭合的),且对机床控制装置供电的情况下,能临时执行某些程序,则提供的工作方式应能使那些防护装置无效。选择的工作方式:

a)　用可锁定方式的选择器;

b)　能自动隔离激光光束;

c)　能防止机床自动运行。

5.4.7　所选定的工作方式应用信号清晰地表示出来。在工作方式选定之后,应在检修时能使光束的隔离无效(即“打开光闸”)。

5.5　电气危险与防护(检查见 7.5、7.13)

5.5.1　电气箱(柜)的防护等级应符合 GB 5226.1 的规定。

5.5.2　机床的保护接地电路的连续性、绝缘电阻检验及耐压试验应符合 GB 5226.1 的规定。

5.5.3　机床成形室内的电气设备(包括元器件)应为具有耐热、耐腐蚀及防爆等级要求的电气产品(见 GB 5226.1—2008 中 18.4 的规定)。

5.5.4　机床电气设备的其他安全防护要求应符合 GB 5226.1 的规定。

5.5.5　使用高压(高于 1 kV)的激光器,应能在切断激光电源时,使电容器储存的能量快速释放。阳极工作电压大于 5 kV 的电子器件,应进行 X 射线屏蔽。

5.6　温度控制安全防护要求(检查见 7.6、7.14)

5.6.1　激光加工系统应采用可靠的温度控制装置,能自动调节其温度,其加热系统外部应采取隔热防护措施(如加装用隔热材料制成的防护罩),以防止烫伤的危险。

5.6.2　成形室或料斗槽加热的机床,应采取下列防护措施:

——采用可靠的温度控制装置,控制加热器温度,防止温度过高;

——成形室或料斗槽温度超过设定温度时应报警,并可按工艺要求停止加热或关机。

5.6.3　成形室门应与激光加工加热系统联锁,在其加热和加工运行时,门不能打开。

5.6.4　应在机床使用说明书中提示不同成形材料所需的加热温度和成形室、料斗槽的温度范围。

5.7　排风、灭火安全防护要求(检查见 7.7)

5.7.1　成形室应设有排风装置,流量应满足冷却要求,可按工艺要求与成形室、料斗槽加热器联动或互锁。

5.7.2　在使用促进激光与成形材料相互作用的辅助气体(如氧气)时,应在使用说明书中提出工作间排气、通风以及对灭火器材的要求。

5.8　有害物质防护要求(检查见 7.8、7.15)

5.8.1　应按 GB/T 18569.1—2001 规定的原则,考虑到排放的烟雾及成形材料散落在空气中的颗粒物质对健康产生有害性风险,采取适当方法予以回收,达标排放,并在使用说明书中提出对有害物质的限值以及这些成形材料在加工过程中产生的烟雾和颗粒物的极限值。

5.8.2 有害性物质浓度的测定方法按 GB/T 18569.2—2001 的规定。

5.9 激光辐射的安全防护(检查见 7.9)

5.9.1 应按 GB 7247.1 的规定进行激光辐射的安全防护。

5.9.2 激光辐射可能超过 1 级 AEL(可达辐射极限)时,应有一个或多个防护装置防止人员进入加工区。根据光束相对于工件的方向、激光加工的类型、成形加工材料的性质及加工区的能见度来选定采用局部或外围有效防护激光辐射的保护措施。

5.9.3 考虑到维修期间人员有时会不可避免地接近 1 级 AEL(可达辐射极限)以上的激光辐射,应按下述四种情况(按所列先后顺序考虑)进行激光加工机床的设计并提供适当的安全保护措施:

a) 在危险区外进行检修;

b) 在危险区内进行检修,用和生产期间相同的方式控制接近(如联锁的防护罩);

c) 在危险区内进行检修而接近不超过 1 级 AEL(可达辐射极限)的激光辐射(如把生产期间正常封闭的防护装置打开);

d) 在危险区内进行检修,如在打开生产期间正常封闭的防护装置时,可接近超过 1 级 AEL(可达辐射极限)的激光辐射。

制造者应该说明可能接近的激光辐射的级别,并就每一种(若适宜)的安全防护方案提出建议。

5.9.4 在培训、规划和方案验证期间应避免人员接近 3A 级 AEL(可达辐射极限)以上的激光辐射。如不能满足这一条件,则应符合检修期间的防护要求。

5.9.5 激光光束的隔离应通过截断光束和(或)使激光光束偏离来实现,以防止激光光束进入光束传输系统。

实现光束隔离应使用一个位于激光器内的或能立即移出激光器的失效安全的激光光束挡块(光闸)。光束挡块处在闭合位置上时应有一个指示器给予说明(即防止光束射出)。

应提供一简便易行的方法使挡住光路的光束挡块锁定,为此允许使用钥匙开关。

在下述情况下可由机床的制造者提供附加的光束挡块:

a) 沿着光路(光束传输系统)有维护区或清洁区时;

b) 一台激光器有多个光路,人员需进入其中一个光路而光束要沿其他光路传输时。

5.9.6 考虑到人员必须停留在危险区内(生产情况除外)的情况,机床应提供控制系统及激光光束发射的装置,且应由位于危险区内的人员操控。这种装置应符合下列要求:

——该装置应有一手持式控制开关,它断开时能防止人员接近 3A 级 AEL(可达辐射极限)以上的激光辐射;

——在用该装置进行控制时,机床控制系统及激光光束的发射应完全只由该装置控制;

——若通过门可以进入危险区,则应在这些门都关好以后才能用该装置启动激光发射。

5.10 噪声(检查见 7.10)

5.10.1 机床整机噪声声压级不应超过 75 dB(A)。机床的噪声声压级测量方法应符合 GB/T 16769 的规定。

5.10.2 机床在运转时不应出现尖叫声和冲击声。

5.11 照明(检查见 7.11)

5.11.1 应提供机床安全工作所需的照明装置或在机床上预留照明装置的接口。

5.11.2 机床照明装置的电气安全防护要求应符合 GB 5226.1—2008 中 15.2 的规定。

6 使用信息(检查见 7.12)

6.1 信号和警告装置

信号和警告装置的设计、配置应便于检查。使用说明书中应有对警告装置的检查规定。激光器工作时应有明显的信号指示,警告标志应贴在机床的醒目位置,并应符合 GB 7247.1 的要求。

6.2 标志和符号

6.2.1 机床及激光系统部件应有产品标志(铭牌),主要包括下列信息:

——制造厂名称;

——产品名称;

——产品型号、激光器的分类级别;

——生产日期或出厂日期;

——产品编号。

6.2.2 机床及其附件的注油位置和润滑点应有标志。操作件的颜色应与主机不同。

6.2.3 机床易发生危险的部位(包括防护装置)应有警告操作者注意各种危险的安全标志或涂上安全色。安全标志应符合 GB 2894 的规定。安全色应符合 GB 2893 的规定。

6.2.4 机床电气设备的标志应符合 GB 5226.1 的规定。

6.2.5 机床上的安全标志及安全色应采用防腐材料制作,安装牢固,显示清晰。信息应保持醒目可见,且不应被阻挡。

6.2.6 激光器产品应根据其型号、级别,贴有各种标志,并应符合 GB 7247.1 的要求。在其使用、维护或检修期间,标志应保持固定,字迹清楚,明显可见。标志的边框及符号应在黄底面上涂成黑色。

6.3 使用说明书

6.3.1 概述

使用说明书中关于安全方面的要求应全面、具体,明确提醒操作者在操作中可能会面临的危险,并应有危险防范措施和防护方法的说明。使用说明书安全内容见 6.3.2～6.3.7。使用说明书的载体(纸质或光盘)应保证经久耐用。

在使用说明书和(或)操作手册中还应包括下列内容:

a) 应符合 GB 7247.1 规定的对激光辐射的防护措施。
   最低要求:在可能受到 3B 和 4 类激光产品的辐射照射时,应配戴适用于其激光波长与功率的防护眼镜。

b) 用来驱动激光器及其辅助设备的电压和电流是有危险的。其电源可能包含有电容器组,在设备切断电源之后,它还可能要持续一段时间才会放完电。在维修电源时应予以充分注意,遵循电气安全规程。

6.3.2 机床的运输、搬运和贮存信息

机床的运输、搬运和贮存信息包括:

——机床的安全贮存条件;

——机床的尺寸、质量和重心位置;

——机床的搬运说明(如起吊设备的施力点),激光系统部件宜航空运输;

——机床的包装安全防护要求及包装图示标志,激光系统部件用原包装、原标识单独封装。

6.3.3 机床交付试运转的信息

机床交付试运转的信息包括:

——机床固定的要求;

——装配和安装要求:安装的空间要求等,激光系统部件必须牢固安装、可靠固定、在其光路及延长线方向不得有平凸面反射物;

——机床动力源的连接说明(包括接地装置的要求);

——允许的环境条件:如环境温度、湿度、粉尘和振动等要求。

6.3.4 机床自身的信息

机床自身的信息包括:

——机床产生的噪声数据;

——安全功能的说明和图表。

6.3.5 **机床使用信息**

机床使用信息包括:

——使用前的准备和检查;

——使用前和使用中的安全警示和安全防护、警告标志的说明;

——起动及运行过程中的操作程序、方法、注意事项以及易出现的误操作和防范措施;

——运行中可能出现的危险情况;

——运行中安全状况的监测和记录。

6.3.6 **机床维修信息**

应提出维修人员进行维修的安全技术要求,对激光系统部件的维护和检修应严格按产品技术安全规程由具有技术资质人员及激光安全员共同完成。

6.3.7 **有害物质排放信息**

排放有害物质的相关附件的安装、使用应予说明;有害物质的排放应符合国家有关环保的规定。

7 安全防护要求的检验

机床的安全防护要求可通过检查、试验等进行检验。检查可通过目测、手动检验及测量等实施,试验则是按照一定的方法,通过仪器测量相应指标数据,得出定性和定量结论(试验中可有检查内容)。

7.1 **一般检查**(安全防护要求见5.1)

通过安全评估、设计安全分析等检查机床是否达到了安全设计的要求以及安全措施是否合理。

7.2 **机械危险及防护的检查**(安全防护要求见5.2)

7.2.1 机床易接触到的部分是否平整,是否有尖棱、尖角、毛刺等。

7.2.2 机床及其部件安装是否稳固。

7.2.3 往复运动部件是否采取了可靠的限位措施;各运动轴(电动)除电气限位措施外,是否采取了可靠的机械限位措施。

7.2.4 机床的加工区是否安装了联锁的防护罩,光束的通道是否安装防护围封,成形室是否设置了联锁的门。

7.2.5 联锁防护装置的联锁是否有效、可靠。按设计要求,对联锁功能重复三次试验。

7.2.6 激光成形加工装置是否可靠。

7.2.7 危险性的部位是否采取了多种不同的防护措施。

7.3 **安全防护装置的检查**(安全防护要求见5.3)

7.3.1 安全防护装置的设置是否合理,其本身刚性、强度、可安装性等是否符合要求,是否增加了附加危险。

7.3.2 常拆卸的防护装置的质量是否不超过6 kg。防护装置的开启推动力是否小于40 N。

7.4 **控制系统安全防护检查**(安全防护要求见5.4)

7.4.1 控制系统功能是否可靠,机床或激光系统的控制装置功能是否相互干扰。控制信息载体的中断是否会导致危险。

7.4.2 易出现误操作的控制器件是否进行了容错设计。是否采取了防止意外起动的措施。

7.4.3 工作状态选择开关是否一个位置对应一种控制方式或工作状态;机床的停机开关能否停机同时隔离或停止产生光束。

7.4.4 机床“起动”、“停止”器件及急停器件的设置是否合理、正确;机床的急停器件能否实现预定功能。

7.4.5 仪表及激光光束观测等的高度是否符合要求。

7.5 电气安全检查(安全防护要求见5.5)

7.5.1 电气箱(柜)的防护等级是否符合要求。

7.5.2 电气箱(柜)的接地电阻、电路间的绝缘电阻及耐压是否符合要求。

7.5.3 成形室内的电气设备是否为具有额外耐热耐腐蚀防爆要求的产品。

7.5.4 机床其他电气设备是否符合GB 5226.1的规定。

7.5.5 高压电容器组的能量有否适当的释放措施,有害的射线是否得到屏蔽。

7.6 温度控制安全防护检查(安全防护要求见5.6)

7.6.1 激光成形加工加热系统的温度控制装置是否可靠,是否采取了隔热防护措施。

7.6.2 成形室、料斗槽加热器是否采取了可靠的温度控制装置。

7.6.3 成形室门是否与激光成形加工加热系统进行了联锁。

7.6.4 使用说明书中是否给出了相应的温度数值。

7.7 排风系统安全防护检查(安全防护要求见5.7)

成形室是否有排风装置,流量是否达到设计要求,是否与加热器联锁。

7.8 有害物质安全防护检查(安全防护要求见5.8)

是否按有关法规的要求对有害物质的排放及回收设置适当的装置,并履行向用户告知的责任。

7.9 激光辐射的安全防护检查(安全防护要求见5.9)

7.9.1 使用说明书是否对激光辐射安全防护管理措施,生产、检修及培训规划、方案验证等各个期间的技术规范做了说明和规定。

7.9.2 隔离激光光束的措施是否建立,技术措施及装置是否适用、合理及齐全。

7.9.3 人员进入危险区的保护措施是否有效并被确实执行。

7.10 噪声检查(安全防护要求见5.10)

噪声声压级是否≤75 dB(A),机床是否有尖叫声和冲击声。

7.11 照明检查(安全防护要求见5.11)

7.11.1 机床上是否提供了所需要的照明装置或相应的接口。

7.11.2 机床上照明装置的电气安全是否符合GB 5226.1的规定。

7.12 使用信息检查(安全防护要求见第6章)

7.12.1 机床及激光系统的信号、警告装置、标志和符号等是否完善。

7.12.2 机床及激光系统的标志和符号等是否牢固、清晰可见。

7.12.3 使用说明书是否对机床的危险、防护措施及环保要求作了明确说明。

7.12.4 使用说明书载体是否能经久耐用。

7.12.5 使用说明书中是否提供了不同成形材料的激光成形加工的加热温度和成形室温度范围。

7.13 电气安全试验(安全防护要求见5.5)

机床应按GB 5226.1的规定作如下试验:

a) 保护接地电路的连续性

保护接地电路连续性试验应按GB 5226.1—2008中18.2的规定进行。

b) 绝缘电阻试验

绝缘电阻试验应按GB 5226.1—2008中18.3的规定进行。

c) 耐压试验

耐压试验应按GB 5226.1—2008中18.4的规定进行。

7.14 激光成形加工加热系统控制试验(安全防护要求见5.6)

7.14.1 激光成形加工加热系统温度控制试验:

a) 按使用说明书的提示选择成形加工的加热温度范围,作为温度上、下限值的设定值;

b) 调整温度控制装置使成形加工加热温度低于下限值或高于上限值时,温度控制装置都应能自动调节加热系统，在预定的时间内使成形加工的加热温度上升或下降；

c) 重复试验3次，温度控制应正确、可靠。

7.14.2 成形室加热器温度控制试验：

a) 按使用说明书的提示选择成形室料斗槽温度范围，作为成形室料斗槽温度上、下限设定值；

b) 调整温度控制装置使成形室料斗槽温度低于下限值或高于上限值时，温度控制装置都应能自动调节加热器，在预定的时间内使成形室料斗槽温度上升或下降；

c) 重复试验3次，温度控制应正确、可靠。

7.15 有害物质检测(型式检验，安全防护要求见5.8)

按GB/T 18569.1和GB/T 18569.2进行试验。

附 录 A
（资料性附录）
与本标准有关的危险一览表

本表按 GB/T 15706.1、GB/T 15706.2 及 GB/T 18490 给出的原则，结合以激光为加工能量的快速成形机床的具体情况列出。

表 A.1 危险一览表

危险		本标准中对应章条
1	**机械危险**	5.2
1.1	尖棱、尖角、锐边等的刺伤和割伤危险	5.2.1
1.2	机床及其部件倾覆危险	5.2.2
1.3	滑落危险	5.2.3
1.4	冲撞危险	5.2.5
1.5	激光成形加工装置坠落或抛射危险	5.2.6
2	**高温危险**	5.6
2.1	烫伤危险	5.6.1、5.6.2、5.6.3、5.6.4
2.2	火灾危险	5.7.2
3	**电气危险**	5.5
3.1	电气设备危险	5.5.3、5.5.4
4	**忽略人类工效学产生的危险**	5.4.2～5.4.5
4.1	误操作危险	5.4.2
4.2	控制状态设置不当	5.4.3
4.3	不适当的工作面照明	5.11.2
5	**由于能源失效、机械零件损坏等产生的危险**	5.2.3、5.2.6、5.2.7、5.4.1
5.1	控制零件或流体意外抛射	5.2.6
5.2	控制信息载体的中断，控制系统的失效、失灵	5.4.1
6	**由于安全措施错误的或不正确的定位产生的危险**	5.2、5.3、5.4、6
6.1	防护装置的联锁不可靠危险	5.2.3
6.2	各类有关安全装置	5.3
6.3	各类防护装置	5.3
6.4	起动和停机装置	5.4.4
6.5	安全信号和装置	6.1
6.6	各类信息和报警装置	6.1、6.2、6.3
7	**激光辐射危险**	5.9
7.1	直射反射及离子辐射导致的危险	5.9
7.2	由激光闪光灯、放电管或射频源发出的伴随辐射的危险	5.9.2
7.3	因光束作用使成形件/物料二次辐射的危险	5.9.3

表 A.1(续)

危险		本标准中对应章条
8	**材料和物质导致的危险**	5.6.4、5.7.2
8.1	激光器产品(激光气体、激光染料、激活气体、溶媒)危险	5.7.2
8.2	光束与成形物料相互作用导致的火灾及爆炸危险	5.7.2
8.3	促进光束与物料相互作用及产生的中毒、氧缺乏的危险	5.7.2

ICS 31-030
L 90

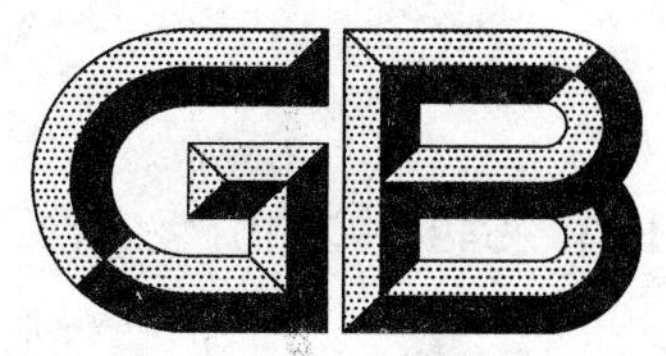

中华人民共和国国家标准

GB/T 25494—2010
代替 GB/T 9506.3—1998,GB/T 6626.2—1986,GB/T 6625—1986

吸气剂成分分析测试方法

Test methods for composition analysis of getters

2010-12-01 发布　　2011-05-01 实施

中华人民共和国国家质量监督检验检疫总局
中国国家标准化管理委员会　发布

前　言

本标准是将以下标准整合后进行修订的：

——GB/T 9506.3—1988《蒸散型钡吸气剂载料和膜中钡量的测定》；

——GB/T 6626.2—1986《释汞吸气剂性能测试方法　释汞吸气剂含汞量的测试方法》；

——GB/T 6625—1986《掺氮吸气剂含氮量测试方法》。

本标准与原标准相比主要变化如下：

——在规范性引用文件中新增 GB/T 4314《吸气剂术语》；

——将原标准中非国际单位制的体积百分比浓度、体积比浓度、当量浓度等修订为国际单位制；

——取消了原 GB/T 9506.3—1988《蒸散型钡吸气剂载料和膜中钡量的测定》中对测试仪器的产地、型号的限制，并将相应的操作步骤进行了修订；

——修订了原 GB/T 9506.3—1988《蒸散型钡吸气剂载料和膜中钡量的测定》中一些标准溶液配制的计算错误；

——增加蒸散型吸气剂镍含量测试原理、测试方法；

——将各测试方法的内容结构调整为一致；

——根据 GB/T 1.1—2000 的要求进行格式修订。

本标准代替下列标准：

——GB/T 9506.3—1988《蒸散型钡吸气剂载料和膜中钡量的测定》；

——GB/T 6626.2—1986《释汞吸气剂性能测试方法　释汞吸气剂含汞量的测试方法》；

——GB/T 6625—1986《掺氮吸气剂含氮量测试方法》。

本标准由全国半导体设备和材料标准化技术委员会提出并归口。

本标准起草单位：南京华东赛斯真空材料有限公司、工业和信息化部电子工业标准化研究所、中国电子科技集团公司第十二研究所。

本标准主要起草人：薛函迎、郭卫斌、张巨先、刘筠。

本标准所代替标准的历次版本发布情况为：

——GB/T 9506.3—1988；

——GB/T 6626.2—1986；

——GB/T 6625—1986。

吸气剂成分分析测试方法

1 范围

本标准规定了蒸散型钡吸气剂载料和蒸散钡膜中钡量的测定方法、释汞吸气剂含汞量的测试方法、掺氮吸气剂载料中含氮量的测试方法、蒸散型吸气剂镍含量检测方法。

本标准适用于真空器件用吸气剂。

2 规范性引用文件

下列文件中的条款通过本标准的引用而成为本标准的条款。凡是注日期的引用文件，其随后所有的修改单(不包括勘误的内容)或修订版均不适用于本标准，然而，鼓励根据本标准达成协议的各方研究是否可使用这些文件的最新版本。凡是不注日期的引用文件，其最新版本适用于本标准。

GB/T 4314 吸气剂术语

3 术语

GB/T 4314 所确定的术语和定义适用于本标准。

4 蒸散型钡吸气剂载料和膜中钡量的测定

4.1 重量法

4.1.1 适用范围

重量法适用于吸气剂载料中钡的测定，当蒸着钡膜中的钡量大于 20 mg 时，也适用于蒸着钡膜中钡的测定。

4.1.2 原理

将吸气剂载料中的钡或蒸着钡膜中的钡以硫酸钡的形式沉淀，沉淀物经过过滤、灰化和灼烧后称重，换算成钡量。

4.1.3 试剂与材料

a) 盐酸溶液(21%)：将分析纯浓盐酸和等体积的去离子水混匀；

b) 盐酸溶液(0.5%)：1 份分析纯浓盐酸和 87.5 份去离子水混匀；

c) 硫酸溶液(36%)：1 份分析纯浓硫酸与 3 份去离子水混匀。

4.1.4 设备与器皿

a) 分析天平，精度达到 0.1 mg；

b) 箱式电炉，最高温度 1 000 ℃；

c) 陶瓷坩埚；

d) 三角烧杯；

e) 容量瓶；

f) 无灰过滤滤纸。

4.1.5 分析步骤

4.1.5.1 取一个或多个吸气剂载料 0.5 g 左右，置于 500 mL 烧杯中(对于蒸着钡膜，可将蒸在玻壳上的钡用少量 0.5%盐酸溶液洗涤到 500 mL 烧杯中)，加入 21%盐酸溶液 25 mL，加热溶解并煮至近干。

4.1.5.2 加去离子水至 200 mL，加热沸腾，缓缓加入 36%硫酸溶液 15 mL，不断搅拌，使硫酸钡完全沉淀后，再加入 36%硫酸 1 mL 左右(加入硫酸溶液应缓慢，并不断搅拌，避免沉淀飞溅出伤人)。

4.1.5.3 用表面皿盖上烧杯，在(70±5)℃保温 30 min。然后静置 12 h 以上，用无灰滤纸过滤，并用热去离子水洗清至无硫酸根为止。

4.1.5.4 将滤纸一起放入已经恒重并已知重量的素瓷坩埚中灰化，然后在箱式炉内于(800～900)℃温度下灼烧，取出称重，再次在箱式炉内于(800～900)℃温度下灼烧，取出称重，直至重量不变，将此重量减去已经恒重的素瓷坩埚的重量得到硫酸钡沉淀重量 m。

4.1.6 结果计算

4.1.6.1 吸气剂填料中钡的百分含量按式(1)计算：

$$Ba(\%)=\frac{0.5884m}{m_0}\times 100 \qquad (1)$$

式中：

m——硫酸钡沉淀重量，g；

m_0——称取吸气剂载料重量，g。

4.1.6.2 蒸着钡膜的钡含量按式(2)计算：

$$Ba=0.5884\times m \qquad (2)$$

式中：

Ba——蒸着钡膜的钡含量，g；

m——硫酸钡沉淀重量，g。

4.2 原子吸收法

4.2.1 适用范围

原子吸收法适用于钡膜中钡含量低于 20 mg 时钡的测定。

4.2.2 原理

原子吸收法采用火焰原子吸收法测定。将试样喷入火焰，使待测元素的化合物离解形成原子蒸气，当锐线光源(空心阴极灯或无极放电灯等)发射该元素特征谱线光辐射通过原子蒸气层时，该金属的基态原子对特征谱线产生选择性吸收。在一定条件下，特征谱线的光强的减弱与试样中被测元素的浓度成正比。通过自由基态原子对选用吸收线吸光度的测量。确定试样中该元素的浓度。

钡在空气—乙炔火焰中灵敏度低。本方法采用氧化亚氮—乙炔火焰，在波长 553.55 nm 处，钡有较高的灵敏度。在吸气剂不发生过蒸散的条件下，被蒸散的其他元素及其微量，对钡膜中的钡的测定不产生化学干扰，钡的电离干扰可加入大量的钾离子克服。

4.2.3 试剂与材料

a) 盐酸溶液(0.5%)：1 份分析纯浓盐酸和 87.5 份去离子水混匀；

b) 盐酸溶液(4%)：1 份分析纯浓盐酸和 10 份去离子水混匀；

c) 钡标准溶液(1 mg/mL)：将 1.517 g 分析纯的氯化钡溶于去离子水中后，稀释至 1 L；

d) 钾离子溶液(20 mg/mL)：将 38.134 g 分析纯的氯化钾用去离子水溶解后，稀释至 1 L；

e) 钢瓶装乙炔气；

f) 钢瓶装氧化亚氮气。

4.2.4 设备与仪器

a) 分析天平，精度达到 0.1 mg；

b) 原子吸收分光光度计；

c) 容量瓶。

4.2.5 仪器准备

a) 把钡空心阴极灯装在灯架上，将波长调整为 553.55 nm，通带调整为 0.5 nm；

b) 接通仪器电源，根据仪器说明书调整灯电流，灯、吸收线的位置，使仪器工作在最佳状态；

c) 接上仪器的燃烧头，根据仪器说明书先开空气、再开乙炔气，点燃乙炔火焰，并将压力、流量调整至合适位置；

d) 将空气—乙炔火焰逐步过渡到氧化亚氮—乙炔火焰，并调整乙炔和氧化亚氮的流量，使燃(乙炔)助(氧化亚氮)比约为44∶34；

e) 用一定浓度的标准溶液(如含钡5 μg/mL)，调节燃烧头到最佳位置，同时适当调节溶液的提升量以获得仪器的最好响应性能，即灵敏度高，噪音小。

4.2.6 测定步骤

4.2.6.1 试样的准备

将蒸散在玻壳上的钡膜用少量0.5%盐酸溶液洗涤3次，再用少量去离子水洗涤3次，倒入500 mL烧杯中在电炉上加热蒸发至20 mL左右。移入100 mL容量瓶中，用水稀释至刻度，摇匀。根据钡膜含钡量的多少，吸取一定量上述溶掖，至适当体积(最终使含钡量达5 μg/mL左右)的容量瓶中，分别加入最终选择稀释体积的5%的4%盐酸溶液和20 mg/mL钾离子溶液(例如：最终选择体积为100 mL，则加入5 mL 4%盐酸溶液和5 mL的20 mg/mL钾离子溶液)。用水稀释至刻度，摇匀待测。

4.2.6.2 标准系列溶液的配制

取10 mL的1 mg/mL钡标准溶液至100 mL容量瓶中，用水稀释至刻度，摇匀。吸取上述溶液0，2，4，6，8，10 mL分别加入6只100 mL容量瓶中，各加入5 mL 4%盐酸溶液和5 mL的20 mg/mL的钾离子溶液后，用水稀释至刻度，摇匀待测。

4.2.6.3 测定

将试样和标准系列溶液在已经准备好了的仪器上同时进行吸光度测定，并利用标准溶液的吸光度，绘制吸光度与钡含量的标准曲线。

4.2.7 结果计算

由测得的试样吸光度，在绘制的标准系列溶液曲线上查出试样的浓度。

蒸散在玻壳上的钡含量按式(3)计算：

$$\mathrm{Ba}=\frac{\mathrm{Ba}_0 \cdot V}{1\ 000} \qquad (3)$$

式中：

Ba——蒸散在玻壳上的钡含量，mg；

Ba_0——在标准曲线上查出的试样的钡浓度，μg/mL；

V——试样稀释后的体积，mL。

4.2.8 注意事项

4.2.8.1 测定时，仪器零点可能会漂移，要不断使用空白液进行调零。

4.2.8.2 操作时点火必须遵循先开空气，再开乙炔气，由空气—乙炔火焰过渡到氧化亚氮—乙炔火焰的顺序，灭火时必须遵循先将氧化亚氮—乙炔火焰过渡到空气—乙炔火焰，再关闭乙炔气源，灭火后关闭空气气源。

4.2.8.3 必须在通风良好的条件下进行测定。

5 释汞吸气剂含汞量的测试方法

5.1 测试原理

试样溶解于硫酸和硝酸中，在有三价铁离子存在下用硫氰酸根离子滴定二价汞离子，出现硫氰化铁血红色沉淀指示终点。

主要反应式如下：

$Hg^{2+} + 2CNS^- \rightarrow Hg(CNS)_2\downarrow$(白色)

$3CNS^-$(过量的)$+ Fe^{3+} \rightarrow Fe(CNS)_3\downarrow$(血红色)

5.2 试剂

a) 浓硝酸(密度1.40)，分析纯；

b） 浓硫酸（密度 1.84），分析纯；

c） 高锰酸钾，分析纯（0.02 mol/L）；

d） 双氧水，分析纯；

e） 硝酸铁，分析纯；

f） 0.1 mol/L 硫氰酸铵标准溶液。

5.3 测试设备

a） 分析天平；

b） 250 mL 三角烧瓶；

c） 5 mL 微量滴定管；

d） 电炉，1 kW；

e） 家用冰箱。

5.4 测试步骤

5.4.1 成捆带状试样，从待测剂带上剪下（5.0±0.1）cm 长的试样，若为单只成品试样，则直接使用。

5.4.2 将试样放在三角烧瓶中，加入 1 g 左右的硝酸铁（试样中的载体若为含铁材料，则不必加入硝酸铁）。然后，再依次加入 25 mL 去离子水，10 mL 硫酸和 10 mL 硝酸。

5.4.3 将三角烧瓶置于电炉上加热，直至烧瓶内放出白色气体并出现结晶状态的物质。

5.4.4 从电炉上取下三角烧瓶，经冷却后，加入 50 mL 去离子水，并再次加热使结晶溶解。

5.4.5 加入 5 mL 0.02 mol/L 高锰酸钾溶液并加热，使溶液呈褐色。

5.4.6 再次从电炉上取下三角烧瓶，经冷却后，缓慢加入 3～4 滴双氧水并加热沸腾，直至变成黄色澄清溶液。

5.4.7 水冷到室温，放入冰箱内降温至 15 ℃左右。

5.4.8 用 0.1 mol/L 硫氰酸铵标准溶液滴定，直至形成稳定的血红色为止。

5.5 结果计算

试样中含汞量 W_c 可按式（4）计算：

$$W_c = \frac{100.3NV}{L} \quad \cdots\cdots(4)$$

式中：

W_c——含汞量，mg/cm 或 mg/只；

N——硫氰酸铵标准溶液的浓度，其值是经 0.1 mol/L $AgNO_3$ 准确标定后的标定值；

V——滴定时所消耗的硫氰酸铵标准溶液的体积，mL；

L——成捆带状试样为 5，单只成品试样为 1；

100.3——汞原子量的 1/2。

6 掺氮吸气剂含氮量测试方法

6.1 直接加热蒸馏法

6.1.1 原理

掺氮吸气剂载料中的氮以金属氮化物的形式存在，将试样用盐酸加热溶解，使氮以铵离子的形式存在于溶液中，加氢氧化钠溶液碱化，加热蒸馏出氨气，用标准硫酸溶液吸收，再用氢氧化钠标准溶液滴定剩余的硫酸，计算出氮的含量。

主要反应式如下：

$2Me_4N + 18HCl \rightarrow 8MeCl_2 + 2NH_4Cl + 5H_2\uparrow$

$NH_4Cl + NaOH \rightarrow NaCl + H_2O + NH_3\uparrow$

$2NH_3 + H_2SO_4 \rightarrow (NH_4)_2SO_4$

$H_2SO_4 + 2NaOH \rightarrow Na_2SO_4 + 2H_2O$

6.1.2 仪器设备及试验材料

a) 基耶达定氮仪1套(见图1);

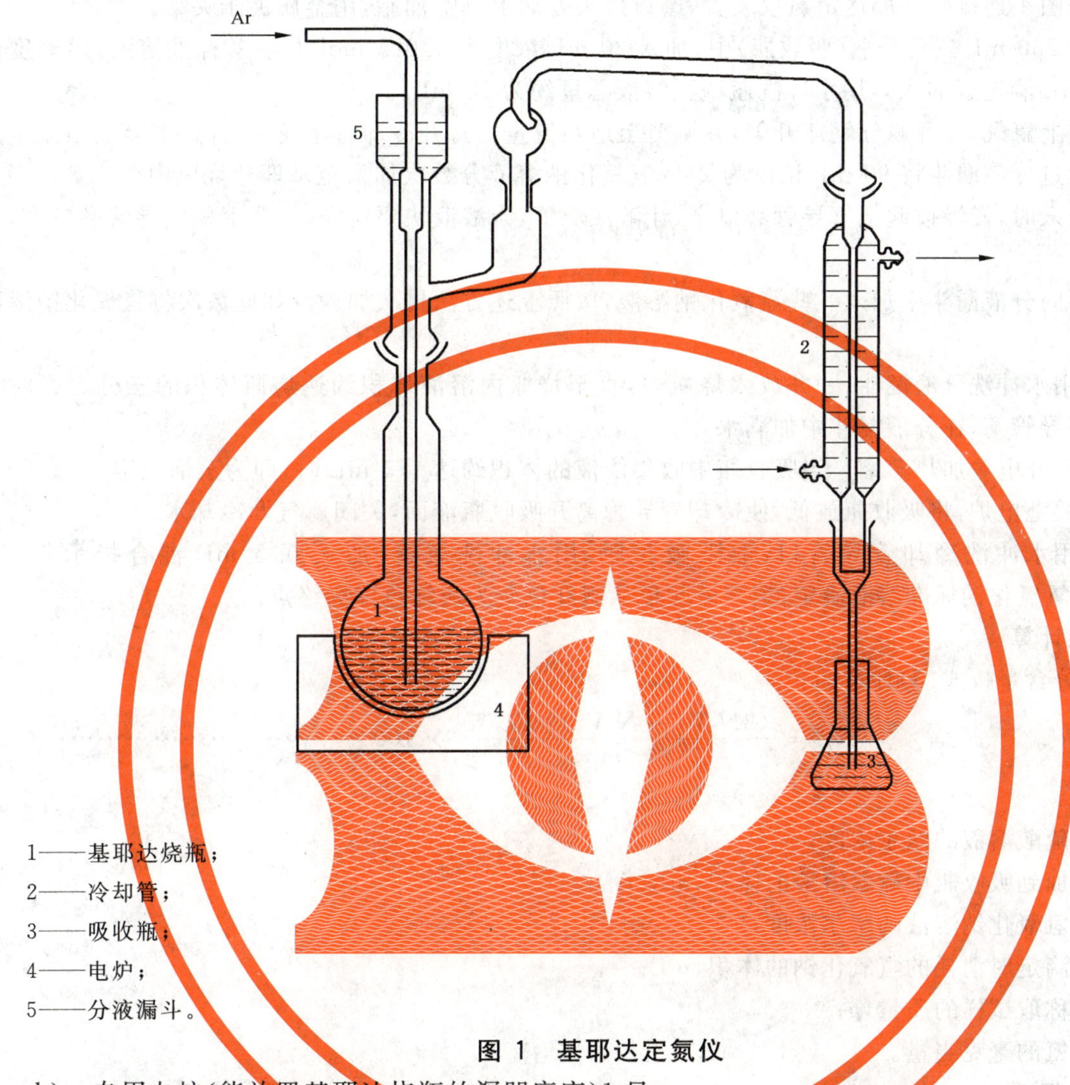

1——基耶达烧瓶;
2——冷却管;
3——吸收瓶;
4——电炉;
5——分液漏斗。

图1 基耶达定氮仪

b) 专用电炉(能放置基耶达烧瓶的深凹底座)1只;

c) 调压器(1 kW)1只;

d) 盐酸溶液(21%):将分析纯浓盐酸和等体积的水混匀;

e) 氢氧化钠溶液(24%):将320 g优级纯氢氧化钠溶于1 L水中;

f) 溴甲酚绿—甲基红混合指示剂:将30 mg溴甲酚绿和20 mg甲基红溶于50 mL甲醇中。在pH=5.1时,此指示剂以酒红色变为绿色;

g) 硫酸标准溶液,0.025 mol/L;

h) 氢氧化钠标准溶液,0.05 mol/L;

i) 氩气,纯度为99.99%,钢瓶装,附氧气减压阀;

j) 真空油脂。

6.1.3 样品制备

将吸气剂填料从载体中剥离下来,并磨成粉状。

6.1.4 操作步骤

6.1.4.1 称取剥离下来的粉状样品3.000 0 g(对于含氮量低的吸气剂应适当增加重量),放入基耶达烧瓶中。

6.1.4.2　加入 40 mL 21%盐酸溶液，在专用电炉上加热使样品溶解。

6.1.4.3　用水冲洗瓶壁，并轻轻摇动，使生成的沉淀溶解。

6.1.4.4　按图 1 连接好基耶达定氮仪装置，磨口接头处涂上真空油脂，用金属夹子夹牢。

6.1.4.5　在 250 mL 三角烧瓶(吸收瓶)中，加入 20 mL 浓度为 0.025 mol/L 硫酸标准溶液(用刻度为 1/20 的 25 mL 滴定管加入)，用水冲洗瓶壁至溶液总量约为 50 mL。

6.1.4.6　接上氩气，打开氩气钢瓶开关，并调节至适当流量。打开冷却管水龙头，并调节至适当流量。

6.1.4.7　通过分液漏斗将 90 mL 浓度为 24%氢氧化钠溶液分数次加入至基耶达烧瓶中。

6.1.4.8　加入时，慢慢拔起氩气导管磨口塞，让溶液流下，当溶液快要流完时，塞上氩气导管磨口塞，造成液封。

6.1.4.9　再向分液漏斗中加入一些氢氧化钠溶液，按照上述方法再次加入。如此数次将氢氧化钠溶液加完。

6.1.4.10　用水冲洗分液漏斗，一并放入烧瓶内，直至烧瓶内溶液体积约达烧瓶体积的三分之二时为止，塞上氩气导管塞，在分液漏斗中加满水。

6.1.4.11　打开电炉加热蒸馏。当吸收瓶中收集溶液的体积约达 175 mL 时，即为蒸馏完毕。

6.1.4.12　关上电炉，将吸收瓶放低，使冷却管导管离开吸收瓶液面，关闭氩气及冷却水。

6.1.4.13　用水冲洗冷却管导管口，取下吸收瓶，用水冲洗瓶壁，加入 0.5 mL 混合指示剂，用 0.05 mol/L 氢氧化钠标准溶液滴定，当溶液颜色从酒红色变为灰绿色即为终点。

6.1.5　结果计算

氮的百分含量按式(5)计算：

$$N\% = \frac{(2N_1V_1 - N_2V_2) \times 0.014}{m} \times 100\% \quad \cdots\cdots (5)$$

式中：

N_1——硫酸溶液的摩尔浓度；

V_1——加到吸收瓶中硫酸溶液的体积，mL；

N_2——氢氧化钠溶液的摩尔浓度；

V_2——滴定时消耗的氢氧化钠的体积，mL；

m——称取试样的质量，g；

0.014——氮的毫克当量。

6.1.6　允许误差

相对误差不超过±5%。

6.2　间接加热蒸馏法

6.2.1　原理

掺氮吸气剂载料中的氮主要以金属氮化物的形式存在，为测定其氮量，将试样用盐酸溶解，使氮转变为氯化铵，再用氢氧化钠使氯化铵分解，蒸馏出氨气，用硼酸饱和溶液吸收后，用盐酸标准溶液滴定，最后计算出氮量。

主要反应式如下：

试样中金属氮化物与盐酸作用，生成氯化铵：

$2Me_4N + 18HCl \rightarrow 8MeCl_2 + 2NH_4Cl + 5H_2\uparrow$

蒸馏前加入氢氧化钠溶液，使氯化铵分解：

$NH_4Cl + NaOH \rightarrow NaCl + H_2O + NH_3$

用饱和硼酸溶液吸收游离氨气，然后用盐酸标准溶液滴定硼酸铵水解后生成的氢氧化铵，直至终点：

$3NH_3 + H_3BO_3 \rightarrow (NH_4)_3BO_3$

$(NH_4)_3BO_3 + 3H_2O \rightarrow 3NH_4OH + H_3BO_3$

$3NH_4OH + 3HCl \rightarrow 3NH_4Cl + 3H_2O$

6.2.2 仪器设备

a) 蒸馏氮装置(见图2);

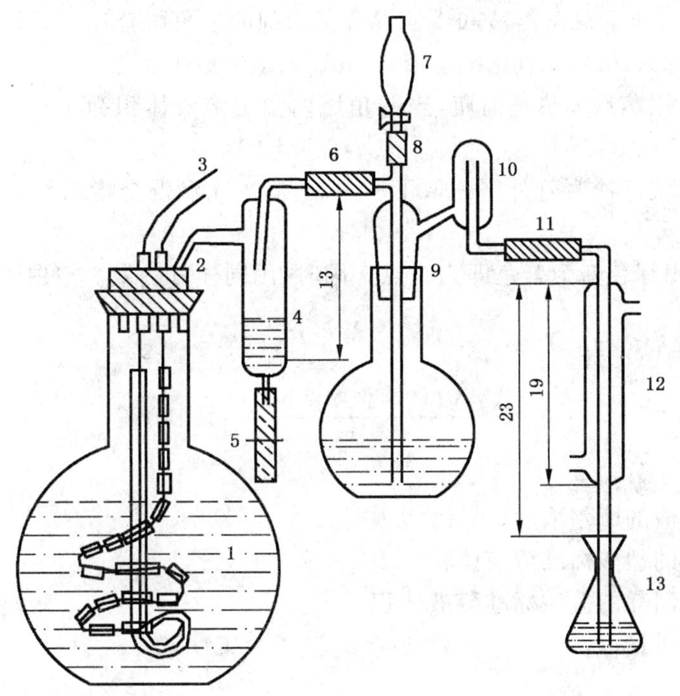

1——2 000 mL 水蒸气发生器;

2——橡皮塞;

3——镍铬电阻丝 600 W;

4——缓冲管;

5——万能夹;

6、8、11——无硫橡皮管;

7——加氢氧化钠的锥形分液漏斗;

9——带磨口的 500 mL 蒸馏瓶;

10——缓冲球;

12 冷凝管;

13——接收三角瓶。

图2 蒸馏氮装置

b) 氢氧化钠溶液(33%):称取分析纯氢氧化钠 50 g 于带刻度的烧杯中,加水稀释至 100 mL 混匀;

c) 盐酸标准溶液,0.05 mol/L;

d) 盐酸溶液(21%):将分析纯浓盐酸和等体积的水混匀;

e) 甲基红—次甲基蓝混合试剂:称取 0.125 g 甲基红和 0.083 g 次甲基蓝溶于 100 mL 无水乙纯中,指示剂变色范围 pH=5.2~5.6;

f) 硼酸饱和溶液。

6.2.3 样品制备

同4.1.3。

6.2.4 操作步骤

6.2.4.1 称取 1.000 0 g(含氮量低的吸气剂应适当增加称量)样品于 250 mL 烧杯中。

6.2.4.2 加入 30 mL 21%盐酸,加热溶解完毕后,冷却。

6.2.4.3 移入事先蒸洗(空蒸)过的蒸馏瓶内。

6.2.4.4 用水冲洗烧杯和蒸馏瓶口,安装好蒸馏瓶,通冷却水。

6.2.4.5 将盛有 25 mL 饱和硼酸溶液和 1 滴混合指示剂的三角瓶套存冷凝管下端,使液面侵入管口。

6.2.4.6 经分液漏斗加入 33%氢氧化钠溶液 50 mL 于蒸馏瓶中。

6.2.4.7 控制加热器,用蒸汽加热蒸馏瓶,当三角瓶内溢出溶液体积为 150 mL 时,放低三角瓶,使溶液离开冷凝管口。

6.2.4.8 30 s 后,用水洗净冷凝管外壁。取下三角瓶,滴入 4 滴混合指示剂,用 0.05 mol/L 盐酸标准溶液滴定。

6.2.4.9 待瓶内溶液山绿色变为紫色即为终点。同时,用同样方法做一空白试验。

6.2.5 结果计算

氮的百分比含量按式(6)计算:

$$N\% = \frac{N(V - V_1) \times 0.014}{m} \times 100\% \qquad \cdots\cdots(6)$$

式中:

N——盐酸标准溶液的摩尔浓度;

V——样品所消耗的盐酸标准溶液体积;

V_1——空白试验所消耗的盐酸标准溶液体积;

m——称取试样的质量,g;

0.014——氮的毫克当量。

6.2.6 允许误差

相对误差不超过±5%。

6.2.7 注意事项

6.2.7.1 每次测定前,蒸馏仪器必须空蒸几次,直至空白试验所消耗的 0.05 mol/L 盐酸标准溶液体积不超过 0.1 mL 为止。

6.2.7.2 试验结束后,必须用水将蒸馏皿洗净。

7 蒸散型吸气剂镍含量测试方法

7.1 测试原理

样品用盐酸溶解后,加入硫酸铵将钡离子沉淀去除,然后加入三乙醇胺和氨水作为掩蔽剂掩蔽铝离子,然后用紫脲酸铵-氯化钠指示剂,EDTA 二钠络合滴定镍离子,当溶液颜色由黄变紫为终点。

7.2 试剂

a) 氨水,分析纯;

b) 浓硝酸,分析纯;

c) 盐酸(21%):将分析纯浓盐酸和等体积的水混匀;

d) EDTA 二钠,分析纯,0.02 mol/L 溶液;

e) 硫酸铵[$(NH_4)_2SO_4$],分析纯,12 g/L 溶液;

f) 三乙醇胺,分析纯,50%(V/V)溶液;

g) 紫脲酸铵-氯化钠固体指示剂(1.0%粉末指示剂 m/m)。

在分析天平上准确秤取分析纯紫脲酸铵指示剂 1.000 g,优级纯氯化钠 99.000 g 置于玛瑙研钵中研细混匀装入专用试剂瓶中密封备用。

配制镍标准溶液(0.001 g/mL),准确称取 1.000 0 g 纯镍(纯度 99.99%)放入 50 mL 21%的盐酸中,加热至镍完全溶解后取下冷却至室温,然后移入 1 000 mL 容量瓶,用去离子水稀释至刻度混匀备用。

7.3 操作方法

在分析天平上准确称取 0.4 g 样品(精度至 0.000 1 g)置于 250 mL 锥形瓶中,加 30 mL 21%盐酸,滴加 5 滴浓硝酸,加热溶解后取下冷却至室温后移入 200 mL 容量瓶,用去离子水稀释到刻度后混匀,用移液管吸出 10 mL 置于 250 mL 锥形瓶中,加入 10 mL 硫酸铵溶液,放置 5 min,加入 5 mL 三乙醇胺溶液和 10 mL 氨水,加入稍许紫脲酸铵-氯化钠固体指示剂,用 50 mL 去离子水洗涤瓶壁,以 0.02 mol/L 的 EDTA 二钠标准滴定液滴定(用 10 mL 0.02 刻度滴定管),当溶液颜色由黄变紫为终点。同时用移液管吸取 10 mL 镍标准溶液,和样品同样操作。

7.4 计算样品中镍的百分含量

样品中镍的百分含量按式(7)计算:

$$\mathrm{Ni}=\frac{V\times C\times 20\times 0.0587\times 100}{m}=\frac{V\times C\times 117.4}{m} \quad \cdots\cdots(7)$$

式中:

V——EDTA 标准滴定液滴定样品的体积,mL;

m——样品的质量,g;

0.058 7——与 1 mL EDTA 相当的以 g 表示的镍的质量;

C——用镍标准溶液标定过的 EDTA 标准滴定液的实际浓度,单位为 mol/L,按式(8)计算:

$$C=\frac{0.001\times 10}{V_1\times 0.0587}=\frac{0.1704}{V_1} \quad \cdots\cdots(8)$$

式中:

V_1——EDTA 标准滴定液滴定镍标准溶液的体积,mL。

8 试验报告

所有试验报告应包括:

a) 材料制造单位;

b) 试样名称及编号;

c) 试验条件;

d) 试验设备;

e) 试验结果;

f) 试验日期及人员。

ICS 31-030
L 90

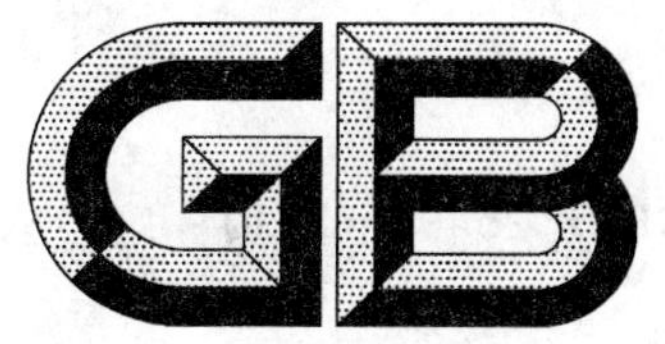

中华人民共和国国家标准

GB/T 25495—2010
代替 GB/T 6626.1—1986,GB/T 9506.6—1988,GB/T 9506.2—1988

吸气剂金属释放特性测试方法

Test methods for metal releasing characteristics of getters

2010-12-01 发布　　2011-05-01 实施

中华人民共和国国家质量监督检验检疫总局
中国国家标准化管理委员会　发布

前　言

本标准是将以下标准整合后进行修订的：

——GB/T 6626.1—1986《释汞吸气剂性能测试方法　释汞吸气剂释汞特性的测试方法》；

——GB/T 9506.6—1988《掺氮吸气剂钡膜分布测试方法》；

——GB/T 9506.2—1988《蒸散型钡吸气剂得钡量测试方法》。

本标准与原标准相比主要变化如下：

——取消释汞吸气剂释汞特性的测试方法中的名词术语，在规范性引用文件中新增 GB/T 4314《吸气剂术语》；

——将 GB/T 6626.1—1986《释汞吸气剂性能测试方法　释汞吸气剂释汞特性的测试方法》与 GB/T 9506.2—1988《蒸散型钡吸气剂得钡量测试方法》中的测试系统、方法合并；

——取消试验设备中的无脂球阀；

——将试验中测试室的尺寸按使用用途分类改为按金属释放量分类；

——将释汞量、得钡量加热完后称重时间由 15 min 更改为 5 min 内；

——释汞特性曲线的测试由 400 ℃开始提高到 500 ℃开始；

——取消平均值、标准偏差的计算方法；

——取消得钡量一致性测试；

——取消测试报告格式；

——将 GB/T 9506.2—1988《蒸散型钡吸气剂得钡量测试方法》中的蒸散曲线绘制方法中的起蒸时间的控制表述进行修订；

——根据 GB/T 1.1—2000 的要求进行格式修订。

本标准代替下列标准：

——GB/T 6626.1—1986《释汞吸气剂性能测试方法　释汞吸气剂释汞特性的测试方法》；

——GB/T 9506.6—1988《掺氮吸气剂钡膜分布测试方法》；

——GB/T 9506.2—1988《蒸散型钡吸气剂得钡量测试方法》。

本标准由全国半导体设备和材料标准化技术委员会提出并归口。

本标准起草单位：南京华东赛斯真空材料有限公司、工业和信息化部电子工业标准化研究所、中国电子科技集团公司第十二研究所。

本标准主要起草人：薛函迎、郭卫斌、张巨先、刘筠。

本标准所代替标准的历次版本发布情况为：

——GB/T 6626.1—1986；

——GB/T 9506.6—1988；

——GB/T 9506.2—1988。

吸气剂金属释放特性测试方法

1 范围

本标准规定了吸气剂金属释放特性测试方法，如释汞吸气剂的总释汞量、标准释汞量、释汞特性曲线及热稳定性的测试方法、蒸散型钡吸气剂得钡量的测试方法、掺氮吸气剂钡膜分布测试方法。

本标准适用于真空器件用吸气剂。

2 规范性引用文件

下列文件中的条款通过本标准的引用而成为本标准的条款。凡是注日期的引用文件，其随后所有的修改单(不包括勘误的内容)或修订版均不适用于本标准，然而，鼓励根据本标准达成协议的各方研究是否可使用这些文件的最新版本。凡是不注日期的引用文件，其最新版本适用于本标准。

GB/T 4314 吸气剂术语

GB/T 25494—2010 吸气剂成分分析测试方法

3 术语

GB/T 4314 所确定的术语和定义适用于本标准。

4 金属释放量的测试方法

4.1 原理

吸气剂金属释放量的测试，如释汞吸气剂的总释汞量、标准释汞量、蒸散型钡吸气剂得钡量等，均采用“差重法”测定释放出的金属量。

4.2 测试设备和条件

对蒸散型吸气剂进行测试时，推荐的试样室和高频感应线圈尺寸见表 1。试样应处于圆筒形试样室和高频感应线圈的中央。通常，将试样放置在能够直接朝向试样室顶部蒸散的水平位置上，采用同轴蒸散。对于天线式装架的彩色显像管用吸气剂，为使蒸散方向朝对面的玻璧，试样支撑架至少要与试样室轴线成 30°角；为防止试样在蒸散期间发生位移，应采用切向蒸散。见图 1。

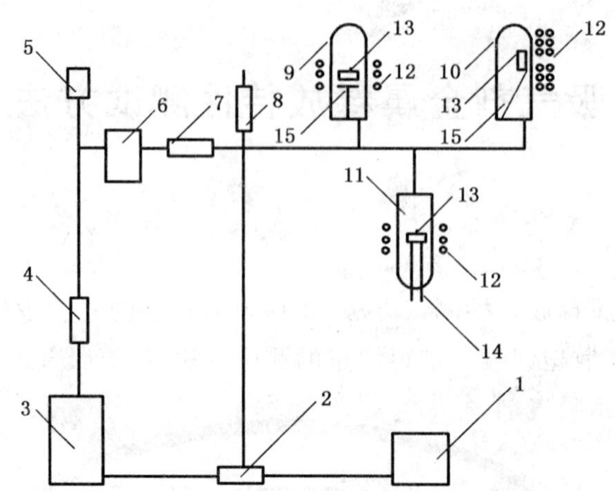

1——前级泵；
2——三通真空阀；
3——高真空泵；
4——隔断阀；
5——真空规；
6——冷阱(释汞时选用)；
7——隔断阀；
8——放气阀；
9——试样室(同轴蒸散时选用)；
10——试样室(切向蒸散时选用)；
11——试样室(释汞时选用)；
12——高频感应线圈；
13——吸气剂试样；
14——热偶引线；
15——试样支撑架。

图 1 测试装置示意图

a) 测试台：真空系统的极限真空必须优于 1×10^{-2} Pa，测试掺气吸气剂时，系统应具有相当快的抽速，以使试样蒸散期间系统内的最高压强低于 10 Pa；
b) 高频感应加热器 (300～400)kHz,10 kW；
c) 秒表；
d) 分析天平；
e) 真空计：量程为(0.001～10)Pa；
f) 点焊机；
g) 温度计：量程为(0～1 100)℃。

表 1 试样室和高频感应线圈尺寸

吸气剂类型		试样室			高频感应线圈		
类型	释放量 mg	外径 mm	长度 mm	高度[a] mm	内径[b] Mm	高度 mm	圈数
同轴蒸散	<25	20	100	35	23	16	3.5
	25～100	35	250	150	51	22	5.5
	>100	60	320	140	70	22	5.5
切向蒸散	>100	80	320[c]	90[d]	51	15	6～10[e]

[a] 从吸气剂底部到试样室顶部的尺寸。
[b] 线圈由 3 mm 的铜管制成。
[c] 试样室轴与铅垂线倾斜 30°。
[d] 从吸气剂中心到试样室顶部的尺寸。
[e] 每层为 3～5 圈的双层线圈。

4.3 **试件制备**

4.3.1 需要准确控制测试温度的样品，如释汞量的测试。

4.3.1.1 成捆供应的带材

从待测剂带上剪下(5.0±0.1)cm长的试样，卷成直径约15 mm的圆环(双面压结带，释汞合金粉层首选置于内侧；单面压结，无粉层面处于内表面)，搭接处用点焊法固定，焊点应在无粉处。在远离原有焊点，没有覆盖粉末的同一侧边缘对径处分别点焊上丝径为0.3 mm、长为(30～40)mm的镍铬和镍硅丝，做成试件。

4.3.1.2 环状试样

在试样环对径处分别点焊上丝径为0.3 mm、长为(30～40)mm的镍铬丝和镍硅丝，做成试件。

4.3.1.3 其他试样

有载体试样在试样的载体同一侧边缘相距最远处分别点焊上丝径为0.3 mm、长为(30～40)mm的镍铬丝和镍硅丝，做成试件；无载体试样，在试样外面用镍带包紧，然后在试样同一侧镍带边缘上相距最远处分别点焊上丝径为0.3 mm、长为(30～40)mm的镍铬丝和镍硅丝，做成试件。

4.3.2 无需准确控制测试温度的样品，如得钡量

试样不须焊接热电偶，可直接放置在特制的热导率较小的试样支撑架上进行蒸散。试样支撑架可以用陶瓷、玻璃等材料制成，亦可以用钨、钼等难熔金属丝制成。试样离较大的金属零件应有适当的距离，以防止高频损失。

4.4 **测试步骤**

4.4.1 用精度为0.1 mg的分析天平称量试件的重量，记录W_1。

4.4.2 将上述试件或试样装入测试系统，如需要可以接上温度计，当需要记录温度—时间曲线时，可以接记录仪。

4.4.3 抽真空，如果测试金属汞的释放，向冷阱注入低于−25 ℃的致冷剂。

4.4.4 待真空系统内压强低于5×10^{-2} Pa时，调节高频感应加热器输出功率，使试样依下表2的规范进行加热。

表2 加热规范

吸气剂类型	加热规范	
蒸散型	按制造厂家推荐的起蒸时间、总蒸时间	
释汞型	总释汞量	30 s内线性升温加热到(950±5)℃，保温300 s
	标准释汞量	30 s内线性升温加热到(900±5)℃，保温30 s
	释汞吸气剂热稳定性	30 s内线性升温加热到(500±5)℃，保温30 s
	某指定温度的释汞量	30 s内线性升温加热到指定温度±5 ℃，保温30 s

4.4.5 停止加热后，待试样冷却到100 ℃以下，关闭隔断阀7。

4.4.6 充入空气或氮气，取出试件并称量试件、记录重量W_2，两者时间间隔不得超过5 min。

4.4.7 计算重量差，即为金属释放量$W=W_1-W_2$。

4.5 **释汞特性曲线测试**

为指导用户根据需要选择合理的加热温度，可以按以下步骤绘制释汞特性曲线。

4.5.1 从500 ℃开始，到950 ℃止，每50 ℃均须用同批次试样，按3.4的测试步骤(加热采用某指定温度的释汞量的规范)，测试各温度点的释汞量，每个温度点至少需要测试3个试样的释汞量数据。

4.5.2 计算各个温度点释汞量的平均值 W_{500}，W_{550}，…，W_{950}。

4.5.3 取10只以上的同批次试样，按GB/T 25494—2010中汞含量的分析方法分析汞含量，计算汞含量的平均值 M。

4.5.4 分别用各温度点的释汞量除以 M 得到各温度点的释汞率，$Y_{500}=W_{500}/M$，$Y_{550}=W_{550}/M$，……，$Y_{950}=W_{950}/M$。

4.5.5 绘制释汞特性曲线即温度—释汞率曲线。

4.6 蒸散曲线

为指导用户根据需要选择合理的起蒸时间和总蒸时间，可以按以下步骤绘制蒸散曲线。

4.6.1 以恒定的总蒸时间和不同的起蒸时间(不同的起蒸时间可通过施加不同的高频功率调整)蒸散九组试样。每组试样数可以是一只或一只以上。起蒸时间的变化范围推荐控制在自吸气剂载体出现最轻微的熔蚀现象的时间值开始，均匀地变化到得钡量为制造厂所推荐数值的50%时的时间值为止。

4.6.2 分别采用其他两个总蒸时间值，重复4.6.1。

4.6.3 绘制蒸散曲线，即起蒸时间—得钡量曲线。

4.7 主要误差来源

a) 分析天平的零点漂移和精度；

b) 高频加热功率的波动；

c) 计时误差；

d) 载体的蒸发；

e) 试样室内局部压强过高，有可能影响金属的蒸散。

5 掺氮吸气剂钡膜分布测试方法

5.1 原理

根据模拟试验的需要，选用不同的玻壳，利用磁铁把特定尺寸的小镍片固定在玻壳锥、屏的规定位置，而后将其抽真空，并在静态真空下，通过高频感应加热，蒸散试样，钡就会沉积在小镍片及颈、锥、屏上，利用化学分析方法，测出钡膜在颈、锥、屏上的重量分布和锥、屏上的厚度分布。

5.2 设备

a) 测试系统(见图2)；

b) 高频感应加热器；

c) 原子吸收分光光度计；

d) 分析天平；

e) 有机玻璃防护罩。

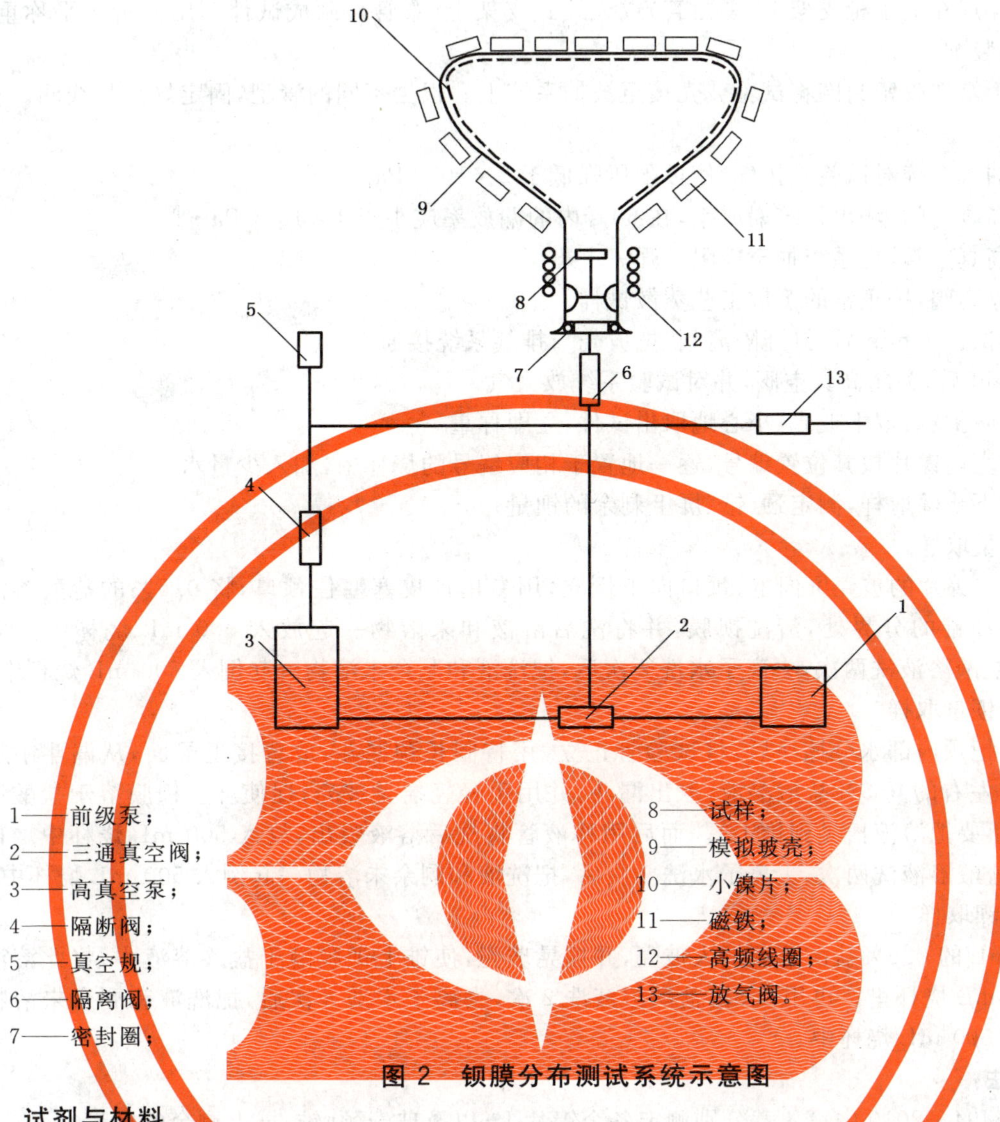

图 2 钡膜分布测试系统示意图

5.3 试剂与材料

a) 磁铁若干个；

b) 镍片(厚度为 0.3 mm～0.6 mm，直径为 15 mm～25 mm)若干片；

c) 胶带纸；

d) 钢瓶乙炔气体；

e) 钢瓶氧化亚氮气体；

f) 钡标准液(1 mg/mL；将 1.517 g 分析纯氯化钡溶于水中，稀释至 1 000 mL)；

g) 盐酸溶液(0.5%)：1 份分析纯浓盐酸和 87.5 份水混匀；

h) 钾离子溶液(20 mg/mL)；将 38.134 g 分析纯氯化钾溶于水中，稀释至 1 000 mL；

i) 盐酸溶液(4%)：1 份分析纯浓盐酸和 10 份水混匀。

5.4 测试步骤

5.4.1 测试样品制备

5.4.1.1 根据试样的型号，选用相应玻壳，用 4% 的盐酸溶液清洗玻壳，并用去离子水清洗 3 次后烘干。

5.4.1.2 根据试样型号选择镍片大小，并用 4% 的盐酸溶液泡洗 5 min 以上，再用去离子水冲洗 3 次，烘干。

5.4.1.3 借助于玻壳外磁铁将管内镍片移至图 2 中规定处，用胶带纸把磁铁固定。

5.4.1.4 把试样焊在电子枪支架上(黑白管)或天线式支架上(彩管),制成试件。用分析天平称重,按成品管中的位置装配。

5.4.1.5 借助于氟橡胶密封圈将试验玻壳接至被抽系统上。根据不同的管型,固定好高频线圈。罩上大型防护罩。

5.4.1.6 利用抽气系统对试验管排气,使极限压强低于 2×10^{-3} Pa。

5.4.1.7 关闭高真空阀,测出系统漏放率,在 60 s 内的漏放率应小于 1×10^{-3} Pa·l/s。

5.4.1.8 开启高真空阀,把系统抽至极限压强。

5.4.1.9 关闭隔离阀,按正常的蒸散工艺蒸散试样。

5.4.1.10 蒸散试样 1 min 后,打开隔离阀,把玻壳与排气系统接通。

5.4.1.11 15 min 后,关闭高真空阀,并对试验系统放大气。

5.4.1.12 升起防护罩,取下玻壳,小心地取出试件,立即称重。

5.4.1.13 将玻壳内镍片按其位置编号,逐一地置于相应编号的烧杯中,加入少量水。

5.4.1.14 按如下步骤取样,测定颈、锥、屏上剩余的钡量;

a) 管颈钡量取样

把已取出镍片的玻壳屏向上,颈口向下倒立,用专用橡皮塞塞住颈口,将 0.5%的盐酸溶液加至管颈和锥的分界处,清洗钡膜,并将洗后溶液和未溶物一起放入 500 mL 烧杯中。再用 0.5%盐酸溶液洗两次,去离子水洗 3 次后,把洗液和剩余未溶物一起倒入 500 mL 烧杯中。

b) 屏剩余钡量取样

用滤纸把颈内部水分擦净后,将试验管正立,用特制长颈漏斗,放置接近屏面,从漏斗中加入 50 mL 左右的 0.5%盐酸溶液,取出漏斗,并用手轻轻摇晃玻壳,促使屏上钡膜溶于盐酸溶液(注意不要把溶液摇晃到锥上)。而后用移液管将洗后溶液吸出,放入 500 mL 烧杯中。再用 0.5%盐酸溶液洗两次,去离子水洗 3 次后,把洗液和剩余未溶物一起倒入 500 mL 烧杯中。

c) 锥剩余钡取样

将 70 mL 的 0.5%盐酸溶液倒入玻壳,并摇晃玻壳,使锥上钡膜溶于盐酸溶液中,将此溶液倒入 500 mL 烧杯里。再用 0.5%盐酸溶液洗 2 次,去离子水洗 3 次后,把洗液和剩余未溶物一起倒入 500 mL 烧杯中。

5.4.2 测定方法

按 GB/T 25494—2010 中第 4 章分别测定各个镍片上、以及玻壳颈、锥、屏上剩余的钡量。

5.4.3 数据处理

5.4.3.1 各镍片上钡量由式(1)计算

$$m_{i\mathrm{Ba}}=\mathrm{Ba}_i\times V \qquad \cdots\cdots(1)$$

式中:

$m_{i\mathrm{Ba}}$——第 i 个镍片上钡的质量,g;

Ba_i——在标准溶液系列曲线上查得试样的钡量,g;

V——试样所选择的稀释倍数。

每个镍片上钡膜的厚度由式(2)计算:

$$\delta=\frac{m_{i\mathrm{Ba}}}{S\times\rho_{\mathrm{Ba}}}\times10 \qquad \cdots\cdots(2)$$

式中:

δ——钡膜厚度,nm;

S——镍片面积,cm^2;

ρ_{Ba}——钡的密度,$\mathrm{g/cm}^3$。

5.4.3.2 颈、锥、屏上钡量的测定

a) 4.4.2 中测出 4.4.1.14a)中的钡量即为颈上钡量;

b) 4.4.2 中测出 4.4.1.14b)中钡量与锥上所有镍片上的钡量之和即为锥上钡量；

c) 4.4.2 中测出 4.4.1.14c)中钡量与屏上所有镍片上的钡量之和即为屏上钡量。

5.5 推荐的报告格式

5.5.1 屏、锥上钡膜厚度分布的测试报告的推荐格式见表 3 和图 3。

表 3 屏、锥上钡膜厚度分布数据

编 号	厚 度	编 号	厚 度	编 号	厚 度
1		6		11	
2		7		12	
3		8		…	
4		9		…	
5		10		*n*	

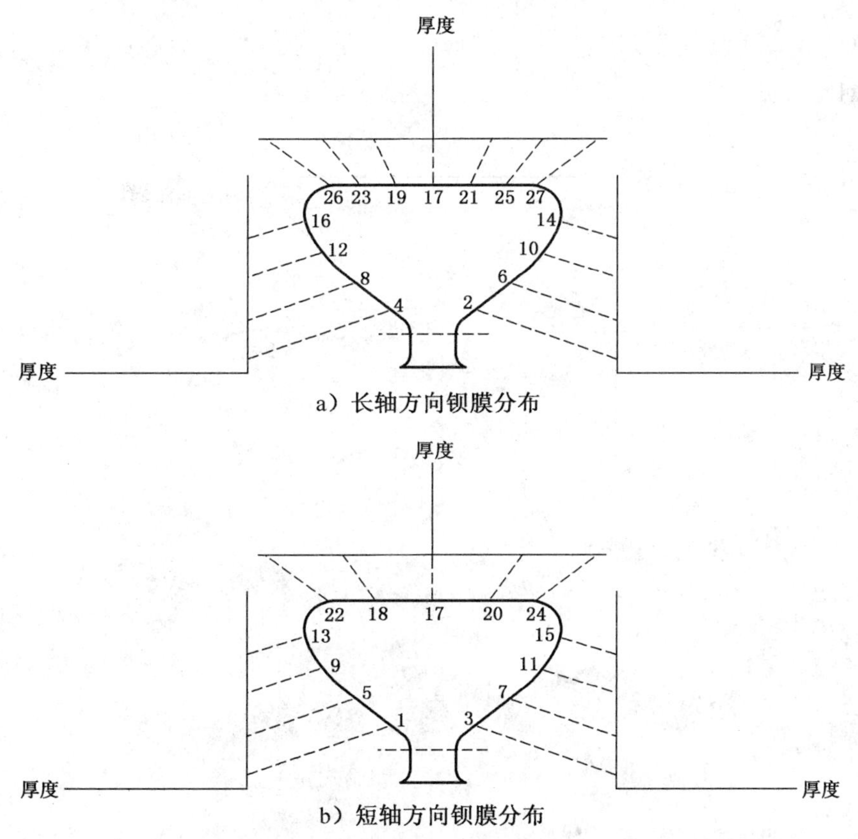

图 3 屏、锥上钡膜厚度分布曲线

5.5.2 玻壳颈、锥、屏上钡膜重量分布见表 4。

表 4 颈、锥、屏上钡膜分布

颈		锥		屏		钡膜总量		得钡量 mg	试验回收率 %
钡量 mg	百分率 %	钡量 mg	百分率 %	钡量 mg	百分率 %	钡量 mg	百分率 %		

注 1：回收率指得到钡膜总量与试样得钡量的百分比；

注 2：各部分钡量与钡膜总量的百比就是百分率。

5.6 主要误差来源

a） 仪表误差；

b） 操作误差；

c） 环境误差。

5.7 注意事项

为了防止模拟玻壳爆炸，应在测试系统外面加有机玻璃防护罩。

6 试验报告

所有的试验报告应包括：

a） 材料制造单位；

b） 试样名称及编号；

c） 试验条件；

d） 试验设备；

e） 试验结果；

f） 试验日期及人员。

ICS 31-030
L 90

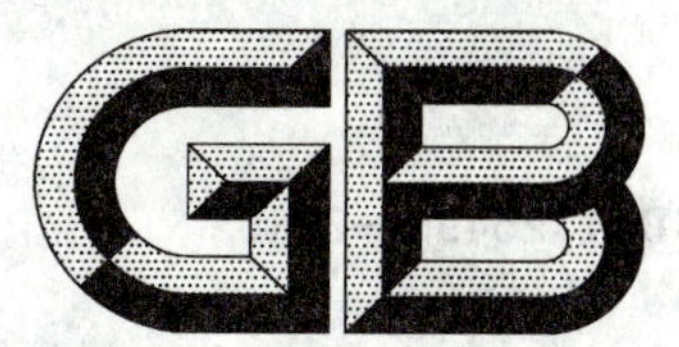

中华人民共和国国家标准

GB/T 25496—2010
代替 GB/T 9506.9—1988,GB/T 9506.10—1988,GB/T 6626.4—1986,GB/T 9506.11—1988

吸气剂机械性能测试方法

Test methods for the mechanical properties of getters

2010-12-01 发布　　2011-05-01 实施

中华人民共和国国家质量监督检验检疫总局
中国国家标准化管理委员会　发布

前言

本标准是将以下标准整合后进行修订的：

——GB/T 9506.9—1988《吸气剂装载量测试方法》；

——GB/T 9506.10—1988《吸气剂压制或烧结牢固度测试方法》；

——GB/T 6626.4—1986《释汞吸气剂性能测试方法　释汞吸气剂压粉牢固度的检测方法》；

——GB/T 9506.11—1988《吸气剂支架焊接强度测试方法》。

本标准与原标准相比主要变化如下：

——在规范性引用中增加对 GB/T 4314《吸气剂术语》的引用；

——将烧结型吸气剂的牢固度测试方法由跌落失重法更改为振动失重法；

——增加用于 CCFL 的带状吸气剂牢固度测试方法；

——焊接强度测试增加拉力试验器的测试方法；

——增加吸气剂压制密度均匀性测试方法；

——根据 GB/T 1.1—2000 的要求进行格式修订。

本标准代替下列标准：

——GB/T 9506.9—1988《吸气剂装载量测试方法》；

——GB/T 9506.10—1988《吸气剂压制或烧结牢固度测试方法》；

——GB/T 6626.4—1986《释汞吸气剂性能测试方法　释汞吸气剂压粉牢固度的检测方法》；

——GB/T 9506.11—1988《吸气剂支架焊接强度测试方法》。

本标准的附录 A 是规范性附录。

本标准由全国半导体设备和材料标准化技术委员会提出并归口。

本标准起草单位：南京华东赛斯真空材料有限公司、工业和信息化部电子工业标准化研究所、中国电子科技集团公司第十二研究所。

本标准主要起草人：薛函迎、郭卫斌、张巨先、刘筠。

本标准所代替标准的历次版本发布情况为：

——GB/T 9506.9—1988；

——GB/T 9506.10—1988；

——GB/T 6626.4—1986；

——GB/T 9506.11—1988。

吸气剂机械性能测试方法

1 范围

本标准规定了吸气剂装载量、吸气剂压制或烧结固度、吸气剂载体与支架焊接强度、吸气剂压制密度均匀性等吸气剂机械性能测试方法。

本标准适用于真空器件用吸气剂。

2 规范性引用文件

下列文件中的条款通过本标准的引用而成为本标准的条款。凡是注日期的引用文件，其随后所有的修改单(不包括勘误的内容)或修订版均不适用于本标准，然而，鼓励根据本标准达成协议的各方研究是否可使用这些文件的最新版本。凡是不注日期的引用文件，其最新版本适用于本标准。

GB/T 4314 吸气剂术语

3 术语

GB/T 4314 所确定的术语和定义适用于本标准。

4 吸气剂装载量测试方法

4.1 原理

采用直接称重法或差重法。

4.2 仪器

分析天平(精度为 0.1 mg)。

4.3 测试步骤

4.3.1 无载体的试样

用分析天平直接称量试样(精确到 0.1 mg)。

4.3.2 有载体的试样

用分析天平称试样的重量，然后剥去试样上的载料，再用分析天平称吸气剂载体的重量(均精确到 0.1 mg)。

4.4 数据处理

4.4.1 装载量的计算

4.4.1.1 无载体试样

直接由分析天平称出的量即为装载量 W_d(mg)。

4.4.1.2 有载体试样

装载量按(1)式计算：

$$W_d = W_i - W_t \qquad \cdots\cdots(1)$$

式中：

W_d——装载量，mg；

W_i——试样重量，mg；

W_t——载体重量，mg。

4.4.2 装载量一致性的计算

4.4.2.1 平均装载量

平均装载量按(2)式计算：

$$\overline{W}_{\mathrm{d}}=\frac{\sum_{i=1}^{n}W_{\mathrm{d}i}}{n} \qquad \cdots\cdots(2)$$

式中：

$\overline{W}_{\mathrm{d}}$——平均装载量，mg；

$W_{\mathrm{d}i}$——第 i 个试样的装载量，mg；

n——试样个数($n>9$)。

4.4.2.2 装载量的标准偏差

装载量的标准偏差按(3)式计算：

$$\sigma_{W_{\mathrm{d}}}=\sqrt{\frac{\sum_{i=1}^{n}(W_{\mathrm{d}i}-\overline{W}_{\mathrm{d}})^{2}}{n-1}} \qquad \cdots\cdots(3)$$

式中：

$\sigma_{W_{\mathrm{d}}}$——装载量的标准偏差，mg；

$\overline{W}_{\mathrm{d}}$——平均装载量，mg；

$W_{\mathrm{d}i}$——第 i 个试样的装载量，mg；

n——试样个数($n>9$)。

4.5 测试报告

测试报告形式如表 1 所示。

表 1 吸气剂装载量的测试报告

序号	吸气剂型号	装载量 W_{d} mg	平均装载量 $\overline{W}_{\mathrm{d}}$ mg	装载量标准偏差 $\sigma_{W_{\mathrm{d}}}$ mg

4.6 主要误差来源

4.6.1 分析天平的零点漂移和精度。

4.6.2 载料剥离的干净程度。

5 吸气剂压制或烧结牢固度测试方法

5.1 原理

采用差重法测试失重量，即利用试样在震动或弯曲试验前后所出现的重量差额来表征吸气剂的总体压制或烧结牢固度。

5.2 设备

a) 分析天平：精度为 0.1 mg；

b) 弯曲试验机；

c) 振动试验台；

d) 切割机。

5.3 测试步骤

5.3.1 单个成品试样

5.3.1.1 压制试样

将一个试样装粉面朝下，从规定高度处自由落于水平放置的具有纯白色底色的干净玻璃板上，根据试样跌落前后的重量,计算出失重量。

不同重量压制试样的跌落高度见表2。

表2 不同重量的压制试样跌落高度

试样重量范围/mg	≤400	400~800	≥800
跌落高度/cm	150	100	50

5.3.1.2 **烧结试样**

所有试样称重后,分别放入用隔板分割为正方形区域的80目筛网中,分割区域的面积为烧结型试样最大垂直投影面积的(9~10)倍。以38 Hz,振幅1.2 mm的条件下振动40 min后,再次分别称重试样,计算出失重量。

5.3.2 **用于CCFL的带状吸气剂**

5.3.2.1 从待测剂带上剪下(25±0.1)cm长的试样,用分析天平称重。

5.3.2.2 将试样剂带插入切割机(如图1所示),切10片1.5 mm长度的吸气剂片下来(如果为单面带,将有粉的一面向上)。

5.3.2.3 将切割下的试样与剩余试样放入50目的标准筛网中轻轻筛动,去除剥落的粉末。

5.3.2.4 用分析天平称重,测量其失重量。

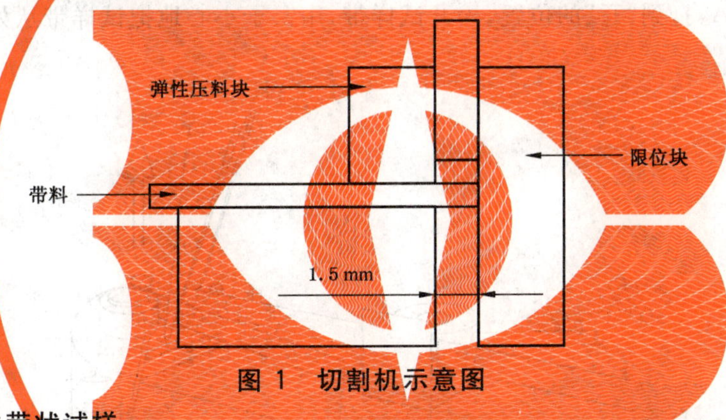

图1 切割机示意图

5.3.3 **其他用途成卷带状试样**

5.3.3.1 从待测剂带上剪下(25±0.1)cm长的试样,用分析天平称重。

5.3.3.2 将试样剂带插入"弯曲试验机"(如图2所示),使手柄A和B都处于"开"的位置(试样若为双面压结带,插入试样时,如有钛汞合金粉层,则钛汞合金粉层应面向曲杆,试样若为单面压结带,无粉的一面应面向曲杆)。

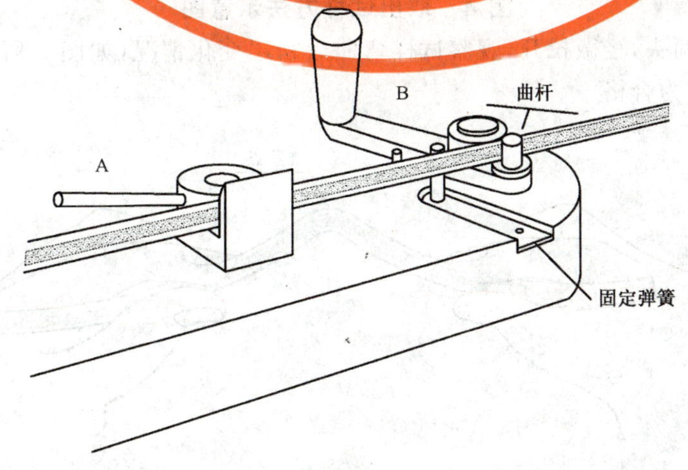

图2 弯曲试验机示意图

5.3.3.3　转动手柄 A,以夹紧试样带。

5.3.3.4　慢慢转动手柄 B,使剂带绕直径为 8 mm 的曲杆弯曲。

5.3.3.5　继续转动手柄 B,直到为固定弹簧所固定为止(如图 3 所示)。

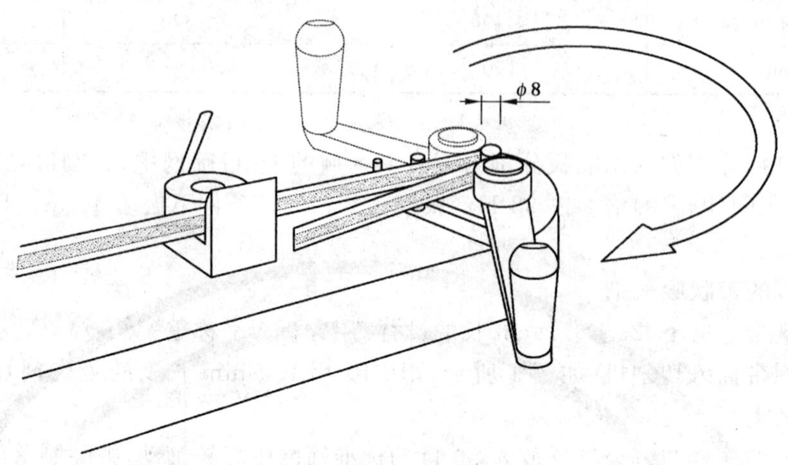

图 3　弯曲方法示意图

5.3.3.6　转动手柄 A,打到"开"的位置,松开试样带,用镊子小心地把试样带从处于绷紧位置的手柄 B 中取出(如图 4 所示)。

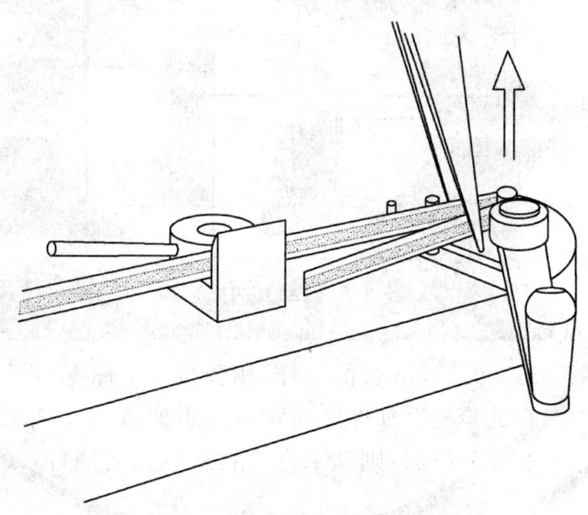

图 4　取出试样方法示意图

5.3.3.7　拿住试样的两头,轻微拉开,观察试样弯曲后粉层变化情况(如图 5 所示)。试样无 5 倍放大镜观察可见的粉末脱落为合格。

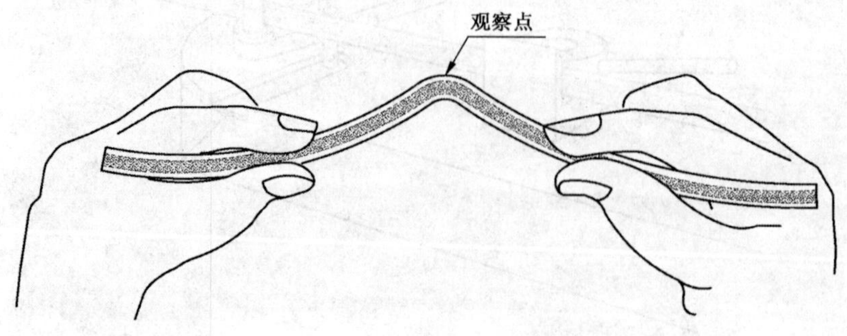

图 5　观察试样方法示意图

5.3.3.8 用分析天平再次称重。根据试样检测前后的重量算出失重，即掉粉量(m)。

5.4 数据处理

5.4.1 失重量

失重量按(4)式计算：

$$\Delta W = W_i - W_t \qquad (4)$$

式中：

ΔW——试样的失重量，mg；

W_i——试样测试前的重量，mg；

W_t——试样测试后的重量，mg。

5.4.2 平均失重量

平均失重量按(5)式计算：

$$\Delta \overline{W} = \frac{\sum_{i=1}^{n} \Delta W_i}{n} \qquad (5)$$

式中：

$\Delta \overline{W}$——试样的平均失重量，mg；

ΔW_i——第 i 个试样的失重量，mg；

n——试样个数($n>9$)。

5.4.3 失重量的标准偏差

失重量的标准偏差按(6)式计算：

$$\sigma_{\Delta W} = \sqrt{\frac{\sum_{i=1}^{n} (\Delta W_i - \Delta \overline{W})^2}{n-1}} \qquad (6)$$

式中：

$\sigma_{\Delta W}$——试样失重量的标准偏差，mg；

$\Delta \overline{W}$——试样的平均失重量，mg；

ΔW_i——第 i 个试样的失重量，mg；

n——试样个数($n>9$)。

5.4.4 最大失重量

n 个试样中掉粉量(失重量)最大的数值就是试样的最大失重量。用符号 ΔW_m 表示，单位为 mg。

5.4.5 平均失重率

平均失重率按(7)式计算：

$$\gamma_{\Delta W}(\%) = \frac{\Delta \overline{W}}{\overline{W}_d} \times 100 \qquad (7)$$

式中：

$\gamma_{\Delta W}$——试样的平均失重率，%；

$\overline{W}_d$——试样的平均装载量，mg；

$\Delta \overline{W}$——试样的平均失重量，mg。

5.5 测试报告

5.5.1 单个成品试样

测试报告形式如表 3。

表 3 单个吸气剂牢固度的测试报告

吸气剂型号	试样个数 n 只	平均装载量 $\overline{W}_d$ mg	下落高度 H cm	平均失重量 $\Delta\overline{W}$ mg	失重量 标准偏差 $\sigma_{\Delta W}$ mg	平均失重率 $\gamma_{\Delta W}$ %	最大失重量 ΔW_m mg

5.5.2 带状试样

测试报告形式如表 4。

表 4 带状吸气剂牢固度的测试报告

吸气剂型号	粉层变化情况(目测)	失重量 ΔW mg

5.6 主要误差来源

5.6.1 分析天平的零点漂移及精度;

5.6.2 跌落高度的误差;

5.6.3 玻璃板或弯曲试验机上的清洁程度。

5.7 注意事项

5.7.1 供测试的试样应无辅助零件;

5.7.2 进行带状试样测试时,若是单面带,需将无粉的那一面面向试验机的曲杆;

5.7.3 试样平均装载量的测试方法见第 4 章。

6 吸气剂载体与支架焊接强度测试方法

6.1 设备

a) 尖头钳;

b) 拉力试验器。

6.2 弯曲测试步骤

6.2.1 T 形支架的测试

将吸气剂载体固定后,用尖头钳夹住支架末端。按图 6 所示的方向弯曲 90°,然后回复原位,支架与载体不分离,再用同样方法测试支架的另一末端。

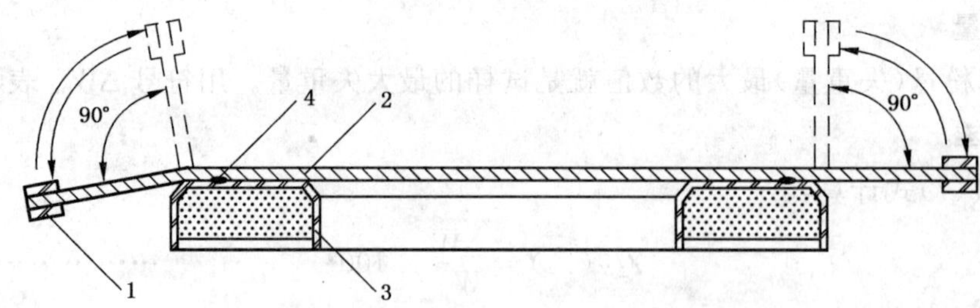

1——尖头钳;
2——支架;
3——吸气剂载体;
4——焊点。

图 6 T 型支架焊接强度试验的弯曲方向

6.2.2 L 形支架的测试

6.2.2.1 将吸气剂载体固定后,用尖头钳夹住支架的末端,按图 7a)所示的方向弯曲 45°,然后回复原位,支架与载体不分离。

6.2.2.2 在同一样品上，再按图 7b)所示的方向扭曲 45°，支架与载体不分离。

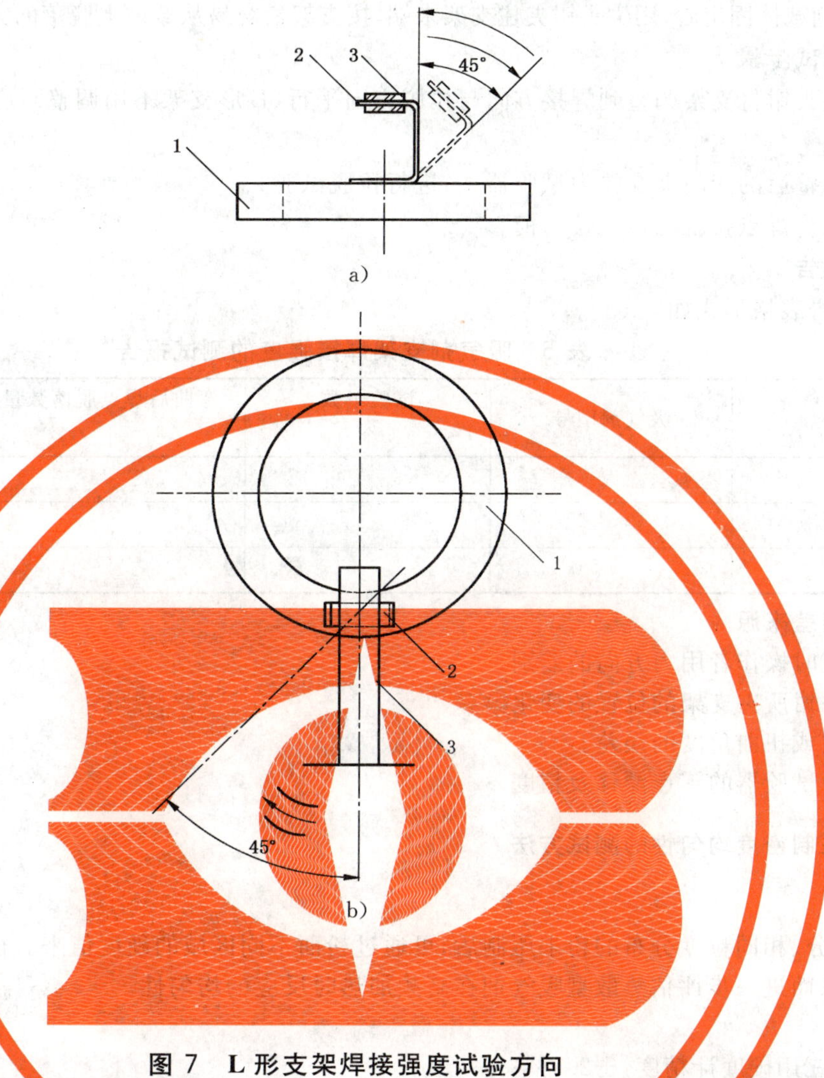

1——吸气剂载体；

2——支架；

3——尖头钳。

图 7 L形支架焊接强度试验方向

6.2.3 I型支架的测试

将吸气剂载体固定后，用尖头钳夹住支架的末端，按图 8 所示的方向弯曲 45°，支架与载体不分离。

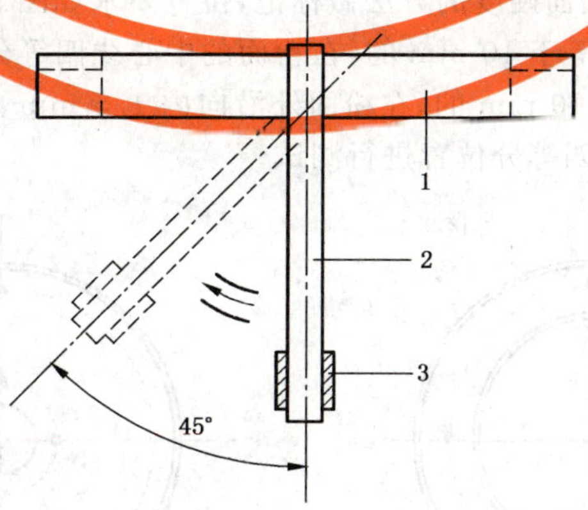

1——吸气剂载体；

2——支架；

3——尖头钳。

图 8 I形支架焊接强度试验方向

6.2.4 **其他形状支架的测试**

将吸气剂载体固定后，用尖头钳夹住支架末端，按支架最容易从载体上脱落的方向弯曲而不应脱落。

6.3 拉脱测试步骤

6.3.1 用尖头钳将支架调整到焊接方向与拉脱方向平行(L形支架不用调整)，应避免调整过程中对焊点的损伤；

6.3.2 将调整后的产品夹在拉力试验器上，进行拉脱试验；

6.3.3 记录将焊点拉脱的最大拉力值。

6.4 测试报告

测试报告表格形式如表5。

表5 吸气剂支架焊接强度的测试报告

序号	吸气剂型号	试验个数 个	弯曲后焊点脱落数量 个	焊点拉脱力 N
1				
2				
…				

6.5 主要误差来源

6.5.1 测试时操作者用力方向的差别。

6.5.2 尖头钳所夹支架的位置的变化。

6.5.3 弯曲或扭曲角度的误差。

6.5.4 拉力试验器的零点漂移及精度。

7 吸气剂压制密度均匀性的测试方法

7.1 原理

相同成分、相同粒度分布的粉末压制后，可通过粉面不同区域的硬度值来表征整个粉末压制体的密度均匀性，从而进一步评估蒸散型吸气剂在高频加热时反应的均匀性。

7.2 设备

布洛韦三用硬度计精度：±2.5%；

7.3 测试步骤

7.3.1 将硬度计的测试头更换成直径1.20 mm的平头压头；

7.3.2 用不破坏测试点粉末表面硬度的方法做标记，位置要求如图9所示：

a) 粉面外径内径差小于等于10 mm的，在粉面的中心线四等分位置进行测试；

b) 粉面外径内径差大于10 mm的，在粉面外沿向内1.5 mm的外区四等分位置，以及内径外沿向外1.5 mm的内区四等分位置进行测试。

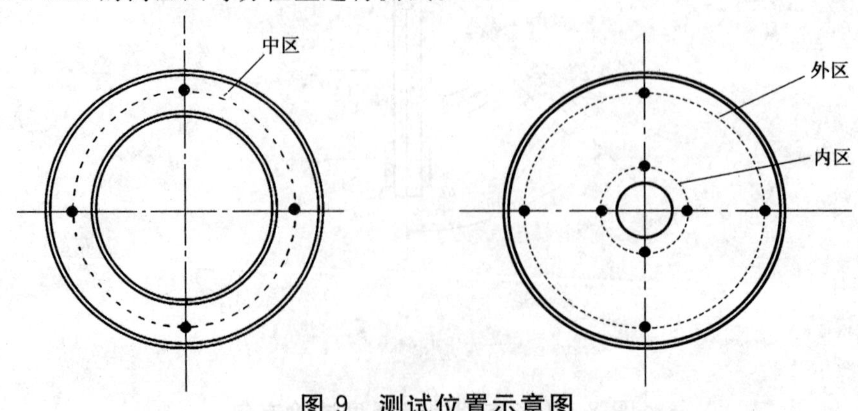

图9 测试位置示意图

7.3.3 将测试样品放置在试样台上，在标记处以 612.5 N，保压(3～6)s 的条件下分别测试硬度。

7.4 数据处理

分别计算硬度值的平均值和极差。

7.5 测试报告

测试报告形式如表 6。

表 6 吸气剂粉面硬度测试报告

项目	外区	中区	内区
方位 1			
方位 2			
方位 3			
方位 4			
平均值			
极差			

7.6 主要误差来源

7.6.1 试验压力的零点漂移及精度。

7.6.2 试样支撑面与工作台面的密和性。

7.6.3 压头轴线方向的变形与位移。

7.6.4 压头安装与主轴有倾斜角。

8 试验报告

试验报告应包括：

a) 材料制造单位；

b) 试样名称及编号；

c) 试验条件；

d) 试验设备；

e) 试验结果；

f) 试验日期及人员。

附 录 A
（资料性附录）

A.1 弯曲试验机结构图

弯曲试验机结构图见图 A.1。

单位为毫米

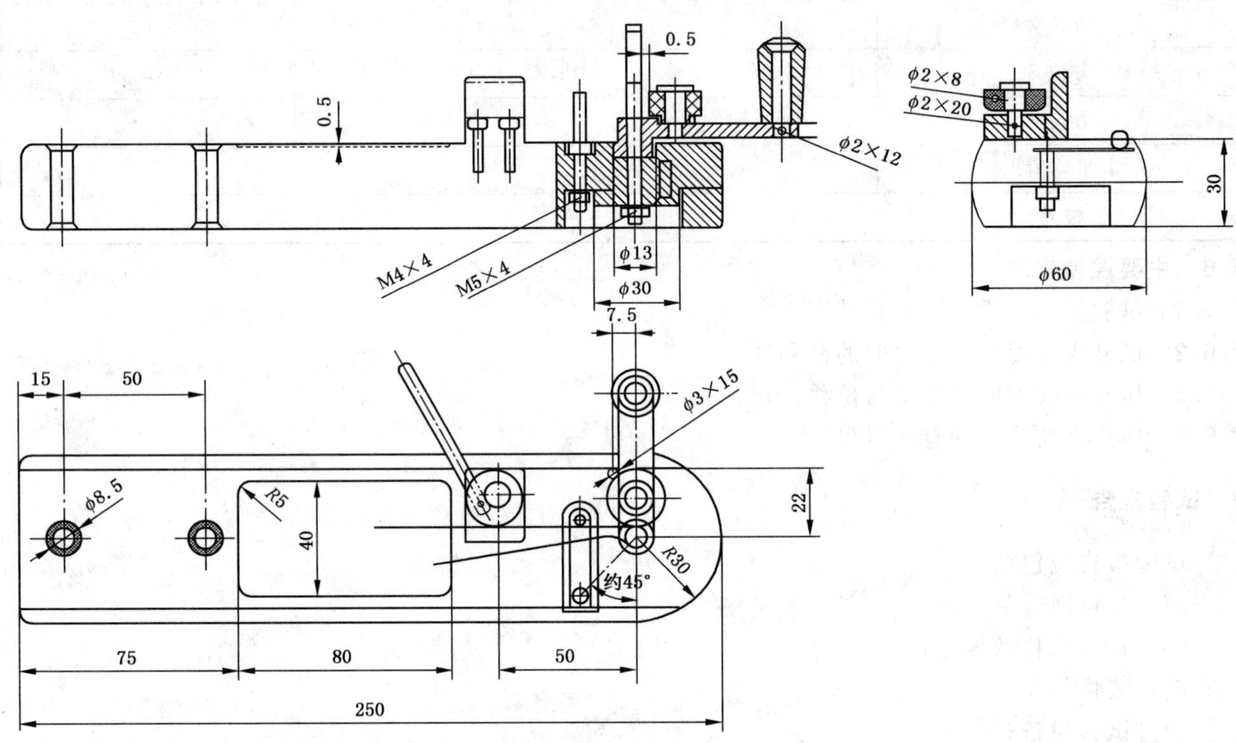

图 A.1 弯曲试验机结构图

ICS 31-030
L 90

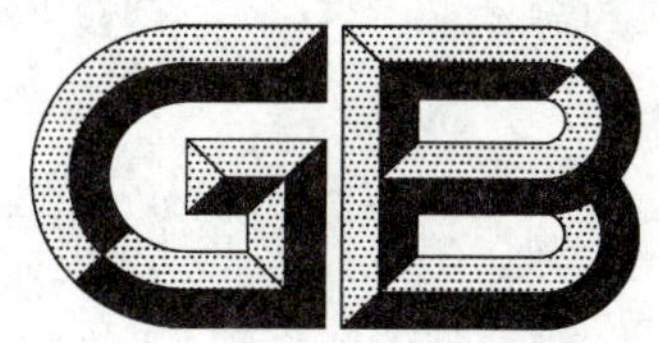

中华人民共和国国家标准

GB/T 25497—2010
代替 GB/T 6626.3—1986,GB/T 9506.4—1988,GB/T 9506.5—1988,GB/T 9506.7—1988,
GB/T 9506.8—1988

吸气剂气体吸放性能测试方法

Test methods for gas absorbency and release of getters

2010-12-01 发布 2011-05-01 实施

中华人民共和国国家质量监督检验检疫总局
中国国家标准化管理委员会 发布

前　言

本标准是将以下标准整合后进行修订的：

——GB/T 6626.3—1986《释汞吸气剂性能测试方法　释汞吸气剂放气量的测试方法》；

——GB/T 9506.4—1988《吸气剂放气量测试方法》；

——GB/T 9506.5—1988《掺氮吸气剂释氮吸气动态曲线测试方法》；

——GB/T 9506.7—1988《蒸散型钡吸气剂吸气性能测试方法》；

——GB/T 9506.8—1988《非蒸散型吸气剂吸气性能测试方法》。

本标准与原标准相比主要变化如下：

——删除定义的术语，在规范性引用文件中新增 GB/T 4314《吸气剂术语》；

——将蒸散型与非蒸散型吸气性能的测试方法合并为定压法的吸气性能测试方法，修订相应的测试设备要求。如对定压法测试分子流状态时的吸气性能系统的漏放率要求由统一的 1×10^{-7} Pa·L/s，改为在满足测试准确度要求的前提下，按特征吸着容量进行计算，吸气量大的吸气剂可以适当放宽；

——将定压法测试非蒸散型吸气剂的气体纯度的要求由 99.8%提高到 99.99%；

——将定压法测试蒸散型吸气剂吸气性能时，测不可吸收气体压强的时间由 15 min 延长到 25 min；

——取消释汞吸气剂加热升温曲线，改为 30 s 内线性加热到 900°；

——去除 GB 6626.1—1986《释汞吸气剂性能测试方法　释汞吸气剂释汞特性的测试方法》中附录 A 关于清洗含汞玻璃系统的部分；

——取消释汞吸气剂和非蒸散型吸气剂放气量计算时的气体修正系数；

——取消比放气量的计算；

——将蒸散型吸气剂放气量测试的起蒸时间由按使用领域划分更改为按含钡(钙…)量划分；

——取消 GB/T 9506.4—1988《吸气剂放气量测试方法》中附录 B 吸气剂测试系统容积的推荐值；

——取消 GB/T 9506.5—1988《掺氮吸气剂释氮吸气动态曲线测试方法》中关于蒸散线圈的要求；

——增加释汞吸气剂放气回吸动态曲线测试方法；

——增加定容法吸气性能测试方法；

——增加各温度的汞饱和蒸气压；

——根据 GB/T 1.1—2000 的要求进行格式修订。

本标准代替下列标准：

——GB/T 6626.3—1986《释汞吸气剂性能测试方法　释汞吸气剂放气量的测试方法》；

——GB/T 9506.4—1988《吸气剂放气量测试方法》；

——GB/T 9506.5—1988《掺氮吸气剂释氮吸气动态曲线测试方法》；

——GB/T 9506.7—1988《蒸散型钡吸气剂吸气性能测试方法》；

——GB/T 9506.8—1988《非蒸散型吸气剂吸气性能测试方法》。

本标准的附录 A、附录 B、附录 C 是规范性附录。

本标准由全国半导体设备和材料标准化技术委员会提出并归口。

本标准起草单位：南京华东赛斯真空材料有限公司、工业和信息化部电子工业标准化研究所、中国电子科技集团公司第十二研究所。

本标准主要起草人：薛函迎、郭卫斌、张巨先、刘筠。

本标准所代替标准的历次版本发布情况为：

——GB/T 6626.3—1986；

——GB/T 9506.4—1988；

——GB/T 9506.5—1988；

——GB/T 9506.7—1988；

——GB/T 9506.8—1988。

吸气剂气体吸放性能测试方法

1 范围

本标准规定了吸气剂放气量的测试方法、掺氮吸气剂释氮吸气动态曲线的测试方法、释汞吸气剂放气回吸曲线的测试方法、定压法吸气性能测试方法、定容法吸气性能测试方法等吸气剂气体吸放性能测试方法。

本标准适用于真空器件用吸气剂。

2 规范性引用文件

下列文件中的条款通过本标准的引用而成为本标准的条款。凡是注日期的引用文件，其随后所有的修改单(不包括勘误的内容)或修订版均不适用于本标准，然而，鼓励根据本标准达成协议的各方研究是否可使用这些文件的最新版本。凡是不注日期的引用文件，其最新版本适用于本标准。

GB/T 4314 吸气剂术语

3 术语

GB/T 4314 所确定的术语和定义适用于本标准。

4 吸气剂放气量测试

4.1 原理

本方法采用“定容法”。即利用在恒温下测量一定时间间隔中，某已知容积的容器内的压强变化量求出放气量。

4.2 测试设备和条件

测试设备如图 1。

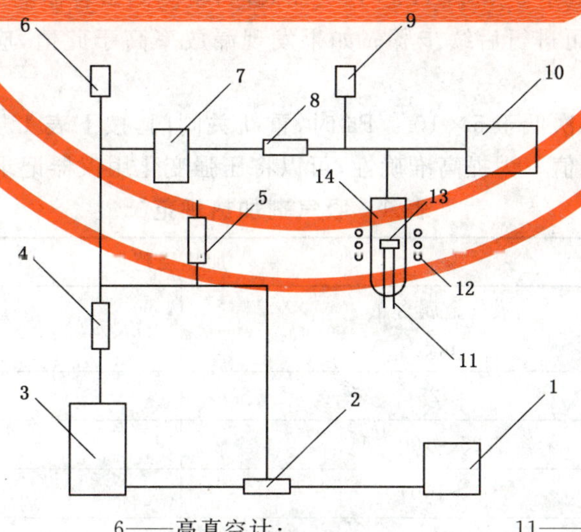

1——前级泵；
2——三通真空阀；
3——高真空泵；
4——隔断阀；
5——放气阀；
6——高真空计；
7——冷阱(可选)；
8——隔断阀；
9——测放气量的真空计；
10——静态膨胀容器；
11——热偶引线；
12——高频感应线圈；
13——吸气剂试样；
14——试样室。

图 1 吸气剂放气量测试系统

a) 测试台，系统原理如图1所示，真空系统的极限真空必须优于1×10^{-3} Pa，系统中隔断阀以后的主真空管路内径应不小于25 mm，以保证有足够的流导；连接真空规的管路，其流导也应尽量大，从而，使其两端的压强差可忽略不计；

b) 高频感应加热器；

c) 秒表；

d) 高真空计，量程必须覆盖$(10^{-1}\sim10^{-4})$Pa；

e) 真空计，量程：(0.01～100)Pa，反应时间：不大于0.1 s；

f) 点焊机。

4.3 试件制备

4.3.1 试件准备

4.3.1.1 成捆供应的带材

从待测剂带上剪下(5.0±0.1)cm长的试样，卷成直径约15 mm的圆环(双面压结带，释汞合金粉层首选置于内侧；单面压结，无粉层面处于内表面)，搭接处用点焊法固定，焊点应在无粉处。在远离原有焊点，没有覆盖粉末的同一侧边缘对径处分别点焊上丝径为0.3 mm、长为(30～40)mm的镍铬和镍硅丝，做成试件。

4.3.1.2 环状试样

在试样环对径处分别点焊上丝径为0.3 mm、长为(30～40)mm的镍铬丝和镍硅丝，做成试件。

4.3.1.3 其他试样

有载体试样在试样的载体同一侧边缘相距最远处分别点焊上丝径为0.3 mm、长为(30～40)mm的镍铬丝和镍硅丝，做成试件；无载体试样，在试样外面用镍带包紧，然后在试样同一侧镍带边缘上相距最远处分别点焊上丝径为0.3 mm、长为(30～40)mm的镍铬丝和镍硅丝，做成试件。

4.4 测试步骤

4.4.1 将试件按照图1装入测试系统，接上温度指示计。如需记录加热过程中试样上的温度变化和测试容器内压强变化时，可另行配接适当的记录仪器。

4.4.2 抽真空，测试释汞吸气剂时可向冷阱注入低于−25 ℃的致冷剂以收集汞蒸气，防止污染。

4.4.3 待真空系统内压强低于5×10^{-3} Pa时，关闭阀门，检测测试容器漏放率。漏放率应在满足低于5×10^{-3} Pa·L/s要求后方可进行后续步骤。如果发现漏放率高于此值，应彻底清洁测试容器后重新进行本步骤。

4.4.4 打开阀门，当压强再次低于5×10^{-3} Pa时，重新关阀门，按下表1规定的规范加热试件。读取加热过程中试样室内压强峰值。为提高准确性，可以将压强变化用仪器记录后再读取最大值。

表1 吸气剂加热规范

<table>
<tr><th>吸气剂类型</th><th colspan="2">加热规范</th></tr>
<tr><td rowspan="4">蒸散型</td><td>吸气金属含量
mg</td><td>起蒸时间 t_s
s</td></tr>
<tr><td>≤25</td><td>10±2</td></tr>
<tr><td>25～100</td><td>15±2</td></tr>
<tr><td>>100</td><td>25±2</td></tr>
<tr><td>非蒸散型</td><td colspan="2">激活所使用的激活温度和时间，一般按制造厂家推荐的规范，如厂家未推荐加热规范时则可采用如下规范(30 s匀速加热到指定温度，然后保温)：
a) 高温激活吸气剂 温度：(900±15)℃；时间：30 s；
b) 低温激活吸气剂 温度：(500±10)℃，时间：15 min</td></tr>
<tr><td>释汞型</td><td colspan="2">30 s内均匀的加热到900 ℃，保温30 s后停止加热，待试样冷却到100 ℃以下，取出试件</td></tr>
</table>

4.4.5　待试样冷却后，将测试系统接通大气，取出试样。

4.4.6　关于预处理放气量

为了解试样经正常排气工艺后，实际使用过程中的放气量，可以在系统内压强低于 5×10^{-2} Pa 时，使试样在(20～30)s 内升至实际烘烤排气温度，保温 15 min 后，停止加热。然后按 4.4.3～4.4.5 的步骤测试。

4.5　计算

吸气剂的放气量 Q 按式(1)计算：

$$Q=\frac{V(P_{\mathrm{f}}-P_{\mathrm{i}})-Q_{\mathrm{L}}t}{N} \qquad \cdots\cdots(1)$$

式中：

Q——放气量，Pa·L/cm 或 Pa·L/只；

V——测试容器的容积，L；

P_{f}——观察到的测试容器中的压强峰值，Pa；

P_{i}——测试容器中的起始压强值，Pa；

Q_{L}——测试容器的漏放率，Pa·L/s；

t——测试时间：从关闭阀门到观察到测试容器中压强出现峰值所经历的时间；

N——成捆带状试样为 5，单只成品试样为 1。

注：式(1)在 $P_{\mathrm{i}}\ll P_{\mathrm{f}}$，$Q_{\mathrm{L}}$ 足够小时，通常可以简化为 $Q=V\cdot P_{\mathrm{f}}/N$。

4.6　主要误差来源

4.6.1　测温系统的误差。由热电偶焊接位置、冷端温度等因素引起。

4.6.2　真空计的误差，漏放率测定的准确度。

4.6.3　测试容器的容积测定的准确度。

4.7　测试报告

测试报告格式如表 2。

表 2　吸气剂放气量的测试报告

序号	吸气剂型号	总放气量 Q_{r} Pa·L	预处理后放气量 Q_{r} Pa·L
1			
2			
3			

5　掺氮吸气剂释氮吸气动态曲线的测试方法

掺氮吸气剂释氮吸气动态曲线的测试，其测试设备和条件、试样准备等均与第 4 章相同。基本原理是掺氮吸气剂进行(350±5)℃的预处理后，其在加热过程中释放出的气体量可以近似的认为就是释放出的氮气量。因此可以采用“定容法”，即利用在恒温下测量一定时间间隔中，某已知容积的容器内的压强变化量来表征掺氮吸气剂释氮吸气动态变化。测试时步骤如下：

5.1　按 4.4.6 的要求对试样进行(350±5)℃的预处理。

5.2　在测量放气量的真空计上连接数据采集装置。

5.3　按 4.4.3～4.4.5 的步骤测试吸气剂的放气量，该预处理后的放气量可以认为约等于释氮量。

5.4　在 5.3 步骤中，可同时用数据采集装置记录容器内的压强变化，该压强变化表征了掺氮吸气剂在蒸散过程中的释氮、回吸、吸气的动态过程。

5.5　主要误差来源

5.5.1 测温系统的误差。由热电偶焊接位置、冷端温度等因素引起。

5.5.2 真空计的误差，漏放率测定的准确度。

5.5.3 测试容器的容积测定的准确度。

5.5.4 杂质气体的含量。

5.5.5 预处理过程中掺氮合金的预分解。

6 释汞吸气剂放气回吸曲线的测试方法

释汞吸气剂放气回吸曲线的测试，其测试原理、设备和条件、试样准备、测试步骤等均与第4章基本相同。只是由于需要提高测量精度，为减小系统体积，4.2a)中的真空管路内径应不小于25 mm的要求更改为不小于11 mm。

测试时，按第4章测试吸气剂的放气量。同时记录室温和容器内的压强变化。

根据记录的室温，查附录A中对应的饱和汞蒸气压。对于各温度点之间的汞蒸气压可以采用线性插值的方法计算获得。

以记录下的容器内的压强变化曲线减去相应的饱和汞蒸气压来表示释汞吸气剂的放气回吸动态过程。

7 定压法吸气性能测试方法

7.1 原理

采用定压法，利用试验气体在分子流状态流过已知流导的真空元件进入试样室时，在其两端出现压差的现象，通过恒定一端压强，测量另一端随时间变化的压强值，据此计算出不同时间的吸气速率和吸气量。

在比较各种蒸散型吸气剂吸气性能时，采用恒定供气端压强(P_m)的方法；在比较各种非蒸散型吸气剂吸气性能时，采用恒定试样室压强(P_g)的方法。

7.2 设备

a) 秒表；

b) 分析天平，精度0.1 mg；

c) 游标卡尺；

d) B-A真空计 量程必须覆盖(10^{-1}～10^{-7})Pa，须采用低温灯丝；

e) 温度控制器，(0～1 100)℃；

f) 点焊机；

g) 试验气体：如无特殊要求，测试蒸散型吸气剂的试验气体纯度要求不低于99.8%，一般采用一氧化碳；测试非蒸散型吸气剂要求纯度不低于99.99%，一般采用氢气；

h) 高频发生器及感应线圈。

定压法吸气性能测试系统见示意图2。

其中超高真空获得系统应具有较小的选择性抽气效果，如扩散泵或分子泵。如果超高真空获得系统对测试系统和测试气体的抽速远大于测试系统的流导，也可使用其他选择性抽气效果更显著的真空获得系统。整个测试系统应能获得低于1×10^{-6} Pa的压强，连接两只B-A规5、9的管道内径最小为25 mm，长度最大为200 mm。并且在关闭隔离阀4后，600 s时读取系统内的压强，计算系统的漏放率，系统的漏放率$V_t(\Delta p/\Delta t)$必须满足$V_t(\Delta p/\Delta t)\leqslant(C/1.08)\times10^{-7}$ Pa·L/s(C为制造商给出或者同批次产品测出的特征吸着容量，单位为Pa·L；V_t是隔离阀后的系统体积，单位为L)。

测试显像管用蒸散型吸气剂时，试样室可以选用标准的显像管，其他蒸散型吸气剂选用外径为60 mm，体积约为100 cm^3的玻璃球泡作为试样室，非蒸散型吸气剂的试样室不作要求。在蒸散型吸气剂的试验结果中必须明确标明试样室的类型。

已知流导的选择与吸气剂的类型和测量系统有关，首先已知流导必须小于系统流导的百分之一，同时必须确保 P_g 可以精确测量并且远大于系统残余压力，当恒定 P_m 时，P_m 与 F 值见附录 B；当恒定 P_g 时，已知流导必须确保在试验开始时 P_m 不能太高以至于无法产生分子流，并且流导值必须足够低到可以准确测量到初始吸气速率 5% 的终端吸气速率。

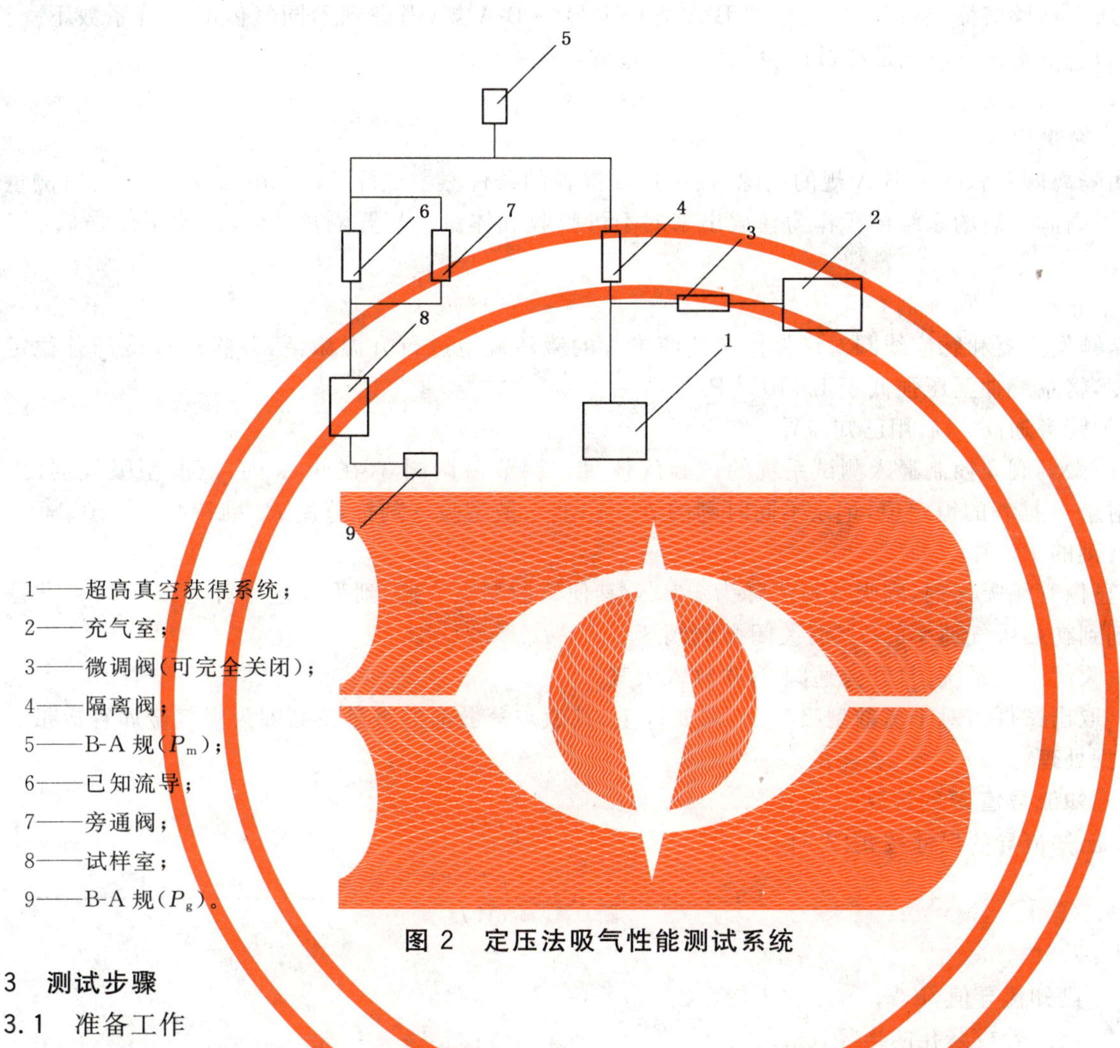

1——超高真空获得系统；
2——充气室；
3——微调阀(可完全关闭)；
4——隔离阀；
5——B-A 规(P_m)；
6——已知流导；
7——旁通阀；
8——试样室；
9——B-A 规(P_g)。

图 2　定压法吸气性能测试系统

7.3　测试步骤

7.3.1　准备工作

7.3.1.1　蒸散型吸气剂

直接将试样点焊在清洁的支撑架上，制成试件，并用分析天平称量试件。

7.3.1.2　非蒸散型吸气剂

单个成品试样用游标卡尺测量外形尺寸，计算吸气合金的表面积，并用分析天平称量试件。环状试样在外侧对径处分别点焊上丝径为 0.3 mm，长度为(30～40)mm 的镍铬丝和镍硅丝，做成试件；其他形状的试样首先将丝径为 0.3 mm，长度为(30～40)mm 的镍铬丝和镍硅丝在端头处搭接焊牢，然后将热电偶焊接在试样的底部。

成卷供应的带状吸气剂，从带料上剪下(50±0.5)mm 长的试样，用游标卡尺测量外形尺寸，并计算吸气合金的表面积后将其卷成直径约为 15 mm 的圆环，并使试样的无粉面向内，搭接处用点焊固定，焊点应在无粉处。带状试样制环后，参照环状试样在远离原有搭接处焊点的对径位置焊接热电偶，做成试件。另取同批次样品，测试(50±0.5)mm 长试样的平均装载量。

7.3.2　将试件安放在试样室内规定的位置上。显像管用吸气剂试件安装在显像管正常使用的位置上，其他蒸散型吸气剂试件的安放位置，应确保径向上吸气剂与真空管道同轴，轴向上在真空管道与玻璃球泡相交处。非蒸散型吸气剂试件的安放位置不做要求。

7.3.3　开启真空系统，加热烘烤测试系统一段时间后，关闭加热并待其冷却到室温，然后对 B-A 规除气，直到系统压强低于 1×10^{-6} Pa。600 s 时测试系统的压强，计算压强变化，其值低于 $(C/1.08)\times10^{-7}$ 时，方可进行后续步骤，否则应对规管除气或对系统进行检漏。

7.3.4　开启隔离阀，重新抽到压强低于 1×10^{-6} Pa。

7.3.5　通入试验气体，利用已校准过的 B-A 规校准另一 B-A 规（考虑到不同气体的规管系数不一样，因此 P_m、P_g 中至少有一只是经过试验气体校准过的）。

7.3.6　蒸散或激活

7.3.6.1　蒸散型吸气剂

关闭隔离阀 4 和两个 B-A 规的电源，按制造商推荐的条件蒸散试样。25 min 后，用 P_g 规管测量压强，乘以隔离阀 4 后的系统体积作为释放出来的不可吸收气体量。打开隔离阀 4，再抽至压强低于 1×10^{-6} Pa。

7.3.6.2　非蒸散型吸气剂

用高频发生器和感应线圈对试件按制造商推荐的激活规范进行升温激活，并将试件冷却并稳定在测试温度，将系统抽至压强低于 1×10^{-6} Pa。

7.3.7　关闭旁通阀 7，启用已知流导

7.3.8　用微调阀 3 控制通入测试系统的试验气体量。调节微调阀 3，在 60 s 内：蒸散型吸气剂使 P_m 维持在附录 B 推荐的恒定值，记录不同时刻的 P_g 值；非蒸散型吸气剂推荐使 P_g 维持在 4×10^{-4} Pa，记录不同时刻的 P_m 值。

7.3.9　显像管用吸气剂，到吸气速率降为 1 L/s；其他蒸散型吸气剂，到吸气速率降为 0.1 L/s；非蒸散型吸气剂到初始吸气速率的 5% 时关闭微调阀 3。

7.3.10　关闭抽气系统，打开旁通阀 7，并放入大气。

7.3.11　取出试件。对于蒸散型吸气剂，需要称重，其值与蒸散前的重量差额即为吸气金属释放量。

7.4　数据处理

7.4.1　已知流导值 *F* 的计算

a)　已知流导的尺寸按式(2)计算：

$$F=(3.638\pi a^2K)\times\left(\frac{T}{M}\right)^{1/2} \qquad\cdots\cdots(2)$$

式中：

F——已知流导值，L/s；

a——毛细管或漏孔的半径，cm；

K——克劳辛修正系数（是 l/a 的函数，见附录 C）；

T——热力学温度，K；

M——试验气体分子量；

l——毛细管的长度或漏孔的厚度，cm。

b)　已知某种气体的流导，计算测试气体的流导按式(3)计算：

$$F_2=\sqrt{\frac{M_1}{M_2}}F_1 \qquad\cdots\cdots(3)$$

式中：

F_2——毛细管或漏孔对第二种气体的流导值，mL/s；

F_1——毛细管或漏孔对第一种气体的流导值，mL/s；

M_1——第一种气体的分子量；

M_2——第二种气体的分子量。

7.4.2　吸气速率

吸气速率按式(4)计算：

$$S=\frac{F(P_{m}-P_{g})}{P_{g}} \tag{4}$$

式中：

S——吸气速率，L/s；

F——已知流导值，L/s，由式(1)求得；

P_m——供气端压强，Pa；

P_g——试样室气体压强，Pa。

7.4.3 吸气量

吸气量按式(5)计算：

$$C=F\int_{0}^{t}(P_{m}-P_{g})\mathrm{d}t \tag{5}$$

式中：

C——在 t 时间内的吸气量，Pa·L；

t——吸气时间，s。

在实际应用中可近似地按式(6)和式(7)计算：

$$C=\sum\Delta C_{i} \tag{6}$$

$$\Delta C_{i}=F\overline{(P_{mi}-P_{gi})}\Delta t_{i} \tag{7}$$

式中：

ΔC_i——某一时间间隔 t 内的吸气量，Pa·L；

Δt_i——时间间隔值，s；

$\overline{(P_{mi}-P_{gi})}$——在时间间隔 t 内的平均压强差，Pa。

在总吸气时间内的吸气量为吸着容量 C_t。

7.4.4 比吸着容量

比吸着容量按式(8)计算：

$$C_{sq}=\frac{C_{t}}{X} \tag{8}$$

式中：

C_{sq}——比吸着容量，Pa·L/mg 或 Pa·L/cm^2；

X——吸气金属释放量(蒸散型)或装载量(非蒸散型)，单位为 mg 或者是吸气合金视在表面积(非蒸散型)，单位为 cm^2。

7.5 主要误差来源

a) 真空仪表精确度以及真空规校准精度；

b) 漏放率测定的准确程度；

c) 蒸散条件(蒸散型吸气剂的起蒸时间、总蒸时间、安装位置)或激活、工作温度(非蒸散型吸气剂由于热电偶焊接位置、冷端温度等引起的温度误差)。

7.6 注意事项

7.6.1 P_g 规管不能直接对着进气口，其连接管道必须有足够大的流导，使规管的抽气作用所形成的压降可以忽略不计。

7.6.2 蒸散型吸气剂的吸气金属膜的沉积受到试样安装位置的影响，必须保证相对固定；同时为保证测试结果的实用价值，必须严格控制试样的安装位置与实际使用情况相近。

7.7 测试报告

7.7.1 测试报告应提供试验气体吸气性能曲线，以吸气速率的对数值为纵坐标，单位为 L/s 或 mL/s；以吸气量为横坐标，单位为 Pa·L 或 Pa·mL。

7.7.2 在吸气性能曲线上应标明下列内容：

a) 吸气剂型号；

b) 试验气体种类；

c) 环境温度；

d) P_m 恒定值(蒸散型)或 P_g 恒定值(非蒸散型)；

e) 已知流导 F 值；

f) 吸气金属释放量(蒸散型)或表面积、装载量(非蒸散型)；

g) 起蒸时间 t_S 和总蒸时间 t_T(蒸散型)或激活条件(非蒸散型)；

h) 试样室形状尺寸及容积(蒸散型)；

i) 不可吸收气体压强(蒸散型)；

j) 测试单位、人员和日期。

8 定容法吸气性能测试方法

8.1 原理

采用定容法，利用充放气装置向已知体积的真空腔内注入一定压强的测试气体，然后经过体积变化，达到起始测试压强后，测量测试室随时间变化的压强值，据此计算出不同时间的吸气速率和吸气量。

8.2 设备

a) 秒表；

b) 测试用真空计 电离真空计量程必须覆盖(10^{-1}～10^{-4})Pa，须采用低温灯丝；薄膜真空计(0.001～100)Pa；

c) 温度控制器(0～1 200)℃；

d) 试验气体 纯度不低于99.99%；

e) 点焊机；

f) 高频发生器及感应线圈(需加热时)；

g) 惰性气体保护手套箱。

定容法吸气性能测试系统示意图见图3；测试系统应具有旁通粗抽机构、高低真空测试设备。

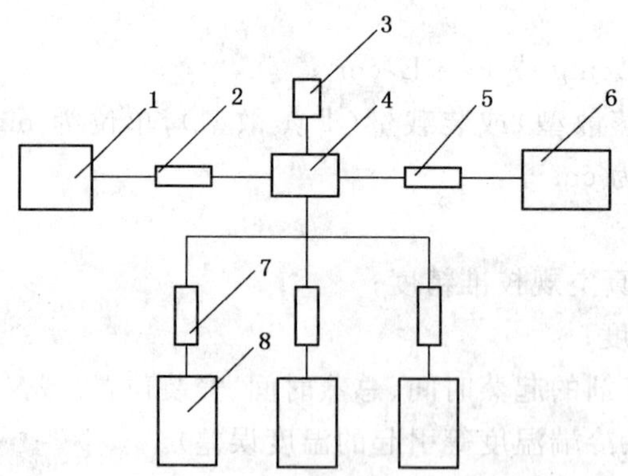

1——真空获得系统；
2——隔离阀；
3——测试用真空计；
4——充气室；
5——隔离阀；
6——试样室；
7——微调阀(可完全关闭)；
8——测试气体。(7,8根据需要从一个到多个任选)

图3 定容法吸气性能测试系统

8.3 测试步骤

8.3.1 准备工作

a) 非蒸散型吸气剂

按 7.3.1 中对非蒸散型吸气剂的要求焊接热电偶，并封入试样室 6。

b) 组合型或其他暴露大气对其性能有影响的吸气剂

确认试样室 6 内压强小于 10 Pa 或充入惰性气体后，关闭隔离阀 5 并连同试样室 6 一起卸下，放入充满惰性气体的手套箱内；在手套箱中打开待测试的吸气剂包装并封入试样室；取出隔离阀 5 和试样室 6，并重新将隔离阀 5 连接到系统上。

8.3.2 开启真空获得系统的旁通粗抽机构，开启隔离阀 5。

8.3.3 粗抽结束后，关闭真空获得系统的旁通机构，待系统真空度小于 1×10^{-2} Pa 后，开启加热，烘烤测试系统一段时间后，关闭加热并待其冷却到室温。

8.3.4 关闭系统隔断阀，60 s 时测试系统的压强，计算压强变化，其值低于 $(C/1.08)\times10^{-7}$ 时（C 为制造商给出或者同批次产品测出的特征吸着容量，单位为 Pa・L），方可进行后续步骤，否则应对系统进行检漏。

8.3.5 开启系统隔离阀 2，重新将测试系统抽到压强小于等于漏放率测试之前的值。

8.3.6 必要时根据制造商推荐的激活条件利用高频对吸气剂进行激活，将试件冷却并稳定在测试温度。

8.3.7 关闭隔离阀 2、5。

8.3.8 开微调阀 7，通入试验气体到预定的压强后，关闭微调阀 7。

8.3.9 开启隔离阀 5，定期记录测试用真空计 3 的读数。

8.3.10 测试完毕后，关闭真空获得系统，向系统中充入空气，取下测试室 6。

8.4 数据处理

吸着速度按下式进行计算：

$$G=V\times \mathrm{d}P/\mathrm{d}t \qquad (9)$$

式中：

G——吸着速度，Pa・L/s；

V——隔离阀 2、所有充气阀 7 关闭时的与试样室 6 连通的系统体积，L；

$\mathrm{d}P$——规定时间内的压强变化，Pa；

$\mathrm{d}t$——规定时间段，s。

8.5 主要误差来源

a) 真空仪表准确程度及真空规校准的精度；

b) 系统漏放率的大小。

8.6 注意事项

8.6.1 因测试结果受到系统漏放率的影响较大，故必须严格控制系统的漏放率。

8.6.2 本测试方法常用氢气、一氧化碳、二氧化碳、氮气为试验气体。

8.7 测试报告

8.7.1 测试报告应提供试验气体的吸气性能曲线。

吸气性能曲线以测试用真空计的压强为纵坐标，单位为 Pa，以测试时间为横坐标，单位为 s。

8.7.2 在吸气性能曲线上应标明下列内容：

a) 吸气剂型号；

b) 试验气体种类；

c) 环境温度；

d) 测试系统体积；

e) 起始压强；

f) 测试单位、人员和日期。

附 录 A
（规范性附录）
各温度点的饱和汞蒸气压

各温度点的饱和汞蒸气压见表 A.1。

表 A.1 各温度点的饱和汞蒸气压

序号	温度 ℃	饱和汞蒸气压 Pa
1	11	0.077
2	12	0.085
3	13	0.093
4	14	0.102
5	15	0.111
6	16	0.121
7	17	0.132
8	18	0.144
9	19	0.158
10	20	0.172
11	21	0.187
12	22	0.204
13	23	0.221
14	24	0.241
15	25	0.262
16	26	0.284
17	27	0.309
18	28	0.335
19	29	0.363
20	30	0.393
21	31	0.426
22	32	0.461
23	33	0.499
24	34	0.540
25	35	0.584

附　录　B
（规范性附录）
P_m 与流导 F 的选择

蒸散型吸气剂采用定压法测试吸气性能时，P_m 恒定值与流导 F 的选择见表 B.1。

表 B.1　P_m 恒定值与流导 F 值的选择

吸气剂类型	试样室	P_m 恒定值 Pa	流导 F 值 L/s
小型管用	100 mL 球泡	1.4×10^{-2}	0.2
显像管用	31 cm 显像管玻壳	1.0×10^{-2}	3
	48 cm 显像管玻壳	1.0×10^{-2}	7
	58 cm 显像管玻壳	1.6×10^{-2}	9
	＞58 cm	2.0×10^{-2}	13

附 录 C
（规范性附录）
K 值与 l/a 值对照表

根据已知尺寸计算流导时，克劳辛修正系数 K 的值见表 C.1。

表 C.1　K 值与 l/a 值对照表

l/a	K	l/a	K
0	1	3.2	0.403 2
0.1	0.952 4	3.4	0.393 1
0.2	0.909 2	3.6	0.380 0
0.3	0.869 9	3.8	0.369 5
0.4	0.843 1	4.0	0.358 9
0.5	0.801 3	5	0.314 6
0.6	0.771 1	6	0.280 7
0.7	0.743 4	7	0.253 7
0.8	0.717 7	8	0.231 6
0.9	0.694 0	9	0.213 1
1.0	0.672 0	10	0.197 3
1.1	0.651 4	12	0.171 9
1.2	0.632 0	14	0.152 3
1.3	0.613 9	16	0.136 7
1.4	0.597 0	18	0.124 0
1.5	0.581 0	20	0.113 5
1.6	0.565 9	30	0.079 7
1.7	0.551 8	40	0.061 3
1.8	0.538 4	50	0.049 9
1.9	0.525 6	60	0.042 0
2.0	0.513 6	70	0.036 3
2.2	0.491 4	80	0.031 9
2.4	0.471 1	90	0.028 5
2.6	0.452 7	100	0.025 8
2.8	0.435 9	1 000	0.002 658
3.0	0.420 5		8a/31

ICS 17.140.50
A 59

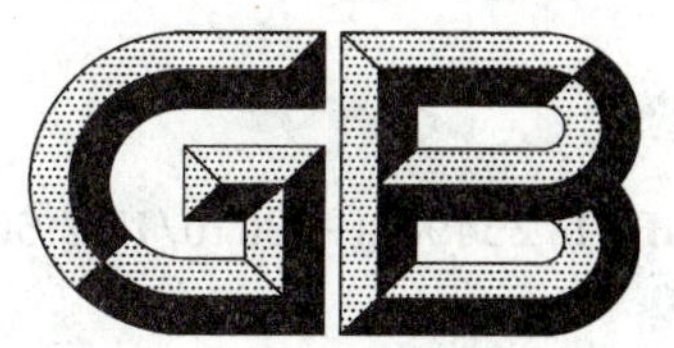

中华人民共和国国家标准

GB/T 25498.1—2010/IEC 60318-1:1998
代替 GB/T 7614—1987

电声学 人头模拟器和耳模拟器 第1部分:校准压耳式耳机用耳模拟器

Electroacoustics—Simulators of human head and ear—
Part 1:Ear simulator for the calibration of supra-aural earphones

(IEC 60318-1:1998,IDT)

2010-12-01 发布 2011-05-01 实施

中华人民共和国国家质量监督检验检疫总局
中国国家标准化管理委员会 发布

前　言

GB/T 25498《电声学　人头模拟器和耳模拟器》分为7个部分：

——第1部分：校准压耳式耳机用耳模拟器；

——第2部分：校准测听耳机用延伸高频范围临时声耦合器；

——第3部分：校准压耳式测听耳机用声耦合器；

——第4部分：测量插入式耳机用堵塞耳模拟器；

——第5部分：测量带耳塞式耳机助听器和耳塞式耳机用2 cm^3 耦合器；

——第6部分：骨振器测量用力耦合器；

——第7部分：空气传导助听器声学测量用头和躯干模拟器。

本部分为GB/T 25498的第1部分。

本部分等同采用IEC 60318-1:1998《电声学　人头模拟器和耳模拟器　第1部分：校准压耳式耳机用耳模拟器》(英文版)。

为便于使用，本部分作了下列编辑性修改：

a) 用小数点'.'代替作为小数点的逗号','；

b) 删除IEC 60318-1:1998的前言。

本部分代替GB/T 7614—1987《校准测听耳机用的宽频带型仿真耳》。

本部分与GB/T 7614—1987相比主要变化如下：

a) 本部分根据GB/T 1.1—2000的规则增加了"规范性引用文件"一章；

b) 本部分的名称由原来的《校准测听耳机用的宽频带型仿真耳》修改为《电声学　人头模拟器和耳模拟器　第1部分：校准压耳式耳机用耳模拟器》；

c) 第4.1条增加了耳模拟器上端边缘平面与传声器膜片之间距离 h 尺寸和公差要求；

d) 第6章校准内容中增加了环境条件和环境条件允差要求。

本部分附录A和附录B为资料性附录。

本部分由中华人民共和国工业和信息化部提出。

本部分由全国电声学标准化技术委员会归口(SAC/TC 23)。

本部分主要起草单位：中国电子科技集团公司第三研究所。

本部分参加起草单位：湖北省计量测试技术研究院、工业和信息化部电信研究院中国泰尔实验室、杭州爱华仪器有限公司、红声器材厂(4380)嘉兴分厂。

本部分主要起草人：韩捷、张伟、姜波、曲林。

本部分参加起草人：时根火、朱晓峰、张绍栋、舒国华。

本部分所代替标准的历次版本发布情况为：

——GB/T 7614—1987。

电声学　人头模拟器和耳模拟器
第1部分:校准压耳式耳机用耳模拟器

1　范围

GB/T 25498的本部分规定了用于校准听力测定和电话电声测量用无声泄漏压耳式耳机的耳模拟器结构和特性。本部分规定的耳模拟器其频带范围为20 Hz～10 000 Hz。

注:本装置不适用于校准耳罩式耳机。然而为了校准耳罩式测听耳机,IEC 60318-2规定了使用本部分给出的耳模拟器构成临时声耦合器的适配器。

2　规范性引用文件

下列文件中的条款通过GB/T 25498的本部分的引用而成为本部分的条款。凡是注日期的引用文件,其随后所有的修改单(不包括勘误的内容)或修订版均不适用于本部分,然而,鼓励根据本部分达成协议的各方研究是否可使用这些文件的最新版本。凡是不注日期的引用文件,其最新版本适用于本部分。

GB/T 20441.4—2006　测量传声器　第4部分:工作标准传声器规范(IEC 61094-4:1995,IDT)

3　术语和定义

下列术语和定义适用于GB/T 25498的本部分。

3.1

耳模拟器　ear simulator

校准耳机的装置,内有用于测量声压的已校准的传声器和在一定频带内总的声阻抗接近人耳平均声阻抗的声耦合器。

3.2

压耳式耳机　supra-aural earphone

紧贴在外耳上的耳机。

3.3

耳罩式耳机　circumaural earphone

具有一个大得足以覆盖包括耳廓在内的腔体的耳机。

4　结构

4.1　概述

耳模拟器由3个声耦合腔组成。圆锥形主腔的尺寸和3个耦合腔的体积在图1规定。耦合元件的集总参数值应调整如下:

$L_2=5\times10^2\ \mathrm{Pa\cdot s^2\cdot m^{-3}}$

$L_3=1\times10^4\ \mathrm{Pa\cdot s^2\cdot m^{-3}}$

$R_2=6.5\times10^6\ \mathrm{Pa\cdot s\cdot m^{-3}}$

$R_3=2\times10^7\ \mathrm{Pa\cdot s\cdot m^{-3}}$

L_2和L_3表示声质量,R_2和R_3表示声阻。这些值相应于规定的试验条件且公差应符合4.2规定。

注:体积V_1包括传声器罩的等效体积,保护栅格的相应修正也被考虑在内。

耳模拟器上端边缘平面与传声器膜片之间距离h应为8.26 mm±0.05 mm。

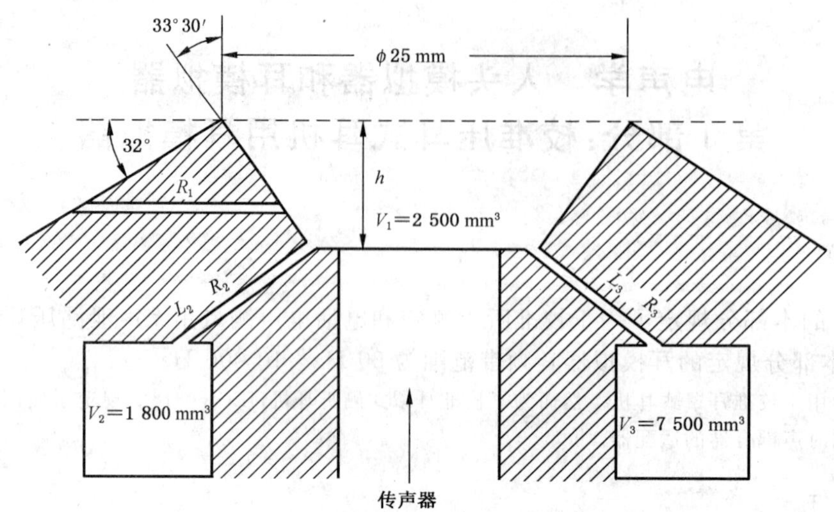

图 1　耳模拟器横断面示意图(公差见 4.2)

4.2　公差

线性尺寸公差应为±0.2 mm,耦合腔体积的公差应在±1%以内,耦合元件的公差应在±5%以内,角度 33°30′公差应为±30′,角度 32°公差应为$^{+3°}_{-1°}$。

4.3　静态压力平衡

为了均衡压力而规定的泄漏的声阻 R_1 应大于 500×10^6 Pa·s·m^{-3}并小于 10^9 Pa·s·m^{-3}。该泄漏能够耦合到 3 个腔体中的任何一个。当耳机两端馈给一定电压时,小孔堵塞或开启时的声压级差,在 100 Hz～10 000 Hz 间的任何频率处,均不应大于 0.2 dB。

4.4　传声器

传声器形成 V_1 腔体的底。传声器应具有高声阻抗,在整个规定频率范围内等效体积小于20 mm³。在所规定的频率范围上,应已知传声器声压灵敏度和相关测量系统的不确定度,其要求为包含因子$k=2$时不确定度优于±0.2 dB。传声器应连同防护罩以适当的密封方式与体积 V_1 耦合。传声器应符合 GB/T 20441.4 中 WS2P 型传声器的要求。传声器的构造和类型应给予说明。

4.5　材料

耳模拟器应使用坚硬的,稳定的和非磁性的材料制造,例如黄铜。

4.6　测量平面

传声器膜片的平面应理解为平均人耳道入口。

4.7　设计实例

耳模拟器的特定实例见附录 B。

5　耳机与耳模拟器的耦合

应将待校准的耳机以没有声泄漏的方式安装到耳模拟器上,作用力为 4.5 N±0.5 N,其中不包括耳机自身重量。特殊耳机,如果施加不同的耦合力应给予说明。

耳机不应放置在耳模拟器的斜面上,而应在上端边缘(唇口)上。

对于硬耳套耳机,为了使耳机与耦合器上端边缘之间形成有效密封,在凸起边缘处应使用薄膜密封材料或薄软橡胶圈密封。

6　校准

6.1　校准试验环境条件

参考大气压:101.3 kPa

参考温度:23 ℃

参考相对湿度:50%

6.2 校准方法

制造商应在操作手册中叙述校准方法和包括传声器在内的完整耳模拟器的稳定性。

校准宜在 6.1 规定的校准环境条件下完成,允差为:

大气压:±3.0 kPa

温度:±3 ℃

相对湿度:±20%

如果这些要求不满足,应说明实际数值。

附　录　A
（资料性附录）
耳模拟器集总参数电类比网络

在此类比中，1 Ω 相当于 1×10^{5} Pa·s·m^{-3}。

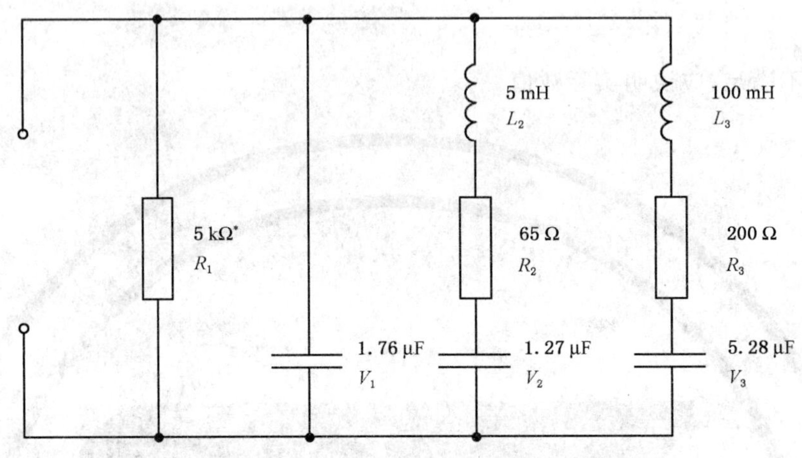

* 见 4.3。

图 A.1　电类比网络

无声泄漏条件下的人耳平均声阻抗的三种独立测定方法(见参考文献)，可适用于测听耳机的各种不同耳垫。典型的类比网络见图 A.1，可调节元件的数值，使它们与每种实验阻抗数据达到最佳吻合。图 A.1 显示的集总参数值是对应于平耳垫平均值。

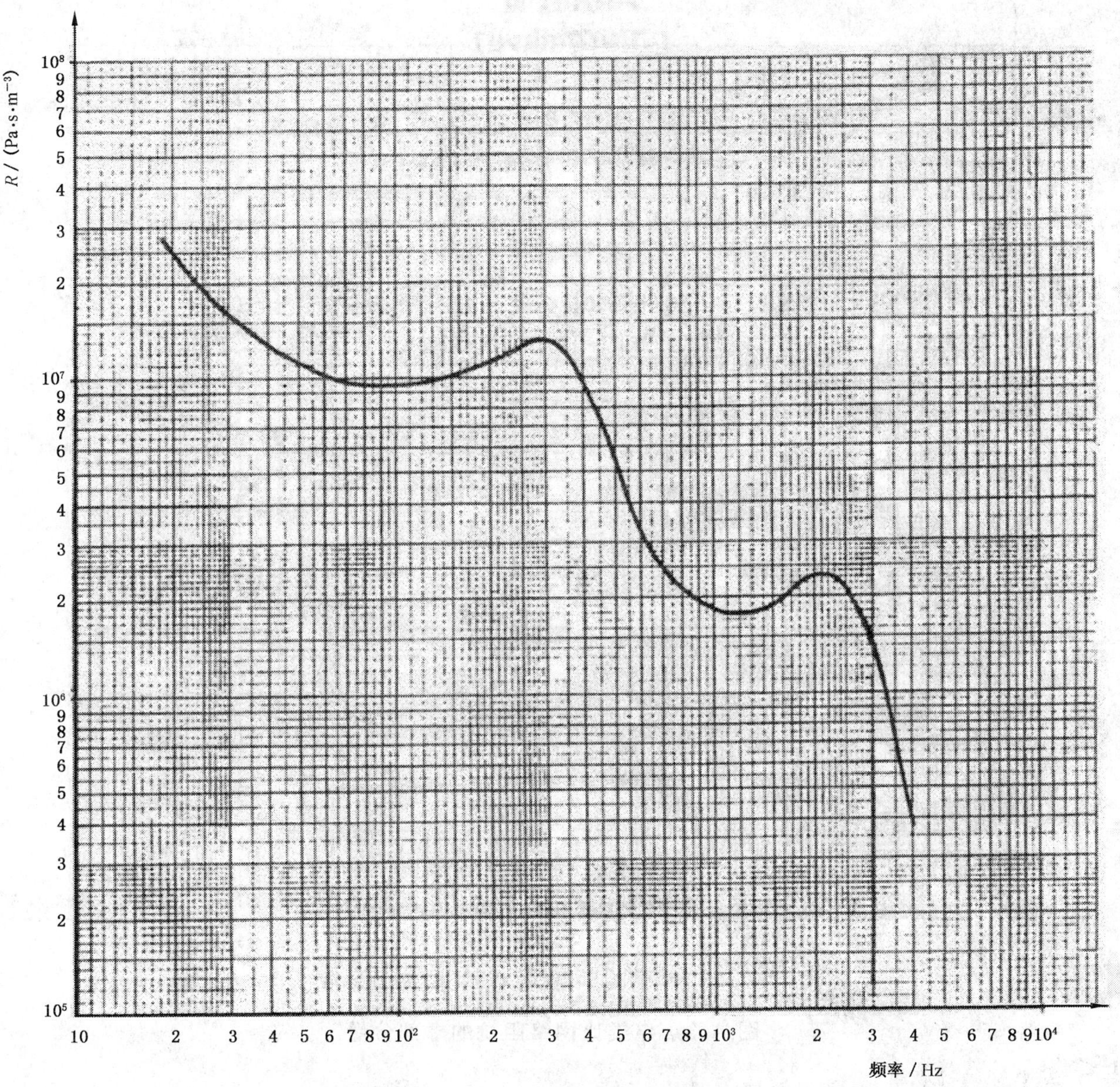

图 A.2 电类比网络阻抗的实部分量

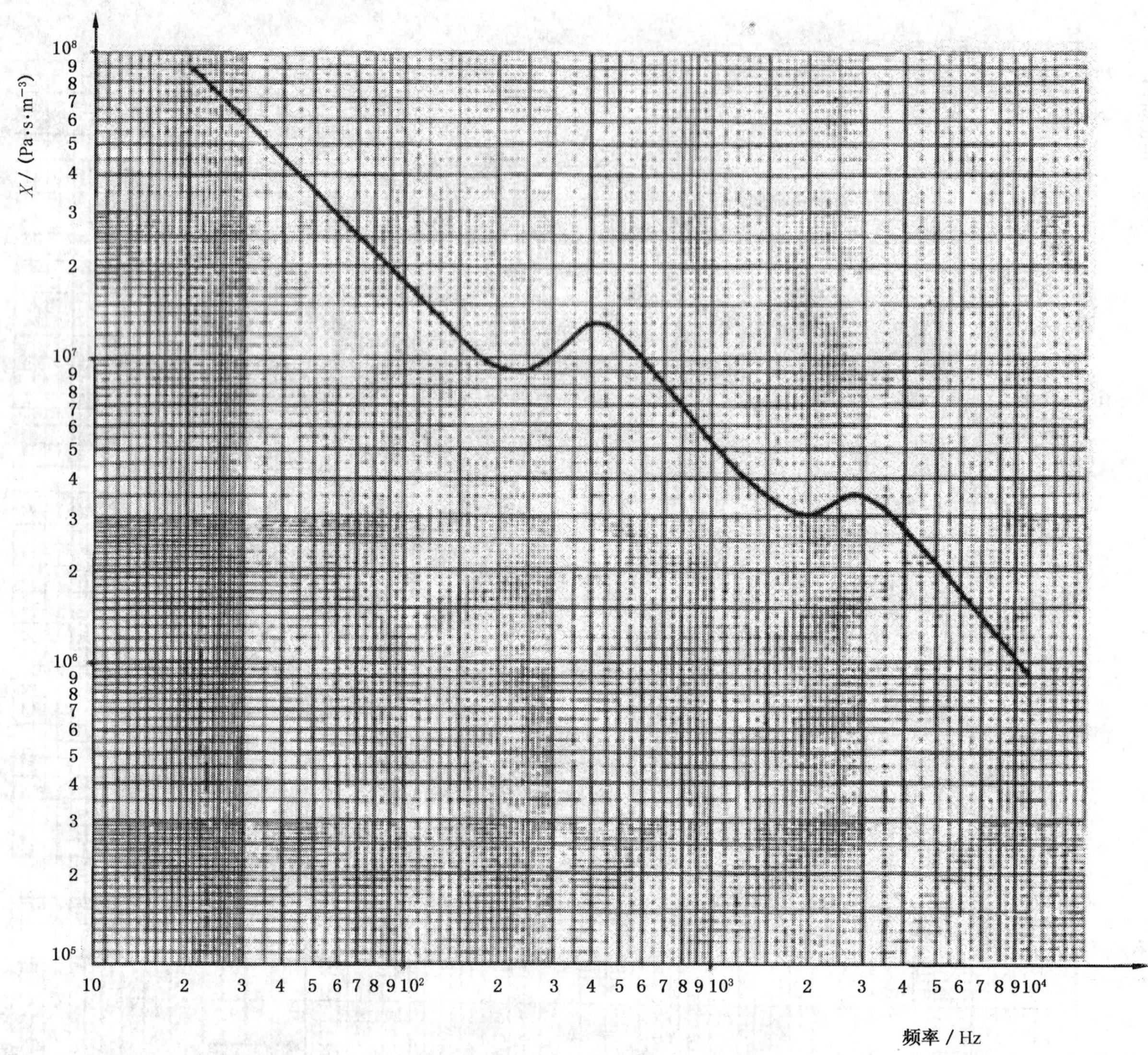

图 A.3 电类比网络阻抗的虚部分量

附 录 B
（资料性附录）
耳模拟器的特定设计实例

单位为毫米

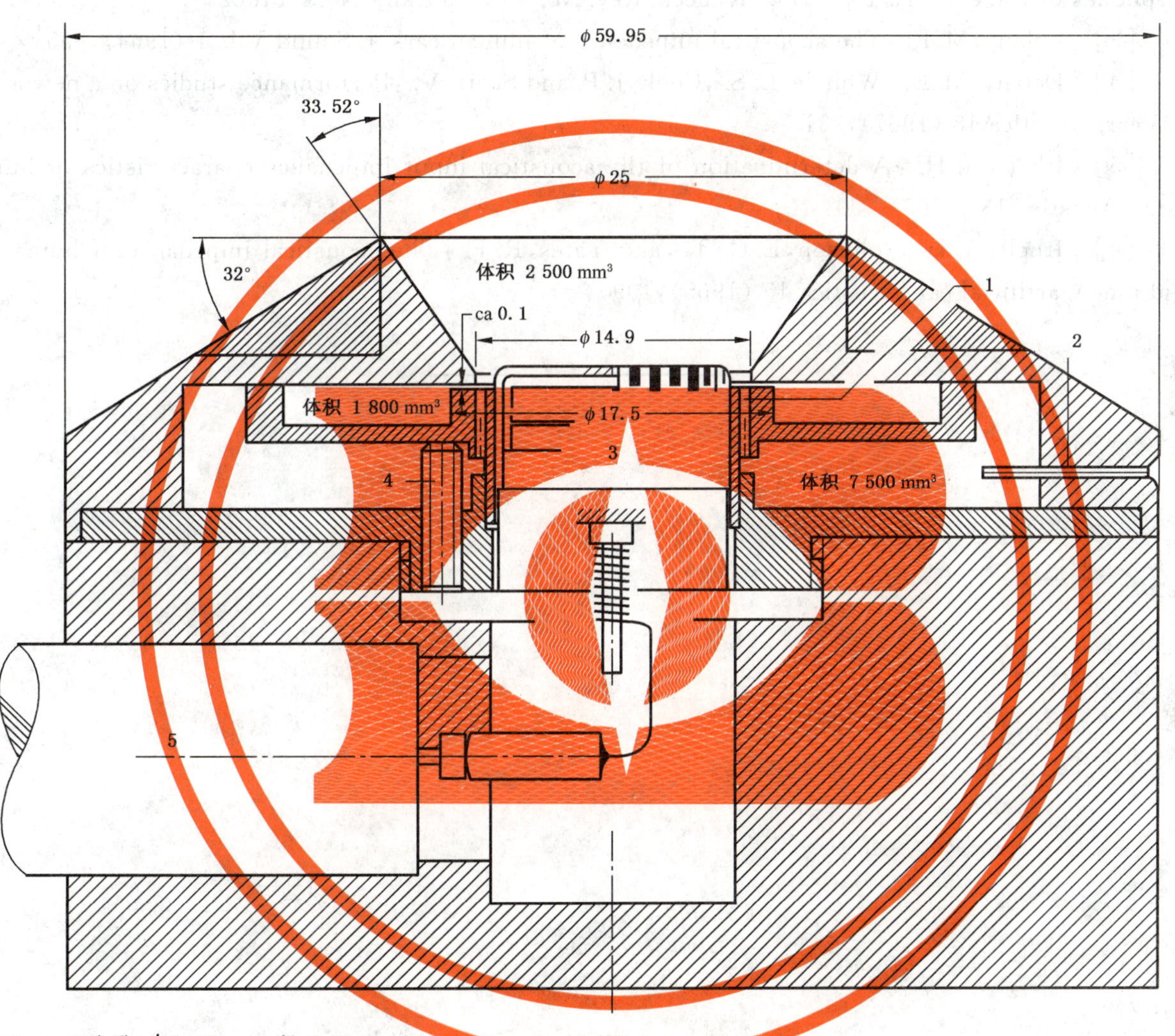

1——4 个孔：ϕ0.45 mm，长 3.8 mm；

2——一个孔：ϕ0.3 mm，长 9 mm；

3——电容传声器；

4——3 个调节螺钉；

5——高阻抗前置放大器。

注：3 个调节螺钉将对应的流阻调为 6.5×10^{6} Pa·s·m^{-3}。

图 B.1 耳模拟器的一个特定设计实例

参 考 文 献

[1] IEC 60318-2,Electroacoustics—Simulators of human head and ear—Part 2:An interim acoustic coupler for the calibration of audiometric earphones in the extended high-friquency range

[2] Brüel,P. V. ,Frederiksen,E. ,and Rasmussen,G. :Artificial ears for the calibration of earphones of the external type. B & K Tech. Rev. No. 4 (1961) and No. 1 (1962)

[3] Delany,M. E. :The acoustical impedance of human ears. J. Sound Vib. 1 (1964),455

[4] Delany,M. E. ,Whittle,L. S. ,Cook,J. P. and Scott,V. :Performance studies on a new artificial ear. Acustica 18 (1967),231

[5] Ithell,A. H. :A determination of the acoustical input impedance characteristics of human ears. Acustica 13 (1963),311

[6] Ithell,A. H. ,Johnson,E. G. T. ,and Yates,R. F. :The acoustical impedance of huma ears and a new artificial ear. Acustica 15 (1965),109

ICS 17.140.50
A 59

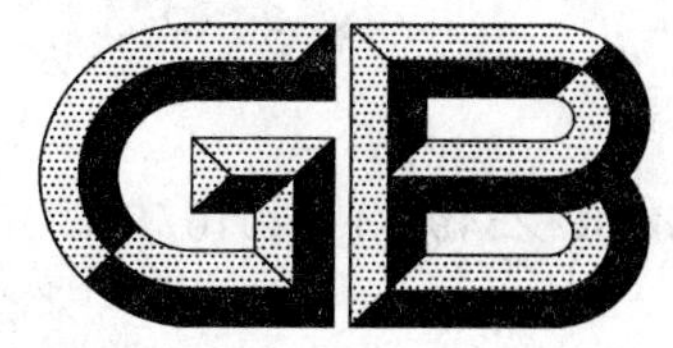

中华人民共和国国家标准

GB/T 25498.3—2010/IEC 60318-3:1998
代替 GB/T 7342—1987

电声学 人头模拟器和耳模拟器 第3部分:校准压耳式测听耳机用声耦合器

Electroacoustics—Simulators of human head and ear—
Part 3:Acoustic coupler for the calibration of supra-aural earphones used in audiometry

(IEC 60318-3:1998,IDT)

2010-12-01 发布 2011-05-01 实施

中华人民共和国国家质量监督检验检疫总局
中国国家标准化管理委员会 发布

前　言

GB/T 25498《电声学　人头模拟器和耳模拟器》分为7个部分：

——第1部分：校准压耳式耳机用耳模拟器；

——第2部分：校准测听耳机用延伸高频范围临时声耦合器；

——第3部分：校准压耳式测听耳机用声耦合器；

——第4部分：测量插入式耳机用堵塞耳模拟器；

——第5部分：测量带耳塞式耳机助听器和耳塞式耳机用2 cm^3 耦合器；

——第6部分：骨振器测量用力耦合器；

——第7部分：空气传导助听器声学测量用头和躯干模拟器。

本部分为GB/T 25498的第3部分。

本部分等同采用IEC 60318-3:1998《电声学　人模拟器头和耳模拟器　第3部分：校准压耳式测听耳机用声耦合器》(英文版)。

为便于使用，本部分作了下列编辑性修改：

a) 用小数点'.'代替作为小数点的逗号','；

b) 删除IEC 60318-3:1998的前言。

本部分代替GB/T 7342—1987《测听耳机校准用IEC临时参考耦合腔》。

本部分与GB/T 7342—1987相比主要变化如下：

a) 本部分根据GB/T 1.1—2000的规则增加"范围"和"规范性引用文件"两章；

b) 本部分的名称由原来的《测听耳机校准用IEC临时参考耦合腔》修改为《电声学　人头模拟器和耳模拟器　第3部分：校准压耳式测听耳机用声耦合器》；

c) 耳机对耦合器的耦合独立成为第5章；

d) 校准独立成为第6章，且校准内容中增加了环境条件和环境条件允差要求。

本部分由中华人民共和国工业和信息化部提出。

本部分由全国电声学标准化技术委员会(SAC/TC 23)归口。

本部分主要起草单位：中国电子科技集团公司第三研究所。

本部分参加起草单位：杭州爱华仪器有限公司、工业和信息化部电信研究院中国泰尔实验室、湖北省计量测试技术研究院、红声器材厂(4380)嘉兴分厂。

本部分主要起草人：韩捷、张伟、姜波、曲林。

本部分参加起草人：张绍栋、朱晓峰、时根火、舒国华。

本部分所代替标准的历次版本发布情况为：

——GB/T 7342—1987。

电声学　人头模拟器和耳模拟器
第3部分:校准压耳式测听耳机用声耦合器

1　范围

GB/T 25498的本部分规定了听力计校准中,以压耳式测听耳机为负载的具有一定声阻抗的声耦合器结构和特性,频率范围为125 Hz～8 000 Hz,该测听耳机在GB/T 4854.1中规定。

耳机在耦合器中产生的声压级一般不等于在人耳内产生的声压级。然而,为了听力计指标具有互换性以及测听耳机的校准,本部分规定的装置适用于简单快速方法。

2　规范性引用文件

下列文件中的条款通过GB/T 25498的本部分的引用而成为本部分的条款。凡是注日期的引用文件,其随后所有的修改单(不包括勘误的内容)或修订版均不适用于本部分,然而,鼓励根据本部分达成协议的各方研究是否可使用这些文件的最新版本。凡是不注日期的引用文件,其最新版本适用于本部分。

GB/T 4854.1　声学　校准测听设备的基准零级　第1部分:压耳式耳机纯音基准等效阈声压级(GB/T 4854.1—2004,ISO 389-1:1998,IDT)

GB/T 20441.4—2006　测量传声器　第4部分:工作标准传声器规范(IEC 61094-4:1995,IDT)

3　术语和定义

下列术语和定义适用于GB/T 25498的本部分。

3.1

声耦合器　acoustic coupler

预先确定了形状和体积的腔体,与经过校准的用于测量腔体内声压级的传声器一起,用于耳机的校准。

4　结构

4.1　概述

图1所示的耦合器,应使用硬的、稳定的和非磁性的材料制造,例如黄铜。耦合器主要由一圆柱形腔组成,它的声抗由4.2所规定的体积决定。圆柱形腔体的底部一般由具有高力学阻抗的传声器膜片构成。腔壁宜足够坚硬,使弯曲振动不会影响传声器的输出。

4.2　关键尺寸

4.2.1　耦合器的关键尺寸(见图1)指那些确定以电容传声器为界的腔体体积和形状的尺寸,包括毛细管漏孔、上边沿(唇沿)及45°角。

4.2.2　标称有效声体积应为:

$V_1 = 5\ 780\ \text{mm}^3 \pm 80\ \text{mm}^3$

4.2.3　直径 d_1 应为:

$d_1 = 23.825\ \text{mm} \pm 0.015\ \text{mm}$

4.2.4　直径 d_2 应为:

$d_2 = 18.55\ \text{mm} \pm 0.10\ \text{mm}$

且高度 l_2 应为:

$l_2=1.95\ \text{mm}\pm0.05\ \text{mm}$

4.2.5 耦合器外部斜面的角度应为：

$45°\pm5°$

4.2.6 耦合腔的高度 h 按式(1)计算：

$$h=\frac{V_1-V_{eq}-V_2}{\frac{1}{4}\pi d_1{}^2} \qquad \cdots\cdots(1)$$

式中

V_1——标称有效声体积；

V_{eq}——传声器等效声体积；

V_2——由式(2)给出的传声器的前腔体积。

$$V_2=\frac{1}{4}\pi d_2{}^2 l_2 \qquad \cdots\cdots(2)$$

注1：建议 h 值根据传声器的等效声体积从表1选用。

表1 作为传声器等效声体积函数的耦合腔高度

传声器等效声体积 mm^3	耦合腔高度 mm
$0<V_{eq}\leqslant50$	11.72±0.05
$50<V_{eq}\leqslant100$	11.62±0.05
$100<V_{eq}\leqslant150$	11.50±0.05
$150<V_{eq}\leqslant200$	11.39±0.05

注2：若本部分所叙述的耦合器以固定尺寸 $h+l_2=13.41\ \text{mm}\pm0.025\ \text{mm}$ 制作，不考虑传声器的等效体积，则与美国标准 NBS-9A(ANSI S3.7:1995)耦合器相同。9A 型耦合器的标称有效声体积是：

$$V_1=V_{eq}+5\,640\ \text{mm}^3$$

4.3 经校准的压强传声器

耦合器基底的内部形状与某些不带保护罩但带有耦合环的传声器相符合，例如符合 GB/T 20441.4—2006 的 WS1P 型传声器。只要采用适配器后仍能保持尺寸和规定的体积，也可以使用同样尺寸的其他传声器，如 WS1 型传声器。

所使用的传声器应具有高机械阻抗，在 125 Hz～8 000 Hz 间的等效体积小于 200 mm^3。传声器的制造商应说明等效体积。

在所规定的频率范围上，应已知传声器声压灵敏度和相关测量系统的不确定度，其要求为包含因子 $k=2$ 时不确定度±0.2 dB。

耦合器与传声器之间应使用适当材料有效密封，例如油脂。

宜避免传声器静压力平衡装置的任何堵塞。

4.4 静压力平衡器

应提供静压力平衡。为了使耦合腔内部的静态空气压力与外部大气压力保持平衡，在腔上钻一个直径为 0.6 mm±0.05 mm 的孔。孔中插入直径 0.4 mm±0.05 mm 的金属丝。

也可用玻璃毛细管作压力平衡，这时应小心沿管的全长密封，使空气只通过内径泄漏。当耳机两端加载一定电压时，小孔堵塞或开启时的声压差，在 100 Hz～10 000 Hz 间的任何频率处，均不宜大于 0.2 dB。

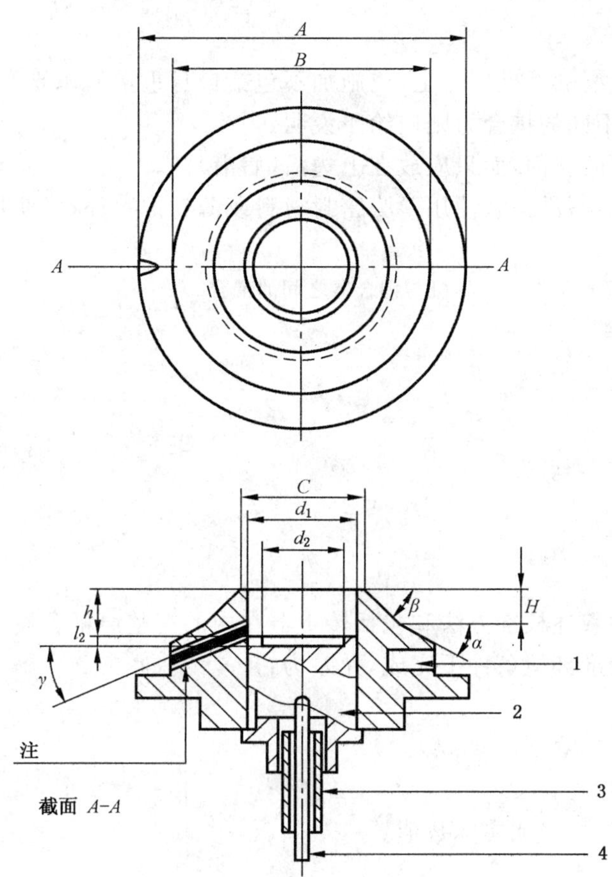

1——温度计孔；

2——传声器；

3——屏蔽接地；

4——触针。

注：腔的毛细管简略图。直径为 0.6 mm 孔和直径为 0.4 mm 金属丝，见 4.4。

标记	尺寸 mm
A	73±0.2
B	57.2±0.2
C	25.27±0.13
d_1	23.825±0.015
d_2	18.55±0.10
l_2	1.95±0.05
h	见 4.2.6
H	7.5±0.1
角度	度(°)
α β γ	25±5 45±5 25±5

图 1　声耦合器尺寸

5 耳机与耦合器的耦合

待校准耳机置于无声泄漏的耳模拟器上，应施加不包括自身重量的 4.5 N±0.5 N 力(见图 2)。对于特殊的耳机，如果规定了不同的耦合力则应给予说明。

耳机不应放在耳模拟器的斜面，而只应放在上边沿(唇沿)。

对于带有硬耳盖的耳机，唇沿上宜使用薄膜密封材料或薄软橡胶环，以使耳机与耦合器上边沿之间达到有效密封。

注：对于某些耳机，特殊的适配器能用于耳机与耦合器之间的耦合。

6 校准

6.1 校准试验环境条件

参考大气压：101.3 kPa

参考温度：23 ℃

参考相对湿度：50％

6.2 校准方法

制造商应在仪器手册中叙述校准方法和包括传声器在内的完整声耦合器的稳定性。

校准宜在 6.1 规定的校准环境条件下完成，允差为：

大气压：±3.0 kPa

温度：±3 ℃

相对湿度：±20％

如果这些要求不能满足，应说明实际数值。

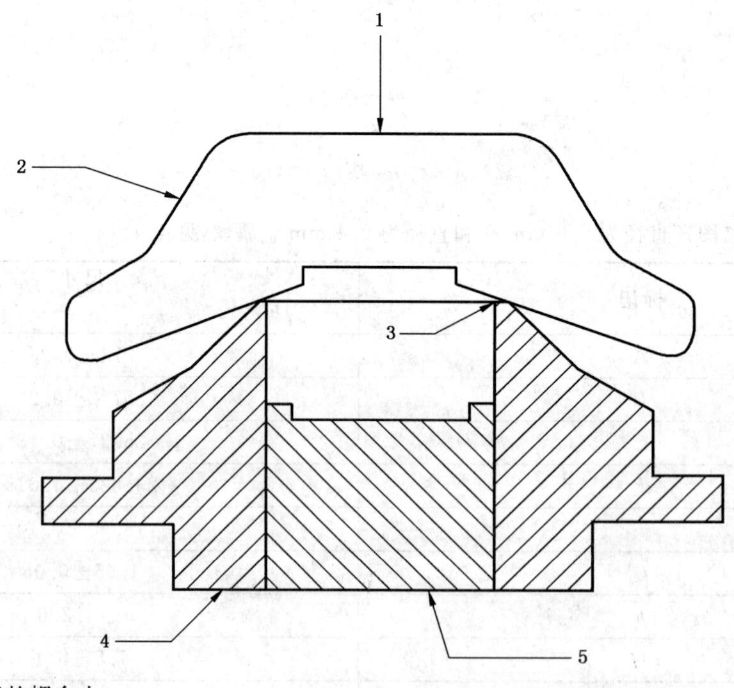

1——4 N～5 N之间的耦合力；

2——耳机；

3——唇沿；

4——耦合器；

5——传声器。

图 2 耳机对耦合器的耦合

参 考 文 献

[1] ANSI S3.7:1995,Method for Coupler Calibration of Earphones

ICS 13.060
P 40

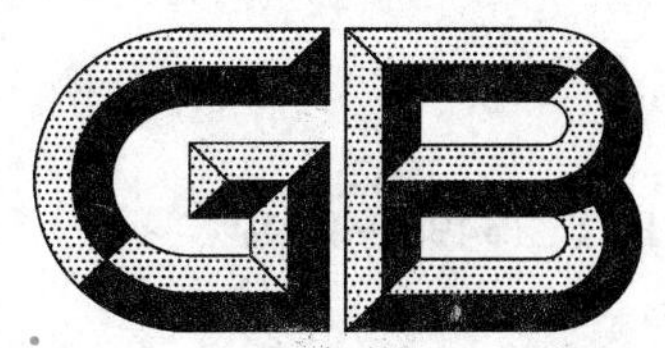

中华人民共和国国家标准

GB/T 25499—2010

城市污水再生利用　绿地灌溉水质

The reuse of urban recycling water—
Water quality standard for green space irrigation

2010-12-01 发布　　2011-09-01 实施

中华人民共和国国家质量监督检验检疫总局
中国国家标准化管理委员会　发布

前　言

本标准为《城市污水再生利用》系列标准之一。

本标准由中华人民共和国住房和城乡建设部提出。

本标准由住房和城乡建设部给水排水产品标准化技术委员会归口。

本标准负责起草单位：北京林业大学、中国标准化研究院、北京湖人灌溉设备有限公司、北京城市排水集团有限责任公司。

本标准主要起草人：常智慧、李爱仙、韩烈保、白雪、苏德荣、周军、尹淑霞、金明红、冯大明、王昌俊、吕露。

城市污水再生利用　绿地灌溉水质

1　范围

本标准规定了城市污水再生利用于绿地灌溉的水质指标及限值、取样与监测。

本标准适用于以城市污水再生水为水源,灌溉绿地的再生水。

2　规范性引用文件

下列文件对于本文件的应用是必不可少的。凡是注日期的引用文件,仅注日期的版本适用于本文件。凡是不注日期的引用文件,其最新版本(包括所有的修改单)适用于本文件。

GB/T 5750(所有部分)　生活饮用水标准检验方法

GB/T 6920　水质　pH 的测定　玻璃电极法

GB/T 7467　水质　六价铬的测定　二苯碳酰二肼分光光度法

GB/T 7468　水质　总汞的测定　冷原子吸收分光光度法

GB/T 7470　水质　铅的测定　双硫腙分光光度法

GB/T 7471　水质　镉的测定　双硫腙分光光度法

GB/T 7472　水质　锌的测定　双硫腙分光光度法

GB/T 7473　水质　铜的测定　2,9-二甲基-1,10-菲啰啉分光光度法

GB/T 7474　水质　铜的测定　二乙基二硫代氨基甲酸钠分光光度法

GB/T 7475　水质　铜、锌、铅、镉的测定　原子吸收分光光度法

GB/T 7476　水质　钙的测定　EDTA 滴定法

GB/T 7479　水质　铵的测定　纳氏试剂比色法

GB/T 7481　水质　铵的测定　水杨酸分光光度法

GB/T 7483　水质　氟化物的测定　氟试剂分光光度法

GB/T 7484　水质　氟化物的测定　离子选择电极法

GB/T 7485　水质　总砷的测定　二乙基二硫代氨基甲酸银分光光度法

GB/T 7486　水质　氰化物的测定　第一部分:总氰化物的测定

GB/T 7487　水质　氰化物的测定　第二部分:氰化物的测定

GB/T 7488　水质　五日生化需氧量(BOD_5)的测定　稀释与接种法

GB/T 7494　水质　阴离子表面活性剂的测定　亚甲基蓝分光光度法

GB 7959　粪便无害化卫生标准

GB/T 8538　饮用天然矿泉水检验方法

GB/T 11890　水质　苯系物的测定　气相色谱法

GB/T 11896　水质　氯化物的测定　硝酸银滴定法

GB/T 11898　水质　游离氯和总氯的测定　N,N-二乙基苯胺(DPD)分光光度法

GB/T 11902　水质　硒的测定　2,3-二氨基萘荧光法

GB/T 11904　水质　钾和钠的测定　火焰原子吸收分光光度法

GB/T 11905　水质　钙和镁的测定　原子吸收分光光度法
GB/T 11906　水质　锰的测定　高锰酸钾分光光度法
GB/T 11910　水质　镍的测定　丁二铜肟分光光度法
GB/T 11911　水质　铁、锰的测定　火焰原子吸收分光光度法
GB/T 11912　水质　镍的测定　火焰原子吸收分光光度法
GB/T 11937　水源水中苯系物卫生检验标准方法　气相色谱法
GB/T 12998　水质　采样技术指导
GB/T 12999　水质　采样样品的保存和管理技术规定
GB/T 13197　水质　甲醛的测定　乙酰丙酮分光光度法
GB/T 13200　水质　浊度的测定
GB/T 15503　水质　钒的测定钽试剂(BPHA)萃取分光光度法
GB/T 15505　水质　硒的测定　石墨炉原子吸收分光光度法
HJ/T 49　水质　硼的测定　姜黄素分光光度法
HJ/T 50　水质　三氯乙醛的测定　吡唑啉酮分光光度法
HJ/T 58　水质　铍的测定　铬菁　R 分光光度法
HJ/T 59　水质　铍的测定　石墨炉原子吸收分光光度法
HJ/T 84　水质　无机阴离子的测定　离子色谱法
水和废水监测分析方法(第四版).北京:中国环境科学出版社.

3　术语和定义

下列术语和定义适用于本文件。

3.1

再生水　recycling water

城市污水经适当再生工艺处理后,达到一定水质要求,满足某种使用功能要求,可以进行有益使用的水。

[GB/T 19923—2005,定义 3.2]

3.2

城市绿地　green space

以植被为主要存在形态,用于改善城市生态,保护环境,为居民提供游憩场地和美化城市的一种城市用地,如公园绿地、生产绿地、防护绿地、附属绿地和其他绿地。

3.3

非限制性绿地　unrestricted access green space

完全对公众开放的绿地,如公园、居民区及校园绿地等。

3.4

限制性绿地　restricted access green space

限制公众进入的绿地,如高速公路绿化隔离带、墓地等绿地。

4　水质要求

城市污水再生利用于绿地灌溉,水质基本控制项目和选择控制项目及其指标最大限值应分别符合表 1 和表 2 的规定。

表 1　基本控制项目及限值

序号	控制项目	单位	限　值
1	浊度	NTU	≤5(非限制性绿地),10(限制性绿地)
2	嗅	—	无不快感
3	色度	度	≤30
4	pH 值	—	6.0～9.0
5	溶解性总固体(TDS)	mg/L	≤1 000
6	五日生化需氧量(BOD_5)	mg/L	≤20
7	总余氯	mg/L	0.2≤管网末端≤0.5
8	氯化物	mg/L	≤250
9	阴离子表面活性剂(LAS)	mg/L	≤1.0
10	氨氮	mg/L	≤20
11	粪大肠菌群[a]	(个/L)	≤200(非限制性绿地),≤1 000(限制性绿地)
12	蛔虫卵数	(个/L)	≤1(非限制性绿地),≤2(限制性绿地)

[a] 粪大肠菌群的限值为每周连续 7 日测试样品的中间值。

表 2　选择控制项目及限值

序　号	控制项目	限　值
1	钠吸收率(SAR)[a]	≤9
2	镉	≤0.01
3	砷	≤0.05
4	汞	≤0.001
5	铬(六价)	≤0.1
6	铅	≤0.2
7	铍	≤0.002
8	钴	≤1.0
9	铜	≤0.5
10	氟化物	≤2.0
11	锰	≤0.3
12	钼	≤0.5
13	镍	≤0.05
14	硒	≤0.02
15	锌	≤1.0
16	硼	≤1.0
17	钒	≤0.1
18	铁	≤1.5
19	氰化物	≤0.5

表 2 选择控制项目及限值（续）

序号	控制项目	限值
20	三氯乙醛	≤0.5
21	甲醛	≤1.0
22	苯	≤2.5
注：除第 1 项外，其他项目的单位为 mg/L。		
[a] $SAR=\frac{Na^{+}}{\sqrt{\frac{Ca^{2+}+Mg^{2+}}{2}}}$，式中钠、钙、镁离子浓度单位均以 mmol/L 表示。		

5 其他规定

5.1 城市再生水灌溉绿地之前，各地应对再生水水源的基本控制项目和选择性控制项目进行全面检测，并根据当地的气候条件，绿地植物种类及土壤条件进行灌溉试验，确定选择性控制项目和灌溉制度。

5.2 古树名木不得利用再生水灌溉，特种花卉和新引进的植物，谨慎使用再生水灌溉。

5.3 使用再生水灌溉绿地时，应制定应急处理预案，有突发事件发生时，立即停止使用再生水。

6 取样与监测

6.1 取样要求

6.1.1 水质取样点设于再生水处理设施的排放口附近，并保证最近灌溉取水点水质符合本标准规定。

6.1.2 水样的采集和保存执行 GB/T 12998 和 GB/T 12999。至少每 2 h 取样一次，取 24 h 混合样，以日均值计。在有条件的情况下，应逐步实现再生水比例采样和在线监测。

6.2 监测频率

使用再生水灌溉绿地时，水质监测频率不应低于以下要求：

基本控制项目：总余氯、浊度、嗅、pH 值每日监测一次；粪大肠菌群每周监测一次；其他项目每月监测一次。

选择控制项目：每季度监测一次。

6.3 分析方法

本标准控制项目分析方法按表 3 和表 4 进行。

表 3 基本控制项目分析方法

序号	分析项目	分析方法	方法来源
1	浊度	比浊法[b] 目视比浊法	GB/T 13200 GB/T 5750
2	嗅	文字描述法[a]	—
3	色度	铂-钴标准比色法	GB/T 5750

表 3　基本控制项目分析方法（续）

序号	分析项目	分析方法	方法来源
4	pH 值	玻璃电极法[b]	GB/T 5750
		玻璃电极法	GB/T 6920
5	溶解性总固体(TDS)	重量法	GB/T 5750
6	五日生化需氧量(BOD_5)	稀释与接种法	GB/T 7488
7	总余氯	N,N-二乙基对苯二胺(DPD)分光光度法	GB/T 11898
8	氯化物	硝酸银滴定法[b] 硝酸汞滴定法，硝酸汞容量法 离子色谱法	GB/T 11896 GB/T 5750 HJ/T 84
9	阴离子表面活性剂(LAS)	亚甲基蓝分光光度法	GB/T 7494
10	氨氮	纳氏试剂比色法[b] 纳氏试剂分光光度法 水杨酸分光光度法	GB/T 5750 GB/T 7479 GB/T 7481
11	粪大肠菌群	多管发酵法、滤膜法[b]	GB/T 8538
		多管发酵法、滤膜法	GB/T 5750
12	蛔虫卵数	显微镜法	GB 7959

a　暂采用《水和废水监测分析方法》(第四版)，待国家方法标准发布后，执行国家标准。

b　为仲裁方法。

表 4　选择控制项目分析方法

序号	分析项目	分析方法	方法来源
1	钠	火焰原子吸收法	GB/T 11904
2	钙	EDTA 滴定法[a] 火焰原子吸收法	GB/T 7476 GB/T 11905
3	镁	火焰原子吸收法	GB/T 11905
4	镉	原子吸收分光光度法[a]	GB/T 7475
		双硫腙分光光度法	GB/T 7471
			GB/T 5750
5	砷	二乙基二硫代氨基甲酸银分光光度法	GB/T 7485
			GB/T 5750
6	汞	冷原子吸收分光光度法	GB/T 7468
7	铬(六价)	二苯碳酰二肼分光光度法[a]	GB/T 7467
		二苯碳酰二肼分光光度法	GB/T 5750
8	铅	原子吸收分光光度法[a]	GB/T 7475
		双硫腙分光光度法	GB/T 5750
			GB/T 7470

表 4 选择控制项目分析方法（续）

序号	分析项目	分析方法	方法来源
9	铍	铬菁 R 分光光度法[a] 石墨炉原子吸收分光光度法	HJ/T 58 HJ/T 59
10	钴	无火焰原子吸收分光光度法	GB/T 5750
11	铜	原子吸收分光光度法[a] 2,9-二甲基-1,10-菲啰啉分光光度法	GB/T 7475 GB/T 7473
		二乙基二硫代氨基甲酸钠分光光度法	GB/T 7474
			GB/T 5750
12	氟化物	离子选择电极法[a] 氟试剂分光光度法	GB/T 7484 GB/T 7483
13	锰	高锰酸钾分光光度法[a]	GB/T 11906
		火焰原子吸收分光光度法	GB/T 11911
			GB/T 5750
14	钼	无火焰原子吸收分光光度法	GB/T 5750
15	镍	火焰原子吸收分光光度法[a] 丁二酮肟分光光度法	GB/T 11912 GB/T 11910
16	硒	2,3-二氨基萘荧光法[a] 石墨炉原子吸收分光光度法 二氨基联苯胺比色法，荧光分光光度法	GB/T 11902 GB/T 15505 GB/T 5750
17	锌	原子吸收分光光度法[a]	GB/T 7475
		双硫腙分光光度法	GB/T 7472
			GB/T 5750
18	硼	姜黄素分光光度法	HJ/T 49
19	钒	钽试剂(BPHA)萃取分光光度法[a] 无火焰原子吸收分光光度法	GB/T 15503 GB/T 5750
20	铁	火焰原子吸收分光光度法[a]	GB/T 5750
		火焰原子吸收分光光度法	GB/T 11911
21	氰化物	硝酸银滴定法[a] 异烟酸-吡唑啉酮比色法 吡啶-巴比妥酸比色法	GB/T 7486 GB/T 7487 GB/T 5750
22	三氯乙醛	吡唑啉酮分光光度法	HJ/T 50
23	甲醛	乙酰丙酮分光光度法	GB/T 13197
24	苯	气相色谱法	GB/T 11890 GB/T 11937

[a] 为仲裁方法。

参 考 文 献

［1］ GB/T 19923—2005 城市污水再生利用 工业用水水质

ICS 03.100.60
A 11

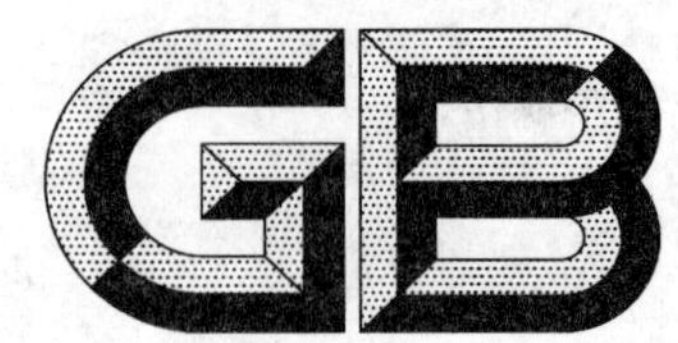

中华人民共和国国家标准

GB/T 25500.1—2010

可扩展商业报告语言(XBRL)技术规范 第1部分:基础

Extensible Business Reporting Language (XBRL) specification—Part 1:Base

2010-10-18 发布　　2011-01-01 实施

中华人民共和国国家质量监督检验检疫总局
中国国家标准化管理委员会　发布

前　　言

GB/T 25500《可扩展商业报告语言(XBRL)技术规范》分为四个部分：

——第1部分：基础；

——第2部分：维度；

——第3部分：公式；

——第4部分：版本。

本部分为GB/T 25500的第1部分。

本部分按照GB/T 1.1—2009给出的规则起草。

本部分技术内容与XBRL国际组织制定的可扩展商业报告语言技术规范2.1版(Extensible Business Reporting Language Specification 2.1)(2008年7月2日的勘误修订版)基本一致。

本部分由中华人民共和国财政部归口。

本部分主要起草单位：中国证券监督管理委员会信息中心，中华人民共和国财政部，上海证券交易所，深圳证券交易所，中国科学院研究生院计算与通信工程学院。

本部分主要起草人：杨淑琴、应唯、白硕、邹胜、王颖、刘世平、初壮、黄敏、杨海峰、程立、郑斌祥、苏梅、俞志刚、赵国强、周晓明、赵伟、廖伟东、王开云、蒋小娜、梁炜、贾霄鹏、陈明哲。

引　言

可扩展商业报告语言(Extensible Business Reporting Language,XBRL)是一种基于可扩展置标语言(Extensible Markup Language,XML)的开放性业务报告技术标准。它通过给财务会计报告等业务报告中的数据增加特定标记、定义相互关系,使计算机能够“读懂”这些报告,并进行符合业务逻辑的处理。

XBRL 的构想最早由美国注册会计师查尔斯·霍夫曼在 1998 年提出。随后,在美国注册会计师协会(AICPA)赞助下提出了第一个 XBRL 原型。XBRL 技术广泛适用于财务会计报告、上市公司年报、金融机构监管报告、税务报告等领域,目前在美国、英国、日本、澳大利亚等很多国家中都已投入实际应用。在我国,XBRL 已应用于上市公司信息披露和基金信息披露领域,取得良好效果。

XBRL 技术的应用,可以避免报告数据的重复性录入、报送、传输、转换、比对等人工操作,减少差错率,提高数据生成、传递、使用效率和信息化水平。因此,推进 XBRL 在我国的应用,有利于促进财务会计报告等业务报告信息的深度分析利用,提高监管效能。XBRL 技术规范,是各项 XBRL 应用所需共同遵循的底层技术标准。制定 XBRL 技术规范,是推进 XBRL 在我国应用的基础性工作。目前,国际上均遵循 XBRL 国际组织制定的技术规范。

本部分是 XBRL 技术规范的核心,规定了 XBRL 的技术架构,定义了 XBRL 分类标准和实例文档中使用的 XML 元素和属性。

可扩展商业报告语言(XBRL)
技术规范 第1部分:基础

1 范围

GB/T 25500的本部分规定了XBRL的技术架构,定义了XBRL分类标准和实例文档中使用的XML元素和属性。

本部分适用于XBRL分类标准的制定、实例文档的编制或使用,以及XBRL相关开发与应用。

2 规范性引用文件

下列文件对于本文件的应用是必不可少的。凡是注日期的引用文件,仅注日期的版本适用于本文件。凡是不注日期的引用文件,其最新版本(包括所有的修改单)适用于本文件。

GB/T 18793—2002 信息技术 可扩展置标语言(XML)1.0

3 术语和定义

下列术语和定义适用于本文件。

3.1

分类标准 taxonomy

XML模式文件和XBRL链接库的组合。其中,链接库可通过linkbaseRef元素被模式文件引用或者内嵌到模式文件中。

3.2

分类标准模式 taxonomy schema

定义XBRL概念语法的XML模式文件。

3.3

链接库 linkbase

若干个用于描述分类标准中概念的语义的XLink扩展链接的集合。

3.4

可发现分类标准集 Discoverable Taxonomy Set;DTS

通过引用形成的一组分类标准模式和链接库的集合。DTS的范围是可通过遍历分类标准模式和链接库中的链接或引用来发现的所有分类标准模式和链接库。DTS中至少有一个分类标准模式应引用xbrl-instance-2003-12-31.xsd模式文件。

3.5

事实 fact

具体业务内容,分简单事实simple fact与复合事实compound fact两种类型。复合事实是简单事实组合而成。简单事实用数据项来表达,而复合事实用元组表达。

3.6

元素 element

XML模式文件中定义的XML元素。

3.7

实体 entity

XBRL 数据项描述的业务主体。

注：当实体指代 XML 规范或标准通用标记语言(Standard Generalized Markup Language,SGML)规范中的语法实体概念时,将专门指出。

3.8

XBRL 实例 XBRL instance

以 xbrl 为根元素的 XML 片段。

注：XBRL 实例包含商业报告事实,其中每个事实都与 DTS 中已定义的概念相对应,也包含上下文和单位等额外信息来解释实例中的事实。XBRL 实例的根元素是"xbrl"元素。原则上,可在任何 XML 文档中嵌入 XBRL 实例,"xbrl"元素是 XBRL 实例的容器。

3.9

抽象元素 abstract element

对应业务概念在逻辑上没有具体值、不能在 XBRL 实例中出现的元素,其 abstract 属性值为 true。

注：列报链接库可利用抽象元素对概念进行分组展示。例如资产负债表"balanceSheet"元素仅在分类标准中定义,用于组织其他元素,不能出现在 XBRL 实例中。

3.10

具体元素 concrete element

对应业务概念在逻辑上有具体值、可在 XBRL 实例中出现的元素,其 abstract 属性值为 false。

3.11

上下文 context

XBRL 实例中根元素的子元素,用来说明实体、时期和场景。

注：上下文有助于准确地理解数据项的值。

3.12

数据项 item

XBRL 数据项替换组中的元素,包含简单事实的值、帮助理解该事实所需的上下文以及数值型数据项的单位。当数据项作为一个元组的子元素出现时,应结合该元组子元素中的其他数据项和元组来理解。数据项包括数值型数据项和非数值型数据项两种,对于数值型数据项,需要指出精度及度量单位。

3.13

元组 tuple

多个数据项捆绑在一起而形成的一个新的元素,用来表达一个复杂概念。多个元组也可以捆绑起来形成一个更复杂的元组。

注：XBRL 元组替换组中的元素,是一个有序的元素列表。

3.14

定位器 locator

定位分类标准模式中元素的 XML 指针,为扩展链接弧提供了锚。

3.15

弧 arc

通过定位器把不同的概念链接到一起的关系定义。弧可连接概念、资源和脚注。弧都有 xlink:arcrole 属性,用来定义弧关系的种类。

3.16

本名与别名 essence and alias

用于表达同一概念的一组名称,用弧来表示,弧的"from"端的概念为本名,"to"端的概念为别名。

注：别名概念的有效值同时对本名概念也是有效值。

3.17

XPATH 轴　XPATH Axis

所选节点与当前节点之间的路径关系。

注：应用 XPATH 中的轴来描述 XBRL 实例中元素的关系，对于任意元素 E，另外一个元素 F：

——当且仅当 F 出现在 E 的祖先轴上时，F 是 E 的祖先；

——当且仅当 F 出现在 E 的子轴上时，F 是 E 的子；

——当且仅当 F 出现在 E 的子孙轴上时，F 是 E 的子孙；

——当且仅当 F 出现在 E 的父轴上时，F 是 E 的父；

——当且仅当 F 是 E 的父元素的父元素时，F 是 E 的祖父；

——当且仅当 F 出现在 E 的父元素的子轴上，并且 F 不是 E 本身时，F 是 E 的兄弟；

——当且仅当 F 是 E 的父元素的兄弟时，F 是 E 的叔父。

3.18

父元素等价　p-equal

实例数据项或者元组有相同父元素。

3.19

结构等价　s-equal

XML 节点在 XML 值空间相同，或者它的 XBRL 相关子元素和属性结构等价。

3.20

上下文等价　c-equal

数据项、集合或数据项序列有相同的数据项类型，且其上下文结构等价。

3.21

单位等价　u-equal

数值型数据项有相同的度量单位。

3.22

值等价　v-equal

数据项上下文等价，并且对于非数值数据项，值相同；对于数值型数据项，在其精度、推导精度或者小数属性中较小精度所确定的容错范围内值相等。

3.23

路径等价　x-equal

XPATH 等价，XPath“=”操作符返回值为“true”。

3.24

概念　concept

关于商业活动或其本质可供报告的事实，在语法上被定义为 XML 模式文件中的元素。

3.25

标准弧元素　standard arc element

本文件已定义的，xl:arc 派生出来的元素。只包括以下五个类型：

——link:presentationArc；

——link:calculationArc；

——link:labelArc；

——link:referenceArc；

——link:definitionArc。

3.26

自定义弧元素　custom arc element

本文件未予定义的，从 xl:arc 派生的弧元素。因此自定义弧元素不包括以下五种类型：

——link:presentationArc；

——link:calculationArc;

——link:labelArc;

——link:referenceArc;

——link:definitionArc。

3.27

标准扩展链接元素　standard extended link element

从 xl:link 派生出来的、本部分定义的元素。

注：标准扩展链接元素包含如下类型：

——link:presentationLink;

——link:calculationLink;

——link:labelLink;

——link:referenceLink;

——link:definitionLink。

3.28

自定义扩展链接元素　custom extend link element

从 xl:link 派生出来的、本部分未预定义的扩展链接元素。

注：自定义扩展链接元素不包括以下类型：

——link:presentationLink;

——link:calculationLink;

——link:labelLink;

——link:referenceLink;

——link:definitionLink。

3.29

标准资源元素　standard resource element

从 xl:resource 派生出来的、本部分定义的元素。

注：标准资源元素包含如下类型：

——link:label;

——link:reference;

——link:footnote。

3.30

自定义资源元素　custom resource element

从 xl:resource 派生出来的、本部分未预定义的资源元素。

注：自定义资源元素不包括：

——link:label;

——link:reference;

——link:footnote。

3.31

重复数据项　duplicate items

具有相同的父元素、相同的上下文和相同概念的两个数据项。

3.32

重复元组　duplicate tuples

所有子孙元素都有相同内容的两个元组。

3.33

扩展链接　extended link

利用 XML 链接语言语法定义的、描述其所含信息与第三方文档信息之间关系的元素。

3.34

最小公共祖先　least common ancestor

两个元素的共同祖先元素,并且该祖先元素的所有子元素都不再是这两个元素的共同祖先元素。

3.35

数值型数据项　numeric item

反映数值的数据项。其简单类型可为 decimal、float、double,复杂类型为 fractionItemType。

3.36

非数值型数据项　non-numeric item

除数值型数据项以外的数据项。

注：日期类型不属于数值型。

3.37

期间　period

一个时间点或者一个时间段。

注：在商业报告中,财务数据和其他事实通常是以时间点或者以某个特定时间段来报告的。

3.38

资源　resource

概念或数据项的额外信息的扩展链接中所包含的 XML 片段。

3.39

单位　unit

在 XBRL 实例中作为根元素的子元素出现的、以说明数值型数据项度量单位的 XML 片段。一个单位元素只能用于说明一个特定的度量单位。

4　缩略语

下列缩略语适用于本文件。

DTS	可发现分类标准集	Discoverable Taxonomy Set
GAAP	公认会计原则	Generally Accepted Accounting Principles
ISO	国际标准化组织	International Organization for Standardization
URI	通用资源标识符	Universal Resource Identifier
URL	统一资源定位符	Uniform Resource Locator
XBRL	可扩展商业报告语言	eXtensible Business Reporting Language
XLink	XML 链接语言	XML Linking Language
XML	可扩展置标语言	eXtensible Markup Language
Xpath	XML 路径语言	XML Path Language
XPointer	XML 指针语言	XML Pointer Language
XQuery	XML 查询语言	XML Query Language

5　XBRL 处理器应满足的要求及其分级

本部分对 XBRL 处理器设定了最低符合要求和完全符合要求,其中：

——最低符合要求：XBRL 处理器应完整并且正确无误地符合本部分中的全部语法要求；

——完全符合要求：取决于处理器的使用目的,应首先达到最低要求,另外,它应完整并且正确无误地符合与链接库和 XBRL 实例相关的全部语义要求。

除非特别指出，本部分中的全部要求适用于所有满足最低要求的处理器。

6 命名空间前缀惯例说明

本部分在描述元素和属性时采用一系列命名空间前缀，命名空间前缀惯例应用如表 1 所示。

表 1 命名空间前缀惯例对照表

命名空间前缀	命名空间 URI
link	http://www.xbrl.org/2003/linkbase
xbrli	http://www.xbrl.org/2003/instance
xl	http://www.xbrl.org/2003/XLink
xlink	http://www.w3.org/1999/xlink
xml	http://www.w3.org/XML/1998/namespace
xsi	http://www.w3.org/2001/XMLSchema-instance
xsd	http://www.w3.org/2001/XMLSchema

本部分中的某些元素和属性的定义没有使用命名空间前缀或命名空间。本部分中定义的所有元素和属性的规范化命名空间是由附录 A 中规范模式文件决定的。本部分以 GB/T 18793—2002 为基础。

7 XBRL 架构

7.1 XBRL 分类标准概述

XBRL 分类标准由一个 XML 模式以及该模式内包含的或其直接引用的全部链接库组成。该 XML 模式被称作分类标准模式。

在 XBRL 术语中，概念是指对一个报告术语的定义，概念以 XML 模式元素定义的形式出现。分类标准模式应当为概念设置具体的名称和类型。根据概念定义，用类型说明所度量的事实可采用的数据类型。

链接库通过表达概念之间的关系（概念间关系）以及概念与其文档说明间的关系说明概念的含义。

链接库是指扩展链接的集合。在 XBRL 分类标准中有五种扩展链接用以说明定义、计算、展示、标签和引用这几个概念。其中，前三种类型表达概念间的关系，后两种则是用来表达概念与其文档说明间的关系。

链接库可嵌入在分类标准模式中；也可包含在分类标准模式之外的一个单独的文档中，此时分类标准模式应包括一个 linkbaseRef（参见附录 B）来指向该链接库文档。

7.2 XBRL 实例概述

XBRL 分类标准定义了报告概念，但并不包括以这些概念为基础的事实的实际值。事实的值包含在 XBRL 实例中，被称为“事实”。除了事实的实际值外，XBRL 实例还提供必要的上下文信息来解释该实际值。

一个 XBRL 实例可由一个或多个分类标准来支持，分类标准之间也能以不同的方式相互链接、扩展和修改。通常，在解释 XBRL 实例时需要综合考虑多个相关的分类标准。这种相互关联的分类标准的集合被称为可发现分类标准集，简称 DTS。确定 DTS 的范围时，应先从某个文档集（实例、分类标准模式或者链接库)开始并遵循 DTS 发现规则。DTS 是分类标准模式和链接库的集合。

DTS 发现规则：

DTS 中包含的分类标准模式如下：

a) XBRL 实例通过 schemaRef(模式引用)、roleRef(角色引用)、arcroleRef(弧角色引用)或者 linkbaseRef(链接库引用)等元素直接引用的分类标准模式。schemaRef、roleRef、arcroleRef 或 linkbaseRef 元素的 xlink:href(参见附录 C)属性值包含了被发现的分类标准模式的 URL。

b) 在一个已发现的分类标准模式中通过 XML 模式的 import(导入)或者 include(包括)元素引用的分类标准模式。

c) 在一个已发现的链接库文档中通过 loc(定位)元素引用的分类标准模式。在已发现的链接库中，每个被定位元素上的 xlink:href 属性引用的分类标准模式应被发现。

d) 在一个已发现的链接库文档中通过角色引用元素引用的分类标准模式。在已发现的链接库中，每个被角色引用元素上的 xlink:href 属性引用的分类标准模式应被发现。

e) 在一个已发现的链接库文档中通过弧角色引用元素引用的分类标准模式。在已发现的链接库中，每个被弧角色引用元素上的 xlink:href 属性引用的分类标准模式应被发现。

f) 在一个已发现的分类标准模式中通过链接库引用元素引用的分类标准模式。在已发现的分类标准模式中，每个被链接库引用元素上的 xlink:href 属性引用的链接库文档所涉及的分类标准模式应被发现。

DTS 中包含的链接库如下：

a) XBRL 实例通过 linkbaseRef 元素直接引用的链接库，其 xlink:href 属性包括被发现的链接库的 URL。

b) 在一个已发现的分类标准模式中通过 linkbaseRef 元素引用的链接库。其 xlink:href 属性包括被发现的链接库的 URL。

c) 在已发现的分类标准模式中，通过 XPath 路径"//xsd:schema/xsd:annotation/xsd:appinfo/*"识别的节点集中的链接库[本部分中 schema(模式)，annotation(注释)和 appinfo(应用程序信息)都是在 XML 模式命名空间中定义的元素]。

d) 在一个已发现的链接库文档中通过定位"loc"元素引用的链接库。已发现的链接库通过 loc 元素的 xlink:href 属性引用资源，每个包含这种资源的链接库应被发现。

7.3 数据完整性和安全性

XBRL 技术规范不提供传输加密、身份认证等信息安全机制。

7.4 校验

XBRL 实例、XBRL 链接库以及 XBRL 分类标准模式都应遵守本部分中的语法要求。其中很多语法要求都是通过 XML 模式表示的，所以校验程序的部分工作可利用 XML 模式的校验软件完成。语法要求中还有一些不是用 XML 模式或不能用 XML 模式表达，则应使用其他校验技术进行处理。

也可对 XBRL 实例中的数据与支持该实例的 DTS 中表达的语义是否相一致进行检查，而语义矛盾并不能使 XBRL 实例无法通过校验。本部分已指明那些通过完全符合要求的 XBRL 处理器能够识别出的语义矛盾。

7.5 XBRL 中的 XLink

7.5.1 概述

XML 片段之间的链接在 XBRL 中能以多种形式出现。XBRL 采用了 XLink 规范中定义的简单链接和扩展链接来描述各种链接，主要包括：XBRL 实例和相应的 DTS 之间的链接，XBRL 实例中事实和描述这些事实的脚注之间的链接，以及链接库中概念语法定义和语义之间的链接。

XLink 规范确立了在 XLink 命名空间 http://www.w3.org/1999/xlink 中的一组属性的语法和语义。这些属性可被其他命名空间定义的元素使用，以记录 XML 片段间的各种不同种类的链接。这些属性在 XBRL 中被广泛地应用。其中许多属性都在 XBRL 中得以广泛运用，其他属性不含与 XBRL 中定义的链接相关的语义。这些其他的属性在 XML schema 语法要求中是被允许的，但是本部分中并未予以记录或设置特定的语义，例如 xlink:show 属性和 xlink:actuate 属性。

XBRL 中使用的 XLINK 中一般结构的语法被 xlink-2003-12-31.xsd 和 xl-2003-12-31.xsd 这两个 XML 模式所约束：前者定义了 XLINK 中属性的语法，后者定义了本部分中各种与链接相关的元素的内容模型。

7.5.2 简单链接

简单链接是指由一个资源指向另外一个资源的链接，其属性如表 2 所示。

表 2 简单链接元素的属性表

属性名称	选择性	描述
xlink:type	必备	应有固定的属性值“simple”
xlink:href	必备	此属性应是一个 URI。URI 应指向一个 XML 文档或者 XML 文档中的一个 XML 片段。相对 URI 在使用前应解析为绝对 URI
xlink:role	可选	应具有 URI 值。如果提供了该属性，该属性一定不能为空
xlink:arcrole	可选	如果存在 xlink:arcrole 属性，该属性不能为空字符串
xml:base	可选	xml:base 属性可出现在简单链接中，用于解析 xlink:href 属性指定的相对 URI

XML 模式对于 XBRL 中的简单链接的约束如下所示：

```
<schema targetNamespace="http://www.xbrl.org/2003/XLink"
  xmlns:xlink="http://www.w3.org/1999/xlink"
  xmlns:xl="http://www.xbrl.org/2003/XLink"
  xmlns="http://www.w3.org/2001/XMLSchema"
  elementFormDefault="qualified"
  attributeFormDefault="unqualified">

  <complexType name="simpleType">
    <annotation>
      <documentation>
      XBRL 中定义的简单链接的类型
      </documentation>
    </annotation>
    <complexContent>
      <restriction base="anyType">
        <attributeGroup ref="xlink:simpleType"/>
        <attribute ref="xlink:href" use="required" />
        <attribute ref="xlink:arcrole" use="optional" />
        <attribute ref="xlink:role" use="optional" />
        <attribute ref="xlink:title" use="optional" />
        <attribute ref="xlink:show" use="optional" />
        <attribute ref="xlink:actuate" use="optional" />
```

```
        <anyAttribute namespace = "http://www.w3.org/XML/1998/namespace"
          processContents = "lax" />
      </restriction>
    </complexContent>
  </complexType>
  <element name = "simple" type = "xl:simpleType" abstract = "true">
    <annotation>
      <documentation>
      抽象元素作为简单链接替换组中的头元素。
      </documentation>
    </annotation>
  </element>

</schema>
```

7.5.3 linkbase 元素

7.5.3.1 概述

按照 XLink 规范，包含一系列内部链接和第三方链接的文档被称为链接库。链接库是扩展链接或包含扩展链接的元素，也可包含 documentation 元素。linkbase 元素可作为扩展链接的容器，其属性及子元素如表 3 所示。

表 3 linkbase 元素的属性及子元素表

属性/子元素名称	选择性	描　述
id 属性	可选	链接库元素可包含一个 id 属性。此属性的值应遵循 XML 规范中对 id 类型(http://www.w3.org/TR/REC-xml#NT-TokenizedType)的规定
xml:base 属性	可选	xml:base 属性 XML 规范可出现在 linkbase 元素中，用于将扩展链接的相对 URI 解析为绝对 URI
documentation 元素	可选	所有 linkbase 元素中也可包括 documentation 元素。documentation 元素应含有字符串内容。documentation 元素可包含 XBRL 链接库命名空间(http://www.xbrl.org/2003/linkbase)中没有定义的某种属性

XML 模式对 linkbase 元素的约束如下所示：

```
<schema targetNamespace = "http://www.xbrl.org/2003/linkbase"
  xmlns = "http://www.w3.org/2001/XMLSchema"
  xmlns:link = "http://www.xbrl.org/2003/linkbase"
  xmlns:xl = "http://www.xbrl.org/2003/XLink"
  xmlns:xlink = "http://www.w3.org/1999/xlink"
  elementFormDefault = "qualified">

  <element name = "linkbase">
    <annotation>
      <documentation>
      linkbase 元素的定义——用于包含一组零个或多个扩展链接元素
      </documentation>
    </annotation>
```

```
    <complexType>
      <choice minOccurs="0" maxOccurs="unbounded">
        <element ref="link:documentation"/>
        <element ref="link:roleRef"/>
        <element ref="link:arcroleRef"/>
        <element ref="xl:extended"/>
      </choice>
      <attribute name="id" type="ID" use="optional"/>
      <anyAttribute namespace="http://www.w3.org/XML/1998/namespace"
        processContents="lax" />
    </complexType>
  </element>

</schema>
```

示例:链接库框架

```
<linkbase
   xmlns="http://www.xbrl.org/2003/linkbase"
   xmlns:samp="http://www.xbrl.org/sample"
   xmlns:xlink="http://www.w3.org/1999/xlink"
   xmlns:xsi="http://www.w3.org/2001/XMLSchema-instance"
   xsi:schemaLocation="http://www.xbrl.org/sample samp001.xsd"
   xml:base="http://www.xbrl.org/sample">

<calculationLink
     xlink:role="http://www.xbrl.org/2003/role/link"
     xlink:type="extended">
    <!--…-->
  </calculationLink>

</linkbase>
```

含义:将 linkbase 作为根元素,其中包括命名空间前缀定义和 schemaLocation 属性。“xml:”前缀不需要声明。calculationLink作为一个扩展链接元素包含在该链接库中。

XML 模式对 documentation 元素的约束如下所示:

```
<schema targetNamespace="http://www.xbrl.org/2003/XLink"
  xmlns:xlink="http://www.w3.org/1999/xlink"
  xmlns:xl="http://www.xbrl.org/2003/XLink"
  xmlns="http://www.w3.org/2001/XMLSchema"
  elementFormDefault="qualified"
  attributeFormDefault="unqualified">

  <complexType name="documentationType">
    <annotation>
      <documentation>
      链接库和扩展链接文件中使用的元素类型。
      </documentation>
    </annotation>
    <simpleContent>
      <extension base="string">
        <anyAttribute namespace="##other" processContents="lax"/>
```

```
      </extension>
    </simpleContent>
  </complexType>

  <element name="documentation" type="xl:documentationType" abstract="true">
    <annotation>
      <documentation>
      链接库和扩展链接文件中使用的抽象元素。
      </documentation>
    </annotation>
  </element>

</schema>

<schema targetNamespace="http://www.xbrl.org/2003/linkbase"
  xmlns="http://www.w3.org/2001/XMLSchema"
  xmlns:link="http://www.xbrl.org/2003/linkbase"
  xmlns:xl="http://www.xbrl.org/2003/XLink"
  xmlns:xlink="http://www.w3.org/1999/xlink"
  elementFormDefault="qualified">

  <element name="documentation"
    type="xl:documentationType" substitutionGroup="xl:documentation">
    <annotation>
      <documentation>
      链接库和扩展链接文件中使用的具体元素。
      </documentation>
    </annotation>
  </element>

</schema>
```

7.5.3.2 roleRef 元素

roleRef 元素用于解析在链接库或 XBRL 实例中用到的自定义的 xlink:role 的值。roleRef 元素是一个简单链接，指向分类标准模式文档中的 roleType 元素，roleType 元素声明了 xlink:role 的属性值，其属性如表 4 所示。

表 4 roleRef 元素的属性表

属性名称	选择性	描述
xlink:type	必备	其值应为“simple”
xlink:href	必备	xlink:href 属性应是 URI。URI 应指向一个分类标准模式文档中的 roleType 元素。相对 URI 在使用前应解析为绝对 URI。无论 roleRef 在哪里出现，其引用的文档应作为 DTS 的一部分被发现
xlink:arcrole	可选	该属性在 roleRef 元素中没有语义定义
xlink:role	可选	可选属性 xlink:role 应为 URI 值。如果选用，则该属性不能为空。该属性在 roleRef 元素中没有语义定义
roleURI	必备	roleURI 属性用于确定 roleRef 元素所指向的 XML 资源中定义的 xlink:role 的属性值。此属性的值应和 roleRef 元素所指向的 roleType 元素中的 roleURI 属性值相匹配。在同一个链接库或者 XBRL 实例中，有相同 roleURI 属性值的 roleRef 元素最多只能有一个

XML 模式对 roleRef 元素的约束如下所示：

```
〈schema targetNamespace = "http://www.xbrl.org/2003/linkbase"
  xmlns = "http://www.w3.org/2001/XMLSchema"
  xmlns:link = "http://www.xbrl.org/2003/linkbase"
  xmlns:xl = "http://www.xbrl.org/2003/XLink"
  xmlns:xlink = "http://www.w3.org/1999/xlink"
  elementFormDefault = "qualified"〉

  〈element name = "roleRef" substitutionGroup = "xl:simple"〉
    〈annotation〉
      〈documentation〉
      roleRef 元素定义——用于链接 xlink :role 属性解析值与 roleType 元素的声明
      〈/documentation〉
    〈/annotation〉
    〈complexType〉
      〈complexContent〉
        〈extension base = "xl:simpleType"〉
          〈attribute name = "roleURI" type = "xlink:nonEmptyURI" use = "required"〉
            〈annotation〉
              〈documentation〉
                该属性包含了一个角色名称。
              〈/documentation〉
            〈/annotation〉
          〈/attribute〉
        〈/extension〉
      〈/complexContent〉
    〈/complexType〉
  〈/element〉

〈/schema〉
```

7.5.3.3 **arcroleRef 元素**

arcroleRef 元素用于解析在链接库或 XBRL 实例中用到的自定义的 xlink:arcrole 的值。arcroleRef 元素是一个简单链接，指向声明了 xlink:arcrole 属性值的分类标准模式文档中的 arcroleType 元素，其属性如表 5 所示。

表 5　arcroleRef 元素的属性表

属性名称	选择性	描　述
xlink:type	必备	其值应为“simple”
xlink:href	必备	xlink:href 属性应是 URI。URI 应指向一个分类标准模式文档中的 arcroleType 元素。相对 URI 在使用前应解析为绝对 URI。所有被 xlink:href 属性引用的文档应作为 DTS 的一部分被发现，而不考虑 arcroleRef 元素出现在哪个链接库中
xlink:arcrole	可选	该属性在 arcroleRef 元素中没有语义定义
xlink:role	可选	应为 URI 值。如果选用，则该属性不能为空。该属性在 arcroleRef 元素中没有语义定义
arcroleURI	必备	arcroleURI 属性用于确定 arcroleRef 元素所指向的 XML 资源中定义的 xlink:arcrole 的属性值。此属性的值应和 arcroleRef 元素所指向的 arcroleType 元素中的 arcroleURI 属性值相匹配。在一个链接库或者一个 XBRL 实例中，有相同 arcroleURI 属性值的 arcroleRef 元素最多一个

XML 模式对 arcroleRef 元素的定义如下所示：

```
<schema targetNamespace = "http://www.xbrl.org/2003/linkbase"
  xmlns = "http://www.w3.org/2001/XMLSchema"
  xmlns:link = "http://www.xbrl.org/2003/linkbase"
  xmlns:xl = "http://www.xbrl.org/2003/XLink"
  xmlns:xlink = "http://www.w3.org/1999/xlink"
  elementFormDefault = "qualified">

  <element name = "arcroleRef" substitutionGroup = "xl:simple">
    <annotation>
      <documentation>
      arcroleRef 元素的定义:用于链接 xlink:arcrole 属性的解析值以及 arcroleType 元素的声明
      </documentation>
    </annotation>
    <complexType>
      <complexContent>
        <extension base = "xl:simpleType">
          <attribute name = "arcroleURI" type = "xlink:nonEmptyURI" use = "required">
            <annotation>
              <documentation>
                该属性包含了一个 arcrole 名称
              </documentation>
            </annotation>
          </attribute>
        </extension>
      </complexContent>
    </complexType>
  </element>

</schema>
```

7.5.4 扩展链接的使用

7.5.4.1 概述

扩展链接是有注解的 XML 片段。XBRL 扩展链接说明了以 XML 片段形式表示的资源间的关系，其属性如表 6 所示。

表 6 扩展链接元素的属性表

属性名称	选择性	描 述
id	可选	扩展链接可有一个 id 属性。id 属性的值应和 XML 规范中 ID 类型中属性的规则相一致。id 属性标识为一个扩展链接，以便于它可被简单链接直接引用
xlink:type	必备	其值应是“extended”
xlink:role	必备	xlink:role 属性应出现在标准扩展链接上。xlink:role 属性的内容被称为扩展链接的角色值。扩展链接角色值在应用中用来区分不同的关系。本部分定义的标准扩展链接角色遵循 http://www.xbrl.org/2003/role/link。 标准扩展链接可在使用这种角色时，无需使用 roleType 和 roleRef
xml:base	可选	用于处理扩展链接的相对 URI

XML 模式对 XBRL 使用的扩展链接的一般约束如下所示：

```
<schema targetNamespace = "http://www.xbrl.org/2003/XLink"
  xmlns:xlink = "http://www.w3.org/1999/xlink"
  xmlns:xl = "http://www.xbrl.org/2003/XLink"
  xmlns = "http://www.w3.org/2001/XMLSchema"
  elementFormDefault = "qualified"
  attributeFormDefault = "unqualified">

  <complexType name = "extendedType">
    <annotation>
      <documentation>
      一般扩展链接类型
      </documentation>
    </annotation>
    <complexContent>
      <restriction base = "anyType">
        <choice minOccurs = "0" maxOccurs = "unbounded">
          <element ref = "xl:title" />
          <element ref = "xl:documentation" />
          <element ref = "xl:locator" />
          <element ref = "xl:arc" />
          <element ref = "xl:resource" />
        </choice>
        <attributeGroup ref = "xlink:extendedType"/>
        <attribute ref = "xlink:role" use = "required" />
        <attribute ref = "xlink:title" use = "optional" />
        <attribute name = "id" type = "ID" use = "optional" />
        <anyAttribute namespace = "http://www.w3.org/XML/1998/namespace"
          processContents = "lax" />
      </restriction>
    </complexContent>
  </complexType>
  <element name = "extended" type = "xl:extendedType" abstract = "true">
    <annotation>
      <documentation>
      抽象扩展链接元素作为扩展链接替换组中的头元素。
      </documentation>
    </annotation>
  </element>

</schema>
```

XBRL 扩展链接可包括 5 种不同类型的子元素：documentation（备注）元素、title（标题）元素、locator（定位器）元素、resource（资源）元素和 arc（弧）元素。

documentation 元素仅用于 XBRL 注释，没有 Xlink 特定的语义。title，locator，resource 以及 arc 元素可由特定的 Xlink 属性确定。如果 title，locator，resource 和 arc 元素不是一个扩展链接元素的直接子元素，那么它们在 XLink 规范中就没有特定的意义，在 XBRL 中也就没有特定的意义。

7.5.4.2 documentation 元素

所有 XBRL 扩展链接都可包含 documentation 元素，其与 linkbase 元素中使用的 documentation 元素遵循相同的语法规则。

7.5.4.3 title 元素

所有的 XBRL 扩展链接都可包含标题。相对于 xlink:title 属性的有限表达能力，title 元素可用于说明扩展链接。在需要用多种语言提供信息时，尤其需要使用 title 元素。标题没有 XBRL 特定语义。若要在扩展链接中使用一个标题，就应为抽象的标题元素在替换组中定义一个新的元素，其属性如表 7 所示。

表 7 扩展链接中的标题元素的属性表

属性名称	选择性	描 述
xlink:type	必备	其值应为“title”

XML 模式对 title 元素的约束如下所示：

```
〈schema targetNamespace = "http://www.xbrl.org/2003/XLink"
  xmlns:xlink = "http://www.w3.org/1999/xlink"
  xmlns:xl = "http://www.xbrl.org/2003/XLink"
  xmlns = "http://www.w3.org/2001/XMLSchema"
  elementFormDefault = "qualified"
  attributeFormDefault = "unqualified"〉

  〈complexType name = "titleType"〉
    〈annotation〉
      〈documentation〉
      抽象 title 元素的类型——用作一个 title 元素模板。
      〈/documentation〉
    〈/annotation〉
    〈complexContent〉
      〈restriction base = "anyType"〉
        〈attributeGroup ref = "xlink:titleType"/〉
      〈/restriction〉
    〈/complexContent〉
  〈/complexType〉
  〈element name = "title" type = "xl:titleType" abstract = "true"〉
    〈annotation〉
      〈documentation〉
      在扩展链接 documentation 中使用的一般 title 元素。
      用于扩展链接，弧，定位器。
      详见 http://www.w3.org/TR/xlink/#title-element。
      〈/documentation〉
    〈/annotation〉
  〈/element〉

〈/schema〉
```

7.5.4.4 定位器(loc 元素)

定位器是扩展链接的子元素，指向扩展链接本身之外的资源。所有 XBRL 扩展链接都可包括定位器，其属性如表 8 所示。

表 8　定位器元素的属性表

属性名称	选择性	描　　述
xlink:type	必备	其值应为"locator"
xlink:href	必备	此属性应是一个 URI。URI 应指向一个 XML 文档或者 XML 文档中的一个或多个 XML 片段。相对 URI 在使用前应解析为绝对 URI。所有被 xlink:href 属性引用的文档应作为 DTS 的一部分被发现,而不考虑该定位器出现在哪个链接库中
xlink:label	必备	在定位器中的 xlink:label 属性标识了该定位器,使得在同一扩展链接中的弧可引用它。在一个扩展链接中的多个定位器和资源可有相同的 xlink:label 属性值。xlink:label 属性值一定为一个 NCName (http://www.w3.org/TR/REC-xml-names/#NT-NCNAME),这要求 xlink:label 属性应以一个字母或者下划线开头

XML 模式对定位器元素的约束如下所示:

```
<schema targetNamespace="http://www.xbrl.org/2003/XLink"
  xmlns:xlink="http://www.w3.org/1999/xlink"
  xmlns:xl="http://www.xbrl.org/2003/XLink"
  xmlns="http://www.w3.org/2001/XMLSchema"
  elementFormDefault="qualified"
  attributeFormDefault="unqualified">

  <complexType name="locatorType">
    <annotation>
      <documentation>
      通用定位器类型。
      </documentation>
    </annotation>
    <complexContent>
      <restriction base="anyType">
        <sequence>
          <element ref="xl:title" minOccurs="0" maxOccurs="unbounded" />
        </sequence>
        <attributeGroup ref="xlink:locatorType"/>
        <attribute ref="xlink:href" use="required" />
        <attribute ref="xlink:label" use="required" />
        <attribute ref="xlink:role" use="optional" />
        <attribute ref="xlink:title" use="optional" />
      </restriction>
    </complexContent>
  </complexType>
  <element name="locator" type="xl:locatorType" abstract="true">
    <annotation>
      <documentation>
      抽象定位器元素作为定位器替换组中的头元素
      用于 XBRL 中的所有扩展链接定位器。
      </documentation>
    </annotation>
  </element>

</schema>
```

为了满足一致性，loc元素是为了应用于XBRL扩展链接而定义的唯一定位器。loc元素是通用定位器的一个具体形式。

XML模式对loc元素的约束如下所示：

```
<schema targetNamespace="http://www.xbrl.org/2003/linkbase"
  xmlns="http://www.w3.org/2001/XMLSchema"
  xmlns:link="http://www.xbrl.org/2003/linkbase"
  xmlns:xl="http://www.xbrl.org/2003/XLink"
  xmlns:xlink="http://www.w3.org/1999/xlink"
  elementFormDefault="qualified">

  <element name="loc" type="xl:locatorType" substitutionGroup="xl:locator">
   <annotation>
     <documentation>
     具体定位器元素。loc 元素是 XBRL 中的所有扩展链接的 XLink 定位器元素。
     </documentation>
   </annotation>
  </element>

</schema>
```

定位器可包括标题，应和扩展链接的子标题遵循相同的要求。

7.5.4.5 资源（resource元素）

资源是扩展链接中的一个XML片段，通过扩展链接既可与扩展链接中的资源有联系，也可与扩展链接外部的资源有联系，其属性如表9所示。

表9 Resource的属性表

属性名称	选择性	描　述
xlink:type	必备	其值一定为“resource”
xlink:label	必备	在资源中的xlink:label属性标识了该资源，使得在相同扩展链接中的弧可引用它。资源中的xlink:label属性应和定位器中的xlink:label属性遵循相同的规范。在一个扩展链接的多个资源可有相同的标签
xlink:role	可选	资源的可选属性xlink:role作为资源的角色值被引用。 资源中可包含xlink:role属性，根据资源所含信息的本质，xlink:role属性被用来区分资源。本部分中定义的一些资源有一组针对它们定义的标准资源角色值。自定义引用角色可使用roleType来定义
id	可选	id属性可在XBRL扩展链接的所有资源中存在。id属性值应遵守XML规范中关于带有ID类型的属性的规则(http://www.w3.org/TR/REC-xml#NT-TokenizedType)。id属性标识了资源，使得它能够被其他弧禁止的扩展链接中的定位器引用

XML 模式对 Resource 的约束如下所示：

```
<schema targetNamespace = "http://www.xbrl.org/2003/XLink"
  xmlns:xlink = "http://www.w3.org/1999/xlink"
  xmlns:xl = "http://www.xbrl.org/2003/XLink"
  xmlns = "http://www.w3.org/2001/XMLSchema"
  elementFormDefault = "qualified"
  attributeFormDefault = "unqualified">

  <complexType name = "resourceType">
    <annotation>
      <documentation>
      资源类型元素的一般类型。
      </documentation>
    </annotation>
    <complexContent mixed = "true">
      <restriction base = "anyType">
        <attributeGroup ref = "xlink:resourceType"/>
        <attribute ref = "xlink:label" use = "required" />
        <attribute ref = "xlink:role" use = "optional" />
        <attribute ref = "xlink:title" use = "optional" />
        <attribute name = "id" type = "ID" use = "optional" />
      </restriction>
    </complexContent>
  </complexType>
  <element name = "resource" type = "xl:resourceType" abstract = "true">
    <annotation>
      <documentation>
    抽象元素作为资源元素替换组的头元素使用。
      </documentation>
    </annotation>
  </element>

</schema>
```

7.5.4.6 arc 元素

7.5.4.6.1 概述

所有 XBRL 扩展链接都可包含 arc 元素。弧表示通过扩展链接中的定位器标识的资源间的关系，或者扩展链接中资源间的关系，其属性如表 10 所示。

表 10 arc 元素的属性表

属性名称	选择性	描 述
xlink:type	必备	其值应是“arc”
xlink:from	必备	弧中的 xlink:from 属性应和相同扩展链接元素中的至少一个定位器或资源的 xlink:label 属性值相等。 xlink:from 属性值应是一个 NCName，即 xlink:from 属性应以一个字母或者一个下划线开头
xlink:to	必备	一个弧的 xlink:to 属性应和相同扩展链接元素中的至少一个定位器或资源的 xlink:label 属性值相等。 xlink:to 属性值应是一个 NCName，即 xlink:to 属性应以一个字母或者一个下划线开头

表 10　arc 元素的属性表（续）

属性名称	选择性	描　述
xlink:arcrole	必备	xlink:arcrole 属性用于记录弧所表达的特定类型的关系。它的值称为弧角色值。本部分定义了一组标准的 arcrole 值，自定义 arcrole 值可使用 arcroleTypes 来定义。
order 属性	可选	order 属性是可选择的，它应有一个小数值；当关系的等级网络展示时，该小数值可表明应用软件在正确展示兄弟概念时的次序。如不选择该属性，order 属性必为默认值“1”。如果在等级网络中的多个兄弟有相同的 order 属性值，那么这些兄弟的展示顺序由应用软件决定。order 属性值不一定是整数，这样可方便在已经定义好的两个兄弟中间添加一个新的兄弟

arc 元素的 XML 模式约束如下所示：

```
<schema targetNamespace="http://www.xbrl.org/2003/XLink"
  xmlns:xlink="http://www.w3.org/1999/xlink"
  xmlns:xl="http://www.xbrl.org/2003/XLink"
  xmlns="http://www.w3.org/2001/XMLSchema"
  elementFormDefault="qualified"
  attributeFormDefault="unqualified">

  <simpleType name="useEnum">
    <annotation>
      <documentation>
      扩展链接弧中 use 属性的枚举值。
      </documentation>
    </annotation>
    <restriction base="NMTOKEN">
      <enumeration value="optional"/>
      <enumeration value="prohibited"/>
    </restriction>
  </simpleType>

  <complexType name="arcType">
    <annotation>
      <documentation>
      基本扩展链接弧类型——在必要时对特定弧进行扩展，通过对一般弧类型增加 use, priority 和 order 属性进行扩展
      </documentation>
    </annotation>
    <complexContent>
      <restriction base="anyType">
        <sequence>
          <element ref="xl:title" minOccurs="0" maxOccurs="unbounded"/>
        </sequence>
        <attributeGroup ref="xlink:arcType"/>
        <attribute ref="xlink:from" use="required"/>
        <attribute ref="xlink:to" use="required"/>
        <attribute ref="xlink:arcrole" use="required"/>
        <attribute ref="xlink:title" use="optional"/>
        <attribute ref="xlink:show" use="optional"/>
        <attribute ref="xlink:actuate" use="optional"/>
        <attribute name="order" type="decimal" use="optional"/>
```

```
        <attribute name="use" type="xl:useEnum" use="optional" />
        <attribute name="priority" type="integer" use="optional" />
        <anyAttribute namespace="##other" processContents="lax" />
      </restriction>
    </complexContent>
  </complexType>
  <element name="arc" type="xl:arcType" abstract="true">
    <annotation>
      <documentation>
    抽象元素作为弧元素替换组中的头元素使用
      </documentation>
    </annotation>
  </element>

</schema>
```

弧展现了 XML 片段之间的关系，见示例 1、示例 2、示例 3，其 XML 片段是通过弧的两个属性 xlink:from 和 xlink:to 引用的。xlink:from 和 xlink:to 两个属性分别代表了弧的两边。这两个属性包含了定位器和资源的 xlink:label 属性值，该定位器和资源与弧本身在同一个扩展链接中。对于一个定位器，被引用的 XML 片段由定位器的 xlink:href 属性标识的一组 XML 元素组成。对于一个资源，被引用的 XML 片段是资源元素本身。当扩展链接中的多个定位器和/或资源具有相同的 xlink:label 属性值，并且该属性值是靠弧的某端识别的，弧可分别在两端同时引用多个 XML 片段。

示例 1：

一对一的弧关系

该列报链接包含一个弧，它把一个 XBRL 概念和另一个 XBRL 概念链接起来。在"from"端的 XML 片段为概念 A 元素在 example.xsd 分类标准模式中的定义。在"to"端的 XML 片段为概念 B 元素在 example.xsd 分类标准模式中的定义。

```
<presentationLink xlink:type="extended"
  xlink:role="http://www.xbrl.org/2003/role/link">
  <loc xlink:type="locator" xlink:label="a" xlink:href="example.xsd#conceptA"/>
  <loc xlink:type="locator" xlink:label="b" xlink:href="example.xsd#conceptB"/>
  <presentationArc xlink:type="arc" xlink:from="a" xlink:to="b"
    xlink:arcrole="http://www.xbrl.org/2003/arcrole/parent-child" order="1"/>
</presentationLink>
```

示例 2：

一对多的弧关系

该标签链接包含单一的弧，它把一个 XBRL 概念和两个 XBRL 标签相链接。这是通过给每个标签资源赋予相同的 xlink:label 属性值而实现的，该属性值和弧中的 xlink:to 属性值也是相同的。该弧代表了两种关系，一种是概念 A 和标准标签（"Concept A"）之间的联系，另外一种是概念 A 和合计标签（"Total of Concept A"）之间的关系。

```
<labelLink xlink:type="extended"
xlink:role="http://www.xbrl.org/2003/role/link">
<loc xlink:type="locator" xlink:label="a" xlink:href="example.xsd#conceptA"/>
<label xlink:type="resource" xml:lang="en" xlink:label="lab_a"
xlink:role="http://www.xbrl.org/2003/role/label">Concept A</label>
<label xlink:type="resource" xml:lang="en" xlink:label="lab_a"
xlink:role="http://www.xbrl.org/2003/role/totalLabel">Total of Concept A</label>
<labelArc xlink:type="arc" xlink:from="a" xlink:to="lab_a"
  xlink:arcrole="http://www.xbrl.org/2003/arcrole/concept-label"/>
</labelLink>
```

该扩展链接也可表达相同的两种关系，但是需要分别列出各标签和两个弧的 xlink:label 属性值。

```
〈labelLink xlink:type = "extended"
 xlink:role = "http://www.xbrl.org/2003/role/link"〉
 〈loc xlink:type = "locator" xlink:label = "a" xlink:href = "example.xsd#conceptA"/〉
 〈label xlink:type = "resource" xml:lang = "en" xlink:label = "lab_a_standard"
xlink:role = "http://www.xbrl.org/2003/role/label"〉Concept A〈/label〉
 〈label xlink:type = "resource" xml:lang = "en" xlink:label = "lab_a_total"
xlink:role = "http://www.xbrl.org/2003/role/totalLabel"〉Total of Concept A〈/label〉
 〈labelArc xlink:type = "arc" xlink:from = "a" xlink:to = "lab_a_standard"
  xlink:arcrole = "http://www.xbrl.org/2003/arcrole/concept-label"/〉
 〈labelArc xlink:type = "arc" xlink:from = "a" xlink:to = "lab_a_total"
  xlink:arcrole = "http://www.xbrl.org/2003/arcrole/concept-label"/〉
〈/labelLink〉
```

从语义上讲，这两个扩展链接表现的是概念及其标签之间相同的关系集。

示例3：

多对多的弧关系

该标签链接包含单一的弧，它将两个概念和两个标签联系起来。这是通过给每个概念的定位器赋予相同的xlink:label属性值实现的，该属性值和弧中的xlink:from属性值是相同的，并且，还给每个标签资源赋予相同的xlink:label属性值，该属性值和xlink:to属性值是相同的。

```
〈labelLink xlink:type = "extended"
  xlink:role = "http://www.xbrl.org/2003/role/link"〉
  〈loc xlink:type = "locator" xlink:label = "ab" xlink:href = "example.xsd#conceptA"/〉
  〈loc xlink:type = "locator" xlink:label = "ab" xlink:href = "example.xsd#conceptB"/〉
  〈label xlink:type = "resource" xml:lang = "en" xlink:label = "lab_ab"
xlink:role = "http://www.xbrl.org/2003/role/label"〉Concept A or B〈/label〉
  〈label xlink:type = "resource" xml:lang = "en" xlink:label = "lab_ab"
xlink:role = "http://www.xbrl.org/2003/role/totalLabel"〉Total of Concept A or B〈/label〉
  〈labelArc xlink:type = "arc" xlink:from = "ab" xlink:to = "lab_ab"
    xlink:arcrole = "http://www.xbrl.org/2003/arcrole/concept-label"/〉
〈/labelLink〉
```

弧表示以下四种关系：

a) 概念A和标签资源"Concept A or B"之间的关系；

b) 概念A和标签资源"Total of Concept A or B"之间的关系；

c) 概念B和标签资源"Concept A or B"之间的关系；

d) 概念B和标签资源"Total of Concept A or B"之间的关系。

正如一对多的例子，该扩展链接可用4个一对一的弧重写，这四个弧的每个定位器和资源有一个唯一的xlink:label属性值。它也可用两个一对二的弧重写，这两个弧的标签资源有相同的xlink:label属性值，定位器有唯一的xlink:label属性，反之亦然。

在一个扩展链接中，不允许存在任何XLink重复的弧。XLink重复的弧是指一个扩展链接中有相同的xlink:from以及xlink:to属性值的弧。见示例4。

示例4：

依照XLink规范正确使用弧

根据XLINK规范，在单个扩展链接中禁止出现重复弧，并且在决定是否重复时应忽略arcrole，下面是一个错误的例子：

```
〈definitionLink xlink:type = "extended"
  xlink:role = "http://www.xbrl.org/2003/role/link"〉
  〈loc xlink:type = "locator" xlink:label = "a" xlink:href = "example.xsd#conceptA"/〉
  〈loc xlink:type = "locator" xlink:label = "b" xlink:href = "example.xsd#conceptB"/〉
  〈definitionArc xlink:type = "arc" xlink:from = "a" xlink:to = "b"
```

```
    xlink:arcrole = "http://www.xbrl.org/2003/arcrole/generalspecial" />
  <definitionArc xlink:type = "arc" xlink:from = "a" xlink:to = "b"
    xlink:arcrole = "http://www.xbrl.org/2003/arcrole/requires-element"/>
</definitionLink>
    相反,根据 XLink 规范,应使用一个合法的替代构造,例如:
<definitionLink xlink:type = "extended"
xlink:role = "http://www.xbrl.org/2003/role/link">
  <loc xlink:type = "locator" xlink:label = "a" xlink:href = "example.xsd#conceptA"/>
  <loc xlink:type = "locator" xlink:label = "b" xlink:href = "example.xsd#conceptB"/>
  <definitionArc xlink:type = "arc" xlink:from = "a" xlink:to = "b"
    xlink:arcrole = "http://www.xbrl.org/2003/arcrole/generalspecial" />
</definitionLink>
<definitionLink xlink:type = "extended"
xlink:role = "http://www.xbrl.org/2003/role/link">
  <loc xlink:type = "locator" xlink:label = "a" xlink:href = "example.xsd#conceptA"/>
  <loc xlink:type = "locator" xlink:label = "b" xlink:href = "example.xsd#conceptB"/>
  <definitionArc xlink:type = "arc" xlink:from = "a" xlink:to = "b"
    xlink:arcrole = "http://www.xbrl.org/2003/arcrole/requires-element"/>
</definitionLink>
```

7.5.4.6.2 title 元素

弧元素可包含标题,应与扩展链接的子标题遵循相同的要求。

7.5.4.6.3 禁止和覆盖关系

7.5.4.6.3.1 概述

一个分类标准创建者通常不能修改其他分类标准创建者创建的链接库。如果他需要修改这些链接库所表达的关系,那么可以建立一个新的链接库,以此体现对特定关系进行禁止或者覆盖的关系。无论是要覆盖还是禁止一个现有的关系,都需要创建一个新的弧。

禁止弧是表达一个或者一组禁止关系的弧。禁止关系是用于否定其他关系的关系。覆盖弧是表达一个或者一组覆盖关系的弧。覆盖关系是用于取代其他关系的关系。当确定一个 DTS 中的关系网内的不同关系时,禁止和覆盖是相关的。

用于表达禁止和覆盖关系的弧受 use 和 priority 两个属性控制,本部分中定义的所有弧元素都有这两个属性,其属性如表 11 所示。

表 11 禁止和覆盖关系的弧元素的属性表

属性名称	选择性	描　述
use	可选	取值应是"optional"和"prohibited"两者之一。 其中,若 use="optional",则表示该弧代表的一个或者一组关系可参与到 DTS 中的关系网中。当 use 属性不明确时,其默认值为"optional"。 若 use="prohibited",则表示该弧代表的一个或者一组关系禁止其本身及其他等价关系参与到 DTS 中的关系网络中。这种关系被称为是禁止关系
priority	可选	priority 属性的内容应是一个整数,其默认值为"0"。在关系网中应用禁止以及覆盖规则时,应使用此属性。每个关系都有一个优先权,它的值等于用于表达此关系的弧的 priority 属性值

7.5.4.6.3.2 DTS 中的关系网

DTS 中的扩展链接所表示的弧描述了 XML 片段之间的关系网。

单独地来说，每个弧描述一个或者多个关系。但是，在一个 DTS 的内部，仅仅其中的一些关系参与到 DTS 所描述的关系网中。

DTS 的所有关系都是 DTS 所描述的内部关系网的候选关系。但是，有一些被其他关系禁止或者覆盖的关系是被 DTS 所描述的关系网排斥在外的。

DTS 中的所有弧被分为组织到弧的几个基础集中。在一个弧基础集中的全部弧需要满足以下条件：

a) 有相同的本地名称、命名空间以及 xlink:arcrole 属性值；

b) 被包含在有相同的本地名称、命名空间以及 xlink:role 属性值的扩展链接元素中。

DTS 中的每个弧的每个基础集都是表达内部关系网候选关系的集合。对于 DTS 中的弧的每个弧基础集，关系禁止和覆盖的规则决定了参与到 DTS 中内部相应关系网的基础集中的关系的子集。

7.5.4.6.3.3 等价关系

应用关系禁止和覆盖规则时，基础集中的弧表达的每个关系都要和该基础集中的弧表达的所有其他关系进行比较。

在下列情形下认为给定的基础集中的弧所表达的两种关系是等价的：

a) 下面的条件需要满足后模式验证信息集(post-schema-validation infoset)：

——弧有非豁免属性(non-exempt attributes)的同样数字；

——第一弧的每个非豁免属性，在第二弧有一个相对应的结构等价的非豁免属性(弧的 use 和 priority 两个属性是豁免属性，以下命名空间中的其他属性也都是豁免属性)：

- http://www.w3.org/2000/xmlns/；
- http://www.w3.org/1999/xlink；

——所有其他属性是非豁免属性。

b) XML 片段中关系的“from”端相同。

c) XML 片段中关系的“to”端相同。

7.5.4.6.3.4 禁止和覆盖关系规则

对于一个基础集中的弧所表达的每个关系，如果该关系包含在该弧的基础集的关系网中，禁止和覆盖关系规则由弧的 use 和 priority 属性以及关系等价概念来决定。

禁止和覆盖规则按下列方式应用在每个等价关系集合上，每个等价关系集合是由基础集中的弧表示：

a) 基础集中的弧表达的关系网不包含该集合中的任何禁止关系。

b) 如果只有一个关系有最高优先级，而且该关系不是禁止关系，那么该关系是覆盖关系，应包含在基础集的关系网中。弧基础集中的所有其他等价关系都不包含在关系网中。

c) 如果不止一个关系有最高优先级，而且都不是禁止关系，那么这些最高优先级关系有且仅有一个应包含在弧基础集的关系网中。被选中的关系应当是覆盖关系。所有其他等价关系(即“被覆盖关系”)不允许包含在弧基础集的关系网中。具体选择哪个关系包含在弧基础集的关系网中，由应用程序决定。

d) 如果不止一个关系有最高优先级，并且这些关系中至少有一个是禁止关系的，那么这些等价的关系都不能被包含在弧的基础集的关系网中(这些不是禁止等价关系，而是被禁止了)。

禁止和覆盖关系规则的具体示例见示例 5。

示例 5：

禁止和覆盖关系

<table>
<tr><td>以下这组示例包含了一些很少能够遇到的情况，并且示范了如何根据禁止和覆盖关系规则处理这些情况。这些例子给出了一系列扩展分类标准，这些扩展分类标准可以是由分类标准创建者以外的人创建。</td></tr>
<tr><td>如果弧基础集中的两个弧表现的是一组等价关系(如下所示)，那么这两个关系都没有被包含在与该弧基础集相关联的关系网中。
● 弧 A 用 use="optional"并且 priority="1"表示关系 A；
● 弧 B 用 use="prohibited"并且 priority="2"表示关系 B。
弧 B 的优先级较高，并且表达一种禁止关系。因此关系 A 被关系 B 排除在与弧基础集相关的关系网之外。由于关系 B 禁止了关系 A，因此，根据定义，它不被包括在与弧的基础集相关的关系网中。</td></tr>
<tr><td>如果后续有另外一个弧按照以下形式介入到弧的基础集中：
● 弧 C 用 use="prohibited"和 priority="3"表示关系 C。
并且，关系 C 与关系 A、B 是等价的，因为关系 C 有最高优先级，它是一个禁止关系。因此，关系 A 被关系 C 排除在与弧的基础集相关联的关系网之外。关系 B 和 C 是禁止关系，因此，根据定义，它们不被包含在与此弧基础集相关联的关系网中。</td></tr>
<tr><td>如果后续有另外一个弧按照以下形式介入到弧的基础集中：
● 弧 D 用 use="optional"和 priority="4"表示关系 D。
并且关系 D 与关系 A、B、C 是等价的，因为关系 D 有最高优先级，所以，它是一个覆盖关系。因此，关系 A、B 和 C 不被包含在与此弧基础集相关联的关系网中。从而，该关系 D 实际地覆盖了禁止关系 B 和 C 的效果，因此被包含在与弧基础集相关联的关系网中。</td></tr>
<tr><td>如果后续有另外一个弧按照以下形式介入到弧的基础集中：
● 弧 E 用 use="optional"和 priority="4"表示关系 E。
并且，关系 E 和关系 A、B、C、D 等价，因为关系 E 和关系 D 的优先级相等，所以，关系 E 和关系 D 究竟哪一个是覆盖关系，需要由应用程序决定。关系 A、B 和 C 仍然不被包含在与此弧基础集相关联的关系网中。因为这几个关系是等价的，那么，关系 E 和关系 D 究竟哪一个是覆盖关系要由应用程序决定的事实，变得不重要了，因为任选其中的哪一个都不会影响所要表达的语义。</td></tr>
<tr><td>如果后续有另外一个弧按照以下形式介入到弧的基础集组中：
● 弧 F 用 use="prohibited"和 priority="4"表示关系 F。
并且，关系 F 和关系 A、B、C、D、E 都是等价的，因为关系 F 是有最高优先级的关系之中的一个，而且关系 F 是一个禁止关系，因此关系 A、B、C、D、E、F 都不被包含在与此弧基础集相关联的关系网中。</td></tr>
</table>

将一个 DTS 中所有被发现的弧划分为基础集并在一系列关系网中的禁止和覆盖规则的应用过程产生了一系列的关系网，每个关系网中包括的关系如下：

——用具有相同本地名称、命名空间以及 xlink:arcrole 属性值的 arcType 元素的弧表达；

——用包含在有相同本地名字、命名空间以及 xlink:role 属性值的 extendedType 元素中的弧表达；

——不是被禁止关系、禁止关系或者覆盖关系。

7.5.5 在 URI 片段标识符中使用 XPointer

为了能够指向一个特定的 XML 元素，在 XLink 规范中多个链接(href)中用到的 URI 应以一个片段标识符结束。根据 XLink 规范，XPointer 语法允许在片段标识符中使用。片段标识符的格式应符合快捷指针的要求(http://www.w3.org/TR/xptr-framework/#shorthand)，或者符合一个基于架构的指针的要求(http://www.w3.org/TR/xptr-framework/#scheme)。在XBRL链接中唯一允许的基于架构的指针是元素模式。

示例:

xlink:href值示例

示例	含　义
#f1	当前文档片段有值为"f1"的id属性
us_bs_v21.xsd#currentAssets	us_bs_v21.xsd文档有id属性值为"currentAssets"的元素
us_bs_v21.xsd#element(/1/14)	us_bs_v21.xsd文档的该元素是根元素的第14子元素(根据文档顺序)
us_bs_v21.xsd#element(currentAssets)	us_bs_v21.xsd文档的该元素有一个值为"currentAssets"的id属性

8 XBRL实例

8.1 概述

XBRL实例是以"xbrl"为根元素的XML片段。XBRL实例包含若干事实,每个事实都对应着一个概念,概念在DTS中被定义。XBRL实例还包含context和unit元素,它们为解释实例中的事实提供所需的额外信息。

事实可是简单的,在这种情况下事实值将被表示成简单的内容(那些以比率表示其值的简单事实除外);事实也可是复合的,在这种情况下事实值由其他的简单事实或者复合事实的值复合而成。简单事实用数据项来表达,而复合事实用元组表达。

虽然任何给定元组或数据项的语法仅能在单个分类标准模式中进行定义,XBRL实例中出现的数据项或者元组却可取自任意个分类标准模式。

XBRL实例可识别一些分类标准模式和XBRL链接库,并且以此作为起点进而发现支持这些实例的DTS。在获取DTS的过程中作为起点的分类标准模式与链接库由XBRL实例中的schemaRef元素和linkbaseRef元素分别识别。这使得XBRL实例能够对其所报告信息的解释加以控制。

一份XBRL实例应遵循以下规则:XBRL实例的语法通过一组XML模式进行约束;所有的XBRL实例应是符合XML模式定义的有效的XML文档。

至于XBRL实例的语义及其内容,仅在其会对使用本部分的软件应用程序产生影响时予以说明。

8.2 根元素xbrl

每个XBRL实例,都至少包括一个名称为xbrl的元素,作为封装XBRL实例的根元素。元素xbrl不能为空,至少包括一个数据项和本身包含子元素的上下文元素。如果一个更大的文档中包含多个由XBRL标记的数据块,每个数据块都要有一个xbrl元素作为容器。因此,一个XBRL实例的根元素应是容器元素,其属性如表12所示。

表12 XBRL实例的根元素xbrl的属性表

属性名称	选择性	描　述
id	可选	id属性的值应满足XML规范中关于ID类型属性的规定(http://www.w3.org/TR/REC-xml#NT-TokenizedType)
xml:base	可选	xbrl元素可有一个xml:base属性,用于解析XBRL实例中的相对URI

XML 模式对 xbrl 元素的约束如下所示：

```
<schema targetNamespace = "http://www.xbrl.org/2003/instance"
  xmlns = "http://www.w3.org/2001/XML Schema"
  xmlns:xbrli = "http://www.xbrl.org/2003/instance"
  xmlns:link = "http://www.xbrl.org/2003/linkbase"
  elementFormDefault = "qualified">

  <element name = "xbrl">
    <annotation>
      <documentation>
      XBRL 实例的根元素。
      </documentation>
    </annotation>
    <complexType>
      <sequence>
        <element ref = "link:schemaRef" minOccurs = "1" maxOccurs = "unbounded" />
        <element ref = "link:linkbaseRef" minOccurs = "0" maxOccurs = "unbounded" />
        <element ref = "link:roleRef" minOccurs = "0" maxOccurs = "unbounded" />
        <element ref = "link:arcroleRef" minOccurs = "0" maxOccurs = "unbounded" />
        <choice minOccurs = "0" maxOccurs = "unbounded">
          <element ref = "xbrli:item"/>
          <element ref = "xbrli:tuple"/>
          <element ref = "xbrli:context"/>
          <element ref = "xbrli:unit"/>
          <element ref = "link:footnoteLink"/>
        </choice>
      </sequence>
      <attribute name = "id" type = "ID" use = "optional" />
      <anyAttribute namespace = "http://www.w3.org/XML/1998/namespace"
        processContents = "lax" />
    </complexType>
  </element>

</schema>
```

示例：

使用 xbrl 作为根元素

```
<xbrl xmlns = "http://www.xbrl.org/2003/instance"
          xmlns:xlink = "http:// www.w3.org/1999/xlink"
          xmlns:link = "http://www.xbrl.org/2003/linkbase"
          xmlns:xsi = "http://www.w3.org/2001/XML Schema-instance"
          xmlns:ci = "http://www.xbrl.org/us/gaap/ci/2003/usfr-ci-2003"
          xsi:schemaLocation = "
    http://www.xbrl.org/us/fr/ci/2003/usfr-ci-2003
    http://www.xbrl.org/us/fr/ci/2000-07-31/usfr-ci-2003.xsd">
      <link:schemaRef xlink:type = "simple"
                  xlink:href = "http://www.xbrl.org/us/fr/ci/2000-07-31/usfr-ci-2003.xsd"/>
      <ci:assets precision = "3" unitRef = "u1" contextRef = "c1">727</ci:assets>
      <ci:liabilities precision = "3" unitRef = "u1" contextRef = "c1">635</ci:liabilities>
      <context id = "c1"><! --… --></context>
      <unit id = "u1"><! --… --></unit>
    </xbrl>
```

含义：xbrl 保留命名空间前缀定义和 schemaLocation 属性。

8.3 schemaRef 元素

每个 XBRL 实例应包含至少一个 schemaRef(模式引用)元素。它是一个简单链接,应作为 xbrl 元素的子元素出现。XBRL 实例中所有的 schemaRef 元素在文档中都应先于 xbrl 元素的其他子元素出现。

在 XBRL 实例中,schemaRef 元素指向一个分类标准模式,该分类标准模式是支持该 XBRL 实例的 DTS 的一部分,其属性如表 13 所示。

表 13 模式引用元素的属性表

属性名称	选择性	描 述
xlink:type	必备	其值为"simple"
xlink:href	必备	xlink:href 属性应是 URI。URI 应指向某个 XML 模式。相对 URI 在使用前应解析为绝对 URI
xlink:arcrole	可选	本部分没有赋予该属性任何语义。xlink:arcrole 属性值应是符合 XLink 规范定义的 URI
xlink:role	可选	xlink:role 属性可用于 schemaRef 元素。本部分没有对出现在 schemaRef 元素上的 xlink:role 的语义作出定义。xlink:role 属性值应是符合 XLink 规范定义的 URI
xml:base	可选	可出现在 schemaRef 元素中,参与解析 xlink:href 属性中的相对 URI
注:同一 XBRL 实例中,若 schemaRef 元素与 schemaLocation 属性不符,则 XBRL 处理器可能无法正确解析。		

xlink:schemaRef 的 XML 模式定义如下所示:

```
<schema targetNamespace = "http://www.xbrl.org/2003/XLink"
  xmlns:xlink = "http://www.w3.org/1999/xlink"
  xmlns:xl = "http://www.xbrl.org/2003/XLink"
  xmlns = "http://www.w3.org/2001/XML Schema"
  elementFormDefault = "qualified"
  attributeFormDefault = "unqualified">

  <complexType name = "simpleType">
    <annotation>
      <documentation>
      XBRL 中定义的简单链接类型。
      </documentation>
    </annotation>
    <complexContent>
      <restriction base = "anyType">
        <attributeGroup ref = "xlink:simpleType"/>
        <attribute ref = "xlink:href" use = "required" />
        <attribute ref = "xlink:arcrole" use = "optional" />
        <attribute ref = "xlink:role" use = "optional" />
        <attribute ref = "xlink:title" use = "optional" />
        <attribute ref = "xlink:show" use = "optional" />
        <attribute ref = "xlink:actuate" use = "optional" />
        <anyAttribute namespace = "http://www.w3.org/XML/1998/namespace"
          processContents = "lax" />
      </restriction>
    </complexContent>
```

```
  </complexType>

</schema>

<schema targetNamespace = "http://www.xbrl.org/2003/linkbase"
  xmlns = "http://www.w3.org/2001/XML Schema"
  xmlns:link = "http://www.xbrl.org/2003/linkbase"
  xmlns:xl = "http://www.xbrl.org/2003/XLink"
  xmlns:xlink = "http://www.w3.org/1999/xlink"
  elementFormDefault = "qualified">

<element name = "schemaRef" type = "xl:simpleType" substitutionGroup = "xl:simple">
  <annotation>
    <documentation>
    定义 schemaRef 元素——用于链接 XBRL 实例和 XBRL 分类标准模式。
    </documentation>
  </annotation>
</element>

</schema>
```

8.4 linkbaseRef 元素

XLink 规范提出了一种查找链接库的标准方法。linkbaseRef(链接库引用)元素通过使用某个特定的 xlink:arcrole 值来遵循这一标准。

xbrl 元素允许一个或多个 linkbaseRef 元素作为其子元素出现。如果 linkbaseRef 元素在 xbrl 元素中作为子元素出现，它们在文档中的顺序应紧随 schemaRef 元素之后，并且在其他任何元素之前。

linkbaseRef 元素标识 XBRL 实例的一个链接库，该链接库是支持该 XBRL 实例的 DTS 的一部分，其属性如表 14 所示，角色如表 15 所示。

表 14　linkbaseRef 元素的属性表

属性名称	选择性	描　述
xlink:type	必备	其值为“simple”
xlink:href	必备	xlink:href 属性应是一个 URI，该 URI 应指向一个链接库。该链接库包含适当的扩展链接，扩展链接的类型由 xlink:role 属性的值决定。相对 URI 在使用前应解析为绝对 URI
xlink:arcrole	必备	linkbaseRef 元素的属性 xlink:arcrole 应设置为 XLink 规范中规定的恒值“http://www.w3.org/1999/xlink/properties/linkbase”
xlink:role	可选	属性限定了由 linkbaseRef 元素所标识的链接库中所允许的扩展链接的种类。扩展链接的种类(计算、定义、标签、展示和参考链接)： ——应被具有标准 xlink:role 属性值的 linkbaseRef 元素指向的链接库所包含； ——应不被具有标准 xlink:role 属性值的 linkbaseRef 元素指向的链接库所包含。 如果一个 linkbaseRef 元素关联到某个包含扩展链接的链接库，而且该扩展链接尚未在本部分中定义，那么可使用 xlink:role 的非标准值，或者忽略 xlink:role 该属性。 linkbaseRef 元素中的角色值如表 15 所示
xlink:base	可选	属性可出现在 linkbaseRef 元素中，参与解析在 xlink:href 属性中的相对 URI

XML 模式对链接库引用元素的约束如下所示：

```
<schema targetNamespace = "http://www.xbrl.org/2003/linkbase"
  xmlns = "http://www.w3.org/2001/XML Schema"
  xmlns:link = "http://www.xbrl.org/2003/linkbase"
  xmlns:xl = "http://www.xbrl.org/2003/XLink"
  xmlns:xlink = "http://www.w3.org/1999/xlink"
  elementFormDefault = "qualified">

  <element name = "linkbaseRef" substitutionGroup = "xl:simple">
    <annotation>
      <documentation>
  定义了链接库引用元素:该元素用于从分类标准模式和 XBRL 实例链接到 XBRL 分类标准的扩展链接。
      </documentation>
    </annotation>
    <complexType>
      <complexContent>
        <restriction base = "xl:simpleType">
          <attribute ref = "xlink:arcrole" use = "required">
            <annotation>
              <documentation>
              该属性的值为:
              http://www.w3.org/1999/xlink/properties/linkbase
              </documentation>
            </annotation>
          </attribute>
        <anyAttribute namespace = "http://www.w3.org/XML/1998/namespace"
processContents = "lax" />
        </restriction>
      </complexContent>
    </complexType>
  </element>

</schema>
```

表 15　linkbaseRef 元素中的角色

linkbaseRef 中的 xlink:role 属性值	xlink:href 所指向的元素
未指定	可包含任何扩展链接元素
http://www.xbrl.org/2003/role/calculationLinkbaseRef	应且仅能包含 calculationLink 元素
http://www.xbrl.org/2003/role/definitionLinkbaseRef	应且仅能包含 definitionLink 元素
http://www.xbrl.org/2003/role/labelLinkbaseRef	应且仅能包含 labelLink 元素
http://www.xbrl.org/2003/role/presentationLinkbaseRef	应且仅能包含 presentationLink 元素
http://www.xbrl.org/2003/role/referenceLinkbaseRef	应且仅能包含 referenceLink 元素

8.5　roleRef 元素

XBRL 实例中可使用一个或多个 roleRef(角色引用)元素。如果用了 roleRef 元素，它们在 XBRL 实例文档中出现的顺序应紧随 linkbaseRef 元素之后。XBRL 实例使用 roleRef 元素来引用任何自定义的 xlink:role 属性值。这些属性值用于 XBRL 实例的脚注链接。

8.6 arcroleRef 元素

XBRL 实例中可使用一个或多个 arcroleRef(弧角色引用)元素。如果用了 arcroleRef 元素,它们在 XBRL 实例文档中出现的顺序应紧随 roleRef 元素之后。XBRL 实例使用 arcroleRef 元素来引用任何自定义的 xlink:arcrole 属性值。这些属性值用于 XBRL 实例的脚注链接。

8.7 item 元素

一个数据项表示单一事实或业务度量。在 XBRL 实例的 XML 模式中,数据项被定义为一个抽象的元素 item,即其本身不会出现在 XBRL 实例中。

数据项不允许自身嵌套。如果一个 XBRL 实例需要表达结构化的关系,应借助元组来表示。智能化的结构——财务概念在不同角度上的相互关联——应借助分类标准链接库的链接结构来体现,而不是将 XBRL 实例中的事实嵌套在一起。

8.8 数据类型定义

8.8.1 概述

数据项以及数据项替换组元素的数据类型在 XML 模式中的定义如下:

```
<schema targetNamespace = "http://www.xbrl.org/2003/instance"
  xmlns = "http://www.w3.org/2001/XMLSchema"
  xmlns:xbrli = "http://www.xbrl.org/2003/instance"
  xmlns:link = "http://www.xbrl.org/2003/linkbase"
  elementFormDefault = "qualified">

  <attributeGroup name = "factAttrs">
    <annotation>
      <documentation>
      所有数据项和元组元素的属性。
      </documentation>
    </annotation>
    <attribute name = "id" type = "ID" use = "optional" />
    <anyAttribute namespace = "##other" processContents = "lax" />
  </attributeGroup>

  <attributeGroup name = "tupleAttrs">
    <annotation>
      <documentation>
      元组元素的属性组。
      </documentation>
    </annotation>
    <attributeGroup ref = "xbrli:factAttrs" />
  </attributeGroup>

  <attributeGroup name = "itemAttrs">
    <annotation>
      <documentation>
      所有数据项的属性。
      </documentation>
    </annotation>
    <attributeGroup ref = "xbrli:factAttrs" />
    <attribute name = "contextRef" type = "IDREF" use = "required" />
```

```
</attributeGroup>

  <attributeGroup name="essentialNumericItemAttrs">
    <annotation>
      <documentation>
      所有数值型数据项(分数型和非分数型)的属性。
      </documentation>
    </annotation>
    <attributeGroup ref="xbrli:itemAttrs" />
    <attribute name="unitRef" type="IDREF" use="required" />
</attributeGroup>

<attributeGroup name="numericItemAttrs">
  <annotation>
    <documentation>
    非分数的数值型数据项的属性组。
    </documentation>
  </annotation>
    <attributeGroup ref="xbrli:essentialNumericItemAttrs" />
  <attribute name="precision" type="xbrli:precisionType" use="optional" />
  <attribute name="decimals" type="xbrli:decimalsType" use="optional" />
</attributeGroup>

<attributeGroup name="nonNumericItemAttrs">
  <annotation>
    <documentation>
    非数值型数据项的属性组。
    </documentation>
  </annotation>
  <attributeGroup ref="xbrli:itemAttrs" />
</attributeGroup>

<annotation>
  <documentation>
  XBRL 中的域数值型数据项类型:用于概念元素的定义。
  一共定义了下列 4 种数值类型,与 XBRL 的域空间有特别关联,因此和 XML 模式的内建类型一起被包括在内。
  </documentation>
</annotation>

<complexType name="monetaryItemType" final="extension">
  <simpleContent>
    <extension base="xbrli:monetary">
      <attributeGroup ref="xbrli:numericItemAttrs" />
    </extension>
  </simpleContent>
</complexType>

<complexType name="sharesItemType" final="extension">
  <simpleContent>
    <extension base="xbrli:shares">
      <attributeGroup ref="xbrli:numericItemAttrs" />
    </extension>
  </simpleContent>
</complexType>
```

```
  〈complexType name = "pureItemType" final = "extension"〉
    〈simpleContent〉
      〈extension base = "xbrli:pure"〉
        〈attributeGroup ref = "xbrli:numericItemAttrs" /〉
      〈/extension〉
    〈/simpleContent〉
  〈/complexType〉

  〈element name = "numerator" type = "decimal" /〉
  〈element name = "denominator" type = "xbrli:nonZeroDecimal" /〉
  〈complexType name = "fractionItemType" final = "extension"〉
    〈sequence〉
      〈element ref = "xbrli:numerator" /〉
      〈element ref = "xbrli:denominator" /〉
    〈/sequence〉
    〈attributeGroup ref = "xbrli:essentialNumericItemAttrs" /〉
  〈/complexType〉

  〈complexType name = "stringItemType" final = "extension"〉
    〈simpleContent〉
      〈extension base = "string"〉
        〈attributeGroup ref = "xbrli:nonNumericItemAttrs" /〉
      〈/extension〉
    〈/simpleContent〉
  〈/complexType〉

〈! --
booleanItemType, hexBinaryItemType, base64BinaryItemType, anyURIItemType, QNameItemType, durationItemType,
dateTimeItemType, timeItemType, dateItemType, gYearMonthItemType, gYearItemType, gMonthDayItemType, gDayItemType,
gMonthItemType, normalizedStringItemType, tokenItemType, languageItemType, NameItemType,…
 --〉

  〈element name = "item" type = "anyType" abstract = "true"〉
    〈annotation〉
      〈documentation〉
      作为数据项替换组头元素的抽象数据项。
      〈/documentation〉
    〈/annotation〉
  〈/element〉

〈/schema〉
```

示例 1:

一个具有三位有效数字的数值型事实

```
〈ci:capitalLeases contextRef="c1" unitRef="u1" precision="3"〉727432〈/ci:capitalLeases〉
```

含义:在上下文 c1 下的融资租赁协议的值如果精确到三位有效数字,应为 727000。注意:有必要参考上下文以获取关于该数值的其他细节信息,如实体、期间等。同样有必要参考引用的 unit 元素以获取相关的度量单位信息。

示例 2:

非数值型数据项

〈ci:concentrationsNote contextRef="c1"〉 因为公司现金管理策略，所以短期投资信用风险的集中被认为是不重要的。公司的这些策略限制投资资金用在低风险、高流动性的有价证券上，概括描述了发行者的信用需求，并且限制了可投资在任何一个发行者的现金数量。 〈/ci:concentrationsNote〉
含义：上下文 c1 的专门注释文本。

抽象 item 元素的内容可派生于 anyType。数据项替换组的每个成员应拥有一个已定义的 XBRL 数据项类型。这将允许实例中每个数据项替换组校验自身的数据类型。对于 XML 模式中定义的每个合适的内建类型，都为之定义一个派生于该类型的 XBRL 数据项类型，fractionItemType 类型也是如此。某一个数据项除非其类型通过约束 fractionItemType 派生而来，否则不能包含复合内容。

contextRef 属性是指向 context(上下文)元素的一个 IDREF，context 元素包含所表示事实的额外信息。一个数据项应包含一个 contextRef 属性，该 contextRef 属性引用同一 XBRL 实例的某个 context 元素。XBRL 实例是 xbrl 元素的一次出现，而非整个文档。如果数据项的数据类型派生于 XML 模式的内建数值类型(包括 decimal、float、double 或派生于它们的内建类型)或 fractionItemType 约束，数据项应同时使用 contextRef 属性和 unitRef 属性；其他的数据项应使用 contextRef 属性。

unitRef 属性是指向 unit(单位)元素的 IDREF。它包含数值型事实度量单位的信息。unitRef 属性不能出现在非数值型数据项中。unitRef 属性应出现在数值型数据项中，引用同一 XBRL 实例的某个 unit 元素。

数值型数据项还提供了两个可选属性：precision 和小数 decimals (fractionItemType 除外)，从而使得 XBRL 实例创建者能够说明所表示事实的精度。其属性如表 16 所示。

表 16 数据项的属性表

属性名称	选择性	描 述
contextRef		所有的数据项都应具备相应的上下文，但所有的元组都不允许包含相应的上下文。数据项使用 contextRef 属性识别对应的 context 元素。该 context 元素与包含 contextRef 属性的数据项关联。 contextRef 属性值应与 XBRL 实例中某个 context 元素的 id 属性值相等，该实例同样包含出现 contextRef 属性的数据项中
unitRef		所有的数值型数据项应指明度量单位。一切元组和非数值型数据项均不能指定度量单位。数值型数据项通过 unitRef 属性识别其度量单位，该 unit 元素与出现 unitRef 属性的那个数据项相关联。 unitRef 属性值应与 XBRL 实例中 unit 元素的 id 属性值相等，该实例同样包含出现 unitRef 属性的数据项
precision	可选	precision 属性应为非负整数或"INF"字符串。precision 属性反映计量精度，从而反映在此基础上参与下一步计算的有效位数这种计量方法对于后续计算的作用。不同的软件包可提供不同精度的数字。precision 属性使任意厂商能够以相同的方式声明产品的精度。对于任何精度指定或推断为 n 的数值，应用程序应忽略 n 位有效数字之后的任何数位。n 位有效数字起始于该数左边第一位不为 0 的数字。 若 precision ="INF"，即该数的词法表示就是所表示事实的精确数值。 注：本部分中的定义表明 precision 和 decimals 属性表示一个范围，XBRL 实例中表示的数值所对应的事实的实际值就处在该范围中

表 16 数据项的属性表(续)

属性名称	选择性	描　述
decimals	可选	decimals属性值须为整数或"INF"。decimals属性决定了所表示事实数值所能精确到的小数点后的位数,可看作是舍入或截断的结果。如果某个数据事实包含一个值为 n 的 decimals 属性,就意味着能够精确到小数点后 n 位。 decimals = "INF",即该数的词法表示就是所表示事实的精确数值

8.8.2 precision 和 decimals 属性

一个数值型数据项应拥有一个 precision(精度)属性或 decimals(小数)属性,除非它的数据类型为 fractionItemType 或经由 fractionItemType 限制而派生的类型,或者包含某个空值。在这种情况下,不能包括 precision 属性或 decimals 属性。

数值型数据项不能同时包含 precision 属性和 decimals 属性。

非数值型数据项不能包含 precision 属性或 decimals 属性。

当需要判断两个数值型数据项是否值等价时,应考虑这两个数值型数据项的 precision 属性值。

precision 表示见示例 1;decimals 表示见示例 2。

示例 1:

精度和词法表示

示例	含　义
precision ="9"	精度为9位数字。从数值型事实的数值左边第一位不为0的数字开始的9位数字被认为是精确的,可参与该数值型事实的相关运算

精度	XBRL 实例词法表示示例	显示(省略或清除所有多余数字后)	大于或等于	小于
INF	476.334	476.334	476.334	476.33400000000…1
3	205	205e0	204.5	205.5
4	2002000	2002e3	2001500	2002500
4	－2002000	－2002e3	－2002500	－2001500
2	2012	20e2	1950	2050
2	2000	20e2	1950	2050
1	99	9e1	85	95
0	1234	1234	未知	未知

简单类型 precisionType 定义了精度属性值的值空间。定义如下:

```
<schema targetNamespace = "http://www.xbrl.org/2003/instance"
  xmlns = "http://www.w3.org/2001/XML Schema"
  xmlns:xbrli = "http://www.xbrl.org/2003/instance"
  xmlns:link = "http://www.xbrl.org/2003/linkbase"
  elementFormDefault = "qualified">

  <simpleType name = "precisionType">
    <annotation>
```

```
      <documentation>
      该类型用于规定数值型数据项的 precision 属性值,它包括
      非负整数和 INF(表示无限精确或准确值)。
      </documentation>
    </annotation>
    <union memberTypes = "nonNegativeInteger">
      <simpleType>
        <restriction base = "string">
          <enumeration value = "INF" />
        </restriction>
      </simpleType>
    </union>
  </simpleType>

</schema>
```

示例 2:

小数和词法表示

示例	含义			
decimals ="2"	该数值型事实的值精确到小数点后两位			
decimals ="2"	该数值型事实的值精确到小数点前两位,百位左边的数字都是精确的			
decimals 属性	XBRL 实例词法表示示例	显示(省略或清除所有多余数字后)	大于或等于	小于
INF	436.749	436.749	436.749	436.749 000 00…1
2	10.00	10.00	9.995	10.005
2	10	10.00	9.995	10.005
2	10.000	10.00	9.995	10.005
2	10.009	10.00	9.995	10.005
0	10	10	9.5	10.5
−1	10	10	5	15
−1	11	10	5	15
3	205	205.000	204.999 5	205.000 5
4	2 002 000	2 002 000.000 0	2 001 999.999 95	2 002 000.000 05
−2	−205	−200	−250	−150
−2	205	200	150	250
−2	2 002 000	2 002 000	2 001 950	2 002 050
−3	2 002 000	2 002 000	2 001 500	2 002 500
−4	2 002 000	2 000 000	1 995 000	2 005 000
−3	777 000	777 000	776 500	777 500

简单类型 decimalsType 定义了 decimals 属性的合法取值。其 XML 模式文件定义如下：

```
<schema targetNamespace = "http://www.xbrl.org/2003/instance"
  xmlns = "http://www.w3.org/2001/XMLSchema"
  xmlns:xbrli = "http://www.xbrl.org/2003/instance"
  xmlns:link = "http://www.xbrl.org/2003/linkbase"
  elementFormDefault = "qualified">

  <simpleType name = "decimalsType">
    <annotation>
      <documentation>
       该类型用于规定数值型数据项的 decimals 属性值。它包括
       整数和 INF(用来表示无穷小数或“准确值”)。
      </documentation>
    </annotation>
    <union memberTypes = "integer ">
      <simpleType>
        <restriction base = "string">
          <enumeration value = "INF" />
        </restriction>
      </simpleType>
    </union>
  </simpleType>

</schema>
```

8.8.3 推导精度

XBRL 实例的用户能够在数值型数据项的 precision 属性值缺失的情况下按以下规则推测其值：

对于 fractionItemType 及其受限派生类型的数值项，如果运算中需要使用精度信息，应用程序应推测出其精度值为“INF”。

如果一个数值型数据项仅有 decimals 属性而无 precision 属性，而计算或者在 XBRL 实例中查找重复数据项时又需要使用精度信息，相应的应用程序应能够推测出数值型事实的精度。

如果已知 decimals 属性的值，假定数据项的 precision 属性值为 n，n 等于 0 和下列计算结果中的较大值：

——如果小数点(如果没有的话，则指默认的小数点位置)左边有非零数字，取该数值型事实的词法表示中小数点左边第一位非零数字开始的整数部分的位数；

——否则，如果小数点右边有非零数字，先计算出小数点和该数值型事实词法表示中第一个不为 0 的数位之间 0 的个数，取前者的相反数；

——否则取 0，加上：

该数值型事实词法表示的指数值(如果有的话)；

加上：

该数值型事实所能精确到的小数点后位数。

示例：

词法表示，精度和小数

词法表示	小数属性的值	精确度属性的推断值
123	2	3+2=5
123.4567	2	3+2=5
123e5	−3	3+5+(−3)=5
123.45e5	−3	3+5+(−3)=5
0.1e−2	5	0+(−2)+5=3
0.001E-2	5	(−2)+(−2)+5=1
0.001e-3	4	(−2)+(−3)+4= −1 小于 0,值为 0

8.8.4 准确性

在字长受到限制的前提下，一个数值类型数据项的取值，还需一种规则来描述如何舍弃次要的字节，并确保数值的准确性。本部分定义了如下两个规则：

a) "n 位有效数字"

如果词法表示某个数值保留 n 位有效数字，即从该数的词法表示中最左边的非零数字开始的 n 位数字(包括最左边的非零数字本身)是准确的，可参与该数的计算。

b) "舍入"

通常在计算之后需要进行舍入。为了舍入一个有 n 位有效数字的数，将第 n 位之后的所有数字均丢弃，一般情况下按"四舍五入"的原则进行。

示例：

舍入

原始数值	舍入为 n 位有效数字	
	n=2	n=3
3.564 3	3.6	3.56
3.567 3	3.6	3.57
0.497 87	0.50	0.498
3.999 9	4.0	4.00
9.999 991	10	10.0
22.55	23	22.6
0.001 9	0.001 9	0.001 90
0.000 02	0.000 020	0.000 020 0

若同样的过程适用于 n 取任意值的情况，则说某个词法表示的数值保留 n 位有效数字。这项技术用于生成 XBRL 实例中 precision 属性值为 n 的事实的词法表示。

c) 精确到小数点后 n 位

如果某个数精确到小数点后 n 位，那么该数与其真值的差(也称作绝对差－e_{abs})小于或等于 0.5×10^{-n}。n 可取正整数，也可取负整数或零。

其数学表达形式如下：

对于任意实数 X，当且仅当满足以下条件时，x 表示精确到小数点后 n 位的 X，

$$e_{abs}=|X-x|\leqslant0.5\times10^{-n}$$

或者，根据舍入约定

$$-0.5\times10^{-n}\leqslant x-X<0.5\times10^{-n}$$

示例：

精确到小数点后 n 位

123 456.789 012 精确到小数点后 n 位				
$n=-3$	$n=-2$	$n=0$	$n=3$	$n=6$
123 000	123 500	123 457	123 456.789	123 456.789 012

8.9 context 元素

8.9.1 概述

context(上下文)元素包含所描述实体的信息、报告期间和报告场景，对于理解可作为 XBRL 数据项的业务事实都是必要的。

上下文元素的 XML 模式约束如下所示：

```
<schema targetNamespace = "http://www.xbrl.org/2003/instance"
  xmlns = "http://www.w3.org/2001/XMLSchema"
  xmlns:xbrli = "http://www.xbrl.org/2003/instance"
  xmlns:link = "http://www.xbrl.org/2003/linkbase"
  elementFormDefault = "qualified">

  <element name = "context">
    <annotation>
      <documentation>
      用于联系事实的上下文。
      </documentation>
    </annotation>
    <complexType>
      <sequence>
        <element name = "entity" type = "xbrli:contextEntityType" />
        <element name = "period" type = "xbrli:contextPeriodType" />
        <element name = "scenario" type = "xbrli:contextscenarioType"
                    minOccurs = "0" />
      </sequence>
      <attribute name = "id" type = "ID" use = "required" />
    </complexType>
  </element>

</schema>
```

8.9.2 id 属性

每个 context 元素应包含 id 属性。id 属性值应遵循 XML 规范中有关 ID 类型属性的规定(http://www.w3.org/TR/REC-xml#NT-TokenizedType)。id 属性标识上下文元素并确保它可被数据项所引用。

示例：ID 属性示例

正例	id="C2424"	
反例	id="42"	ID 类型的内容不能以数字开头

8.9.3 period 元素

period(时间类型)元素包含 item 元素需要引用的时间点或时间间隔。period 的子元素用于构造若干可选择的日期间隔表达中的其中一个，其含义如表 17 所示，数据类型如表 18 所示。

表 17 period 的子元素含义对照表

元　　素	含　　义
起始日期(startDate),结束日期(endDate)	具有指定起点和终点的一段时间
时间点(instant)	某个时间点
永久(forever)	表示“永久”的元素

每个时间子元素均使用日期的标准 XML 模式表示。

时间元素的 XML 模式约束如下所示：

```
<schema targetNamespace = "http://www.xbrl.org/2003/instance"
  xmlns = "http://www.w3.org/2001/XMLSchema"
  xmlns:xbrli = "http://www.xbrl.org/2003/instance"
  xmlns:link = "http://www.xbrl.org/2003/linkbase"
  elementFormDefault = "qualified">

  <simpleType name = "dateUnion">
    <annotation>
      <documentation>
      日期和日期与时间的结合的联合体
      </documentation>
    </annotation>
    <union memberTypes = "date dateTime " />
  </simpleType>

  <complexType name = "contextPeriodType">
    <annotation>
      <documentation>
      时间元素的类型,用于描述报告日期信息
      </documentation>
    </annotation>
    <choice>
      <sequence>
        <element name = "startDate" type = "xbrli:dateUnion" />
        <element name = "endDate" type = "xbrli:dateUnion" />
      </sequence>
      <element name = "instant" type = "xbrli:dateUnion" />
      <element name = "forever">
        <complexType />
      </element>
    </choice>
  </complexType>

</schema>
```

表 18　子元素数据类型对照表

子元素	XML 数据类型
instant(时间点)	date 或 dateTime
forever(永久)	Empty
startDate(起始日期)	date 或 dateTime
endDate(结束日期)	date 或 dateTime

instant、startDate 和 endDate 元素的内容使用 ISO 8601 中定义的数据表示形式，同时 XBRL 增添了进一步的约束与限制：

——对于 periodType="instant"的数据项，period 应包含时间点元素。

——对于 periodType="duration"的数据项，时间应包含 forever 元素或一个由 startDate 和 endDate 元素构成的有效序列。

若 startDate 元素的内容为一个没有具体时间的日期，默认其值等同于一个具有相同日期并且具体时间为 T00:00:00(一天开始时的午夜时分)的日期和时间类型值。

若 endDate 元素或 instant 元素的内容为一个没有具体时间的日期，默认其值等同于一个具有相同日期，附加上 P1D，具体时间为 T00：00：00 的 dateTime 类型值。此处代表一天结束时的午夜时分。将其定义为第二天开始时的午夜时分的原因在于：SCHEMA 规范规定时间的小时字段不允许取值 24。

注：P1D 为 ISO 8601 的一个专用标签。

8.9.4　entity 元素

entity(实体)元素说明事实所描述的实体(包括商业、政府部门、个人等)。实体是上下文元素的必需内容。实体应包含标识符元素，同时可包含片段元素。其元素如表 19 所示。

表 19　entity 元素表

元素名称	选择性	描　述
identifier (标识符)	必备	identifier 元素指定了验证业务实体所需的 scheme 属性。必需的 scheme 属性包含了校验 scheme 所属命名空间的 URI，为引用命名机构提供了框架。元素的内容应是一个表征字符串类型的值，它是 scheme 属性所引用命名空间内的一个有效标识符。XBRL 并未作出如下假设：应用程序能够解析任何特定模式属性内以元素内容形式出现的标识符
segment (片段)	可选	segment 元素是可选的容器元素。当实体的标识符不足以帮助 XBRL 实例更为完整地标识商业部门时，segment 元素可作为额外标记供 XBRL 实例编制者需要使用。一般而言，segment 的具体内容与 XBRL 实例的目的相关。segment 元素中包含的子元素不能在 http://www.xbrl.org/2003/instance 命名空间中定义，同样不能是该命名空间中已定义元素的替换元素。segment 元素也不能为空

entity 元素的 XML 模式约束如下所示：

```
〈schema targetNamespace = "http://www.xbrl.org/2003/instance"
  xmlns = "http://www.w3.org/2001/XMLSchema"
  xmlns:xbrli = "http://www.xbrl.org/2003/instance"
  xmlns:link = "http://www.xbrl.org/2003/linkbase"
```

```
elementFormDefault = "qualified"〉

〈complexType name = "contextEntityType"〉
  〈annotation〉
    〈documentation〉
    实体元素的类型用来描述报告实体
    请注意,模式属性是必要和不能为空
    〈/documentation〉
  〈/annotation〉
  〈sequence〉
    〈element name = "identifier"〉
      〈complexType〉
        〈simpleContent〉
          〈extension base = "token"〉
            〈attribute name = "scheme" use = "required"〉
              〈simpleType〉
                〈restriction base = "anyURI"〉
                  〈minLength value = "1" /〉
                〈/restriction〉
              〈/simpleType〉
            〈/attribute〉
          〈/extension〉
        〈/simpleContent〉
      〈/complexType〉
    〈/element〉
    〈element ref = "xbrli:segment" minOccurs = "0" /〉
  〈/sequence〉
〈/complexType〉

〈/schema〉
```

示例:

实体标识符

示　例	含　义
〈identifier scheme="http://www.sse.com.cn"〉SINA〈/identifier〉	上证所股票代码为 SINA 的公司。
〈identifier scheme="http://www.dnb.com"〉121064880〈/identifier〉	D-U-N-S® 号为 121064880 的公司或其附属子公司
〈identifier scheme="http://www.cusip.org"〉G81477104〈/identifier〉	SINA 公司的 CUSIP 为 G81477104
〈identifier scheme="http://www. nacao.org.cn"〉12345678-9〈/identifier〉	某非盈利组织的国家机构代码为 12345678-9

8.9.5 segment 元素

当实体标识符无法完全满足需要时,XBRL 实例的编制者可使用 segment(片段)元素更完整的描述业务片段信息。通常情况下,片段的内容根据 XBRL 实例的目的确定。segment 元素包含的子元素不能在 http://www.xbrl.org/2003/instance 命名空间中定义,同样不能作为该命名空间中已定义元素的替换元素。segment 元素不能为空。

segment 元素的 XML 模式约束如下所示:

```
<schema targetNamespace = "http://www.xbrl.org/2003/instance"
  xmlns = "http://www.w3.org/2001/XML Schema"
  xmlns:xbrli = "http://www.xbrl.org/2003/instance"
  xmlns:link = "http://www.xbrl.org/2003/linkbase"
  elementFormDefault = "qualified">

  <element name = "segment">
    <complexType>
      <sequence>
        <any namespace = "##other" processContents = "lax"
          minOccurs = "1" maxOccurs = "unbounded" />
      </sequence>
    </complexType>
  </element>

</schema>
```

示例：

segment 元素的用法

```
<xbrl xmlns = "http://www.xbrl.org/2003/instance"
      xmlns:my = http://www.someCompany.com/segment
      xmlns:xsi = "http://www.w3.org/2001/XMLSchema-instance"
     xsi:schemaLocation = "http://www.someCompany.com/segment
            http://www.someCompany.com/segment/segment-schema.xsd">
<! --…此处至少有一个 link:schemaRef 元素…-->
<! --…此处为包含事实数据值的元素…-->
    <context id = "c1">
      <entity>
        <! —required content -->
        <identifier scheme = "http://www.dnb.com">121064880</identifier>
      <! -- optional content -->
        &lt;segment&gt;
          <my:Province>BeiJing</my:Province>
        &lt;/segment&gt;
      </entity>
      <period><instant>2002-12-01</instant></period>
    </context>
    </xbrl>
```

```
<! -- Company specific segment sub-element -->
<schema targetNamespace = "http://www.someCompany.com/segment"
        xmlns:my = "http://www.someCompany.com/segment"
        xmlns = "http://www.w3.org/2001/XMLSchema" elementFormDefault = "qualified">

  <simpleType name = "ProvinceType">
    <restriction base = "token">
      <enumeration value = "BeiJing"/>
      <enumeration value = "ON"/>
    </restriction>
  </simpleType>

  <element name = "Province" type = "my:ProvinceType"/>
    </schema>
```

含义:报告编制者使用了一个 segment 元素来表述此业务数据与北京相关。该公司的 XML 模式文件定义了 Province 元素,其包含中国除台湾以外的 31 个省、自治区和直辖市名称。

分类标准的创建者应预料到 XBRL 实例创建者将会定义新的元素并插入片段元素中以表达的一个或多个维度差别,例如:

- 组织结构,比如一个公司的总部和附属子公司;
- 区域划分,比如在亚洲、欧洲和北美经营业务;
- 功能差别,比如连续和非连续操作得到的结果;
- 产品差别,比如渔业林业、畜牧业和农业的业务;
- 操作差别,例如是经常性收入还是非经常性收入,是首次签约还是到续签。

文档的制定者可决定提供命名空间方面的适当支持和 xsi:schemaLocation 提示,从而确保 segment 元素能够通过 XML 模式校验。

8.9.6 scenario 元素

业务事实可通过四种形式报告:决算、预算、重估和预估。就内部报告而言,编制者希望将更多的元数据与数据项关联,为此可用 scenario(场景)元素来添加额外标记。

scenario 元素中包含的子元素不能在 http://www.xbrl.org/2003/instance 命名空间中定义,同样不能作为该命名空间中已定义元素的替换元素。scenario 元素不能为空。

scenario 元素的 XML 模式约束如下所示:

```
<schema targetNamespace = "http://www.xbrl.org/2003/instance"
  xmlns = "http://www.w3.org/2001/XMLSchema"
  xmlns:xbrli = "http://www.xbrl.org/2003/instance"
  xmlns:link = "http://www.xbrl.org/2003/linkbase"
  elementFormDefault = "qualified">

  <complexType name = "contextscenarioType">
    <annotation>
      <documentation>在事实被报告的情况下用于场景</documentation>
    </annotation>
    <sequence>
      <any namespace = "##other" processContents = "lax"
        minOccurs = "1" maxOccurs = "unbounded" />
    </sequence>
  </complexType>

</schema>
```

示例:

scenario 元素的使用

```
<xbrl xmlns = "http://www.xbrl.org/2003/instance"
      xmlns:fid = "http://www.someInsuranceCo.com/scenarios"
      xmlns:other = "http://www.example.com"
      xmlns:xsi = "http://www.w3.org/2001/XMLSchema-instance"
      xsi:schemaLocation = "http://www.someInsuranceCo.com/scenarios
           http://www.someInsuranceCo.com/scenarios/scenarios-schema.xsd
           http://www.example.com http://www.example.com/other/other-schema.xsd">
<! --…此处至少有一个 link:schemaRef 元素… -->
```

```
<! --…此处为包含事实数据值的元素…-->
    <context id="c1">
        <entity>
    <identifier scheme="http://www.example.com">someInsuranceCo</identifier>
        </entity>
        <scenario>
          <other:bestEstimate/>
          <fid:dwSlice>
            <fid:residence>BeiJing</fid:residence>
            <fid:nonSmoker>true</fid:nonSmoker>
            <fid:minAge>34</fid:minAge>
            <fid:maxAge>49</fid:maxAge>
          </fid:dwSlice>
        </scenario>
    </context>
    </xbrl>
```

含义：报告编制者使用了一个 scenario 元素来表述此业务数据与北京特定年龄组不吸烟人群相关。

实例的生成者还需提供对命名空间和 xsi:schemaLocation 的支持，确保 scenario 元素可通过 XML 模式验证环节的验证。

scenario 子元素和 segment 子元素的结构完全一致，但用途不同。片段用于说明业务实体的某些组成部分，而场景用于说明一组事实的度量环境。与 segment 元素相同，scenario 元素的内容也是与特定应用相关的。

8.9.7 unit 元素

unit(单位)元素指定了数值型数据项的度量单位，其内容可是由单一的 measure 元素表示的简单度量单位，也可是通过 divide 元素表示的比率单位。其中，分子单位和分母单位均由 measure 元素表示。

unit 元素的 XML 模式约束如下所示：

```
<schema targetNamespace="http://www.xbrl.org/2003/instance"
  xmlns="http://www.w3.org/2001/XML Schema"
  xmlns:xbrli="http://www.xbrl.org/2003/instance"
  xmlns:link="http://www.xbrl.org/2003/linkbase"
  elementFormDefault="qualified">

  <annotation>
    <documentation>
    对 unit 元素的起作用的 XML 模式组件
    </documentation>
  </annotation>

  <element name="measure" type="QName" />

  <complexType name="measuresType">
    <annotation>
      <documentation>
      兄弟度量元素的收集
      </documentation>
    </annotation>
    <sequence>
```

```
      〈element ref = "xbrli:measure" minOccurs = "1" maxOccurs = "unbounded" /〉
    〈/sequence〉
  〈/complexType〉

  〈element name = "divide"〉
    〈annotation〉
      〈documentation〉
      用于描述比率单位
      〈/documentation〉
    〈/annotation〉
    〈complexType〉
      〈sequence〉
        〈element name = "unitNumerator" type = "xbrli:measuresType" /〉
        〈element name = "unitDenominator" type = "xbrli:measuresType" /〉
      〈/sequence〉
    〈/complexType〉
  〈/element〉

  〈element name = "unit"〉
    〈annotation〉
      〈documentation〉
      用来描述数值型数据项的单位信息
      〈/documentation〉
    〈/annotation〉
    〈complexType〉
      〈choice〉
        〈element ref = "xbrli:measure" minOccurs = "1" maxOccurs = "unbounded" /〉
        〈element ref = "xbrli:divide" /〉
      〈/choice〉
      〈attribute name = "id" type = "ID" use = "required" /〉
    〈/complexType〉
  〈/element〉

〈/schema〉
```

a) id 属性

每个 unit 元素应包含 id 属性，其取值应遵循 XML 规范中关于 ID 类型属性的规定(http://www.w3.org/TR/REC-xml#NT-TokenizedType)。id 属性能够标识单位，这样该单位就可被 item 元素引用。

b) measure 元素

measure(度量)元素的类型为 xsd:QName。

数据项对应的类型约束了 unit 元素的内容和 measure 元素的值，如表 20 所示。

表 20 基于数据项类型的单位约束

数据项类型	要求单位应包含
monetaryItemType 及其派生类型	单一的 xbrli:measure 元素的 xsd:QName 内容被约束如下：xsd:QName 的本地部分应是 ISO 4217 指定的"货币"，并且在数据项上下文中的期间元素所指定的时间范围内有效。xsd:QName 的命名空间应是 http://www.xbrl.org/2003/iso4217
sharesItemType 及其派生类型	单一的 xbrli:measure 元素的 xsd:QName 内容被约束如下：xsd:QName 的本地部分应是"shares"，并且 xsd:QName 的命名空间名称应是 http://www.xbrl.org/2003/instance

为了表示分子和分母具有相同单位的百分数或者比率，事实应使用 unitRef 属性关联到某个包含唯一 measure 子元素的单位元素。

复杂的度量单位可通过其他度量单位间的数学关系来表达，比如若干并列的兄弟 measure 元素表示乘积单位，单一的 divide 元素表示比率单位。

c) divide 元素

divide(除)元素应包含 unitNumerator 元素和 unitDenominator 元素。

d) uintNumerator 和 uniteDnominator 元素

unitNumerator(分子单位)元素和 unitDenominator(分母单位)元素应包含一个或多个 measure 元素。

单位的表示要求尽可简单。divide 元素中的 unitNumerator 元素和 unitDenominator 元素中的 measure 元素不能出现结构等价(s-equal)的情况。

示例 1：

使用单位元素

示　　例	含　　义
〈unit id="u1"〉〈measure xmlns：ISO4217="http：//www.xbrl.org/2003/iso4217" 〉ISO4217：CNY〈/measure〉〈/unit〉	货币，人民币元
〈unit id="u2"〉〈measure xmlns：ISO4217="http：//www.xbrl.org/2003/iso4217" 〉ISO4217：cny〈/measure〉〈/unit〉	货币指定采用了不正确的小写形式
〈unit id="u1"〉〈measure〉xbrli：pure〈/measure〉〈/unit〉	一个纯小数
〈unit id="u3"〉 〈measure〉meter〈/measure〉 〈measure〉meter〈/measure〉 〈/unit〉	平方米——米乘以米
〈unit id="u4"〉〈measure〉xbrli：shares〈/measure〉 〈/unit〉	股份数
〈unit id="u5"〉〈measure〉FTE〈/measure〉 〈/unit〉	工作强度（正式员工的数量）
〈unit id="u6"〉 〈divide〉 〈unitNumerator〉 〈measure〉ISO 4217：CNY〈/measure〉 〈/unitNumerator〉 〈unitDenominator〉 〈measure〉xbrli：shares〈/measure〉 〈/unitDenominator〉 〈/divide〉 〈/unit〉	每股所得收益(EPS)，以人民币元/每股度量

示　　例	含　　义
〈unit id = "u6"〉 　〈divide〉 　　〈unitNumerator〉 　　　〈measure〉ISO 4217:CNY〈/measure〉 　　〈/unitNumerator〉 　　〈unitDenominator〉 　　　〈measure〉ISO 4217:CNY〈/measure〉 　　〈/unitDenominator〉 　〈/divide〉 〈/unit〉	不规范，divide 元素中的分子和分母中出现了相同的度量元素

示例 2：

简单度量单位和复杂度量单位

简单度量单位	复杂度量单位
〈unit id = "u1"〉 　〈measure〉meter〈/measure〉 〈/unit〉	〈unit id = "u4"〉 　〈measure〉meter〈/measure〉 　〈measure〉meter〈/measure〉 〈/unit〉

8.10　元组的应用

元组有复杂的内容，可包含数据项和其他的元组。tuple（元组）是抽象元素。以下规则适用于元组和元组在分类标准模式中的声明：

a）所有元组应是以 tuple 为头元素的替换组的成员。因此，应声明元组为全局元素，因为只有全局元素才能出现在替换组中。

b）元组在分类标准模式中的声明一定不能包含 periodType 属性和 balance 属性。

c）可从他处（如脚注）引用元组。因此，所有元组在分类标准模式中的声明都应当（但不要求）包含一个可选的本地属性的声明，且属性的名字 id 标识符类型为 xsd:ID。扩展分类标准的创建者在限制元组的数据类型时，不应禁止已存在的 id 属性（如果分类标准的创建者并未定义或者禁止一个元组的 id 属性，那么该元组将不能通过缩写的 XPointer 被引用）。

d）在元组声明中，属性应使用 SCHEMA 规范中定义属性，不能引用下列命名空间中定义的属性：

——http://www.xbrl.org/2003/instance；

——http://www.xbrl.org/2003/linkbase；

——http://www.xbrl.org/2003/XLink；

——http://www.w3.org/1999/xlink；

e）元组和元组在分类标准模式中的声明均不应含有混合内容或简单内容。

f）除"id"属性以外，元组在分类标准模式中的声明不需要明确说明本地属性。

g）实例中元组的孩子应是元素，并且这些元素在一个以数据项或者元组为头元素的替换组里。

h）在元组的声明中一般不定义非概念性的元组，即元组的子元素应是全局元素（分类标准的创建者不宜将非概念性元素归入元组声明的内容模型中），在元组在分类标准模式中的声明中，该元组子元素的声明应参照替换组中的全局性元素的声明，且该替换组是以数据项或者元组为头元素。

示例 1：

将元组定义为一个“tuple”替换组成员

分类标准模式的简短示例

```
<schema targetNamespace = "http://mycompany.com/xbrl/Taxonomy"
        xmlns = "http://www.w3.org/2001/XMLSchema"
        xmlns:s = "http://mycompany.com/xbrl/Taxonomy"
        xmlns:xbrli = "http://www.xbrl.org/2003/instance">

<element name = "managementName" type = "xbrli:tokenItemType" xbrli:periodType = "instant"
         substitutionGroup = "xbrli:item"/>
<element name = "managementTitle" type = "xbrli:tokenItemType" xbrli:periodType = "instant"
         substitutionGroup = "xbrli:item"/>
<element name = "managementAge" type = "xbrli:nonNegativeIntegerItemType"
         xbrli:periodType = "instant" substitutionGroup = "xbrli:item"/>

<element name = "managementInformation" substitutionGroup = "xbrli:tuple">
  <complexType>
    <complexContent>
      <restriction base = "anyType">
        <sequence>
          <element ref = "s:managementName"/>
          <element ref = "s:managementTitle"/>
          <element ref = "s:managementAge" minOccurs = "0"/>
        </sequence>
        <attribute name = "id" type = "ID" use = "optional"/>
      </restriction>
    </complexContent>
  </complexType>
 </element>
</schema>
```

示例 2：

分类标准的一个 XBRL 实例(未显示上下文和单位元素和链接库引用元素)

```
<xbrl xmlns = "http://www.xbrl.org/2003/instance"
      xmlns:s = "http://mycompany.com/xbrl/Taxonomy">

<! --…one link:schemaRef element MUST exist here referencing previous taxonomy…-->

  <s:managementInformation>
    <s:managementName contextRef = "c1">张三</s:managementName>
    <s:managementTitle contextRef = "c1">COB</s:managementTitle>
    <s:managementAge precision = "2" contextRef = "n1" unitRef = "u1">42</s:managementAge>
  </s:managementInformation>
  <s:managementInformation>
    <s:managementName contextRef = "c1">李四</s:managementName>
    <s:managementTitle contextRef = "c1">CEO</s:managementTitle>
  </s:managementInformation>

<! --…上下文应在此定义…-->
<! --…单位应在此定义…-->

</xbrl>
```

元组中可出现 all、sequence 和 choice 元素。

示例 3：

描述所持有及处置的商业不动产的元素

标签	元素名称	平衡	替换组
Property(不动产)	Property		元组
Property description (不动产描述)	Description		数据项
Date property acquired (不动产购入日期)	dateAcquired		数据项
Date property disposed of (不动产处置日期)	dateDisposedOf		数据项
Property fair market value (不动产的公允市场价值)	fairMarketValue		数据项

描述内容和购入日期对于任何不动产都是适用的，但公允市场价值和被处置的情况不可同时出现，即不动产或含有公允市场价值或已经被处置。

示例 4：元组中的层级结构

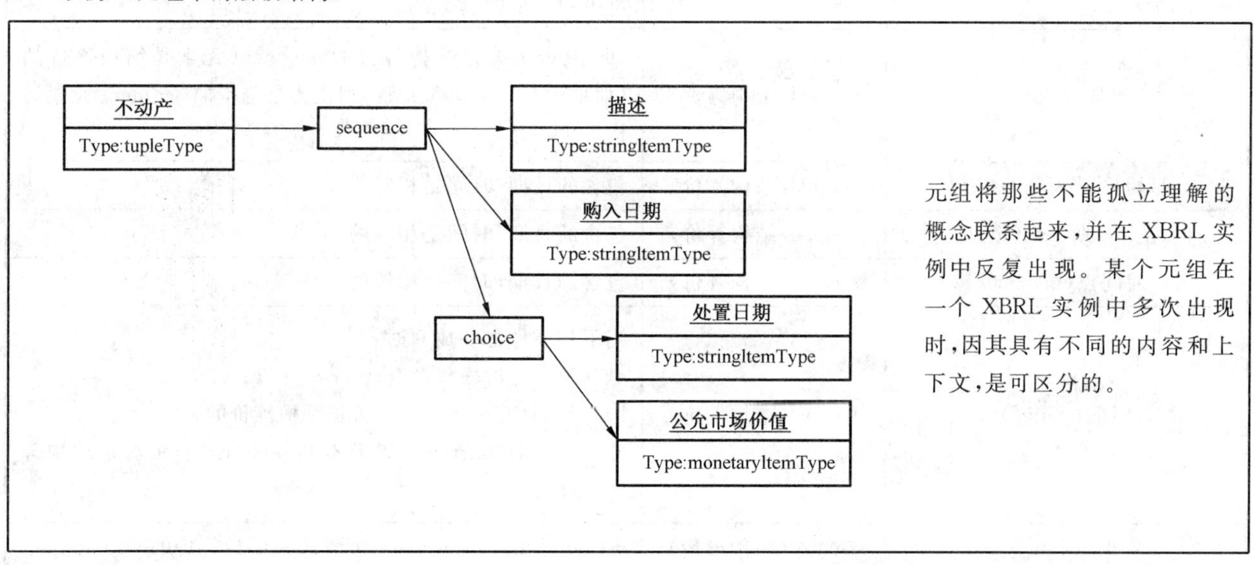

元组的内容模型仅能通过 XML 模式予以定义。任何 XBRL 链接库都不能定义或修改元组的内容模型。

8.11 等价性谓词表

等价性谓词表是检查数据项和元组是否是重复的谓词词表。

“等价”一词在 XBRL 实例中与重复性的检查相关。等价词表里都是对称的谓词，不同的等价谓词形式也不同，并且用递归方法定义，如表 21 所示。

表 21　等价谓词的解释

参数类型	谓　词	定　　义
节点(node)	identical(同一)	完全相同的 XML 节点
序列(sequence)	s-equal(结构等价) v-equal(值等价) c-equal(上下文等价) u-equal(单位等价)	序列中的每个节点均与另一序列中处于相同位置的节点{结构等价,值等价,上下文等价,单位等价}
集合(set)	identical(同一) s-equal(结构等价) v-equal(值等价) c-equal(上下文等价) u-equal(单位等价)	集合 X 与集合 Y 满足{同一,结构等价,值等价,上下文等价,单位等价},当集合 X 里的每个节点都能在集合 Y 中找到某个节点与之{同一,结构等价,值等价,上下文等价,单位等价},并且两个集合中的元素数目相同
任何 XML 对象(any XML object)	x-equal (XML 路径等价)	XML 对象 A 与 XML 对象 B XML 路径等价,当 XPATH 表达式 A = B 返回 true
文本(text)	s-equal(结构等价)	两个文本字符串
属性(attribute)	s-equal(结构等价)	两个属性的本地名字和命名空间是结构等价的,数值是 XML 路径等价的
元素(element) (本表所列的单独处理的元素除外)	s-equal(结构等价)	不同一,但它们的元素本地名称和命名空间是结构等价的,而且其属性集是结构等价的,文本和子元素的内容也是结构等价的
实体(entity)	s-equal(结构等价)	identifier 元素是结构等价的,segment 元素是结构等价的(如果没有 segment 元素,则认为是与空的 segment 元素结构等价)
起始日期(startDate)	s-equal(结构等价)	包含的日期/时间是相等的
结束日期(endDate)	s-equal(结构等价)	包含的日期/时间是相等的
时间点(instant)	s-equal(结构等价)	包含的日期/时间是相等的
时间(period)	s-equal(结构等价)	当下列条件之一成立时: a)　两个元素均包含 forever 子元素; b)　它们的 instant 子元素是结构等价的; c)　它们的 startDate 子元素和 endDate 子元素是结构等价的
单位(unit)	s-equal(结构等价)	divide 子元素和 measure 元素集是结构等价的
除(divide)	s-equal(结构等价)	unitNumerator 和 unitDenominator 元素是结构等价的
单位分子 (unitNumerator)	s-equal(结构等价)	measure 子元素集是结构等价的
单位分母(unitDenominator)	s-equal(结构等价)	measure 子元素集是结构等价的
度量(measure)	s-equal(结构等价)	两个度量元素内容的命名空间前缀指向同一个命名空间,并且这两个度量元素内容的本地名字是结构等价的
上下文(context)	s-equal(结构等价)	period 元素、entity 元素、scenario 元素均是结构等价的

表 21 等价谓词的解释（续）

参数类型	谓 词	定 义
数据项(item)	s-equal(结构等价)	它们是上下文等价和单位等价的，它们的 precision 属性和 decimals 是结构等价的，将数值型数据项的值转换成十进制表示之后，其内容文本是结构等价的
元组(tuple)	s-equal(结构等价)	(数据项和元组)子元素的集合是结构等价的
可用性(usedOn)	s-equal(结构等价)	两个 usedOn 元素内容的命名空间前缀指向同一命名空间，并且这两个 usedOn 元素内容的本地名字是结构等价的
数据项(item)	p-equal(父元素等价)	节点具有相同的父元素
元组(tuple)	pequal(父元素等价)	节点具有相同的父元素
数据项(item)	c-equal(上下文等价)	它们的 contextRef 属性标识同一或结构等价的上下文
任何一对数值型数据项 (any pair of numeric items)	u-equal(单位等价)	当且仅当下列所有条件成立，数值型数据项 X 和 Y 是单位等价的： a) UX 的子孙元素 unitNumerator 的集合与 UY 的子孙元素 unitNumerator 的集合是结构等价的； b) UX 的子孙元素 unitDenominator 的集合与 UY 的子孙元素 unitDenominator 的集合是结构等价的； c) UX 的子元素 measure 的集合与 UY 的子元素 measure 的集合是结构等价的。 UX 代表 X 的 unitRef 属性引用的 unit 元素，UY 代表 Y 的 unitRef 属性引用的 unit 元素
任何一对非数值型数据项 (any pair of non-numeric items)	u-equal(单位等价)	真
一个数值型数据项和一个非数值型数据项 (one numeric item and one non-numeric items)	u-equal(单位等价)	假
数值型数据项，但类型不是 fractionItemType 类型或其受到某种限制后派生出来的类型 (numeric items not of type fractionItemType or a type derived from fractionItemType by restriction)	v-equal(值等价)	当且仅当下列所有条件成立，A 和 B 是值等价的： a) A 和 B 既是上下文等价的也是单位等价的； b) 数值 AN 和 BN 是 XML 路径等价的，A 的数值保留 N 位有效数字后舍入得到 AN，B 的数值保留 N 位有效数字后舍入得到 BN。 其中，N 是以下两个数中的较小值： 1) A 的指定精度或推断精度； 2) B 的指定精度或推断精度。
数值型数据项，类型为 fractionItemType 或其受到某种限制后派生出来的类型 (numeric items of type fractionItemType or a type derived from fractionItemType by restriction)	v-equal(值等价)	当且仅当以下的所有条件成立时，A 和 B 是值等价的： a) A 和 B 既是上下文等价的又是单位等价的； b) AN 与 BN 和 AD 与 BD 都是 XML 路径等价的。 其中 AN 是 A 的正规式的分子，AD 是分母，BN 是 B 的正规式的分子，BD 是分母。 对于类型为 fractionItemType 或其受到限值派生出来的类型的任意数值型数据项 F，其正规式的分子 FN 和分母 FD 均为整数，并且没有公因子。此外，存在整数 H，将 FN 乘以 H 得到 F 的分子，将 FD 乘以 H 得到 F 的分母

表 21　等价谓词的解释（续）

参数类型	谓　词	定　　义
数值型数据项，其中之一的类型为 fractionItemType 或其受限派生类型，而另一数值型数据项则不是 (numeric items，one of which is of type fractionItemType or a type derived from fractionItem Type by restriction and the other of which is not)	v-equal（值等价）	对于数值型数据项的这样一种结合，值等价的值通常为假
非数值型数据项（non-numeric i-tems）	v-equal（值等价）	当且仅当下列所有条件都成立时，A 和 B 是值等价的： a)　A 和 B 是上下文等价的 b)　〔XPATH〕标准化空间（AC）＝ 标准化空间（BC） 其中，AC 代表 A 的内容，BC 代表 B 的内容
数据项（item）	duplicate（重复）	当且仅当下列所有条件均成立时，数据项 X 和 Y 是重复的： a)　X 和 Y 不同一； b)　X 元素的本地名字与 Y 元素的本地名字是结构等价的； c)　X 和 Y 定义在同一命名空间； d)　X 和 Y 是父元素等价的； e)　X 和 Y 是上下文等价的； f)　X 和 Y 是单位等价的
元组（tuple）	duplicate（重复）	当且仅当下列所有条件均满足时，元组 X 和 Y 是重复的： a)　X 和 Y 不同一； b)　X 元素的本地名字与 Y 元素的本地名字结构等价； c)　X 和 Y 定义于同一个命名空间； d)　X 和 Y 是父元素等价的； e)　对于 X 的子元组组成的集合中的每个节点 A，都能在 Y 的子元组组成的集合中找到节点 B，并且 A 和 B 满足除父元素等价以外的重复元组的所有需求； f)　X 和 Y 有着相同数目的子元组； g)　对于 X 的子数据项组成的集合中的每个节点 A，都能在 Y 的子数据项组成的集合中找到节点 B，并且 A 和 B 满足除父元素等价外的重复数据项的所有需求； h)　X 和 Y 有着相同数目的子数据项

以下的扩展示例针对每个谓词列示了正例和反例。

示例 1：

重复的数据项，元组和上下文

元　素	一个包含两个结构等价的上下文元素和双重嵌套元组的 XBRL 实例 （左列列举了若干元素）
	〈xbrl xmlns = "http://www.xbrl.org/2003/instance"
	xmlns:s = "http://mycompany.com/xbrl/Taxonomy"
	xmlns:xbrli = "http://www.xbrl.org/2003/instance"
	xmlns:xsi = "http://www.w3.org/2001/XML Schema - instance"〉
a analysis	〈s:analysis〉
b customer	〈s:customer〉
b name	〈s:name contextRef = "np3"〉SINA〈/s:name〉
b gross	〈s:gross unitRef = "u3" contextRef = "np3" precision = "4"〉3001〈/s:gross〉
	〈s:returns unitRef = "u3" contextRef = "np3"
b returns	precision = "3"〉100〈/s:returns〉
	〈s:net unitRef = "u3" contextRef = "np3"
	precision = "4"〉2900〈/s:net〉
	〈/s:customer〉
	〈s:customer〉
c customer	〈s:name contextRef = "Xnnp3X"〉SINA〈/s:name〉
c name	〈s:gross unitRef = "u3" contextRef = "np3" precision = "3"〉3000〈/s:gross〉
c gross	〈s:returns unitRef = "u3" contextRef = "np3"
	precision = "3"〉100〈/s:returns〉
	〈s:net unitRef = "u3" contextRef = "np3"
	precision = "4"〉2900〈/s:net〉
	〈/s:customer〉
	〈s:customer〉
	〈s:name contextRef = "np3"〉SINA〈/s:name〉
d customer	〈s:gross unitRef = "u3" contextRef = "np3" precision = "4"〉3000〈/s:gross〉
	〈s:returns unitRef = "u3" contextRef = "np3" precision = "3"〉500〈/s:returns〉
	〈s:net unitRef = "u3" contextRef = "np3"
d returns	precision = "4"〉2500〈/s:net〉
	〈/s:customer〉
	〈s:customer〉
	〈s:name contextRef = "np3"〉Bree〈/s:name〉
	〈s:name contextRef = "Xnnp3X"〉Bree〈/s:name〉
	〈s:gross unitRef = "u3" contextRef = "np3" precision = "4"〉3000〈/s:gross〉
e customer	〈s:returns unitRef = "u3" contextRef = "np3"
f name	precision = "3"〉200〈/s:returns〉
g name	〈s:net unitRef = "u3" contextRef = "np3"
	precision = "4"〉2800〈/s:net〉
	〈/s:customer〉
	〈s:totalGross unitRef = "u3" contextRef = "np3"
	precision = "3"〉12000〈/s:totalGross〉
	〈/s:analysis〉
	〈! --个冗余的上下文 Xnnp3X = period,2003 --〉
	〈context id = "np3"〉
h totalGross	〈entity〉
	〈identifier scheme = "http://www.nasdaq.com"〉SAMP〈/identifier〉
	〈/entity〉
	〈period〉
np3	〈startDate〉2003-01-01〈/startDate〉
	〈endDate〉2003-12-31〈/endDate〉
	〈/period〉
	〈/context〉
	〈unit id = "u3"〉〈measure〉ISO4217:USD〈/measure〉〈/unit〉

元　素	一个包含两个结构等价的上下文元素和双重嵌套元组的 XBRL 实例 (左列列举了若干元素)
u3 Xnnp3X	〈context id = "Xnnp3X"〉 　〈entity〉 　　〈identifier scheme = "http://www.nasdaq.com"〉SAMP〈/identifier〉 　〈/entity〉 　〈period〉 　　〈startDate〉2003-01-01〈/startDate〉 　　〈endDate〉2003-12-31〈/endDate〉 　〈/period〉 〈/context〉 〈/xbrl〉
注：尽管本例缺少计算链接库，但“h totalGross”的总和 12 000 仍然是最精确的数值，其计算方法是四位顾客的总额之和(3 001+3 000+3 000+3 000=12 001，但由于 c 的 precision 为 3，该数据仅能保留三位有效数字，为 12 000)。	

示例 2：

检测重复的谓词

节点 1	节点 2	类型	谓词	是否为真	原　因
np3	Xnnp3X	上下文	Identical	否	不同的节点
np3	Xnnp3X	上下文	s-equal	是	entity 和 period 是结构等价的
f name	g name	数据项	s-equal	是	尽管结构等价，但具有不同上下文标识符 np3 和 Xnnp3X
f name	g name	数据项	p-equal	是	相同的父元素
f name	g name	数据项	c-equal	是	相同内容的上下文元素 np3 和 Xnnp3X
f name	g name	数据项	v-equal	是	相同的内容“Bree”
f name	g name	数据项	duplicates	是	父元素等价和上下文等价
b name	c name	数据项	s-equal	是	尽管结构等价，但具有不同上下文标识符 np3 和 Xnnp3X
b name	c name	数据项	p-equal	否	它们位于不同的顾客元组中
b name	c name	数据项	c-equal	是	相同内容的上下文元素 np3 和 Xnnp3X
b name	c name	数据项	v-equal	是	相同的“SINA”内容
b name	c name	数据项	duplicates	否	不是父元素等价的，所以，即使值等价也没有关系
b gross	c gross	数据项	s-equal	否	
b gross	c gross	数据项	p-equal	否	不同的父元素
b gross	c gross	数据项	c-equal	是	它们都有上下文 np3 和 u3 单位

节点 1	节点 2	类型	谓词	是否为真	原　　因
b gross	c gross	数据项	v-equal	是	“3 001”保留三位精度，等于“3 000”
b gross	c gross	数据项	duplicates	否	不是父元素等价，所以，即使值等价也没有关系
b ustomer	c customer	元组	s-equal	否	不同的上下文标识符：np3 和 Xnnp3X
b customer	c customer	元组	p-equal	是	相同的父元素“a analysis”
b customer	c customer	元组	c-equal	不适用	上下文等价并不适用于元组
b customer	c customer	元组	v-equal	不适用	值等价并不适用于元组
b customer	c customer	元组	duplicates	是	是父元素等价的，并且子数据项 name，gross，returns 和 net 互相是值等价的
b returns	d returns	数据项	s-equal	否	不同的值
b returns	d returns	数据项	p-equal	否	父元素是 b customer 和 d customer
b returns	d returns	数据项	c-equal	是	均包含上下文 np3 和 u3 单位
b returns	d returns	数据项	v-equal	否	b 的值为 100，d 值为 500
b returns	d returns	数据项	duplicates	否	不是父元素等价的，所以，即使值等价也没有关系
b customer	d customer	元组	s-equal	否	returns 和 net 不同值
b customer	d customer	元组	p-equal	是	相同的父元素“a analysis”
b customer	d customer	元组	c-equal	不适用	上下文等价不适用于元组
b customer	d customer	元组	v-equal	不适用	值等价不适用于元组
b customer	d customer	元组	duplicates	否	是父元素等价的，并且子数据项 b name 和 b gross 与 d name 和 d gross 是值等价的，但子数据项 b returns 和 b net 与 d returns 和 d net 并非值等价

重复数据项定义中的等价谓词属于等价定位，而不是等价内容。就此进行比较时，contextRef、unitRef、precision 和 decimals 之外的属性都应忽略。

判断两个数值型数据项是否值等价（该谓词在多种其他等价类型的谓词定义中出现和使用）时，应将两个数值型数据项的 precision 值考虑在内。

8.12 脚注

XBRL 使用 footnoteLink（脚注链接）元素来描述 XBRL 实例中事实之间的不规则结构化的关联。

footnoteLink 元素是一个扩展链接，它包含定位器、资源和描述 XBRL 实例中事实之间的不规则关系的弧。

footnoteLink 元素的 XML 模式约束如示例 1 和示例 2 所示：

示例 1：

XBRL 实例中的脚注

```
<schema targetNamespace = "http://www.xbrl.org/2003/linkbase"
  xmlns = "http://www.w3.org/2001/XML Schema"
  xmlns:link = "http://www.xbrl.org/2003/linkbase"
  xmlns:xl = "http://www.xbrl.org/2003/XLink"
  xmlns:xlink = "http://www.w3.org/1999/xlink"
  elementFormDefault = "qualified">
  <element name = "footnoteLink" substitutionGroup = "xl:extended">
    <annotation>
      <documentation>
      footnootLink 链接元素的定义
      </documentation>
    </annotation>
    <complexType>
      <complexContent>
        <restriction base = "xl:extendedType">
          <choice minOccurs = "0" maxOccurs = "unbounded">
            <element ref = "xl:title"/>
            <element ref = "link:documentation"/>
            <element ref = "link:loc"/>
            <element ref = "link:footnoteArc"/>
            <element ref = "link:footnote"/>
          </choice>
          <anyAttribute namespace = "http://www.w3.org/XML/1998/namespace" processContents = "lax" />
        </restriction>
      </complexContent>
    </complexType>
  </element>
</schema>
```

示例 2:

XBRL 实例中的脚注

```
<? xml version = "1.0" encoding = "UTF-8"?>
<xbrl
  xmlns = "http://www.xbrl.org/2003/instance"
  xmlns:xsi = "http://www.w3.org/2001/XMLSchema-instance"
  xmlns:fr = "http://www.xbrl-fr.org/xbrl/2003-02-29"
  xmlns:link = "http://www.xbrl.org/2003/linkbase"
  xmlns:xlink = "http://www.w3.org/1999/xlink"
  xmlns:ISO4217 = "http://www.xbrl.org2003/2003/iso4217"
  xsi:schemaLocation = "http://www.xbrl-fr.org/xbrl/2003-02-29 fr.xsd">

  <link:schemaRef xlink:type = "simple" xlink:href = "fr.xsd"/>

  <fr:propertyPlantEquipmentGross precision = "4" unitRef = "u1" contextRef = "c1">1200</fr:propertyPlantE-
quipmentGross>
  <fr:assetsTotal id = "f1" precision = "4" unitRef = "u1" contextRef = "c1">2600</fr:assetsTotal>
  <fr:equityTotal id = "f3" precision = "4" unitRef = "u1" contextRef = "c1">1100</fr:equityTotal>
  <fr:liabilitiesTotal id = "f2" precision = "4" unitRef = "u1" contextRef = "c1">2600</fr:liabilitiesTotal>

  <link:footnoteLink
     xlink:type = "extended" xlink:title = "1"
   xlink:role = "http://www.xbrl.org/2003/role/link">
   <link:footnote
```

```
      xlink:type = "resource"
      xlink:label = "footnote1"
      xlink:role = "http://www.xbrl.org/2003/role/footnote"
      xml:lang = "en">Including the effects of the merger.</link:footnote>
    <link:footnote
      xlink:type = "resource"
      xlink:label = "footnote1"
      xlink:role = "http://www.xbrl.org/2003/role/footnote"
      xml:lang = "fr">Y compris les effets de la fusion.</link:footnote>
    <link:loc xlink:type = "locator" xlink:label = "fact1" xlink:href = "#f1"/>
    <link:loc xlink:type = "locator" xlink:label = "fact1" xlink:href = "#f2"/>
    <link:loc xlink:type = "locator" xlink:label = "fact1" xlink:href = "#f3"/>
    <link:footnoteArc
     xlink:type = "arc"
     xlink:from = "fact1" xlink:to = "footnote1"
     xlink:title = "view explanatory footnote"
     xlink:arcrole = "http://www.xbrl.org/2003/arcrole/fact-footnote"/>
  </link:footnoteLink>
  <context id = "c1">
    <entity>
      <identifier scheme = "http://www.un.org/">Example plc</identifier>
    </entity>
    <period>
      <instant>2001-08-16</instant>
    </period>
    <scenario name = "Actual values">
      <fr:scenarioType>actual</fr:scenarioType>
    </scenario>
  </context>
  <unit id = "u1"><measure>ISO4217:EUR</measure></unit>
</xbrl>
```

含义：一个 footnoteArc 将三个事实链接到两个脚注。这两个脚注使用不同的语言。footnoteArc 元素使用 xlink:title 属性来说明通过该事实可访问的资源的本质。

a) footnoteArc 元素的定位器

footnoteArc 元素包含的定位器应是 loc 元素。当在 footnoteLink 元素中使用 loc 元素时，它应且仅能指向同一 XBRL 实例中包含该 loc 元素的数据项或元组。

b) 脚注元素(footnote)

footnote 元素是 footnoteLink 元素中允许出现的唯一资源。footnote 资源的内容相对于普通资源来说是受限的。尤其是 footnote 资源可有混合内容，其中包含一个简单的字符串或一个 XHTML 片段，或者二者兼而有之。

footnote 元素的 XML 模式约束如示例 3 所示：

示例 3：

footnote 元素的 XML 模式约束

```
<schema targetNamespace = "http://www.xbrl.org/2003/linkbase"
  xmlns = "http://www.w3.org/2001/XMLSchema"
  xmlns:link = "http://www.xbrl.org/2003/linkbase"
  xmlns:xl = "http://www.xbrl.org/2003/XLink"
  xmlns:xlink = "http://www.w3.org/1999/xlink"
```

```
  elementFormDefault = "qualified">

  <element name = "footnote" substitutionGroup = "xl:resource">
    <annotation>
      <documentation>
      引用资源元素的定义
      </documentation>
    </annotation>
    <complexType mixed = "true">
      <complexContent mixed = "true">
        <extension base = "xl:resourceType">
          <sequence>
            <any namespace = "http://www.w3.org/1999/xhtml"
              processContents = "skip" minOccurs = "0" maxOccurs = "unbounded"/>
          </sequence>
          <anyAttribute namespace = "http://www.w3.org/XML/1998/namespace"
            processContents = "lax" />
        </extension>
      </complexContent>
    </complexType>
  </element>
</schema>
```

所有 footnote 资源应包含 xml:lang 属性,该属性用于校验脚注内容所使用的语言。xml:lang 属性的值应遵循相应的 XML 规范。

c) 脚注弧(footnoteArc)元素

footnoteArc 元素具有与普通扩展链接弧相同的语法,其属性如表 22 所示:

表 22 footnoteArc 元素的属性表

属性名称	选择性	描　述
xlink:arcrole		xlink:arcrole 属性的值应是一个能够表明弧含义的 URI。 该弧角色值被从数据项或元组定位器到脚注资源的某个 footnoteArc 元素所用,旨在表明该 footnote 传递了关于事实的可读信息
xlink:title	可选	xlink:title 属性用于向那些在事实和脚注之间来回转换的用户传达关于事实和相关脚注之间关系的信息,其内容应是一个字符串,并且对于使用 XLINK 规范的应用程序的用户是可视的

footnoteArc 元素的 XML 模式约束如示例 4 所示:

示例 4:

footnoteArc 元素的 XML 模式约束

```
<schema targetNamespace = "http://www.xbrl.org/2003/linkbase"
  xmlns = "http://www.w3.org/2001/XMLSchema"
  xmlns:link = "http://www.xbrl.org/2003/linkbase"
  xmlns:xl = "http://www.xbrl.org/2003/XLink"
  xmlns:xlink = "http://www.w3.org/1999/xlink"
  elementFormDefault = "qualified">

  <element name = "footnoteArc" type = "xl:arcType" substitutionGroup = "xl:arc">
```

```
    <annotation>
      <documentation>
      在 footnootLink 链接中具体使用的弧
      </documentation>
    </annotation>
  </element>

</schema>
```

9 XBRL 分类标准

9.1 分类标准模式

9.1.1 概述

本部分中,分类标准中出现的 XML 模式文件被称为“分类标准模式”。分类标准应包含分类标准模式。分类标准模式应是某个 XML 模式的有效实例。

如果一个分类标准中包含可扩展链接,该分类标准模式应包含一个指向相应链接库的 linkbaseRef 元素,或者该可扩展链接应嵌入到分类标准模式本身所包含的链接库中。

分类标准模式不一定非要导入 XBRL 实例模式文件(例如,在上下文中,仅仅为了定义 segment 或 scenario 的语法)。然而,如果分类标准模式要定义概念(在数据项或者元组替换组中的元素),它应引入 XBRL 实例模式文件 xbrl-instance-2003-12-31.xsd,这是因为 XBRL 实例模式文件定义了抽象元素数据项和元组。

分类标准模式应该指定一个目标命名空间,如果一个目标命名空间值被指定,其目标命名空间的值不能为空。当创建分类标准模式时,应包含其他模式的命名空间声明,比如 XML 模式文件本身的命名空间。

示例:

一个框架分类标准模式显示对链接库的引用

```
<schema
  targetNamespace="http://www.mycompany.com/taxonomy/2003-10-19"
  xmlns="http://www.w3.org/2001/XMLSchema"
  xmlns:xbrli="http://www.xbrl.org/2003/instance"
  xmlns:link="http://www.xbrl.org/2003/linkbase"
  xmlns:ci="http://www.mycompany.com/taxonomy/2003-10-19"
  xmlns:xlink="http://www.w3.org/1999/xlink">
    <annotation>
    <appinfo>
      <link:linkbaseRef
        xlink:type="simple"
        xlink:href="linkbase_presentation.xml"
        xlink:role="http://www.xbrl.org/2003/role/presentationLinkbaseRef"
        xlink:arcrole="http://www.w3.org/1999/xlink/properties/linkbase"/>
      <link:linkbaseRef
        xlink:type="simple"
        xlink:href="linkbase_calculation.xml"
        xlink:role="http://www.xbrl.org/2003/role/calculationLinkbaseRef"
        xlink:arcrole="http://www.w3.org/1999/xlink/properties/linkbase"/>
      <link:linkbaseRef
```

```
        xlink:type = "simple"
        xlink:href = "linkbase_definition.xml"
        xlink:role = "http://www.xbrl.org/2003/role/definitionLinkbaseRef"
        xlink:arcrole = "http://www.w3.org/1999/xlink/properties/linkbase"/〉
      〈link:linkbaseRef
        xlink:type = "simple"
        xlink:href = "linkbase_label.xml"
        xlink:role = "http://www.xbrl.org/2003/role/labelLinkbaseRef"
        xlink:arcrole = "http://www.w3.org/1999/xlink/properties/linkbase"/〉
      〈link:linkbaseRef
        xlink:type = "simple"
        xlink:href = "linkbase_reference.xml"
        xlink:role = "http://www.xbrl.org/2003/role/referenceLinkbaseRef"
        xlink:arcrole = "http://www.w3.org/1999/xlink/properties/linkbase"/〉
    〈/appinfo〉
  〈/annotation〉
〈import
  namespace = "http://www.xbrl.org/2003/instance"
  schemaLocation = "http://www.xbrl.org/2003/xbrl-instance-2003-12-31.xsd"/〉

〈! --…taxonomy elements declaration starts here…--〉

〈/schema〉
```

创建的 XBRL 分类标准可引用其他的分类标准，可扩展性是 XBRL 的关键特色。XBRL 分类标准模式可引用其他分类标准模式和附加 XBRL 链接库，以达到其可扩展性。在引用链接库时，分类标准模式也可自定义角色值以及弧角色值。

9.1.2 关于概念

在分类标准模式文件中，元素是用来描述概念的。为了和概念定义保持一致，模式文件的元素定义应指定元素的名称、替换组以及类型。在一个分类标准模式中的元素名称都应是唯一的，元素应是数据项或元组替换组的成员。

元素在语法上应有 id 属性，以简化链接库 loc 元素中 xlink:href 属性的内容。一些 XML 模式文件验证器需要所有 id 属性的唯一性，这些 id 属性是出现在分类标准模式以及所有直接或间接引入或包含的 XML 模式中。为了提高对 XML 模式文件解析的鲁棒性，应该注意限制 id 属性值与相关模式中 id 属性值发生冲突的可性。在下面的例子中，通过在元素名称前面加一个附加字符串“ci_”来避免冲突。

示例 1：

在分类标准模式中典型的元素定义

```
〈schema
  xmlns = "http://www.w3.org/2001/XMLSchema"
xmlns:xbrli = "http://www.xbrl.org/2003/instance"〉

〈! --…in this the example unused namespaces declarations
        are missing at root element…--〉

〈! --…linkbases and imports go here…--〉

  〈element
```

```
  id="ci_preferredDividends"
  name="preferredDividends"
  xbrli:periodType="duration"
  type="xbrli:monetaryItemType"
  substitutionGroup="xbrli:item" nillable="true"/>
<element
  id="ci_stockBasedCompensationPolicy"
  name="stockBasedCompensationPolicy"
  xbrli:periodType="duration"
  type="xbrli:stringItemType"
  substitutionGroup="xbrli:item" nillable="true"/>
</schema>
```

定义了两个概念，一个与 preferredDividends(优先股息）元素相关，另一个与 stockBasedCompensationPolicy(股权激励政策)元素相关。在 XBRL 实例中这两个值都可用空值来表达。在 XBRL 实例中优先股息概念在它的上下文中应表现为一个时间段的数值型数据项(numeric item)，股权激励政策概念在它的上下文中应表现为一个时间点的非数值型数据项。

XBRL 还定义了 periodType(时期类型)和 balance(借贷方向)属性，可用于元素的语法定义，如表 23 所示。

表 23 概念的属性表

属性名称	选择性	描述
periodType (时间类型)		时间类型属性应用在数据项替换组的元素上。时间类型属性的值为时间点时，表示当该元素用在一个 XBRL 实例时应与一个时间是时间点的上下文相关。值为时间段时，表示当该元素用在一个 XBRL 实例时应与一个时间是时间段的上下文相关，并使用起始日期和结束日期元素或者永久元素来表达
balance (借贷方向)	可选	balance 属性只能在货币项类型或者货币项类型的派生类型的元素中进行定义。 balance 属性在消费数目与资产、负债、权益、收入、费用等会计概念相关的应用中非常重要。当提供了借方/贷方指标时，balance 属性为如何授权和解释 XBRL 实例中的值提供了权威性的说明

XML 模式文件约束了时间类型属性，如下所示：

```
<schema targetNamespace="http://www.xbrl.org/2003/instance"
  xmlns="http://www.w3.org/2001/XMLSchema"
  xmlns:xbrli="http://www.xbrl.org/2003/instance"
  xmlns:link="http://www.xbrl.org/2003/linkbase"
  elementFormDefault="qualified">

  <attribute name="periodType">
    <annotation>
      <documentation>
      时间类型属性(限制 XBRL 数据项的时间)
      </documentation>
    </annotation>
    <simpleType>
      <restriction base="token">
```

```
      <enumeration value = "instant" />
      <enumeration value = "duration" />
    </restriction>
  </simpleType>
</attribute>

</schema>
```

示例 2：

时间点和时间段概念定义

```
<element id = "a1" name = "changeInRetainedEarnings"
        xbrli:periodType = "duration"
          type = "xbrli:monetaryItemType" substitutionGroup = "xbrli:item"/>
<element id = "a2" name = "fixedAssets"
        xbrli:balance = "debit"
        xbrli:periodType = "instant"
        type = "xbrli:monetaryItemType" substitutionGroup = "xbrli:item"/>
```

balance 属性的 XML 模式约束如下所示：

```
<schema targetNamespace = "http://www.xbrl.org/2003/instance"
  xmlns = "http://www.w3.org/2001/XMLSchema"
  xmlns:xbrli = "http://www.xbrl.org/2003/instance"
  xmlns:link = "http://www.xbrl.org/2003/linkbase"
  elementFormDefault = "qualified">

  <attribute name = "balance">
    <annotation>
      <documentation>
      balance 属性(约束计算关系)
      </documentation>
    </annotation>
    <simpleType>
      <restriction base = "token">
        <enumeration value = "debit" />
        <enumeration value = "credit" />
      </restriction>
    </simpleType>
  </attribute>

</schema>
```

示例 3：

应用 balance 元素来表示标准的借方和贷方余额

```
    <element
      id = "netIncome" name = "netIncome" xbrli:balance = "credit"
      xbrli:periodType = "duration"
      type = "xbrli:monetaryItemType" substitutionGroup = "xbrli:item"/>
    <element
      id = "fixedAssets" name = "fixedAssets" xbrli:balance = "debit"
      xbrli:periodType = "instant"
      type = "xbrli:monetaryItemType" substitutionGroup = "xbrli:item"/>
```

表 24　实例中的正确符号

分类标准元素	账户类型	XBRL 实例元素符号
balance="credit"	贷方	正或零
balance="credit"	借方	负或零
balance="debit"	借方	正或零
balance="debit"	贷方	负或零

在 XBRL 实例中，一个借方/贷方数据项的数字表达通常是正的。

示例 4：

在一个 XBRL 实例中有正值概念和负值概念

```
〈my:netIncome precision = "3" unitRef = "u1"
      contextRef = "c1"〉500〈/my:netIncome〉
〈my:netIncome precision = "3" unitRef = "u1"
      contextRef = "c2"〉- 200〈/my:netIncome〉
```

在不同的上下文中，一个利润是 500，一个亏损是 200。

在计算弧元素中，对 balance 属性的赋值限制了合法的权值，如表 25 所示。

表 25　balance 属性和计算弧权值的限制

"from" 项的 balance 属性	"to" 项的余额属性	计算弧上权值属性的非法值
借方	借方	负(< 0)
借方	贷方	正(> 0)
贷方	借方	正(> 0)
贷方	贷方	负(< 0)

所有的数据项类型应是以下所列的类型或者是由其通过约束派生的类型(参见附录 D)。XBRL 所提供的基本类型覆盖 XML 模式文件内嵌类型的子集 SCHEMA 规范(基类型或者派生类型)以及 XBRL 指定 4 种类型与领域空间相关的(货币项类型，股份项类型，纯数据项类型，分数项类型)，因此明确地定义了 XBRL 的命名空间。除了分数项类型外，所有类型都有简单的内容，所以在一个分类标准中不可包含复杂内容，除非它是通过分数项类型来约束。

数据项类型或元组类型应指定在适当的分类标准模式中，如表 26 所示，数据类型如表 27 所示。

表 26　已定义的数据项类型

XBRL 数据项类型	基本类型	unitRef(单位引用)属性	数值类型说明
decimalItemType	Decimal	yes	
floatItemType	Float	yes	
doubleItemType	Double	yes	
integerItemType	Integer	yes	基于从十进制受限派生的 XML 模式的内置类型

表 26 已定义的数据项类型(续)

XBRL 数据项类型	基本类型	unitRef(单位引用)属性	数值类型说明
nonPositiveIntegerItemType	nonPositiveInteger	yes	基于从十进制受限派生的 XML 模式的内置类型
negativeIntegerItemType	negativeInteger	yes	基于从十进制受限派生的 XML 模式的内置类型
longItemType	Long	yes	基于从十进制受限派生的 XML 模式的内置类型
intItemType	Int	yes	基于从十进制受限派生的 XML 模式的内置类型
shortItemType	Short	yes	基于从十进制受限派生的 XML 模式的内置类型
byteItemType	Byte	yes	基于从十进制受限派生的 XML 模式的内置类型
nonNegativeIntegerItemType	nonNegativeInteger	yes	基于从十进制受限派生的 XML 模式的内置类型
unsignedLongItemType	unsignedLong	yes	基于从十进制受限派生的 XML 模式的内置类型
unsignedIntItemType	unsignedInt	yes	基于从十进制受限派生的 XML 模式的内置类型
unsignedShortItemType	unsignedShort	yes	基于从十进制受限派生的 XML 模式的内置类型
unsignedByteItemType	unsignedByte	yes	基于从十进制受限派生的 XML 模式的内置类型
positiveIntegerItemType	positiveInteger	yes	基于从十进制受限派生的 XML 模式的内置类型
monetaryItemType	xbrli:monetary	yes	与 XBRL 指定的领域空间特别相关,因此,除了 XML schema 内置的类型,该数值类型也被包含在内
sharesItemType	xbrli:shares	yes	与 XBRL 指定的领域空间特别相关,因此,除了 XML schema 内置的类型,该数值类型也被包含在内
pureItemType	xbrli:pure	yes	与 XBRL 指定的领域空间特别相关,因此,除了 XML schema 内置的类型,该数值类型也被包含在内

表 26 已定义的数据项类型（续）

XBRL 数据项类型	基本类型	unitRef(单位引用)属性	数值类型说明
fractionItemType	具有小数分子和非零小数分母的复杂类型(xbrli:nonZeroDecimal)	yes	与 XBRL 指定的领域空间特别相关，因此，除了 XML schema 内置的类型，该数值类型也被包含在内
stringItemType	String	no	该类型基于 XML 模式的内置类型，而这些内置类型不是由十进制或者字符串派生而来
booleanItemType	Boolean	no	该类型基于 XML 模式的内置类型，而这些内置类型不是由十进制或者字符串派生而来
hexBinaryItemType	hexBinary	no	该类型基于 XML 模式的内置类型，而这些内置类型不是由十进制或者字符串派生而来
base64BinaryItemType	base64Binary	no	该类型基于 XML 模式的内置类型，而这些内置类型不是由十进制或者字符串派生而来
anyURIItemType	anyURI	no	该类型基于 XML 模式的内置类型，而这些内置类型不是由十进制或者字符串派生而来
QNameItemType	Qname	no	该类型基于 XML 模式的内置类型，而这些内置类型不是由十进制或者字符串派生而来
durationItemType	Duration	no	该类型基于 XML 模式的内置类型，而这些内置类型不是由十进制或者字符串派生而来
dateTimeItemType	xbrli:dateUnion	no	该类型基于 XML 模式的内置类型，而这些内置类型不是由十进制或者字符串派生而来
timeItemType	Time	no	该类型基于 XML 模式的内置类型，而这些内置类型不是由十进制或者字符串派生而来
dateItemType	Date	no	该类型基于 XML 模式的内置类型，而这些内置类型不是由十进制或者字符串派生而来

表 26 已定义的数据项类型（续）

XBRL 数据项类型	基本类型	unitRef(单位引用)属性	数值类型说明
gYearMonthItemType	gYearMonth	no	该类型基于 XML 模式的内置类型，而这些内置类型不是由十进制或者字符串派生而来
gYearItemType	gYear	no	该类型基于 XML 模式的内置类型，而这些内置类型不是由十进制或者字符串派生而来
gMonthDayItemType	gMonthDay	no	该类型基于 XML 模式的内置类型，而这些内置类型不是由十进制或者字符串派生而来
gDayItemType	gDay	no	该类型基于 XML 模式的内置类型，而这些内置类型不是由十进制或者字符串派生而来
gMonthItemType	gMonth	no	该类型基于 XML 模式的内置类型，而这些内置类型不是由十进制或者字符串派生而来
normalizedStringItemType	normalizedString	no	基于由字符串受限派生而来的 XMLschema 的内置类型
tokenItemType	Token	no	基于由字符串受限派生而来的 XMLschema 的内置类型
languageItemType	Language	no	基于由字符串受限派生而来的 XMLschema 的内置类型
NameItemType	Name	no	基于由字符串受限派生而来的 XMLschema 的内置类型
NCNameItemType	NCName	no	基于由字符串受限派生而来的 XMLschema 的内置类型

示例 5：

派生一个枚举数据项类型

```
〈schema targetNamespace = "http://www.someCompany.com/taxonomy"
    xmlns:my = "http://www.someCompany.com/taxonomy"
    xmlns:xbrli = "http://www.xbrl.org/2003/instance"
    xmlns = "http://www.w3.org/2001/XMLSchema"
    elementFormDefault = "qualified"〉

    〈import
      namespace = "http://www.xbrl.org/2003/instance"
```

```
    schemaLocation = "http://www.xbrl.org/2003/xbrl-instance-2003-12-31.xsd"/>

  <complexType name = "stateProvinceItemType">
    <simpleContent>
      <restriction base = "xbrli:tokenItemType">
        <enumeration value = "MI"/>
        <enumeration value = "ON"/>
      </restriction>
    </simpleContent>
  </complexType>

  <element name = "stateProvince" id = "my_stateProvince"
  xbrli:periodType = "instant"substitutionGroup = "xbrli:item"
  type = "my:stateProvinceItemType"/>
</schema>
```

在分类标准模式中唯一允许的方法是从 XBRL 提供的数据项类型中受限派生新的数据项类型。示例 5 定义了 stateProvinceType 类型,并用来定义一个 segment 的子元素。这里,定义一个在公司自己分类标准中的 XBRL 概念。注意,没有使用前面定义的简单类型。

表 27　数据类型参照表

数据类型	内　　容
monetary(货币),shares(股份)和 pure(纯)数据类型	XBRL 实例模式文件定义了货币数据类型,它专指 XML 模式文件的十进制类型。XBRL 分类标准中表示所有货币值的数值元素应使用货币项类型或者由它派生的数据类型;股份类型表示基于股份的值;纯数据表示增长率、百分比以及其他量度。此处隐含地认为分子与分母具有相同的单位
fractionItemType(分数项)数据类型	XBRL 为了能够表达精确的值,提供了一种分数项数据类型。分数项数据类型中的数据值应是精确的。即分数项的分子和分母不能是根据精度推导规则推导出,而应在分数式中以原精度直接、完整表达的值,不能出现精度和小数属性

XML 模式文件对货币、股份和纯数据类型的定义如下所示:

```
<schema targetNamespace = "http://www.xbrl.org/2003/instance"
    xmlns = "http://www.w3.org/2001/XMLSchema"
    xmlns:xbrli = "http://www.xbrl.org/2003/instance"
    xmlns:link = "http://www.xbrl.org/2003/linkbase"
    elementFormDefault = "qualified">

    <annotation>
      <documentation>
      定义简单类型作为数据项类型的基类
      </documentation>
    </annotation>

    <simpleType name = "monetary">
      <annotation>
        <documentation>
        在表示货币单位的分类标准中,货币类型被用来表示财务概念的数据类型
```

```
        这种类型的实例数据项的度量单位应出自 ISO 4217 货币名空间
        </documentation>
      </annotation>
      <restriction base = "decimal" />
    </simpleType>

    <simpleType name = "shares">
      <annotation>
        <documentation>
        股份类型用于基于股份的财务概念
        </documentation>
      </annotation>
      <restriction base = "decimal" />
    </simpleType>

    <simpleType name = "pure">
      <annotation>
        <documentation>
        纯数据类型用来作为无计量单位的类型,例如百分比变化,增长率和其他一些比率
        </documentation>
      </annotation>
      <restriction base = "decimal" />
    </simpleType>

  </schema>
```

fractionItemType 的 XML 模式约束如下所示:

```
<schema targetNamespace = "http://www.xbrl.org/2003/instance"
      xmlns = "http://www.w3.org/2001/XMLSchema"
      xmlns:xbrli = "http://www.xbrl.org/2003/instance"
      xmlns:link = "http://www.xbrl.org/2003/linkbase"
      elementFormDefault = "qualified">

  <element name = "numerator" type = "decimal" />
  <element name = "denominator" type = "xbrli:nonZeroDecimal" />
  <complexType name = "fractionItemType" final = "extension">
    <sequence>
      <element ref = "xbrli:numerator"/>
      <element ref = "xbrli:denominator"/>
    </sequence>
    <attributeGroup ref = "xbrli:essentialNumericItemAttrs" />
  </complexType>

</schema>
```

示例 6:

表达小数

分　　数	表　　示
1/3	<myTaxonomy:oneThird id = "oneThird" unitRef = "u1" contextRef = "numC1"> <numerator>1</numerator> <denominator>3</denominator> </myTaxonomy:oneThird>

分子元素应包含数字值,分母元素应包含有限且非零的数字值。

9.1.3 linkbaseRef 元素

在分类标准模式中,linkbaseRef(链接库引用)元素用于识别一个链接库。如果分类标准模式在一个 DTS 中,该链接库也应在该 DTS 中。

在分类标准模式中,链接库引用元素的语法与 XBRL 实例中链接库引用元素的语法是相同的。

9.1.4 自定义 roleType 元素

roleType(角色类型)元素包含一个自定义角色类型。roleType 元素使用 roleURI 定义角色类型,列出可使用该角色的元素,并提供该角色类型的说明。

角色类型为 XLINK 可扩展链接和资源元素的 xlink:role 属性定义自定义值。角色类型元素应放在 XPATH 路径(http://xsd:schema/xsd:annotation/xsd:appinfo/ *)所标识的节点集合中。本部分(作为标准的角色属性值)定义的角色值不能对角色类型元素作出重复定义。

一个分类标准模式中不可有多于一个角色类型元素有同一个 roleURI 属性值。在一个 DTS 中,可有不止一个的角色类型元素具有相同 roleURI 属性值。然而,具有相同 roleURI 属性值的所有角色类型元素应是结构等价的。

roleURI 属性值标识了要定义的 xlink:role 属性值。自定义角色类型子元素的值被用来指定允许哪个元素使用自定义角色类型。由于在使用自定义角色的链接库时通过角色引用指向角色类型元素,因此角色类型元素可有一个 id 属性,其属性以及子元素如表 28 所示。

表 28 roleType 元素的属性和子元素表

属性和子元素名称	选择性	描 述
roleURI 属性	必备	应包含已经定义的角色值。当使用自定义角色类型时,xlink:role 属性值与 roleURI 值相匹配
Id 属性	可选	id 属性的值应遵循具有 id 类型的属性的 XML 规范
definition 元素	可选	roleType 元素可包含一个 definition 元素,其内容应是一个赋予角色类型意义的字符串
usedOn 元素	可选	roleType 元素可包含一个或多个 usedOn 元素,列出可使用该角色类型的元素。在一个 roleType 元素中,不能包含结构等价的 usedOn 元素。标准扩展链接元素和资源元素应由 usedOn 元素来标识,而用户自定义扩展链接元素和资源元素则不受此条件限制

示例:

定义一个自定义角色类型

示例一个角色的角色类型定义:http://www. mycomp. com/role/endnote,以用来展示仅在文档末尾表达的一个 XBRL 实例中的脚注。

```
〈schema targetNamespace = "http://www.mycomp.com/mytaxonomy"
        xmlns:link = "http://www.xbrl.org/2003/linkbase"
        xmlns = "http://www.w3.org/2001/XMLSchema" elementFormDefault = "qualified"〉
〈annotation〉
〈appinfo〉
    〈link:roleType roleURI = "http://www.mycompany.com/role/endnote"
```

```
    id = "endnote">
      <link:definition>
      A footnote that should be displayed only at the end of a document
      </link:definition>
      <link:usedOn>link:footnote</link:usedOn>
    </link:roleType>
  </appinfo>
</annotation>
</schema>
```

该 roleType 元素定义了一个角色。

```
<link:roleRef xlink:type = "simple"
  xlink:href = "mycomproles.xsd#endnote"
  roleURI = "http://www.mycomp.com/role/endnote"/>

...

<link:footnote xlink:role = "http://www.mycomp.com/role/endnote"
               xlink:type = "resource" xlink:label = "endnote1">
Excluding the effects of the merger and contingent liabilities.
</link:footnote>
```

xlink:role 值通过查找具有与 xlink:role 值匹配的 roleURI 属性值的角色引用元素来追溯到 roleType 元素。在分类标准模式 mycomproles.xsd 中角色引用元素的 xlink:href 属性直接指向(通过片段标识器)id 属性等于"endnote"的 roleType 元素。该 roleType 元素有一个匹配的 roleURI 属性值。

roleType 元素及其子元素的 XML 模式约束如下所示：

```
<schema targetNamespace = "http://www.xbrl.org/2003/linkbase"
  xmlns = "http://www.w3.org/2001/XMLSchema"
  xmlns:link = "http://www.xbrl.org/2003/linkbase"
  xmlns:xl = "http://www.xbrl.org/2003/XLink"
  xmlns:xlink = "http://www.w3.org/1999/xlink"
  elementFormDefault = "qualified">

  <element name = "definition" type = "string">
    <annotation>
      <documentation>
      该元素用来表示自定义角色和角色弧的可读定义
      </documentation>
    </annotation>
  </element>

  <element name = "usedOn" type = "QName">
    <annotation>
      <documentation>
      usedOn 元素的定义——用来标识哪些元素可使用分类标准所定义的角色或者角色弧的值
      </documentation>
    </annotation>
  </element>

  <element name = "roleType">
    <annotation>
```

```
        <documentation>
        roleType 元素的定义——用来定义扩展链接中自定义角色的值
        </documentation>
      </annotation>
      <complexType>
        <sequence>
          <element ref="link:definition" minOccurs="0"/>
          <element ref="link:usedOn" maxOccurs="unbounded"/>
        </sequence>
        <attribute name="roleURI" type="xlink:nonEmptyURI" use="required"/>
        <attribute name="id" type="ID"/>
      </complexType>
    </element>

  </schema>
```

9.1.5 自定义 arcroleType 元素

arcroleType(弧角色类型)元素包含一个自定义弧角色的定义。arcroleType 元素通过声明弧角色值来描述自定义 arcroleType,阐明 arcroleType 可用于的元素,通过允许使用 arcroleType 的关系网络的循环类型来描述自定义弧角色的类型,并提供一个便于读者阅读的 arcroleType 意义的定义。

arcroleType 元素应存在 XPATH 路径(http://xsd:schema/xsd:annotation/xsd:appinfo/ *)所标识的节点集合中。在本部分中定义的弧角色值(作为标准的弧角色值)不能使用 arcroleType 元素再次定义。其属性如表 29 所示。

表 29 arcroleType 元素的属性表

属性名称	选择性	描　述
arcroleURI	必备	应包含已定义的弧角色的值。当使用已定义的 arcroleType 时,xlink:arcrole 的属性值应与 arcroleURI 的值相匹配
id	可选	该 id 属性的值应遵循具有 id 类型的属性的 XML 规范。它提供了一个 id 属性从而简化了 arcroleType 元素 xlink:href 属性的内容
cyclesAllowed	必备	此属性用来鉴定在一个关系网络中允许出现的循环类型。具有完全一致性的 XBRL 处理器应能检测并标明那些违反该属性限制的自定义角色类型关系网络,因为自定义角色关系类型的网络出现在标准扩展链接的标准弧上。需要注明的是,自定义弧元素的网络不受此约束条件的限制,出现在自定义的扩展链接中标准弧元素的网络也不受此限制

在一个分类标准模式中不同的 arcroleType 元素的 arcroleURI 属性值不同。在一个 DTS 中,可有多个 arcroleType 元素具有相同的 arcroleURI 值。然而,具有相同 arcroleURI 值的所有的 arcroleType 元素应是结构等价的。

arcroleURI 属性值标识了那些已被定义的 xlink:arcrole 属性值。自定义角色类型子元素的值可标识哪些弧可使用该 arcroleType。由于在使用自定义弧角色值的链接库中是由弧角色引用元素来指向 arcroleType 元素的,因此 arcroleType 元素可有一个 id 属性。

示例 1:

定义一个自定义弧角色值

<table>
<tr><td>定义计算链接库中链接数据项的弧角色值“http://www.mycomp.com/arcrole/average-item”</td></tr>
<tr><td>

```
<schema targetNamespace="http://www.mycomp.com/mytaxonomy"
        xmlns:link="http://www.xbrl.org/2003/linkbase"
        xmlns=http://www.w3.org/2001/XMLSchema elementFormDefault="qualified">
<annotation>
<appinfo>
    <link:arcroleType arcroleURI="http://www.mycomp.com/arcrole/average-item"
      id="average-item"
      cyclesAllowed="none">
      <link:usedOn>link:calculationArc</link:usedOn>
    </link:arcroleType>
  </appinfo>
</annotation>
</schema>
```

</td></tr>
<tr><td>

```
<link:arcroleRef xlink:type="simple"
  xlink:href="mycomparcroles.xsd#average-item"
  arcroleURI="http://www.mycomp.com/arcrole/average-item"/>

...

<link:calculationArc xlink:arcrole="http://www.mycomp.com/arcrole/average-item"
                     xlink:type="arc"
                     xlink:from="salesAverage" xlink:to="salesDetail"
                     link:weight="1"/>
```

</td></tr>
<tr><td>xlink:arcrole 值是通过查找具有与 xlink:arcrole 值相匹配的 arcroleURI 属性值的弧角色引用元素来追溯 arcroleType 元素的。在分类标准模式 mycomparcroles.xsd 中，弧角色引用元素的 xlink:href 属性直接指向（通过片段标识器）某个 id 属性等于“average-item”的 arcroleType 元素。该 arcroleType 元素有一个匹配的 arcroleURI 属性值。</td></tr>
</table>

arcroleType 元素及其子元素的 XML 模式约束如下所示：

```
<schema targetNamespace="http://www.xbrl.org/2003/linkbase"
  xmlns="http://www.w3.org/2001/XMLSchema"
  xmlns:link="http://www.xbrl.org/2003/linkbase"
  xmlns:xl="http://www.xbrl.org/2003/XLink"
  xmlns:xlink="http://www.w3.org/1999/xlink"
  elementFormDefault="qualified">

  <element name="definition" type="string">
    <annotation>
      <documentation>
      该元素用来表示自定义角色和角色弧的可读取定义
      </documentation>
    </annotation>
  </element>

  <element name="usedOn" type="QName">
    <annotation>
      <documentation>
      使用自定义角色类型元素的定义，
      用来标识哪些元素可使用分类标准来定义角色或者角色弧的值
      </documentation>
```

```
    </annotation>
  </element>

  <element name="arcroleType">
    <annotation>
      <documentation>
      arcroleType 元素的定义，
      用来定义 XBRL 扩展链接中自定义弧角色的值
      </documentation>
    </annotation>
    <complexType>
      <sequence>
        <element ref="link:definition" minOccurs="0"/>
        <element ref="link:usedOn" maxOccurs="unbounded"/>
      </sequence>
      <attribute name="arcroleURI" type="xlink:nonEmptyURI" use="required"/>
      <attribute name="id" type="ID"/>
      <attribute name="cyclesAllowed" use="required">
        <simpleType>
          <restriction base="NMTOKEN">
            <enumeration value="any"/>
            <enumeration value="undirected"/>
            <enumeration value="none"/>
          </restriction>
        </simpleType>
      </attribute>
    </complexType>
  </element>

</schema>
```

在 XBRL 中的关系网络形成了连通图。由于 XPTR 中 XPointer 在 XBRL 中的应用，图中的节点将总会同 XML 的元素相对应。就 9.2 中所指定的关系来说，这些节点也会与概念或者资源相对应。在网络中的每一个关系都会同图中的一条有向的边相对应，形成了一对有序的节点对〈u,v〉。

一条路径即为节点的一条顺序序列。〈V_0，V_1，…，V_{n-1}，V_n〉

当考虑了边的方向，若存在任意一个结点到其自身的路径，则称一个有向图包含一个有向的环。即，当存在一个节点的有序序列〈V_0，V_1，…，V_{n-1}，V_n〉，且 $V_0 = V_n$，则对于任意一个 V_i，当 $0 \leqslant i < n$，就存在一条有向的边（V_i，V_{i+1}）。

示例 2：

有向环

有向环〈a,a〉和〈b,c,b〉

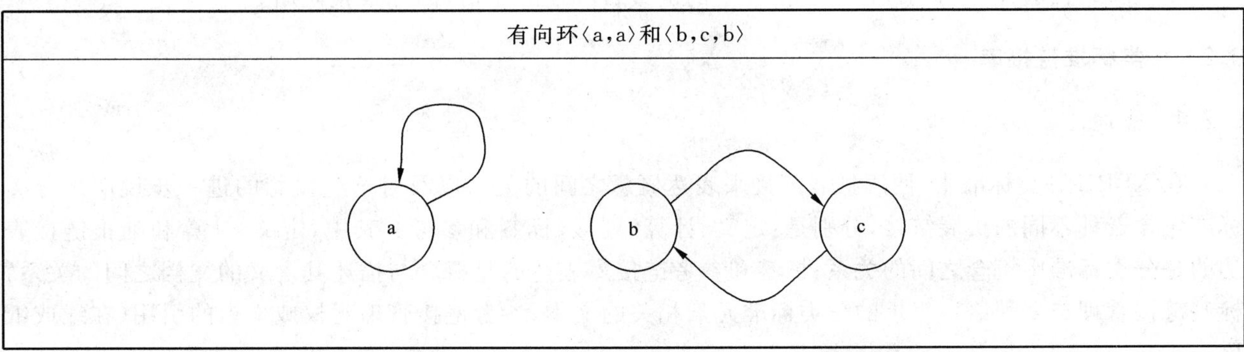

当忽略边的方向性，若存在任意一个结点到其自身的路径，则称一个有向图包含一个无向环。即，当存在一个节点的有序序列〈V_0, V_1,…,V_{n-1}, V_n〉，且 $V_0 = V_n$，则对于任意一个 V_i，当 $0 \leqslant i < n$，就存在一条有向边(V_i, V_{i+1}) 或 (V_{i+1}, V_i)，其不同于之前的所有边。

示例 3：

无向环

无向环〈d,f,e,d〉和〈g,h,i,j,g〉

（注意向后回溯的边〈d,e〉,〈i,h〉和〈g,j〉）

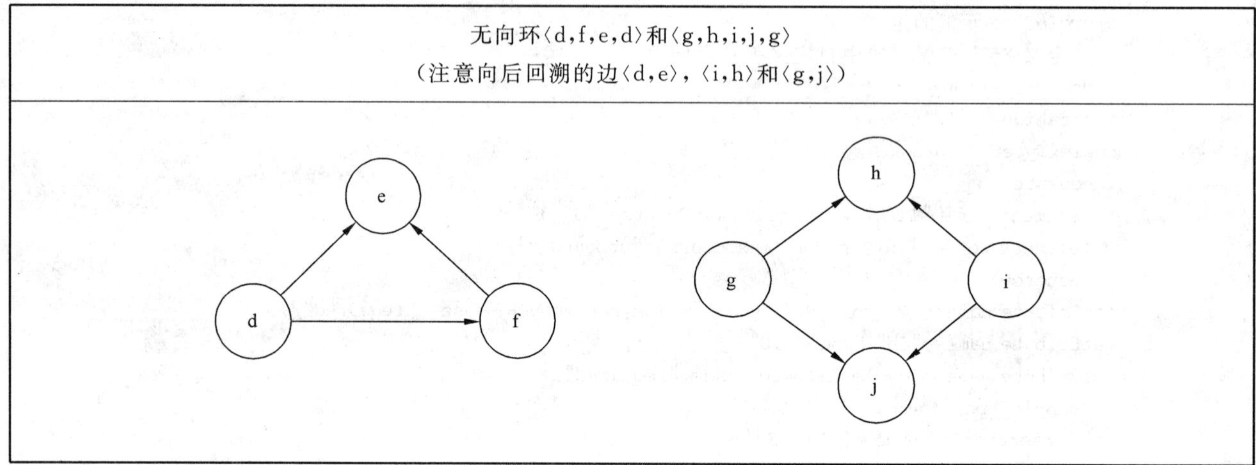

cyclesAllowed 属性应具有下列值之一，如表 30 所示。

表 30 cyclesAllowed 属性值注释表

值	注释
any	一张图可含有任何数目的有向环和无向环
undirected	一张图可含有任何数目的无向环，但不允许含有任意一条有向环
none	一张图不允许含有任何有向环和无向环

a） definition 元素

arcroleType 元素可含有一个 definition 元素，该元素应含有一个对 arcroleType 元素进行解释性定义的字符串。

b） usedOn 元素

arcroleType 元素可包含一个或多个 usedOn 类型元素。该 usedOn 类型元素可识别哪些元素可使用已定义的 arcroleType。在一个 arcroleType 元素中不能有结构等价的 usedOn 类型元素。使用已定义 arcroleType 的标准弧元素应在 arcroleType 元素中用 usedOn 元素来标识，无论其何时出现在标准扩展链接中。

重定义结构会让引用定位器的链接库中的链接目标模糊不清，因此禁止使用。

9.2 分类标准链接库

9.2.1 概述

在 XBRL 分类标准中，使用扩展链接来表达概念之间的关系以及对这些概念的进一步说明。分类标准包含五种不同的扩展链接，分别是：定义、计算、列报、标签和参考。其中，定义、计算和列报链接表达的是分类标准中概念之间的关系；标签和参考链接库表达的是概念与描述其含义的文档之间的关系：标签链接管理与多种语言表示的分类标准元素相关的文本；参考链接管理对权威文献的引用（在线或纸质形式）。

在分类标准中，如果一个链接库没有被嵌入在分类标准模式文档里，该分类标准模式应包含一个指向包含该链接库的文件的链接库引用元素。

在一个 DTS 的列报、计算和定义扩展链接中，弧将 XBRL 概念组织成关系网络，以便把每个概念与其他概念关联起来。在标签和引用扩展链接中，弧表示其中的概念和它们文档间的关系网络。

DTS 中的每个概念内部之间的关系网络可包含若干根概念。对于一个给定的关系网络，根概念不是该网络中任何关系的“to”侧的 XML 片段。一个概念在一个关系网络中是根概念，但可在另一个关系网络中不是根概念。如果一个概念既不是“from”，又不是“to”侧的 XML 片段，则它是根概念。

概念间的关系以及概念与描述它们的资源间的关系可被代替或禁止，如下是一个关于禁止的例子。若考虑第三方想要在“子”概念间创建一个新的“小计”概念中介，而原来在“子”概念间已经存在对“合计”概念的合计-项弧。该“小计”概念的创建者将会从小计概念到子概念以及合计概念到小计概念各增加一条弧。那从子概念到合计概念就会有两条路径，一条使用经过小计概念的新弧 ，另一条使用原来的直接来自合计概念的弧。在计算链接的情况下，这将导致值的两次计算。小计概念的创建者应设立禁止弧来阻止这种情况的发生，在计算时有效地移去关系网络中直接从合计概念到子概念的弧。

示例 1：

使用关系禁止在计算网络中插入一个新的小计

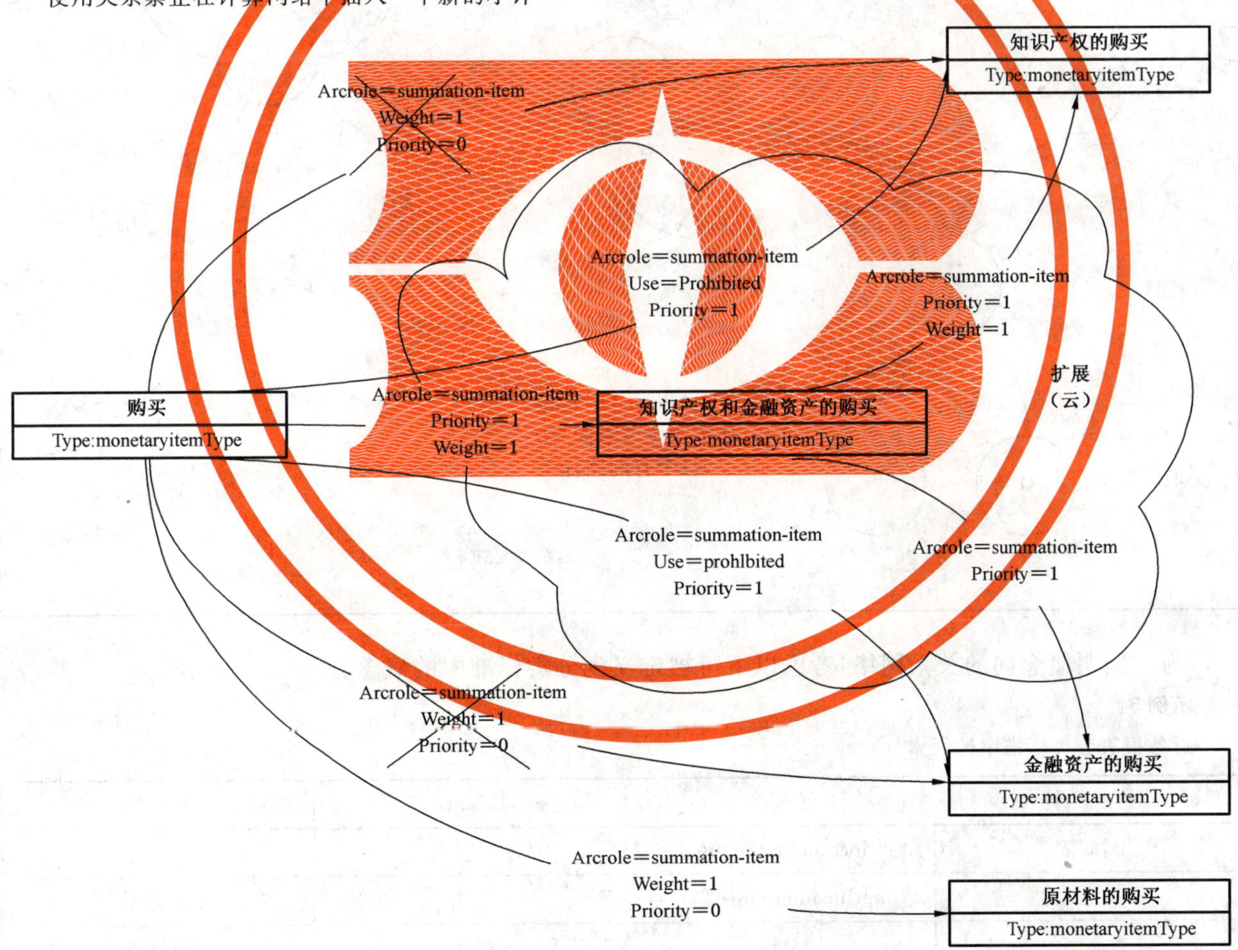

在一个关系网络中的一个或多个关系可形成一个环(即，在网络中可存在一条路径从一个 XML 片段到同一个 XML 片段，而不需要多次涉及其他的任何关系)。在一个网络中，根据关系的语义的不同，不同类型的循环在语义上可是一致的也可是不一致的，这种不一致性可被应用程序检测出来。

具有完全一致性的 XBRL 处理器应能够检测构成语义矛盾的循环。在本部分中每个给定语义意义的网络语义矛盾的循环都已被标记。

示例 2：

循环的类型

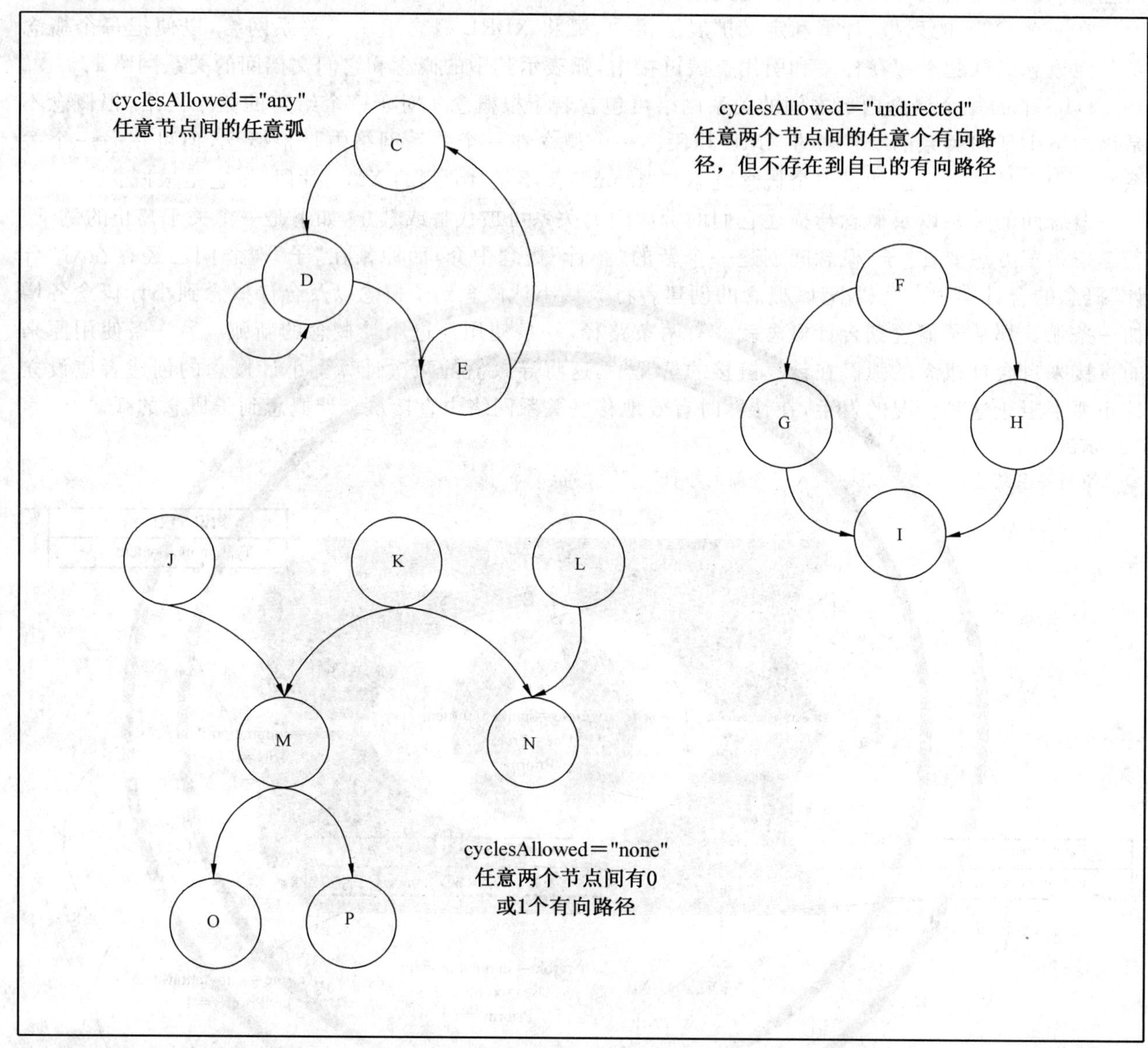

为了阐明概念间的关系网络，考虑以下可被定义到分类标准中的概念。

示例 3：

财务报表分类标准中的元素

标　签	元素名	balance	替换组
利润表	incomeStatement		
税前净收益	netIncomeBeforeTax	贷方	数据项
税	taxes	借方	数据项
税后净收益	netIncomeAfterTax	贷方	数据项
特别项目	extraordinaryItems	借方	数据项
净收益	netIncome	贷方	数据项
业绩计量	performanceMeasures		数据项

假设将分类标准中表达的元素的概念间的数学关系表示如下：

税后净收益＝税前净收益－税

净收益＝税后净收益－特别项目

计算链接库可包含计算扩展链接以便计算净收益、税前净收益、税后净收益。在一个应用中，上面的每个公式都被表示为一个树型层次结构。

示例 4：

计算链接库中的层次

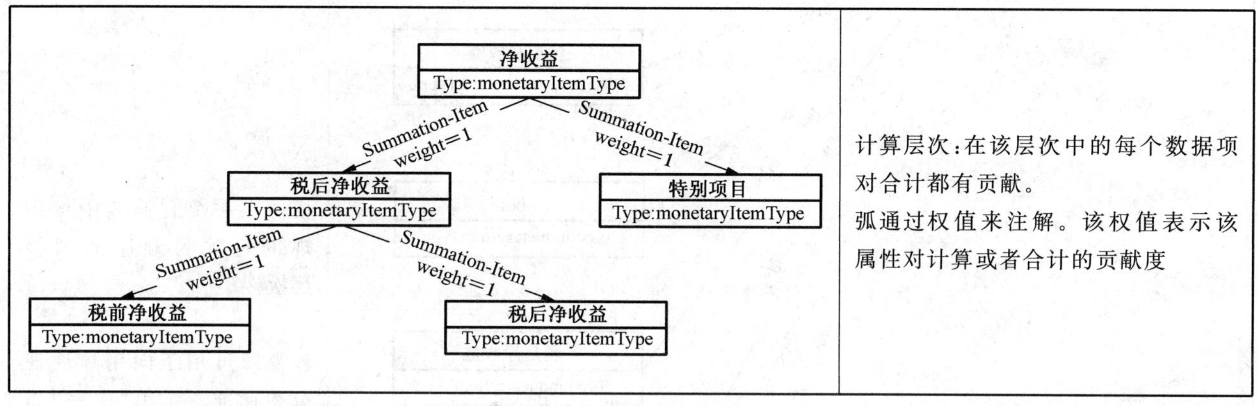

定义链接库中也可包含一个概念与其他概念相关联的定义扩展链接。在下例中，业绩计量(performanceMeasures)是分类标准中定义的一个元素，业绩计量的类型是：净收益、税前净收益和税后净收益。链接的 xlink：arcrole 是一个 URI，解释了对关系定义的联系类型。

示例 5：

定义链接库中从一般到特殊的弧的层次

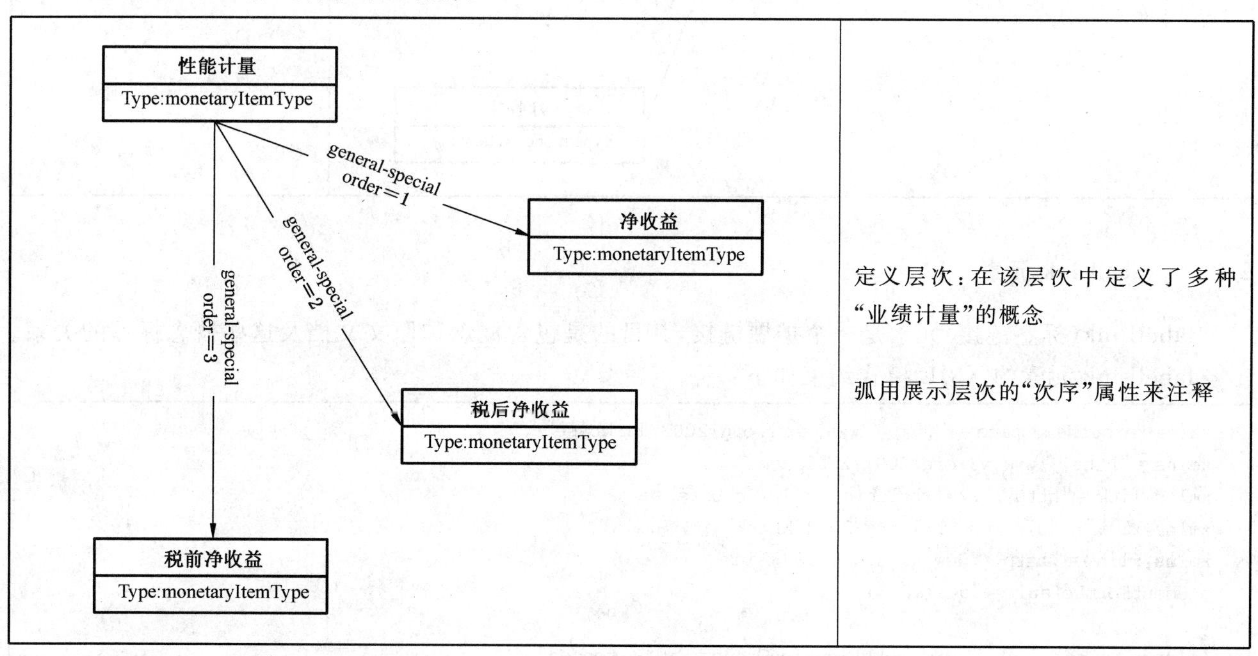

列报链接用于组织分类标准元素之间的层次关系并为之排序。

不同的应用需要不同的列报链接。有一组用户的集合——分类标准开发者和使用分类标准的领域专家，他们的列报需要在分类标准的整个生命时间相关。当分类标准发布时，它们不可包含所有可能的列报，但是可包含至少一个“开发者角度”的视图，该视图与上下文无关，它不必考虑 XBRL 实例上下文。在该例子中的列报链接库可包含一个列报链接来组织概念，从而使它们看起来像在财务报表中的行项目。其他列报链接库可包含某一链接以将那些相同的概念子集组成一个数据集合。

示例 6：

列报链接库中的层次

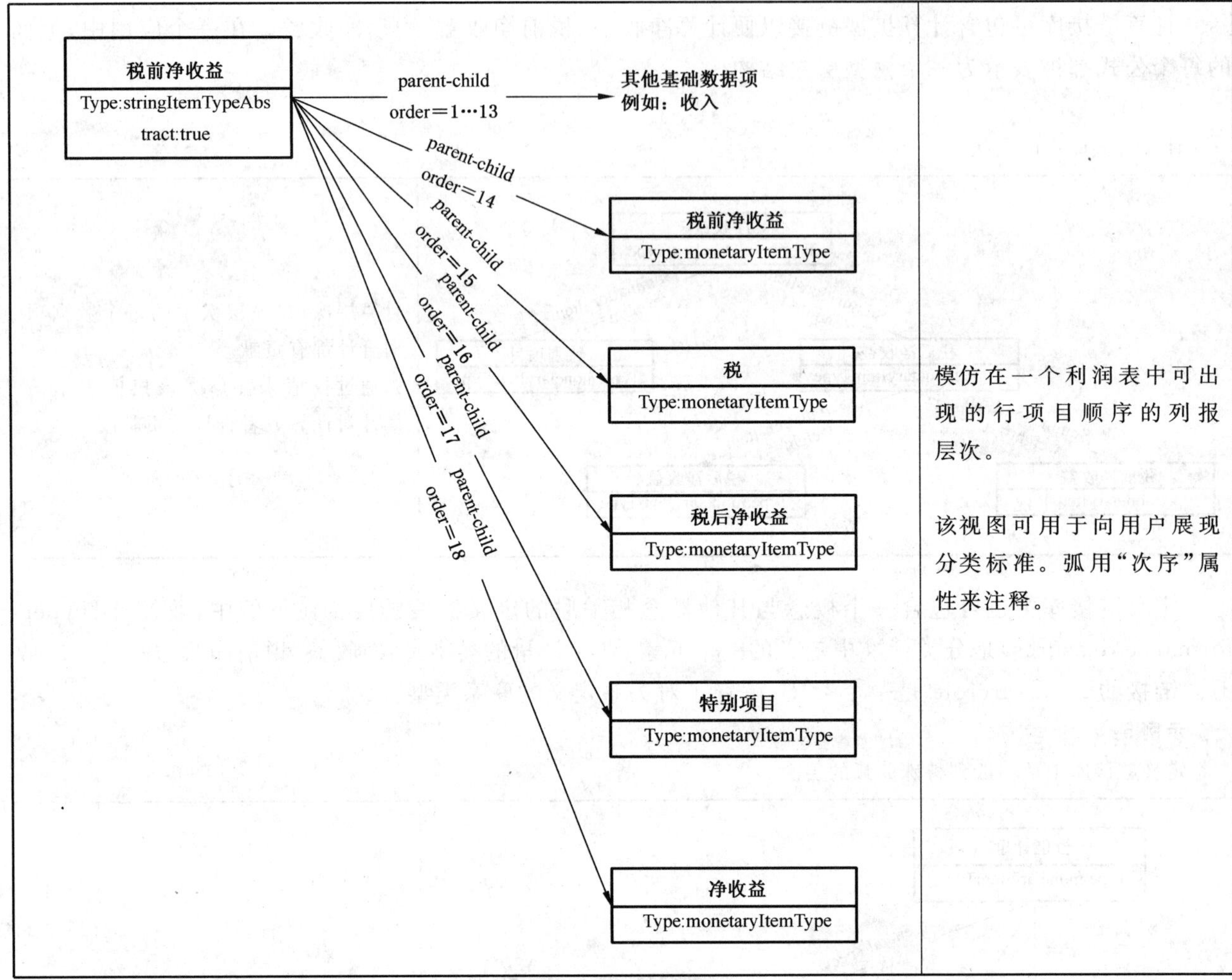

9.2.2 labelLink 元素

labelLink(标签链接)元素是一个扩展链接,其目的是包含概念和原文文档及这些概念标签的关系。

labelLink 元素的 XML 模式约束如下：

```
<schema targetNamespace = "http://www.xbrl.org/2003/linkbase"
  xmlns = "http://www.w3.org/2001/XMLSchema"
  xmlns:link = "http://www.xbrl.org/2003/linkbase"
  xmlns:xl = "http://www.xbrl.org/2003/XLink"
  xmlns:xlink = "http://www.w3.org/1999/xlink"
  elementFormDefault = "qualified">

  <element name = "labelLink" substitutionGroup = "xl:extended">
    <annotation>
      <documentation>
      标签扩展链接元素的定义
      </documentation>
    </annotation>
    <complexType>
```

```
        <complexContent>
          <restriction base = "xl:extendedType">
            <choice minOccurs = "0" maxOccurs = "unbounded">
              <element ref = "xl:title"/>
              <element ref = "link:documentation"/>
              <element ref = "link:loc"/>
              <element ref = "link:labelArc"/>
              <element ref = "link:label"/>
            </choice>
            <anyAttribute namespace = "http://www.w3.org/XML/1998/namespace"
processContents = "lax" />
          </restriction>
        </complexContent>
      </complexType>
    </element>

</schema>
```

a) 定位器

labelLink 元素不能包含非 loc 元素的定位器。

b) label 元素

尽管每个分类标准都定义了一个表示一系列业务报告概念的单独元素集，但是对于其他概念的可阅读 XBRL 文档，包括标签（字符串，其能让每个概念都有一个可理解的名字）和其他说明文档，均被放置在标签链接库的资源元素中。该资源元素用 xml:lang 属性来指定所使用的语言（通过 XML 的标准语言属性）和一个对文件目的可选的分类标准（通过角色属性），其属性如表 31 所示。

表 31 label 元素的属性表

属性名称	选择性	描　述
xml:lang	必备	用于识别标签内容所使用的语言，xml:lang 属性值应遵循 XML 规范
xlink:role	可选	该属性应通过标签资源所提供的 XBRL 概念文档的性质来在标签资源之间进行区分。标准标签的角色属性值如表 32 所示

XBRL 概念文档应被包含在标签链接的扩展链接标签元素中。label 元素是一个 XLINK 资源，应有标准 xml:lang 属性，而且应出现在一个标签链接元素的内部。label 元素的内容是混合的，可是一个简单的字符串，一个 XHTML 规范片段或者两者的组合。

XBRL 处理器没有必要检测或者显示出现在标签元素以外的概念文档。

lable 元素的 XML 模式约束如下：

```
<schema targetNamespace = "http://www.xbrl.org/2003/linkbase"
  xmlns = "http://www.w3.org/2001/XMLSchema"
  xmlns:link = "http://www.xbrl.org/2003/linkbase"
  xmlns:xl = "http://www.xbrl.org/2003/XLink"
  xmlns:xlink = "http://www.w3.org/1999/xlink"
  elementFormDefault = "qualified">

  <element name = "label" substitutionGroup = "xl:resource">
    <annotation>
```

```
      <documentation>
          标签资源元素的定义
      </documentation>
    </annotation>
    <complexType mixed="true">
      <complexContent mixed="true">
        <extension base="xl:resourceType">
          <sequence>
            <any namespace="http://www.w3.org/1999/xhtml"
              processContents="skip" minOccurs="0" maxOccurs="unbounded"/>
          </sequence>
          <anyAttribute namespace="http://www.w3.org/XML/1998/namespace"
            processContents="lax" />
        </extension>
      </complexContent>
    </complexType>
  </element>

</schema>
```

示例 1:

标签资源示例

```
<label xlink:type="resource" xlink:role="http://www.xbrl.org/2003/role/label"
    xlink:label="ci_currentAssets_en"
   xml:lang="en">Current Assets</label>
```

```
<label xlink:type="resource" xlink:role="http://www.xbrl.org/2003/role/label"
    xmlns:xhtml="http://www.w3.org/1999/xhtml" xlink:label="ci_netIncome_en"
   xml:lang="en"><xhtml:b>Net Income</xhtml:b> (Loss)</label>
```

表 32　标准标签角色属性值

标签资源 xlink:role 属性值	含　义
无 xlink:role 属性值	概念的标准标签
http://www.xbrl.org/2003/role/label	概念的标准标签
http://www.xbrl.org/2003/role/terseLabel	概念的短标签,当该概念在其他相关概念的上下文中使用时,通常省略能推导出的内容
http://www.xbrl.org/2003/role/verboseLabel	概念的扩展标签,确保该标签在单独使用时不忽略该概念被理解的信息
http://www.xbrl.org/2003/role/positiveLabel http://www.xbrl.org/2003/role/positiveTerseLabel http://www.xbrl.org/2003/role/positiveVerboseLabel http://www.xbrl.org/2003/role/negativeLabel http://www.xbrl.org/2003/role/negativeTerseLabel http://www.xbrl.org/2003/role/negativeVerboseLabel http://www.xbrl.org/2003/role/zeroLabel http://www.xbrl.org/2003/role/zeroTerseLabel http://www.xbrl.org/2003/role/zeroVerboseLabel	当概念要表达的值是正(负或零)时使用的标签。例如,标准标签和标准的正标签可是“税后利润”,而标准的负标签是“税后亏损”,短标签和正的短标签可都是“利润”,而负的短标签可是“亏损”

表 32 标准标签角色属性值(续)

标签资源 xlink:role 属性值	含 义
http://www.xbrl.org/2003/role/totalLabel	当该概念被用于表示一组其他值的集合的总数时使用的标签
http://www.xbrl.org/2003/role/periodStartLabel http://www.xbrl.org/2003/role/periodEndLabel	时间类型="时间点"概念的标签,当它在一段时间值的开始(结束)点上出现时,即被用于表示与概念相关的值
http://www.xbrl.org/2003/role/documentation	概念的文档,它提供了对该概念的含义,适当的用法和其他必要文档的解释
http://www.xbrl.org/2003/role/definitionGuidance	概念的精确定义,提供了对该概念的含义和适当用法的解释
http://www.xbrl.org/2003/role/disclosureGuidance	对与该概念相关的披露需求的解释,指出该披露是否是: 1) 强制性的(例如:在权威文献上描述的); 2) 建议性的(例如:权威文献上提倡的); 3) 普遍实践性的(例如:不是权威文献所描述的,但披露是普遍的); 4) 结构完整的(例如:包含在完备的分类标准结构中)
http://www.xbrl.org/2003/role/presentationGuidance	在一个或多个具体类型的业务报告的其他概念的上下文中对该概念的定向表达(布置或者标签)的规则进行解释(例如:净余额应能在损益表中显示出来)
http://www.xbrl.org/2003/role/measurementGuidance	对在业务报告中与该概念相关的度量值所需要的度量方法的解释
http://www.xbrl.org/2003/role/commentaryGuidance	任何其他的有助于对概念的解释、发布、度量、展示或者使用的通用注释
http://www.xbrl.org/2003/role/exampleGuidance	一个被概念捕获的信息类型的例子

示例 2:

概念和它的某个标签之间的弧

```
〈label
  xlink:type = "resource"
xlink:label = "A"
xlink:role = "http://www.xbrl.org/2003/role/label"
xml:lang = "en"〉Current Assets〈/label〉
〈loc
xlink:type = "locator"
xlink:href = "us_bs_v2.xsd#currentAssets"
xlink:label = "B"/〉
〈labelArc
xlink:type = "arc"
xlink:from = "B"
xlink:to = "A"
xlink:arcrole = "http://www.xbrl.org/2003/arcrole/concept-label"/〉
```

c) labelArc 元素

labelArc(标签弧)元素是一个 XLINK 弧。在 labelLink 元素中,它将概念和标签资源链接起来。

labelArc 元素的 XML 模式约束如下:

```
<schema targetNamespace="http://www.xbrl.org/2003/linkbase"
  xmlns="http://www.w3.org/2001/XMLSchema"
  xmlns:link="http://www.xbrl.org/2003/linkbase"
  xmlns:xl="http://www.xbrl.org/2003/XLink"
  xmlns:xlink="http://www.w3.org/1999/xlink"
  elementFormDefault="qualified">

  <element name="labelArc" type="xl:arcType" substitutionGroup="xl:arc">
    <annotation>
      <documentation>
          在标签扩展链接中对弧的具体使用
      </documentation>
    </annotation>
  </element>

</schema>
```

labelArc 元素不能描述概念间的循环关系,因为它只是把概念与标签资源相关联,而没把概念同其他概念相关联,所以没有对循环标签弧网络的约束进行描述。

当标签弧上的可用性属性是“禁止”时,label 元素可是 XLINK 本地资源或者是 XLINK 的远程资源;当标签弧上的可用性属性不是“禁止”时,参与 labelArc 元素描述关系的标签元素应是 XLINK 本地资源。

9.2.3 **referenceLink 元素**

referenceLink(参考链接)元素是一个扩展链接,其目的是包含概念和相关法律法规(条款)间的引用关系。

referenceLink 元素的 XML 模式约束如下:

```
<schema targetNamespace="http://www.xbrl.org/2003/linkbase"
  xmlns="http://www.w3.org/2001/XMLSchema"
  xmlns:link="http://www.xbrl.org/2003/linkbase"
  xmlns:xl="http://www.xbrl.org/2003/XLink"
  xmlns:xlink="http://www.w3.org/1999/xlink"
  elementFormDefault="qualified">

  <element name="referenceLink" substitutionGroup="xl:extended">
    <annotation>
      <documentation>
          参考扩展链接元素的定义
      </documentation>
    </annotation>
    <complexType>
      <complexContent>
        <restriction base="xl:extendedType">
          <choice minOccurs="0" maxOccurs="unbounded">
            <element ref="xl:title"/>
            <element ref="link:documentation"/>
```

```
        <element ref="link:loc"/>
        <element ref="link:referenceArc"/>
        <element ref="link:reference"/>
      </choice>
      <anyAttribute namespace="http://www.w3.org/XML/1998/namespace"
    processContents="lax" />
    </restriction>
   </complexContent>
  </complexType>
 </element>

</schema>
```

示例 1：

几个参考链接元素的 xlink:role 值的样本

```
http://www.my.org/role/balanceSheet
http://www.my.org/role/incomeStatement
http://www.my.org/role/statementOfComprehensiveIncome
http://www.my.org/role/statementOfStockholdersEquity
http://www.my.org/role/cashFlows
```

分类标准给每个引用链接的扩展链接一个"角色"来划分一个会计相关的分类标准中的扩展链接，基于该会计相关的分类标准来划分与之相关的财务报告

a) 定位器

referenceLink 元素不能包含非 loc 元素的定位器。

b) reference 元素

XBRL 分类标准使用 reference(参考)元素对已公开出版的商业、经济、会计文献中概念定义的权威陈述进行引用。reference 元素只提供必要信息来查找和理解与已定义概念的适当用法相关的引用资料，不包含这些参考资料本身的内容。当需要文本文档来完成对一个 XBRL 内容的定义时，它应包含在标签元素之中。

reference 元素是一个 XLINK 资源，应出现在 referenceLink 元素中。

参考元素的 XML 模式约束如下：

```
<schema targetNamespace="http://www.xbrl.org/2003/linkbase"
 xmlns="http://www.w3.org/2001/XMLSchema"
 xmlns:link="http://www.xbrl.org/2003/linkbase"
 xmlns:xl="http://www.xbrl.org/2003/XLink"
 xmlns:xlink="http://www.w3.org/1999/xlink"
 elementFormDefault="qualified">

 <element name="part" type="anySimpleType" abstract="true">
  <annotation>
   <documentation>
   定义参考部分元素，为了在参考资源中使用
   </documentation>
  </annotation>
 </element>

 <element name="reference" substitutionGroup="xl:resource">
  <annotation>
```

```
      〈documentation〉
         参考资源元素的定义
      〈/documentation〉
    〈/annotation〉
    〈complexType mixed = "true"〉
      〈complexContent mixed = "true"〉
        〈extension base = "xl:resourceType"〉
          〈sequence〉
            〈element ref = "link:part" minOccurs = "0" maxOccurs = "unbounded"/〉
          〈/sequence〉
        〈/extension〉
      〈/complexContent〉
    〈/complexType〉
  〈/element〉

〈/schema〉
```

reference 元素由很多部分组成。由于各个领域对参考文献的划分均不同,因此本文件中定义了一个 part 抽象元素。分类标准可定义元素来替代 part 元素,以包含在 reference 元素中。

示例 2:

概念和支撑参考之间的弧

```
〈linkbase xmlns = "http://www.xbrl.org/2003/linkbase"
          xmlns:ref = "http://www.xbrl.org/2003/ref"
          xmlns:link = "http://www.xbrl.org/2003/linkbase"
          xmlns:xlink = "http://www.w3.org/1999/xlink"
          xmlns:xsi = "http://www.w3.org/2001/XMLSchema-instance"〉
  〈referenceLink xlink:type = "extended"
    xlink:role = "http://www.xbrl.org/2003/role/link"〉
    〈! -- locator for element --〉
    〈loc xlink:type = "locator"
        xlink:href = "samp001.xsd#s_customerName"
        xlink:label = "s_customerName"/〉
    〈! -- arcs --〉
    〈referenceArc
      xlink:type = "arc" xlink:from = "s_customerName" xlink:to = "s_customerName_REF"
      xlink:arcrole = "http://www.xbrl.org/2003/arcrole/concept-reference"/〉
      〈! -- references all with the same xlink:label --〉
    〈reference
      xlink:type = "resource"
      xlink:label = "s_customerName_REF"
      xlink:role = "http://www.xbrl.org/2003/role/definitionRef"〉
      〈ref:name〉Handbook of Business Reporting〈/ref:name〉
      〈ref:pages〉5〈/ref:pages〉
    〈/reference〉
    〈reference
      xlink:type = "resource"
      xlink:label = "s_customerName_REF"
      xlink:role = "http://www.xbrl.org/2003/role/measurementRef"〉
      〈ref:name〉Handbook of Business Reporting〈/ref:name〉
      〈ref:pages〉45-50〈/ref:pages〉
    〈/reference〉
  〈/referenceLink〉
〈/linkbase〉
```

该参考元素包含两个文献引用，它们以不同的 xlink:role 属性来进行区分。弧将概念和两个参考相关联。元素名称和页码被定义为部分替换组成员，在分类标准中通过“ref:”命名空间前缀进行引用，如下所示：

```
<schema targetNamespace="http://www.xbrl.org/2003/ref"
        xmlns:ref="http://www.xbrl.org/2003/ref"
        xmlns:xlink="http://www.w3.org/1999/xlink"
        xmlns:link="http://www.xbrl.org/2003/linkbase"
        xmlns="http://www.w3.org/2001/XMLSchema" elementFormDefault="qualified">
  <import namespace="http://www.xbrl.org/2003/linkbase"
        schemaLocation="xbrl-linkbase.xsd"/>
  <element name="name" type="string" substitutionGroup="link:part"/>
  <element name="number" type="string" substitutionGroup="link:part"/>
  <element name="paragraph" type="string" substitutionGroup="link:part"/>
  <element name="subparagraph" type="string" substitutionGroup="link:part"/>
  <element name="clause" type="string" substitutionGroup="link:part"/>
  <element name="pages" type="string" substitutionGroup="link:part"/>
</schema>
```

示例 3：

参考资源

```
<reference
  xlink:type="resource" xlink:label="ci_propertyPlantAndEquipmentNet_APB">
  <ci:name>ABP</ci:name>
  <ci:page>42</ci:page>
</reference>
```

reference 元素可包含 xlink:role 属性，用于区分 reference 元素的类型。表 33 说明了标准 xlink:role 属性的值以及参考资源的含义，与标签资源的标准 xlink:role 属性值类似。

表 33 参考角色属性值

参考资源 xlink:role 属性值	含　义
无 xlink:role 属性值	概念的标准引用
http://www.xbrl.org/2003/role/reference	概念的标准引用
http://www.xbrl.org/2003/role/definitionRef	对概念精确定义的文档的引用
http://www.xbrl.org/2003/role/disclosureRef http://www.xbrl.org/2003/role/mandatoryDisclosureRef http://www.xbrl.org/2003/role/recommendedDisclosureRef	对与概念相关的发布需求解释文档的引用。指定种类包括：强制性，建议性
http://www.xbrl.org/2003/role/unspecifiedDisclosureRef	对与概念相关的发布需求解释细节文档的引用。非指定种类包括，但不局限于：一般实践，结构完整性。后者没有引用文档，但是隐含在链接角色中来暗示为什么该概念被包含在分类标准中
http://www.xbrl.org/2003/role/presentationRef	对文档的引用，此文档详细解释了在一个或多个具体类型的财务报告的其他概念的上下文中的该概念的展示、位置和标签

表 33　参考角色属性值（续）

参考资源 xlink:role 属性值	含　义
http://www.xbrl.org/2003/role/measurementRef	在财务报告中对与该概念相关的度量值所用方法的引用
http://www.xbrl.org/2003/role/commentaryRef	其他的对该概念的一般解释，这些解释有助于对其恰当的使用
http://www.xbrl.org/2003/role/exampleRef	对该概念应用实例的阐述文档的引用，这有助于其恰当的应用

c) referenceArc 元素

referenceArc(参考弧)元素是一个 XLINK 弧。在 referenceLink 元素中，referenceArc 元素链接概念和参考资源。

referenceArc 元素的 XML 模式约束如下：

```
<schema targetNamespace = "http://www.xbrl.org/2003/linkbase"
  xmlns = "http://www.w3.org/2001/XMLSchema"
  xmlns:link = "http://www.xbrl.org/2003/linkbase"
  xmlns:xl = "http://www.xbrl.org/2003/XLink"
  xmlns:xlink = "http://www.w3.org/1999/xlink"
  elementFormDefault = "qualified">

  <element name = "referenceArc" type = "xl:arcType"
substitutionGroup = "xl:arc">
    <annotation>
      <documentation>
          在参考列报链接中弧的具体使用
      </documentation>
    </annotation>
  </element>

</schema>
```

referenceArc 值是从一个概念 loc 元素到参考资源的引用弧，指向描述概念含义的相关资料。

referenceArc 元素不能描述概念间的循环关系，因为它只是表达概念和引用资源间的关系，而不是概念和其他概念间的关系。所以没有对循环参考弧网络的约束进行描述。

当 referenceArc 上的可用性属性是“禁止”时，引用元素可是 XLINK 本地资源或者是 XLINK 的远程资源；当 referenceArc 上的可用性属性不是“禁止”时，参与 referenceArc 元素描述关系的引用元素应是 XLINK 本地资源。

9.2.4 presentationLink 元素

presentationLink(列报链接)元素是一个扩展链接，描述分类标准中概念间的列示关系。presentationLink 元素不能包含 XLINK 资源。

presentationLink 元素的 XML 模式约束如下：

```
<schema targetNamespace = "http://www.xbrl.org/2003/linkbase"
  xmlns = "http://www.w3.org/2001/XMLSchema"
  xmlns:link = "http://www.xbrl.org/2003/linkbase"
  xmlns:xl = "http://www.xbrl.org/2003/XLink"
  xmlns:xlink = "http://www.w3.org/1999/xlink"
  elementFormDefault = "qualified">

  <element name = "presentationLink" substitutionGroup = "xl:extended">
    <annotation>
      <documentation>
      列报扩展链接元素的定义
      </documentation>
    </annotation>
    <complexType>
      <complexContent>
        <restriction base = "xl:extendedType">
          <choice minOccurs = "0" maxOccurs = "unbounded">
            <element ref = "xl:title"/>
            <element ref = "link:documentation"/>
            <element ref = "link:loc"/>
            <element ref = "link:presentationArc"/>
          </choice>
          <anyAttribute namespace = "http://www.w3.org/XML/1998/namespace"
processContents = "lax" />
        </restriction>
      </complexContent>
    </complexType>
  </element>

</schema>
```

a) 定位器

presentationLink 元素中不能包含非 loc 元素的定位器。当 loc 元素用于一个列报链接时，其只能指向分类标准模式中的概念。

b) presentationArc 元素

presentationArc(展示弧)元素是一个 XLINK 弧。presentationArc 元素定义了一个概念在展示时如何与其他概念相关联。

presentationArc 元素语法的 XML 模式约束如下：

```
<schema targetNamespace = "http://www.xbrl.org/2003/linkbase"
  xmlns = "http://www.w3.org/2001/XMLSchema"
  xmlns:link = "http://www.xbrl.org/2003/linkbase"
  xmlns:xl = "http://www.xbrl.org/2003/XLink"
  xmlns:xlink = "http://www.w3.org/1999/xlink"
  elementFormDefault = "qualified">

  <element name = "presentationArc" substitutionGroup = "xl:arc">
    <complexType>
      <annotation>
        <documentation>
  为展示弧而对列报链接弧类型的扩充。增加一个 preferredLabel 属性来记录首选标签的角色属性值(当它们在
标签扩展链接中出现时)
```

```
        </documentation>
      </annotation>
      <complexContent>
        <extension base = "xl:arcType">
          <attribute name = "preferredLabel" use = "optional">
            <simpleType>
              <restriction base = "anyURI">
                <minLength value = "1"/>
              </restriction>
            </simpleType>
          </attribute>
        </extension>
      </complexContent>
    </complexType>
  </element>
</schema>
```

示例 1：

展示弧

```
<presentationArc
  xlink:type = "arc"
  xlink:from = "ci_currentAssets"
  xlink:to = "ci_prepaidExpenses"
  xlink:arcrole = "http://www.xbrl.org/2003/arcrole/parent-child"
  order = "4"/>
```

Current assets(流动资产)应展示为 prepaidExpenses(预收费用)的父元素。预收费用应出现在任何次序小于 4 的流动资产的子元素的后面，出现在任何次序大于 4 的流动资产的子元素的前面

分类标准可定义抽象元素并创建展示关系到这些元素或者创建源于它们的展示关系，允许分类标准展示应用程序来表达概念组，即使这些概念在其他任何方式上均无关联。抽象元素应出现在抽象的 XBRL 数据项的替换组中。

示例 2：

抽象概念定义

```
<element name = "balanceSheet" id = "ci_balanceSheet"
    type = "xbrli:stringItemType"
    substitutionGroup = "xbrli:item" abstract = "true"
    xbrli:periodType = "instant"/>
```

存在于分类标准中的 balanceSheet (资产负债表)元素仅用来组织其他元素；它不能出现在一个 XBRL 实例中。它有任意类型的属性，这些任意的属性不增加任何语义信息

preferredLabel 属性是一个 URI，它可被用在一个"父－子"弧中来指出当展示一个弧的子元素时应采用的最恰当的标签类型。如果使用 preferredLabel 属性，其值应与标签资源(在标签链接的扩展链接中)的 xlink:role 属性值相等，该标签资源是源于展示弧元素的子概念的"概念－标签"弧的目标。

XBRL 处理器可使用 preferredLabel 属性值来在与某个概念相关的不同标签间进行选择，特别是当一个给定的概念在 DTS 中被用于多种不同的方式时。

包含首选标签的标签扩展链接的 xlink:role 属性值与包含展示弧元素的展示扩展链接的 xlink:role 属性值不必相等。

9.2.5 calculationLink 元素

calculationLink(计算链接)元素是一个扩展链接，描述分类标准中概念间的计算关系。计算链接元素不能包含 XLINK 资源。

calculationLink 元素的 XML 模式约束如下：

```
<schema targetNamespace = "http://www.xbrl.org/2003/linkbase"
  xmlns = "http://www.w3.org/2001/XMLSchema"
  xmlns:link = "http://www.xbrl.org/2003/linkbase"
  xmlns:xl = "http://www.xbrl.org/2003/XLink"
  xmlns:xlink = "http://www.w3.org/1999/xlink"
  elementFormDefault = "qualified">

  <element name = "calculationLink" substitutionGroup = "xl:extended">
    <annotation>
      <documentation>
     计算扩展链接元素的定义
      </documentation>
    </annotation>
    <complexType>
      <complexContent>
        <restriction base = "xl:extendedType">
          <choice minOccurs = "0" maxOccurs = "unbounded">
            <element ref = "xl:title"/>
            <element ref = "link:documentation"/>
            <element ref = "link:loc"/>
            <element ref = "link:calculationArc"/>
          </choice>
          <anyAttribute namespace = "http://www.w3.org/XML/1998/namespace"
processContents = "lax" />
        </restriction>
      </complexContent>
    </complexType>
  </element>

</schema>
```

a) 定位器

calculationLink 元素不能包含非 loc 元素的定位器，该定位器应且仅能指向分类标准模式中的概念。

b) calculationArc(计算弧)元素

calculationArc 是一个 XLINK 弧表达概念间的计算关系。

calculationArc 元素语法的 XML 模式约束如下：

```
<schema targetNamespace = "http://www.xbrl.org/2003/linkbase"
  xmlns = "http://www.w3.org/2001/XMLSchema"
  xmlns:link = "http://www.xbrl.org/2003/linkbase"
  xmlns:xl = "http://www.xbrl.org/2003/XLink"
  xmlns:xlink = "http://www.w3.org/1999/xlink"
  elementFormDefault = "qualified">

  <element name = "calculationArc" substitutionGroup = "xl:arc">
```

```
  <complexType>
    <annotation>
      <documentation>
    为计算弧而对扩展链接弧类型的扩充。
    增加一个 weight(权值)属性来追踪权值以便求和。
      </documentation>
    </annotation>
    <complexContent>
      <extension base="xl:arcType">
        <attribute name="weight" type="decimal" use="required"/>
      </extension>
    </complexContent>
  </complexType>
 </element>

</schema>
```

计算仅仅是检查在实例中已经明确提供的信息,不考虑通过本名-别名关系推断出的不同项的和值。如果几个数据项(它们都对应于一个概念)不是重复的,则可被绑定到一个和项上。这与通过元组计算处理的上下文相关,并且这意味着重复检测的方法对 XBRL 实例中的双重计算问题并不是一个充分的测试。

绑定计算的和被定义为,在绑定中的贡献数值型数据项经过四舍五入之后的和,每个数值型数据项都乘以与该数据项相关的计算弧的权值属性值。该乘法在任何必要的舍入之后进行。数值型数据项的舍入值由该数据项的值根据它的精度或者推理精度舍入后得到。如果合计项的舍入值与该合计项的总数的舍入精度或者推理精度相同,则将该绑定计算定义为一致的。

如果 XBRL 实例中所有的绑定计算都是一致的,则该 XBRL 实例与它所支撑 DTS 中的计算链接库的语义一致。

示例 1:

涉及小数和精度的计算

假设数值型数据项(numeirc item)a 是数值型数据项 b 与数值型数据项 c(权值为 1.0)的和,并在该实例中存在着一个 id 为"c1"的上下文和一个 id 为"u1"的单位,因此该总和被绑定。为了进行计算,首先将 984.8 舍入成精度为 3 的 985,然后将 582.334973 舍入为推理精度为 4 的 582.3,因而,合计为 1567.3。合计舍入精度为 2 时(和数据项 a 的精度)1600 与总和项相等,因而该计算具有一致性

`<a contextRef="c1" unitRef="u1" precision="2">1559</a>`
`<b contextRef="c1" unitRef="u1" precision="3">984.8</b>`
`<c contextRef="c1" unitRef="u1" decimals="1">582.334973</c>`

该计算不具有一致性,因为合计的精度是 2,仍然是 1 600,但是总和项到精度为 2 时的值却为 1 500

`<a contextRef="c1" unitRef="u1" precision="2">1527</a>`
`<b contextRef="c1" unitRef="u1" precision="3">984.8</b>`
`<c contextRef="c1" unitRef="u1" decimals="1">582.334973</c>`

示例 2:

计算弧的语法

```
<calculationArc
    xlink:type="arc"
    xlink:arcrole="http://www.xbrl.org/2003/arcrole/summation-item"
```

```
xlink:from = "currentAssets"
xlink:to = "prepaidExpenses"
weight = "1.0"
order = "1"/>
```

一个 DTS 可包含一个不同视角的单个元素或者有几个不同的维度。在下面的例子中，现金概念可按照分支机构的位置，账户类型和可用性划分。

示例 3：

现金，现金等价物通过分支机构位置和账户类型进行计算

现金
- 由分支结构位置划分的现金
  - 国内分支机构的现金
  - 国外分支机构的现金
- 由账户类型划分的现金
  - 带息账户现金
  - 无息账户现金
- 通过认可方式划分的现金
  - 库存现金
  - 结欠余额现金

表 34 数据项含义表

数据项	含义
weight 属性	weight 属性应出现在计算弧元素上，其属性应是一个非零小数值
计算范围	在 XBRL 实例中的计算要考虑元组的结构。"from"项应是计算关系绑定的"from"和"to"项的最小共同祖先的一个子项。这种范围致使重复元组内的数据项不能同时参与计算

示例 4：

具有嵌套元组的 XBRL 实例片段

在该计算链接中有三个计算弧：

从(合计项)净额到(项)总额，权值＝1.0

从(合计项)净额到(项)利润，权值＝－1.0

从(合计项)总额合计到(项)总额，权值＝1.0

下面是一个 XBRL 实例片段。注意所有数值型数据项(numeric item)共享一个单独的上下文 c1

```
<analysis>
    <customer>
      <name contextRef = "c1">SINA</name>
      <gross precision = "4" unitRef = "u1" contextRef = "c1">3000</gross>
      <returns precision = "3" unitRef = "u1" contextRef = "c1">100</returns>
      <net precision = "4" unitRef = "u1" contextRef = "c1">2900</net>
    </customer>
    <customer>
      <name contextRef = "c1">Bree</name>
```

```
    <gross precision = "4" unitRef = "u1" contextRef = "c1">2000</gross>
    <returns precision = "3" unitRef = "u1" contextRef = "c1">200</returns>
    <net precision = "4" unitRef = "u1" contextRef = "c1">1800</net>
  </customer>
  <totalGross precision = "4" unitRef = "u1" contextRef = "c1">5000</totalGross>
  </analysis>
```

计算数据项“to”的路径	计算数据项“from”的路径	匹配	理由
analysis/customer[1]/gross	analysis/customer[1]/net	是	它们是兄弟
analysis/customer[2]/gross	analysis/customer[2]/net	是	它们是兄弟
analysis/customer[1]/returns	analysis/customer[1]/net	是	它们是兄弟
analysis/customer[2]/gross	analysis/customer[2]/net	是	它们是兄弟
analysis/customer[1]/gross	analysis/customer[2]/net	否	“to”侧的和不是项的兄弟或者叔叔
analysis/customer[2]/gross	analysis/customer[1]/net	否	“to”侧的和不是项的兄弟或者叔叔
analysis/customer[1]/gross	analysis/totalGross	是	在祖先 analysis 下 totalGross 是项的叔叔
analysis/customer[2]/gross	analysis/totalGross	是	在祖先 analysis 下 totalGross 是项的叔叔

9.2.6 definitionLink 元素

9.2.6.1 概述

definitionLink(定义链接)元素是一个扩展链接,包含分类标准中概念间多种复杂的关系。definitionLink 元素不能包含 XLINK 资源。

definitionLink 元素的 XML 模式约束如下:

```
<schema targetNamespace = "http://www.xbrl.org/2003/linkbase"
  xmlns = "http://www.w3.org/2001/XMLSchema"
  xmlns:link = "http://www.xbrl.org/2003/linkbase"
  xmlns:xl = "http://www.xbrl.org/2003/XLink"
  xmlns:xlink = "http://www.w3.org/1999/xlink"
  elementFormDefault = "qualified">

  <element name = "definitionLink" substitutionGroup = "xl:extended">
    <annotation>
      <documentation>
      定义扩展链接元素的定义
      </documentation>
    </annotation>
    <complexType>
      <complexContent>
        <restriction base = "xl:extendedType">
          <choice minOccurs = "0" maxOccurs = "unbounded">
            <element ref = "xl:title"/>
            <element ref = "link:documentation"/>
```

```
            <element ref = "link:loc"/>
            <element ref = "link:definitionArc"/>
          </choice>
          <anyAttribute namespace = "http://www.w3.org/XML/1998/namespace"
        processContents = "lax" />
        </restriction>
      </complexContent>
    </complexType>
  </element>

</schema>
```

9.2.6.2 **定位器**

definitionLink 元素不能包含非 loc 元素的定位器，且只能指向分类标准模式中的概念。

9.2.6.3 **definitionArc**

9.2.6.3.1 **概述**

definitionArc(定义弧)元素是一个 XLINK 弧，定义了概念间的多种关系。

定义弧元素语法的 XML 模式约束如下：

```
<schema targetNamespace = "http://www.xbrl.org/2003/linkbase"
  xmlns = "http://www.w3.org/2001/XMLSchema"
  xmlns:link = "http://www.xbrl.org/2003/linkbase"
  xmlns:xl = "http://www.xbrl.org/2003/XLink"
  xmlns:xlink = "http://www.w3.org/1999/xlink"
  elementFormDefault = "qualified">

  <element name = "definitionArc" type = "xl:arcType" substitutionGroup = "xl:arc">
    <annotation>
      <documentation>.
      在定义扩展链接中弧的具体使用
      </documentation>
    </annotation>
  </element>

</schema>
```

定义弧元素定义了“通用—特殊”(general-special)弧、“本名—别名”(essence-alias)弧、“相似元组”(similar-tuples)弧、“必需元素”(requires-element)弧等四个标准弧角色值。

9.2.6.3.2 **通用—特殊弧**

“通用—特殊”(general-special)弧角色值定义的弧元素应表示仅仅存在于数据项替换组中的概念间的关系。

“通用—特殊”弧链接一个通用的概念定位器和一个特殊化的概念定位器。在 XBRL 实例中，通用数据项是通用概念的体现，特殊化数据项是特殊化概念的体现。特殊化数据项的有效值即为它的通用数据项的有效值(如果两者是上下文等价并且单位等价的)。但是，通用数据项的有效值不一定是它的特殊化数据项的有效值，即使它们是上下文等价并且单位等价的。

在“通用—特殊”弧的网络中只允许存在无向环。具有完全一致性的 XBRL 处理器应能检测和报告“通用—特殊”弧网络中的有向环。

示例：“通用—特殊”弧

```
<definitionArc
    xlink:type = "arc"
    xlink:from = "postalCode"
    xlink:to = "zipCode"
    xlink:arcrole = "http://www.xbrl.org/2003/arcrole/general-special"
    order = "1"/>
```

postalCode(地区编码）是 zipCode(邮政编码）的通用形式。次序属性指出当该链接展现给用户时，它出现在次序小于 1 的链接之后，次序大于 1 的链接之前。

9.2.6.3.3 “本名—别名”弧

“本名—别名”(essence-alias)弧角色值定义的弧元素应表达仅存在于数据项替换组中的概念之间的关系。

该弧角色值用于一个从本名概念定位器到别名概念定位器的定义弧。

在“本名—别名”弧的网络中只允许出现无向环。具有完全一致性的 XBRL 处理器应能检测在“本名—别名”弧网络中存在的任何有向环。

通常的情况是，在一个单独的分类标准或一个分类标准集中，特定的概念会不止一次地被定义。在这种情况下，分类标准的制定者对一个概念有一个单独的“规范的最好元素”或“本名”并将它用“本名—别名”定义弧与其他“别名”概念相关联，并指定给 XBRL 验证器和其他 XBRL 实例应用程序，该数据项应与下面的定义一致。

“本名—别名”弧表示两个概念间的关系，从本名（基本的，主要的）概念到其他别名（选择性名称）概念。

在一个 XBRL 实例里的结构等价的上下文中，对于具有相同本名概念的“本名—别名”弧的任何集合，术语“别名概念集合”意味着与该弧集合相关的别名概念集合，术语“别名项集合”则意味着相关数据项的集合。下面的情形可用于定义弧——其在具有这种弧角色的任何扩展分类标准中没有被禁止，也可用于定义这种弧的别名概念和本名概念，以及它们相应的别名项和本名项。

a) 别名概念可是任意个其他别名概念的本名概念。

b) 弧的别名概念和本名概念应有相同的数据项类型并且 periodType 属性应有相同的值。同样，如果一个弧的别名概念和本名概念都出现了 balance 属性，则两个概念应有相同的值。如果这两个概念中有一个没有 balance 属性，则就没有类似的要求。

c) 如果在 XBRL 实例中的结构等价的上下文中别名数据项和本名数据项是上下文等价且是父元素等价的，但非值等价或非单位等价，那么这两个数据项在支撑该实例的 DTS 中语义冲突。只有在这两个数据项都不是空值时才需要进行判断，也只有完全遵照 XBRL 规范的处理器才要求应检测出这种冲突。

d) 对任何一个非数值的本名概念 E，E 在 XBRL 实例上下文 C 中没有相关的其父元素是 P 的本名数据项 EI，一个 XBRL 处理器可推导出存在一个数据项 EI，该 EI 有一个与非空别名项集 S 的所有成员值（非空值）是值等价的，与集合 S 相应的本名别名弧是以 E 作为本名概念、P 为双亲。如果 S 集合的所有成员（非空值的）不是值等价的，那么该 XBRL 实例与在 DTS 中所表达的定义链接语义是不一致的，具有完全一致性的处理器应能检测并通告这种不一致性。如果一个应用软件程序采用了该规则，并且 S 的任意成员 M 没有提供一个值，或者有一个空值，但是本名数据项存在于“本名—别名”弧的某些集合中，该规则应被递归地应用于在推导 E 值之前推导 M 的值。

示例 1：

对由本名—别名弧链接的概念的非数值型数据项值的推理

在 XBRL 实例中，存在一个上下文 c1。概念 D 和 E 是由一个"本名－别名"定义弧链接的字符串数据项类型，E 是本名概念，D 是别名概念。在上下文 c1 下，E 的值为"Bert"，D 的值为"Ernie"。这些值与已经表达的定义弧语义不一致

e) 对任何数值本名概念 E，E 在 XBRL 实例上下文 C 中没有其父元素为 P 的相关本名数据项 EI，一个 XBRL 处理器可推断出存在一个数据项 EI，EI 有一个与非空别名项集 S 的所有成员值（非空值）值等价并取可取的最大精度和小数值，与集合 S 相应的本名别名弧是以 E 作为本名概念、P 为双亲。如果所有 S 的所有成员（非空）不是值等价的，那么该 XBRL 实例与它在 DTS 中所表达的定义链接语义是不一致的，那么具有完全一致性的 XBRL 处理器应能够检测这种不一致性。如果一个应用软件程序采用这条规则，并且集合 S 的任意成员 M 没有提供一个值，或者有一个空值，但是本名数据项存在于"本名－别名"弧的某些集合中，那么该规则应被递归地应用在推理 E 的值之前推理 M 值。

XBRL 处理器不需要从本名数据项的值去推断别名数据项的值，而且在本部分中也没有定义这样的规则。

示例 2：

对由"本名—别名"弧链接的数值型数据项概念的值的推断

案例 1 概念 A，B，C 由本名—别名弧链接，A 是本名，B，C 是别名。在 XBRL 实例中，B 有一个精度为 2 的值 110，C 有一个精度为 2 的值 99。A，B，C 是上下文等价的。 B，C 的值在它们指定的精度 2 上是不一致的。所以，对 A 不能进行推断。 案例 2 概念 A，B，C 由本名—别名弧链接，A 是本名，B，C 是别名。在 XBRL 实例中，B 有一个精度为 1 的值 110，C 有一个精度为 1 的值 99。A，B，C 是上下文等价的。 四舍五入 B 的精度到 1 的结果是 100。 四舍五入 C 的精度到 1 的结果是 100。 这两个值是相等的，可推断 A 在精度是 1 时，值为 100。

9.2.6.3.4 "相似元组"弧

"相似元组"(similar-tuples)弧角色值定义的弧元素只能表达存在于元组替换组中概念间的关系。"相似元组"弧表达了具有等价定义的元组概念间的关系，即使它们有不同的 XML 内容模型。"相似元组"弧的语义关系是对称的。弧源于哪个元组与弧到哪个元组去是没有关系的。

9.2.6.3.5 "必需元素"弧

"必需元素"(requires-element)弧角色值定义的弧元素只能表达概念（根据定义，这些概念是在元组或数据项替换组中的）间的关系。

如果在一个 XBRL 实例中出现了弧的来源的概念实例，那么在该 XBRL 实例中也应出现弧的目标概念实例。当测试该需求时，对这些概念实例的上下文等价和单位等价没有要求。同样，该需求也没有在元组概念实例的相对位置上加以要求。具有完全一致性的 XBRL 处理器应检测和通告违反了该关系的实例。

在"必需元素"弧的网络中，允许环的存在。

附 录 A
（规范性附录）
模 式 文 件

A.1 xbrl-instance-2003-12-31.xsd

```
<?xml version="1.0" ?>
<!-- (c) XBRL International.  See www.xbrl.org/legal -->
<schema targetNamespace="http://www.xbrl.org/2003/instance"
  xmlns="http://www.w3.org/2001/XMLSchema"
  xmlns:xbrli="http://www.xbrl.org/2003/instance"
  xmlns:link="http://www.xbrl.org/2003/linkbase"
  elementFormDefault="qualified">

  <annotation>
    <documentation>
    Taxonomy schema for XBRL. This schema defines syntax relating to
    XBRL instances.
    </documentation>
  </annotation>

  <import namespace="http://www.xbrl.org/2003/linkbase"
    schemaLocation="xbrl-linkbase-2003-12-31.xsd" />

  <annotation>
    <documentation>
    Define the attributes to be used on XBRL concept definitions
    </documentation>
  </annotation>

  <attribute name="periodType">
    <annotation>
      <documentation>
      The periodType attribute (restricting the period for XBRL items)
      </documentation>
    </annotation>
    <simpleType>
      <restriction base="token">
        <enumeration value="instant" />
        <enumeration value="duration" />
      </restriction>
    </simpleType>
  </attribute>

  <attribute name="balance">
    <annotation>
      <documentation>
      The balance attribute (imposes calculation relationship restrictions)
      </documentation>
    </annotation>
    <simpleType>
```

```
      <restriction base="token">
        <enumeration value="debit" />
        <enumeration value="credit" />
      </restriction>
    </simpleType>
  </attribute>

  <annotation>
    <documentation>
    Define the simple types used as a base for for item types
    </documentation>
  </annotation>

  <simpleType name="monetary">
    <annotation>
      <documentation>
      the monetary type serves as the datatype for those financial
      concepts in a taxonomy which denote units in a currency.
      Instance items with this type must have a unit of measure
      from the ISO 4217 namespace of currencies.
      </documentation>
    </annotation>
    <restriction base="decimal" />
  </simpleType>

  <simpleType name="shares">
    <annotation>
      <documentation>
      This datatype serves as the datatype for share based
      financial concepts.
      </documentation>
    </annotation>
    <restriction base="decimal" />
  </simpleType>

  <simpleType name="pure">
    <annotation>
      <documentation>
      This datatype serves as the type for dimensionless numbers
      such as percentage change, growth rates, and other ratios
      where the numerator and denominator have the same units.
      </documentation>
    </annotation>
    <restriction base="decimal" />
  </simpleType>

  <simpleType name="nonZeroDecimal">
    <annotation>
      <documentation>
      As the name implies this is a decimal value that can not take
      the value 0-it is used as the type for the denominator of a
      fractionItemType.
      </documentation>
    </annotation>
    <union>
      <simpleType>
```

```
      <restriction base="decimal">
        <minExclusive value="0" />
      </restriction>
    </simpleType>
    <simpleType>
      <restriction base="decimal">
        <maxExclusive value="0" />
      </restriction>
    </simpleType>
  </union>
</simpleType>

<simpleType name="precisionType">
  <annotation>
    <documentation>
    This type is used to specify the value of the
    precision attribute on numeric items.  It consists
    of the union of nonNegativeInteger and "INF" (used
    to signify infinite precision or "exact value").
    </documentation>
  </annotation>
  <union memberTypes="nonNegativeInteger">
    <simpleType>
      <restriction base="string">
        <enumeration value="INF" />
      </restriction>
    </simpleType>
  </union>
</simpleType>

<simpleType name="decimalsType">
  <annotation>
    <documentation>
    This type is used to specify the value of the decimals attribute
    on numeric items.  It consists of the union of integer and "INF"
    (used to signify that a number is expressed to an infinite number
    of decimal places or "exact value").
    </documentation>
  </annotation>
  <union memberTypes="integer ">
    <simpleType>
      <restriction base="string">
        <enumeration value="INF" />
      </restriction>
    </simpleType>
  </union>
</simpleType>

<attributeGroup name="numericItemAttrs">
  <annotation>
    <documentation>
    Group of attributes for numeric items
    </documentation>
  </annotation>
  <attribute name="contextRef" type="IDREF" use="required" />
  <attribute name="unitRef" type="IDREF" use="required" />
```

```
    <attribute name="precision" type="xbrli:precisionType" use="optional" />
    <attribute name="decimals" type="xbrli:decimalsType" use="optional" />
    <attribute name="id" type="ID" use="optional" />
  </attributeGroup>

  <attributeGroup name="nonNumericItemAttrs">
    <annotation>
      <documentation>
      Group of attributes for non-numeric items
      </documentation>
    </annotation>
    <attribute name="contextRef" type="IDREF" use="required" />
    <attribute name="id" type="ID" use="optional" />
  </attributeGroup>

  <annotation>
    <documentation>
    General numeric item types-for use on concept element definitions
    The following 3 numeric types are all based on the built-in
    data types of XML Schema.
    </documentation>
  </annotation>

  <complexType name="decimalItemType" final="extension">
    <simpleContent>
      <extension base="decimal">
        <attributeGroup ref="xbrli:numericItemAttrs" />
        <anyAttribute namespace="##other" processContents="lax" />
      </extension>
    </simpleContent>
  </complexType>

  <complexType name="floatItemType" final="extension">
    <simpleContent>
      <extension base="float">
        <attributeGroup ref="xbrli:numericItemAttrs" />
        <anyAttribute namespace="##other" processContents="lax" />
      </extension>
    </simpleContent>
  </complexType>

  <complexType name="doubleItemType" final="extension">
    <simpleContent>
      <extension base="double">
        <attributeGroup ref="xbrli:numericItemAttrs" />
        <anyAttribute namespace="##other" processContents="lax" />
      </extension>
    </simpleContent>
  </complexType>

  <annotation>
    <documentation>
    XBRL domain numeric item types-for use on concept element definitions
    The following 4 numeric types are all types that have been identified as
    having particular relevance to the domain space addressed by XBRL and are
    hence included in addition to the built-in types from XML Schema.
```

```
    </documentation>
  </annotation>

  <complexType name = "monetaryItemType" final = "extension">
    <simpleContent>
      <extension base = "xbrli:monetary">
        <attributeGroup ref = "xbrli:numericItemAttrs" />
        <anyAttribute namespace = "##other" processContents = "lax" />
      </extension>
    </simpleContent>
  </complexType>

  <complexType name = "sharesItemType" final = "extension">
    <simpleContent>
      <extension base = "xbrli:shares">
        <attributeGroup ref = "xbrli:numericItemAttrs" />
        <anyAttribute namespace = "##other" processContents = "lax" />
      </extension>
    </simpleContent>
  </complexType>

  <complexType name = "pureItemType" final = "extension">
    <simpleContent>
      <extension base = "xbrli:pure">
        <attributeGroup ref = "xbrli:numericItemAttrs" />
        <anyAttribute namespace = "##other" processContents = "lax" />
      </extension>
    </simpleContent>
  </complexType>

  <complexType name = "fractionItemType" final = "extension">
    <sequence>
      <element name = "numerator" type = "decimal" />
      <element name = "denominator" type = "xbrli:nonZeroDecimal" />
    </sequence>
    <attribute name = "contextRef" type = "IDREF" use = "required" />
    <attribute name = "unitRef" type = "IDREF" use = "required" />
    <attribute name = "id" type = "ID" use = "optional" />
    <anyAttribute namespace = "##other" processContents = "lax" />
  </complexType>

  <annotation>
    <documentation>
    The following 13 numeric types are all based on the XML Schema
    built-in types that are derived by restriction from decimal.
    </documentation>
  </annotation>

  <complexType name = "integerItemType" final = "extension">
    <simpleContent>
      <extension base = "integer">
        <attributeGroup ref = "xbrli:numericItemAttrs" />
        <anyAttribute namespace = "##other" processContents = "lax" />
      </extension>
    </simpleContent>
  </complexType>
```

```
<complexType name="nonPositiveIntegerItemType" final="extension">
  <simpleContent>
    <extension base="nonPositiveInteger">
      <attributeGroup ref="xbrli:numericItemAttrs" />
      <anyAttribute namespace="##other" processContents="lax" />
    </extension>
  </simpleContent>
</complexType>

<complexType name="negativeIntegerItemType" final="extension">
  <simpleContent>
    <extension base="negativeInteger">
      <attributeGroup ref="xbrli:numericItemAttrs" />
      <anyAttribute namespace="##other" processContents="lax" />
    </extension>
  </simpleContent>
</complexType>

<complexType name="longItemType" final="extension">
  <simpleContent>
    <extension base="long">
      <attributeGroup ref="xbrli:numericItemAttrs" />
      <anyAttribute namespace="##other" processContents="lax" />
    </extension>
  </simpleContent>
</complexType>

<complexType name="intItemType" final="extension">
  <simpleContent>
    <extension base="int">
      <attributeGroup ref="xbrli:numericItemAttrs" />
      <anyAttribute namespace="##other" processContents="lax" />
    </extension>
  </simpleContent>
</complexType>

<complexType name="shortItemType" final="extension">
  <simpleContent>
    <extension base="short">
      <attributeGroup ref="xbrli:numericItemAttrs" />
      <anyAttribute namespace="##other" processContents="lax" />
    </extension>
  </simpleContent>
</complexType>

<complexType name="byteItemType" final="extension">
  <simpleContent>
    <extension base="byte">
      <attributeGroup ref="xbrli:numericItemAttrs" />
      <anyAttribute namespace="##other" processContents="lax" />
    </extension>
  </simpleContent>
</complexType>

<complexType name="nonNegativeIntegerItemType" final="extension">
```

```
    <simpleContent>
      <extension base = "nonNegativeInteger">
        <attributeGroup ref = "xbrli:numericItemAttrs" />
        <anyAttribute namespace = "##other" processContents = "lax" />
      </extension>
    </simpleContent>
  </complexType>

  <complexType name = "unsignedLongItemType" final = "extension">
    <simpleContent>
      <extension base = "unsignedLong">
        <attributeGroup ref = "xbrli:numericItemAttrs" />
        <anyAttribute namespace = "##other" processContents = "lax" />
      </extension>
    </simpleContent>
  </complexType>

  <complexType name = "unsignedIntItemType" final = "extension">
    <simpleContent>
      <extension base = "unsignedInt">
        <attributeGroup ref = "xbrli:numericItemAttrs" />
        <anyAttribute namespace = "##other" processContents = "lax" />
      </extension>
    </simpleContent>
  </complexType>

  <complexType name = "unsignedShortItemType" final = "extension">
    <simpleContent>
      <extension base = "unsignedShort">
        <attributeGroup ref = "xbrli:numericItemAttrs" />
        <anyAttribute namespace = "##other" processContents = "lax" />
      </extension>
    </simpleContent>
  </complexType>

  <complexType name = "unsignedByteItemType" final = "extension">
    <simpleContent>
      <extension base = "unsignedByte">
        <attributeGroup ref = "xbrli:numericItemAttrs" />
        <anyAttribute namespace = "##other" processContents = "lax" />
      </extension>
    </simpleContent>
  </complexType>

  <complexType name = "positiveIntegerItemType" final = "extension">
    <simpleContent>
      <extension base = "positiveInteger">
        <attributeGroup ref = "xbrli:numericItemAttrs" />
      </extension>
    </simpleContent>
  </complexType>

  <annotation>
    <documentation>
    The following 17 non-numeric types are all based on the primitive built-in
    data types of XML Schema.
```

```
    </documentation>
  </annotation>

  <complexType name="stringItemType" final="extension">
    <simpleContent>
      <extension base="string">
        <attributeGroup ref="xbrli:nonNumericItemAttrs" />
        <anyAttribute namespace="##other" processContents="lax" />
      </extension>
    </simpleContent>
  </complexType>

  <complexType name="booleanItemType" final="extension">
    <simpleContent>
      <extension base="boolean">
        <attributeGroup ref="xbrli:nonNumericItemAttrs" />
        <anyAttribute namespace="##other" processContents="lax" />
      </extension>
    </simpleContent>
  </complexType>

  <complexType name="hexBinaryItemType" final="extension">
    <simpleContent>
      <extension base="hexBinary">
        <attributeGroup ref="xbrli:nonNumericItemAttrs" />
        <anyAttribute namespace="##other" processContents="lax" />
      </extension>
    </simpleContent>
  </complexType>

  <complexType name="base64BinaryItemType" final="extension">
    <simpleContent>
      <extension base="base64Binary">
        <attributeGroup ref="xbrli:nonNumericItemAttrs" />
        <anyAttribute namespace="##other" processContents="lax" />
      </extension>
    </simpleContent>
  </complexType>

  <complexType name="anyURIItemType" final="extension">
    <simpleContent>
      <extension base="anyURI">
        <attributeGroup ref="xbrli:nonNumericItemAttrs" />
        <anyAttribute namespace="##other" processContents="lax" />
      </extension>
    </simpleContent>
  </complexType>

  <complexType name="QNameItemType" final="extension">
    <simpleContent>
      <extension base="QName">
        <attributeGroup ref="xbrli:nonNumericItemAttrs" />
        <anyAttribute namespace="##other" processContents="lax" />
      </extension>
    </simpleContent>
  </complexType>
```

```
<complexType name = "durationItemType" final = "extension">
  <simpleContent>
    <extension base = "duration">
      <attributeGroup ref = "xbrli:nonNumericItemAttrs" />
      <anyAttribute namespace = "##other" processContents = "lax" />
    </extension>
  </simpleContent>
</complexType>

<complexType name = "dateTimeItemType" final = "extension">
  <simpleContent>
    <extension base = "xbrli:dateUnion">
      <attributeGroup ref = "xbrli:nonNumericItemAttrs" />
      <anyAttribute namespace = "##other" processContents = "lax" />
    </extension>
  </simpleContent>
</complexType>

<complexType name = "timeItemType" final = "extension">
  <simpleContent>
    <extension base = "time">
      <attributeGroup ref = "xbrli:nonNumericItemAttrs" />
      <anyAttribute namespace = "##other" processContents = "lax" />
    </extension>
  </simpleContent>
</complexType>

<complexType name = "dateItemType" final = "extension">
  <simpleContent>
    <extension base = "date">
      <attributeGroup ref = "xbrli:nonNumericItemAttrs" />
      <anyAttribute namespace = "##other" processContents = "lax" />
    </extension>
  </simpleContent>
</complexType>

<complexType name = "gYearMonthItemType" final = "extension">
  <simpleContent>
    <extension base = "gYearMonth">
      <attributeGroup ref = "xbrli:nonNumericItemAttrs" />
      <anyAttribute namespace = "##other" processContents = "lax" />
    </extension>
  </simpleContent>
</complexType>

<complexType name = "gYearItemType" final = "extension">
  <simpleContent>
    <extension base = "gYear">
      <attributeGroup ref = "xbrli:nonNumericItemAttrs" />
      <anyAttribute namespace = "##other" processContents = "lax" />
    </extension>
  </simpleContent>
</complexType>

<complexType name = "gMonthDayItemType" final = "extension">
```

```
  <simpleContent>
    <extension base = "gMonthDay">
      <attributeGroup ref = "xbrli:nonNumericItemAttrs" />
      <anyAttribute namespace = "##other" processContents = "lax" />
    </extension>
  </simpleContent>
</complexType>

<complexType name = "gDayItemType" final = "extension">
  <simpleContent>
    <extension base = "gDay">
      <attributeGroup ref = "xbrli:nonNumericItemAttrs" />
      <anyAttribute namespace = "##other" processContents = "lax" />
    </extension>
  </simpleContent>
</complexType>

<complexType name = "gMonthItemType" final = "extension">
  <simpleContent>
    <extension base = "gMonth">
      <attributeGroup ref = "xbrli:nonNumericItemAttrs" />
      <anyAttribute namespace = "##other" processContents = "lax" />
    </extension>
  </simpleContent>
</complexType>

<annotation>
  <documentation>
  The following 4 non-numeric types are all based on the XML Schema
  built-in types that are derived by restriction and/or list from string.
  </documentation>
</annotation>

<complexType name = "normalizedStringItemType" final = "extension">
  <simpleContent>
    <extension base = "normalizedString">
      <attributeGroup ref = "xbrli:nonNumericItemAttrs" />
    </extension>
  </simpleContent>
</complexType>

<complexType name = "tokenItemType" final = "extension">
  <simpleContent>
    <extension base = "token">
      <attributeGroup ref = "xbrli:nonNumericItemAttrs" />
    </extension>
  </simpleContent>
</complexType>

<complexType name = "languageItemType" final = "extension">
  <simpleContent>
    <extension base = "language">
      <attributeGroup ref = "xbrli:nonNumericItemAttrs" />
    </extension>
  </simpleContent>
</complexType>
```

```
〈complexType name = "NameItemType" final = "extension"〉
  〈simpleContent〉
    〈extension base = "Name"〉
      〈attributeGroup ref = "xbrli:nonNumericItemAttrs" /〉
    〈/extension〉
  〈/simpleContent〉
〈/complexType〉

〈complexType name = "NCNameItemType" final = "extension"〉
  〈simpleContent〉
    〈extension base = "NCName"〉
      〈attributeGroup ref = "xbrli:nonNumericItemAttrs" /〉
    〈/extension〉
  〈/simpleContent〉
〈/complexType〉

〈annotation〉
  〈documentation〉
  XML Schema components contributing to the context element
  〈/documentation〉
〈/annotation〉

〈element name = "segment"〉
  〈complexType〉
    〈sequence〉
      〈any namespace = "##other" processContents = "lax"
        minOccurs = "1" maxOccurs = "unbounded" /〉
    〈/sequence〉
  〈/complexType〉
〈/element〉

〈complexType name = "contextEntityType"〉
  〈annotation〉
    〈documentation〉
    The type for the entity element, used to describe the reporting entity.
    Note that the scheme attribute is required and cannot be empty.
    〈/documentation〉
  〈/annotation〉
  〈sequence〉
    〈element name = "identifier"〉
      〈complexType〉
        〈simpleContent〉
          〈extension base = "token"〉
            〈attribute name = "scheme" use = "required"〉
              〈simpleType〉
                〈restriction base = "anyURI"〉
                  〈minLength value = "1" /〉
                〈/restriction〉
              〈/simpleType〉
            〈/attribute〉
          〈/extension〉
        〈/simpleContent〉
      〈/complexType〉
    〈/element〉
    〈element ref = "xbrli:segment" minOccurs = "0" /〉
```

```
  </sequence>
</complexType>

<simpleType name="dateUnion">
  <annotation>
    <documentation>
    The union of the date and dateTime simple types.
    </documentation>
  </annotation>
  <union memberTypes="date dateTime " />
</simpleType>

<complexType name="contextPeriodType">
  <annotation>
    <documentation>
    The type for the period element, used to describe the reporting date info.
    </documentation>
  </annotation>
  <choice>
    <sequence>
      <element name="startDate" type="xbrli:dateUnion" />
      <element name="endDate" type="xbrli:dateUnion" />
    </sequence>
    <element name="instant" type="xbrli:dateUnion" />
    <element name="forever">
      <complexType />
    </element>
  </choice>
</complexType>

<complexType name="contextScenarioType">
  <annotation>
    <documentation>
    Used for the scenario under which fact have been reported.
    </documentation>
  </annotation>
  <sequence>
    <any namespace="##other" processContents="lax"
      minOccurs="1" maxOccurs="unbounded" />
  </sequence>
</complexType>

<element name="context">
  <annotation>
    <documentation>
    Used for an island of context to which facts can be related.
    </documentation>
  </annotation>
  <complexType>
    <sequence>
      <element name="entity" type="xbrli:contextEntityType" />
      <element name="period" type="xbrli:contextPeriodType" />
      <element name="scenario" type="xbrli:contextScenarioType" minOccurs="0" />
    </sequence>
    <attribute name="id" type="ID" use="required" />
  </complexType>
```

```
</element>

<annotation>
  <documentation>
  XML Schema components contributing to the unit element
  </documentation>
</annotation>

<element name="measure" type="QName" />

<complexType name="measuresType">
  <annotation>
    <documentation>
    A collection of sibling measure elements
    </documentation>
  </annotation>
  <sequence>
    <element ref="xbrli:measure" minOccurs="1" maxOccurs="unbounded" />
  </sequence>
</complexType>

<element name="divide">
  <annotation>
    <documentation>
    Element used to represent division in units
    </documentation>
  </annotation>
  <complexType>
    <sequence>
      <element name="unitNumerator" type="xbrli:measuresType" />
      <element name="unitDenominator" type="xbrli:measuresType" />
    </sequence>
  </complexType>
</element>

<element name="unit">
  <annotation>
    <documentation>
    Element used to represent units information about numeric items
    </documentation>
  </annotation>
  <complexType>
    <choice>
      <element ref="xbrli:measure" minOccurs="1" maxOccurs="unbounded" />
      <element ref="xbrli:divide" />
    </choice>
    <attribute name="id" type="ID" use="required" />
  </complexType>
</element>

<annotation>
  <documentation>
  Elements to use for facts in instances
  </documentation>
</annotation>
```

```
<element name="item" type="anyType" abstract="true">
  <annotation>
    <documentation>
    Abstract item element used as head of item substitution
    </documentation>
  </annotation>
</element>

<element name="tuple" type="anyType" abstract="true">
  <annotation>
    <documentation>
    Abstract tuple element used as head of tuple substitution
    </documentation>
  </annotation>
</element>

<element name="xbrl">
  <annotation>
    <documentation>
    XBRL instance root element.
    </documentation>
  </annotation>
  <complexType>
    <sequence>
      <element ref="link:schemaRef" minOccurs="1" maxOccurs="unbounded" />
      <element ref="link:linkbaseRef" minOccurs="0" maxOccurs="unbounded" />
      <element ref="link:roleRef" minOccurs="0" maxOccurs="unbounded" />
      <element ref="link:arcroleRef" minOccurs="0" maxOccurs="unbounded" />
      <choice minOccurs="0" maxOccurs="unbounded">
        <element ref="xbrli:item"/>
        <element ref="xbrli:tuple"/>
        <element ref="xbrli:context"/>
        <element ref="xbrli:unit"/>
        <element ref="link:footnoteLink"/>
      </choice>
    </sequence>
    <attribute name="id" type="ID" use="optional" />
    <anyAttribute namespace="http://www.w3.org/XML/1998/namespace" processContents="lax" />
  </complexType>
</element>

</schema>
```

A.2 xbrl-linkbase-2003-12-31.xsd

```
<?xml version="1.0"?>
<!-- (c) XBRL International.  See www.xbrl.org/legal -->
<schema targetNamespace="http://www.xbrl.org/2003/linkbase"
  xmlns="http://www.w3.org/2001/XMLSchema"
  xmlns:link="http://www.xbrl.org/2003/linkbase"
  xmlns:xl="http://www.xbrl.org/2003/XLink"
  xmlns:xlink="http://www.w3.org/1999/xlink"
  elementFormDefault="qualified">

  <annotation>
```

```
    <documentation>
    XBRL simple and extended link schema constructs
    </documentation>
  </annotation>

  <import namespace = "http://www.xbrl.org/2003/XLink"
    schemaLocation = "xl-2003-12-31.xsd"/>

  <import namespace = "http://www.w3.org/1999/xlink"
    schemaLocation = "xlink-2003-12-31.xsd"/>

  <element name = "documentation"
    type = "xl:documentationType"
    substitutionGroup = "xl:documentation">
    <annotation>
      <documentation>
      Concrete element to use for documentation of
      extended links and linkbases.
      </documentation>
    </annotation>
  </element>

  <element name = "loc" type = "xl:locatorType" substitutionGroup = "xl:locator">
    <annotation>
      <documentation>
      Concrete locator element.  The loc element is the
      XLink locator element for all extended links in XBRL.
      </documentation>
    </annotation>
  </element>

  <element name = "labelArc" type = "xl:arcType" substitutionGroup = "xl:arc">
    <annotation>
      <documentation>
      Concrete arc for use in label extended links.
      </documentation>
    </annotation>
  </element>

  <element name = "referenceArc" type = "xl:arcType" substitutionGroup = "xl:arc">
    <annotation>
      <documentation>
      Concrete arc for use in reference extended links.
      </documentation>
    </annotation>
  </element>

  <element name = "definitionArc" type = "xl:arcType" substitutionGroup = "xl:arc">
    <annotation>
      <documentation>
      Concrete arc for use in definition extended links.
      </documentation>
    </annotation>
  </element>

  <element name = "presentationArc" substitutionGroup = "xl:arc">
```

```
<complexType>
  <annotation>
    <documentation>
    Extension of the extended link arc type for presentation arcs.
    Adds a preferredLabel attribute that documents the role attribute
    value of preferred labels (as they occur in label extended links).
    </documentation>
  </annotation>
  <complexContent>
    <extension base = "xl:arcType">
      <attribute name = "preferredLabel" use = "optional">
        <simpleType>
          <restriction base = "anyURI">
            <minLength value = "1"/>
          </restriction>
        </simpleType>
      </attribute>
    </extension>
  </complexContent>
</complexType>
</element>

<element name = "calculationArc" substitutionGroup = "xl:arc">
  <complexType>
    <annotation>
      <documentation>
      Extension of the extended link arc type for calculation arcs.
      Adds a weight attribute to track weights on contributions to
      summations.
      </documentation>
    </annotation>
    <complexContent>
      <extension base = "xl:arcType">
        <attribute name = "weight" type = "decimal" use = "required"/>
      </extension>
    </complexContent>
  </complexType>
</element>

<element name = "footnoteArc" type = "xl:arcType" substitutionGroup = "xl:arc">
  <annotation>
    <documentation>
    Concrete arc for use in footnote extended links.
    </documentation>
  </annotation>
</element>

<element name = "label" substitutionGroup = "xl:resource">
  <annotation>
    <documentation>
    Definition of the label  resource element.
    </documentation>
  </annotation>
  <complexType mixed = "true">
    <complexContent mixed = "true">
      <extension base = "xl:resourceType">
```

```
            <sequence>
              <any namespace = "http://www.w3.org/1999/xhtml" processContents = "skip" minOccurs = "0" max-
Occurs = "unbounded"/>
            </sequence>
            <anyAttribute namespace = "http://www.w3.org/XML/1998/namespace" processContents = "lax"/>
          </extension>
        </complexContent>
      </complexType>
    </element>

    <element name = "part" type = "string" abstract = "true">
      <annotation>
        <documentation>
        Definition of the reference  part element-for use in reference  resources.
        </documentation>
      </annotation>
    </element>

    <element name = "reference" substitutionGroup = "xl:resource">
      <annotation>
        <documentation>
        Definition of the reference  resource element.
        </documentation>
      </annotation>
      <complexType mixed = "true">
        <complexContent mixed = "true">
          <extension base = "xl:resourceType">
            <sequence>
              <element ref = "link:part" minOccurs = "0" maxOccurs = "unbounded"/>
            </sequence>
          </extension>
        </complexContent>
      </complexType>
    </element>

    <element name = "footnote" substitutionGroup = "xl:resource">
      <annotation>
        <documentation>
        Definition of the reference  resource element
        </documentation>
      </annotation>
      <complexType mixed = "true">
        <complexContent mixed = "true">
          <extension base = "xl:resourceType">
            <sequence>
              <any namespace = "http://www.w3.org/1999/xhtml" processContents = "skip" minOccurs = "0" max-
Occurs = "unbounded"/>
            </sequence>
            <anyAttribute namespace = "http://www.w3.org/XML/1998/namespace" processContents = "lax"/>
          </extension>
        </complexContent>
      </complexType>
    </element>

    <element name = "presentationLink" substitutionGroup = "xl:extended">
      <annotation>
```

```
      <documentation>
      presentation extended link element definition.
      </documentation>
    </annotation>
    <complexType>
      <complexContent>
        <restriction base = "xl:extendedType">
          <choice minOccurs = "0" maxOccurs = "unbounded">
            <element ref = "xl:title"/>
            <element ref = "link:documentation"/>
            <element ref = "link:loc"/>
            <element ref = "link:presentationArc"/>
          </choice>
          <anyAttribute namespace = "http://www.w3.org/XML/1998/namespace" processContents = "lax" />
        </restriction>
      </complexContent>
    </complexType>
  </element>

  <element name = "definitionLink" substitutionGroup = "xl:extended">
    <annotation>
      <documentation>
      definition extended link element definition
      </documentation>
    </annotation>
    <complexType>
      <complexContent>
        <restriction base = "xl:extendedType">
          <choice minOccurs = "0" maxOccurs = "unbounded">
            <element ref = "xl:title"/>
            <element ref = "link:documentation"/>
            <element ref = "link:loc"/>
            <element ref = "link:definitionArc"/>
          </choice>
          <anyAttribute namespace = "http://www.w3.org/XML/1998/namespace" processContents = "lax" />
        </restriction>
      </complexContent>
    </complexType>
  </element>

  <element name = "calculationLink" substitutionGroup = "xl:extended">
    <annotation>
      <documentation>
      calculation  extended link element definition
      </documentation>
    </annotation>
    <complexType>
      <complexContent>
        <restriction base = "xl:extendedType">
          <choice minOccurs = "0" maxOccurs = "unbounded">
            <element ref = "xl:title"/>
            <element ref = "link:documentation"/>
            <element ref = "link:loc"/>
            <element ref = "link:calculationArc"/>
          </choice>
          <anyAttribute namespace = "http://www.w3.org/XML/1998/namespace" processContents = "lax" />
```

```
        </restriction>
      </complexContent>
    </complexType>
  </element>

  <element name="labelLink" substitutionGroup="xl:extended">
    <annotation>
      <documentation>
      label extended link element definition
      </documentation>
    </annotation>
    <complexType>
      <complexContent>
        <restriction base="xl:extendedType">
          <choice minOccurs="0" maxOccurs="unbounded">
            <element ref="xl:title"/>
            <element ref="link:documentation"/>
            <element ref="link:loc"/>
            <element ref="link:labelArc"/>
            <element ref="link:label"/>
          </choice>
          <anyAttribute namespace="http://www.w3.org/XML/1998/namespace" processContents="lax" />
        </restriction>
      </complexContent>
    </complexType>
  </element>

  <element name="referenceLink" substitutionGroup="xl:extended">
    <annotation>
      <documentation>
      reference extended link element definition
      </documentation>
    </annotation>
    <complexType>
      <complexContent>
        <restriction base="xl:extendedType">
          <choice minOccurs="0" maxOccurs="unbounded">
            <element ref="xl:title"/>
            <element ref="link:documentation"/>
            <element ref="link:loc"/>
            <element ref="link:referenceArc"/>
            <element ref="link:reference"/>
          </choice>
          <anyAttribute namespace="http://www.w3.org/XML/1998/namespace" processContents="lax" />
        </restriction>
      </complexContent>
    </complexType>
  </element>

  <element name="footnoteLink" substitutionGroup="xl:extended">
    <annotation>
      <documentation>
      footnote extended link element definition
      </documentation>
    </annotation>
    <complexType>
```

```
    <complexContent>
      <restriction base="xl:extendedType">
        <choice minOccurs="0" maxOccurs="unbounded">
          <element ref="xl:title"/>
          <element ref="link:documentation"/>
          <element ref="link:loc"/>
          <element ref="link:footnoteArc"/>
          <element ref="link:footnote"/>
        </choice>
        <anyAttribute namespace="http://www.w3.org/XML/1998/namespace" processContents="lax" />
      </restriction>
    </complexContent>
  </complexType>
</element>

<element name="linkbase">
  <annotation>
    <documentation>
    Definition of the linkbase element.  Used to
    contain a set of zero or more extended link elements.
    </documentation>
  </annotation>
  <complexType>
    <choice minOccurs="0" maxOccurs="unbounded">
      <element ref="link:documentation"/>
      <element ref="link:roleRef"/>
      <element ref="link:arcroleRef"/>
      <element ref="xl:extended"/>
    </choice>
    <attribute name="id" type="ID" use="optional"/>
    <anyAttribute namespace="http://www.w3.org/XML/1998/namespace" processContents="lax"/>
  </complexType>
</element>

<element name="linkbaseRef" substitutionGroup="xl:simple">
  <annotation>
    <documentation>
    Definition of the linkbaseRef element-used
    to link to XBRL taxonomy extended links from
    taxonomy schema documents and from XBRL
    instances.
    </documentation>
  </annotation>
  <complexType>
    <complexContent>
      <restriction base="xl:simpleType">
        <attribute ref="xlink:arcrole" use="required">
          <annotation>
            <documentation>
            This attribute must have the value:
            http://www.w3.org/1999/xlink/properties/linkbase
            </documentation>
          </annotation>
        </attribute>
        <anyAttribute namespace="http://www.w3.org/XML/1998/namespace" processContents="lax" />
      </restriction>
```

```
        </complexContent>
      </complexType>
    </element>

    <element name="schemaRef" type="xl:simpleType" substitutionGroup="xl:simple">
      <annotation>
        <documentation>
        Definition of the schemaRef element-used
        to link to XBRL taxonomy schemas from
        XBRL instances.
        </documentation>
      </annotation>
    </element>

    <element name="roleRef" substitutionGroup="xl:simple">
      <annotation>
        <documentation>
        Definition of the roleRef element-used
        to link to resolve xlink:role attribute values to
        the roleType element declaration.
        </documentation>
      </annotation>
      <complexType>
        <complexContent>
          <extension base="xl:simpleType">
            <attribute name="roleURI" type="xlink:nonEmptyURI" use="required">
              <annotation>
                <documentation>
                  This attribute contains the role name.
                </documentation>
              </annotation>
            </attribute>
          </extension>
        </complexContent>
      </complexType>
    </element>

    <element name="arcroleRef" substitutionGroup="xl:simple">
      <annotation>
        <documentation>
        Definition of the roleRef element-used
        to link to resolve xlink:arcrole attribute values to
        the arcroleType element declaration.
        </documentation>
      </annotation>
      <complexType>
        <complexContent>
          <extension base="xl:simpleType">
            <attribute name="arcroleURI" type="xlink:nonEmptyURI" use="required">
              <annotation>
                <documentation>
                  This attribute contains the arc role name.
                </documentation>
              </annotation>
            </attribute>
          </extension>
```

```
    </complexContent>
  </complexType>
</element>

<element name="definition" type="string">
  <annotation>
    <documentation>
    The element to use for human-readable definition
    of custom roles and arc roles.
    </documentation>
  </annotation>
</element>

<element name="usedOn" type="QName">
  <annotation>
    <documentation>
    Definition of the usedOn element-used
    to identify what elements may use a
    taxonomy defined role or arc role value.
    </documentation>
  </annotation>
</element>

<element name="roleType">
  <annotation>
    <documentation>
    The roleType element definition-used to define custom
    role values in XBRL extended links.
    </documentation>
  </annotation>
  <complexType>
    <sequence>
      <element ref="link:definition" minOccurs="0"/>
      <element ref="link:usedOn" maxOccurs="unbounded"/>
    </sequence>
    <attribute name="roleURI" type="xlink:nonEmptyURI" use="required"/>
    <attribute name="id" type="ID"/>
  </complexType>
</element>

<element name="arcroleType">
  <annotation>
    <documentation>
    The  arcroleType element definition-used to define custom
    arc role values in XBRL extended links.
    </documentation>
  </annotation>
  <complexType>
    <sequence>
      <element ref="link:definition" minOccurs="0"/>
      <element ref="link:usedOn" maxOccurs="unbounded"/>
    </sequence>
    <attribute name="arcroleURI" type="xlink:nonEmptyURI" use="required"/>
    <attribute name="id" type="ID"/>
    <attribute name="cyclesAllowed" use="required">
      <simpleType>
```

```
          <restriction base = "NMTOKEN">
            <enumeration value = "any"/>
            <enumeration value = "undirected"/>
            <enumeration value = "none"/>
          </restriction>
        </simpleType>
      </attribute>
    </complexType>
  </element>

</schema>
```

A.3 xlink-2003-12-31.xsd

```
<? xml version = "1.0" encoding = "UTF-8"?>
<! -- (c) XBRL International. See www.xbrl.org/legal -->
<schema targetNamespace = "http://www.w3.org/1999/xlink"
  xmlns:xlink = "http://www.w3.org/1999/xlink"
  xmlns = "http://www.w3.org/2001/XMLSchema"
  elementFormDefault = "qualified"
  attributeFormDefault = "qualified">

  <annotation>
    <documentation>
    XLink attribute specification
    </documentation>
  </annotation>

  <simpleType name = "nonEmptyURI">
    <annotation>
      <documentation>
      A URI type with a minimum length of 1 character.
      Used on role and arcrole and href elements.
      </documentation>
    </annotation>
    <restriction base = "anyURI">
      <minLength value = "1"/>
    </restriction>
  </simpleType>

  <simpleType name = "typeEnum">
    <annotation>
      <documentation>
    Enumeration of values for the type attribute
    </documentation>
    </annotation>
    <restriction base = "string">
      <enumeration value = "simple"/>
      <enumeration value = "extended"/>
      <enumeration value = "locator"/>
      <enumeration value = "arc"/>
      <enumeration value = "resource"/>
      <enumeration value = "title"/>
    </restriction>
  </simpleType>
```

```
<attributeGroup name = "simpleType">
  <attribute name = "type" use = "required">
    <simpleType>
      <restriction base = "token">
        <enumeration value = "simple"/>
      </restriction>
    </simpleType>
  </attribute>
</attributeGroup>

<attributeGroup name = "extendedType">
  <attribute name = "type" use = "required">
    <simpleType>
      <restriction base = "token">
        <enumeration value = "extended"/>
      </restriction>
    </simpleType>
  </attribute>
</attributeGroup>

<attributeGroup name = "locatorType">
  <attribute name = "type" use = "required">
    <simpleType>
      <restriction base = "token">
        <enumeration value = "locator"/>
      </restriction>
    </simpleType>
  </attribute>
</attributeGroup>

<attributeGroup name = "arcType">
  <attribute name = "type" use = "required">
    <simpleType>
      <restriction base = "token">
        <enumeration value = "arc"/>
      </restriction>
    </simpleType>
  </attribute>
</attributeGroup>

<attributeGroup name = "resourceType">
  <attribute name = "type" use = "required">
    <simpleType>
      <restriction base = "token">
        <enumeration value = "resource"/>
      </restriction>
    </simpleType>
  </attribute>
</attributeGroup>

<attributeGroup name = "titleType">
  <attribute name = "type" use = "required">
    <simpleType>
      <restriction base = "token">
        <enumeration value = "title"/>
      </restriction>
```

```
        </simpleType>
      </attribute>
    </attributeGroup>

    <simpleType name="showEnum">
      <annotation>
        <documentation>
        Enumeration of values for the show attribute
        </documentation>
      </annotation>
      <restriction base="string">
        <enumeration value="new"/>
        <enumeration value="replace"/>
        <enumeration value="embed"/>
        <enumeration value="other"/>
        <enumeration value="none"/>
      </restriction>
    </simpleType>

    <simpleType name="actuateEnum">
      <annotation>
        <documentation>
        Enumeration of values for the actuate attribute
        </documentation>
      </annotation>
      <restriction base="string">
        <enumeration value="onLoad"/>
        <enumeration value="onRequest"/>
        <enumeration value="other"/>
        <enumeration value="none"/>
      </restriction>
    </simpleType>

    <attribute name="type" type="xlink:typeEnum"/>
    <attribute name="role" type="xlink:nonEmptyURI"/>
    <attribute name="arcrole" type="xlink:nonEmptyURI"/>
    <attribute name="title" type="string"/>
    <attribute name="show" type="xlink:showEnum"/>
    <attribute name="actuate" type="xlink:actuateEnum"/>
    <attribute name="label" type="NCName"/>
    <attribute name="from" type="NCName"/>
    <attribute name="to" type="NCName"/>
    <attribute name="href" type="anyURI"/>

  </schema>
```

A.4 xl-2003-12-31.xsd

```
  <?xml version="1.0" encoding="UTF-8"?>
  <!-- (c) XBRL International.  See www.xbrl.org/legal -->
  <schema targetNamespace="http://www.xbrl.org/2003/XLink"
    xmlns:xlink="http://www.w3.org/1999/xlink"
    xmlns:xl="http://www.xbrl.org/2003/XLink"
    xmlns="http://www.w3.org/2001/XMLSchema"
    elementFormDefault="qualified"
```

```
attributeFormDefault = "unqualified">

<import namespace = "http://www.w3.org/1999/xlink" schemaLocation = "xlink-2003-12-31.xsd"/>

<complexType name = "documentationType">
  <annotation>
    <documentation>
    Element type to use for documentation of
    extended links and linkbases.
    </documentation>
  </annotation>
  <simpleContent>
    <extension base = "string">
      <anyAttribute namespace = "##other" processContents = "lax"/>
    </extension>
  </simpleContent>
</complexType>

<element name = "documentation" type = "xl:documentationType" abstract = "true">
  <annotation>
    <documentation>
    Abstract element to use for documentation of
    extended links and linkbases.
    </documentation>
  </annotation>
</element>

<annotation>
  <documentation>
  XBRL simple and extended link schema constructs
  </documentation>
</annotation>

<complexType name = "titleType">
  <annotation>
    <documentation>
    Type for the abstract title element-
    used as a title element template.
    </documentation>
  </annotation>
  <complexContent>
    <restriction base = "anyType">
      <attributeGroup ref = "xlink:titleType"/>
    </restriction>
  </complexContent>
</complexType>
<element name = "title" type = "xl:titleType" abstract = "true">
  <annotation>
    <documentation>
    Generic title element for use in extended link documentation.
    Used on extended links, arcs, locators.
    See http://www.w3.org/TR/xlink/#title-element for details.
    </documentation>
  </annotation>
</element>
```

```
<complexType name="locatorType">
  <annotation>
    <documentation>
    Generic locator type.
    </documentation>
  </annotation>
  <complexContent>
    <restriction base="anyType">
      <sequence>
        <element ref="xl:title" minOccurs="0" maxOccurs="unbounded" />
      </sequence>
      <attributeGroup ref="xlink:locatorType"/>
      <attribute ref="xlink:href" use="required" />
      <attribute ref="xlink:label" use="required" />
      <attribute ref="xlink:role" use="optional" />
      <attribute ref="xlink:title" use="optional" />
    </restriction>
  </complexContent>
</complexType>
<element name="locator" type="xl:locatorType" abstract="true">
  <annotation>
    <documentation>
    Abstract locator element to be used as head of locator substitution
    for all extended link locators in XBRL.
    </documentation>
  </annotation>
</element>

<simpleType name="useEnum">
  <annotation>
    <documentation>
    Enumerated values for the use attribute on extended link arcs.
    </documentation>
  </annotation>
  <restriction base="NMTOKEN">
    <enumeration value="optional" />
    <enumeration value="prohibited" />
  </restriction>
</simpleType>

<complexType name="arcType">
  <annotation>
    <documentation>
    basic extended link arc type-extended where necessary for specific arcs
    Extends the generic arc type by adding use, priority and order attributes.
    </documentation>
  </annotation>
  <complexContent>
    <restriction base="anyType">
      <sequence>
        <element ref="xl:title" minOccurs="0" maxOccurs="unbounded" />
      </sequence>
      <attributeGroup ref="xlink:arcType"/>
      <attribute ref="xlink:from" use="required" />
      <attribute ref="xlink:to" use="required" />
      <attribute ref="xlink:arcrole" use="required" />
```

```
        <attribute ref = "xlink:title" use = "optional" />
        <attribute ref = "xlink:show" use = "optional" />
        <attribute ref = "xlink:actuate" use = "optional" />
        <attribute name = "order" type = "decimal" use = "optional" />
        <attribute name = "use" type = "xl:useEnum" use = "optional" />
        <attribute name = "priority" type = "integer" use = "optional" />
        <anyAttribute namespace = "##other" processContents = "lax" />
      </restriction>
    </complexContent>
  </complexType>
  <element name = "arc" type = "xl:arcType" abstract = "true">
    <annotation>
      <documentation>
      Abstract element to use as head of arc element substitution.
      </documentation>
    </annotation>
  </element>

  <complexType name = "resourceType">
    <annotation>
      <documentation>
      Generic type for the resource type element
      </documentation>
    </annotation>
    <complexContent mixed = "true">
      <restriction base = "anyType">
        <attributeGroup ref = "xlink:resourceType" />
        <attribute ref = "xlink:label" use = "required" />
        <attribute ref = "xlink:role" use = "optional" />
        <attribute ref = "xlink:title" use = "optional" />
        <attribute name = "id" type = "ID" use = "optional" />
      </restriction>
    </complexContent>
  </complexType>
  <element name = "resource" type = "xl:resourceType" abstract = "true">
    <annotation>
      <documentation>
      Abstract element to use as head of resource element substitution.
      </documentation>
    </annotation>
  </element>

  <complexType name = "extendedType">
    <annotation>
      <documentation>
      Generic extended link type
      </documentation>
    </annotation>
    <complexContent>
      <restriction base = "anyType">
        <choice minOccurs = "0" maxOccurs = "unbounded">
          <element ref = "xl:title" />
          <element ref = "xl:documentation" />
          <element ref = "xl:locator" />
          <element ref = "xl:arc" />
          <element ref = "xl:resource" />
```

```
        </choice>
        <attributeGroup ref = "xlink:extendedType"/>
        <attribute ref = "xlink:role" use = "required" />
        <attribute ref = "xlink:title" use = "optional" />
        <attribute name = "id" type = "ID" use = "optional" />
        <anyAttribute namespace = "http://www.w3.org/XML/1998/namespace" processContents = "lax"/>
      </restriction>
    </complexContent>
  </complexType>
  <element name = "extended" type = "xl:extendedType" abstract = "true">
    <annotation>
      <documentation>
      Abstract extended link element at head of extended link substitution.
      </documentation>
    </annotation>
  </element>

  <complexType name = "simpleType">
    <annotation>
      <documentation>
      Type for the simple links defined in XBRL
      </documentation>
    </annotation>
    <complexContent>
      <restriction base = "anyType">
        <attributeGroup ref = "xlink:simpleType"/>
        <attribute ref = "xlink:href" use = "required" />
        <attribute ref = "xlink:arcrole" use = "optional" />
        <attribute ref = "xlink:role" use = "optional" />
        <attribute ref = "xlink:title" use = "optional" />
        <attribute ref = "xlink:show" use = "optional" />
        <attribute ref = "xlink:actuate" use = "optional" />
        <anyAttribute namespace = "http://www.w3.org/XML/1998/namespace" processContents = "lax"/>
      </restriction>
    </complexContent>
  </complexType>
  <element name = "simple" type = "xl:simpleType" abstract = "true">
    <annotation>
      <documentation>
      The abstract element at the head of the simple link substitution.
      </documentation>
    </annotation>
  </element>

</schema>
```

附 录 B
(资料性附录)
元 素 表

XBRL 元素	说　明
Attribute	属性
Divide	除
Documentation	注释
essence-alias	本名—别名关系
footnoteArc	脚注弧
footnoteLink	脚注链接
Instance	实例
Label	标签
labelArc	标签弧
labelLink	标签链接
Link	链接
Linkbase	链接库
linkbaseRef	链接库引用
Loc	定位
Measure	度量
Namespace	命名空间
Presentation	展示
presentationArc	展示弧
presentationLink	列报链接
Reference	引用
referenceArc	参考弧
referenceLink	引用链接
requirement-element	必需元素关系
Role	角色
roleRef	角色引用
Scenario	场景
Schema	模式文件
Schemaref	模式引用
Segment	段
similar-tuple	相似元组关系
substitution group	替换组
summation-item	加总关系

表（续）

XBRL 元素	说　明
Unit	单位
unitDenominator	单位分母
unitNumerator	单位分子
usedOn	使用于

附 录 C
（资料性附录）
属 性 表

XBRL 属性名称	释 义
Arcrole	弧角色
arcroleType	弧角色类型
arcroleURI	弧角色通用资源标识符
Balance	余额
Base	基准路径
contextRef	上下文引用
cyclesAllowed	允许出现环路
Decimals	小数位数
Href	超文本引用
Ref	引用
id,identifier	标识符
Name	名称
periodType	期间类型
Precision	整数位数
Priority	优先权
Role	角色
roleURI	角色通用资源标识符
Title	标题
Type	类型
unitRef	单位引用
Use	可用性
Weight	权重

附 录 D
（资料性附录）
数据类型表

数据类型	说　　明
anyURI	任何通用资源标识符
anyURIItemType	任何通用资源标识符项类型
arcroleURI	弧角色通用资源标识符
base64Binary	基于64位的二进制数据
base64BinaryItemType	基于64位的二进制数据项类型
Boolean	布尔
booleanItemType	布尔项类型
Byte	字节
byteItemType	字节项类型
Date	日期
dateItemType	日期项类型
dateTime	日期与时间
dateTimeItemType	日期与时间项类型
decimalItemType	小数项类型
Double	双精度浮点数
doubleItemType	双精度浮点数项类型
Duration	时间段
durationItemType	时间段项类型
endDate	结束日期
Float	浮点数
floatItemType	浮点数项类型
fractionItemType	分数项类型
gDay	日
gDayItemType	日项类型
gMonth	月份
gMonthDay	月与天
gMonthDayItemType	月与天项类型
gMonthItemType	月份项类型
gYear	年份
gYearItemType	年份项类型
gYearMonth	年与月

表（续）

数据类型	说　明
gYearMonthItemType	年与月项类型
hexBinary	十六进制的二进制数据
hexBinaryItemType	十六进制的二进制数据项类型
Identical	同一的
IDREF	唯一标识符引用
Instant	时间点
Int	整型
Integer	整数
integerItemType	整数项类型
intItemType	整型项类型
languageItemType	语言项类型
Long	长整型
longItemType	长整型项类型
Measure	度量
Monetary	货币
monetaryItemType	货币项类型
NameItemType	姓名项类型
NCName	无前缀名称
NCNameItemType	无前缀名称项类型
negativeInteger	负整数
negativeIntegerItemType	负整数项类型
NMTOKEN	名称符号
nonNegativeInteger	非负整数
nonNegativeIntegerItemType	非负整数项类型
non-numeric item	非数值型数据项
nonPositiveInteger	非正整数
nonPositiveIntegerItemType	非正整数项类型
normalizedString	标准化字符串
normalizedStringItemType	标准化字符串项类型
numeric item	数值型数据项
positiveInteger	正整数
positiveIntegerItemType	正整数项类型
pureItemType	纯数项类型
Qname	带限定名名称

表（续）

数据类型	说　明
QNameItemType	带限定名名称项类型
roleType	角色类型
sharesItemType	股份项类型
Short	短整型
shortItemType	短整型项类型
startDate	起始日期
String	字符串
stringItemType	字符串项类型
Time	时间
timeItemType	时间项类型
Token	表征字符串
tokenItemType	表征字符串项类型
unsignedByte	无符号字节
unsignedByteItemType	无符号字节项类型
unsignedInt	无符号整型
unsignedIntItemType	无符号整型项类型
unsignedLong	无符号长整型
unsignedLongItemType	无符号长整型项类型
unsignedShort	无符号短整型
unsignedShortItemType	无符号短整型项类型

参 考 文 献

［1］ http://www.w3.org/TR/REC-xml-names/

［2］ http://www.ietf.org/rfc/rfc2119.txt

［3］ http://www.w3.org/TR/xmlschema-0/

［4］ http://www.w3.org/TR/xmlschema-1/

［5］ http://www.w3.org/TR/xmlschema-2/

［6］ http://www.iso.ch/iso/en/CatalogueDetailPage.CatalogueDetail? CSNUMBER=16387

［7］ http://www.ietf.org/rfc/rfc2396.txt

［8］ http://www.ietf.org/rfc/rfc2732.txt

［9］ http://www.w3.org/TR/xhtml-modularization/

［10］ http://www.w3.org/TR/xmlbase/

［11］ http://www.w3.org/TR/xlink/

［12］ http://www.w3.org/TR/xpath

［13］ http://www.w3.org/TR/xptr-framework/

ICS 03.100.60
A 11

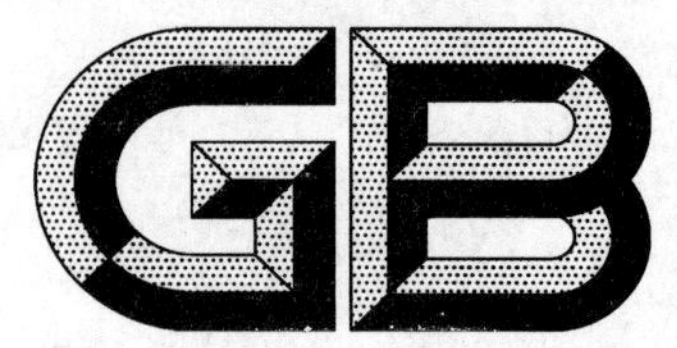

中华人民共和国国家标准

GB/T 25500.2—2010

可扩展商业报告语言(XBRL)技术规范 第2部分:维度

Extensible Business Reporting Language (XBRL) specification—Part 2:Dimensions

2010-10-18 发布 2011-01-01 实施

中华人民共和国国家质量监督检验检疫总局
中国国家标准化管理委员会 发布

前 言

GB/T 25500《可扩展商业报告语言(XBRL)技术规范》分为四个部分：

——第1部分：基础；

——第2部分：维度；

——第3部分：公式；

——第4部分：版本。

本部分为GB/T 25500的第2部分。

本部分按照GB/T 1.1—2009给出的规则起草。

本部分技术内容与XBRL国际组织制定的XBRL维度规范1.0版(XBRL Dimensions Specification 1.0)基本一致。

本部分由中华人民共和国财政部归口。

本部分起草单位：中华人民共和国财政部。

本部分主要起草人：应唯、王颖、李红霞、李敏敏、黄敏、覃东、杨海峰、杨诚、丁亮、朱健鹏、童盼盼。

引　言

可扩展商业报告语言(Extensible Business Reporting Language,XBRL)是一种基于可扩展置标语言(Extensible Markup Language,XML)的开放性业务报告技术标准。它通过给财务会计报告等业务报告中的数据增加特定标记、定义相互关系,使计算机能够“读懂”这些报告,并进行符合业务逻辑的处理。

XBRL的构想最早由美国注册会计师查尔斯·霍夫曼在1998年提出。随后,在美国注册会计师协会(AICPA)赞助下提出了第一个XBRL原型。XBRL技术广泛适用于财务会计报告、上市公司年报、金融机构监管报告、税务报告等领域,目前在美国、英国、日本、澳大利亚等很多国家中都已投入实际应用。在我国,XBRL已应用于上市公司信息披露和基金信息披露领域,取得良好效果。

XBRL技术的应用,可以避免报告数据的重复性录入、报送、传输、转换、比对等人工操作,减少差错率,提高数据生成、传递、使用效率和信息化水平。因此,推进XBRL在我国的应用,有利于促进财务会计报告等业务报告信息的深度分析利用,提高监管效能。XBRL技术规范,是各项XBRL应用所需共同遵循的底层技术标准。制定XBRL技术规范,是推进XBRL在我国应用的基础性工作。目前,国际上均遵循XBRL国际组织制定的技术规范。

本部分是GB/T 25500.1《可扩展商业报告语言(XBRL)技术规范　第1部分:基础》的一个扩展规范,提供了一个定义维度元数据并且在XBRL实例文档中对其进行引用的通用机制,以维度化的方式处理分类标准中的元素定义问题,可达到同一元素不同背景环境下的复用。

可扩展商业报告语言(XBRL)技术规范 第2部分:维度

1 范围

GB/T 25500 的本部分规定了定义 XBRL 维度的元数据,以及在可扩展商业报告语言(XBRL)实例文档中对其进行引用的通用机制。

本部分适用于 XBRL 分类标准的制定、实例文档的编制或使用,以及 XBRL 的相关开发与应用。

2 规范性引用文件

下列文件对于本文件的应用是必不可少的。凡是注日期的引用文件,仅注日期的版本适用于本文件。凡是不注日期的引用文件,其最新版本(包括所有的修改单)适用于本文件。

GB/T 18793—2002 信息技术 可扩展置标语言(XML)1.0

GB/T 25500.1 可扩展商业报告语言(XBRL)技术规范 第1部分:基础

3 术语和定义

GB/T 25500.1 中界定的以及下列术语和定义适用于本文件。

3.1

源及目标[概念] source and target [concept(s)]

在一个扩展链接元素中,定位器元素的 href 属性值所表示的一对概念。label 属性内容和弧的 from 属性内容相同的是源[概念],label 属性内容和弧的 to 属性内容相同的是目标[概念]。

3.2

关系 relationship

用弧(arc)的 xlink:arcrole 属性以及其他属性来定义的源概念和目标概念之间的联系。

3.3

维度 dimension

xbrldt:dimensionItem 替换组中的抽象元素,能表征事实的各个不同的方面。

3.4

域 domain

由若干成员组成的集合,可能为空集、有限集或者无限集。

注:一个维度可能有多重维度-域关系。

3.5

有效域 effective domain

所有相关的域的联合集。

3.6

域成员 domain-member

维度的域中所有可能的值。

注:明确域由域-成员关系来定义。域成员项包含在数据项替换组中。

3.7

明确维度　explicit dimension

域为有限集合的维度。

注：明确维度的成员可以明确地命名。

3.8

类型化维度　typed dimension

域成员不能逐个枚举的维度。

3.9

类型化维度元素　typed dimension element

在上下文的段或场景中作为维度标识符而使用的非 XBRL 元素。

3.10

空维度　empty dimension

不包含任何域的明确维度。

3.11

维度分类标准　dimensional taxonomy

包含附录 A 中描述的弧的分类标准。

3.12

超立方体　hypercube

一个维度的集合，是参与到 has-hypercube 关系和 hypercube-dimension 关系中的 hypercubeItem 替换组中的抽象元素。

3.13

空超立方体　empty hypercube

没有维度的超立方体。

3.14

模板分类标准　template taxonomy

定义超立方体以及超立方体与基础项之间关系的分类标准。

3.15

维度关系集　dimensional relationship set

遍历基础集内部及跨基础集的关系所组成的集合。

注：维度关系集中可含有不同角色的扩展链接关系和不同弧角色的关系。

3.16

维度处理器　dimensional processor

处理 XBRL 维度实例文档或维度分类标准，并根据本部分中的规则检查输入文档一致性的程序。

4　命名空间及前缀

元素或者属性的命名空间前缀使用如 ns:name，其中 ns 是命名空间的前缀，name 是本地名称。关于命名空间前缀到实际命名空间的映射，本部分与表 1 保持一致。表 1 中的前缀列是非规范性的，命名空间 URI 列是规范性的。

表 1　命名空间和命名空间前缀

命名空间前缀	命名空间 URI
xbrldt	http://xbrl.org/2005/xbrldt

表 1（续）

命名空间前缀	命名空间 URI
xbrldi	http://xbrl.org/2006/xbrldi
xbrldte	http://xbrl.org/2005/xbrldt/errors
xbrldie	http://xbrl.org/2005/xbrldi/errors
xbrli	http://www.xbrl.org/2003/instance
xs	http://www.w3.org/2001/XMLSchema
xlink	http://www.w3.org/1999/xlink
Link	http://www.xbrl.org/2003/linkbase

5 维度分类标准

5.1 架构

5.1.1 概述

在 XBRL 实例中，本部分所定义的元素按惯例使用前缀“xbrldi”，其命名空间为 http://xbrl.org/2006/xbrldi，这些元素仅在 scenario 元素和 segment 元素中出现。XBRL 实例根据类型化维度和明确维度所对应的语法约束来进行校验。类型化维度对应的语法约束仅要求通过 XML 模式文件的校验，而明确维度对应的语法约束要求校验每个成员要素的描述以及使用链接库的成员之间的关系。

维度分类标准的特点是使用一系列的弧角色（arc role）。这些弧角色以及它们的属性声明位于 XML 模式文件的 appinfo 部分。

维度模式文件的命名空间为 http://xbrl.org/2005/xbrldt。在文档中使用前缀“xbrldt”，联系到模式文件中定义的元素和属性上去。

维度分类标准可以导入 xbrldt 模式文件，但应通过模式文件校验。根据本部分定义的维度分类标准应符合 GB/T 25500.1。

A.2 xbrldi-2006.xsd 中所定义元素的 XBRL 实例应通过 XML 模式文件的校验。如果 XBRL 实例的 DTS 中包含维度分类标准，则应是符合 GB/T 25500.1 规定的有效实例。

图 1 用图解的方式展示了多种不同的关系、元素在源和目标的类型，以及使用这些元素的不同目的。它们或者是基础项，或者是明确域成员，或者是代表整个维度（类型化维度或者明确维度）的根项。这些关系可以不在同一个扩展类型链接元素中。xbrldt:targetRole 属性用来在多个扩展类型链接元素之间将从基础项到成员的不同片联系起来。{all,notAll} 表示有 all 和 notall 两个可能的关系。元素的其他属性（abstract，xbrldt:typedDomainRef）或弧（xbrldt:closed，xbrldt:usable 和 xbrldt:contextElement）及其类型将通过其可能出现的弧来体现。

基础项声明（Primary Item Declaration）是指在 XBRL 分类标准中所定义、属于 xbrli:item 替换组，但不属于 xbrldt:hypercubeItem 或 xbrldt:dimensionItem 替换组的元素。

只有在 xbrli:item 的替换组中定义的 XBRL 项才可以作为明确维度的成员使用。

连续关系（Consecutive Relationship）是指按照 5.1.2 中定义的规则而连接在一起的两个关系。

维度关系集（Dimensional Relationship Set，DRS）是指连续关系的集合，用于代表基础项声明及其多维元数据之间的关系。

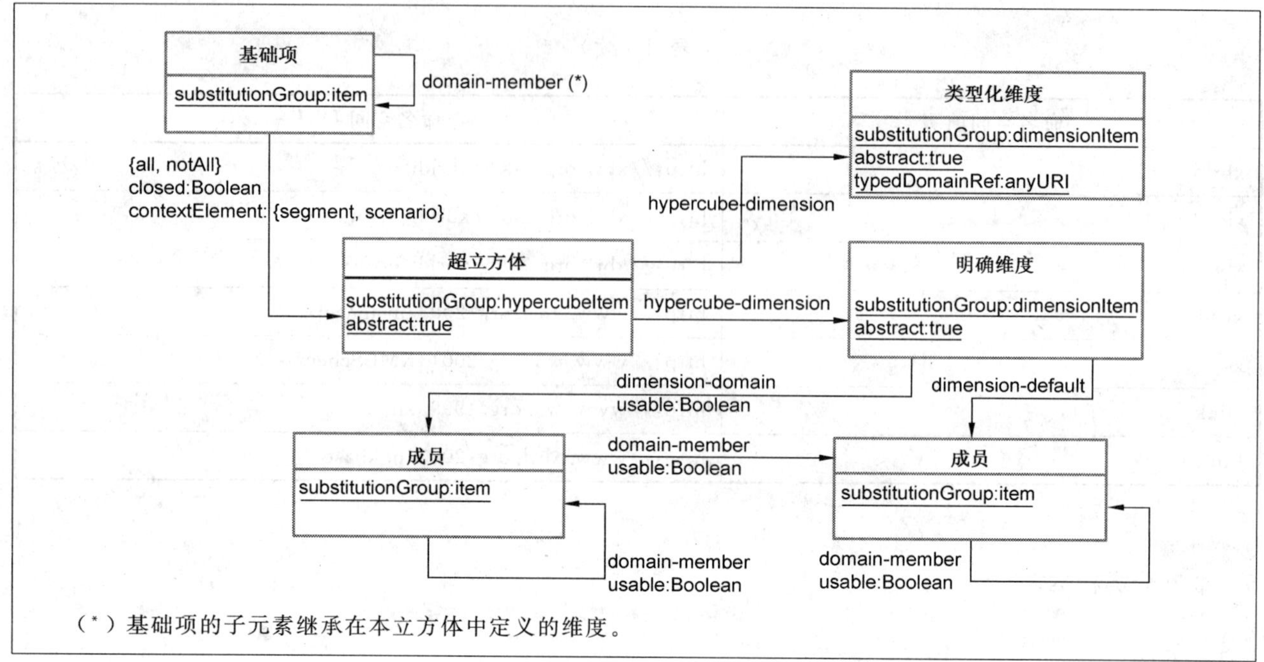

图 1 关于内容的约束与上下文含义的关系

5.1.2 连续关系

两个关系可以是连续的。一对连续关系包括一个起始关系和一个追随关系，两个关系之间满足以下条件即可构成连续关系：

a) 弧的用来描述起始关系的 xlink:arcrole 属性的值和用来描述追随关系的 xlink:arcrole 属性的值应符合表 2 中所列弧角色值的组合的某一项；

b) 由描述起始关系的弧的 xlink:to 属性所定义的定位器所指向的结点集，和由描述追随关系的弧的 xlink:from 属性所定义的定位器所指向的结点集，应是同一个集合。

表 2 可能的连续关系的弧角色值

起 始 弧	追 随 弧
All	hypercube-dimension
not-all	hypercube-dimension
hypercube-dimension	dimension-domain
dimension-domain	domain-member
domain-member	domain-member

5.2 超立方体

5.2.1 概述

超立方体声明(Hypercube Declaration)是 xbrldt:hypercubeItem 替换组的一个抽象的数据项声明。超立方体是一个维度的有序列表，由在维度关系集中通过 hypercube-dimension 关系而与超立方体连接起来的零个或多个维度声明的集合来定义，根据该关系的顺序属性来排序。hypercubeItem 元素的 XML 模式约束如下：

```
<xs:element
 name="hypercubeItem"
 id="xbrldt_hypercubeItem"
 abstract="true"
 substitutionGroup="xbrli:item"
 type="xbrli:stringItemType"
 xbrli:periodType="duration"/>
```

5.2.2 关于超立方体声明的约束

如果一个属于 xbrldt:hypercubeItem 替换组的元素不是抽象的，则维度处理器应能检查出这个错误并提示这个错误，错误用 xbrldte:HypercubeElementIsNotAbstractError 表示。

5.2.3 弧角色 **http://xbrl.org/int/dim/arcrole/hypercube-dimension**

hypercube-dimension 关系，将超立方体声明作为源，而将维度声明作为目标。

分类标准编辑工具中，用于分类标准表示目的的 hypercube-dimension 关系的顺序，由定义该关系的弧的顺序属性值来决定。

hypercube-dimension 关系角色不应含有任何定向的或非定向的环路。

hypercube-dimension 关系声明如下：

```
<arcroleType
 id="hypercube-dimension"
 cyclesAllowed="none"
 arcroleURI="http://xbrl.org/int/dim/arcrole/hypercube-dimension">
 <definition>源(超立方体)包含目标(维度)</definition>
 <usedOn>definitionArc</usedOn>
</arcroleType>
```

以下示例展示了一个含有两种类型化维度(Team 和 Drink)的超立方体。该例表述的是一个在上下文的 segment 或 scenario 元素中对 Team 和 Drink 元素赋值的超立方体。

关于 hypercube-dimension 弧的源和目标有如下两条约束：

a) hypercube-dimension 弧的源应是超立方体声明。如果违反上述规则，维度处理器应通过 xbrldte:HypercubeDimensionSourceError 报错。

b) hypercube-dimension 弧的目标应是维度声明。如果违反上述规则，维度处理器应通过 xbrldte:HypercubeDimensionTargetErro 报错。

示例：

含有 Team 和 Drink 类型化维度的超立方体

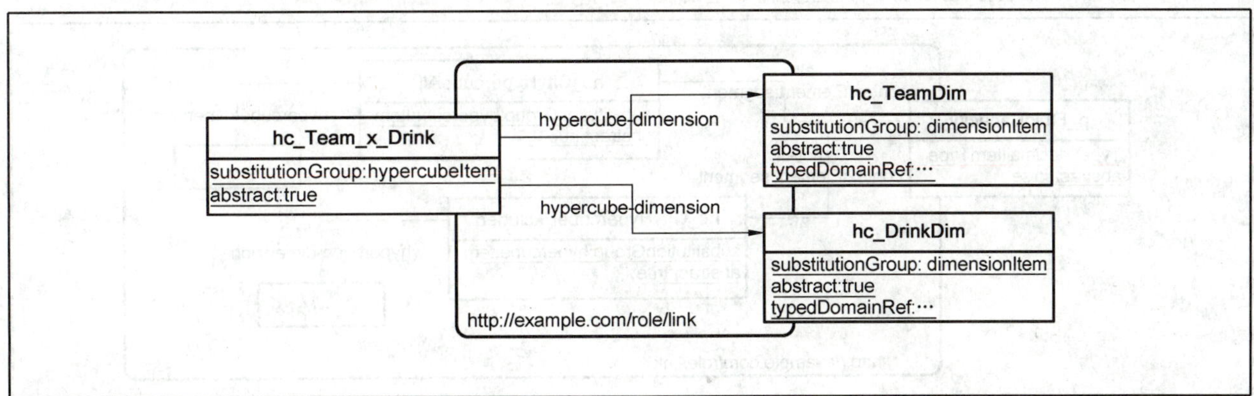

5.3 基础项声明与超立方体

5.3.1 概述

为了约束可能出现于基础项的相关上下文集合，基础项声明可以与零个或多个超立方体相联系。

本部分中，未就其基础项声明与任何超立方体相联系的基础项来定义额外的约束。

超立方体集合可以通过“all”和“notAll”这两个操作符的组合来构成。操作符与其操作对象之间的关系可以使用 XLink 弧来描述，不同的操作员可以使用不同的弧角色。

下面两个弧角色，合称为 has-hypercube 关系：

a） http://xbrl.org/int/dim/arcrole/all；

b） http://xbrl.org/int/dim/arcrole/notAll。

这些关系可能在不同的基础集内。当 has-hypercube 关系在不同的基础集内时，在任何基础集内维度有效的基础项，就是维度有效的。

这些关系能接受在扩展分类标准中的禁用、覆盖或增加。

5.3.2 “all”和“notAll”弧角色

http://xbrl.org/int/dim/arcrole/all 关系中的维度关系集中的关系和实例校验是相关的。源和目标分别是基础项声明和超立方体声明。

“all”关系的否定是“notAll”关系，notAll 关系定义在 http://xbrl.org/int/dim/arcrole/notAll 中。

仅当针对所有联接的超立方体均为有效，实例文档中的基础项声明的实例化就超立方体联合而言才是维度有效的。如果同一个超立方体的非反定义是无效的，则反超立方体“notAll”是有效的。单一超立方体的联合就是超立方体本身，见示例 1、示例 2、示例 3。

示例 1：

带单一超立方体的基础项声明

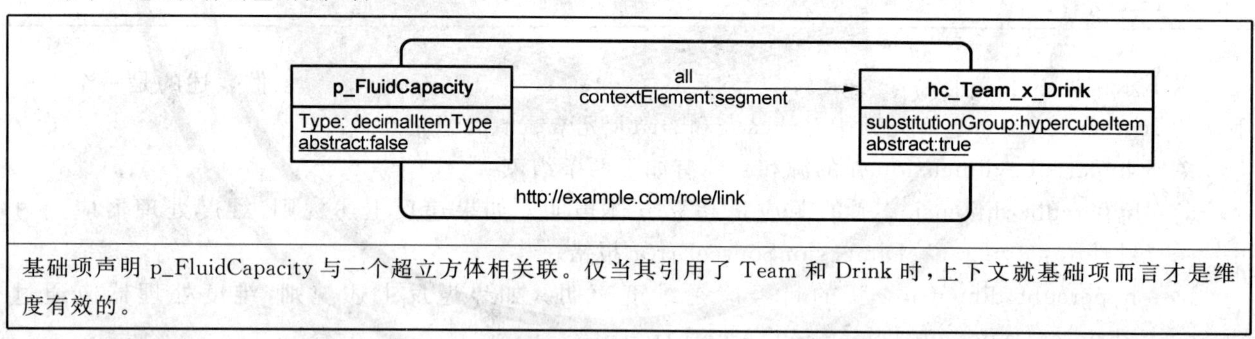

基础项声明 p_FluidCapacity 与一个超立方体相关联。仅当其引用了 Team 和 Drink 时，上下文就基础项而言才是维度有效的。

示例 2：

由“all”和“notAll”联合构成的两个超立方体的基础项声明

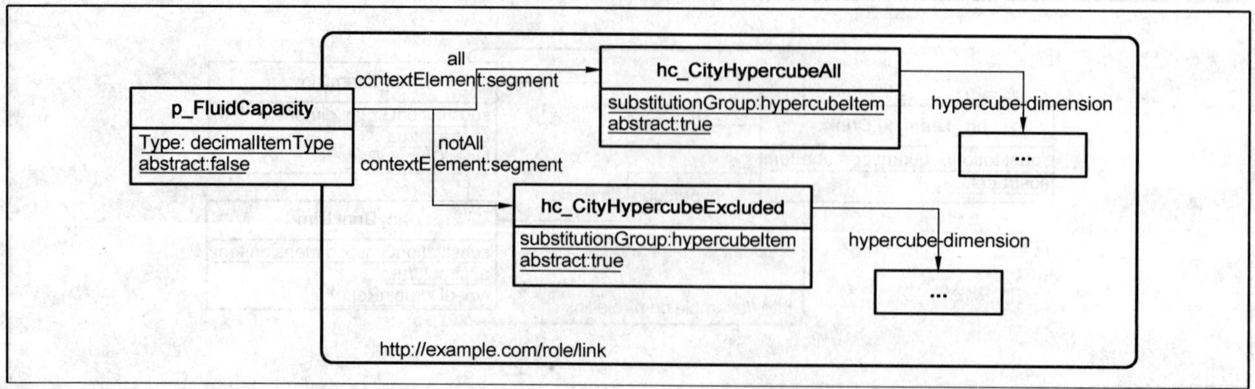

基础项声明 p_FluidCapacity 与属于同一基础集的两个超立方体的组合相关联。仅当其在 segment 中引用了 City 的相关内容时，上下文就基础项而言才是有效的，其中 segment 是 hc_CityHypercubeAll 的成员，且不是 hc_CityHypercubeExcluded 的成员。

在 http://xbrl.org/int/dim/arcrole/all 中的弧角色声明如下：

```
〈arcroleType
  id="all"
  cyclesAllowed="undirected"
  arcroleURI="http://xbrl.org/int/dim/arcrole/all"〉
  〈definition〉源(基础项声明)要求目标(超立方体)的维度成员的组合出现在基础项的上下文里〈/definition〉
  〈usedOn〉definitionArc〈/usedOn〉
〈/arcroleType〉
```

在 http://xbrl.org/int/dim/arcrole/notAll 中的弧角色声明如下：

```
〈arcroleType
  id="notAll"
  cyclesAllowed="undirected"
  arcroleURI="http://xbrl.org/int/dim/arcrole/notAll"〉
  〈definition〉源(基础项声明)要求目标(超立方体)的维度成员的组合不出现在基础项的上下文里〈/definition〉
  〈usedOn〉definitionArc〈/usedOn〉
〈/arcroleType〉
```

示例 3：

带有域成员和反超立方体的基础项，通过将 m_India 从域中移除来限制 p_CostOfSales 的 country 维度的值

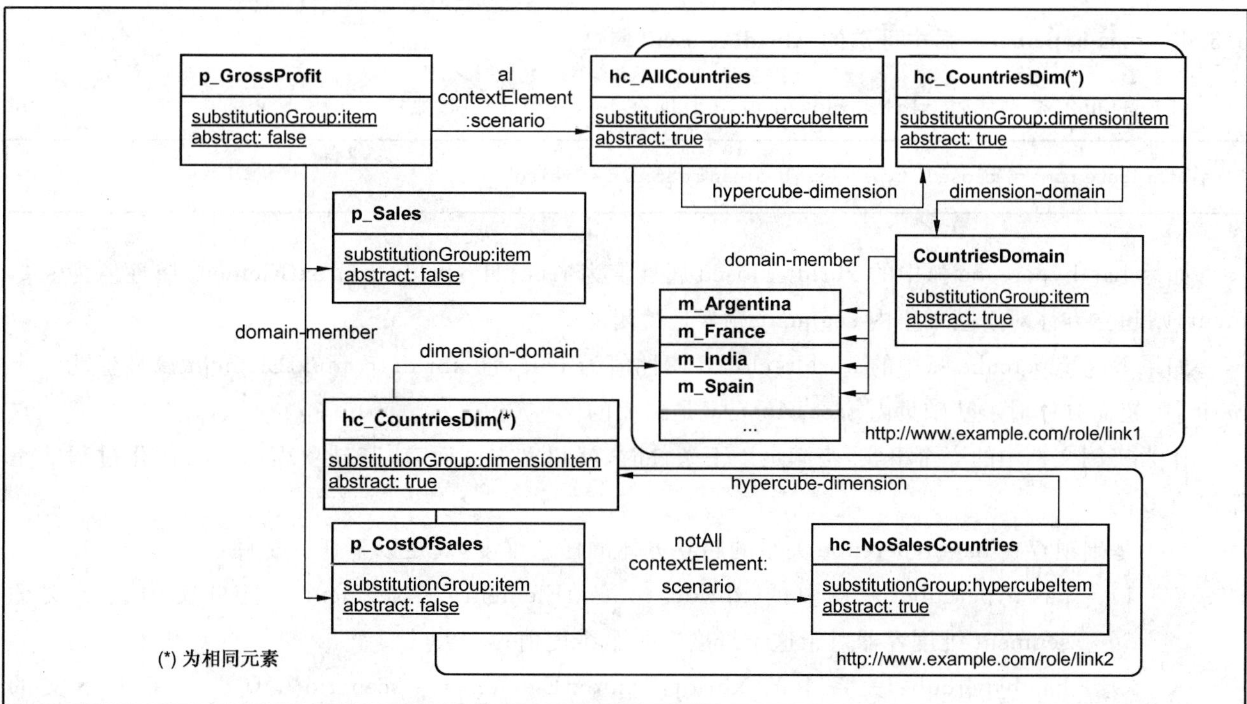

基础项声明 p_GrossProfit 在 domain-member 关系网中有两个子项。对于 p_GrossProfit 和 p_Sales 来说，hc_CountriesDim 维度的有效的成员是{CountriesDomain | m_Argentina | m_France | m_India | m_Spain}，但是 p_CostOfSales 中关于 country 维度的有效成员仅为{CountriesDomain | m_Argentina | m_France | m_Spain}(因此 m_India 已从域中移除)

关于“all”或“notAll”弧的约束如下：

a） 如果“all”或“notAll”弧的源不是一个基础项声明，则维度处理器应通过 xbrldte：HasHypercubeSourceError 报错；

b） 如果“all”或“notAll”弧的目标不是一个超立方体声明，则维度处理器应通过 xbrldte：HasHypercubeTargetError 报错；

c） has-hypercube 弧应有一个 xbrldt：contextElement 属性。如果违反上述约束，则维度处理器应通过 xbrldte：HasHypercubeMissingContextElementAttributeError 报错。

5.3.3 “has-hypercube”弧中应有的“xbrldt：contextElement”属性

每个 has-hypercube 弧都应有 xbrldt：contextElement 属性。

```
<xs:simpleType name = "contextElementType">
  <xs:restriction base = "xs:token">
   <xs:enumeration value = "segment"/>
   <xs:enumeration value = "scenario"/>
       </xs:restriction>
 </xs:simpleType>
<xs:attribute name = "contextElement" type = "xbrldt:contextElementType"/>
```

根据 XML 模式文件中关于 xbrldt 的规定，xbrldt：contextElement 属性应为 segment 值或 scenario 值的其中一项。

5.3.4 “has-hypercube”弧中可选的“xbrldt：closed”属性

可选的布尔类型属性 xbrldt：closed 可以出现在 has-hypercube 弧中。

```
<xs:attribute name = "closed" type = "xs:boolean" default = "false"/>
```

如果 has-hypercube 弧中的 xbrldt：closed 属性值为 true，且 xbrldt：contextElement 属性值为 segment，则超立方体对于基础集内 segment 元素是封闭的。

如果 has-hypercube 弧中的 xbrldt：closed 属性值为 true，且 xbrldt：contextElement 属性值为 scenario，则超立方体对于基础集内 scenario 元素是封闭的。

作为实例文档中的一个事实，当满足以下条件时，就超立方体而言，基础项声明的实例化过程才是维度有效的：

a） 基础项存在 has-hypercube 关系的超立方体的任意维度，满足以下任一条件：

   1） has-hypercube 关系中的 xbrldt：contextElement ＝"segment"，且事实的上下文的 segment 维度容器对于这个维度有一个维度值；

   2） has-hypercube 关系中的 xbrldt：contextElement ＝"scenario"，且事实的上下文的 scenario 维度容器对于这个维度有一个维度值；

   3） 维度有缺省值。

b） 作为实例文档中的一个事实，当满足以下条件时，对封闭超立方体而言，基础项声明的实例化才是维度有效的：

1） 关于超立方体的事实是维度有效的；

2） 关于事实的上下文的 segment 维度容器中的每个维度值，其维度即为封闭超立方体的维度；

3） 关于事实的上下文的 scenario 维度容器中的每个维度值，其维度即为封闭超立方体的维度。

示例：

两个封闭超立方体

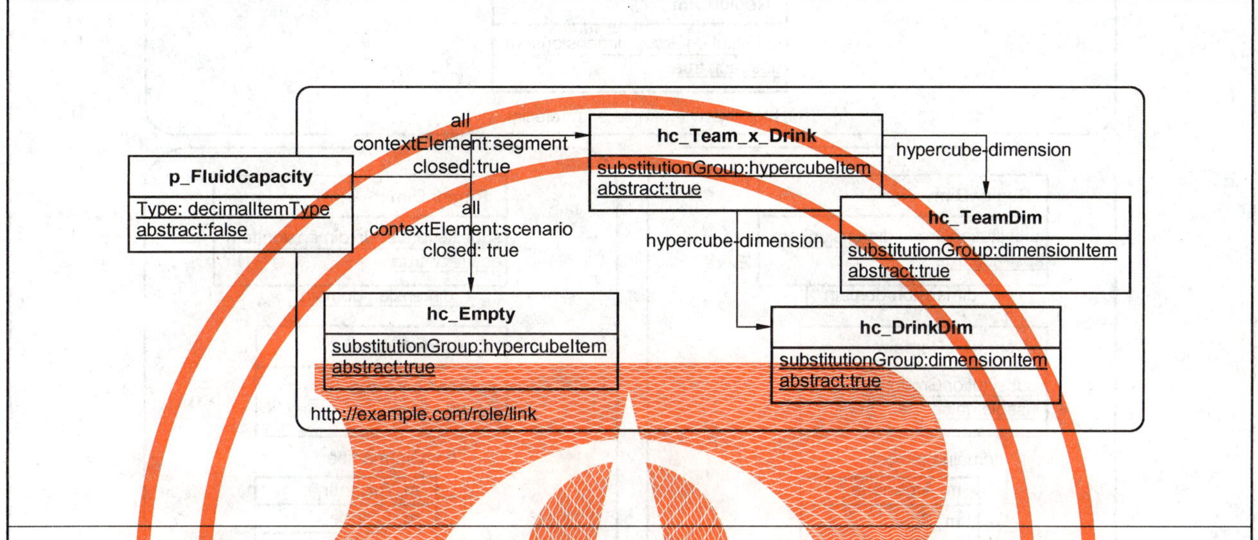

如果弧的 segment 元素只含有 Team 和 Drink，scenario 元素为空，则弧的 xbrldt:closed="true"说明关于目标超立方体的上下文是有效的。需要注意的是，指向 hc_Team_x_Drink 的 all 弧的 xbrldt:contextElement 属性含有 segment 元素，且指向 hc_Empty 的 all 弧的 xbrldt:contextElement 属性含有 scenario 元素。

根据 XML 模式文件中关于 xbrldt 的规定，xbrldt:closed 属性一旦出现，则应有一个布尔值。

5.4 跨越不同基础集的维度关系集合的分割

5.4.1 概述

分类标准的制定者可以利用扩展类型链接元素中的 xlink:role 属性将各种关系分割成不同的基础集。对计算链接库中的 Summation-Item 关系来说，对其进行分割，应保证不存在不相容的维度关系集合。分类标准的制定者可以指定对维度关系的不同基础集分别进行有效性检验。

此外，一个基础项声明集可以在多个 has-hypercube 关系的目标之间有相同的共享超立方体。同样，超立方体声明也可以在多个 hypercube-dimension 关系的目标之间有相同类型化维度。在后文中，新增的关系将会使关系网更加复杂，一些作为不同关系集的源的项目将用来定义不同的维度。

示例 1：

如果同一维度需要定义不同的域成员，则不同的扩展类型链接元素应进行分割，这里应使用一种能标示扩展链接流的机制。xbrldt:targetRole 正是用于此目的。

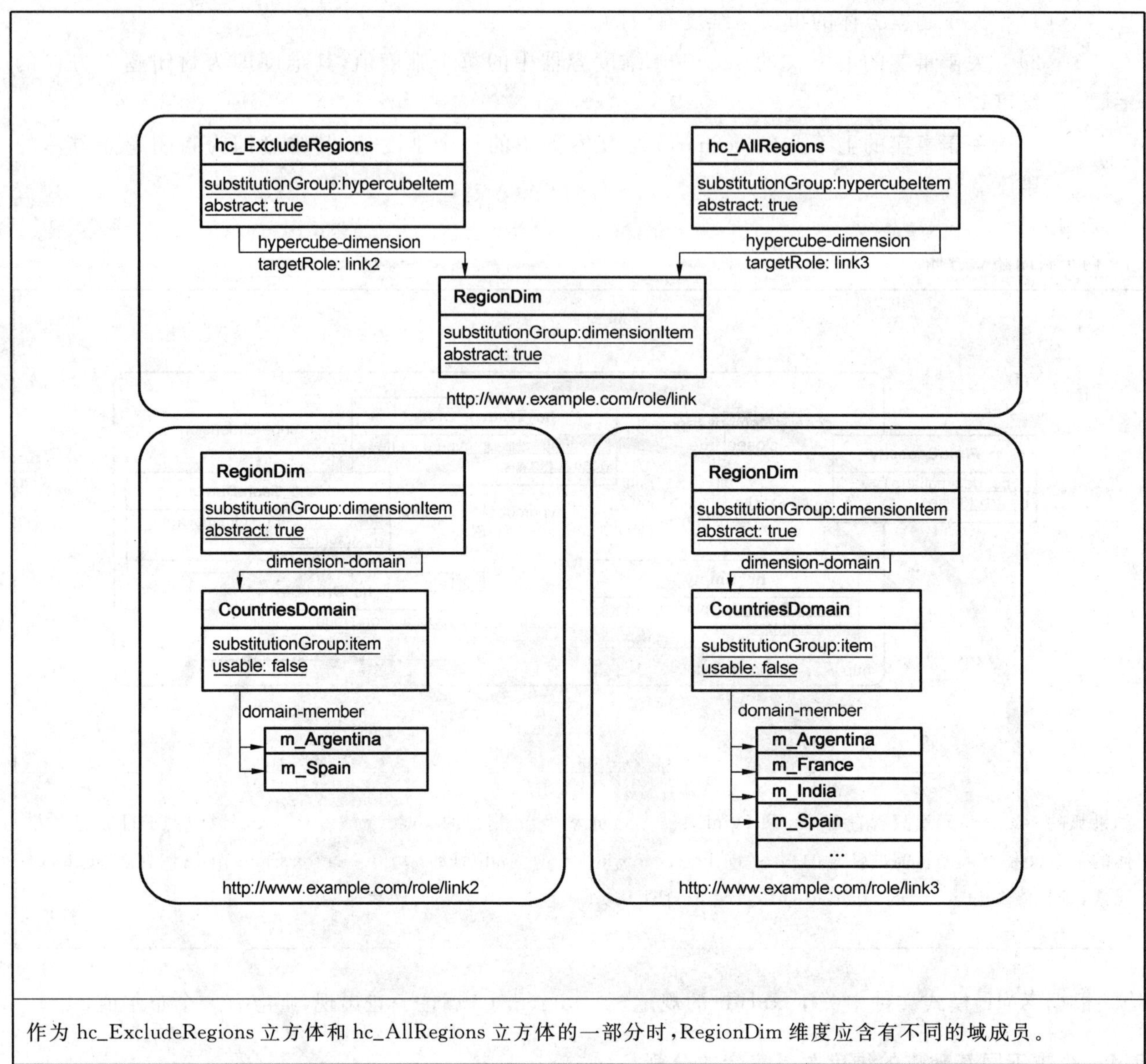

作为 hc_ExcludeRegions 立方体和 hc_AllRegions 立方体的一部分时，RegionDim 维度应含有不同的域成员。

分类标准制定者可以使用弧的可选属性 xbrldt:targetRole，将存在于不同角色中的代表连续关系的两个弧连接在一起。xbrldt:targetRole 属性可以出现在定义弧中，它含有以下弧角色：all，notAll，hypercube-dimension，dimension-domain 和 domain-member。xbrldt:targetRole 属性有 anyURI 类型。URI 解析与 xml:base 属性是否出现无关，且其值应是一个绝对 URI。

```
<xs:attribute name = "targetRole" type = "xs:anyURI"/>
```

源角色(source role)是关系的基础集内 xlink:role 属性的内容。目标角色(target role)是弧本身的 targetRole 的属性的内容。在不同的扩展型链接元素中存在的、代表连续关系的两个弧，应使用 xbrldt:targetRole 属性将两者连接在一起。不这样做将使得连接无法建立并导致诸如空的超立方体、维度和域的出现。

示例 2：

基础集 link2 中的弧在基础集 link1 的弧的 DRS 中

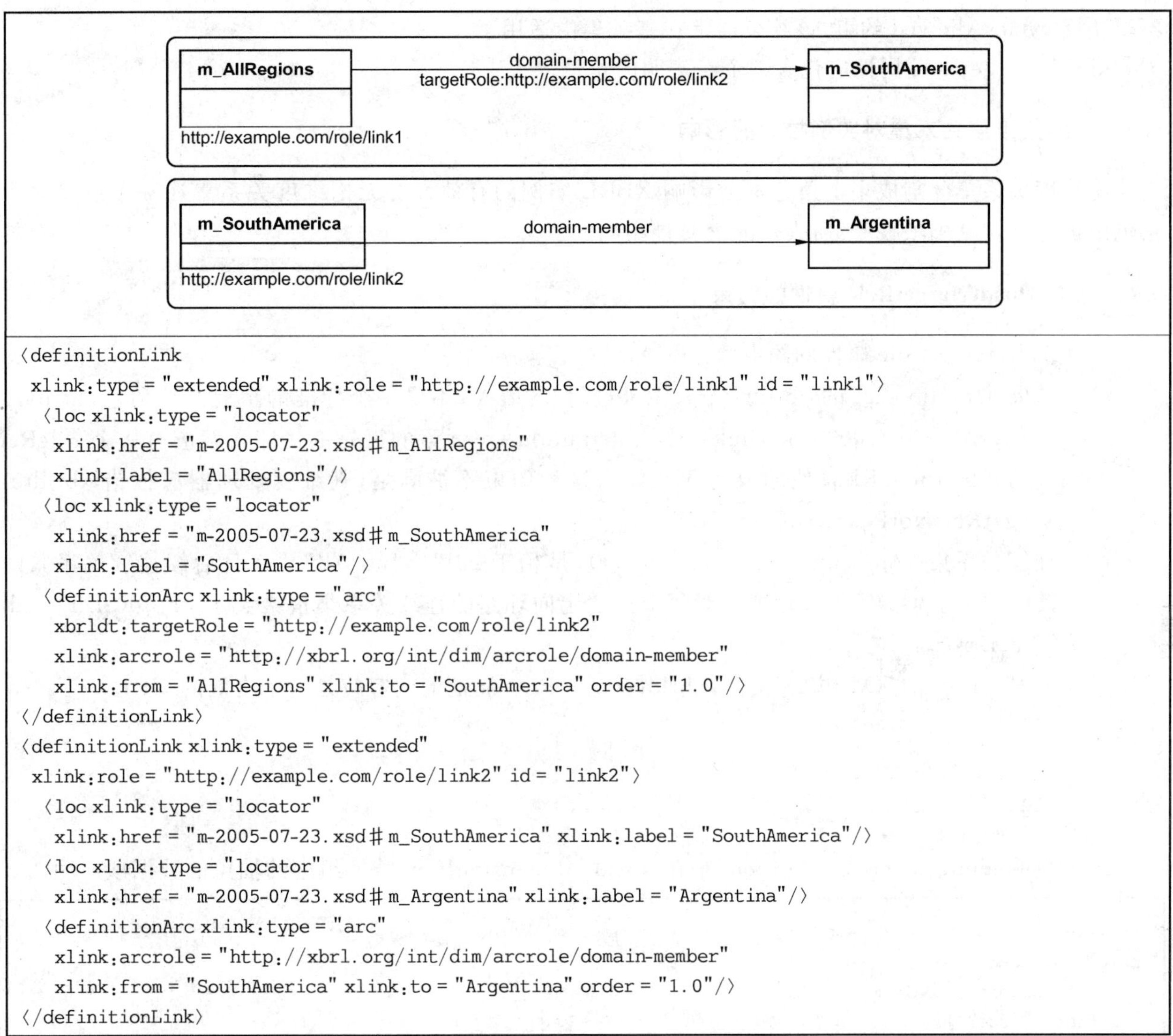


```
〈definitionLink
 xlink:type = "extended" xlink:role = "http://example.com/role/link1" id = "link1"〉
  〈loc xlink:type = "locator"
   xlink:href = "m-2005-07-23.xsd#m_AllRegions"
   xlink:label = "AllRegions"/〉
  〈loc xlink:type = "locator"
   xlink:href = "m-2005-07-23.xsd#m_SouthAmerica"
   xlink:label = "SouthAmerica"/〉
  〈definitionArc xlink:type = "arc"
   xbrldt:targetRole = "http://example.com/role/link2"
   xlink:arcrole = "http://xbrl.org/int/dim/arcrole/domain-member"
   xlink:from = "AllRegions" xlink:to = "SouthAmerica" order = "1.0"/〉
〈/definitionLink〉
〈definitionLink xlink:type = "extended"
 xlink:role = "http://example.com/role/link2" id = "link2"〉
  〈loc xlink:type = "locator"
   xlink:href = "m-2005-07-23.xsd#m_SouthAmerica" xlink:label = "SouthAmerica"/〉
  〈loc xlink:type = "locator"
   xlink:href = "m-2005-07-23.xsd#m_Argentina" xlink:label = "Argentina"/〉
  〈definitionArc xlink:type = "arc"
   xlink:arcrole = "http://xbrl.org/int/dim/arcrole/domain-member"
   xlink:from = "SouthAmerica" xlink:to = "Argentina" order = "1.0"/〉
〈/definitionLink〉
```

xbrldt:targetRole 属性是可选的。如果它在一个关系中出现，任何表示源角色内连续关系的其他关系，均不得被视为是维度关系集的一部分。反而，表示目标角色中连续关系的关系，应被作为维度关系集的组成部分。表3给出了关系 A 与关系 B 的有效连续关系。

表 3　关系 A 与关系 B 的有效连续关系

关系 A 的弧角色	关系 B 的弧角色源于关系 A 的目标			
	all，notAll	hypercube-dimension	Dimension-domain	domain-member
all，notAll	False	role(B) ∈targetRole(A)	False	False
hypercube-dimension	False	False	role(B) ∈targetRole(A)	False
Dimension-domain	False	False	False	role(B) ∈targetRole(A)
Domain-member	False	False	False	role(B) ∈targetRole(A)

5.4.2 分割维度关系集对分类标准校验的影响

将维度关系集分割成多个角色将会影响 XBRL 分类标准的有效性。具有相同弧角色的连续关系不得违反 cyclesAllowed 约束,该约束通常在基础集内适用。

xbrldt:targetRole 属性应包含一个经声明的角色。

5.4.3 分割维度关系集对实例校验的影响

将维度关系集分割成多个角色不会影响 XBRL 实例的有效性。无论维度关系集在一个还是多个角色中被定义,“基础项校验”所表达的含义是相同的。

5.4.4 对 xbrldt:targetRole 属性的约束

对 xbrldt:targetRole 属性的约束为:

a) 如果 definitionArc 的 xbrldt:targetRole 属性的值 V,不是一个标准的扩展链接角色(http://www.xbrl.org/2003/role/link),则该 definitionArc 元素的祖先链接库元素应有一个 roleRef 子元素的 roleURI 属性的值为 V。如果这种约束不被满足,则维度处理器应报错 xbrldte:TargetRoleNotResolvedError。

b) 连续关系集(consecutive relationship set),是始于“all”或“notAll”关系且后续连续关系紧随其后的关系集。维度处理器应对每个包含定向环路的连续关系集报错 xbrldte:DRSDirectedCycleError。

c) 根据 xbrldt 的 XML 模式文件,xbrldt:targetRole 属性的内容应是一个有效的 URI。

5.5 维度

5.5.1 概述

维度声明(dimensional declaration)是在 xbrldt:dimensionItem 替换组中的抽象的数据项声明。

```
〈xs:element
name = "dimensionItem"
id = "xbrldt_dimensionItem"
abstract = "true"
substitutionGroup = "xbrli:item"
type = "xbrli:stringItemType"
xbrli:periodType = "duration"/〉
```

维度项声明的 xbrli:balance、xbrli:periodType 和 nillable 属性没有意义。

本部分中有两个类型的维度:类型化维度和明确维度。维度声明通过使用一个 XBRL 实例的上下文元素中维度容器元素的 dimension 属性的 QName 来引用。维度容器元素的值,对明确维度而言,可以是 QName,对类型化维度而言,可以是复杂类型的 XML 元素。

一个非空的维度包含域,域中有成员。

对类型化维度而言,根据其 XML 模式文件定义而作的 XML 元素的实例化是域的成员,对于明确维度而言,其成员的 QName 为域的成员。

类型化维度的元素域是由一个 XML 模式文件中的全局元素定义来表示的。

明确维度的域是通过遍历连接维度与域、域与成员的弧而构成的。

5.5.2 对维度声明的约束

如果 xbrldt:dimensionItem 的替代组中的元素不是抽象的,则维度处理器应报错 xbrldte:DimensionElementIsNotAbstractError。

5.5.3 类型化维度

类型化维度(typed dimension)是一个维度声明，其成员组成的域是由另一个被 xbrldt:typedDomainRef 属性引用的 XML 元素来定义的。

类型化维度的 xbrldt:typedDomainRef 属性内容应为非空。

xbrldt:typedDomainRef 是定义维度域的 XML 模式文件中的对于元素声明的 xlink:href。

在以下的实例文档中，类型化维度值是有 dimension 属性的 xbrldi:typedMember 元素的子元素，而该 dimension 的值可用于定位类型化维度元素声明。

示例：

类型化维度元素及其域

tax.xsd 中的维度项声明	schema.xsd 中的域声明	instance.xbrl 中的域成员
〈element name = "dCustomer" id = "tax_dCustomer" substitutionGroup = "xbrldt:dimension-Item" type = "xbrli:stringItemType" abstract = "true" xbrli:periodType = "duration" xbrldt:typedDomainRef = "schema.xsd#id_cust" /〉	〈element name = "cust" id = "id_cust"〉 〈simpleType〉 〈restriction base = "string"〉 〈pattern value = "[0-9][0-9][0-9][0-9][0-9]"/〉 〈/restriction〉 〈/simpleType〉 〈/element〉	〈xbrldi:typedMember dimension = "tax:dCustomer"〉 〈cust〉12345〈/cust〉 〈/xbrldi:typedMember〉 〈xbrldi:typedMember dimension = "tax:dCustomer"〉 〈cust〉01742〈/cust〉 〈/xbrldi:typedMember〉
〈element name = "dPhone" id = "tax_dPhone" substitutionGroup = "xbrldt:dimension-Item" type = "xbrli:stringItemType" abstract = "true" xbrli:periodType = "duration" xbrldt:typedDomainRef = "schema.xsd#id_phone" /〉	〈element name = "phone" id = "id_phone" xsi:nillable = "true"〉 〈complexType〉 〈sequence〉 〈element name = "country" type = "integer"/〉 〈element name = "city" type = "integer"/〉 〈element name = "number" type = "integer"/〉 〈/sequence〉 〈/complexType〉 〈/element〉	元素对于域类型有效，例如： 〈xbrldi:typedMember dimension = "tax:dPhone"〉 〈phone〉 〈country〉7〈/country〉 〈city〉7〈/city〉 〈number〉5555555〈/number〉 〈/phone〉 〈/xbrldi:typedMember〉 〈xbrldi:typedMember dimension = "tax:dPhone"〉 〈phone xsi:nil = "true"/〉 〈/xbrldi:typedMember〉

从在实例中实际出现的元素中分离维度项是必要的，因为 GB/T 25500.1 指明，定义链接库中的关系可能只有一个在 xbrli:item 或 xbrli:tuple 替换组中的目标，但对域本身而言，这样的限制既无必要，也不可取。

xbrldt:typedDomainRef 属性常用于在类型化维度中对在 XML 模式文件中定义类型化维度的内容的元素进行定位。

xbrldt:typedDomainRef 属性的值应是一个 URI 引用。xbrldt:typedDomainRef 的值应遵从本部分 XPointer 框架关于片段标识符的规定。

xbrldt:typedDomainRef 属性中引用的 URI 有一个 anyURI 类型。如果 URI 引用是相对的，则其绝对版本在使用之前应以 XML Base 规范的方法来进行计算。

```
〈xs:attribute name = "typedDomainRef" type = "xs:anyURI"/〉
```

由 xbrldt:typedDomainRef 指向的模式文件应是 DTS 的一部分。

xbrldt:typedDomainRef 属性的约束为:

a) 如果 xbrldt:typedDomainRef 属性指向的模式文件没有包含在分类标准的 DTS 中,则维度处理器将报错 xbrldte:OutOfDTSSchemaError。
b) 如果出现在的 XML 模式文件元素声明中的 xbrldt:typedDomainRef 属性不是维度声明,则维度处理器将报错 xbrldte:TypedDomainRefError。
c) 如果 xbrldt:typedDomainRef 属性发现以下情形(参照 xml:base 规范以及本部分中的相关定义),则维度处理器将报错 xbrldte:TypedDimensionError:
   1) 无;
   2) 非全局 XML 模式文件元素声明 ;
   3) 全局抽象元素声明。
d) 如果 xbrldt:typedDomainRef 属性没有包含片段标识符,则维度处理器将报错 xbrldte:TypedDimensionURIError。
e) 依照 xbrldt XML 模式文件,xbrldt:typedDomainRef 的属性内容应为一个有效的 URI。

5.5.4 明确维度

5.5.4.1 概述

明确维度(Explicit Dimension)是一个维度声明,其中不包含 xbrldt:typedDomainRef 属性,有连接零个或多个域成员声明的 dimension-domain 弧,其 QNames 构成维度域。

域成员声明(domain-member declaration)是分类标准中被定义在 xbrli:item 替换组中,而不在 xbrldt:hypercubeItem 或 xbrldt:dimensionItem 替换组中的元素。

明确维度的有效成员的域(domain of valid members of a explicit dimension)是源自同一个域成员的表示 domain-member 关系的维度关系集内所有可用元素的 QNames 的集合。这是去除被标记为不可用的元素的有效域。

域成员继承了所有 XBRL 项的特征,如多语言的标签、展示次序、引用、禁用、覆盖和增长等关系的扩展。这些域成员也可被安置在满足包含关系的需求的 domain-member 关系中。

明确维度的域由源为明确维度元素的 dimension-domain 关系的目标数据项来表示。域数据项的 QName 是一个有效的域成员。

依据图 1 定义的架构,基础项和明确维度域成员均在 xbrli:item 的替换组中。分类标准中定义的基础项能够在实例文件中扮演两个角色:一可作为其他项的上下文中的明确维度成员来使用;二可作为一个项使用。基础项的 QName 不应作为任何其明确维度的域成员。

示例:

明确维度元素及其域

分类标准模式文件中的维度数据项声明	分类标准模式文件中的域成员声明	XBRL 实例中的域成员
〈xs:element name = "ShannxiDim" type = "xbrli:stringItemType" abstract = "true" substitutionGroup = " xbrldt:dimensionItem" nillable = "true" id = "geo_ShannxiDim" xbrli:periodType = "instant"/〉	〈xs:element name = "Xi'an" id = "geo_Xi'an" type = "xbrli:decimalItemType" substitutionGroup = "xbrli:item" nillable = "true" xbrli:periodType = "instant"/〉 〈xs:element name = "Continent" id = "geo_Continent" type = "xbrli:decimalItemType" substitutionGroup = "xbrli:item" nillable = "true" xbrli:periodType = "instant"/〉	QNames (假设 targetNamespace 的命名空间前缀是 geo,并且有一个从 Shannxi 到 Xi'an 的 domain-member 弧): geo:Shannxi geo:Xi'an

5.5.4.2 弧角色 http://xbrl.org/int/dim/arcrole/dimension-domain

dimension-domain 关系将明确维度声明作为源，将域成员声明作为目标，并将维度和域绑定。

域声明的属性 xbrli:balance，xbrli:periodType 以及 nillable 并没有意义。

如 5.5.4.3 所示，弧可以具有非空的 xbrldt:usable 属性。

弧角色 http://xbrl.org/int/dim/arcrole/dimension-domain 声明如下：

```
〈arcroleType
 id = "dimension-domain"
 cyclesAllowed = "none"
 arcroleURI = "http://xbrl.org/int/dim/arcrole/dimension-domain"〉
 〈definition〉源(维度)只有目标(域)作为其域〈/definition〉
 〈usedOn〉definitionArc〈/usedOn〉
〈/arcroleType〉
```

关于 dimension-domain 弧的约束为：

a) 如果弧的源不是一个明确维度声明，则维度处理器应报错 xbrldte:DimensionDomainSourceError。

b) 如果弧的目标不是一个域成员声明，则维度处理器应报错 xbrldte:DimensionDomainTargetError。

c) 如果存在一个环路，其中超立方体的基础项来源亦为有效成员域的其中一个成员，则维度处理器应报错 xbrldte:PrimaryItemPolymorphismError。

5.5.4.3 弧角色 http://xbrl.org/int/dim/arcrole/domain-member

domain-member 关系将域与其成员绑定。该关系的目的是创建明确域成员的集合。

明确维度的维度域(dimension-domain for explicit dimensions)是维度关系集的域成员声明的 Qnames 的集合，该维度关系集是基于 dimension-domain 弧的目标并和 domain-member 弧连接起来的。

domain-member 关系的基础集可以包含非定向的环路，但不应包含定向的环路。

弧角色 http://xbrl.org/int/dim/arcrole/domain-member 声明如下：

```
〈arcroleType
 id = "domain-member"
 cyclesAllowed = "undirected"
 arcroleURI = "http://xbrl.org/int/dim/arcrole/domain-member"〉
 〈definition〉源(域)包含目标(成员)〈/definition〉
 〈usedOn〉definitionArc〈/usedOn〉
〈/arcroleType〉
```

关于 domain-member 弧的约束为：

a) 如果 domain-member 弧的源不是一个基础项声明，则维度处理器应报错 xbrldte:DomainMemberSourceError。

b) 如果 domain-member 弧的目标不是一个基础项声明，则维度处理器应报错 xbrldte:DomainMemberTargetError。

c) 如果存在这样一个环路：超立方体的基础项的来源同时是有效成员的域的一个成员，则维度处理器应报错 xbrldte:PrimaryItemPolymorphismError。

5.5.4.4 可选的 xbrldt:usable 属性

xbrldt:usable 属性用于标识不应在实例文档中被当作域值来使用的域成员。它允许将成员引入域成员层次中,以达到组织层次的目的。

xbrldt:usable 属性可以出现在弧 http://xbrl.org/int/dim/arcrole/dimension-domain 或者弧 http://xbrl.org/int/dim/arcrole/domain-member 中。

xbrldt:usable 属性的缺省值为 true。

如果某个弧的 xbrldt:usable 属性值为 false,则其目标将被排除在有效成员的域之外。

以上排除并不影响基于该等被排除的元素的 domain-member DRS 内的后继子元素。

维度的有效域(effective domain)是使用 dimension-domain 弧进行声明的所有维度域的并集,而该 dimension-domain 弧在维度关系集内是针对特定维度而存在的。

如果对在维度的有效域内进行的明确维度的有效成员的域进行赋值时,某成员在一个维度域中 xbrldt:usable=false 成立,且在另一维度域中 xbrldt:usable=true 成立,则应认为该成员被从明确维度的有效成员的域中有效排除。

对 xbrldt:usable 属性值的约束为,依据 xbrldt 的 XML 模式文件,xbrldt:usable 属性的值应为 Boolean。

5.6 domain-member 关系和继承

5.6.1 概述

基础项声明可以是 domain-member 关系的源。当基础项声明同时为 domain-member 关系和 has-hypercube 关系的源时,domain-member 关系的目标将继承源元素的 has-hypercube 关系。这种继承是可迁的。继承保留了基础集以及原始 has-hypercube 关系的 DRS,同时还保留了其 xbrldt:contextElement 属性和 xbrldt:closed 属性的值。

下例介绍了两个基础项声明拥有相同祖先,并均继承了超立方体的 all 关系。

示例:

继承超立方体的两个基础项声明

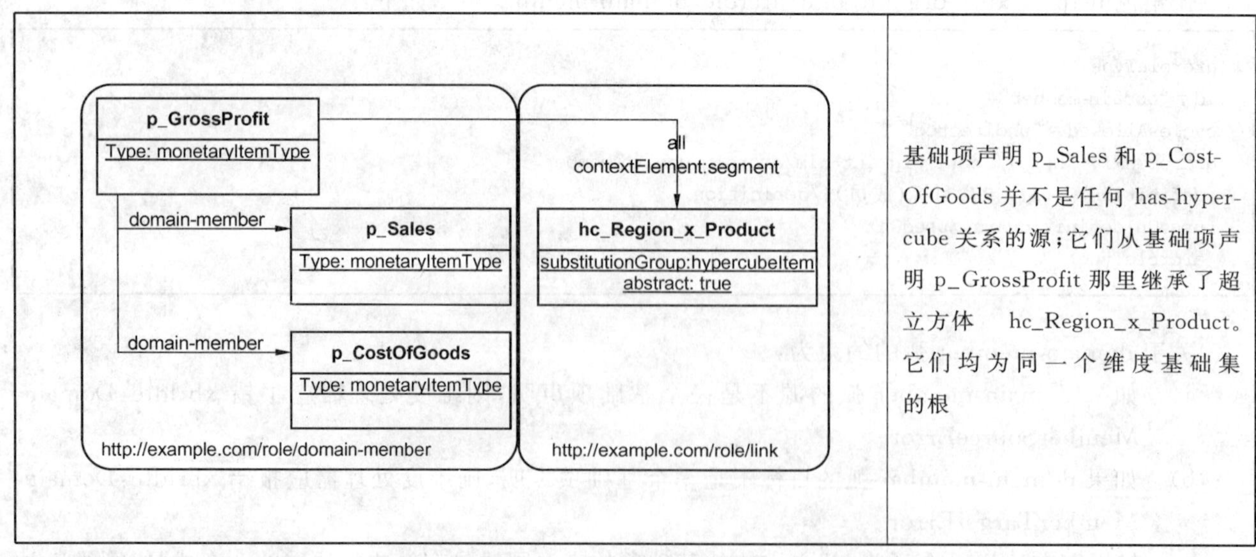

没有直接的 has-hypercube 关系的基础项声明,可以从其 domain-member 网络的父级处继承任意

多的 has-hypercube 关系。has-hypercube 关系对实例校验的影响不变，是因为其关系已经得到继承。

5.6.2 多个 has-hypercube 弧的处理

使用基础分类标准的元素而产生的 domain-member 网络中可具有处在不同树层次中的多个 has-hypercube 关系。根据 6.2.2，只有在同一个基础集内的超立方体才能被考虑同时进行校验。

示例 1：

多个立方体的继承和处理

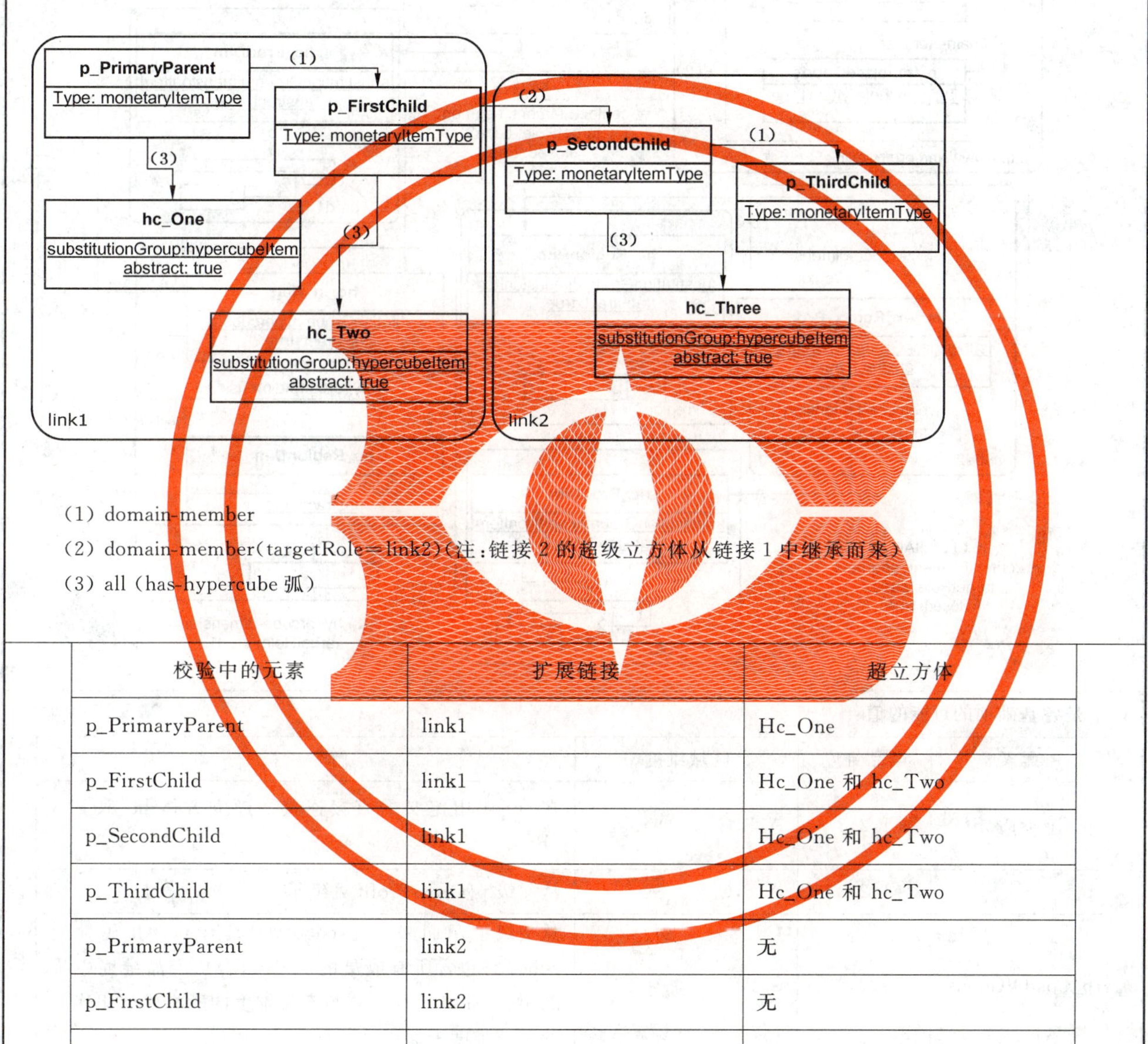

(1) domain-member

(2) domain-member(targetRole=link2)(注：链接 2 的超级立方体从链接 1 中继承而来)

(3) all (has-hypercube 弧)

校验中的元素	扩展链接	超立方体
p_PrimaryParent	link1	Hc_One
p_FirstChild	link1	Hc_One 和 hc_Two
p_SecondChild	link1	Hc_One 和 hc_Two
p_ThirdChild	link1	Hc_One 和 hc_Two
p_PrimaryParent	link2	无
p_FirstChild	link2	无
p_SecondChild	link2	Hc_Three
p_ThirdChild	link2	Hc_Three

超立方体的继承遍布 domain-member 网络的整个维度关系集。

示例 2：

domain-member 网络中多个 all 属性超立方体

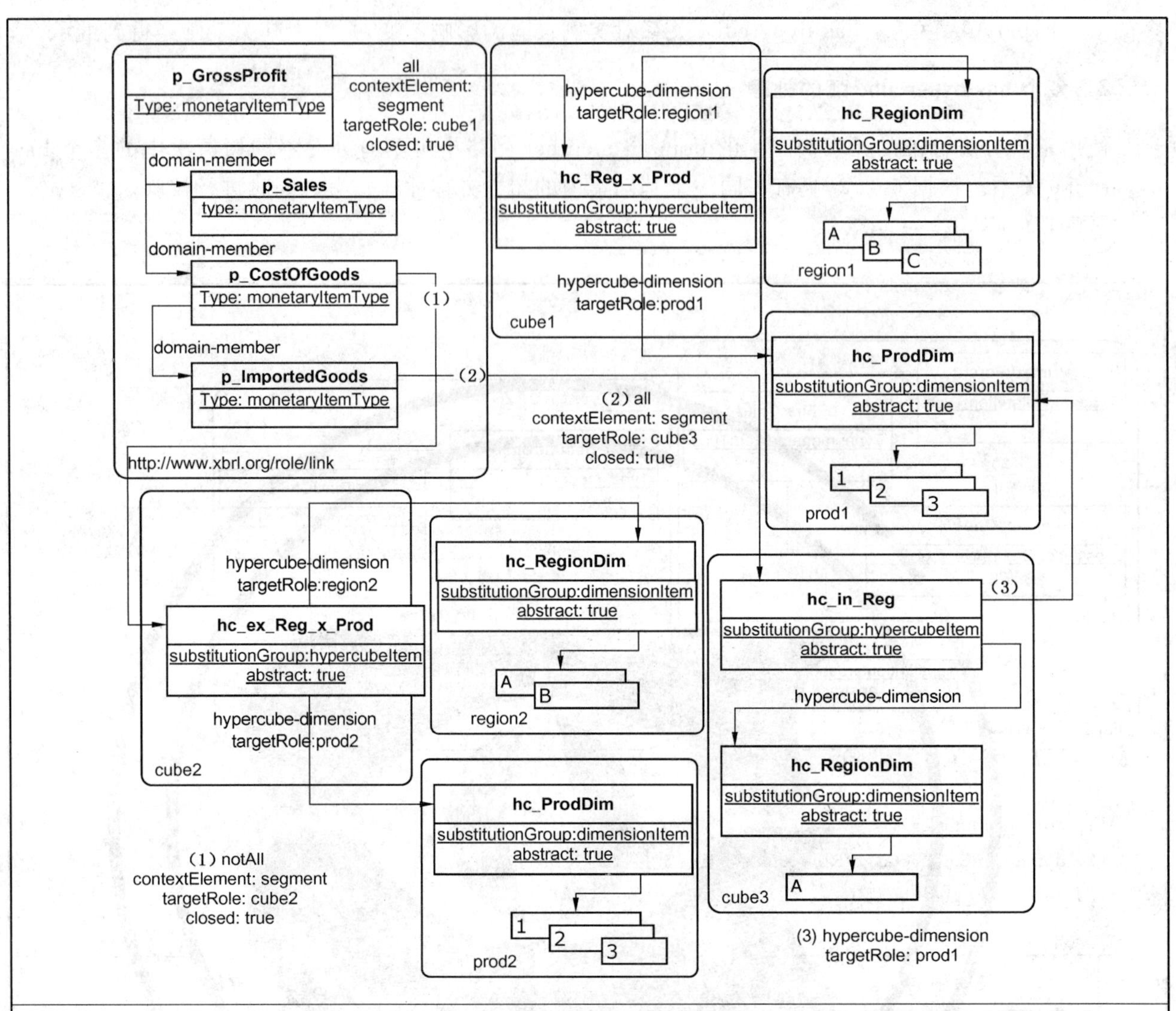

以下是各基础项的可能的值：

元素	产品维度	区域维度	解　　释
p_GrossProfit	1,2,3	A,B,C	在cube1中定义的直接连接的超立方体hc_Reg_x_Prod
p_Sales	1,2,3	A,B,C	从父级p_GrossProfit处继承
p_CostOfGoods	1,2,3	C	从父级继承而来的是cube1,但具有notAll属性的cube2将包含所有成员的A,B组合从产品维度中排除出去,并将元素C在与产品维度的所有成员相连接的区域维度中保留
p_ImportedGoods	1,2,3	无组合是一种可能出现的情况,如果发生这种情况,维度处理器会发出警告	只有C区域和产品域的所有成员的组合是从父级p_CostOfGoods处继承而来。cube3不兼容,因为它仅包含区域A。在cube1而非cube2中声明的超立方体或者在cube3中声明的超立方体将可能无效,因此超立方体是不兼容的,并且不可能为p_ImportedGoods创建维度有效的实例化

has-hypercube弧的处理顺序与结果无关。

5.7 维度的缺省值

5.7.1 概述

维度允许有缺省值。

dimension-default 关系规定了哪个域成员担任维度的缺省成员。

维度的缺省值由维度处理器自动推理得出，不应在实例的上下文中出现。

对维度缺省值的自动推理可以被运用于分类标准中，使得 summation-item 或者特定事实间的其他关系，无需特别的维度即可报告。

示例：

关于 summation-item 关系的缺省值的自动推断

```
<tx:GrossProfit contextRef = "ctx1" unitRef = "JPY">100000000</tx:GrossProfit>
<tx:GrossProfit contextRef = "ctx2" unitRef = "JPY">50000000</tx:GrossProfit>
<tx:Taxes contextRef = "ctx1" unitRef = "JPY" >35000000</tx:Taxes>
<tx:NetProfit contextRef = "ctx1" unitRef = "JPY">65000000</tx:NetProfit>

<context id = "ctx1">
 <entity>
  <identifier scheme = "http://nic.net">例.com</identifier>
 </entity>
 <period><forever/></period>
</context>

<context id = "ctx2">
 <entity>
   <identifier scheme = "http://nic.net">例.com</identifier>
   &lt;segment&gt;
    <xbrldi:explicitMember dimension = "tp:ProductDim">p:Cars</xbrldi:explicitMember>
   &lt;/segment&gt;
 </entity>
 <period><forever/></period>
</context>
```

在 tx 分类标准中，只有 GrossProfit 这个基础概念有一个产品维度，产品维度中的缺省成员为 p:TotalProducts。在基础分类标准 tx 中存在计算网络去表达 NetProfit = GrossProfit - Taxes。TotalProducts (contextRef = "ctx1"的那一个)的概念 GrossProfit 是维度有效的(ProductDim = p:TotalProducts)，并和 Taxes 和 NetProfit 一起用于 summation-item 关系中。

5.7.2 弧角色 http://xbrl.org/int/dim/arcrole/dimension-default

dimension-default 弧角色从其源识别出维度元素，并从其目标识别出缺省成员。

在 dimension-default 弧的目标中标示缺省成员是全局的。如果一个 dimension-default 弧存在于一个扩展链接中，则其缺省成员被认为定义在维度被使用的所有扩展链接中，并且域中包含弧的目标所表示的域成员。

dimension-default 关系与 xbrldt:targetRole 属性无关。

dimension-default 弧的存在并不在任何源维度域内添加任何目标项。

http://xbrl.org/int/dim/arcrole/dimension-default 弧角色声明如下：

```
<arcroleType
  id="dimension-default"
  cyclesAllowed="none"
  arcroleURI="http://xbrl.org/int/dim/arcrole/dimension-default">
  <definition>源(维度)声明,存在一个作为弧(成员)的目标的缺省成员</definition>
  <usedOn>definitionArc</usedOn>
</arcroleType>
```

5.7.3 对 dimension-default 弧的约束

对 xbrldt:targetRole 属性的约束为:

a) 如果弧的源不是一个明确维度声明,则维度处理器应报错 xbrldte:DimensionDefaultSourceError。

b) 如果弧的目标不是一个域成员声明,则维度处理器应报错 xbrldte:DimensionDefaultTargetError。

c) 一个维度不应含有超过一个缺省成员。如果违反该规则,则维度处理器应报错 xbrldte:TooManyDefaultMembersError。

5.7.4 有关维度缺省成员的实例文档的约束

维度的缺省成员不能出现在上下文中。当缺省成员出现时,维度处理器应报错 xbrldie:DefaultValueUsedInInstanceError。

6 实例文档里的维度

6.1 概述

基础分类标准定义了概念,以用于表示 XBRL 实例文档中的事实。

一个 DTS 包含依据本部分定义的维度关系的实例文档,应根据本部分定义的规则进行校验。

实例文档的校验应逐项进行。维度处理器应找到和文档 DTS 内的项目有关的超立方体,并且逐一校验。如果其所有维度都是有效的,则超立方体就是有效的。如在上下文中存在域的成员或者该维度包含缺省成员,则维度就是有效的。超立方体校验的结果应为那些使用特定运算符"all"、"not all"而在同一基础集内共存的超立方体而相连接。如果一个基础项不与任何超立方体关联,或者至少存在这样一个扩展链接角色,通过该角色基础项被关联到联合校验结果为有效的超立方体的组合上去,则该基础项是有效的。

6.2 基础项的校验

6.2.1 概述

每个拥有在实例文档的 DTS 中的超立方体的基础项,应根据至少一个定义超立方体的基础集而被判定为有效。

当基础集包含至少一个源为该基础项声明的 has-hypercube 关系时,基础项声明就是基础集内维度关系集的根。

当基础项声明是一个基础集的根的时候,其同时也是该基础集的维度关系集的根。

维度有效的基础项实例化应属于以下两种情况之一,它不是任何维度关系集的根,或者是上下文维度有效的维度关系集的根。

示例：

位于维度关系集的根的基础项

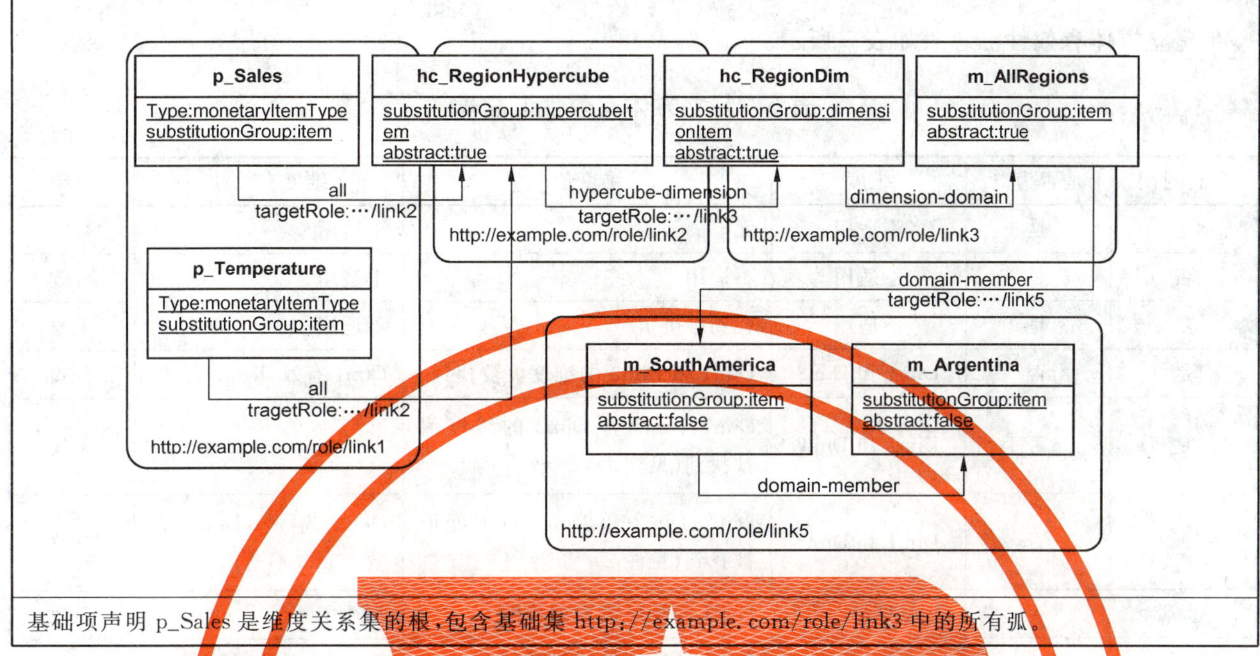

基础项声明 p_Sales 是维度关系集的根，包含基础集 http://example.com/role/link3 中的所有弧。

基础项声明是否在元组中出现，与基础项实例化和上下文是否维度有效无关。

6.2.2 关于基础项有效性的约束

如果超立方体至少在一个基础集被发现是相互有效的，则基础项就是维度有效的。如果在所有基础集内的超立方体组合是无效的，则维度处理器将报错 xbrldie:PrimaryItemDimensionallyInvalidError。

6.2.3 基础集内超立方体的互相有效性

如果将所有超立方体联结起来的操作能够被满足，则依据基础集内定义的超立方体来判断，基础项是有效的。

表 4 表示当根据超立方体以及在同一基础集内连接多个超立方体的操作做出判断，基础项为无效时，维度处理器将提出警告。

表 4 多个超立方体的连接和其运算结果

立方体数目	运算符	超立方体评价	基础项评价结果	警告
1	all	有效	有效	无
1	notAll	无效	有效	无
2	all notAll	有效 无效	有效	无
1	all	无效	无效	仅有一个超立方体，其 all 运算无效
1	notAll	有效	无效	仅有一个超立方体，其 notAll 运算有效
2	all notAll	有效 有效	无效	基础集内已定义多个超立方体，其连接结果为无效

6.2.4 超立方体的个体有效性

超立方体有效性汇总表如表 5 所示。

表 5 超立方体有效性汇总表

是否封闭	是否为空	维度	维度值	维度有效性	结果
是	是	不适用	无	不适用	有效
否	是	不适用	不适用	不适用	有效
是	是	不适用	找到维度值	不适用	无效
是	否	Dim1 和 Dim2	Dim1 和 Dim2 的维度值被找到	Dim1 有效,Dim2 有效	有效
是	否	Dim1 和 Dim2	Dim1、Dim2 和 Dim3 的维度值被找到(见注 1)	不适用	无效
否	否	Dim1 和 Dim2	Dim1、Dim2 和 Dim3 的维度值被找到(见注 2)	Dim1 有效,Dim2 有效,Dim3 不适用	有效
是/否	否	Dim1	Dim1 的维度值未被找到	不适用	无效
是/否	否	Dim1	Dim1 的维度值被找到	Dim1 无效	无效

注 1：无效,因为超立方体已封闭并且 Dim3 并不需要。

注 2：超立方体是开放的,所以 Dim3 是被允许的。

超立方体中的所有维度应依据 6.2.5 中定义的规则来校验。

超立方体的个体有效性的约束为：

a) 一个封闭的超立方体不应包含不期望出现的维度值。如果封闭的超立方体中包含了任何不被期望出现的值,则它为无效。

b) 由 has-hypercube 弧的 xbrldt:contextElement 属性所标示的容器中应存在一个维度值。

c) 超立方体中定义的所有维度依据 6.2.5 规则而言是有效的。如果一个维度无效,则整个超立方体无效。

6.2.5 维度的有效性

维度值(dimension value)是指明确维度的明确维度容器的内容值的 QName,或是指作为类型化维度的类型化维度容器的第一个子元素的 XML 片段。维度值的存在是为一个或两个可能的上下文容器——segment 或 scenario 中的其中某个特定容器服务的。其默认值为所有可能的维度值,但它们并不包含在维度容器中。

维度容器(dimension container)是对类型化维度而言就是 xbrldi:typedMember 元素,对明确维度而言就是 xbrldi:explicitMember 元素。

维度值对其域应是有效的。

6.2.6 获取维度的维度值

维度处理器应能从 segment 或者 scenario 元素中获取类型化维度或明确维度的值。

类型化维度的维度值内容即为 xbrldi:typedMember 元素的内容,其 dimension 属性值为在用的维度的 QName 值。

明确维度的维度值内容即为 xbrldi:explicitMember 元素的内容,其维度属性为在用的维度的 QName 值,或者在该值未在实例中通报并且维度拥有缺省成员的情况下,即为缺省成员的 QName 值。

缺省值(default value)为缺省成员的 QName。

6.2.7 对维度值的约束

6.2.7.1 概述

对维度值的约束为:

a) 上下文中针对每个维度不应包含超过一个维度值 。如果此规则被违反,则校验器应报告错误 xbrldie:RepeatedDimensionInInstanceError。

b) 缺省值不能出现在实例文档中。如果出现缺省值,则应报告错误 xbrldie:DefaultValueUsedInInstanceError。

6.2.7.2 上下文及其维度有效性的示例

示例 1:

包含对相同维度的两个引用的维度无效的上下文

```
〈context id="c3"〉
  〈entity〉
    〈identifier scheme="http://nic.net"〉例.com〈/identifier〉
    〈segment〉
      〈xbrldi:typedMember dimension="tax:Team"〉
        〈d:Team〉Rams〈/d:Team〉
      〈/xbrldi:typedMember〉
    〈/segment〉
  〈/entity〉
  〈period〉〈forever/〉〈/period〉
  〈scenario〉
    〈xbrldi:typedMember dimension="tax:Team"〉
      〈d:Team〉Lakers〈/d:Team〉
    〈/xbrldi:typedMember〉
  〈/scenario〉
〈/context〉
```

示例 2:

关于超立方体为有效的段

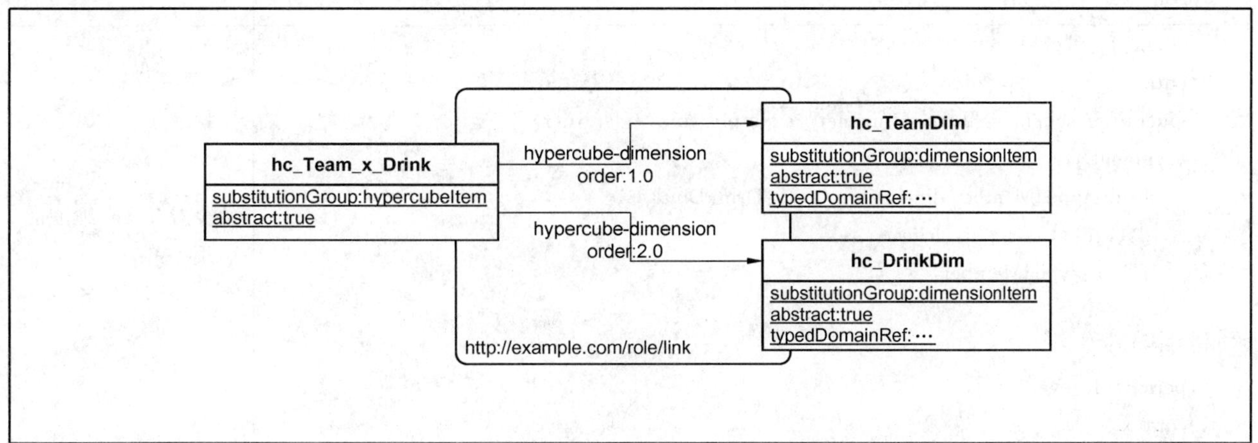

```
〈context id = "c4"〉
 〈entity〉
  〈identifier scheme = "http://nic.net"〉例.com〈/identifier〉
  〈segment〉
   〈xbrldi:typedMember dimension = "tax:TeamDim"〉
    〈d:Team〉Rams〈/d:Team〉
   〈/xbrldi:typedMember〉
   〈xbrldi:typedMember dimension = "tax:DrinkDim"〉
    〈d:Drink〉Coors〈/d:Drink〉
   〈/xbrldi:typedMember〉
  〈/segment〉
 〈/entity〉
 〈period〉〈forever/〉〈/period〉
〈/context〉
```

示例 3：

关于超立方体为维度无效的两个段

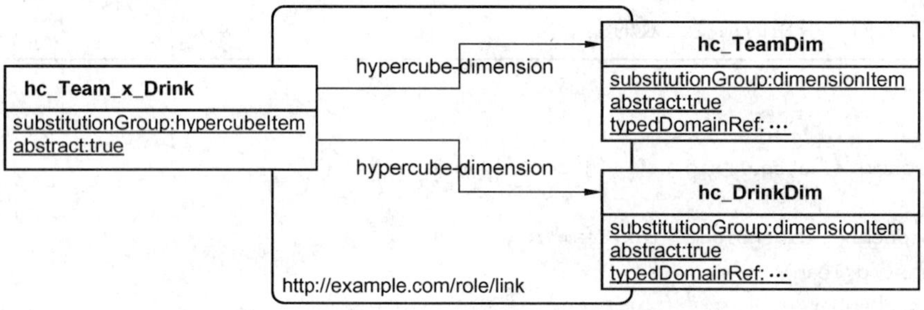

〈context id="c5"〉 〈entity〉 〈identifier scheme="http://nic.net"〉example.com〈/identifier〉 〈segment〉 〈xbrldi:typedMember dimension="tax:TeamDim"〉 〈d:Team〉Rams〈/d:Team〉 〈/xbrldi:typedMember〉 〈/segment〉 〈/entity〉 〈period〉〈forever/〉〈/period〉 〈/context〉	缺少对 Drink 维度的引用
〈context id="c7"〉 〈entity〉 〈identifier scheme="http://nic.net"〉example.com〈/identifier〉 〈segment〉 〈xbrldi:typedMember dimension="tax:DrinkDim"〉 〈d:Drink〉Coors〈/d:Drink〉 〈/xbrldi:typedMember〉 〈/segment〉 〈/entity〉 〈period〉〈forever/〉〈/period〉 〈/context〉	缺少对 Team 维度的引用

示例 4:

依据维度和域判断而得的有效和无效超立方体

维度	域	成员	结　果
RegionDim	r:Europe,r:Asia,r:Africa,r:SouthAmerica	r:Europe	有效(成员在域中)
RegionDim	r:Europe,r:Asia,r:Africa,r:SouthAmerica	r:Japan	无效(成员不在域中)
RegionDim 和 ProductDim	r:Europe,r:Asia,r:Africa,r:SouthAmerica p:Wine,p:Cars,p:Other	p:Wine	无效(Region 维度缺值) 应报告错误 xbrldie: primaryItemDimensionallyInvalidError
RegionDim 和 ProductDim	r:Europe,r:Asia,r:Africa,r:SouthAmerica p:Wine,p:Cars,p:Other	r:Japan	无效(Product 维度缺值) 应报告错误 xbrldie: primaryItemDimensionallyInvalidError
RegionDim 和 ProductDim	r:Europe,r:Asia,r:Africa,r:SouthAmerica p:Wine,p:Cars,p:Other	r:Africa p:Soja	无效(成员不在 Product 域中)
RegionDim 和 ProductDim	r:Europe,r:Asia,r:Africa,r:SouthAmerica p:Wine,p:Cars,p:Other	r:Africa p:Cars	有效(成员在 Region 和 Product 域中)

示例 5:

由于违反超立方体约束而导致基础项维度无效

```
〈unit  id="eur"〉〈measure〉iso4217:CNY〈/measure〉〈/unit〉
〈context id="c19"〉
 〈entity〉
  〈identifier scheme="http://nic.net"〉例.com〈/identifier〉
  〈segment〉
   〈xbrldi:explicitMember dimension="p:ProductDim"〉
     p:m_RedWine〈/xbrldi:explicitMember〉
    〈xbrldi:explicitMember dimension="p:RegionDim"〉
     p:m_China〈/xbrldi:explicitMember〉
   〈/segment〉
  〈/entity〉
  〈period〉〈forever/〉〈/period〉
〈/context〉
〈p:p_GrossProfit
 contextRef="c19" unitRef="cny"
 decimals="INF"〉10000〈/p:p_GrossProfit〉
〈p:p_CostOfGoods
  contextRef="c19" unitRef="cny"
  decimals="INF"〉50000〈/p:p_CostOfGoods〉
〈p:p_Sales contextRef="c19" unitRef="cny"
 decimals="INF"〉60000〈/p:p_Sales〉
```

假设上下文中使用了 5.6.1 和 6.2.7.4示例中定义的 DRS。p:m_China 不是 RegionDim 的域成员;尽管只有 p_Sales 有一个 hc_Product_x_Region 的明确“All”弧,但三个事实都违反了该约束

6.2.7.3 类型化维度

6.2.7.3.1 xbrldi:typedMember 元素

类型化维度的成员是元素的实例化,该等元素符合在类型化维度声明的 xbrldt:typedDomainRef 属性中被引用的元素。

xbrldi:typedMember 元素是 XML 元素，其内容应为另一个其模式声明位于 xbrldt:typedDomainRef 属性的元素。

```
<element name="typedMember">
  <annotation>
   <documentation xml:lang="en">该元素包含 anyType 的一个子项
   </documentation>
  </annotation>
  <complexType>
   <sequence>
    <any namespace="##other"/>
   </sequence>
   <attribute name="dimension" type="QName" use="required"/>
  </complexType>
</element>
```

xbrldi:typedMember 元素的 dimension 属性的内容应解析为在实例的 DTS 中的类型化维度声明的 QName。

如果根据在 xbrldt:typedDomainRef 属性中被引用 XML 模式文件声明，维度值是有效的，则类型化维度就是有效的。

示例 1：

两个在上下文的段中被引用的维度

```
<context id="c1">
  <entity>
   <identifier scheme="http://nic.net">example.com</identifier>
   &lt;segment&gt;
    <xbrldi:typedMember dimension="tax:TeamDim">
     <d:Team>Lakers</d:dTeam>
    </xbrldi:typedMember>
    <xbrldi:typedMember dimension="tax:DrinkDim">
     <d:Drink>Coors</d:Drink>
    </xbrldi:typedMember>
   &lt;/segment&gt;
  </entity>
  <period><forever/></period>
</context>
```

示例 2：

两个在上下文的场景中被引用的维度

```
<context id="c2">
  <entity>
   <identifier scheme="http://nic.net">example.com</identifier>
  </entity>
  <period><forever/></period>
  <scenario>
   <xbrldi:typedMember dimension="tax:TeamDim">
    <d:Team>Celtics</d:dTeam>
   </xbrldi:typedMember>
   <xbrldi:typedMember dimension="tax:DrinkDim">
    <d:Drink>Sam Adams</d:Drink>
   </xbrldi:typedMember>
  </scenario>
</context>
```

并非所有出现在 segment 或者 scenario 中的元素都是维度元素;请参见本部分中关于“封闭”属性的部分。

6.2.7.3.2 关于 xbrldi:typedMember 元素的 dimension 属性的约束

xbrldi:typedMember 元素的 dimension 属性的内容应为在实例文档的 DTS 的模式文件中定义的类型化维度声明的 QName。如果 QName 出现在 xbrldi:typedMember 的 dimension 属性之中的元素被解析为类型化维度声明以外的其他内容,则维度处理器将报错 xbrldie:TypedMemberNotTypedDimensionError。

6.2.7.3.3 关于 xbrldi:typedMember 元素内容的约束

关于 xbrldi:typedMember 元素内容的约束为:

a) 依照 xbrldi XML 模式文件,xbrldi:typedMember 的每个实例应仅有一个子元素。

b) 类型化维度值依照在 xbrldt:typedDomainRef 属性被引用的元素的 XML 模式文件声明而言应是有效的。

c) 类型化维度内容应为在 xbrldi:typedMember 元素的 dimension 属性中指明的类型化维度的 xbrldt:typedDomainRef 所指向的元素的实例化。如果该规则被违反,维度处理器将报错 xbrldie:IllegalTypedDimensionContentError。

6.2.7.4 明确维度

6.2.7.4.1 xbrldi:explicitMember 元素

明确维度的成员为作为 xbrldi:explicitMember 元素的内容的 QName。它应为明确维度的一个有效成员。

xbrldi:explicitMember 元素是一个内容应为 QName 的 XML 元素。

维度值(QName)是 dimension 属性引用的明确维度域的一个有效成员,则明确维度就是有效的。

```
<element name = "explicitMember">
 <annotation>
  <documentation xml:lang = "en">该元素包含某项的 QName,而该项是明确维度的成员
  </documentation>
 </annotation>
 <complexType>
  <simpleContent>
   <extension base = "QName">
    <attribute name = "dimension" type = "QName" use = "required"/>
   </extension>
  </simpleContent>
 </complexType>
</element>
```

示例:

关于超立方体和两个明确维度的维度有效的上下文

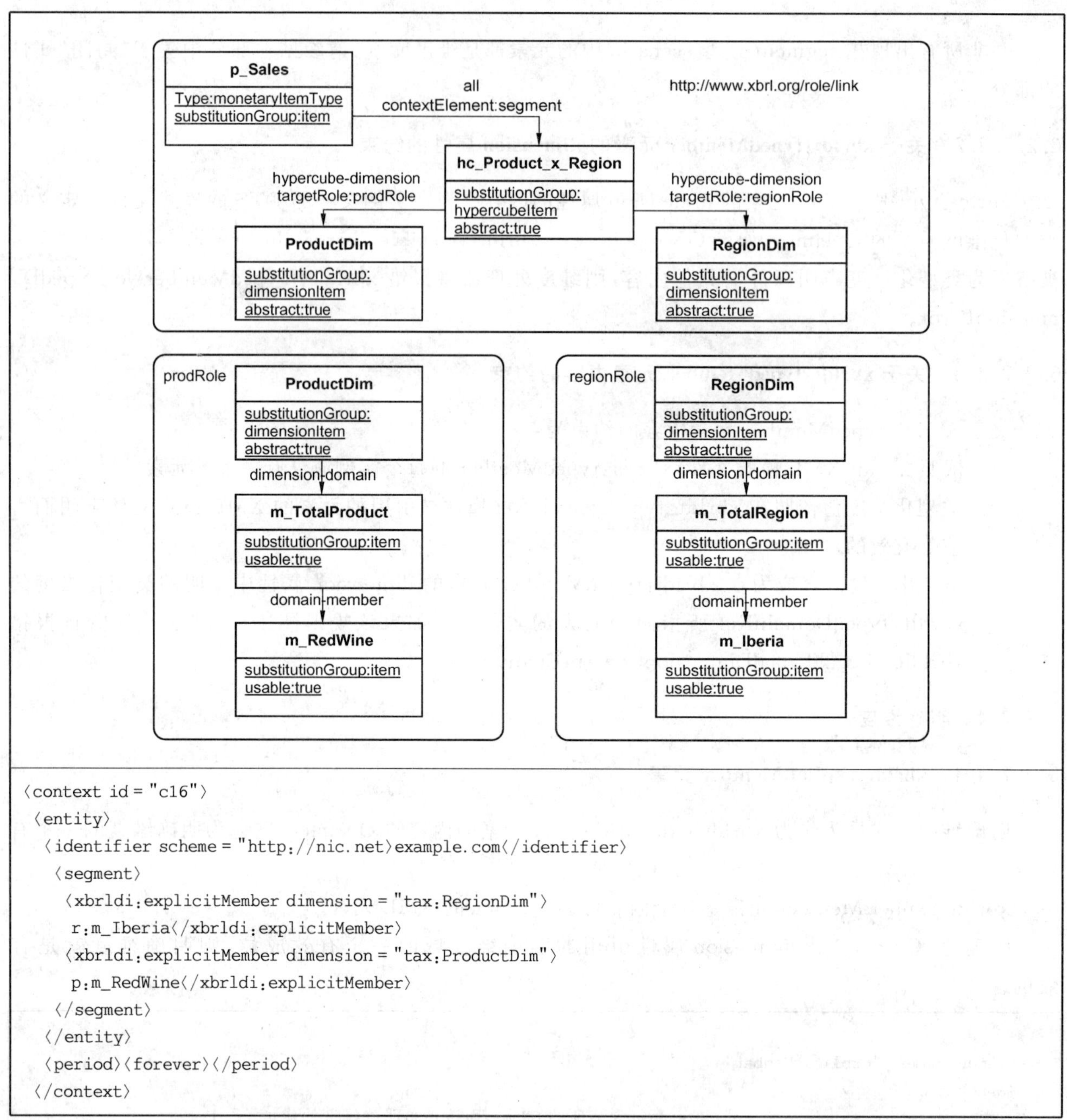


```
〈context id="c16"〉
 〈entity〉
  〈identifier scheme="http://nic.net〉example.com〈/identifier〉
   〈segment〉
    〈xbrldi:explicitMember dimension="tax:RegionDim"〉
     r:m_Iberia〈/xbrldi:explicitMember〉
    〈xbrldi:explicitMember dimension="tax:ProductDim"〉
     p:m_RedWine〈/xbrldi:explicitMember〉
   〈/segment〉
  〈/entity〉
  〈period〉〈forever〉〈/period〉
 〈/context〉
```

6.2.7.4.2 关于 xbrldi:explicitMember 元素的 dimension 属性的约束

xbrldi:explicitMember 元素的 dimension 属性的内容应为一个由实例文档的 DTS 中的模式文件中定义的明确维度元素的 QName。如果 QName 为出现在 xbrldi:explicitMember 的 dimension 属性中的元素，且被解析为明确维度声明以外的东西，则维度处理器将报错 xbrldie:ExplicitMemberNotExplicitDimensionError。

6.2.7.4.3 关于 xbrldi:explicitMember 元素的内容的约束

xbrldi:explicitMember 元素的内容应为一个 QName，该 QName 的全局元素定义可以在被 QName 的命名空间所引用的分类标准模式文件中找到。如果该规则被违反，则维度处理器将会报错 xbrldie:ExplicitMemberUndefinedQNameError。

6.3 维度等价事实的定义

维度等价(d-equal)指如果两个事实针对某个维度有相同的维度值，则这两个事实针对该维度而言就是维度等价的。

d-equal 相对于在 GB/T 25500.1 中定义的 c-equal、u-equal、s-equal 而言，是一个独立的运算。d-equal仅针对两个事实和一个维度而定义。如果称两个维度值满足 s-equal2，则这两个维度值是相同的。如果两个事实都拥有 dimension 属性的内容满足 s-equal2 条件的维度容器，并且两者均引用同一维度声明，则这两个事实拥有相同的维度。

这里所说的 s-equal2 运算和在 GB/T 25500.1 中已经定义的是同一个运算，并在 x-equal 的运算操作定义中用 XPath 2.0 替代了原来的 XPath 1.0，并且“XPath 1.0 兼容模式”属性在静态上下文中被设置为 false。

为了使 GB/T 25500.1 中定义的 summation-item 关系能够起作用，所有在上下文中的 segment 或者 scenario 容器中出现的维度元素应满足依照 GB/T 25500.1 所定义的 s-equal。

注：GB/T 25500.1 是基于 XPath 1.0 来制定的。依照 XPath 1.0 中所规定，属性的内容总是一个 string-value 而不是 QName。XBRL 应用程序接口实施维度应该注意这一点，并将出现在维度容器的 dimension 属性中和出现在实例文档的维度容器的内容中的 QNames 的前缀规范化。

出现在不同实例中的、和不同上下文相关的两个事实，对所有维度而言可以均满足 d-equal，而不管元素在 segment 或者 scenario 中的出现顺序。

示例：

多个上下文和 d-equal 运算的结果

上下文 A 的事实 Sales	上下文 B 的事实 Sales	d-equal(Sales, prodDim)
〈segment〉 〈xbrldi: explicitMember dimension = " tax:prodDim"〉 p:product〈/xbrldi:explicitMember〉 〈/segment〉	〈segment〉 〈xbrldi:explicitMember dimension = "tax: prodDim"〉p:product〈/xbrldi:explicitMem-ber〉 〈/segment〉	满足。 请注意元素之间的空间是不同的
〈segment〉 〈xbrli:explicitMember dimension = "tax: prodDim"〉p:product〈/xbrldi:ExplicitMem-ber〉 〈xbrli:explicitMember dimension = "tax:dept_dim"〉r:sales 〈/xbrldi:ExplicitMember〉 〈/segment〉	〈segment〉 〈xbrldi:explicitMember dimension = "tax:dept_dim"〉r:sales 〈/xbrldi:ExplicitMember〉 〈xbrldi:explicitMember dimension = "tax:prodDim"〉p:product 〈/xbrldi:ExplicitMember〉 〈/segment〉	满足。 请注意两个明确元素的顺序是不同的。 依照本节中的内容，这两个上下文应不在同一实例中出现
〈segment〉 〈xbrldi:explicitMember dimension = "tax:prodDim"〉p:product 〈/xbrldi:explicitMember〉 〈/segment〉	〈scenario〉 〈xbrldi:explicitMember dimension = "tax:prodDim"〉p:product 〈/xbrldi:explicitMember〉 〈/scenario〉	不满足 维度应通过相同的容器类型来报告

附 录 A
（规范性附录）
模 式 文 件

A.1 xbrldt-2005.xsd

```
<?xml version="1.0" encoding="utf-8"?>
<xs:schema
xmlns:xs="http://www.w3.org/2001/XMLSchema" xmlns:xbrli="http://www.xbrl.org/2003/instance"
xmlns="http://www.xbrl.org/2003/linkbase"
xmlns:xlink="http://www.w3.org/1999/xlink"
xmlns:xl="http://www.xbrl.org/2003/XLink"
xmlns:xbrldt="http://xbrl.org/2005/xbrldt" targetNamespace="http://xbrl.org/2005/xbrldt"
elementFormDefault="qualified"
attributeFormDefault="unqualified">
 <xs:annotation>
  <xs:appinfo>
   <arcroleType
    id="hypercube-dimension"
    cyclesAllowed="none"
    arcroleURI="http://xbrl.org/int/dim/arcrole/hypercube-dimension">
    <definition>源(超立方体)包含目标(维度)</definition>
    <usedOn>definitionArc</usedOn>
   </arcroleType>
   <arcroleType
    id="dimension-domain"
    cyclesAllowed="none"
    arcroleURI="http://xbrl.org/int/dim/arcrole/dimension-domain">
    <definition>源(维度)只有目标(域)作为其域</definition>
    <usedOn>definitionArc</usedOn>
   </arcroleType>
   <arcroleType
    id="domain-member"
    cyclesAllowed="undirected"
    arcroleURI="http://xbrl.org/int/dim/arcrole/domain-member">
    <definition>源(域)包含目标(成员)</definition>
    <usedOn>definitionArc</usedOn>
   </arcroleType>
   <arcroleType
    id="all"
    cyclesAllowed="undirected"
    arcroleURI="http://xbrl.org/int/dim/arcrole/all">
    <definition>源(基础项声明)要求目标(超立方体)的维度成员的组合出现在基础项的上下文里</definition>
    <usedOn>definitionArc</usedOn>
   </arcroleType>
   <arcroleType
    id="notAll"
    cyclesAllowed="undirected"
    arcroleURI="http://xbrl.org/int/dim/arcrole/notAll">
    <definition>源(基础项声明)要求目标(超立方体)的维度成员的组合不出现在基础项的上下文里</definition>
    <usedOn>definitionArc</usedOn>
```

```
    </arcroleType>
    <arcroleType
      id="dimension-default"
      cyclesAllowed="none"
      arcroleURI="http://xbrl.org/int/dim/arcrole/dimension-default">
      <definition>源(维度)声明,存在一个作为弧(成员)的目标的缺省成员</definition>
      <usedOn>definitionArc</usedOn>
    </arcroleType>
  </xs:appinfo>
 </xs:annotation>
 <xs:import namespace="http://www.xbrl.org/2003/instance" schemaLocation="http://www.xbrl.org/2003/xbrl-instance-2003-12-31.xsd"/>
 <xs:simpleType name="contextElementType">
  <xs:restriction base="xs:token">
   <xs:enumeration value="segment"/>
   <xs:enumeration value="scenario"/>
  </xs:restriction>
 </xs:simpleType>
 <xs:attribute name="contextElement" type="xbrldt:contextElementType"/>
 <xs:attribute name="typedDomainRef" type="xs:anyURI"/>
 <xs:attribute name="closed" type="xs:boolean" default="false"/>
 <xs:attribute name="usable" type="xs:boolean" default="true"/>
 <xs:attribute name="targetRole" type="xs:anyURI"/>
 <xs:element
  name="hypercubeItem"
  id="xbrldt_hypercubeItem"
  abstract="true"
  substitutionGroup="xbrli:item"
  type="xbrli:stringItemType"
  xbrli:periodType="duration"/>
 <xs:element
  name="dimensionItem"
  id="xbrldt_dimensionItem"
  abstract="true"
  substitutionGroup="xbrli:item"
  type="xbrli:stringItemType"
  xbrli:periodType="duration"/>
</xs:schema>
```

A.2 xbrldi-2006.xsd

```
<?xml version="1.0" encoding="utf-8"?>
<schema xmlns="http://www.w3.org/2001/XMLSchema"
targetNamespace="http://xbrl.org/2006/xbrldi"
elementFormDefault="qualified"
attributeFormDefault="unqualified">
 <annotation>
  <appinfo>
   <documentation xml:lang="en">This schema is used by XBRL instances that use dimensions to define legal segment and scenario element contents.</documentation>
  </appinfo>
 </annotation>
 <element name="explicitMember">
  <annotation>
   <documentation xml:lang="en">该元素包含某项的 QName,而该项是明确维度的成员
```

```
  〈/documentation〉
  〈/annotation〉
  〈complexType〉
   〈simpleContent〉
    〈extension base = "QName"〉
     〈attribute name = "dimension" type = "QName" use = "required"/〉
    〈/extension〉
   〈/simpleContent〉
  〈/complexType〉
 〈/element〉
 〈element name = "typedMember"〉
  〈annotation〉
   〈documentation xml:lang = "en"〉该元素包含 anyType 的一个子项
   〈/documentation〉
  〈/annotation〉
  〈complexType〉
   〈sequence〉
    〈any namespace = "##other"/〉
   〈/sequence〉
   〈attribute name = "dimension" type = "QName" use = "required"/〉
  〈/complexType〉
 〈/element〉
〈/schema〉
```

ICS 03.100.60
A 11

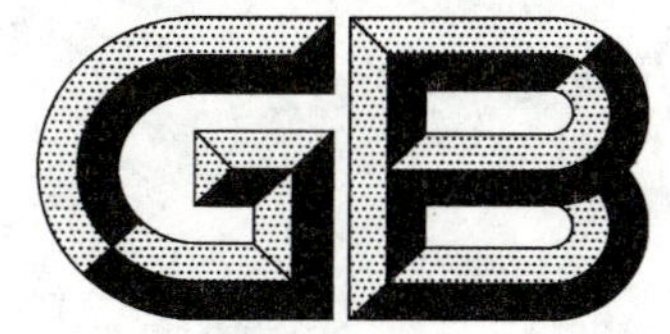

中华人民共和国国家标准

GB/T 25500.3—2010

可扩展商业报告语言(XBRL)技术规范 第3部分:公式

Extensible Business Reporting Language(XBRL) specification—Part 3:Formula

2010-10-18 发布　　2011-01-01 实施

中华人民共和国国家质量监督检验检疫总局
中国国家标准化管理委员会　发布

前　言

GB/T 25500《可扩展商业报告语言(XBRL)技术规范》分为四个部分：

——第 1 部分：基础；

——第 2 部分：维度；

——第 3 部分：公式；

——第 4 部分：版本。

本部分为 GB/T 25500 的第 3 部分。

本部分按照 GB/T 1.1—2009 给出的规则起草。

本部分技术内容与 XBRL 国际组织制定的 XBRL 公式规范 1.0 版(XBRL Formula Specification 1.0)基本一致。

本部分由中华人民共和国财政部归口。

本部分起草单位：中华人民共和国财政部。

本部分主要起草人：应唯、王颖、李红霞、丁亮、黄敏、李敏敏、覃东、杨海峰、廖伟东、杨诚、臧梓伊、朱健鹏、徐泓、蒋小娜、童盼盼。

引　言

可扩展商业报告语言(Extensible Business Reporting Language,XBRL)是一种基于可扩展置标语言(Extensible Markup Language,XML)的开放性业务报告技术标准。它通过给财务会计报告等业务报告中的数据增加特定标记、定义相互关系,使计算机能够“读懂”这些报告,并进行符合业务逻辑的处理。

XBRL的构想最早由美国注册会计师查尔斯·霍夫曼在1998年提出。随后,在美国注册会计师协会(AICPA)赞助下提出了第一个XBRL原型。XBRL技术广泛适用于财务会计报告、上市公司年报、金融机构监管报告、税务报告等领域,目前在美国、英国、日本、澳大利亚等很多国家中都已投入实际应用。在我国,XBRL已应用于上市公司信息披露和基金信息披露领域,取得良好效果。

XBRL技术的应用,可以避免报告数据的重复性录入、报送、传输、转换、比对等人工操作,减少差错率,提高数据生成、传递、使用效率和信息化水平。因此,推进XBRL在我国的应用,有利于促进财务会计报告等业务报告信息的深度分析利用,提高监管效能。XBRL技术规范,是各项XBRL应用所需共同遵循的底层技术标准。制定XBRL技术规范,是推进XBRL在我国应用的基础性工作。目前,国际上均遵循XBRL国际组织制定的技术规范。

本部分是GB/T 25500.1《可扩展商业报告语言(XBRL)技术规范　第1部分:基础》的一个扩展规范,它扩展了能在可发现分类标准集(DTS)里可获得信息的范围,提供了一套表述XBRL数据结构相关复杂公式关系的语法,这些语法可用于编制从XBRL实例获得信息产生新XBRL事实的规则。

可扩展商业报告语言(XBRL)技术规范
第3部分:公式

1 范围

GB/T 25500 的本部分规定了公式、通用链接、变量、过滤器、校验和断言的语法,可以处理从 XBRL 报告获得的信息以及支持它们的元数据,产生一个输出 XBRL 实例中的 XBRL 事实。

本部分适用于 XBRL 分类标准的制定、实例文档的编制或使用,以及 XBRL 相关开发与应用。

2 规范性引用文件

下列文件对于本文件的应用是必不可少的。凡是注日期的引用文件,仅注日期的版本适用于本文件。凡是不注日期的引用文件,其最新版本(包括所有的修改单)适用于本文件。

GB/T 18793—2002 信息技术 可扩展置标语言(XML)1.0

GB/T 25500.1 可扩展商业报告语言(XBRL)技术规范 第1部分:基础

GB/T 25500.2 可扩展商业报告语言(XBRL)技术规范 第2部分:维度

3 术语和定义

GB/T 18793—2002、GB/T 25500.1 和 GB/T 25500.2 中界定的以及下列术语和定义适用于本文件。

3.1

输入 XBRL 实例 input XBRL instance

变量处理器对变量求值所使用的单独有效的 XBRL 实例。

3.2

输出 XBRL 实例 output XBRL instance

由 XBRL 公式处理器生成的 XBRL 实例,并且包含针对输入 XBRL 实例的公式求值可能产生的其他伴随信息和事实。

3.3

包含元素 containing element

在元素内容或者元素属性内容中包含 XPath 表达式的元素。

3.4

包装元素 enclosing element

XPath 表达式的包含元素或者包含元素的祖先元素。

3.5

开放上下文组件 open context component;OCC

段或者场景。

3.6

方面 aspect

XBRL 事实附加信息的一部分。

3.7

必备方面值　required aspect value;RAV

应与同一方面输出值相匹配的方面值。

3.8

源方面值　source aspect value;SAV

输入 XBRL 实例中的方面值。

3.9

过滤器　filter

输入 XBRL 实例中事实的选择标准。

3.10

输入事实　input fact

过滤的输入 XBRL 实例中的事实。

3.11

方面模型　aspect model

把事实数据相关信息细分成各个方面的方法定义。

3.12

方面模型标识符　aspect model identifier

用于标识方面模型的文本串。

3.13

源序列　source sequence

通过对一般变量或者事实变量所蕴含的 XPath 表达式求值所得到的序列。

3.14

组过滤器　group filter

通过变量-集合-过滤器关系与事实变量相关联的过滤器。

3.15

最近源　nearest source

表达规则或者组件元素的源。如果不存在,则指其最近的祖先元素的源。

4　命名空间及其前缀

元素和属性的命名空间前缀使用以 ns:name 为例,其中 ns 是命名空间的前缀,name 是本地名称。关于命名空间前缀到实际命名空间的映射,本部分与表 1 保持一致。表 1 中的前缀列是非规范性的,命名空间 URI 列是规范性的。

表 1　命名空间和命名空间前缀

前缀	命名空间 URI
formula	http://xbrl.org/2008/formula
xbrlfe	http://xbrl.org/2008/formula/error
eg	http://example.com/
fn	http://www.w3.org/2005/xpath-functions
link	http://www.xbrl.org/2003/linkbase
xbrli	http://www.xbrl.org/2003/instance
xfi	http://www.xbrl.org/2008/function/instance

表 1 命名空间和命名空间前缀(续)

前缀	命名空间 URI
xbrldi	http://xbrl.org/2006/xbrldi
xbrldt	http://xbrl.org/2005/xbrldt
xl	http://www.xbrl.org/2003/XLink
xlink	http://www.w3.org/1999/xlink
xs	http://www.w3.org/2001/XMLSchema
xsi	http://www.w3.org/2001/XMLSchema-instance
gen	http://xbrl.org/2008/generic
variable	http://xbrl.org/2008/variable
iso4217	http://www.xbrl.org/2003/iso4217
xbrlife	http://xbrl.org/2008/filter/implicit/error
label	http://xbrl.org/2008/label
xbrlle	http://xbrl.org/2008/label/error
bf	http://xbrl.org/2008/filter/boolean
xbrlbfe	http://xbrl.org/2008/filter/boolean/error
cf	http://xbrl.org/2008/filter/concept
xbrlcfe	http://xbrl.org/2008/filter/concept/error
validation	http://xbrl.org/2008/validation
xbrlvalide	http://xbrl.org/2008/validation/error
ca	http://xbrl.org/2008/assertion/consistency
xbrlcae	http://xbrl.org/2008/assertion/consistency/error
df	http://xbrl.org/2008/filter/dimension
xbrldfe	http://xbrl.org/2008/filter/dimension/error
ef	http://xbrl.org/2008/filter/entity
xbrlefe	http://xbrl.org/2008/filter/entity/error
ea	http://xbrl.org/2008/assertion/existence
xbrleae	http://xbrl.org/2008/assertion/existence/error
gf	http://xbrl.org/2008/filter/general
xbrlgfe	http://xbrl.org/2008/filter/general/error
reference	http://xbrl.org/2008/reference
xbrlre	http://xbrl.org/2008/reference/error
xbrlgene	http://xbrl.org/2008/generic/error
mf	http://xbrl.org/2008/filter/match
xbrlmfe	http://xbrl.org/2008/filter/match/error
pf	http://xbrl.org/2008/filter/period
xbrlpfe	http://xbrl.org/2008/filter/period/error
rf	http://xbrl.org/2008/filter/relative
xbrlrfe	http://xbrl.org/2008/filter/relative/error
ssf	http://xbrl.org/2008/filter/segment-scenario
xbrlssfe	http://xbrl.org/2008/filter/segment-scenario/error
tf	http://xbrl.org/2008/filter/tuple

表 1 命名空间和命名空间前缀(续)

前缀	命名空间 URI
xbrltfe	http://xbrl.org/2008/filter/tuple/error
uf	http://xbrl.org/2008/filter/unit
xbrlufe	http://xbrl.org/2008/filter/unit/error
va	http://xbrl.org/2008/assertion/value
xbrlvae	http://xbrl.org/2008/assertion/value/error
vf	http://xbrl.org/2008/filter/value
xbrlvfe	http://xbrl.org/2008/filter/value/error

5 公式部分结构说明

公式部分主要由通用链接、变量、过滤器、公式、校验和断言六个模块构成,其结构如图 1 所示。变量模块引用通用链接模块,公式模块引用变量模块,过滤器模块引用变量模块,校验模块引用通用链接和变量模块,断言模块引用公式、校验、变量和通用链接模块。其中:

——通用链接模块包括:通用链接、通用标签和通用参考;

——过滤器模块包括 13 个过滤器;

——断言模块包括:一致性断言、存在性断言和值断言。

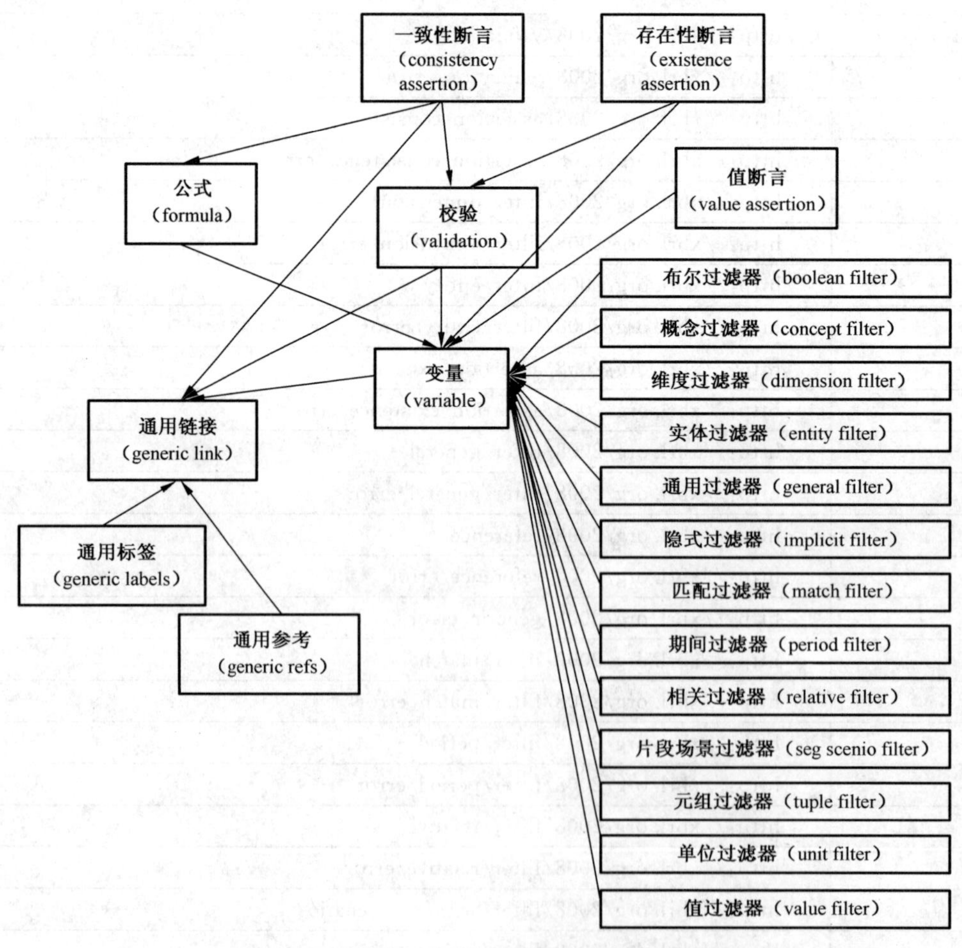

图 1 公式部分结构图

6 通用链接规范

6.1 通用链接

6.1.1 概述

“通用链接”规范定义了一个扩展连接(〈gen:link〉)和一个弧(〈gen:arc〉),通过它们可以在任意XML元素之间建立关系。

通用链接是〈gen:link〉元素替换组中的一个 XBRL 扩展链接。

〈gen:link〉元素的语法由 A.1 中的模式文件定义,所有声称与本章规定一致的处理器应执行 A.1 的模式文件所列示的约束。“通用链接”可以在 XBRL 链接库中使用,它受到〈link:linkbaseRef〉元素中 xlink:role 属性规则的约束。

6.1.2 语法

6.1.2.1 通用链接的 xlink:role 属性

“通用链接”中的 xlink:role 属性的属性值 V 应是一个绝对 URI。

如果 V 不是绝对 URI,则应抛出错误代码 xbrlgene:nonAbsoluteLinkRoleURI。

如果 V 不是标准扩展链接角色,那么“通用链接”的祖先元素〈link:linkbase〉应包含一个子元素〈link:roleRef〉,其 roleURI 属性的属性值为 V。

如果通用链接的祖先元素〈link:linkbase〉没有一个 roleURI 属性的值为 V 的子元素〈link:roleRef〉,则应抛出错误代码 code xbrlgene:missingRoleRefForLinkRole。

如果指向〈link:roleType〉元素的〈link:roleRef〉元素,其 roleURI 属性值等于 V,那么〈link:roleType〉元素应包含一个子元素〈link:usedOn〉,其 QName 值的命名空间和本地名分别等于通用链接的命名空间和本地名。

由带有 roleURI 属性为 V 的〈link:roleRef〉元素所指向的〈link:roleType〉元素不包含一个带有 QName 值的〈link:usedOn〉子元素,该子元素的命名空间等于通用链接的命名空间,本地名称等于通用链接的本地名称,则应抛出错误代码 xbrlgene:missingLinkRoleUsedOnValue。

6.1.2.2 通用链接资源的 xlink:role 属性

如果通用链接中的资源有一个 xlink:role 属性,则该 xlink:role 属性的值 V 应是一个绝对 URI。

如果 V 不是一个绝对 URI,则应抛出错误代码 xbrlgene:nonAbsoluteResourceRoleURI。

该资源的祖先元素〈link:linkbase〉应有一个子元素〈link:roleRef〉,该子元素的 roleURI 属性值是 V。

如果该资源的祖先元素〈link:linkbase〉没有 roleURI 属性的值为 V 的子元素〈link:roleRef〉,则应抛出错误代码 xbrlgene:missingRoleRefForResourceRole。

如果指向〈link:roleType〉元素的〈link:roleRef〉元素,其 roleURI 属性值等于 V,那么〈link:roleType〉元素应包含一个子元素〈link:usedOn〉,其 QName 值的命名空间和本地名分别等于资源的命名空间和本地名。

如果由带有 roleURI 属性为 V 的〈link:roleRef〉元素指向的〈link:roleType〉元素不包含一个带有 QName 值的〈link:usedOn〉子元素,该子元素的命名空间等于该资源的命名空间,其本地名称等于该资源的本地名称,则应抛出错误代码 xbrlgene:missingResourceRoleUsedOnValue。

6.1.2.3 通用链接的定位器

虽然“通用链接”规范允许〈link:loc〉元素替代组中的任意元素出现在通用链接中,但 DTS 仅定义了使用〈link:loc〉元素描述的定位器。如果定位器使用〈link:loc〉之外的元素进行描述,那么仅被这样的定位器所引用的模式或链接库将不包含在DTS中。

通用链接中〈link:loc〉元素的xlink:href属性的目标,在"通用链接"规范中未定义相关约束。通用链接中的定位器可指向任意XML元素。

6.1.2.4 通用弧

通用弧是〈gen:arc〉元素替换组中的一个XBRL弧;〈gen:arc〉元素的语法由本部分A.1提供的规范模式文件定义;通用弧可出现在通用链接内。

6.1.2.5 通用弧 xlink:arcrole 属性

通用弧的xlink:arcrole属性值V应是一个绝对URI。

如果V不是绝对URI,则应抛出错误代码xbrlgene:nonAbsoluteArcRoleURI。

通用弧的祖先元素〈link:linkbase〉应有一个子元素〈link:arcroleRef〉,该子元素的arcroleURI属性值是V。

如果通用弧的祖先元素〈link:linkbase〉没有roleURI属性值为V的子元素〈link:arcroleRef〉,则应抛出错误代码xbrlgene:missingRoleRefForArcRole。

由带有arcroleURI属性为V的〈link:arcroleRef〉元素所指向的〈link:arcroleType〉元素,应包含一个带有QName值的〈link:usedOn〉子元素,该子元素的命名空间等于通用弧的命名空间,其本地名称等于通用弧的本地名称。

如果由带有arcroleURI属性为V的〈link:arcroleRef〉元素所指向的〈link:arcroleType〉元素不包含一个带有QName值的〈link:usedOn〉子元素,该子元素的命名空间等于通用弧的命名空间,其本地名称等于通用弧的本地名,则应抛出错误代码xbrlgene:missingArcRoleUsedOnValue。

〈link:arcroleType〉元素的cyclesAllowed属性所隐含的限制应为对有弧角色V的DTS中的所有关系网络的限制。

如果有弧角色V的DTS中的所有关系网络不能满足〈link:arcroleType〉元素的cyclesAllowed属性所隐含的限制,则应抛出错误代码xbrlgene:violatedCyclesConstraint。

6.2 通用标签

6.2.1 概述

本章定义了"通用标签"的语法。通用标签与GB/T 25500.1是相容的。本章不对下述方面进行声明:

——包含XLink扩展链接的XLink扩展链接种类;
——通过元素标签关系相关联的XML元素。

本章也不定义任何与通用标签一起使用的XLink资源角色。

6.2.2 语法

6.2.2.1 通用标签说明

"通用标签"使用〈label:label〉元素进行声明,是一个XLink资源。"通用标签"包含在XBRL扩展链接中,它为元素-标签关系中的元素提供了文档注释。〈label:label〉元素的语法由A.2的模式文件定义。

6.2.2.2 元素-标签关系

元素-标签关系是XML元素和通用标签之间的关系,该关系由一个XLink弧表示。

为声明一个元素标签关系，XLink 弧应同时满足以下条件：

——有一个弧角色值等于 http://xbrl.org/arcrole/2008/element-label；

——在弧的始端资源有一个 XML 元素；

——在弧的末端资源有一个通用标签。

弧角色值 http://xbrl.org/arcrole/2008/element-label 在 A.2 的规范模式文件中声明。

元素-标签关系应使用符合标准模式中弧角色声明约束的通用弧进行描述。

6.3 通用参考

6.3.1 概述

本章定义了“通用参考”的语法。“通用参考“与 GB/T 25500.1 是相容的。本章不对下述方面进行声明：

——包含 XLink 扩展链接的 XLink 扩展链接种类；

——通过元素参考关系相关联的 XML 元素；

本章也不定义任何与通用参考一起使用的 XLink 资源角色。

6.3.2 语法

6.3.2.1 通用参考说明

通用参考由〈reference:reference〉元素声明。通用参考是一个 XLink 资源。当通用参考包含在 XBRL 扩展链接中时，该通用参考为通过元素参考关系与其相关的元素确定注释。〈reference:reference〉元素的语法由 A.3 的规范模式文件定义。

6.3.2.2 元素-参考关系

元素参考关系是 XML 元素和通用参考之间的关系，该关系由一个 XLink 弧表示。为声明一个元素参考关系，XLink 弧应同时满足以下条件：

——有一个弧角色值等于 http://xbrl.org/arcrole/2008/element-reference；

——在弧的始端资源有一个 XML 元素；

——在弧的末端资源有一个通用参考。

弧角色值 http://xbrl.org/arcrole/2008/element-reference 在通用参考的规范模式文件中声明。

根据规范模式文件的弧角色声明限制，元素参考关系应由通用弧表示。

7 变量

7.1 XPath 的求值与初始

变量章节中，XPath 表达式是通过间接关联的方式引用变量和参数的，而不是按照 XPath2.0 规范直接使用变量名或参数名。

直接使用 XPath 或 XQuery 从 XBRL 实例文档中选择数据经常会陷于复杂的关系中。变量章节提供了一个可选语法框架，用于指定从一份 XBRL 实例文档中去选择需要数据的过滤器，从而使得实现变得简单。

用变量章节定义的一些属性和元素中包括由 XPath2.0 规范表达式计算得到的值。在本章中，所有的 XPath 表达式都应遵从 XPath 2.0 表达式规范。

7.2 方面

7.2.1 概述

XBRL 事实不仅仅是值。它们包含了更广泛的附加信息，这些附加信息为解释 XBRL 事实所包含的值提供了必要的信息。

方面是指与一个 XBRL 事实相关的附加信息的一部分。所有的方面定义应包括方面测试的定义，该方面测试用于为已定义的方面评估两个值的等价性。

方面测试是一个 XPath 表达式，该表达式定义了其方面值之间的等价关系。

对于一个给定的方面，如果对该方面进行方面测试的求值为真，则两个事实的值是相等的。

对于两个事实，方面测试既可以用于检测两个事实的报告值是否为同一个方面，也可以用于检测两个事实的报告值是否为一个等价值。当对所有的方面测试进行求值时，上下文项是输入 XBRL 实例的〈xbrli:xbrl〉元素。一个方面的两个值相匹配是指：当对两个变量求值时，对应于此方面的方面测试返回值为“ture”，其中：一个变量为该方面的第一个值，另外一个变量为该方面的第二个值。

如果两个事实拥有完全相同的方面，并且两个事实所拥有的每个方面的值都是相匹配的，则这两个事实就是方面匹配事实。

在本章中，方面测试表示为含有两个 XPath 变量引用的 XPath 表达式，一个 XPath 变量为 $aspectTest:a，对应于比较中与第一个事实相等的变量；第二个 XPath 变量为 $aspectTest:b，对应于比较中与第二个事实相等的变量。

本章对以下所有事实的方面进行了描述：

——路径方面的方面测试是：“$aspectTest:a/.. is $aspectTest:b/..”，事实数据的路径是从 XBRL 实例文档的根元素(〈xbrli:xbrl〉)到此事实数据本身元素的一个有序序列；

——概念方面是用于事实数据报告值的概念。本方面的方面测试是：“(namespace-uri($aspectTest:a) eq namespace-uri($aspectTest:b)) and (local-name($aspectTest:a) eq local-name($aspectTest:b))”。

本章对以下所有项的方面进行了描述，但不适用于元组：

——实体标识符方面是指用于事实报告值的实体的标识符。此方面的方面测试为：(xfi:fact-identifier-scheme($aspectTest:a) eq xfi:fact-identifier-scheme($aspectTest:b)) and (xfi:fact-identifier-value($aspectTest:a) eq xfi:fact-identifier-value($aspectTest:b))；

——期间方面是指用于事实报告值的期间。此方面的方面测试为：xfi:nodes-correspond(xfi:period($aspectTest:a),xfi:period($aspectTest:b))；

——完整段方面是指段的完整内容，如果一个段包含在事实的上下文中，则不使用 GB/T 25500.2 对其进行解释。此方面的方面测试为：xfi:nodes-correspond(xfi:segment($aspectTest:a), xfi:segment($aspectTest:b))；

——非 XDT 段方面是指段的内容，如果一个段包含在事实的上下文中，则非-XDT 段方面不包括由 GB/T 25500.2 定义的内容。此方面的方面测试为：for $remainder-a in xfi:fact-segment-remainder($aspectTest:a), $remainder-b in xfi:fact-segment-remainder($aspectTest:b) return ((count($remainder-a) eq count($remainder-b)) and (every $i in 1 to count($remainder-a) satisfies xfi:nodes-correspond($remainder-a[$i], $remainder-b[i])))；

——完整场景方面是指场景的完整内容，如果一个场景包含在事实的上下文中，则不使用 GB/T 25500.2 对其进行解释。此方面的方面测试为：xfi:nodes-correspond(xfi:scenario($aspectTest:a),xfi:scenario($aspectTest:b))；

——非 XDT 场景方面是指场景的内容，如果一个场景包含在事实的上下文中，则非 XDT 场景方面不包括由 GB/T 25500.2 定义的内容。此方面的方面测试为:for $remainder-a in xfi:fact-scenario-remainder($aspectTest:a),$remainder-b in xfi:fact-scenario-remainder($aspectTest:b) return ((count($remainder-a) eq count($remainder-b)) and (every $i in 1 to count($remainder-a) satisfies xfi:nodes-correspond($remainder-a[$i],$remainder-b[i])));

——维度方面是指报告在事实的段或者场景中的 XBRL 维度。

本章对以下仅用于数值型数据项的方面进行了定义:

单位方面是指事实的单位,此方面的方面测试为:

xfi:nodes-correspond(xfi:unit($aspectTest:a),xfi:unit($aspectTest:b))

7.2.2 维度方面测试

7.2.2.1 概述

维度方面测试取决于该维度是明确维度还是类型化维度,并且,如果该维度是一个类型化维度,则维度方面测试还取决于等值定义是否与类型化维度的类型化维度域定义相关联。

7.2.2.2 明确维度方面测试

明确维度方面测试是:

xfi:nodes-correspond(xfi:fact-explicit-dimension-value($aspectTest:a,#dimension),xfi:fact-explicit-dimension-value($aspectTest:b,#dimension))

其中:#dimension 是定义此方面的维度的 Qname。

7.2.2.3 类型化维度方面测试

7.2.2.3.1 概述

类型化维度值指 XBRL 实例中类型化维度的值。在语法构成上,它是带有根元素的单独的 XML 段,此处的根元素是类型化维度的维度容器的子元素。

类型化方面测试用于测试相同类型化维度的维度值之间的相等性。

类型化维度域定义是指 XML 模式文件中的元素,此 XML 模式文件定义了一个类型化维度的内容模型,并且此 XML 模式文件通过声明一个类型化维度的 XML 模式文件元素中的 xbrldt:typedDomainRef 属性进行标识。

GB/T 25500.2 允许多个类型化维度使用相同的类型化维度域定义。

类型化维度方面测试依赖于定义维度方面的类型化维度是否拥有一个包含等值定义的类型化维度域定义。

缺省类型化维度方面测试是指在进行类型化维度的类型化维度方面测试时,该类型化维度没有与其类型化维度域定义相关联的等值定义。

自定义类型化维度方面测试是指在进行类型化维度的类型化维度方面测试时,该类型化维度有一个与其类型化维度域定义相关联的等值定义。

7.2.2.3.2 缺省类型化维度方面测试

两个元素/属性节点 A 和 B,如果满足下列任意一个条件,则 A 和 B 有相同的名称:

它们都有 QName 名称,Aqn 和 Bqn,并且当空序列作为上下文项时,XPath2.0 表达式(Aqn eq Bqn)的值是一个有效的布尔值"true";或者,它们都有未在任何命名空间中定义的名称:An 和 Bn,并且,当空序列作为上下文项时,XPath2.0 表达式(Aqn eq Bqn)的值是一个有效的布尔值"true"。

当下列条件同时满足时,两个属性节点 A 和 B 为一致性属性:

——A 和 B 有相同的名称；

——通过分解 A 和 B 以及 As 和 Bs 所得到的原子值序列的长度相同；并且当空序列作为上下文项时，对于每一个项 Ai，即在 As 中 i 位置上，和每个项 Bi，即在 Bs 中 i 位置上，此处 XPath2.0 表达式(Ai eq Bi)的求值是一个有效的布尔值“true”。

注：如果属性节点 A 和 B 都分解为空序列，则这些属性节点是一致的。

当下列条件同时满足时，两个元素节点 A 和 B 为一致性元素：

——A 和 B 有相同名称；

——通过分解 A 和 B 以及 As 和 Bs 所得到的原子值序列的长度相同；并且当空序列作为上下文项时，对于每一个项 Ai 即在 As 中 i 位置上，和每一个项 Bi，即在 Bs 中 i 位置上，此处 XPath2.0 表达式(Ai eq Bi)的求值是一个有效的布尔值“true”；

——A 和 B 有相同数量的属性(命名空间的定义没有包含属性的数量)；

——对于元素节点 A 的每一个属性，元素节点 B 上都有相应的一致性属性；

——A 和 B 拥有相同数量的子元素；

——对于元素节点 A 和 Ac 的每一个子元素，元素节点 B 和 Bc 都有相应的一致性子元素，这样使 Ac 和 Bc 有相同数量的同层兄弟元素。

注：对于属性节点，如果元素节点 A 和 B 都能分解为空序列，则这些元素节点是一致的。

如果两个类型化维度值是对相同类型化维度的求值，并且两个类型化维度值的根元素一致，则二者为一致性类型化维度值。

缺省类型化维度方面测试是：

(fn:count(xfi:fact-typed-dimension-value($aspectTest:a,#dimension)/*) eq 1) and (fn:count(xfi:fact-typed-dimension-value($aspectTest:b,#dimension)/*) eq 1) and (xfi:nodes-correspond(xfi:fact-typed-dimension-value($aspectTest:a,#dimension)/*[1],xfi:fact-typed-dimension-value($aspectTest:b,#dimension)/*[1]))

其中：#dimension 是定义此方面的维度的 QName。

7.2.2.3.3 自定义类型化维度方面测试

自定义类型化维度方面测试为：

(fn:count(xfi:fact-typed-dimension-value($aspectTest:a,#dimension)/*) eq 1) and (fn:count(xfi:fact-typed-dimension-value($aspectTest:b,#dimension)/*) eq 1) and (#custom)

其中：#dimension 是定义此方面的维度的 QName，#custom 是等值定义上的 test 属性所包含的 XPath 表达式，在自定义类型维度方面测试适用时，此等值定义应与类型化维度的域定义相关。

a) 类型化维度的等值定义

等值定义是指类型化维度域定义中的任意两个值之间的相等关系。由〈variable:equalityDefinition〉元素表示。

〈variable:equalityDefinition〉元素的语法由 A.4 的规范模式文件定义。

一个等值定义上的 test 属性的内容是一个 XPath 表达式，此 XPath 表达式组合到使用类型化维度域定义的类型化维度的自定义类型化维度方面测试中。类型化维度域定义与等值定义关系的等值定义相关。

当变量 $aspectTest:a 使用于一个由等值定义所包含的 XPath 表达式中时，则其与方面值比较中的第一个事实相等，同样地，当变量 $aspectTest:b 使用于一个由等值定义所包含的 XPath 表达式中时，则其与方面值比较中的第二个事实相等。

当一个类型化维度域定义与等值定义的等值定义关系不唯一时，则应抛出错误代码 xbrlve:multipleTypedDimensionEqualityDefinitions。

b) 等值定义关系

等值定义关系指用 XLink 弧表示的类型化维度域定义和等值定义之间的关系。

为声明一个等值定义关系，XLink 弧应满足以下条件：

——有一个弧角色值等于 http://xbrl.org/arcrole/2008/equality-definition；

——在弧的始端资源有一个类型化维度域定义；

——在弧的末端资源有一个等值定义。

弧角色值“http://xbrl.org/arcrole/2008/equality-definition”在 A.4 的规范标准模式文件中声明。

等值定义关系应用一般弧表示，根据 GB/T 25500.1 进行的校验可以检测出是否违反了此项规定。

7.2.3 方面模型

可采用多种方法将与 XBRL 事实相关的附加信息分成一组方面。例如：实体标识信息可以视为一个单独的方面或者视为一个实体标识模式方面和一个实体标识值方面。更重要的是，一个段或者场景的内容可以视为一个单独的方面或者可以细分为潜在的众多的方面。

方面模型定义为如何把与一个事实相关的信息细分为不同的方面。

方面模型标识符是可用于标识方面模型的文本串。

所有的方面模型定义应为已定义的方面模型指定方面模型标识符。

所有方面模型应包括以下方面：

——定位方面；

——概念方面；

——实体标识符方面；

——期间方面；

——单位方面。

所有方面模型应包括足够的方面以确保上下文和事实单位中的所有内容至少与一个方面相关联。

一个开放上下文组件(OCC)指一个段或者一个场景。

一个段 OCC 指用于一个段的 OCC。

一个场景 OCC 指用于一个场景的 OCC。

OCC 方面是指值由 OCC 内容报告的方面，这里的 OCC 是指删除所有与其他方面值相一致的内容后的剩下部分。

OCC 值是 OCC 方面的值。

一个段 OCC 方面是指值由此段的剩余内容给定的 OCC 方面。

一个场景 OCC 方面是指值有由此场景的剩余内容给定的 OCC 方面。

由于 GB/T 25500.1 对 OCC 的内容和含义限制较少，所有方面模型应包含两个方面：一个段 OCC 方面和一个场景 OCC 方面。此外，所有的方面模型定义应标识其段 OCC 方面和场景 OCC 方面。

本章定义了两个方面模型：非维度方面模型和维度方面模型。

除了非 XDT 段方面、非 XDT 场景方面和维度方面以外，非维度方面模型包括本章定义的所有方面。非维度方面模型有一个方面模型标识符等于“non-dimensional”。

除了完整段方面、完整场景方面以外，维度方面模型包括本章定义的所有方面。维度方面模型有一个方面模型标识符等于“dimensional”。

使用非维度方面模型为变量集输入 XBRL 实例仅应遵循 GB/T 25500.1。使用维度方面模型为变量集输入 XBRL 实例还应遵循 GB/T 25500.2。

完整段方面是非维度方面模型的段 OCC 方面。完整场景方面是非维度方面模型的场景 OCC

方面。

非 XDT 段方面是维度方面模型的段 OCC 方面。非 XDT 场景方面是维度方面模型的场景 OCC 方面。

维度和非维度方面模型总结见表 2。

表 2 方面模型中包含的方面

方面	方面模型	
	维度	非维度
位置	包含	包含
概念	包含	包含
实体标识符	包含	包含
期间	包含	包含
单位	包含	包含
完整段	不包含	包含
完整场景	不包含	包含
非 XDT 段	包含	不包含
非 XDT 场景	包含	不包含
维度	包含	不包含

7.3 变量的语法

7.3.1 概述

当语法限制在 A.4 的规范模式文件中未有定义时，本章仅提供该语法限制的文字声明。当元素和属性未在其他规范中解释时，本章提供这些元素和属性的解释。

除另说明，对特殊元素的引用指对该元素或对该元素所在替换组中任意元素的引用。

7.3.2 自定义函数签名

自定义函数签名是指未在 XPath、XQuery 函数规范及 XBRL 函数注册表中定义的 XPath 函数。

如果一个自定义函数有命名空间“http://www.xbrl.org/2008/function/instance”，且该命名空间预留在 XBRL 函数注册表中，则应抛出错误代码 xbrlve:noProhibitedNamespaceForCustomFunction。

自定义函数标识通过〈variable:function〉元素来声明。

〈variable:function〉元素的语法由 A.4 的规范模式文件定义。

自定义函数可在 XPath 表达式中使用。

如果一个用于 XPath 表达式的自定义函数在正在处理的 DTS 中没有自定义函数签名，则应抛出错误代码 xbrlve:noCustomFunctionSignature。

自定义函数签名的 name 属性包含自定义函数的 QName。

自定义函数签名的 output 属性值指定了对自定义函数求值产生的结果的数据类型。

自定义函数签名的〈variable:input〉元素指定了自定义函数输入参数的数据类型。〈variable:input〉元素的 type 属性值确定了输入参数的数据类型。

自定义函数输入参数的顺序与自定义函数签名中〈variable:input〉子元素的文档相匹配。

自定义函数的实现不包括在本章中。

7.3.3 参数

参数通过〈variable:parameter〉元素来声明，并且可以指定缺省值，该缺省值可作为声明的一部分指定，也可由处理软件提供相应值。

〈variable:parameter〉元素的语法由 A.4 的规范模式文件定义。

参数声明的 name 属性包含该参数的 QName。当设定该参数的值的时候，变量处理器通过参数的 QName 唯一标识此参数。当使用该参数时，不能通过该参数的 QName 来引用该参数。此 QName 由使用它的资源和参数的关系来指定。

如果一个 DTS 中的两个参数所拥有的由其 name 属性指定的 QName 相同，则应抛出错误代码 xbrlve:parameterNameClash。

如果一个参数声明的 required 属性为“true”，则该参数为必选参数，其值应由处理应用给定。

否则，该参数的值可由处理应用给定。如果处理应用程序未给该参数提供值，或者该参数不是必选参数，那么该参数的值可能由给定 select 属性的 XPath 表达式计算得出。

参数的声明可能包含 as 属性，该属性指定该参数所需的数据类型。

如果一个由调用函数提供或由参数的 select 属性决定的参数的值不能转换为特定的数据类型，则应抛出错误代码 xbrlve:parameterTypeMismatch。

本章中定义的参数不包括序列构造器。

7.3.4 一般变量

一般变量通过〈variable:generalVariable〉元素来声明。

〈variable:generalVariable〉元素的语法由 A.4 的规范模式文件定义。

一般变量隐含的 XPath 表达式是一般变量的 select 属性的内容。XPath 表达式求值的上下文节点是输入 XBRL 实例的〈xbrli:xbrl〉元素。

7.3.5 XBRL 事实变量

7.3.5.1 概述

事实变量通过〈variable:factVariable〉元素来声明。

〈variable:factVariable〉元素的语法由 A.4 的规范模式文件定义。

事实变量所蕴含的 XPath 表达式依赖于其过滤器。

如果事实变量中的 nils 属性缺省，或者为 false，则该事实变量蕴含的 XPath 表达式以 xfi:non-nil-facts-in-instance()开头。

如果事实变量中的 nils 属性为 true，则该事实变量蕴含的 XPath 表达式以 xfi:facts-in-instance()开头。该条件由一个 XPath 谓词决定，该 XPath 谓词用于在由 xfi:facts-in-instance()函数或 xfi:non-nil-facts-in-instance()函数生成的一组结果中过滤事实。XPath 谓词中的表达式包含了每个事实变量过滤器所蕴含的一个 XPath 表达式。

事实变量既可以使用过滤器，也可以使用过滤器补集确定其蕴含的 XPath 表达式。一个过滤器的补集选取了所有没有被过滤器选取的事实。

过滤器补集所蕴含的 XPath 表达式是应用于过滤器所蕴含的 XPath 表达式的 fn:not()函数。

如果一个事实变量使用了过滤器而不是其补集，则在被纳入事实变量所蕴含的 XPath 表达式之前，该过滤器所蕴含的 XPath 表达式由圆括号“(”和“)”包括。

如果事实变量使用过滤器补集而不是过滤器，则在被纳入事实变量所蕴含的 XPath 表达式之前，该过滤器所蕴含的 XPath 表达式不能修改。

为了在XPath谓词中获得完整的XPath表达式，可使用and标记将过滤器和过滤器补集所蕴含的XPath表达式组合成一个单独的“XPath和表达式”。

7.3.5.2 过滤器

过滤器用于为输入XBRL实例的事实定义选取标准。

输入事实是指在输入XBRL实例中将要过滤的事实。

过滤器表达了可用于输入事实数据的标准。此标准包含在事实变量所蕴含的XPath表达式中。

过滤器被声明为XML扩展连接中的XML链接资源。过滤器应在〈variable:filter〉抽象元素的替代组里。

所有的过滤器都应蕴含一个XPath表达式，该XPath表达式可以使用任何事实作为一个上下文项进行求值。

每一个过滤器规范都应包括过滤器所蕴含的XPath表达式的定义。

一个过滤器所蕴含的XPath表达式可以包含XPath变量引用。由过滤器所蕴含的XPath表达式中的XPath变量引用的求值不在本章范围内。此类XPath变量引用的求值，需要在本章基础之上另具规范来规定，包括如何将变量与用于XPath变量引用的Qname进行连接的规范。

事实满足过滤器要求的必要条件是使用事实作为上下文项时，此过滤器所蕴含的XPath表达式的求值结果是一个有效的布尔值“true”。

如果过滤器使用方面作为标准选取事实，则此过滤器可覆盖此方面。

一个事实变量的未覆盖方面是指任何其他过滤器未覆盖的方面，此过滤器用于构造变量所蕴含XPath表达式。

每一个过滤器规范应指明其所能覆盖的方面(如果有此方面)。

覆盖过滤器是指能覆盖它所能覆盖的一个或者多个方面的过滤器。

非覆盖过滤器是指不能覆盖它所能覆盖的一个或者多个方面的过滤器。

无论过滤器是覆盖过滤器还是非覆盖过滤器，过滤器都指定为过滤器以及使用该过滤器的事实变量之间关系的一部分。

过滤器可以通过以下三种方式与事实变量相联系：

——明确的，通过变量过滤器关系；

——明确的，通过变量集过滤器关系；

——隐式的。

所有用于联合事实变量与过滤器的方法可以识别过滤器是否覆盖了方面，以及事实变量是否使用了过滤器或者过滤器补集。

7.3.5.3 变量过滤器关系

变量过滤器关系是指事实变量和过滤器之间的关系，该关系由一个XLink弧表示。

为声明一个变量—过滤器关系，一个XLink弧应满足以下条件：

——有一个弧角色值等于http://xbrl.org/arcrole/2008/variable-filter；

——在弧的始端资源有一个事实变量；

——在弧的末端资源有一个过滤器。

弧角色值“http://xbrl.org/arcrole/2008/variable-filter”由本章中的规范模式文件定义。

变量过滤器关系应由变量过滤器弧表示。根据GB/T 25500.1进行的校验可以检测出是否违反了该规则。

补充的变量过滤器关系指由一个值为true的、带有complement属性的弧来表示的变量过滤器关系。

过滤器中带有一个补充的变量过滤器关系的事实变量使用其所蕴含的 XPath 表达式中的过滤器补集,而不是过滤器本身。

覆盖变量过滤器关系指由一个值为 true 的、带有 cover 属性的弧来表示的变量过滤器关系。

如果通过变量过滤器关系使一个过滤器与一个变量相关联,则此过滤器仅覆盖由变量过滤器关系覆盖的已过滤的事实的方面。

7.3.5.4 变量过滤器弧

变量过滤器弧由〈variable:variableFilterArc〉元素表示。

〈variable:variableFilterArc〉元素的语法由 A.4 的规范模式文件定义。

7.3.6 变量集

7.3.6.1 概述

变量所蕴含的 XPath 表达式可以包括 XPath 变量引用,这些引用需要转化为其他事实变量或一般变量。当蕴含 XPath 表达式的变量和引用的变量在同一个变量集中时,此引用才可以进行转化。

变量集是指一组可以通过 XPath 变量引用进行互相引用的事实变量和/或一般变量。

变量集是由具有〈variable:variableSet〉抽象元素的替换组中的本地 XLink 资源定义的。这样的资源称作变量集资源。所有与变量集资源有变量集关系的变量,都在由此资源所定义的变量集当中。

变量集使用其 aspectModel 属性来标识其方面模型。变量集合资源中的 aspectModel 属性的值是方面模型标识符,该方面模型用于在变量集资源定义的变量集中对变量进行求值。

变量集的方面模型指由变量集资源上的 aspectModel 属性来标识的方面模型,该变量集由变量集资源来定义。

如果处理软件不能识别被 aspectModel 属性的值所标识的方面模型,则应抛出错误代码 xbrlve:unknownAspectModel。

如果同一个变量集中的两个或更多的变量或参数的名称相同,则应抛出错误代码 xbrlve:duplicateVariableNames。

如果处理软件遇到一个变量集,在该变量集中有一个或两个事实变量有可以覆盖一个方面的过滤器,但该过滤器没有在变量集的方面模型中进行定义,则应抛出错误代码 xbrlve:filterAspectModelMismatch。

7.3.6.2 变量集关系

变量集关系是变量集资源与事实变量、一般变量或参数之间的关系,该关系由一个 XLink 弧表示。

为声明变量集关系,XLink 弧应满足以下条件:

——有一个弧角色值等于“http://xbrl.org/arcrole/2008/variable-set”;

——在弧的始端资源有一个变量集资源;

——在弧的末端资源有一个参数或一个事实变量或一个一般变量。

弧角色值“http://xbrl.org/arcrole/2008/variable-set”由 A.4 的规范模式文件声明。

变量—集合关系应使用变量弧表示。根据 GB/T 25500.1 进行的校验可以检测出是否违反了此项规定。

变量或参数的 QName 通过与一个变量集有关系的变量弧中的 name 属性指定。如果 QName 没有命名空间前缀,则无论包含元素的缺省命名空间为何值,该 QName 都没有命名空间。否则,QName 会遵循 NAMESPACES 规范,使用包含 name 属性的变量弧范围的命名空间声明。

当对一个变量集进行变量求值时,此 QName 的 XPath 变量引用是对变量或参数的引用。对于参数，此 QName 可以与参数声明中给出的 QName 不同。

7.3.6.3 变量弧

变量弧由〈variable:variableArc〉元素表示。

〈variable:variableArc〉元素的语法由 A.4 的规范模式文件定义。

7.3.6.4 变量集过滤器关系

变量集过滤器关系是变量集资源和过滤器之间的关系，该关系由 XLink 弧表示。

为声明一个变量集过滤器关系，XLink 弧应满足以下关系：

——有一个弧角色值等于 http://xbrl.org/arcrole/2008/variable-set-filter；

——在弧的始端资源定义一个变量集的 XLink 资源；

——在弧的末端资源有一个过滤器。

弧角色值"http://xbrl.org/arcrole/2008/variable-set-filter"由 A.4 的规范模式文件声明。

变量集过滤器关系应通过变量集过滤器弧表示。根据 GB/T 25500.1 进行的校验可以检测出是否违反了此项规定。

根据定义，参与变量集过滤器关系的过滤器与变量集当中的每一个事实变量相关联，该变量集由其相关资源定义。

组过滤器是指一个过滤器通过变量集过滤器关系与事实变量相关联。

变量集过滤器补集关系指由一个值为 true、带有 complement 属性的弧所表示的变量集过滤器关系。

在一个由资源定义的变量集中，与一个过滤器拥有变量集过滤器关系的事实变量，使用其所蕴含的 XPath 表达式中的过滤器补集，而不是过滤器本身。

根据定义，通过变量集过滤器关系与事实变量相关联的所有过滤器都不能覆盖任何方面。

通过变量集过滤器关系与事实变量相关联的过滤器所蕴含的 XPath 表达式不应包括对一般变量或事实变量的 XPath 变量的引用。

如果通过变量集过滤器关系与事实变量相关联的过滤器所蕴含的 XPath 表达式中包含对一般变量或事实变量的 XPath 变量引用，则应抛出错误代码 xbrlve:factVariableReferenceNotAllowed。

7.3.6.5 变量集过滤器弧

变量集过滤器弧由〈variable:variableSetFilterArc〉元素表示。

〈variable:variableSetFilterArc〉元素的语法由 A.4 的规范模式文件定义。

7.3.6.6 隐式过滤器

变量集中的事实变量可以与本节中定义的隐式过滤相关联，也可以通过变量过滤器关系和变量集过滤器关系与过滤器明确地相关联。

如果一个变量集的事实变量有隐式过滤器，则此变量集应具有一个值为"true"的 implicitFiltering 属性。如果 implicitFiltering 属性为"false"，则在此变量集里的事实变量与隐式过滤器没有关系。

如果变量集的 implicitFiltering 属性为"true"，则变量集使用隐式过滤器。如果变量集的 implicit-Filtering 属性为"false"，则变量集不使用隐式过滤器。

与变量集中的事实变量相关联的隐式过滤器（如果有）依赖于变量集的方面模型。

如果变量集含有维度方面模型，则变量集中的事实变量与维度隐式过滤器相关联。

如果变量集含有非维度方面模型，则变量集中的事实变量与非维度隐式过滤器相关联。

7.3.6.7 前提条件

变量集资源可以通过变量集前提条件关系与前提条件相关联。前提条件定义了进行变量集求值前所应满足的条件。

前提条件通过〈variable:precondition〉元素表示。

〈variable:precondition〉元素的语法由 A.4 的规范模式文件定义。

前提条件中的 test 属性中包含一个 XPath 表达式。其内容称为前提条件表达式。给定与前提条件相关联的变量集中的变量值,已满足的前提条件是指前提条件表达式的求值为一个有效的布尔值为“true”。

前提条件表达式求值的上下文节点是输入 XBRL 实例中的〈xbrli:xbrl〉元素。

7.3.6.8 变量集前提条件关系

变量集前提条件关系指变量集资源和前提条件之间的关系,该关系由一个 XLink 弧表示。

为声明一个变量集前提条件关系,XLink 弧应满足以下条件:

——有一个弧角色值等于 http://xbrl.org/arcrole/2008/variable-set-precondition;

——在弧的始端资源有一个变量集资源;

——在弧的末端资源有一个前提条件。

弧角色值“http://xbrl.org/arcrole/2008/variable-set-precondition”由 A.4 的规范标准模式文件来声明。

变量集前提条件关系应通过一般弧表示。根据 GB/T 25500.1 进行的校验可以检测出是否违反了此项规定。

7.4 变量求值

7.4.1 概述

一般变量求值指对输入 XBRL 实例中的一般变量进行求值。

事实变量求值指对输入 XBRL 实例中的事实变量进行求值。

变量求值指一般变量求值或者事实变量求值。

除了以下三种特殊情况以外,如果已经对变量集中所有变量进行求值,并且在对给定变量集中的变量求值时,所有与变量集相关联的前提条件已满足,则变量集求值视为已发生。

三种特殊情况列示如下:

——如果变量集中无变量,则当与变量集相关的所有前提条件已满足时,变量集求值视为已发生;

——如果变量集包含事实变量,但所有的事实变量的求值均为候补值,则变量集求值视为未发生;

——如果变量集包含一个事实变量 v,该事实变量的求值为候补值,但在不改变变量集中其他任一事实变量的值的情况下,该事实变量的求值也可以为非候补值,此变量集本身没有候补值,并且也不依赖于事实变量 v,则变量集求值视为未发生。

根据给定变量集的方面模型求值后,如果输入 XBRL 实例中包含的事实的方面不能唯一确定,则应抛出错误代码 xbrlve:ambiguousAspects。

根据给定的待求值的变量集的方面模型,如果输入 XBRL 实例中包含事实的一个或者多个方面的值不能唯一确定,则应抛出错误代码:xbrlve:ambiguousAspectValues。

如果一个变量集求值中的每一个变量求值与其他变量集求值中同一事实变量的求值相同,则对于给定输入的一个变量集的两个求值是同一变量一集合求值。

如果两次求值不同,则对于给定输入的一个变量集的两个求值是不同变量集求值。

如果两个求值是相同长度的序列，对于一个序列中的每一项在其他序列中均有对应的相同项，则一个事实变量的两个求值是同一事实变量求值。

所有变量求值都从变量所蕴含的 XPath 表达式的求值开始。

如果 XPath 表达式包含 XPath 变量引用，则此 XPath 表达式拥有一个变量依赖。

应用程序负责确定一个变量集中变量的求值顺序，以此来确保变量集中每一个变量和已经求值的变量的变量依赖。

如果一个已求值的 XPath 表达式无法与变量或参数建立变量依赖，则应抛出错误代码 xbrlve：unresolvedDependency。

如果变量集中的变量间的引用存在循环依赖，则应抛出错误代码 xbrlve：cyclicDependencies。

示例：

循环变量引用

事实变量 $a 蕴含一个 XPath 表达式，该 XPath 表达式包含对一般变量 $b 的 XPath 变量引用。

一般变量 $b 蕴含一个 XPath 表达式，该 XPath 表达式包含对一般变量 $c 的一个 XPath 变量引用。

一般变量 $c 蕴含一个 XPath 表达式，该 XPath 表达式包含对一般变量 $a 的一个 XPath 变量引用。

XPath 的变量应用的循环集可包括事实变量和一般变量。

源序列指通过对一般变量或者事实变量所蕴含的 XPath 表达式求值所得到的序列。

7.4.2 绑定成一个序列

如果变量有 bindAsSequence 属性，且为 true，则此变量可绑定成一个序列。

变量求值的结果依赖于变量是否绑定成了一个序列。

对于未绑定成序列的一般变量，其求值结果是其源序列中任意一项。对于绑定成序列的一般变量，其求值结果是源序列。

对于一个事实变量，如果源序列非空并且未绑定成一个序列，则其求值结果是该序列的候选值，或者是其源序列中的任意一个事实。

对于一个事实变量，如果源序列非空并且绑定成一个序列，则其求值结果是它的候选值，或者是其源序列中的任意一个满足下列条件的事实：

——求值结果中的所有事实数据同时在事实变量的源序列中；

——在求值结果中，事实仅发生一次；

——求值结果序列中每个事实数据的每一个未覆盖方面应拥有一个在求值结果中与所有其他事实等效的方面值；

——求值结果中的所有事实应拥有相同的方面集；

——如果事实变量的 matches 属性缺省或者为 false，则求值结果不应包含任何方面匹配事实；

——求值结果应包含来源于符合前提条件的源序列的所有可能的事实。

事实变量的求值结果中的事实顺序依赖于应用程序。仅在其所包含的事实的顺序方面存在不同的求值结果视为相同的求值结果。

7.4.3 绑定成一个空序列

如果一个源序列为空，则事实变量的求值结果同样依赖于此事实变量的 fallbackValue 属性。

如果一个事实变量拥有 fallbackValue 属性，则其可以绑定成一个空序列。否则，当源序列为空时，一个事实变量不能绑定成一个空序列，则对该事实变量进行求值。

如果一个事实变量可以绑定成一个空序列，并且源序列为空，则变量求值的结果取决于 fallbackValue 属性。具体来说，事实变量求值的结果通过输入 XBRL 实例的〈xbrl：xbrli〉元素作为上下文节点，由 fallbackValue 属性所包含的 XPath 表达式的求值给定。变量集中的参数在上下文中用于 fallbackValue 属性中的 XPath 表达式的求值，但变量集中的事实变量和一般变量则不能在上下文中用于 fallbackValue 属性中的 XPath 表达式的求值，因此不能在 XPath 表达式内被引用。

候补值是指在 fallbackValue 属性的内容基础上所确定的事实变量的值。

非候补值是指在源序列的基础上而非 fallbackValue 属性内容的基础上所确定的事实变量的值。

8 过滤器

8.1 布尔过滤器

8.1.1 概述

本章对 AND 过滤器和 OR 过滤器进行了 XML 语法定义，其中 AND 过滤器要求数据应满足的所有子过滤器的条件，OR 过滤器则要求数据仅需满足其中任一子过滤器的条件。

子过滤器是指因布尔过滤器关系而与布尔过滤器相关联的过滤器。

在本章中所定义的所有过滤器均称为布尔过滤器。

8.1.2 语法

8.1.2.1 AND 过滤器

AND 过滤器是由〈bf:andFilternil〉元素来声明的。

本章的模式文件定义了〈bf:and filter〉元素的语法。

AND 过滤器以所有子过滤器所表达的条件来匹配事实。

由 AND 过滤器表示的 XPath 表达式，均包含关于每一个子过滤器或是子过滤器补充物的一个条件。关于子过滤器或子过滤器补充物的条件，即为由该子过滤器或子过滤器补足物表示的 XPath 公式。这些条件合起来组成单一的 XPath and-expression 表达式，并用“和”将其分隔。

AND 过滤器可以涵盖其子过滤器涵盖的所有方面。AND 过滤器见示例。

示例：

AND 过滤器

子过滤器	暗含的约束条件
• 用于匹配含有被命名为〈eg:assets〉的概念的事实的概念名称过滤器 • 用于匹配含有模式文件 http://www.example.com/entity/identification 中的一个实体标识符的事实的特定实体模式文件过滤器	通过 AND 过滤器所匹配到的事实应以〈eg:assets〉来命名，且其上下文中有一个 http://www.example.com/entity/identification 模式文件中的实体识别符
• 用于匹配具有〈xbrli:xbrl〉父项的事实的父项过滤器 用于匹配上下文期间为“永久”的事实的永久过滤器	事实不应包含在元组中，而且应在“永久”期间内报告

8.1.2.2 OR 过滤器

OR 过滤器是由〈bf:orFilter〉元素来声明的。

A.5 的模式文件定义了〈bf:orFilter〉元素的语法。

OR 过滤器是以任一子过滤器所表达的条件来匹配事实。

由 OR 过滤器表示的 XPath 公式，均包含关于每个子过滤器或是子过滤器补充物的一个条件。关于子过滤器或是子过滤器补充物的条件，即是由该子过滤器或是子过滤器补充物表示的 XPath 公式。

这些条件合起来组成单一的 XPath or-expression,并用“或”将其分隔。

一个 OR 过滤器可以涵盖其子过滤器涵盖的所有方面。OR 过滤器见示例。

示例:

OR 过滤器

子过滤器	暗含的约束条件
用于匹配含有被命名为〈eg:assets〉的概念的事实的概念名称过滤器 用于匹配含有被命名为〈eg:totalAssets〉的概念的事实的概念名称过滤器	所匹配到的事实应以〈eg:assets〉或〈eg:totalAssets〉来命名

8.1.2.3 布尔-过滤器关系

布尔-过滤器关系是布尔过滤器和子过滤器之间以 XLink 弧来表达的一种关系。

为了声明布尔-过滤器关系,XLink 应满足以下所有条件:

a) 拥有与 http://xbrl.org/arcrole/2008/ Boolean-filter 所示相同的弧角色值;

b) 在弧的起始资源端有布尔过滤器;

c) 在弧的终止资源端有子过滤器。

角色弧值(http://xbrl.org/arcrole/2008/Boolean-filter)在 A.5 的规范模式文件中声明的。

布尔-过滤器关系应以变量-过滤器弧来表示。如果违反了此规定,可以利用根据 GB/T 25500.1 所作的校验检查出来。

补充型布尔-过滤器关系是以 complement 属性值为 TRUE 的弧来表达的布尔-过滤器关系。

一个与子过滤器存在补充型布尔-过滤器关系的布尔过滤器,在其表示的 XPath 表达式中使用该子过滤器的过滤器补充物,而非过滤器本身。

涵盖型布尔-过滤器关系是以@cover 属性值为 TRUE 的弧来表达的布尔-过滤器关系。

如果一个子过滤器因布尔-过滤器关系而与布尔过滤器相关联,且该布尔-过滤器关系为涵盖型布尔-过滤器关系时,此过滤器仅涵盖被过滤事实的各个方面。

8.2 概念过滤器

8.2.1 概述

本章定义了以 XBRL 概念声明的特征为条件的过滤器的 XML 语法。XBRL 概念声明包括:

——XML 模式文件元素名称;

——XBRL 期间类型(时点或时间段);

——XBRL 余额(借或贷);

——XML 模式文件数据类型;

——XML 模式文件替换组。

本章定义的所有过滤器均可以覆盖概念方面。

8.2.2 语法

8.2.2.1 概念名称过滤器

概念名称过滤器由〈cf:conceptName〉元素声明。

〈cf:conceptName〉元素的语法由 A.6 的规范模式文件定义。

概念名称过滤器以事实的概念名称为基础来匹配事实。

概念名称过滤器所蕴含的 XPath 表达式中的每个子〈cf:concept〉均含有一个项，这些项通过 XPath 的 OR 运算符相结合。

概念名称过滤器所蕴含的 XPath 表达式中的每个条件为以下两种形式中的任一种：

——如果〈cf:concept〉元素包含一个〈cf:qnameExpression〉元素，则条件为：(fn:node-name(.) eq #qnameExpression)

其中：#qnameExpression 是 cf:qnameExpression 元素所包含的 XPath 表达式。

——如果〈cf:concept〉元素包含一个〈cf:qname〉元素，则条件为：

(fn:node-name(.) eq fn:QName(#namespace，#name))

其中：#namespace 是作为〈cf:qname〉元素内容的 QName 的命名空间，#name 是作为〈cf:qname〉元素内容的 QName 的本地名称。

概念名称过滤器见示例。

示例：

概念名称过滤器

过滤器	选择标准
〈cf:conceptName〉 〈cf:concept〉 〈cf:qname〉 eg:assets 〈/cf:qname〉 〈/cf:concept〉 〈/cf:conceptName〉	概念名称应为 eg:assets
〈cf:conceptName〉 〈cf:concept〉 〈cf:qname〉 eg:assets 〈/qname〉 〈/cf:concept〉 〈cf:concept〉 〈cf:qnameExpression〉 fn:QName('http://example.com/','eg:liabilities') 〈/cf:qnameExpression〉 〈/cf:concept〉 〈/cf:conceptName〉	概念名称应为 eg:assets 或者 eg:liabilities
〈cf:conceptName〉 〈cf:concept〉	概念名称应与由 XPath 变量引用 $a 存取的节点的概念名称相同

注：XLink 属性被省略。

8.2.2.2 概念期间类型过滤器

概念期间类型过滤器由〈cf:conceptPeriodType〉元素声明。

〈cf:conceptPeriodType〉元素的语法由 A.6 的规范模式文件定义。

概念期间类型过滤器可以根据报告值是时间段类型还是时点类型来匹配事实，事实报告值的类型由 xbrli:periodType 属性决定。

概念期间类型过滤器所蕴含的 XPath 表达式为：xfi：concept-period-type(fn：node-name(.)) eq '#periodType'

其中：#periodType 是概念期间类型过滤器中 periodType 属性的值。

概念期间类型过滤器见示例。

示例：

概念期间类型过滤器

过滤器	选择标准
〈cf：conceptPeriodType periodType="instant"/〉	报告事实中应含有时点期间
〈cf：conceptPeriodType periodType="duration"/〉	报告事实中应含有时间段期间

注：XLink 属性被省略。

8.2.2.3 概念余额过滤器

概念余额过滤器由〈cf：conceptBalance〉元素声明。

〈cf：conceptBalance〉元素的语法由 A.6 的规范模式文件定义。

概念余额过滤器可以匹配含有 xbrli：balance 属性，且当该属性是否有借方或贷方值的事实。

概念余额过滤器所蕴含的 XPath 表达式为：

if ('#balance' eq 'none') then (xfi：concept-balance(fn：node-name(.)) eq'')else (xfi：concept-balance(fn：node-name(.)) eq '#balance')

其中：#balance 是概念余额过滤器中 balance 属性的值。

概念余额过滤器见示例。

示例：

概念余额过滤器

过滤器	选择标准
〈cf：conceptBalance balance="credit"/〉	事实的概念应被分类为贷方余额概念
〈cf：conceptBalance balance="debit"/〉	事实的概念应被分类为借方余额概念
〈cf：conceptBalance balance="none"/〉	事实的概念不应被分类为借方或贷方余额概念

注：XLink 属性被省略。

8.2.2.4 概念自定义属性过滤器

概念自定义属性过滤器由〈cf：conceptCustomAttribute〉元素声明。

〈cf：conceptCustomAttribute〉元素的语法由 A.6 的规范模式文件定义。

概念自定义属性过滤器可以根据每个概念声明中自定义属性的存在性或者值来匹配事实。概念自定义属性是概念声明的一种属性，该属性既不存在于 XML 模式文件命名空间，也不存在于 XBRL 命名空间。

如果存在 value 属性，且〈cf：attribute〉元素包含一个〈cf：qnameExpression〉元素，则概念自定义属性过滤器所蕴含的 XPath 表达式为：xfi：concept-custom-attribute(fn：node-name(.)，#qnameExpression) eq #value

其中：#qnameExpression 是〈cf：qnameExpression〉元素所包含的 XPath 表达式。

如果存在 value 属性，且〈cf：attribute〉元素包含一个〈cf：qname〉元素，则概念自定义属性过滤器所蕴含的 XPath 表达式为：

xfi：concept-custom-attribute(fn：node-name(.)，fn：QName(#namespace，#name)) eq #value

其中：#namespace 是〈cf：qname〉元素内容的 QName 的命名空间，#name 是〈cf：qname〉元素内

容的 QName 的本地名称。

自定义属性所需的值由概念自定义属性过滤器@value 属性中的 XPath 表达式提供。

如果不存在 value 属性,且〈cf:attribute〉元素包含一个〈cf:qnameExpression〉元素,则概念自定义属性过滤器所蕴含的 XPath 表达式为:

xfi:concept-custom-attribute(fn:node-name(.),#qnameExpression)

其中:#qnameExpression 是〈cf:qnameExpression〉元素所包含的 XPath 表达式。

如果不存在 value 属性,且〈cf:attribute〉元素包含一个〈cf:qname〉元素,则概念自定义属性过滤器所蕴含的 XPath 表达式为:

xfi:concept-custom-attribute(fn:node-name(.),fn:QName(#namespace,#name))

其中:#namespace 是作为〈cf:qname〉元素内容的 QName 的命名空间,#name 是作为〈cf:qname〉元素内容的 QName 的本地名称。

概念自定义属性过滤器见示例。

示例:

概念自定义属性过滤器

过滤器	选择标准
〈cf:conceptCustomAttribute〉 〈cf:attribute〉 〈cf:qname〉 eg:custom 〈/cf:qname〉 〈/cf:attribute〉 〈/cf:conceptCustomAttribute〉	事实的概念应有一个@eg:custom 属性
〈cf:conceptCustomAttribute value="'confidential'"〉 〈cf:attribute〉 〈cf:qname〉 eg:custom 〈/cf:qname〉 〈/cf:attribute〉 〈/cf:conceptCustomAttribute〉	事实的概念应有一个@eg:custom 属性,并且该属性带有内容为 confidential 的字符串 注意:值应附上引号以说明其为一个字符串。
〈cf:conceptCustomAttribute value="fn:false()"〉 〈cf:attribute〉 〈cf:qnameExpression〉 fn:QName('http://example.com/','custom') 〈/cf:qnameExpression〉 〈/cf:attribute〉 〈/cf:conceptCustomAttribute〉	事实的概念应有一个@eg:custom 属性,并且该属性的布尔值为 false

注:XLink 属性被省略。

8.2.2.5 概念数据类型过滤器

概念数据类型过滤器由〈cf:conceptDataType〉元素声明。

〈cf:conceptDataType〉的语法由 A.6 的规范模式文件定义。

概念数据类型过滤器可以根据事实的 XML 模式文件中的数据类型来匹配事实。

如果〈cf:type〉元素包含一个〈cf:qnameExpression〉元素,且〈cf:conceptDataType〉元素的@strict

属性值为 true,则概念数据类型过滤器所蕴含的 XPath 表达式为:

xfi:concept-data-type(fn:node-name(.)) eq #qnameExpression

其中:#qnameExpression 是〈cf:qnameExpression〉元素所包含的 XPath 表达式。

如果〈cf:type〉元素包含一个〈cf:qnameExpression〉元素,且〈cf:conceptDataType〉元素的@strict 属性值为 false,则概念数据类型过滤器所蕴含的 XPath 表达式为:

xfi:concept-data-type-derived-from(fn:node-name(.),#qnameExpression)

其中:#qnameExpression 是〈cf:qnameExpression〉元素所包含的 XPath 表达式。

如果〈cf:type〉元素包含一个〈cf:qname〉元素,且〈cf:conceptDataType〉元素的@strict 属性值为 true,则概念数据类型过滤器所蕴含的 XPath 表达式为:

xfi:concept-data-type(fn:node-name(.)) eq fn:QName(#namespace,#name))

其中:#namespace 是〈cf:qname〉元素内容的 QName 的命名空间,#name 是〈cf:qname〉元素内容的 QName 的本地名称。

如果〈cf:type〉元素包含一个〈cf:qname〉元素,且〈cf:conceptDataType〉元素的@strict 属性值为 false,则概念数据类型过滤器所蕴含的 XPath 表达式为:

xfi:concept-data-type-derived-from(fn:node-name(.),fn:QName(#namespace,#name))

其中:#namespace 是作为〈cf:game〉元素内容的 QName 的命名空间,#name 是作为〈cf:game〉元素内容的 QName 的本地名称。

概念数据类型过滤器见示例。

示例:

概念数据类型过滤器

过滤器	选择标准
〈cf:conceptDataType strict="true"〉 〈cf:type〉 〈cf:qname〉 xbrli:monetaryItemType 〈/cf:qname〉 〈/cf:type〉 〈/cf:conceptDataType〉	事实的概念的数据类型应是@xbrli:monetaryItemType
〈cf:conceptDataType strict="false"〉 〈cf:type〉 〈cf:qname〉 xbrli:pureItemType 〈/cf:qname〉 〈/cf:type〉 〈/cf:conceptDataType〉	事实的概念的数据类型应被限定为@xbrli:pureItemType
〈cf:conceptDataType strict="false"〉 〈cf:type〉 〈cf:qnameExpression〉 xfi:concept-data-type(fn:node-name($eg:otherVariable)) 〈/cf:qnameExpression〉 〈/cf:type〉 〈/cf:conceptDataType〉	假设自定义函数 eg:concept-data-type 返回参数事实概念的 XML 模式文件数据类型的 QName,则过滤器要求事实概念拥有一种数据类型:该数据类型被限定为对变量 eg:otherVariable 求值的事实的数据类型

注:XLink 属性被省略。

8.2.2.6 概念替换组过滤器

概念替换组过滤器由〈cf:conceptSubstitutionGroup〉元素声明。

〈cf:conceptSubstitutionGroup〉元素的语法由 A.6 的规范模式文件定义。

概念替换组过滤器可以根据事实的 XML 模式文件中的替换组来匹配事实

如果〈cf:substitutionGroup〉元素包含一个〈cf:qnameExpression〉元素，且〈cf:conceptSubstitutionGroup〉元素的@strict 属性值为 true，则概念替换组过滤器所蕴含的 XPath 表达式为：

#qnameExpression eq(xfi:concept-substitutions(fn:node-name(.))[0])

其中：#qnameExpression 是〈cf:qnameExpression〉元素所包含的 XPath 表达式。

如果〈cf:substitutionGroup〉元素包含一个〈cf:qnameExpression〉元素，且〈cf:conceptSubstitutionGroup〉元素的@strict 属性值为 false，则概念替换组过滤器的 XPath 表达式为：

op:intersect((#qnameExpression),xfi:concept-substitutions(fn:node-name(.)))

其中：#qnameExpression 是〈cf:qnameExpression〉元素所包含的 XPath 表达式。

如果〈cf:substitutionGroup〉元素包含一个〈cf:qname〉元素，且〈cf:conceptSubstitutionGroup〉元素的@strict 属性值为 true，则概念替换组过滤器所蕴含的 XPath 表达式为：

fn:QName(#namespace,#name) eq(xfi:concept-substitutions(fn:node-name(.))[0])

其中：#namespace 是作为〈cf:qname〉元素内容的 QName 的命名空间，#name 是作为〈cf:qname〉元素内容的 QName 的命名空间。

如果〈cf:substitutionGroup〉元素包含一个〈cf:qname〉元素，且〈cf:conceptSubstitutionGroup〉元素的@strict 属性值为 false，则概念替换组过滤器所蕴含的 XPath 表达式为：

op:intersect((fn:QName(#namespace,#name)),xfi:concept-substitutions(fn:node-name(.)))

其中：#namespace 是作为〈cf:qname〉元素内容的 QName 的命名空间，#name 是作为〈cf:qname〉元素内容的 QName 的本地名称。

概念替换组过滤器见示例。

示例：

概念替换组过滤器

过滤器	选择标准
〈cf:conceptSubstitutionGroup strict="true"〉 〈cf:substitutionGroup〉 〈cf:qname〉 xbrli:item 〈/cf:qname〉 〈/cf:substitutionGroup〉 〈/cf:conceptSubstitutionGroup〉	事实的概念应在其@substitutionGroup 属性中指定〈xbrli:item〉元素。事实的概念仅在替换组中为〈xbrli:item〉元素指定一些元素或〈xbrli:item〉元素本身是不够的
〈cf:conceptSubstitutionGroup strict="false"〉 〈cf:substitutionGroup〉 〈cf:qname〉 xbrli:item 〈/cf:qname〉 〈/cf:substitutionGroup〉 〈/cf:conceptSubstitutionGroup〉	事实概念应为一个 XBRL 数据项

表（续）

过滤器	选择标准
〈cf：conceptSubstitutionGroup strict="false"〉 〈cf：substitutionGroup〉 〈cf：qname〉 xbrli：tuple 〈/cf：qname〉 〈/cf：substitutionGroup〉 〈/cf：conceptSubstitutionGroup〉	事实应为一个 XBRL 元组
〈cf：conceptSubstitutionGroup strict="true"〉 〈cf：substitutionGroup〉 〈cf：qnameExpression〉 fn：QName('http：//example.com/','eg：customItem') 〈/cf：qnameExpression〉 〈/cf：substitutionGroup〉 〈/cf：conceptSubstitutionGroup〉	事实的概念应在其@substitutionGroup 属性中识别〈eg：customItem〉

注：XLink 属性被省略。

8.3 维度过滤器

8.3.1 概述

本章定义了根据维度信息从输入 XBRL 实例中选取事实的过滤器的 XML 语法。类型化维度和明确维度都可用于在输入 XBRL 实例中选取事实。

维度是由维度过滤器的〈df：dimension〉子元素确定。所有维度过滤器都有〈df：dimension〉元素，该元素指明了过滤维度。

本章所定义的所有过滤器可以覆盖其过滤维度的维度方面。

8.3.2 语法

8.3.2.1 明确维度过滤器

明确维度过滤器由〈df：explicitDimension〉元素声明。

〈df：explicitDimension〉元素的语法由 A.7 的规范模式文件定义。

在给定 DTS 的上下文中，明确维度域定义为过滤维度的所有有效成员的域的并集中的所有域成员的集合。

明确维度过滤器可用于选取与明确维度域中的任何一个域成员相匹配的事实，该域成员为该明确维度的值。

明确维度过滤器所蕴含的 XPath 表达式由〈df：dimension〉元素和〈df：member〉元素决定。

过滤器成员是明确维度过滤器的〈df：member〉子元素。

过滤器成员的值是带有 QName 的明确维度域中的域成员，该 QName 由过滤器成员指定。

在以下明确维度过滤器所蕴含的 XPath 表达式中，需要给 #dimension 赋值。如果〈df：dimension〉元素有一个〈df：qnameExpression〉子元素，则 #dimension 就是对〈df：qnameExpression〉元素所包含的

XPath 表达式求值后返回的 QName。如果〈df:dimension〉元素有一个子元素〈df:qname〉,则该〈df:qname〉元素包含一个 QName,#dimension 为 fn:QName(#namespace,#name),其中#namespace 是该 QName 值的命名空间,#name 是该 QName 值的本地名称。

在以下明确维度过滤器所蕴含的 XPath 表达式中,需要给明确维度过滤器的每个〈df:member〉子元素的#member 赋值。如果〈df:member〉元素有一个〈df:qnameExpression〉子元素,则#member 就是对〈df:qnameExpression〉元素所包含的 XPath 表达式求值后返回的 QName。如果〈df:member〉元素有一个子元素〈df:qname〉,则该〈df:qname〉元素包含一个 QName,#member 为 fn:QName(#namespace,#name),其中#namespace 是该 QName 值的命名空间,#name 是该 QName 值的本地名称。除以上两种情况以外,如果〈df:member〉元素有一个子元素〈df:variable〉,#member 是成员的 QName,该成员为事实的过滤器维度的值,而该事实与〈df:variable〉元素的 QName 值命名的变量绑定。

如果明确维度过滤器没有过滤器成员,则明确维度域中的所有域成员都满足过滤器标准。所蕴含的 XPath 表达式为:

xfi:fact-has-explicit-dimension(.,#dimension)

否则,当明确维度过滤器有一个或多个过滤器成员时,明确维度过滤器的每个过滤器成员蕴含一个允许作为过滤器维度值的域成员的集合。对于此类明确维度过滤器,其所蕴含的 XPath 表达式是使用通过 XPath 或运算符合并一组条件(每个过滤器成员一个条件)来构建的。

一个过滤器成员的过滤器成员集是指由该过滤器成员允许的、作为过滤器维度的值域成员的集合。

过滤器成员链接角色是指过滤器成员的〈df:linkrole〉子元素的值。

过滤器成员弧角色是指过滤器成员的〈df:arcrole〉子元素的值。

过滤器成员轴是指过滤器成员的〈df:axis〉子元素的值。

如果一个过滤器成员不包含过滤器成员链接角色、弧角色和轴,则其过滤器成员集的唯一域成员就是由过滤器成员值所决定的域成员。

XPath 表达式中的该过滤器成员的条件表示如下:

xfi:fact-has-explicit-dimension-value(.,#dimension,#member)

否则,过滤器成员集的域成员将根据过滤器成员链接角色和过滤器成员弧角色指定的关系网来确定。

过滤器成员网是指由在带有过滤器成员链接角色的扩展链接中的带有过滤器成员弧角色的弧所表示的关系网。

如果过滤器成员网中没有属于过滤器维度的明确维度域的域成员,则应抛出错误代码 xbrldfe:invalidDomainMember。

如果过滤器成员网不是由过滤器成员链接角色和过滤器成员弧角色从 DTS 中唯一决定的,则应抛出错误代码 xbrldfe:ambiguousFilterMemberNetwork。

该错误可能发生在下述情况的 DTS 中:链接角色和弧角色值的相同组合与两个不同的扩展链接元素或两个不同的弧元素一起使用。

如果过滤器成员的 axis 属性等于 child,则过滤器成员集包含那些明确维度域中的域成员,这些成员是过滤器成员的值所确定的域成员的过滤器成员网中的关系的目标项。

如果过滤器成员的 axis 属性等于 child-or-self,则过滤器成员集包含由过滤器成员值所确定的域成员,以及那些明确维度域中的域成员,这些域成员是过滤器成员值所确定的域成员的过滤器成员网中的关系的目标项。

如果过滤器成员的 axis 属性等于 descendant,则过滤器成员集包含那些明确维度域中的域成员,这些成员是过滤器成员网中过滤器成员值所确定的域成员的后代。

如果过滤器成员的 axis 属性等于 descendant-or-self,则过滤器成员集包含由过滤器成员值所确定的域成员，以及那些明确维度域中的域成员，这些成员是过滤器成员网中过滤器成员值所确定的域成员的后代。

每个此类过滤器成员的 XPath 表达式中的条件如下所示：

(if (xfi:fact-has-explicit-dimension(.，#dimension))then(some ＄member in xfi:filter-member-network-selection(#dimension，#member，#linkrole，#arcrole，#axis)satisfies (xfi:fact-explicit-dimension-value(.，#dimension) eq ＄member))else fn:false())

其中：#axis 为过滤器成员轴，#linkrole 为过滤器成员链接角色，#arcrole 为过滤器成员弧角色。明确维度过滤器见示例。

示例：

明确维度过滤器

过滤维度	过滤器成员	@axis	选择标准
eg:region	无		事实应报告属于明确维度域的 eg:region 维度的值
eg:region	eg:australasia	事实应报告域成员 eg:australasia 的 eg:region 维度的值	
eg:region	eg:australasia	子	事实应报告 eg:region 维度的值，该维度是指与域成员 eg:australasia 存在关系的域成员之一，域成员 eg:australisia 属于由给定过滤器成员链接角色和弧角色所确定的网络
eg:region	eg:australasia	后代	事实应报告 eg:region 维度的值，该维度是指由给定过滤器成员链接角色和弧角色所确定的网络中的 eg:australasia 域成员的后代
eg:region	eg:australasia	后代或自身	事实应报告 eg:region 维度的值，该维度是指由给定过滤器成员链接角色和弧角色所确定的网络中的 eg:australasia 域成员的后代，或为 eg:australasia 本身

8.3.2.2 类型化维度过滤器

类型化维度过滤器由〈df:typedDimension〉元素声明。

〈df:typedDimension〉元素的语法由 A.7 的规范模式文件定义。

类型化维度过滤器可根据类型化维度的值匹配事实。

如果类型化维度过滤器不包含 test 属性，则其所蕴含的 XPath 表达式为：

xfi:fact-has-typed-dimension(.，#dimension)

其中：#dimension 的确定与明确维度过滤器中 #dimension 的确定方法相同。

如果类型化维度过滤器包含 test 属性，则其所蕴含的 XPath 表达式为：

(xfi: fact-has-typed-dimension (.，# dimension) and xfi: fact-typed-dimension-value (.，# dimension)[#test])

其中：#dimension 的确定与明确维度过滤器中 #dimension 的确定方法相同，#test 为类型化维度过滤器的 test 属性的值。

当且仅当以下条件同时满足时，XPath 表达式的求值为 true：

事实概念与由包含于类型化维度过滤器的 df:dimension 元素中的 QName 所确定的类型维度相关联。

事实有包含指定类型化维度的值的上下文，该指定类型化维度满足 test 属性所指定的条件类型化维度过滤器见示例。

示例：

类型化维度过滤器

维度 QName	test	选择标准
eg：altitude	xs：boolean('true')	报告的事实应带有为维度 eg：altitude 所指定的值
eg：altitude	eg：height〉0	报告的事实应带有为维度 eg：altitude 所指定的值，该指定值为〈eg：height〉元素，该元素有大于零的值

8.4 实体过滤器

8.4.1 概述

本章定义了可以在实体标识符上设置条件，用以从输入 XBRL 实例中选取事实的过滤器的语法。

8.4.2 语法

8.4.2.1 实体标识符过滤器

实体标识符过滤器由〈ef：identifier〉元素声明。〈ef：identifier〉元素的语法由 A.8 的规范模式文件定义。

实体标识符过滤器可以根据实体识别模式文件和/或实体标识值的特征来匹配事实。

实体标识符过滤器所蕴含的 XPath 表达式如下所示：

xfi：identifier(.)[#test]，其中：#test 是实体标识符过滤器中 test 属性的值。

实体标识符过滤器见示例。

示例：

实体标识符过滤器

过滤 test 属性	选择标准
string-length(xfi：identifier-value(.))=8	一个事实的实体标识符值应是 8 位字符

8.4.2.2 特定实体方案过滤器

特定实体模式文件过滤器由〈ef：specificScheme〉元素声明，〈ef：specificScheme〉元素的语法由 A.8 的规范模式文件定义。

特定实体模式文件过滤器可以用于匹配具有以下特征的事实：即该事实是否报告由过滤器识别的方案的值。

特定实体方案过滤器所蕴含的 XPath 表达式如下所示：

xfi：fact-identifier-scheme(.) eq #scheme，其中：#scheme 是特定的实体方案过滤器 scheme 属性的值。特定实体模式文件过滤器见示例。

示例：

特定实体模式文件过滤器

过滤 scheme 属性	选择标准
'http://xbrl.my.com/entity/identification/scheme	一个事实的实体识别模式文件应该是 http://xbrl.my.com/entity/identification/scheme。注意属性中要求使用引号,这是因为 scheme 属性的内容被解释为 XPath 表达式
xfi:fact-identifier-scheme($eg:variableB)	一个事实的实体识别模式文件应与使用变量 variableB 求值的事实的实体识别模式文件相同

8.4.2.3 正则表达式实体模式文件过滤器

正则表达式实体模式文件过滤器由〈ef:regexpScheme〉元素声明,〈ef:regexpScheme〉元素的语法由 A.8 的规范模式文件定义。

正则表达式实体模式文件过滤器可以根据实体模式文件中文本的常见模式匹配事实。

正则表达式实体模式文件过滤器所蕴含的 XPath 表达式如下所示:

fn:matches(xfi:fact-identifier-scheme(.),'#pattern'),其中:#pattern 是正则表达式实体模式文件过滤器的 pattern 属性的值。

正则表达公式实体模式文件过滤器见示例。

示例:

正则表达式模式文件方案过滤器

过滤 pattern 属性	选择标准
^http.+	实体识别模式文件应以 http 开头,并且其后至少有一位字符

8.4.2.4 特定实体标识符过滤器

特定实体标识符过滤器由〈ef:specificIdentifier〉元素声明。〈ef:specificIdentifier〉元素的语法由 A.8 的规范模式文件定义。

特定实体标识符过滤器可以匹配是否使用由过滤器给定的实体标识符的值来报告值的事实。

特定实体标识符过滤器所蕴含的 XPath 表达式如下所示:

(xfi:fact-identifier-value(.) eq #value and xfi:fact-identifier-scheme(.) eq #scheme),其中:#value i 是特定的实体标识符过滤器的 value 属性的值,#scheme 是特定实体标识符过滤器的 scheme 属性的值。特定实体标识符过滤器见示例。

示例:

特定实体标识符过滤器

过滤 scheme 属性	过滤 value 属性	选择标准
http://my.com/entity/identification/scheme	1234-ASDF	实体标识符模式文件应为 http://my.com/entity/identification/scheme,并且实体识别值应为 1234-ASDF

8.4.2.5 正则表达式的实体标识符过滤器

正则表达式实体标识符过滤器由〈ef:regexpIdentifier〉元素声明,〈ef:regexpIdentifier〉元素的语法由 A.8 的规范模式文件定义。

正则表达式实体标识符过滤器可以根据实体标识符值的文本中的常见模式匹配事实。

正则表达式实体标识符过滤器所蕴含的XPath表达式如下所示：

fn:matches(xfi:fact-identifier-value(.),'#pattern'),其中:#pattern是正则表达式实体标识符过滤器的pattern属性的值。

正则表达式实体标识符过滤器见示例。

示例：

正则表达式实体标识符过滤器

过滤 pattern 属性	选择标准
[a-z]{4}\-[0-9]{4}	实体识别值应是以下形式:以4个小写字母(范围是从a到z)组成的字符串开头,随后加一个连字符,在连字符之后是4个数字(范围是从0到9)

8.5 通用过滤器

8.5.1 概述

本章定义了一种简单通用的过滤器,可以在其他特定过滤器不适用时使用。通用过滤器尤其适用于对一个事实的多个方面进行过滤。例如,当实体标识符模式文件拥有特定值时,通用过滤器就可用于针对测试事实的期间时点晚于特定日期的条件进行过滤。

8.5.2 语法

通用过滤器由〈gf:general〉元素声明,〈gf:general〉元素的语法由A.9的规范模式文件定义。

通用过滤器并不能覆盖所有方面。

通用过滤器默认的XPath表达式为:.[#test],其中:#test是通用过滤器中test属性的值。

通用过滤器参见示例。

示例：

通用过滤器

过滤器 test 属性	选择标准
. eq 0	值应等于0
. gt 0	值应大于0
. lt 0	值应小于0
(. le 0) or @xsi:nil	值应小于等于0或者为空
. eq 'hello world'	值应为字符串"hello world"
@eg:custom eq 'confidential'	事实应有一个值为confidential的自定义属性@eg:custom
(xfi:is-instant-period(xfi:period(.)) and (xfi:period-instant(xfi:period(.)) lt xfi:scenario(.)/eg:restatementDate)) or (xfi:is-start-end-period(xfi:period(.)) and (xfi:period-end(xfi:period(.)) lt xfi:scenario(.)/eg:restatementDate))	报告的事实应该是时点或者时间段结束日期小于事实场景中〈eg:restatementDate〉元素值的事实

8.6 隐式过滤器

8.6.1 概述

本章定义了用以推定事实变量与过滤器间关系的隐式过滤的结构。

事实变量与过滤器之间的隐含关系与XBRL变量规范中定义的变量-过滤器关系相互补充。仅考虑那些因变量-过滤器关系而与变量相联系的过滤器时，隐含关系取决于对未覆盖方面的分析。

隐式过滤器通过推定变量集中事实变量的未覆盖方面的匹配过滤器来简化事实变量。

这些推定的匹配过滤器使事实变量的未覆盖方面的值相等。对于变量集中的任意两个不包含覆盖某具体方面的过滤器的事实变量，这两个事实变量将仅对用于报告该方面的等价值的事实进行求值。

如果变量集中至少有一个事实变量含有任何未覆盖的方面，该方面的隐含值等于变量集中不含有覆盖该方面的过滤器的每个事实变量的值。

某方面的隐含值可能是不存在的。

事实变量需要通过隐式过滤进行求值。

本章定义了两种不同形式的隐式过滤，一种考虑了GB/T 25500.2的要求，而另一种未予考虑。

在对变量集求值时，隐式过滤的使用形式取决于变量集的方面模型。

8.6.2 语法

8.6.2.1 隐式过滤器说明

隐式过滤器是指被推定为与变量集中的事实变量相关联、而非通过XLink弧与事实变量明显地相关联的过滤器。

隐式过滤器不覆盖任何方面。

当使用隐式过滤对变量集求值时，推定的隐式过滤器在求值过程中确定。当前变量是指当前正在求值的事实变量。当前变量的隐式过滤器根据本章所列示的规则推定。

当前变量的先前变量是指与已经求值而形成单个或多个事实所组成的序列的当前变量处于同一个变量集中的事实变量。

方面总体是指值在目标XBRL实例中被以明确或缺省的方式进行报告的所有方面的集合。

可匹配方面是指方面总体中未被当前变量以及当前变量的至少一个先前变量所覆盖的方面。匹配过滤器根据当前变量的每个可匹配方面推定得出。

根据每个可匹配方面推定得出的匹配过滤器，应是可以通过匹配可匹配方面的值来选取事实的过滤器。

示例：

待推定匹配过滤器的确定

未覆盖概念方面的隐式过滤器应是概念匹配过滤器。

类似地，未覆盖期间方面的隐式过滤器应是期间匹配过滤器。

每个推定的匹配过滤器的匹配变量是指任意一个不含有如下特征的过滤器的先前变量，即该过滤器涵盖了被推定的匹配过滤器匹配的方面。

本章定义了隐式过滤器的两种不同变形方式，一种用于在处理基于GB/T 25500.2的公式和实例的同时控制隐式过滤，另一种是处理仅仅基于GB/T 25500.1的公式和实例时适宜采用的。

无维度隐式过滤器和维度隐式过滤器之间的唯一区别在于二者从段和场景的存在方式及内容中识别的方面。

8.6.2.2 无维度隐式过滤器

无维度隐式过滤器是指在确定将应用于段和场景的内容的过滤器时，不考虑GB/T 25500.2的隐式过滤器。

无维度隐式过滤器用于需要隐式过滤和使用无维度方面模型的变量集。

表3列示了为维度隐式过滤而定义的方面，以及用于这些方面的匹配过滤器：

表 3　定义在无维度隐式过滤中的方面

方面	匹配过滤器
概念方面	概念匹配过滤器
位置方面	位置匹配过滤器
实体标识符方面	实体标识符匹配过滤器
期间方面	期间匹配过滤器
完整段方面	完整段匹配过滤器
完整场景方面	完整场景匹配过滤器
单位方面	单位匹配过滤器

下例列示了为定义用于根据资产数据和负债数据计算所有者权益的变量而需要的少量非隐式过滤器。除了覆盖概念名称过滤器是显式的，其他均为隐式的。

示例：

使用无维度方面模型支持资本计算公式的隐式过滤

变量集中的变量	
变量	过滤器
eg:assets	• 概念名称过滤器要求报告与 eg:assets 概念匹配的事实的值
eg:liabilities	• 概念名称过滤器要求报告与 eg:liabilities 概念匹配的事实的值

8.6.2.3　维度隐式过滤器

维度隐式过滤器是指在确定将要应用于段和场景的内容的过滤器时，考虑 GB/T 25500.2 的隐式过滤器。

维度隐式过滤器用于需要隐式过滤和使用维度方面模型的变量集。

表 4 列示了为维度隐式过滤而定义的方面，以及用于这些方面的匹配过滤器：

表 4　为维度隐式过滤而定义的方面

方面	匹配过滤器
概念方面	概念匹配过滤器
位置方面	位置匹配过滤器
实体标识符方面	实体标识符匹配过滤器
期间方面	期间匹配过滤器
每个维度的维度方面	相应维度的维度匹配过滤器
非 XDT 段方面	非 XDT 段匹配过滤器
非 XDT 场景方面	非 XDT 场景匹配过滤器
单位方面	单位匹配过滤器

下例列示了为定义用于计算股票流量的变量而需要的少量非隐式过滤器。除了覆盖概念名称、时点时间段和类型化维度过滤器是显式的，其他均为隐式的。

示例：

使用维度方面模型计算期末股票的隐式过滤

变量集中的变量	
变量	过滤器
eg:flow	• 概念名称过滤器要求报告与 eg:flow 概念匹配的事实的值
eg:startingStock	• 概念名称过滤器要求报告与 eg:stock 概念匹配的事实的值 • 时点-时间段过滤器要求报告满足匹配条件的事实的值，条件为：时点等于根据 eg:flow 变量匹配的事实的时间段的起点 • 类型化维度过滤器要求报告满足匹配条件的事实的值，条件为：重置日期等于根据 eg:flow 变量匹配的事实的结束日期

8.7 匹配过滤器

8.7.1 概述

本章定义了可以将事实的一个方面的值与另一事实的相同方面的值相匹配的过滤器的语法。

匹配的事实是指根据方面进行匹配的事实。

匹配的事实通过事实变量的求值的索引获得。

匹配的变量是指对匹配的事实求值的变量。

8.7.2 语法

8.7.2.1 概念匹配过滤器

概念匹配过滤器由〈mf:matchConcept〉元素定义。

〈mf:matchConcept〉元素的语法由 A.10 的模式文件定义。

概念匹配过滤器可用于选取报告相同的概念值的事实。

概念匹配过滤器包括概念方面。

8.7.2.2 位置匹配过滤器

位置匹配过滤器由〈mf:matchLocation〉元素定义。〈mf:matchLocation〉元素的语法由 A.10 的模式文件定义。

位置匹配过滤器可用于选取拥有相同父元素的事实。

位置匹配过滤器包括位置方面。

8.7.2.3 单位匹配过滤器

单位匹配过滤器由〈mf:matchUnit〉元素定义。〈mf:matchUnit〉元素的语法由 A.10 的模式文件定义。

单位匹配过滤器可用于选取拥有相同单位的事实。

单位匹配过滤器包括单位方面。

8.7.2.4 实体标识符匹配过滤器

实体标识符匹配过滤器由〈mf:matchEntityIdentifier〉元素定义。〈mf:matchEntityIdentitier〉元素的语法由 A.10 的模式文件定义。

实体标识符匹配过滤器可用于选取拥有相同实体标识符的事实。

实体标识符匹配过滤器包括实体标识符方面。

8.7.2.5 期间匹配过滤器

期间匹配过滤器由〈mf:matchPeriod〉元素定义。〈mf:matchPeriod〉元素的语法由 A.10 的模式文件定义。

期间匹配过滤器可用于选取拥有相同期间的事实。

期间匹配过滤器包括期间方面。

8.7.2.6 维度匹配过滤器

维度匹配过滤器由〈mf:match Dimensions〉元素定义。〈mf:matchDimensions〉元素的语法由 A.10 的模式文件定义。

维度匹配过滤器可用于选取指定的 XBRL 维度值相同的事实。

维度匹配过滤器包括维度方面。

维度匹配过滤器的 XPath 公式中维度的 QName 由维度匹配过滤器中的维度属性给定。

8.7.2.7 完整段匹配过滤器

完整段匹配过滤器由〈mf:matchSegment〉元素定义。〈mf:matchSegment〉元素的语法由 A.10 的模式文件定义。

完整段匹配过滤器可用于选取拥有相同段的事实，此处段的内容与 XBRL 维度规范中段的内容不同。

完整段匹配过滤器包括完整段方面。

8.7.2.8 非 XDT 段匹配过滤器

非 XDT 段匹配过滤器由〈mf:matchNonXDTSegment〉元素定义。〈mf:matchNonXDTSegment〉元素的语法由 A.10 的模式文件定义。

非 XDT 段匹配过滤器可用于选取拥有相同段的事实，此处的段排除了 XBRL 维度规范的内容。

非 XDT 段匹配过滤器包括非 XDT 段方面。

8.7.2.9 完整场景匹配过滤器

完整场景匹配过滤器由〈mf:matchNonXDTSegment〉元素定义。〈mf:matchNonXDTSegment〉元素的语法由 A.10 的模式文件定义。

完整场景匹配过滤器可用于选取拥有相同场景的事实，此处场景的内容与 XBRL 维度规范中场景的内容不同。

完整场景匹配过滤器包括完整场景方面。

8.7.2.10 非 XDT 场景匹配过滤器

非 XDT 场景匹配过滤器由〈mf:matchNonXDTScenario〉元素定义。〈mf:matchNonXDTScenario〉元素的语法由 A.10 的规范模式文件定义。

非 XDT 场景匹配过滤器可用于选取拥有相同场景的事实，此处的场景排除了 XBRL 维度规范的内容。

非 XDT 场景匹配过滤器包括非 XDT 场景方面。

8.8 期间过滤器

8.8.1 概述

本章定义了以度量的事实所处期间的特征为条件的过滤器的语法。

本章定义的所有的过滤器均可覆盖期间方面。

8.8.2 语法

8.8.2.1 期间过滤器说明

一个期间过滤器由〈pf:period〉元素来声明。〈pf:period〉元素的语法由 A.11 的规范模式文件定义。

期间过滤器用于根据与度量的事实所处的期间相关的一系列广泛的标准来匹配事实。

期间过滤器的默认 XPath 表达式为：

```
if (fn:QName("http://www.xbrl.org/2003/instance","tuple") intersect
xfi:concept-substitutions(fn:node-name(.))) then (false()) else (xfi:period(.)[#test])
```

其中：#test 是期间过滤器中 test 属性的值。

期间过滤器参见示例。

示例：

期间过滤器

test 属性值	隐含的限制
xfi:period-start(.) eq xfi:period-end(xfi:period($eg:other))	选取的事实应有一个持续期间，该持续期间的起点与对变量 eg:other 求值的事实的持续期间的终点相同

8.8.2.2 期间-起点过滤器

期间-起点过滤器由〈pf:periodStart〉元素声明。〈pf:periodStart〉元素的语法由 A.11 的规范模式文件定义。

期间-起点过滤器用于根据度量的事实所处的期间的起点来匹配事实。

当期间-起点过滤器拥有 time 属性时，期间-起点过滤器默认的 XPath 表达式为：

```
if (fn:QName("http://www.xbrl.org/2003/instance","tuple") intersect
xfi:concept-substitutions(fn:node-name(.))) then (false()) else (xfi:period(.)[ if
(xfi:is-start-end-period(.)) then (xfi:period-start(.) eq fn:dateTime(#date, #time)) else
fn:false() ])
```

其中：#date 是期间-起点过滤器中 date 的属性值，#time 是期间-起点过滤器中 time 的属性值。

当期间-起点过滤器不含有 time 属性时，期间-起点过滤器默认的 XPath 表达式为：

```
if (fn:QName("http://www.xbrl.org/2003/instance","tuple") intersect
xfi:concept-substitutions(fn:node-name(.))) then (false()) else (xfi:period(.)[ if
(xfi:is-start-end-period(.)) then (xfi:period-start(.) eq fn:dateTime(#date, xs:time
('00:00:00'))) else fn:false() ])
```

其中：#date 是期间-起点过滤器中 date 的属性值。

期间-起点过滤器参见示例。

示例：

期间-起点过滤器

date 属性值	time 属性值	隐含的限制
xs:date('2006-01-01')	忽略	事实应在一个有限时间段内报告，其起点的当天结束时间为 2006 年 1 月 1 日。更多详细解释参见 XBRL 规范的相关部分
xs:date('2007-01-01')	xs:time('00:00:00')	事实应在一个有限时间段内报告，其起点的当天结束时间为 2007 年 1 月 1 日

8.8.2.3 期间-终点过滤器

期间-终点过滤器由〈pf:periodEnd〉元素声明。〈pf:periodEnd〉元素的语法由 A.11 的规范模式文件定义。

期间-终点过滤器用于根据度量的事实所处的期间的终点来匹配事实。

当期间-终点过滤器拥有 time 属性时，期间-终点过滤器默认的 XPath 表达式为：

```
if (fn:QName("http://www.xbrl.org/2003/instance","tuple") intersect
xfi:concept-substitutions(fn:node-name(.))) then (false()) else (xfi:period(.)[ if
(xfi:is-start-end-period(.)) then (xfi:period-end(.) eq fn:dateTime( #date, #time)) else
fn:false() ])
```

其中：#date 是期间-终点过滤器中 date 的属性值，#time 是期间-终点过滤器中 time 的属性值。

当期间-终点过滤器不含有 time 属性时，期间-终点过滤器默认的 XPath 表达式为：

```
if (fn:QName("http://www.xbrl.org/2003/instance","tuple") intersect
xfi:concept-substitutions(fn:node-name(.))) then (false()) else (xfi:period(.)[ if
(xfi:is-start-end-period(.)) then (xfi:period-end(.) eq (fn:dateTime( #date, xs:time
('00:00:00'))+ xs:dayTimeDuration('P1D'))) else fn:false() ])
```

其中：#date 是期间-终点过滤器中 date 属性的值。

期间-终点过滤器见示例。

示例：

期间-终点过滤器

date 属性值	time 属性值	隐含的限制
xs:date('2006-01-01')	忽略	事实应在一个有限时间段内报告，其终点的当天结束时间为 2006 年 1 月 1 日
xs:date('2007-01-01')	xs:date('00:00:00')	事实应在一个有限时间段内报告，其终点的当天结束时间为 2007 年 1 月 1 日

8.8.2.4 期间-时点过滤器

期间-时点过滤器由〈pf:periodInstant〉元素声明。〈pf:periodInstant〉元素的语法由 A.11 的规范模式文件定义。

期间-时点过滤器用于根据事实的度量时点来匹配事实。

如果期间-时点过滤器拥有 time 属性，那么期间-时点过滤器默认的 XPath 表达式为：

```
if (fn:QName("http://www.xbrl.org/2003/instance","tuple") intersect
```

xfi:concept-substitutions(fn:node-name(.))) then (false()) else (xfi:period(.)[if (xfi:is-instant-period(.)) then (xfi:period-instant(.) eq fn:dateTime(#date, #time)) else fn:false()])

其中:#date 是期间-时点过滤器中 date 属性的值,#time 是期间-时点过滤器中 time 属性的值。

如果期间-时点过滤器没有 time 属性,那么期间-时点过滤器默认的 XPath 表达式为:

if (fn:QName("http://www.xbrl.org/2003/instance","tuple") intersect xfi:concept-substitutions(fn:node-name(.))) then (false()) else (xfi:period(.)[if (xfi:is-instant-period(.)) then (xfi:period-instant(.) eq (fn:dateTime(#date, xs:time('00:00:00'))+ xs:dayTimeDuration('P1D'))) else fn:false()])

其中:#date 是期间-时点过滤器中 date 属性的值。

期间-时点过滤器见示例。

示例:

期间-时点过滤器

date 属性值	time 属性值	隐含的限制
xs:date('2006-01-01')	忽略	选取的事实应是在 2006 年 1 月 1 日当天结束的时候报告的事实
xs:date('2007-01-01')	xs:time('00:00:00')	选取的事实应是在 2007 年 1 月 1 日当天开始的时候报告的事实

8.8.2.5 无穷过滤器

无穷过滤器由〈pf:forever〉元素申明。〈pf:forever〉元素的语法由 A.11 的规范模式文件定义。

无穷过滤器可用于匹配报告的带有无穷期间的事实。

无穷过滤器默认的 XPath 表达式为:

if (fn:QName("http://www.xbrl.org/2003/instance","tuple") intersect xfi:concept-substitutions(fn:node-name(.))) then (false()) else (xfi:period(.)[xfi:is-forever-period(.)])

8.8.2.6 时点-时间段过滤器

时点-时间段过滤器由〈ph:instantDuration〉元素申明。〈ph:instantDuration〉元素的语法由 A.11 的规范模式文件定义。

时点-时间段过滤器用于匹配报告的时点与另一个报告的事实所属时间段的起点或终点相匹配的事实。

当 boundary 属性等于 start 时,时点-时间段过滤器默认的 XPath 表达式为:

if (fn:QName("http://www.xbrl.org/2003/instance","tuple") intersect xfi:concept-substitutions(fn:node-name(.))) then (false()) else (xfi:period(.)[if (xfi:is-instant-period(.) and xfi:is-start-end-period(xfi:period($#variable))) then (xfi:period-instant(.) eq xfi:period-start(xfi:period($#variable))) else fn:false()])

其中:#variable 为时点-时间段过滤器中 variable 属性所包含的 QName。

当 boundary 属性等于 end 时,时点-时间段过滤器默认的 XPath 表达式为:

if (fn:QName("http://www.xbrl.org/2003/instance","tuple") intersect xfi:concept-substitutions(fn:node-name(.))) then (false()) else (xfi:period(.)[if (xfi:is-instant-period(.) and xfi:is-start-end-period(xfi:period($#variable))) then (xfi:period-instant(.) eq xfi:period-end(xfi:period($#variable))) else fn:false()])

其中:#variable 为时点-时间段过滤器中 variable 属性所包含的 QName。

时点-时间段过滤器见示例。

示例:

时点-时间段过滤器

boundary 属性值	variable 属性值	隐含的限制
start	eg:variableA	选取的事实应是时点等于对变量 eg:variableA 求值后的事实的时间段的起点

8.9 相关过滤器

8.9.1 概述

本章对以下过滤器进行了定义:该过滤器可将一个事实的所有未覆盖方面的值与其他事实的相应方面进行匹配。

相关对过滤器可以识别方面相可匹配的事实变量。相关过滤器中的一个事实变量的未覆盖方面的值的确定与由相关对过滤器所识别出的、与变量相匹配的事实的未覆盖方面的值有关。

8.9.2 语法

相关对过滤器由〈rf:relativeFilter〉元素的声明。〈rf:relativeFilter〉元素的语法由 A.12 提供的规范模式文件来定义。

相关对过滤器覆盖了所有的其他过滤器未覆涵盖的方面。如果一个相关过滤器包含了所有方面,则那么与该相关过滤器相关联的事实变量没有是与非未覆盖的方面相关。

相关对过滤器可用于选取事实,该事实的方面由被相关对过滤器覆盖,并且值与另一个事实的相对应的方面相等。

相关对过滤器所匹配的事实应必须是另一个事实变量的求值结果,该求值结果处于待求值的变量集中。

如果相关对过滤器中由 variable 变量属性所确定的事实变量的求值为候补 fallback 值,则那么相关对过滤器所蕴含的 XPath 表达式为:fn:false()

如果由 variable 变量属性所确定的事实变量的求值不是 fallback 候补值,则此相关过滤器所蕴含的 XPath 表达式将在本章的后面章节中进行陈述。

相关对过滤器所匹配的方面是由变量集的方面模型决定的。

相关对过滤器所蕴含的 XPath 表达式是由“和-表达”构成的,“和-表达”来源于匹配过滤器的 XPath 表达式,匹配过滤器可匹配变量集的方面模型中的每个方面。

每个匹配过滤器的 variable 属性的值与相关对过滤器中的 variable 属性的值相等。

对于方面模型(包括维度方面),每个维度匹配过滤器的维度 dimension 属性的值与相匹配的维度的 QName 相等。

示例 1 列示了小部分需要定义变量用于计算股票流量的过滤器。相关对过滤器将为两个变量匹配除了概念、期间和重编日期以外的所有方面的类型化维度。与相比定义在隐式过滤器规范所定义中的隐式过滤器相比,相关对过滤器可以从更多方面对进行值进行匹配。

示例 1:

用于计算期末股票的变量

<table>
<tr><td colspan="2">Variables in the variable set
变量集的变量</td></tr>
<tr><td>Variable
变量</td><td>Filters
过滤器</td></tr>
<tr><td>eg:flow</td><td>——覆盖的概念名称过滤器要求报告与 eg:flow 概念匹配的事实的值</td></tr>
<tr><td>eg:startingStock</td><td>——覆盖的概念名称过滤器要求报告与 eg:stock 概念匹配的事实的值
——覆盖的时间点时间段过滤器要求报告满足匹配条件的事实的值,事实的报告值满足条件:时间点等于根据 eg:flow 变量匹配的事实的时间段的起点
——覆盖的类型化维度过滤器要求匹配事实,事实的报告值满足条件:重编日期等于根据 eg:flow 变量匹配的事实的结束日期
——覆盖的相关过滤器匹配根据变量 eg:flow 求值的其他未覆盖方面的事实</td></tr>
</table>

根据给定 eg:restatementDate 类型化维度的过滤器的需求,不适用于此变量集不能使用非维度方面模型的使用对此变量集。

示例 2 列示了小部分需要定义变量用于根据资产总额和负债总额计算所有者权益的过滤器。相关对过滤器将为两个变量匹配除了概念以外的所有方面。与相比定义在隐式过滤器规范中所定义的隐式过滤器相比,相关对过滤器可以从更多方面对进行值进行匹配。

示例 2:

用于计算会计恒等式的变量

<table>
<tr><td colspan="2">Variables in the variable set
变量集的变量</td></tr>
<tr><td>Variable
变量</td><td>Filters
过滤器</td></tr>
<tr><td>eg:assets</td><td>——覆盖的概念名称过滤器要求报告与 eg:assets 概念匹配的事实的值</td></tr>
<tr><td>eg:liabilities</td><td>——覆盖的概念名称过滤器要求报告与 eg:liabilities 概念匹配的事实的值
——覆盖的相关过滤器匹配事实的其他未覆盖的方面,该事实为 eg:assets 变量的求值</td></tr>
</table>

由于段过滤器和场景过滤器的匹配未考虑 XBRL 维度值的比较差异,因此,在 XBRL 实例中使用 XBRL 维度时,变量集在非维度方面模型中不适用。

8.10 片段-场景过滤器

8.10.1 概述

本章定义了以段和场景的内容作为条件的过滤器的 XML 语法。本章中定义的、可根据段和场景的内容选取事实的过滤器并不以 GB/T 25500.2 中定义的明确维度和类型化维度为基础。非 XDT 内容并不受 GB/T 25500.1 的严格限制。

本章所定义的过滤器不宜与维度方面模型中的变量求值相联系。

8.10.2 语法

8.10.2.1 片段过滤器

片段过滤器由〈ssf:segment〉元素定义。〈ssf:segment〉元素的语法由 A.13 的模式文件定义。

片段过滤器可用于匹配内容含有满足特定限制条件的非 XTD 内容的事实。

当片段过滤器中含有"测试"属性时,片段过滤器的 XPath 公式为:

xfi:segment(.)[#test]

其中:"#test"是片段过滤器中"测试"属性的属性值。

当片段过滤器中不存在"测试"t 属性时,片段过滤器的 XPath 公式为:

fn:true()

片段过滤器涵盖了完整段方面。片段过滤器见示例。

示例:

片段过滤器

Filter test attribute	选取标准
xs:boolean('true')	一个事实的上下文应包含〈xbrli:segment〉元素
eg:mining	一个事实的上下文应包含〈xbrli:segment〉元素,且该元素拥有〈eg:mining〉子元素

8.10.2.2 场景过滤器

场景过滤由〈ssf:scenario〉元素定义。〈ssf:scenario〉元素由 A.13 的规范模式文件定义。

场景过滤器可用于匹配内容含有满足特定限制条件的非 XTD 内容的事实。

当场景过滤器中含有"测试"属性时,场景过滤器的 XPath 公式为:

xfi:scenario(.)[#test]

其中:#test 是场景过滤器中"测试"属性的属性值。

当场景过滤器中不存在"测试"t 属性时,场景过滤器的 XPath 公式为:

fn:true()

场景过滤器涵盖了完整场景方面。场景过滤器见示例。

示例:

场景过滤器

Filter test attribute	选取标准
xs:boolean('true')	一个事实的上下文应包含〈xbrli:scenario〉元素
eg:audited	一个事实的上下文应包含〈xbrli:scenario〉元素,且该元素拥有〈eg:audited〉子元素

8.11 元组过滤器

8.11.1 概述

本章定义了根据 XBRL 实例中与元组结构相关的事实位置选取事实的过滤器的语法。

以下信息类型可以使用本章所定义的过滤器选取事实:

——父亲元组的名称;

——祖先元组的名称;

——一个事实是否与另一个事实变量的求值处于同级兄弟节点;

——一个事实是否与另一个事实变量的求值在目标 XBRL 实例中处于指定的位置。

本章所定义的所有过滤器均覆盖了位置方面。

8.11.2 语法

8.11.2.1 父亲过滤器

父亲过滤器由〈tf:parentFilter〉元素声明,〈tf:parentFilter〉元素的语法由 A.14 的规范模式文件定义。

父亲过滤器可根据指定的父亲元素选取事实。当〈tf:parent〉元素包含一个〈cf:qnameExpression〉元素时,父亲过滤器所蕴含的 XPath 表达式为:

(fn:node-name(..) eq #qnameExpression),其中:#qnameExpression 是包含在 tf:qnameExpression 元素中的 XPath 表达式。

当〈tf:parent〉元素包含一个〈tf:qname〉元素时,父亲过滤器所蕴含的 XPath 表达式为:

(fn:node-name(..) eq fn:QName(#namespace,#name)),其中:#namespace 是作为〈uf:qname〉元素内容的 QName 的命名空间,#name 是作为〈uf:qname〉元素内容的 QName 的本地名称。

父亲过滤器见示例。

示例:

父亲过滤器

父亲 QName	隐含的限制
xbrli:xbrl	元组中不应包含事实
eg:mytuple	选取的事实应是一个带有 QName〈eg:mytuple〉的元组的子元素

8.11.2.2 祖先过滤器

祖先过滤器由〈tf:ancestorFilter〉元素声明,祖先过滤器可根据指定的祖先元素选取事实。〈tf:ancestorFilter〉元素的语法由 A.14 的规范模式文件定义,当〈tf:ancestor〉元素包含一个〈cf:qnameExpression〉元素时,祖先过滤器所蕴含的 XPath 表达式为:

fn:not(fn:empty(ancestor::*[fn:node-name(.) eq #qnameExpression])),其中:#qnameExpression 是包含在 tf:qnameExpression 元素中的 XPath 表达式。

当〈tf:ancestor〉元素包含一个〈tf:qname〉元素时,祖先过滤器所蕴含的 XPath 表达式为:

fn:not(fn:empty(ancestor::*[fn:node-name(.) eq fn:QName(#namespace,#name)])),其中:#namespace 是作为〈uf:qname〉元素内容的 QName 的命名空间,#name 是作为〈uf:qname〉元素内容的 QName 的本地名称。

祖先过滤器见示例。

示例:

祖先过滤器

祖先 QName	隐含的限制
xbrli:xbrl	一个 XBRL 实例中应包含事实。(注:由于 XBRL 实例中应包含实例,因此这是一个多余限制。)
eg:mytuple	选取的事实应由带有 QName〈eg:mytuple〉的元组所包含,但该事实不必是该元素的子项目

8.11.2.3 兄弟过滤器

兄弟过滤器由〈tf:siblingFilter〉元素声明,兄弟过滤器可根据与另一个事实的同级兄弟关系选取事实。〈tf:siblingFilter〉元素由 A.14 的规范模式文件定义。

兄弟过滤器所蕴含的 XPath 表达式为:

.. is $#variable[1]/.. 其中:#variable 是兄弟过滤器中 variable 属性的值。

兄弟过滤器见示例。

示例:

兄弟过滤器

变量 QName	隐含的限制
eg:variableA	选取的事实应是对变量〈eg:variableA〉求值后的事实的同级兄弟。如果变量〈eg:variableA〉的求值为一个事实序列，则选取的事实应是该事实序列中任一个事实的同级兄弟

8.11.2.4 位置过滤器

位置过滤器由〈tf:locationFilter〉元素声明，位置过滤器可将另一个事实的位置作为指定位置来选取事实。〈tf:locationFilter〉元素由 A.14 的模式文件定义。

位置过滤器的所蕴含的 XPath 表达式为：

(some $filter:candidate in #location, $filter:fact in $#variable satisfies $filter:candidate is $filter:fact)，其中：#variable 是位置过滤器中 variable 属性的值，#location 是位置过滤器中 location 属性的值。

位置过滤器见示例。

示例：

位置过滤器

变量 QName	位置	隐含的限制
eg:variableA	../*	针对变量〈eg:variableA〉求值的事实应是选取的事实的父亲的一个子元素
eg:variableA	../eg:aTuple/*	针对变量〈eg:variableA〉求值的事实应是一个〈eg:aTuple〉元组元素的子，该元组元素是选取的事实的同级兄弟

8.12 单位过滤器

8.12.1 概述

本章定义了以度量单位作为过滤条件从 XBRL 实例中选取事实的过滤器的语法，本章中定义的所有过滤器均涵盖了单位方面。

8.12.2 语法

8.12.2.1 单一度量单位过滤器

单一度量单位过滤器是由〈uf:singleMeasure〉元素来声明，〈uf:singleMeasure〉元素的语法由 A.15 的规范模式文件来定义。

单一度量单位过滤器可根据指定的单一度量单位来匹配报告值。

单一度量单位过滤器的 XPath 公式为：

xfi:is-numeric(fn:node-name(.)) and count(xfi:unit-numerator(xfi:unit(.))) eq 1 and count(xfi:unit-denominator(xfi:unit(.))) eq 0 and xfi:measure-name(xfi:unit-numerator(xfi:unit(.))[1]) eq #measure，其中：当〈uf:qnameExpression〉元素包含在〈uf:measure〉元素中时，measure 是〈uf:qnameExpression〉元素的值；当〈uf:qname〉元素包含在〈uf:measure〉元素中时，measure 的值为 fn:QName(namespace，name)。namespace 是指作为〈uf:qname〉元素内容的 QName 的命名空间，name 是指作为〈uf:qname〉元素内容的 QName 的本地名称。

单一度量单位过滤器见示例。

示例：

单一度量单位过滤器

过滤器	选择标准
〈uf:singleMeasure〉 〈uf:measure〉 〈uf:qname〉 eg:squareMiles 〈/uf:qname〉 〈/uf:measure〉 〈/uf:singleMeasure〉	过滤器将报告单一度量标准为 QName 等于 eg:squareMiles 的事实。本过滤器不会报告非数值型事实以及含有多个衡量标准的事实

8.12.2.2 通用单位过滤器

通用单位过滤器由〈uf:generalMeasures〉元素定义，〈uf:generalMeasures〉元素的语法由 A.15 的规范模式文件定义。

通用单位过滤器可以一些度量单位作为标准选取事实。

通用单位过滤器的 XPath 表达式为：

xfi:is-numeric(fn:node-name(.)) and xfi:unit(.)[＃test]，其中：＃test 是@test 属性值的通用单位过滤。

通用单位过滤器见示例。

示例：

一般单位过滤器

过滤器	选取标准
〈uf:generalMeasures test="exists(xbrli:divide)"/〉	过滤器将选取符合以下度量单位的事实：既含有分子也含有分母的事实
〈uf:generalMeasures test="count(xbrli:divide/xbrli:numerator/xbrli:measure) eq 1 and xbrli:divide/xbrli:numerator/xbrli:measure eq fn:QName('http://xbrl.org/formula/conformance/example','eg:kilometers') and count(xbrli:divide/xbrli:denominator/xbrli:measure) eq 1 and xbrli:divide/xbrli:denominator/xbrli:measure eq fn:QName('http://xbrl.org/formula/conformance/example','eg:hours')"/〉	过滤器将选取符合以下度量单位的事实：分子的 QName 为 eg:kilometers，分母的 QName 为 eg:hours

8.13 值过滤器

8.13.1 概述

本章定义了在获取 XBRL 实例中的事实时，用于过滤相关事实值的标准所用的语法。

8.13.2 语法

8.13.2.1 零值过滤

零值过滤是由〈vf : nil〉元素来定义，A.16 的模式文件定义了元素〈vf: nil〉的语法。零值过滤用于匹配报告值为零(nil)的事实，其过滤的 XPath 公式为：fn:nilled(.)。

8.13.2.2 精度过滤

精度过滤是由〈vf：precision〉元素来定义。A.16 的规范模式文件定义了元素〈vf：precision〉的语法。精度过滤可用于根据实际的或推定的最小精度来匹配事实。精度可以根据 decimal 属性进行推定而获得。精度过滤蕴含的 XPath 表示式如下：

```
if (fn:string(#minimum) eq 'INF')then fn:false() else if (fn:nilled(.)) then fn:false() else if
(xfi:is-non-numeric(.))) then fn:false()else if (xfi:is-fraction(.)) then fn:true() else if
(fn:string(xfi:precision(.)) eq 'INF') then fn:true() else (xfi:precision(.) ge
xs:nonNegativeInteger(#minimum+0.0))
```

其中：#minimum 为精度过滤中根据 minimum 属性所确定的最小值。

注：当事实值无限小，或事实值为非数值，或事实值为零时，精度过滤无法进行事实的匹配和过滤。当事实值不属于上段所述的类型时，精度过滤将选取数据类型为 xbrli：fractionItemType 或来源于 xbrli：fractionItemType 数据类型的事实。另外，如果推定的精度大于或等于指定的最小值，精度过滤还会获取数据类型为其他数值型的事实。

精度过滤见示例。

示例：

精度过滤

#minimum	隐含的限制
1	The fact must be numeric and the inferred precision must be greater than or equal to one. 事实应为数值型，并且推定的精度应大于或等于 1。
4	The fact must be numeric and the inferred precision must be greater than or equal to four. 事实应为数值型，并且推定的精度应大于或等于 4。

9 公式

9.1 语法

9.1.1 概述

A.17 的规范模式文件中未包括的语法约束由本章的文本声明进行约束。本章仅解释其他部分没有解释的元素和属性。除另规定，否则一个具体元素的引用应理解为那个元素或者它的替代组中任何元素的引用。

公式声明为〈formula:formula〉元素。A.17 提供了的一个关于公式的 XML 模式文件。

公式表达了一组规则，该规则用于将变量集合的变量值通过求值公式构造一个输出 XBRL 事实。这些变量值从"输入 XBRL 实例"及支持它的可发现分类集或者从公式的应用处理中得到。

公式变量是这个公式变量集中的变量；公式事实变量是这个公式变量集中的事实变量；输出事实是公式求值产生的事实。

公式中涉及结构的规则包括：

——输出事实的值；

——数字输出事实的精度；

——输出事实的方面。

公式不提供任何用于上下文或者输出事实引用单位的 id 属性值指引。这些值都是取决于应用程序的。

输出值是输出事实的值;输出方面是输出事实的方面的值;输出概念是输出事实所报告的值的概念;输出上下文是输出事实的上下文;输出单位是输出事实度量的单位。

9.1.2 值规则

9.1.2.1 值表达式

公式表达式是〈formula:formula〉元素中 value 属性的内容。

公式表达式是 XPath 表达式。当其求值正确,将产生单个的 XBRL 项的值。

如果值表达式的求值产生一个空序列,则输出事实应报告成一个空事实(nil fact),置 XML 模式实例属性 xsi:nil 为 true 值。

如果一个值表达式的求值产生一个包含多于一项的序列,则应需抛出错误代码 xbrlfe:nonSingletonOutputValue。

公式表达式用作为上下文项的输入 XBRL 实例的〈xbrli:xbrl〉元素进行求值。

值表达式的见示例。

示例:

值表达式

值表达式	输出事实值	备注
1.2	1.2	
'Hello world'	Hello world	在值表达式中单引号所引的文本应识别为一个 XPath 串
$eg:variableA gt $eg:variableB	true	此结果假定变量 eg:variableA 的值大于变量 eg:variableB 的值
()	xsi:nil 等于 true	因为值表达式产生恒为空的序列,因此输出事实为空
$eg:factVariableA intersect $eg:factVariableB	xsi:nil 等于 true	假设变量 eg:factVariableA 和变量 eg:factVariableB 都没包含事实,输出事实为空(nil)
$eg:factVariableA intersect $eg:factVariableB	13	假设变量 eg:factVariableA 和变量 eg:factVariableB 都包含了同一个事实,则输出事实为 13
$eg:factVariableA intersect $eg:factVariableB	抛出一个错误	变量 eg:factVariableA 和变量 eg:factVariableB 共同包含的事实不止一个,则抛出一个错误
$eg:factVariableA	12.3	此结果假设变量 eg:factVariableA 求得了一个值为 12.3 的单个事实
fn:sum($eg:variableA)	10 000	此结果假设变量 eg:variableA 求值的加和结果为 10 000 的事实序列

9.1.2.2 精度规则

在 XBRL 中,非分数数值事实以 precision 或者 decimals 属性形式的精度信息来报告。公式可包含决定输出事实精度的规则。

精度规则是决定数值输出事实的精度(表示为精确度或者小数部分位数)规则。

所有的公式都有一条缺省的精度规则。公式可以有指定的精度规则,其中可以由〈formula:precision〉子元素或者由〈formula:decimals〉子元素所指定。

如果一个公式包含一个〈formula:decimals〉子元素,则非分数数值输出项应当用 decimals 属性报告它们的属性。此属性的值应通过应用作为背景项的"输入 XBRL 实例"的〈xbrli:xbrl〉元素对

〈formula:decimals〉子元素中的XPath表达式进行求值而获得。否则,非分数数值输出项应用precision属性来报告。如果此公式包含一个〈formula:precision〉子元素,则作为数值输出项precision属性的值应通过应用作为背景项的"输入XBRL实例"的〈xbrli:xbrl〉元素对〈formula: precision〉子元素中的XPath表达式进行求值而获得,否则,precision属性值的默认值应为"0"。

精度规则见示例。

示例:

精度规则

XPath 表达式的小数规则	XPath 表达式的精度规则	输出事实值	输出精度
省略	省略	1 000 000	precision=0
−6	省略	1 000 000	decimals=−6
省略	1	1 000 000	precision=1

9.1.3 方面规则

9.1.3.1 概述

公式语法规范不仅提供确定输出事实数据值及其精度的规则,还为解释输出值的输出方面的值提供规定或蕴含规定。

方面规则指用于确定一个输出方面值的规则。确定输出概念、输出上下文和度量(对于数据事实)的输出单位等规则都是众多方面的不同类型。

XBRL变量规范支持新方面的定义。通过定义新方面模型去扩展变量规范的能力,公式规范支持由新方面规则定义到支持新方面定义。

如果方面规则能确定由包含的方面规则实例的公式产生的输出事实数据的方面的值,则方面规则描述该方面。每个方面规则都应说明其能描述的方面及在何种情况下能描述这些方面。

一些方面规则能完全指定一个方面的输出值作出组合。此类方面规则的规范应解释这些规则如何和其他规则组合去获得一个单独的输出方面值。

一个从公式可输出的方面应与公式的方面模型一致。

如果一个公式包含了没有在方面模型的公式中定义其方面规则,则应抛出错误代码:xbrlfe:unrecognisedAspectRule。

公式应包含产生输出事实必备的所有方面规则。所有的方面模型都应包含在变量章节定义的具体方面里。

如果一个公式遗漏了概念方面的方面规则,则应抛出错误代码:xbrlfe:missingConceptRule。

如果一个公式遗漏了此实体标识方面的方面规则,则应抛出错误代码:xbrlfe:missingEntityIdentifierRule。

如果一个公式遗漏了期间方面的方面规则,则应抛出错误代码:xbrlfe:missingPeriodRule。

如果一个公式产生了数值项目,但是却遗漏了单位方面的方面规则,则应抛出错误代码:xbrlfe:missingUnitRule。

如果一个公式在输出方面值施加冲突要求的方面规则,则应抛出错误代码:xbrlfe:conflictingAspectRules。

一个公式资源允许任何在〈formula:abstract.aspect〉元素的替代组里方面规则及其联合,因此在XML模式有效的公式资源里存在冲突的方面规则。作为一个冲突方面的例子,一个XML模式文件有效公式可包含不止一条概念规则。尽管所有的公式概念规则总是指定与之相应的相同输出概念的值,它们仍然构成冲突方面规则。

9.1.3.2 必备方面值和源

所有方面规则都为输出方面指定一个与之相匹配的方面值。“必备方面值(RAV)”是一个应与相同方面的输出值相匹配的方面值。方面规则可以直接,或按一个或多个输入 XBRL 实例中的方面值指定它们的“必备方面值”。

源方面值(SAV)是输入 XBRL 实例中的值。

如果一个方面规则为一个或多个 SAV 指定了 RAV,则应提供确认使用哪个 SAV 的方法。公式的 source 属性及其子元素支持方面规则的一个 SAV 识别系统。

“源”是公式或其任意一个子元素的 source 属性。方面规则可依赖由源标识的 SAV。“公式源”指〈formula:formula〉元素里的“源”。QName 值“formula:uncovered”,指的是未覆盖的 QName。“源”包含的 QName 应当是未覆盖的 QName,或是公式事实变量的 QName。“蕴含的 SAV”是与未覆盖的 QName 相等的源所蕴含的 SAV。

给定一个方面规则,与未覆盖 QName 相等的源所蕴含的 SAV 可由如下三条决定:

a) 选择任意一个公式的事实变量,这些变量不含覆盖以下方面的过滤器:
   1) 覆盖了由方面规则所描述的方面;
   2) 覆盖了通过求值得到非空序列的方面。
b) 选择任意一个事实,该事实在对选定事实变量求值的事实序列中。
c) 如果定义了蕴含的 SAV,则它是方面规则所表述的选定事实的方面值。

如果一个源不能蕴含 SAV 所依赖的方面规则,则应抛出错误代码:xbrlfe:undefinedSAV。

如果一个源蕴含未覆盖的 QName 但是其公式没有用隐式的过滤器,则应抛出错误代码:xbrlfe::illegalUseOfUncoveredQName。

通过隐式过滤的未覆盖方面的匹配来确保蕴含 SAV 与实际事实选择无关。

给定一条方面规则,与公式事实变量之一的 QName 相等的源所蕴含的 SAV 决定于:

a) 选择 QName 与源所包含的 QName 相等的事实变量。
b) 选择由选定事实变量求值的事实序列中的任何一个事实。
c) 如果定义了蕴含 SAV,则它是方面规则所表述的选定事实的方面值。

一个公式可以有不止一个源,但是一条方面规则或者其中一部分只涉及其最近源。

方面规则或者其组件的最近源,指表达规则或者组件元素的源,如果不存在此元素,则源是指其最近的父亲元素的源。

最近源见示例。

示例:

最近源

```
<formula:formula xlink:type="resource" xlink:label="formula" implicitFiltering="true" aspectModel="dimensional" source="eg:variableA">
<formula:aspects>
<formula:entityIdentifier value="'ABCD-1234'"/>
</formula:aspects>
<formula:aspects source="eg:variableB">
<formula:period/>
<formula:unit source="eg:variableC">
<formula:multiplyBy source="eg:variableD"/>
</formula:unit>
</formula:aspects>
</formula:formula>
```

方面规则	最近源
实体标识符	eg:variableA
期间	eg:variableB
单位	eg:variableC
单位乘法	eg:variableD

公式中所有的方面规则都是由此公式的〈formula:aspects〉元素的子元素表达。

一个单独源可被一个公式中的一些或者所有的方面规则使用。为了支持公式通过多重方面规则来使用一个源的这种用法，允许一个源由此公式自身的一个 source 属性来指定。公式同样允许源由公式的〈aspects〉子元素来指定。方面规则及其部分同样可包含它们自己的源。

9.1.3.3 缺省方面规则

公式有缺省方面规则。像其他方面规则，缺省方面规则指定一个方面的值。当公式没有别的方面规则去提出一样方面时，便使用缺省方面规则。

所有公式都有一个缺省的位置方面规则，它要求输出事实为输出 XBRL 实例〈xbrli:xbrl〉元素的子元素。

如果公式有一个公式源，则它们仅对其他方面有缺省规则。

如果公式有一个公式源，就此公式源而言，除了位置方面外，它定义了方面的缺省方面规则。

如果公式源等于未覆盖的 QName，则公式有一个缺省方面规则作用于每一个方面，这些方面是至少一个未覆盖的公式事实变量。每一个方面的缺省方面规则需要与此方面的输出值去匹配此方面的 SAV 作为公式源中的定义。

如果公式源等于一个公式事实变量的序列的 QName，则应抛出错误代码：xbrlfe:defaultAspectValueConflicts

“缺省事实变量”指其 QName 等于公式源的事实变量。

“缺省事实数据”指对缺省事实变量求值而产生的序列中的单独事实数据。

公式有一个缺省方面规则对应每一个缺省事实的方面。每一个这样的缺省方面规则需要处理该方面的输出方面并匹配缺省事实的方面值。

如果输出事实是数值项，则仅提供缺省单位方面规则。

9.1.3.4 概念规则

概念规则是描述概念方面的方面规则，用〈formula:concept〉元素来表达。

概念规则表明了 RAV 的以下三种情况之一：

a) 如果概念规则没有子元素，则其 RAV 便是其 SAV。

b) 如果概念规则有子〈formula:qname〉元素，则其 RAV 是〈formula:qname〉元素所包含的带有 QName 的概念。

c) 如果概念规则有子〈formula:qnameExpression〉元素，则其 RAV 是带有 QName 的概念。该 QName 是通过〈formula:qnameExpression〉元素的 XPath 表达式的求值所获得的，求值过程中应用输入 XBRL 实例的〈xbrli:xbrl〉元素作为上下文项。

如果概念规则没有一个就近的源也没有一个子元素，则应抛出错误代码：xbrlfe:incompleteConceptRule。

动态概念规则见示例。

示例：

动态概念规则

〈formula:qnameExpression〉	输出概念
fn:node-name($eg:factVariable)	已求值的 eg:factVariable 变量的事实需要和输出概念是同一概念

9.1.3.5 实体标识规则

实体标识符规则指一条描述实体标识符方面的方面规则，用〈formula:entityIdentifier〉元素表达。

实体标识符规则指定相应于 SAV 上变量的 RAV。

如果实体标识符规则包含 scheme 属性，则 RAV 应有一个实体标识符模式，此实体标识符模式与通过计算 scheme 属性所包含的 XPath 表达式而得到的实体标识符模式结构相等，否则，RAV 应有一个与其 SAV 中实体标识模式结构相等的实体标识符模式。

如果实体标识符规则包含 value 属性，则 RAV 应有一个实体标识符值，此实体标识符值与通过计算 value 属性所包含的 XPath 表达式而得到的实体标识符值结构相等。否则，RAV 应有一个与其 SAV 中实体标识值结构相等的实体标识符值。

如果一个实体标识符规则没有一个就近的源和没有 scheme 或是 value 属性，则应抛出错误代码：xbrlfe:incompleteEntityIdentifierRule。

实体标识符规则见示例。

示例：

实体标识符规则

SAV 实体标识符		实体标识符规则		输出实体标识符		
模式	值	scheme	value	模式	值	备注
http://my.com	1324-ABCD			http://my.com	1324-ABCD	输出实体标识符由 SAV 决定
http://my.com	1324-ABCD	'http://your.com'		http://your.com	1324-ABCD	输出实体标识符模式有实体标识符规则决定
http://my.com	1324-ABCD	'http://your.com'	'5678-EFGH'	http://your.com	5678-EFGH	输出实体标识符值亦由实体标识符规则决定

9.1.3.6 期间规则

期间规则是描述期间方面的方面规则，并通过〈formula:period〉来表达。

期间规则为构建输出上下文中的时期提供了具体规则。

如果期间规则没有子元素，则其 RAV 就是其 SAV。

如果期间规则有一个〈formula:forever〉子元素，则 RAV 是永久时期。

如果期间规则有一个〈formula:instant〉子元素，则其 RAV 有一个瞬时值，该瞬时值与通过对〈formula:instant〉元素的 value 属性包含的 XPath 表达式求值而得到的值相等。

如果期间规则有一个〈formula:duration〉子元素，则其 RAV 有一个有限时间段值，该有限时间段值的初始值与〈formula:duration〉元素的 start 属性包含的 XPath 表达式的求值结果相等,同时该有限时间段值结束值与〈formula:duration〉元素的 end 属性包含的 XPath 表达式的求值结果相等。

在期间规则中,用于所有 XPath 表达式的求值的上下文项是输入 XBRL 实例中的〈xbrli:xbrl〉元素。

如果期间规则没有一个就近的源也没有一个子元素,则应抛出错误代码:xbrlfe:incompletePeriodRule。

期间规则见示例。

示例:

期间规则

SAV	期间规则	输出期间
实例日期是 2006-12-31,实例时间被省略。	RAV 就是 SAV	输出日期是日期的时间点 2006-12-31,时间是被省略。或者,日期的时间点 2007-01-01,时间为 00:00:00
实例日期是 2006-12-31,实例时间被省略。	期间规则包括一个〈formula:forever〉元素	输出期间指定了一个永久的期间方面值

9.1.3.7 维度规则

9.1.3.7.1 维度规则概述

维度规则是一个方面规则,此方面规则是明确维度规则或类型化维度规则。

9.1.3.7.2 明确维度规则

明确维度规则是一条用于明确维度方面的方面规则,以〈formula:explicitDimension〉元素表达。

明确维度规则指定了用于明确维度方面的 RAV。

明确维度规则指定了一个明确的 RAV 或者是引用 SAV 的 RAV。

明确维度规则作用的维度是由此维度规则上的 dimension 属性中的 QName 指定。

如果 dimension 属性在维度规则包含 QName 而不识别明确维度,则应抛出错误代码:xbrlfe:badUsageOfExplicitDimensionRule。

如果一条明确维度规则没有子元素,则明确维度规则指定的是输出事实应包含由明确维度规则标识维度的一个维度方面值。同时也指定维度方面值应是对此维度方面的 SAV。

如果一个明确维度规则没有任何子元素和没有一个维度被 dimension 属性识别的 SAV,则应抛出错误代码:xbrlfe:missingSAVForExplicitDimensionRule。

如果明确维度规则包含一个〈formula:member〉元素,则此元素标识了将成为 RAV 域成员的 QName。如果〈formula:member〉元素包含了一个子〈formula:qname〉元素,则此域成员的 QName 便是〈formula:qname〉元素的值。如果〈formula:member〉元素包含了一个子〈formula:qnameExpression〉元素,则域成员的 QName 便是从上下文项的 XPath 表达式求值而获得的 QName。求值过程使用输入 XBRL 实例的〈xbrli:xbrl〉元素作为上下文项的 XPath 表达式。

如果明确维度规则包含一个〈formula:member〉元素,则输出事实应包含一个指定维度的维度方面值,此指定维度带有一个由〈formula:member〉元素指派的值。

如果明确维度规则包含一个〈formula:omit〉元素,则由明确维度规则标识的维度应不能有一个输出事实的值。

明确维度规则见示例。

示例：

明确维度规则

明确维度规则	解释
〈formula:explicitDimension dimension="**eg:ProductDim**"〉 〈formula:member〉 〈formula:qname〉 **eg:Cars** 〈/formula:qname〉 〈/formula:member〉 〈/formula:explicitDimension〉	把 eg:Cars 值加到明确维度 eg:ProductDim 上
〈formula:explicitDimension dimension="**eg:ProductDim**"/〉	由 SAV 提供维度的值加到维度 eg:ProductDim 上
〈formula:explicitDimension dimension="**eg:dCustomer**"〉 〈formula:omit/〉 〈/formula:explicitDimension〉	不要对输出事实的 eg:dCustomer 维度的值报告

9.1.3.7.3 类型化维度值

类型化维度规则是用于类型化维度方面的方面规则，用〈formula:typedDimension〉元素来表达。

类型化维度规则指定了类型化维度方面的 RAV。

类型化维度规则指定了一个明确的 RAV 或者是引用 SAV 的 RAV。

类型化维度规则作用的维度是由此维度规则上的 dimension 属性中的 QName 指定。

如果 dimension 属性在维度规则包含 QName 而不识别类型化的维度，则应抛出错误代码：xbrlfe:badUsageOfTypedDimensionRule。

如果一条类型化维度规则没有子元素，则类型化维度规则指定的是输出事实应包含由类型化维度规则标识的维度的一个维度方面值。同时也指定维度方面值应是对应于此维度方面的 SAV。

如果类型化的维度规则没有任何一个子元素和没有一个维度被 dimension 属性识别的 SAV，则应抛出错误代码：xbrlfe:missingSAVForTypedDimensionRule。

如果一条类型化的维度规则有一个子元素，则它将是〈formula:xpath〉，〈formula:value〉或者〈formula:omit〉三种不同子元素之一。

如果一个类型化维度规则包含一个〈formula:xpath〉元素，则此元素包含一个 XPath 表达式，当此表达式求值时，应产生一个包含单个元素节点的序列。此元素节点（以及其子所有元素）是输出事实数据的类型化维度值的根元素内容。

XPath 表达式求值的上下文项是由类型化维度规则中获得，其类型化维度规则是输入 XBRL 实例的〈xbrli:xbrl〉元素。

如果求值结果在类型化的维度规则不是一个序列包含一个元素节点时，则应抛出错误代码：xbrlfe:wrongXpathResultForTypedDimensionRule。

如果一条类型化维度规则包含一个〈formula:value〉元素，则此元素有一个单独的子元素。此〈formula:value〉元素的单独的子元素和输出事实中类型化维度值的子元素应是一致性元素。

如果一条类型化维度规则包含一个〈formula:omit〉元素，则由类型化维度规则标识的维度应不会输出事实的值。

类型化维度规则见示例。

示例：

类型化维度规则

类型化维度规则	解释
〈formula:typedDimension dimension="**eg:statusDim**"〉 〈formula:value〉 〈audited/〉 〈/formula:value〉 〈/formula:typedDimension〉	将内容为〈audited/〉的类型化维度值加到维度 eg:statusDim 上
〈formula:typedDimension dimension="**eg:statusDim**"/〉	把提供的 SAV 的值加到维度 eg:statusDim 上
〈formula:typedDimension dimension="**eg:statusDim**"〉 〈formula:omit/〉 〈/formula:typedDimension〉	不要对输出事实的 eg:statusDim 维度的值报告

9.1.3.8 开放上下文组件规则

9.1.3.8.1 概述

开放上下文组件(Open Context Component,OCC)规则是描述开放上下文组件方面的方面规则。该规则在〈formula:abstract.occ.aspect〉元素的替代组中。

输出 OCC 是一个用于输出事实的 OCC 的值。

段元素 OCC 规则是一个 OCC 属性等于 segment 的 OCC 规则。

场景 OCC 规则是一个 OCC 属性等于 scenario 的 OCC 规则。

公式可以包含多种段元素 OCC 规则和多种场景 OCC 规则。

公式的段元素 OCC 规则集是该公式所包含的段元素 OCC 规则的集合。它们共同决定段元素的输出 OCC。

公式的场景 OCC 规则集是该公式所包含的场景 OCC 规则的集合。它们共同决定场景的输出 OCC。

OCC 规则集是通常项对一个段元素 OCC 规则集或者一个场景规则集。

在 OCC 规则集中的 OCC 规则应在文档中处理以获得输出 OCC 值。

OCC 规则的原始 OCC 值是应用在此 OCC 规则而修改的 OCC 值。

OCC 规则的后继 OCC 是从原始 OCC 的 OCC 规则的使用而得到的 OCC 值。

如果随后的 OCC 值包含的信息暗示比较着任何一个方面在公式的方面模型的值,与在 OCC 方面,由 OCC 规则处理中所决定的值,则应抛出错误代码:xbrlfe:badSubsequentOCCValue。

如果 OCC 规则产生随后的 OCC 值并包括暗示维度方面值的内容,所以一条公式与维度方面模型将会抛出,例如 xbrlfe:badSubsequentOCCValue。

对应于一条 OCC 规则的后继 OCC 值是下一个被处理的 OCC 规则的原始 OCC 值。

由 OCC 规则集合指定的 RAV 是此集合中被处理的最后一个 OCC 规则的后继 OCC 值。

9.1.3.8.2 空 OCC 规则

空 OCC 规则是一条由〈formula:occEmpty〉元素表达的 OCC 规则。

空 OCC 规则产生一个后继 OCC 值,此值是一个与原始 OCC 值无关的方面值的空序列。通常作为一个 OCC 规则集的第一条使用。

9.1.3.8.3 段元素 OCC 规则

段元素 OCC 规则是由〈formula:occFragments〉元素表达的。

段 OCC 规则扩展原始 OCC 值的方法是通过附加其子元素（如果有子孙元素连同它们子孙元素）来获得一个后继 OCC 值。

段元素 OCC 规则见示例。

示例：

段元素 OCC 规则

原始 OCC 值	段元素 OCC 规则的子元素	后继 OCC 值
	〈eg:budget/〉	〈eg:budget/〉
〈eg:confidential/〉	〈eg:audited/〉	〈eg:confidential/〉 〈eg:audited/〉

9.1.3.8.4 XPath OCC 规则

XPath OCC 规则是由〈formula:occXPath〉元素来表达。

XPath OCC 规则包含了其 select 属性里的 XPath 表达式，求值后，应产生元素节点的一个序列。这些元素节点（如果有子孙元素，连同它们子孙元素）都被附加到原始 OCC 值来获得一个后继 OCC 值。

XPath OCC 规则所包含的 XPath 表达式的求值上下文项是输入 XBRL 实例的〈xbrli:xbrl〉元素。

如果求值 XPath 表达式的结果在 XPath 规则不是一个元素节点序列，则应抛出错误代码：xbrlfe:wrongXpathResultForXpathRule。

9.1.3.9 单位规则

9.1.3.9.1 概述

单位规则是描述单位方面的方面规则，用〈formula:unit〉元素来表达。

单位规则指定了相应于 0 的数值输出事实数据的单位 RAV 或者它们 SAV 的多次修正。这些修正通过此单位规则的子规则来表达。

如果一条单位规则包含一个带有 true 值的 augment 属性，则单位规则的 SAV 就按照常规决定。如果一条单位规则包含一个带有 false 值的 augment 属性，则并没有对 SAV 定义。

如果一条单位规则没有任何一个子元素和没有 SAV，则应抛出错误代码：xbrlfe:missingSAVForUnitRule。

对于一条单位规则的 RAV 是通过下列步骤获得：

a) 结合单位乘法规则的分子单位的集合和单位除法规则的分母单位集合来获得一个单独分子单位的集合。如果单位规则的 SAV 有定义，则扩大此带有单位规则的 SAV 的分子单位的分子单位集合来得到所有分子单位的集合。

b) 结合单位乘法规则的分母单位的集合和单位除法规则的分子单位集合来获得一个单独分母单位的集合。如果单位规则的 SAV 有定义，则扩大此带有单位规则的 SAV 的分母单位的分母单位集合来得到所有分母单位的集合。

c) 剔除分子和分母单位集合中任何能指定相同 QName 的一对单位，这样的单位对中的一个在分子单位集合中，另一个在分母量集合中。

如果分子单位集合和分母单位集合都为空，则 RAV 应是一个带有 xbrli:pure 值的单独分子单位。

否则，单位规则 RAV 应有一个度量单位在它的分子中且有一个单位在它的分母中，此分子单位在由上述步骤提供的分子单位联合集中，此分母单位在由上述步骤提供的分母单位联合集中。

单位规则见示例。

示例：

单位规则

隐式度量1		引用度量2		单位规则		输出度量	
分子	分母	分子	分母	补充量	度量	分子	分母
eg:kilometers	eg:hours			true		eg:kilometers	eg:hours
eg:kilometers	eg:hours			true	除 eg:hours	eg:kilometers	eg:hours
iso4217:EUR		iso4217:USD		true		iso4217:USD	
iso4217:EUR		iso4217:USD		false	乘 xbrli:shares	xbrli:shares	
iso4217:EUR		iso4217:USD		true	乘 xbrli:shares 并除 iso4217:USD	xbrli:shares	
iso4217:EUR		iso4217:USD		false	乘 xbrli:shares 并除 iso4217:USD	xbrli:shares	iso4217:USD

注1：隐式单位是隐式单位方面值中的单位。

注2：引用单位是引用单位方面值中的度量。

9.1.3.9.2 单位乘法规则

乘法规则是用一个〈formula:unit〉元素的子〈formula:multiplyBy〉元素来表达。

单位乘法规则定义了一个或者多个单位的集合加上包含单位规则的 RAV 的分子单位。

单位乘法规则同样定义为可空的单位加上包含单位规则的 RAV 的分母单位。

如果一个单位乘法规则没有包含 measure 属性，则其分子单位集合是分子单位集合所对应的单位乘法规则单位 SAV。同样，其分母单位集合是在分母单位所对应的单位乘法规则的单位 SAV。

否则，单位乘法规则指定一个单值分子单位集合。此集合中的这个单值单位包含在单位乘法规则上的 measure 属性所包含的 XPath 表达式求值得到的 QName。这样的单位乘法规则指定了一个空分母单位集合。

9.1.3.9.3 单位除法规则

单位除法规则由一个〈formula:unit〉元素的〈formula:divideBy〉子元素来表达。

每一个单位除法规则定义了一个或者多个单位的一个集合加上包含单位规则 RAV 的分子单位。

每一个单位除法规则同样定义可为空的一个单位加上包含单位规则 RAV 的分母单位。

如果一个单位除法规则没有包含 measure 属性，则其分母单位集合是单位除法规则的单位 SAV 的分子单位的集合，同样，如果有的话，其分子单位集合是单位除法规则的单位 SAV 的分母单位的集合。

否则，一个单位除法规则指定一个单值分母单位集合。此集合中的这个单值单位包含在单位除法规则上的 measure 属性所包含的 XPath 表达式求值得到的 QName。这样的单位除法规则指定了一个空分子单位集合。

9.2 公式处理模型

假设一个输入 XBRL 实例，可以根据输入 XBRL 实例中不同信息的组合用从而对一个公式进行不同的方法求值。

公式的输入是指由应用程序提供的公式所依赖的任何参数的输入 XBRL 实例和值。

公式求值的前提条件是对公式的变量集求值。假设一个变量集的求值，其公式求值的要求是对公式表达式求值。

如果一个公式可以被求值并生成一个事实值，则构造此事实的概念、上下文、单位和精度的规则也可被求值并构造成必要信息，从而报告其输出 XBRL 实例中的事实。

10 校验规范

10.1 概述

校验规范为 XBRL 断言规范提供普通的定义、资源和关系，不包括特殊断言的定义。

XBRL 的一个重要特征就是其不仅可以定义经营理念，而且可以在业务报告中制定强制披露信息规则的能力。例如：

- XBRL 规范中的计算关系规定了如何使一些事实值等于其他事实值的加权和。
- XBRL 基础规范中的"应元素"关系定义中，对报告在相同的 XBRL 实例中的值概念进行了强制的简单约束。
- XML 模式文件数据类型中陈述了 XBRL 实例中每个事实的可允许的值集的限制。
- XBRL 维度规范描述了报告于 XBRL 实例中事实的某部分中的信息约束表达式。

诸如此类的约束可以改善业务报告环境中的数据质量。然而，在 XBRL 基础规范和 XBRL 维度规范中定义的校验并不能满足监管环境下普遍存在的各种复杂的业务规则，如监管报告。

本文阐述了此类业务规则的 XML 基本语法。每个业务规则表现为拥有一个或多个特征的 XBRL 实例的断言的形式。对 XBRL 实例的一系列业务规则集的校验涉及对相关断言集的测试。一些断言只是简单的陈述，如一个实例应或不应包含某类特征的事实。例如：

示例 1：

典型的存在断言

a) 实例中包含总资产报告值的事实。

b) 实例中包含实体标识符属于特定的实体认证体系的事实。

c) 实例中不包括发生在某一特定截止时点后的某一持续期间内的事实。

第二类断言表现为对 XBRL 实例中的事实的允许值加以限制。

示例 2：

典型的值断言

a) 资本充足率大于 8%；

b) 利息覆盖率大于 2.5；

c) 现金余额为正数。

其他类型的断言表现为 XBRL 实例中的数学关系式。此类断言在进行一系列输入后，根据设置的函数关系输出一定的结果。例如：

示例 3：

典型的一致性断言

a) 资产负债表的余额隐含着资产总额等于负债总额加上所有者权益总额；

b) 期初余额与期末余额间的差额等于该期间的发生额。

一个 XBRL 实例的校验包括：选取一个断言集，一些可选的、明确的参数值，然后针对 XBRL 实例中的数据在断言集中对断言进行测试。

一个 XBRL 实例可以包括多个数据集用于测试给定的断言。以断言"资产负债表应满足会计恒等式"为例，该断言可以在一个 XBRL 实例中针对不同的财务年度和不同的报告实体进行测试。

在针对 XBRL 实例中的数据集测试时，当断言条件满足时，返回值为真；否则，返回值为假。

本章定义了断言表达式的语法，以及其与 XLink 扩展链接中其他数据结构的关系。特殊断言的语法在其他两个单独的规范：XBRL 变数规范和 XBRL 公式规范中加以定义。断言使用通用标签和通用参照记录。

本章规定的语法限制是由 A.18 规范的模式文件中规定的。

10.2 语法

10.2.1 概述

当语法限制在 A.18 的规范模式文件部分未有定义时，本章仅提供该语法限制的文本描述。元素和属性的解释仅在该解释未在其他规范中定义时适用。

除另说明，引用的特定元素应与该元素所在的替换组所引用的元素一致。

10.2.2 断言

断言是指针对一个 XBRL 实例的内容及与提供相关参数值的可测试的语句。

断言在 XLink 扩展链接中表示为 XLink 资源。

所有的断言应作为元素〈validation:assertion〉或元素〈validation:variableSetAssertion〉存在于替换组中。

10.2.3 断言关系

由于断言在替换组中作为元素〈validation:variableSetAssertion〉存在，所以断言也是元素〈variable:variableSet〉。因此，此类断言可以为那些要求使用变量集作为初始资源的关系启动资源。

以下关系符合此类要求：

——变量集关系；

——变量集过滤关系；

——变量集先决条件关系。

断言规范可以使用其他资源定义新的关系。

10.2.4 断言集

断言集的资源表达为元素〈validation:assertionSet〉。断言集可用于定义断言的集合。

如果一个断言属于由一个断言集定义的断言集合，那么该断言应与该断言集拥有“断言-集”关系。

“断言-集”关系是指由 XLink 弧表达的断言和断言集之间的关系。

表示一个断言集关系时，XLink 弧应：

——拥有一个等于 http://xbrl.org/arcrole/2008/assertion-set 的弧角色值；

——在弧的开始资源处有一个断言集；

——在弧的结束资源处有一个断言弧角色值，http://xbrl.org/arcrole/2008/assertion-set，在本章的模式文件中陈述。

根据 A.18 中规范模式文件部分孤角色说明中的限制，断言集关系应表达为通用弧。XBRL 基础规范将会对此项要求的违反情况进行检查。

10.3 所有断言的处理模型

本节定义了所有断言的处理模型的主要特征。断言规范可以扩展处理模型的主要特征。

所有断言将根据断言输入进行测试。

断言输入是指输入 XBRL 实例，以及输入的 XBRL 实例中的参数值。

断言数据集是指针对一个断言可进行测试的断言输入的信息或来源于断言输入的信息的一个子集。

断言求值是指针对一个断言数据集测试一个断言时产生的结果。

给定一个断言，断言输入可以包含多个断言数据集。给定一个断言输入，断言可以针对断言输入中的每个断言数据集求值一次。

断言测试是断言求值生成的有效布尔值。

当断言测试结果为真时，断言求值满足。

当断言测试结果为假时，断言求值不满足。

断言规范应为指定的断言定义断言数据集。

断言规范还应指明如何使用断言数据集对已定义的断言进行求值。

11　断言规范

11.1　概述

断言是对 XBRL 实例内容和该实例中的参数值的可测试声明，是 XML 扩展链接中的 XML 链接资源。断言元素应在断言元素替代组或变量集断言元素替代组中。

11.2　一致性断言规范

11.2.1　概述

本章定义了一个通过公式来对 XBRL 商业报告测试进行定义的断言。此类断言可以测试根据公式求值产生的事实和 XBRL 商业报告中方面匹配的事实的一致性。

这种设计可以使一个公式资源用于生成新的事实，也可以检查已存在的事实和其所包含的 XBRL 商业报告中的其他事实的一致性。监管机构可以使用此断言来测试接收数据的质量，而商业报告的制作者可以使用一般公式来选取符合监控机构报送要求的事实。

此类断言使示例中所示的用于执行检查的商业规则的定义更为便利。

示例：

一致性断言

考虑到报告的收益总额和基于市场部门报告的累计收益总额的准确性，一家公司的报告的收益总额等于每个市场部门报告的收益累计之和。根据收益总额减去经营费用而计算得出的净收益与报告的净收益之间的差额应小于计算得出的净收益的百分之十。

根据期间发生额和期初余额而计算得出的期末余额与报告的期末余额之间的差额应小于由外部参数定义的金额。

本章节中许多的语法限制在附录 A 中列示。为避免潜在的冲突，本章节仅阐述在规范模式文件中未表述的语法特征。

11.2.2　语法

11.2.2.1　概述

一致性断言是一个关于与输入 XBRL 实例中的事实的一致性相关的期望的声明，输入 XBRL 实例中的事实的值可以通过公式处理从相同的 XBRL 实例中得到。

一致性断言由 A.19 的规范模式文件中的〈ca:consistencyAssertion〉元素表达。

一致性断言与公式的关系由 XLink 弧定义。

衍生事实是在给定断言输入的情况下，对一致性断言公式集合中的一个公式求值所得到的事实中的任一事实。

衍生事实的方面匹配输入事实是指在断言输入中用于生成衍生事实的事实，该事实与衍生事实方面匹配。

相关方面模型由公式的 aspectModel 属性识别，该公式用于生成衍生事实。

在一致性断言输入中，一致性断言的测试是通过比较衍生事实的值和方面匹配事实的值的一致性来实现的。

一致性断言的 strict 属性将影响哪些衍生事实可以用于测试一致性断言。

当 strict 属性值为 true 时，一致性断言要求精确一致；否则，一致性断言不要求精确一致。

如果一致性断言不要求精确一致，则其不应对没有方面匹配输入事实的衍生事实进行求值。

如果一致性断言要求精确一致，则，即使衍生事实没有方面匹配的输入事实，其仍可以对衍生事实进行求值。此类断言既可用于测试方面匹配事实的存在，也可用于测试方面匹配事实的值的一致性。

strict 属性用法见示例 1。

示例 1：

strict 属性用法

@strict 属性	输入实例中的事实	断言公式	能否被求值?
False	a,b,c	a=b*c	是
True	a,b,c	a=b*c	是
False	b,c	a=b*c	否
True	b,c	a=b*c	是(但是从未满足)

一致性断言的接受半径是一个数值，此数值是被认为一致的两个事实的数值的最大差异。

接受半径可以被定义成一个绝对值。在这种情况下，一致性断言包含一个 absoluteAcceptanceRadius 属性。

接受半径也可以被定义为衍生事实值的一部分。在这种情况下，一致性断言包含一个 proportionalAcceptanceRadius 属性。

如果接受半径是一个绝对值，则接受半径是对 XPath 表达式中 absoluteAcceptanceRadius 属性求值的结果。

如果接受半径是衍生事实值的一部分，则接受半径是对以下 XPath 表达式求值的结果：

*(#proportionalAcceptanceRadius)

其中：#proportionalAcceptanceRadius 是 proportionalAcceptanceRadius 属性中的 XPath 表达式。

对以上两个 XPath 表达式求值时，上下文应同时满足以下两个条件：

——有一个作为上下文项的原子值，该原子值等于衍生事实的数值；

——包括一致性断言参数和变量集中的变量，该变量由用于在范围内变量中进行求值的公式来定义。

如果一致性断言同时包含 absoluteAcceptanceRadius 属性和 proportionalAcceptanceRadius 属性，则应报错 xbrlcae:acceptanceRadiusConflict。

接受半径用法见示例 2。

示例 2：

接受半径

属性/值	衍生事实值	接受半径
没有定义属性	任何	未定义
@absoluteAcceptanceRadius = 100	任何	100
@absoluteAcceptanceRadius = $margin	任何	参数 margin 的值
@proportionalAcceptanceRadius = 0.5	500	250
@proportionalAcceptanceRadius = 0.5, @absoluteAcceptanceRadius = 500	任何	错误：接受半径定义冲突

11.2.2.2 一致性断言关系

11.2.2.2.1 一致性-断言-公式关系

一致性-断言-公式关系是一致性断言和公式之间的关系，由 XLink 弧表示。

为声明一致性-断言-公式关系，XLink 弧应同时满足以下条件：

——有一个弧角色值等于 http://xbrl.org/arcrole/2008/consistency-assertion-formula；

——在弧的始端资源有一个一致性断言；

——在弧的末端资源有一个公式。

弧角色值 http://xbrl.org/arcrole/2008/consistency-assertion-formula 在一致性断言的规范模式文件中声明。

根据规范模式文件中弧角色声明中的限制，一致性-断言-公式关系应由通用弧表示。根据 GB/T 25500.1 进行的校验会检测出是否违反了此项要求。

通过一致性-断言-公式关系与一致性断言相关联的公式集合被称为一致性-断言公式组。

一个一致性断言公式是一致性断言公式组中的任何一个公式。

一致性断言在独立的基础上检测所报告的事实与该一致性断言的每个一致性断言公式所生成的事实的一致性。因此，关于与两个公式相关联的一个一致性断言所可能进行的测试，与以下两个一致性断言所蕴含的测试是相同的：一个一致性断言与一个公式相关，另一个一致性断言与另一个公式相关。

11.2.2.2.2 一致性断言参数关系

一致性-断言-参数关系是一致性断言和参数之间的关系，由 XLink 弧表示。

为声明一致性-断言-参数关系，XLink 弧应同时满足以下条件：

——有一个弧角色值等于 http://xbrl.org/arcrole/2008/consistency-assertion-parameter；

——在弧的始端资源有一个一致性断言；

——在弧的末端资源有一个参数。

弧角色值 http://xbrl.org/arcrole/2008/consistency-assertion-parameter 在一致性断言的规范模式文件中声明。

根据规范模式文件中弧角色声明中的限制，一致性断言参数关系应由变量弧表示。根据 GB/T 25500.1 所进行的校验会检测出是否违反了此项要求。

与变量集关系相同，一个变量弧的 name 属性的值是由弧表示的一致性-断言-参数关系中的参数的 QName。当计算一个一致性断言的接受半径时，带有该 QName 的 XPath 变量引用就是对该参数的引用。注意此参数名称可以与参数声明中的名称不同。

所有的一致性断言参数的求值应在一致性断言的接受半径求值之前进行。

一致性断言可以通过一致性-断言-参数关系与参数相关联。

如果一致性断言与一个事实变量或普通变量有一致性-断言-参数关系，则一定会出现错误代码 xbrlcae:variablesNotAllowed。

一致性断言参数是与该一致性断言参数有一致性-断言-参数关系的任何参数，该一致性-断言-参数关系来源于一致性断言。这些参数是对接受半径表达式求值后的范围内变量的一部分，但是这些参数不应被看作是一致性断言公式组的变量集的一部分。

11.2.3 一致性断言的处理模式

除了本章下文中提到的两个例外情况以外，每一个不同的一致性断言公式求值都定义了一个不同的断言数据集，该断言数据集可用于一致性断言的测试。一致性断言的断言数据集由两部分组成：一部分是对一个一致性断言公式进行求值而生成的衍生事实；另一部分是输入 XBRL 实例中不含有 nil 值的所有的方面匹配输入事实。输入 XBRL 实例中可能没有满足可包含在由衍生事实定义的数据集内的条件的方面匹配输入事实。

此规则的第一个例外情况是：如果同时满足以下条件，则衍生事实不能定义一个断言数据集：

——一致性断言不要求精确一致；

——衍生事实没有方面匹配输入事实。

此规则的第二个例外情况是：如果同时满足以下条件，则衍生事实不能定义一个断言数据集：

——衍生事实为数值型；

——衍生事实不为 nil；

——衍生事实既没有 xbrli:fractionItemType 数据类型，也没有从该数据类型中衍生出的数据类型；

——一致性断言没有定义接受半径；

——衍生事实或该衍生事实的任何方面匹配输入事实的隐含精度为 0。

根据 GB/T 25500.1，如果衍生事实不是有效的，则不管断言数据集的方面匹配输入事实如何，断言都将被视为无法满足。

如果断言数据集包含方面匹配输入事实，则衍生事实应与方面匹配输入事实一致，以满足该断言数据集中的一致性断言。否则，该断言数据集中的一致性断言将不被满足。

如果两个事实拥有一致的值，则这两个事实是一致的。两个事实是否拥有一致的值取决于这两个事实的数据类型。

如果两个事实的数据类型不是数值型的，则这两个事实只有在其值为 s-equal2 时才一致。

如果两个事实的数据类型是数值型的，并且这两个事实的数据类型既不是 xbrli:fractionItemType，也不是从 xbrli:fractionItemType 衍生出的数据类型，并且没有定义接受半径，则这两个事实只有在以下情况下是一致的：即数值 A 和 B 是 x-equal，其中 A 是通过对第一个事实的值保留 N 个有效数字得到的，B 是对第二个事实的值保留 N 个有效数字得到的；注意 N 取以下两个精确度的较低者：第一个事实指定或推定的精确度和第二个事实指定或推定的精确度。

如果两个事实拥有数值型的数据类型，并且这两个事实的数据类型既不是 xbrli:fractionItemType，也不是从 xbrli:fractionItemType 衍生出的数据类型，并且没有定义接受半径，则只有当以下 XPath 表达式求值为一个有效的布尔值 true 时，这两个事实才是一致的：

fn:abs(＃A-＃B)le fn:abs(＃acceptance)

其中：＃A 是第一个事实的数值，＃B 是第二个事实的数值，＃acceptance 是接受半径的值。正如公式章节所定义的，公式组不能生成既不拥有 xbrli:fractionItemType 数据类型，也不拥有由 xbrli:fractionItemType 衍生出的数据类型的事实。因此，一致性断言不能对此类事实进行断言，故而，本章未定义此类事实的值一致性。

如果这些一致性中的任何一个条件未得到满足，则衍生事实和用于比较的方面匹配输入事实是不一致的。

一致值见示例 1。

示例 1：

一致值

衍生事实		方面匹配输入事实		接受半径	断言求值
推断的精度	值	推断的精度	值		
	foo		foo	任何	满足
	foo		bar	任何	不满足

表（续）

衍生事实		方面匹配输入事实		接受半径	断言求值
推断的精度	值	推断的精度	值		
INF	315.5	INF	315.5	未定义	满足
INF	315.5	INF	315.50001	未定义	不满足
0	315.5	INF	1000000	未定义	不满足
2	10	2	10.4	未定义	满足
2	10	3	10.4	未定义	满足
2	10	3	10.5	未定义	不满足
Any	10.0000001	Any	10.0000001	0	满足
Any	10	Any	10.0000001	0	不满足
Any	25	Any	30	5	满足
Any	25	Any	30.000001	5	不满足

如果一个断言数据集不包含任何方面匹配输入事实，则为满足此断言数据集的一致性断言，衍生事实应有一个 nil 值。否则，该断言数据集中的一致性断言将不被满足。

包含 nil 值的一致性断言的示例，参见示例 2。

示例 2：

包含 nil 值的一致性断言

@strict 属性	衍生事实	方面匹配输入事实	断言求值
false	Nil	无	未求值
false	Not nil	无	未求值
false	Nil	仅为非 nil	未求值
true	Nil	无	满足
true	Not nil	无	未求值
true	Nil	仅为非 nil	未求值

11.3 存在性断言规范

11.3.1 概述

本章节详细说明了便于测试符合特定标准的事实的存在性的断言的语法。断言可以通过对给定输入 XBRL 实例可能的给定变量集的不同求值进行测试而得到，这使得存在性断言相较一致性断言，在其所能测试的数据类型方面更具灵活性。

商业报告（例如子公司将其财务报表报送至其控股公司）最基本的要求之一就是商业报告使用者能在商业报告生成器上使用规则。

商业报告中的关于数据的存在性断言与值断言拥有相似的语法结构。二者主要的区别在于：存在性断言的 test 属性中的 XPath 表达式的上下文项是数值型值，该数值型值表示对变量集进行不同求值后的数字，该变量集由一个可能的断言输入定义。

断言结果是有效的布尔值，是属性测试中对 XPath 表达式的求值。

这种断言使得在制定下例所示的用于检验商业规则的定义上更为便捷。

示例：

数据存在性断言

a） 报表中仅包含一个总资产值；

b） 报表中包含至少10个“最大股东”元组；

c） 报表中不包含任何国际财务报告准则所要求报告的事实。

报表中不包含任何国际财务报告准则所不要求报告的事实。

本章节所使用的许多语法限制列示在A.20规范模式文件中。

11.3.2 语法

11.3.2.1 概述

当语法限制在A.20中的规范模式文件部分未有定义时，本章节仅提供该语法限制的文字声明。

元素和属性的解释仅在该解释未在其他部分中定义时适用。

除另说明，一个特定元素的引用应理解为对该元素或者该元素所在替换组中的其他元素的引用。

11.3.2.2 存在性断言

存在性断言是断言的变量集针对输入XBRL实例求值的次数的声明。

存在性断言由本章节提供的规范模式文件中的〈ea:existenceAssertion〉元素表达。

如果存在性断言包含test属性，则存在性断言表达式是该属性所包含的XPath表达式。如果存在性断言不包含test属性，则存在性断言表达式等于上下文项表达式。

断言表达式可以与变量集中的参数拥有变量依赖，但是不可以与一般变量或事实变量有变量依赖。

如果存在性断言表达式与一般变量或事实变量存在变量依赖，则会报错xbrleae:variableReferenceNotAllowed。

11.3.2.3 包括存在性断言的关系

对〈validation:variableSetAssertion〉元素而言，存在性断言在替换组中，因此，可以为那些需要变量集作为启动资源的关系启动资源。

11.3.3 存在性断言的处理模式

存在性断言测试是通过对存在性断言求值而产生的有效布尔值。

当上下文项的单元值与断言变量集的所有可能的不同求值结果集合的基数相等时，存在性断言求值含有对存在性断言表达式的求值，该求值使用了上下文求值。

范围内的变量应包括所有与断言相关的变量参数，但不应包括任何事实变量或一般变量。存在性断言表达式，参见下例。

示例：

存在性断言表达式

test属性值	被验证的断言的变量集的求值次数
Omitted	至少一次求值
.	至少一次求值
. gt 5	至少六次求值
. eq 0	无求值
. ge $numberOfItems	等于或大于参数中由名为$numberOfItems的变量所指定的数值

存在性断言对给定的断言输入至少进行一次求值。这是因为存在性断言测试与作为一个整体的断言变量集的求值次数相关联。因此,存在性断言的数据集是整体的断言输入。

一个存在性断言根据任何有效的断言输入进行求值。测试存在性断言要求获取断言的变量集所有可能的不同求值结果,以确定存在性断言的上下文项。

11.4 值断言规范

11.4.1 概述

本章定义了断言的 XML 语法。断言指测试根据给定变量集进行求值获取的变量值。断言的构想与公式资源的构想相类似,但其输出结果不是一项完整的 XBRL 事实,而是一个布尔值。布尔值是对断言中的 XPath 表达式求值而获得的。

这种类型的断言可以对下例中所示的业务规则进行检查。

示例:

值断言

a) 资产应等于负债加所有者权益。

b) 公司的总收入应等于或小于其子公司的总收入的增加值。

c) 公司资产负债表每个科目的余额应等于按市场部门划分的资产负债表的每个科目的余额之和。

d) 本期和上期流动资产的差额应低于某一特定界限。

e) 期初余额和期末余额的差额应与该期间的发生额相等。

本章规定的语法限制在 A.21 的模式文件中列示。为防止潜在的冲突,本章仅叙述了未在部分模式文件中描述过的语法。

11.4.2 语法

值断言是指由输入断言提供的,或来源于输入断言的语句。

定义值断言由 A.21 的规范模式文件中的〈va:valueAssertion〉属性来表达。

值断言的表达式是包含在值断言的@test 属性中的 XPath 表达式。

11.4.3 值断言处理模型

值断言的断言数据集是对值断言定义的变量集的求值。

不同的值断言变数集的求值组成了不同的值断言数据集。

值断言的表达式可能依赖于由值断言定义的变量集中的任一变量和参数。因此,只有在组成数据集的变量集可以求值时,值断言才能进行求值。

值断言的表达式是通过使用输入 XBRL 实例的〈xbrli:xbrl〉元素作为上下文项而进行求值的。数据集中的变量和参数在值断言表达式的求值范围内。

值断言测试是在给定适当的数据集时,根据值断言表达式求值而获得的有效的布尔值。

附 录 A
（规范性附录）
模 式 文 件

A.1 通用链接

```
〈schema xmlns:gen = "http://xbrl.org/2008/generic" xmlns:xl = "http://www.xbrl.org/2003/XLink"
xmlns = "http://www.w3.org/2001/XMLSchema" xmlns:link = "http://www.xbrl.org/2003/linkbase"
targetNamespace = "http://xbrl.org/2008/generic" elementFormDefault = "qualified"〉
    〈annotation〉
        〈appinfo〉
            〈link:roleType roleURI = "http://www.xbrl.org/2008/role/link" id = "standard-link-role"〉
                〈link:usedOn〉
gen:link
〈/link:usedOn〉
            〈/link:roleType〉
        〈/appinfo〉
    〈/annotation〉
    〈import namespace = "http://www.xbrl.org/2003/XLink" schemaLocation = "http://www.xbrl.org/2003/xl-2003-12-31.xsd"/〉
    〈import namespace = "http://www.xbrl.org/2003/linkbase"
schemaLocation = "http://www.xbrl.org/2003/xbrl-linkbase-2003-12-31.xsd"/〉
    〈element id = "xml-gen-arc" name = "arc" substitutionGroup = "xl:arc" type = "gen:genericArcType"/〉
    〈complexType name = "genericArcType"〉
        〈complexContent〉
            〈extension base = "xl:arcType"〉
                〈attribute name = "id" type = "ID"/〉
            〈/extension〉
        〈/complexContent〉
    〈/complexType〉
    〈complexType name = "linkType"〉
        〈complexContent〉
            〈restriction base = "xl:extendedType"〉
                〈choice minOccurs = "0" maxOccurs = "unbounded"〉
                    〈element ref = "xl:title"/〉
                    〈element ref = "xl:documentation"/〉
                    〈element ref = "link:loc"/〉
                    〈element ref = "gen:arc"/〉
                    〈element ref = "xl:resource"/〉
                〈/choice〉
                〈anyAttribute namespace = "http://www.w3.org/XML/1998/namespace" processContents = "lax"/〉
            〈/restriction〉
        〈/complexContent〉
    〈/complexType〉
    〈complexType name = "linkTypeWithOpenAttrs"〉
        〈complexContent〉
            〈extension base = "gen:linkType"〉
                〈anyAttribute namespace = "##other"/〉
            〈/extension〉
        〈/complexContent〉
    〈/complexType〉
    〈element id = "xml-gen-link" name = "link" substitutionGroup = "xl:extended" type = "gen:linkTypeWithOpenAttrs"/〉
```

```
〈/schema〉
```

A.2 通用标签

```
〈schema xmlns:label = "http://xbrl.org/2008/label" xmlns:link = "http://www.xbrl.org/2003/linkbase"
xmlns = "http://www.w3.org/2001/XMLSchema" xmlns:xl = "http://www.xbrl.org/2003/XLink"
xmlns:gen = "http://xbrl.org/2008/generic" targetNamespace = "http://xbrl.org/2008/label" elementFormDefault = "
qualified"〉
    〈annotation〉
        〈appinfo〉
            〈link:roleType roleURI = "http://www.xbrl.org/2008/role/label" id = "standard-label"〉
                〈link:usedOn〉
label:label
〈/link:usedOn〉
            〈/link:roleType〉
            〈link:roleType roleURI = "http://www.xbrl.org/2008/role/verboseLabel" id = "verbose-label"〉
                〈link:usedOn〉
label:label
〈/link:usedOn〉
            〈/link:roleType〉
            〈link:roleType roleURI = "http://www.xbrl.org/2008/role/terseLabel" id = "terse-label"〉
                〈link:usedOn〉
label:label
〈/link:usedOn〉
            〈/link:roleType〉
            〈link:roleType roleURI = "http://www.xbrl.org/2008/role/documentation" id = "documentation"〉
                〈link:usedOn〉
label:label
〈/link:usedOn〉
            〈/link:roleType〉
        〈/appinfo〉
    〈/annotation〉
    〈import namespace = "http://www.xbrl.org/2003/XLink" schemaLocation = "http://www.xbrl.org/2003/xl-2003-12-31.xsd"/〉
    〈annotation〉
        〈appinfo〉
            〈link:arcroleType id = "element-label" cyclesAllowed = "none"
arcroleURI = "http://xbrl.org/arcrole/2008/element-label"〉
                〈link:definition〉
element has label
〈/link:definition〉
                〈link:usedOn〉
gen:arc
〈/link:usedOn〉
            〈/link:arcroleType〉
        〈/appinfo〉
    〈/annotation〉
    〈element id = "xml-generic-label" name = "label" substitutionGroup = "xl:resource"〉
        〈complexType mixed = "true"〉
            〈complexContent mixed = "true"〉
                〈extension base = "xl:resourceType"〉
                    〈sequence〉
                        〈any namespace = "http://www.w3.org/1999/xhtml" processContents = "skip" minOccurs = "0"
maxOccurs = "unbounded"/〉
                    〈/sequence〉
                    〈anyAttribute namespace = "http://www.w3.org/XML/1998/namespace" processContents = "lax"/〉
```

```
            </extension>
        </complexContent>
    </complexType>
  </element>
</schema>
```

A.3 通用参考

```
<schema xmlns:reference="http://xbrl.org/2008/reference" xmlns:link="http://www.xbrl.org/2003/linkbase"
xmlns="http://www.w3.org/2001/XMLSchema" xmlns:xl="http://www.xbrl.org/2003/XLink"
xmlns:gen="http://xbrl.org/2008/generic" targetNamespace="http://xbrl.org/2008/reference" elementFormDefault="
qualified">
    <annotation>
        <appinfo>
            <link:roleType roleURI="http://www.xbrl.org/2008/role/reference" id="standard-reference">
                <link:usedOn>
reference:reference
</link:usedOn>
            </link:roleType>
            <link:arcroleType id="element-reference" cyclesAllowed="none"
arcroleURI="http://xbrl.org/arcrole/2008/element-reference">
                <link:definition>
element has reference
</link:definition>
                <link:usedOn>
gen:arc
</link:usedOn>
            </link:arcroleType>
        </appinfo>
    </annotation>
    <import namespace="http://www.xbrl.org/2003/XLink" schemaLocation="http://www.xbrl.org/2003/xl-2003-12-31.xsd"/>
    <import namespace="http://www.xbrl.org/2003/linkbase"
schemaLocation="http://www.xbrl.org/2003/xbrl-linkbase-2003-12-31.xsd"/>
    <element id="xml-generic-reference" name="reference" substitutionGroup="xl:resource">
        <complexType mixed="true">
            <complexContent mixed="true">
                <extension base="xl:resourceType">
                    <sequence>
                        <element ref="link:part" minOccurs="0" maxOccurs="unbounded"/>
                    </sequence>
                </extension>
            </complexContent>
        </complexType>
    </element>
</schema>
```

A.4 变量

```
<schema xmlns:variable="http://xbrl.org/2008/variable" xmlns:gen="http://xbrl.org/2008/generic"
xmlns="http://www.w3.org/2001/XMLSchema" xmlns:link="http://www.xbrl.org/2003/linkbase"
xmlns:xl="http://www.xbrl.org/2003/XLink" targetNamespace="http://xbrl.org/2008/variable"
elementFormDefault="qualified">
    <import namespace="http://www.xbrl.org/2003/XLink" schemaLocation="http://www.xbrl.org/2003/xl-2003-12-31.xsd"/>
    <import namespace="http://www.w3.org/1999/xlink"
```

```
schemaLocation = "http://www.xbrl.org/2003/xlink-2003-12-31.xsd"/〉
    〈import namespace = "http://xbrl.org/2008/generic" schemaLocation = "generic-link.xsd"/〉
    〈annotation〉
        〈appinfo〉
            〈link:arcroleType id = "equality-definition" cyclesAllowed = "undirected"
arcroleURI = "http://xbrl.org/arcrole/2008/equality-definition"〉
                〈link:definition〉
typed-dimension domain definition has equality definition
〈/link:definition〉
                〈link:usedOn〉
gen:arc
〈/link:usedOn〉
            〈/link:arcroleType〉
            〈link:arcroleType id = "variable-set" cyclesAllowed = "undirected"
arcroleURI = "http://xbrl.org/arcrole/2008/variable-set"〉
                〈link:definition〉
variable set has variable
〈/link:definition〉
                〈link:usedOn〉
variable:variableArc
〈/link:usedOn〉
            〈/link:arcroleType〉
            〈link:arcroleType id = "variable-filter" cyclesAllowed = "undirected"
arcroleURI = "http://xbrl.org/arcrole/2008/variable-filter"〉
                〈link:definition〉
variable has filter
〈/link:definition〉
                〈link:usedOn〉
variable:variableFilterArc
〈/link:usedOn〉
            〈/link:arcroleType〉
            〈link:arcroleType id = "variable-set-filter" cyclesAllowed = "undirected"
arcroleURI = "http://xbrl.org/arcrole/2008/variable-set-filter"〉
                〈link:definition〉
fact variables in variable set have filter
〈/link:definition〉
                〈link:usedOn〉
variable:variableSetFilterArc
〈/link:usedOn〉
            〈/link:arcroleType〉
            〈link:arcroleType id = "variable-set-precondition" cyclesAllowed = "undirected"
arcroleURI = "http://xbrl.org/arcrole/2008/variable-set-precondition"〉
                〈link:definition〉
variable set has precondition
〈/link:definition〉
                〈link:usedOn〉
gen:arc
〈/link:usedOn〉
            〈/link:arcroleType〉
        〈/appinfo〉
    〈/annotation〉
    〈simpleType name = "expression"〉
        〈restriction base = "string"〉
            〈pattern value = "[\s] * [\S] + [\s\S] * "/〉
        〈/restriction〉
    〈/simpleType〉
```

```
<simpleType name="QName">
    <restriction base="Name">
        <pattern value="([^:]+:)?[^:]+"/>
    </restriction>
</simpleType>
<attributeGroup id="naming.attribute.group" name="naming.attribute.group">
    <attribute name="name" type="variable:QName" use="required"/>
</attributeGroup>
<complexType name="resource.type">
    <complexContent mixed="true">
        <extension base="xl:resourceType">
            <anyAttribute namespace="http://www.w3.org/XML/1998/namespace" processContents="lax"/>
        </extension>
    </complexContent>
</complexType>
<element name="resource" abstract="true" substitutionGroup="xl:resource" type="variable:resource.type"/>
<element id="xml-custom-function-signature" name="function" substitutionGroup="variable:resource">
    <complexType mixed="true">
        <complexContent mixed="true">
            <extension base="variable:resource.type">
                <sequence minOccurs="0" maxOccurs="unbounded">
                    <element name="input">
                        <complexType>
                            <attribute name="type" type="string" use="required"/>
                        </complexType>
                    </element>
                </sequence>
                <attribute name="name" type="QName" use="required"/>
                <attribute name="output" type="string" use="required"/>
            </extension>
        </complexContent>
    </complexType>
</element>
<element id="xml-parameter" name="parameter" substitutionGroup="variable:resource">
    <complexType mixed="true">
        <complexContent mixed="true">
            <extension base="variable:resource.type">
                <attribute name="name" type="QName" use="required"/>
                <attribute name="select" type="variable:expression" use="optional"/>
                <attribute name="required" type="boolean" use="optional"/>
                <attribute name="as" type="QName" use="optional"/>
            </extension>
        </complexContent>
    </complexType>
</element>
<element id="xml-equality-definition" name="equalityDefinition" substitutionGroup="variable:resource">
    <complexType mixed="true">
        <complexContent mixed="true">
            <extension base="variable:resource.type">
                <attribute name="test" type="variable:expression" use="required"/>
            </extension>
        </complexContent>
    </complexType>
</element>
<element id="xml-abstract-variable" name="variable" abstract="true" type="variable:resource.type"
substitutionGroup="variable:resource"/>
```

```
〈element id = "xml-abstract-filter" name = "filter" abstract = "true" type = "variable:resource.type" substitutionGroup = "variable:resource"/〉
    〈complexType name = "variableSet.type"〉
        〈complexContent mixed = "true"〉
            〈extension base = "variable:resource.type"〉
                〈attribute name = "aspectModel" type = "token" use = "required"/〉
                〈attribute name = "implicitFiltering" type = "boolean" use = "required"/〉
            〈/extension〉
        〈/complexContent〉
    〈/complexType〉
    〈element id = "xml-abstract-variable-set" name = "variableSet" abstract = "true" substitutionGroup = "variable:resource" type = "variable:variableSet.type"/〉
    〈element id = "xml-general-variable" name = "generalVariable" substitutionGroup = "variable:variable"〉
        〈complexType mixed = "true"〉
            〈complexContent mixed = "true"〉
                〈extension base = "variable:resource.type"〉
                    〈attribute name = "select" type = "variable:expression" use = "required"/〉
                    〈attribute name = "bindAsSequence" type = "boolean" use = "required"/〉
                〈/extension〉
            〈/complexContent〉
        〈/complexType〉
    〈/element〉
    〈element id = "xml-fact-variable" name = "factVariable" substitutionGroup = "variable:variable"〉
        〈complexType mixed = "true"〉
            〈complexContent mixed = "true"〉
                〈extension base = "variable:resource.type"〉
                    〈attribute name = "nils" type = "boolean" use = "optional"/〉
                    〈attribute name = "matches" type = "boolean" use = "optional"/〉
                    〈attribute name = "fallbackValue" type = "variable:expression" use = "optional"/〉
                    〈attribute name = "bindAsSequence" type = "boolean" use = "required"/〉
                〈/extension〉
            〈/complexContent〉
        〈/complexType〉
    〈/element〉
    〈element id = "xml-variable-filter-arc" name = "variableFilterArc" substitutionGroup = "gen:arc"〉
        〈complexType〉
            〈complexContent〉
                〈extension base = "gen:genericArcType"〉
                    〈attribute name = "complement" type = "boolean" use = "required"/〉
                    〈attribute name = "cover" type = "boolean" use = "required"/〉
                〈/extension〉
            〈/complexContent〉
        〈/complexType〉
    〈/element〉
    〈element id = "xml-variable-set-filter-arc" name = "variableSetFilterArc" substitutionGroup = "gen:arc"〉
        〈complexType〉
            〈complexContent〉
                〈extension base = "gen:genericArcType"〉
                    〈attribute name = "complement" type = "boolean" use = "required"/〉
                〈/extension〉
            〈/complexContent〉
        〈/complexType〉
    〈/element〉
    〈element id = "xml-variable-arc" name = "variableArc" substitutionGroup = "gen:arc"〉
        〈complexType〉
            〈complexContent〉
```

```
            <extension base="gen:genericArcType">
                <attributeGroup ref="variable:naming.attribute.group"/>
            </extension>
        </complexContent>
    </complexType>
</element>
<element id="xml-precondition" name="precondition" substitutionGroup="variable:resource">
    <complexType mixed="true">
        <complexContent mixed="true">
            <extension base="variable:resource.type">
                <attribute name="test" type="variable:expression" use="required"/>
            </extension>
        </complexContent>
    </complexType>
</element>
</schema>
```

A.5 布尔过滤器

```
<schema xmlns:bf="http://xbrl.org/2008/filter/boolean" xmlns:variable="http://xbrl.org/2008/variable"
xmlns="http://www.w3.org/2001/XMLSchema" xmlns:link="http://www.xbrl.org/2003/linkbase"
targetNamespace="http://xbrl.org/2008/filter/boolean" elementFormDefault="qualified">
    <import namespace="http://www.xbrl.org/2003/XLink" schemaLocation="http://www.xbrl.org/2003/xl-2003-12-31.xsd"/>
    <import namespace="http://xbrl.org/2008/variable" schemaLocation="variable.xsd"/>
    <annotation>
        <appinfo>
            <link:arcroleType id="boolean-filter" cyclesAllowed="undirected"
arcroleURI="http://xbrl.org/arcrole/2008/boolean-filter">
                <link:definition>
boolean-filter has sub-filter
</link:definition>
                <link:usedOn>
variable:variableFilterArc
</link:usedOn>
            </link:arcroleType>
        </appinfo>
    </annotation>
    <element id="xml-and-filter" name="andFilter" substitutionGroup="variable:filter" type="variable:resource.type"/>
    <element id="xml-or-filter" name="orFilter" substitutionGroup="variable:filter" type="variable:resource.type"/>
</schema>
```

A.6 概念过滤器

```
<schema xmlns:cf="http://xbrl.org/2008/filter/concept" xmlns:variable="http://xbrl.org/2008/variable"
xmlns="http://www.w3.org/2001/XMLSchema" targetNamespace="http://xbrl.org/2008/filter/concept"
elementFormDefault="qualified">
    <import namespace="http://www.xbrl.org/2003/XLink" schemaLocation="http://www.xbrl.org/2003/xl-2003-12-31.xsd"/>
    <import namespace="http://xbrl.org/2008/variable" schemaLocation="variable.xsd"/>
    <complexType name="qname.model">
        <choice>
            <element name="qname" type="QName"/>
            <element name="qnameExpression" type="variable:expression"/>
        </choice>
    </complexType>
```

```
〈element id="xml-concept-name-filter" name="conceptName" substitutionGroup="variable:filter"〉
    〈complexType mixed="true"〉
        〈complexContent mixed="true"〉
            〈extension base="variable:resource.type"〉
                〈sequence minOccurs="1" maxOccurs="unbounded"〉
                    〈element name="concept" type="cf:qname.model"/〉
                〈/sequence〉
            〈/extension〉
        〈/complexContent〉
    〈/complexType〉
〈/element〉
〈element id="xml-concept-period-type-filter" name="conceptPeriodType" substitutionGroup="variable:filter"〉
    〈complexType mixed="true"〉
        〈complexContent mixed="true"〉
            〈extension base="variable:resource.type"〉
                〈attribute name="periodType" use="required"〉
                    〈simpleType〉
                        〈restriction base="token"〉
                            〈enumeration value="instant"/〉
                            〈enumeration value="duration"/〉
                        〈/restriction〉
                    〈/simpleType〉
                〈/attribute〉
            〈/extension〉
        〈/complexContent〉
    〈/complexType〉
〈/element〉
〈element id="xml-concept-balance-filter" name="conceptBalance" substitutionGroup="variable:filter"〉
    〈complexType mixed="true"〉
        〈complexContent mixed="true"〉
            〈extension base="variable:resource.type"〉
                〈attribute name="balance" use="required"〉
                    〈simpleType〉
                        〈restriction base="token"〉
                            〈enumeration value="debit"/〉
                            〈enumeration value="credit"/〉
                            〈enumeration value="none"/〉
                        〈/restriction〉
                    〈/simpleType〉
                〈/attribute〉
            〈/extension〉
        〈/complexContent〉
    〈/complexType〉
〈/element〉
〈element id="xml-concept-custom-attribute-filter" name="conceptCustomAttribute" substitutionGroup="variable:
filter"〉
    〈complexType mixed="true"〉
        〈complexContent mixed="true"〉
            〈extension base="variable:resource.type"〉
                〈sequence〉
                    〈element name="attribute" type="cf:qname.model"/〉
                〈/sequence〉
                〈attribute name="value" type="variable:expression" use="optional"/〉
            〈/extension〉
        〈/complexContent〉
    〈/complexType〉
```

```
    </element>
    <element id="xml-concept-data-type-filter" name="conceptDataType" substitutionGroup="variable:filter">
        <complexType mixed="true">
            <complexContent mixed="true">
                <extension base="variable:resource.type">
                    <sequence>
                        <element name="type" type="cf:qname.model"/>
                    </sequence>
                    <attribute name="strict" type="boolean" use="required"/>
                </extension>
            </complexContent>
        </complexType>
    </element>
    <element id="xml-concept-substitution-group-filter" name="conceptSubstitutionGroup" substitutionGroup
="variable:filter">
        <complexType mixed="true">
            <complexContent mixed="true">
                <extension base="variable:resource.type">
                    <sequence>
                        <element name="substitutionGroup" type="cf:qname.model"/>
                    </sequence>
                    <attribute name="strict" type="boolean" use="required"/>
                </extension>
            </complexContent>
        </complexType>
    </element>
</schema>
```

A.7 维度过滤器

```
<schema xmlns:df="http://xbrl.org/2008/filter/dimension" xmlns:variable="http://xbrl.org/2008/variable"
xmlns="http://www.w3.org/2001/XMLSchema" targetNamespace="http://xbrl.org/2008/filter/dimension" element-
FormDefault="qualified">
    <import namespace="http://www.xbrl.org/2003/XLink" schemaLocation="http://www.xbrl.org/2003/xl-2003-12-31.xsd"/>
    <import namespace="http://xbrl.org/2008/variable" schemaLocation="variable.xsd"/>
    <complexType id="xml-dimension-model" name="dimension.model">
        <choice>
            <element name="qname" type="QName"/>
            <element name="qnameExpression" type="variable:expression"/>
        </choice>
    </complexType>
    <complexType name="member.model">
        <sequence>
            <choice>
                <element name="variable" type="variable:QName"/>
                <element name="qname" type="QName"/>
                <element name="qnameExpression" type="variable:expression"/>
            </choice>
            <sequence minOccurs="0" maxOccurs="1">
                <element name="linkrole" type="anyURI"/>
                <element name="arcrole" type="anyURI"/>
                <element name="axis">
                    <simpleType>
                        <restriction base="token">
                            <enumeration value="child-or-self"/>
```

```
                        <enumeration value="child"/>
                        <enumeration value="descendant"/>
                        <enumeration value="descendant-or-self"/>
                    </restriction>
                </simpleType>
            </element>
        </sequence>
    </sequence>
</complexType>
<element id="xml-explicit-dimension-filter" name="explicitDimension" substitutionGroup="variable:filter">
    <complexType mixed="true">
        <complexContent mixed="true">
            <extension base="variable:resource.type">
                <sequence>
                    <element name="dimension" type="df:dimension.model"/>
                    <element name="member" type="df:member.model" minOccurs="0" maxOccurs="unbounded"/>
                </sequence>
            </extension>
        </complexContent>
    </complexType>
</element>
<element id="xml-typed-dimension-filter" name="typedDimension" substitutionGroup="variable:filter">
    <complexType mixed="true">
        <complexContent mixed="true">
            <extension base="variable:resource.type">
                <sequence>
                    <element name="dimension" type="df:dimension.model"/>
                </sequence>
                <attribute name="test" type="variable:expression" use="optional"/>
            </extension>
        </complexContent>
    </complexType>
</element>
</schema>
```

A.8 实体过滤器

```
<schema xmlns:ef="http://xbrl.org/2008/filter/entity" xmlns:variable="http://xbrl.org/2008/variable"
xmlns="http://www.w3.org/2001/XMLSchema" targetNamespace="http://xbrl.org/2008/filter/entity"
elementFormDefault="qualified">
    <import namespace="http://www.xbrl.org/2003/XLink" schemaLocation="http://www.xbrl.org/2003/xl-2003-12-31.xsd"/>
    <import namespace="http://xbrl.org/2008/variable" schemaLocation="variable.xsd"/>
    <element id="xml-entity-identifier-filter" name="identifier" substitutionGroup="variable:filter">
        <complexType mixed="true">
            <complexContent mixed="true">
                <extension base="variable:resource.type">
                    <attribute name="test" type="variable:expression" use="required"/>
                </extension>
            </complexContent>
        </complexType>
    </element>
    <element id="xml-specific-entity-scheme-filter" name="specificScheme" substitutionGroup="variable:filter">
        <complexType mixed="true">
            <complexContent mixed="true">
                <extension base="variable:resource.type">
```

```
                <attribute name="scheme" type="variable:expression" use="required"/>
            </extension>
        </complexContent>
    </complexType>
</element>
<element id="xml-regular-expression-entity-scheme-filter" name="regexpScheme" substitutionGroup="variable:filter">
    <complexType mixed="true">
        <complexContent mixed="true">
            <extension base="variable:resource.type">
                <attribute name="pattern" type="string" use="required"/>
            </extension>
        </complexContent>
    </complexType>
</element>
<element id="xml-specific-entity-identifier-filter" name="specificIdentifier" substitutionGroup="variable:filter">
    <complexType mixed="true">
        <complexContent mixed="true">
            <extension base="variable:resource.type">
                <attribute name="scheme" type="variable:expression" use="required"/>
                <attribute name="value" type="variable:expression" use="required"/>
            </extension>
        </complexContent>
    </complexType>
</element>
<element id="xml-regular-expression-entity-identifier-filter" name="regexpIdentifier" substitutionGroup=
"variable:filter">
    <complexType mixed="true">
        <complexContent mixed="true">
            <extension base="variable:resource.type">
                <attribute name="pattern" type="string" use="required"/>
            </extension>
        </complexContent>
    </complexType>
</element>
</schema>
```

A.9 通用过滤器

```
<schema xmlns:gf="http://xbrl.org/2008/filter/general" xmlns:variable="http://xbrl.org/2008/variable"
xmlns="http://www.w3.org/2001/XMLSchema" targetNamespace="http://xbrl.org/2008/filter/general"
elementFormDefault="qualified">
    <import namespace="http://www.xbrl.org/2003/XLink" schemaLocation="http://www.xbrl.org/2003/xl-2003-12-31.xsd"/>
    <import namespace="http://xbrl.org/2008/variable" schemaLocation="variable.xsd"/>
    <element id="xml-general-filter" name="general" substitutionGroup="variable:filter">
        <complexType mixed="true">
            <complexContent mixed="true">
                <extension base="variable:resource.type">
                    <attribute name="test" type="variable:expression" use="optional"/>
                </extension>
            </complexContent>
        </complexType>
    </element>
</schema>
```

A.10 匹配过滤器

```
〈schema xmlns:mf = "http://xbrl.org/2008/filter/match" xmlns:variable = "http://xbrl.org/2008/variable"
xmlns = "http://www.w3.org/2001/XMLSchema" targetNamespace = "http://xbrl.org/2008/filter/match"
elementFormDefault = "qualified"〉
    〈import namespace = "http://www.xbrl.org/2003/XLink" schemaLocation = "http://www.xbrl.org/2003/xl-2003-12-31.xsd"/〉
    〈import namespace = "http://xbrl.org/2008/variable" schemaLocation = "variable.xsd"/〉
    〈complexType name = "match.model" mixed = "true"〉
        〈complexContent mixed = "true"〉
            〈extension base = "variable:resource.type"〉
                〈attribute name = "variable" type = "variable:QName" use = "required"/〉
            〈/extension〉
        〈/complexContent〉
    〈/complexType〉
    〈complexType name = "dimension.match.model" mixed = "true"〉
        〈complexContent mixed = "true"〉
            〈extension base = "mf:match.model"〉
                〈attribute name = "dimension" type = "QName" use = "required"/〉
            〈/extension〉
        〈/complexContent〉
    〈/complexType〉
    〈element id = "xml-match-concept-filter" name = "matchConcept" type = "mf:match.model"
substitutionGroup = "variable:filter"/〉
    〈element id = "xml-match-location-filter" name = "matchLocation" type = "mf:match.model"
substitutionGroup = "variable:filter"/〉
    〈element id = "xml-match-unit-filter" name = "matchUnit" type = "mf:match.model" substitutionGroup = "variable:filter"/〉
    〈element id = "xml-match-entity-identifier-filter" name = "matchEntityIdentifier" type = "mf:match.model"
substitutionGroup = "variable:filter"/〉
    〈element id = "xml-match-period-filter" name = "matchPeriod" type = "mf:match.model" substitutionGroup = "
variable:filter"/〉
    〈element id = "xml-match-complete-segment-filter" name = "matchSegment" type = "mf:match.model"
substitutionGroup = "variable:filter"/〉
    〈element id = "xml-match-complete-scenario-filter" name = "matchScenario" type = "mf:match.model"
substitutionGroup = "variable:filter"/〉
    〈element id = "xml-match-nonxdt-segment-filter" name = "matchNonXDTSegment" type = "mf:match.model"
substitutionGroup = "variable:filter"/〉
    〈element id = "xml-match-nonxdt-scenario-filter" name = "matchNonXDTScenario" type = "mf:match.model"
substitutionGroup = "variable:filter"/〉
    〈element id = "xml-match-dimension-filter" name = "matchDimension" type = "mf:dimension.match.model"
substitutionGroup = "variable:filter"/〉
〈/schema〉
```

A.11 期间过滤器

```
〈schema xmlns:pf = "http://xbrl.org/2008/filter/period" xmlns:variable = "http://xbrl.org/2008/variable"
xmlns = "http://www.w3.org/2001/XMLSchema" targetNamespace = "http://xbrl.org/2008/filter/period"
elementFormDefault = "qualified"〉
    〈import namespace = "http://www.xbrl.org/2003/XLink" schemaLocation = "http://www.xbrl.org/2003/xl-2003-12-31.xsd"/〉
    〈import namespace = "http://xbrl.org/2008/variable" schemaLocation = "variable.xsd"/〉
    〈element id = "xml-period-filter" name = "period" substitutionGroup = "variable:filter"〉
        〈complexType mixed = "true"〉
            〈complexContent mixed = "true"〉
                〈extension base = "variable:resource.type"〉
```

```
                <attribute name="test" type="variable:expression" use="required"/>
            </extension>
        </complexContent>
    </complexType>
</element>
<complexType name="date-time.model" mixed="true">
    <complexContent mixed="true">
        <extension base="variable:resource.type">
            <attribute name="date" type="variable:expression" use="required"/>
            <attribute name="time" type="variable:expression" use="optional"/>
        </extension>
    </complexContent>
</complexType>
<element id="xml-period-start-filter" name="periodStart" type="pf:date-time.model" substitutionGroup="variable:filter"/>
<element id="xml-period-end-filter" name="periodEnd" type="pf:date-time.model" substitutionGroup="variable:filter"/>
<element id="xml-period-instant-filter" name="periodInstant" type="pf:date-time.model" substitutionGroup="variable:filter"/>
<element id="xml-forever-filter" name="forever" substitutionGroup="variable:filter" type="variable:resource.type"/>
<element id="xml-instant-duration-filter" name="instantDuration" substitutionGroup="variable:filter">
    <complexType mixed="true">
        <complexContent mixed="true">
            <extension base="variable:resource.type">
                <attribute name="variable" type="variable:QName" use="required"/>
                <attribute name="boundary" use="required">
                    <simpleType>
                        <restriction base="token">
                            <enumeration value="start"/>
                            <enumeration value="end"/>
                        </restriction>
                    </simpleType>
                </attribute>
            </extension>
        </complexContent>
    </complexType>
</element>
</schema>
```

A.12 相关过滤器

```
<schema xmlns:rf="http://xbrl.org/2008/filter/relative" xmlns:variable="http://xbrl.org/2008/variable"
xmlns="http://www.w3.org/2001/XMLSchema" targetNamespace="http://xbrl.org/2008/filter/relative"
elementFormDefault="qualified">
    <import namespace="http://www.xbrl.org/2003/XLink" schemaLocation="http://www.xbrl.org/2003/xl-2003-12-31.xsd"/>
    <import namespace="http://xbrl.org/2008/variable" schemaLocation="variable.xsd"/>
    <element id="xml-relative-filter" name="relativeFilter" substitutionGroup="variable:filter">
        <complexType mixed="true">
            <complexContent mixed="true">
                <extension base="variable:resource.type">
                    <attribute name="variable" type="variable:QName" use="required"/>
                </extension>
            </complexContent>
        </complexType>
```

```
    </element>
</schema>
```

A.13 片段场景过滤器

```
<schema xmlns:ssf="http://xbrl.org/2008/filter/segment-scenario" xmlns:variable="http://xbrl.org/2008/variable"
xmlns="http://www.w3.org/2001/XMLSchema" targetNamespace="http://xbrl.org/2008/filter/segment-scenario"
elementFormDefault="qualified">
    <import namespace="http://www.xbrl.org/2003/XLink" schemaLocation="http://www.xbrl.org/2003/xl-2003-12-31.xsd"/>
    <import namespace="http://xbrl.org/2008/variable" schemaLocation="variable.xsd"/>
    <complexType name="filter.model" mixed="true">
        <complexContent mixed="true">
            <extension base="variable:resource.type">
                <attribute name="test" type="variable:expression" use="optional"/>
            </extension>
        </complexContent>
    </complexType>
    <element id="xml-segment-filter" name="segment" type="ssf:filter.model" substitutionGroup="variable:filter"/>
    <element id="xml-scenario-filter" name="scenario" type="ssf:filter.model" substitutionGroup="variable:filter"/>
</schema>
```

A.14 元组过滤器

```
<schema xmlns:tf="http://xbrl.org/2008/filter/tuple" xmlns:variable="http://xbrl.org/2008/variable"
xmlns="http://www.w3.org/2001/XMLSchema" targetNamespace="http://xbrl.org/2008/filter/tuple"
elementFormDefault="qualified">
    <import namespace="http://www.xbrl.org/2003/XLink" schemaLocation="http://www.xbrl.org/2003/xl-2003-12-31.xsd"/>
    <import namespace="http://xbrl.org/2008/variable" schemaLocation="variable.xsd"/>
    <complexType name="qname.model">
        <choice>
            <element name="qname" type="QName"/>
            <element name="qnameExpression" type="variable:expression"/>
        </choice>
    </complexType>
    <element id="xml-parent-filter" name="parentFilter" substitutionGroup="variable:filter">
        <complexType mixed="true">
            <complexContent mixed="true">
                <extension base="variable:resource.type">
                    <sequence>
                        <element name="parent" type="tf:qname.model"/>
                    </sequence>
                </extension>
            </complexContent>
        </complexType>
    </element>
    <element id="xml-ancestor-filter" name="ancestorFilter" substitutionGroup="variable:filter">
        <complexType mixed="true">
            <complexContent mixed="true">
                <extension base="variable:resource.type">
                    <sequence>
                        <element name="ancestor" type="tf:qname.model"/>
                    </sequence>
                </extension>
            </complexContent>
```

```
        </complexType>
    </element>
    <element id="xml-sibling-filter" name="siblingFilter" substitutionGroup="variable:filter">
        <complexType mixed="true">
            <complexContent mixed="true">
                <extension base="variable:resource.type">
                    <attribute name="variable" type="variable:QName" use="required"/>
                </extension>
            </complexContent>
        </complexType>
    </element>
    <element id="xml-location-filter" name="locationFilter" substitutionGroup="variable:filter">
        <complexType mixed="true">
            <complexContent mixed="true">
                <extension base="variable:resource.type">
                    <attribute name="variable" type="variable:QName" use="required"/>
                    <attribute name="location" type="variable:expression" use="required"/>
                </extension>
            </complexContent>
        </complexType>
    </element>
</schema>
```

A.15 单位过滤器

```
<schema xmlns:uf="http://xbrl.org/2008/filter/unit" xmlns:variable="http://xbrl.org/2008/variable"
xmlns="http://www.w3.org/2001/XMLSchema" targetNamespace="http://xbrl.org/2008/filter/unit"
elementFormDefault="qualified">
    <import namespace="http://www.xbrl.org/2003/XLink" schemaLocation="http://www.xbrl.org/2003/xl-2003-12-31.xsd"/>
    <import namespace="http://xbrl.org/2008/variable" schemaLocation="variable.xsd"/>
    <complexType name="qname.model">
        <choice>
            <element name="qname" type="QName"/>
            <element name="qnameExpression" type="variable:expression"/>
        </choice>
    </complexType>
    <element id="xml-single-measure-unit-filter" name="singleMeasure" substitutionGroup="variable:filter">
        <complexType mixed="true">
            <complexContent mixed="true">
                <extension base="variable:resource.type">
                    <sequence>
                        <element name="measure" type="uf:qname.model"/>
                    </sequence>
                </extension>
            </complexContent>
        </complexType>
    </element>
    <element id="xml-general-unit-filter" name="generalMeasures" substitutionGroup="variable:filter">
        <complexType mixed="true">
            <complexContent mixed="true">
                <extension base="variable:resource.type">
                    <attribute name="test" type="variable:expression" use="required"/>
                </extension>
            </complexContent>
        </complexType>
```

```
    </element>
</schema>
```

A.16 值过滤器

```
<schema xmlns:vf="http://xbrl.org/2008/filter/value" xmlns:variable="http://xbrl.org/2008/variable"
xmlns="http://www.w3.org/2001/XMLSchema" targetNamespace="http://xbrl.org/2008/filter/value"
elementFormDefault="qualified">
    <import namespace="http://www.xbrl.org/2003/XLink" schemaLocation="http://www.xbrl.org/2003/xl-2003-12-31.xsd"/>
    <import namespace="http://xbrl.org/2008/variable" schemaLocation="variable.xsd"/>
    <element id="xml-nil-filter" name="nil" substitutionGroup="variable:filter" type="variable:resource.type"/>
    <element id="xml-precision-filter" name="precision" substitutionGroup="variable:filter">
        <complexType mixed="true">
            <complexContent mixed="true">
                <extension base="variable:resource.type">
                    <attribute name="minimum" type="variable:expression" use="required"/>
                </extension>
            </complexContent>
        </complexType>
    </element>
</schema>
```

公式

```
<schema xmlns:formula="http://xbrl.org/2008/formula" xmlns="http://www.w3.org/2001/XMLSchema"
xmlns:variable="http://xbrl.org/2008/variable" targetNamespace="http://xbrl.org/2008/formula"
elementFormDefault="qualified">
    <import namespace="http://xbrl.org/2008/variable" schemaLocation="variable.xsd"/>
    <complexType name="qname.model">
        <choice>
            <element name="qname" type="QName"/>
            <element name="qnameExpression" type="variable:expression"/>
        </choice>
    </complexType>
    <element id="xml-formula" name="formula" substitutionGroup="variable:variableSet">
        <complexType mixed="true">
            <complexContent mixed="true">
                <extension base="variable:variableSet.type">
                    <sequence>
                        <choice minOccurs="0">
                            <element name="precision" type="variable:expression"/>
                            <element name="decimals" type="variable:expression"/>
                        </choice>
                        <element ref="formula:aspects" minOccurs="0" maxOccurs="unbounded"/>
                    </sequence>
                    <attribute name="value" type="variable:expression" use="required"/>
                    <attribute name="source" type="variable:QName" use="optional"/>
                </extension>
            </complexContent>
        </complexType>
    </element>
    <element id="xml-aspects" name="aspects">
        <complexType>
            <sequence>
                <element ref="formula:abstract.aspect" minOccurs="1" maxOccurs="unbounded"/>
```

```
        </sequence>
        <attribute name="source" type="variable:QName" use="optional"/>
    </complexType>
</element>
<complexType name="abstract.aspect.type">
    <attribute name="source" type="variable:QName" use="optional"/>
</complexType>
<element id="xml-abstract-aspect" name="abstract.aspect" abstract="true" type="formula:abstract.aspect.type"/>
<element id="xml-concept" name="concept" substitutionGroup="formula:abstract.aspect">
    <complexType>
        <complexContent>
            <extension base="formula:abstract.aspect.type">
                <choice minOccurs="0">
                    <element name="qname" type="QName"/>
                    <element name="qnameExpression" type="variable:expression"/>
                </choice>
            </extension>
        </complexContent>
    </complexType>
</element>
<element id="xml-entity-identifier" name="entityIdentifier" substitutionGroup="formula:abstract.aspect">
    <complexType>
        <complexContent>
            <extension base="formula:abstract.aspect.type">
                <attribute name="scheme" type="variable:expression" use="optional"/>
                <attribute name="value" type="variable:expression" use="optional"/>
            </extension>
        </complexContent>
    </complexType>
</element>
<element id="xml-period" name="period" substitutionGroup="formula:abstract.aspect">
    <complexType>
        <complexContent>
            <extension base="formula:abstract.aspect.type">
                <choice minOccurs="0">
                    <element id="xml-forever" name="forever">
                        <complexType/>
                    </element>
                    <element id="xml-instant" name="instant">
                        <complexType>
                            <attribute name="value" type="variable:expression" use="optional"/>
                        </complexType>
                    </element>
                    <element id="xml-duration" name="duration">
                        <complexType>
                            <attribute name="start" type="variable:expression" use="optional"/>
                            <attribute name="end" type="variable:expression" use="optional"/>
                        </complexType>
                    </element>
                </choice>
            </extension>
        </complexContent>
    </complexType>
</element>
<element id="xml-unit" name="unit" substitutionGroup="formula:abstract.aspect">
    <complexType>
```

```
            <complexContent>
                <extension base = "formula:abstract.aspect.type">
                    <sequence>
                        <element id = "xml-multiplyBy" name = "multiplyBy" minOccurs = "0"
maxOccurs = "unbounded">
                            <complexType>
                                <attribute name = "measure" type = "variable:expression" use = "optional"/>
                                <attribute name = "source" type = "variable:QName" use = "optional"/>
                            </complexType>
                        </element>
                        <element id = "xml-divideBy" name = "divideBy" minOccurs = "0"
maxOccurs = "unbounded">
                            <complexType>
                                <attribute name = "measure" type = "variable:expression" use = "optional"/>
                                <attribute name = "source" type = "variable:QName" use = "optional"/>
                            </complexType>
                        </element>
                    </sequence>
                    <attribute name = "augment" type = "boolean"/>
                </extension>
            </complexContent>
        </complexType>
    </element>
    <complexType name = "abstract.occ.aspect.type">
        <complexContent>
            <extension base = "formula:abstract.aspect.type">
                <attribute name = "occ" use = "required">
                    <simpleType>
                        <restriction base = "token">
                            <enumeration value = "segment"/>
                            <enumeration value = "scenario"/>
                        </restriction>
                    </simpleType>
                </attribute>
            </extension>
        </complexContent>
    </complexType>
    <element id = "xml-abstract-occ-aspect" name = "abstract.occ.aspect" abstract = "true" substitutionGroup = "
formula:abstract.aspect" type = "formula:abstract.occ.aspect.type"/>
    <element id = "xml-occ-empty" name = "occEmpty" type = "formula:abstract.occ.aspect.type" substitutionGroup
= "formula:abstract.occ.aspect"/>
    <element id = "xml-occ-fragments" name = "occFragments" substitutionGroup = "formula:abstract.occ.aspect">
        <complexType>
            <complexContent>
                <extension base = "formula:abstract.occ.aspect.type">
                    <sequence>
                        <any minOccurs = "0" maxOccurs = "unbounded"/>
                    </sequence>
                </extension>
            </complexContent>
        </complexType>
    </element>
    <element id = "xml-occ-xpath" name = "occXpath" substitutionGroup = "formula:abstract.occ.aspect">
        <complexType>
            <complexContent>
                <extension base = "formula:abstract.occ.aspect.type">
```

```
                <attribute name="select" type="variable:expression" use="optional"/>
            </extension>
        </complexContent>
    </complexType>
</element>
<element id="xml-abstract-dimension-aspect" name="abstract.dimension.aspect"
substitutionGroup="formula:abstract.aspect" type="formula:abstract.dimension.aspect.type" abstract="true"/>
<complexType name="abstract.dimension.aspect.type">
    <complexContent>
        <extension base="formula:abstract.aspect.type">
            <attribute name="dimension" type="QName" use="required"/>
        </extension>
    </complexContent>
</complexType>
<element id="xml-explicit-dimension" name="explicitDimension"
substitutionGroup="formula:abstract.dimension.aspect">
    <complexType>
        <complexContent>
            <extension base="formula:abstract.dimension.aspect.type">
                <choice>
                    <element name="member" type="formula:qname.model" minOccurs="0"/>
                    <element name="omit" minOccurs="0">
                        <complexType/>
                    </element>
                </choice>
            </extension>
        </complexContent>
    </complexType>
</element>
<element id="xml-typed-dimension" name="typedDimension"
substitutionGroup="formula:abstract.dimension.aspect">
    <complexType>
        <complexContent>
            <extension base="formula:abstract.dimension.aspect.type">
                <choice minOccurs="0" maxOccurs="1">
                    <element name="xpath" type="string"/>
                    <element name="value">
                        <complexType>
                            <sequence>
                                <any minOccurs="1" maxOccurs="1"/>
                            </sequence>
                        </complexType>
                    </element>
                    <element name="omit">
                        <complexType/>
                    </element>
                </choice>
            </extension>
        </complexContent>
    </complexType>
</element>
</schema>
```

A.17 公式

```
<schema xmlns:formula="http://xbrl.org/2008/formula" xmlns="http://www.w3.org/2001/XMLSchema"
```

```
xmlns:variable = "http://xbrl.org/2008/variable" targetNamespace = "http://xbrl.org/2008/formula"
elementFormDefault = "qualified">
    <import namespace = "http://xbrl.org/2008/variable" schemaLocation = "variable.xsd"/>
    <complexType name = "qname.model">
        <choice>
            <element name = "qname" type = "QName"/>
            <element name = "qnameExpression" type = "variable:expression"/>
        </choice>
    </complexType>
    <element id = "xml-formula" name = "formula" substitutionGroup = "variable:variableSet">
        <complexType mixed = "true">
            <complexContent mixed = "true">
                <extension base = "variable:variableSet.type">
                    <sequence>
                        <choice minOccurs = "0">
                            <element name = "precision" type = "variable:expression"/>
                            <element name = "decimals" type = "variable:expression"/>
                        </choice>
                        <element ref = "formula:aspects" minOccurs = "0" maxOccurs = "unbounded"/>
                    </sequence>
                    <attribute name = "value" type = "variable:expression" use = "required"/>
                    <attribute name = "source" type = "variable:QName" use = "optional"/>
                </extension>
            </complexContent>
        </complexType>
    </element>
    <element id = "xml-aspects" name = "aspects">
        <complexType>
            <sequence>
                <element ref = "formula:abstract.aspect" minOccurs = "1" maxOccurs = "unbounded"/>
            </sequence>
            <attribute name = "source" type = "variable:QName" use = "optional"/>
        </complexType>
    </element>
    <complexType name = "abstract.aspect.type">
        <attribute name = "source" type = "variable:QName" use = "optional"/>
    </complexType>
    <element id = "xml-abstract-aspect" name = "abstract.aspect" abstract = "true"
type = "formula:abstract.aspect.type"/>
    <element id = "xml-concept" name = "concept" substitutionGroup = "formula:abstract.aspect">
        <complexType>
            <complexContent>
                <extension base = "formula:abstract.aspect.type">
                    <choice minOccurs = "0">
                        <element name = "qname" type = "QName"/>
                        <element name = "qnameExpression" type = "variable:expression"/>
                    </choice>
                </extension>
            </complexContent>
        </complexType>
    </element>
    <element id = "xml-entity-identifier" name = "entityIdentifier" substitutionGroup = "formula:abstract.aspect">
        <complexType>
            <complexContent>
                <extension base = "formula:abstract.aspect.type">
                    <attribute name = "scheme" type = "variable:expression" use = "optional"/>
```

```
            <attribute name="value" type="variable:expression" use="optional"/>
          </extension>
        </complexContent>
      </complexType>
    </element>
    <element id="xml-period" name="period" substitutionGroup="formula:abstract.aspect">
      <complexType>
        <complexContent>
          <extension base="formula:abstract.aspect.type">
            <choice minOccurs="0">
              <element id="xml-forever" name="forever">
                <complexType/>
              </element>
              <element id="xml-instant" name="instant">
                <complexType>
                  <attribute name="value" type="variable:expression" use="optional"/>
                </complexType>
              </element>
              <element id="xml-duration" name="duration">
                <complexType>
                  <attribute name="start" type="variable:expression" use="optional"/>
                  <attribute name="end" type="variable:expression" use="optional"/>
                </complexType>
              </element>
            </choice>
          </extension>
        </complexContent>
      </complexType>
    </element>
    <element id="xml-unit" name="unit" substitutionGroup="formula:abstract.aspect">
      <complexType>
        <complexContent>
          <extension base="formula:abstract.aspect.type">
            <sequence>
              <element id="xml-multiplyBy" name="multiplyBy" minOccurs="0"
maxOccurs="unbounded">
                <complexType>
                  <attribute name="measure" type="variable:expression" use="optional"/>
                  <attribute name="source" type="variable:QName" use="optional"/>
                </complexType>
              </element>
              <element id="xml-divideBy" name="divideBy" minOccurs="0"
maxOccurs="unbounded">
                <complexType>
                  <attribute name="measure" type="variable:expression" use="optional"/>
                  <attribute name="source" type="variable:QName" use="optional"/>
                </complexType>
              </element>
            </sequence>
            <attribute name="augment" type="boolean"/>
          </extension>
        </complexContent>
      </complexType>
    </element>
    <complexType name="abstract.occ.aspect.type">
      <complexContent>
        <extension base="formula:abstract.aspect.type">
```

```
                <attribute name = "occ" use = "required">
                    <simpleType>
                        <restriction base = "token">
                            <enumeration value = "segment"/>
                            <enumeration value = "scenario"/>
                        </restriction>
                    </simpleType>
                </attribute>
            </extension>
        </complexContent>
    </complexType>
    <element id = "xml-abstract-occ-aspect" name = "abstract.occ.aspect" abstract = "true"
substitutionGroup = "formula:abstract.aspect" type = "formula:abstract.occ.aspect.type"/>
    <element id = "xml-occ-empty" name = "occEmpty" type = "formula:abstract.occ.aspect.type"
substitutionGroup = "formula:abstract.occ.aspect"/>
    <element id = "xml-occ-fragments" name = "occFragments" substitutionGroup = "formula:abstract.occ.aspect">
        <complexType>
            <complexContent>
                <extension base = "formula:abstract.occ.aspect.type">
                    <sequence>
                        <any minOccurs = "0" maxOccurs = "unbounded"/>
                    </sequence>
                </extension>
            </complexContent>
        </complexType>
    </element>
    <element id = "xml-occ-xpath" name = "occXpath" substitutionGroup = "formula:abstract.occ.aspect">
        <complexType>
            <complexContent>
                <extension base = "formula:abstract.occ.aspect.type">
                    <attribute name = "select" type = "variable:expression" use = "optional"/>
                </extension>
            </complexContent>
        </complexType>
    </element>
    <element id = "xml-abstract-dimension-aspect" name = "abstract.dimension.aspect"
substitutionGroup = "formula:abstract.aspect" type = "formula:abstract.dimension.aspect.type" abstract = "true"/>
    <complexType name = "abstract.dimension.aspect.type">
        <complexContent>
            <extension base = "formula:abstract.aspect.type">
                <attribute name = "dimension" type = "QName" use = "required"/>
            </extension>
        </complexContent>
    </complexType>
    <element id = "xml-explicit-dimension" name = "explicitDimension"
substitutionGroup = "formula:abstract.dimension.aspect">
        <complexType>
            <complexContent>
                <extension base = "formula:abstract.dimension.aspect.type">
                    <choice>
                        <element name = "member" type = "formula:qname.model" minOccurs = "0"/>
                        <element name = "omit" minOccurs = "0">
                            <complexType/>
                        </element>
                    </choice>
                </extension>
```

```
            </complexContent>
        </complexType>
    </element>
    <element id="xml-typed-dimension" name="typedDimension"
substitutionGroup="formula:abstract.dimension.aspect">
        <complexType>
            <complexContent>
                <extension base="formula:abstract.dimension.aspect.type">
                    <choice minOccurs="0" maxOccurs="1">
                        <element name="xpath" type="string"/>
                        <element name="value">
                            <complexType>
                                <sequence>
                                    <any minOccurs="1" maxOccurs="1"/>
                                </sequence>
                            </complexType>
                        </element>
                        <element name="omit">
                            <complexType/>
                        </element>
                    </choice>
                </extension>
            </complexContent>
        </complexType>
    </element>
</schema>
```

A.18 校验

```
<schema xmlns:validation="http://xbrl.org/2008/validation" xmlns:variable="http://xbrl.org/2008/variable"
xmlns="http://www.w3.org/2001/XMLSchema" xmlns:gen="http://xbrl.org/2008/generic"
xmlns:link="http://www.xbrl.org/2003/linkbase" targetNamespace="http://xbrl.org/2008/validation"
elementFormDefault="qualified">
    <import namespace="http://www.xbrl.org/2003/XLink"
schemaLocation="http://www.xbrl.org/2003/xl-2003-12-31.xsd"/>
    <import namespace="http://xbrl.org/2008/variable" schemaLocation="variable.xsd"/>
    <annotation>
        <appinfo>
            <!-- arcrole from an assertionSet resource to an assertion resource -->
            <link:arcroleType id="assertion-set" cyclesAllowed="undirected"
arcroleURI="http://xbrl.org/arcrole/2008/assertion-set">
                <link:definition>
assertion set contains assertion
</link:definition>
                <link:usedOn>
gen:arc
</link:usedOn>
            </link:arcroleType>
        </appinfo>
    </annotation>
    <!-- Assertion resource abstract elements definition -->
    <element id="xml-abstract-assertion" name="assertion" abstract="true" type="validation:assertion.
type" substitutionGroup="variable:resource"/>
    <complexType name="assertion.type">
        <complexContent mixed="true">
```

```
            <extension base="variable:resource.type"/>
        </complexContent>
    </complexType>
    <element id="xml-abstract-variable-set-assertion" name="variableSetAssertion" abstract="true"
type="validation:assertion.variableSet.type" substitutionGroup="variable:variableSet"/>
    <complexType name="assertion.variableSet.type">
        <complexContent mixed="true">
            <extension base="variable:variableSet.type"/>
        </complexContent>
    </complexType>
    <! -- Assertion set element definition -->
    <element id="xml-assertion-set" name="assertionSet" type="validation:assertionSet.type"
substitutionGroup="variable:resource"/>
    <complexType name="assertionSet.type">
        <complexContent mixed="true">
            <extension base="variable:resource.type"/>
        </complexContent>
    </complexType>
</schema>
```

A.19 一致性断言

```
<schema xmlns:ca="http://xbrl.org/2008/assertion/consistency" xmlns:validation="http://xbrl.org/2008/validation"
xmlns="http://www.w3.org/2001/XMLSchema" xmlns:variable="http://xbrl.org/2008/variable"
xmlns:gen="http://xbrl.org/2008/generic" xmlns:link="http://www.xbrl.org/2003/linkbase"
targetNamespace="http://xbrl.org/2008/assertion/consistency" elementFormDefault="qualified">
    <import namespace="http://www.xbrl.org/2003/XLink"
schemaLocation="http://www.xbrl.org/2003/xl-2003-12-31.xsd"/>
    <import namespace="http://xbrl.org/2008/variable" schemaLocation="variable.xsd"/>
    <import namespace="http://xbrl.org/2008/validation" schemaLocation="validation.xsd"/>
    <annotation>
        <appinfo>
            <link:arcroleType id="consistency-assertion-formula" cyclesAllowed="undirected"
arcroleURI="http://xbrl.org/arcrole/2008/consistency-assertion-formula">
                <link:definition>
assertion based on formula
</link:definition>
                <link:usedOn>
gen:arc
</link:usedOn>
            </link:arcroleType>
            <link:arcroleType id="consistency-assertion-parameter" cyclesAllowed="undirected"
arcroleURI="http://xbrl.org/arcrole/2008/consistency-assertion-parameter">
                <link:definition>
acceptance radius depends on parameter
</link:definition>
                <link:usedOn>
variable:variableArc
</link:usedOn>
            </link:arcroleType>
        </appinfo>
    </annotation>
    <element name="consistencyAssertion" substitutionGroup="validation:assertion"
id="xml-consistency-assertion">
        <complexType mixed="true">
```

```
            <complexContent mixed="true">
                <extension base="validation:assertion.type">
                    <attribute name="strict" type="boolean" use="required"/>
                    <attribute name="absoluteAcceptanceRadius" type="variable:expression"
use="optional"/>
                    <attribute name="proportionalAcceptanceRadius" type="variable:expression"
use="optional"/>
                </extension>
            </complexContent>
        </complexType>
    </element>
</schema>
```

A.20 存在性断言

```
<schema xmlns:ea="http://xbrl.org/2008/assertion/existence" xmlns:validation="http://xbrl.org/2008/validation"
xmlns="http://www.w3.org/2001/XMLSchema" xmlns:variable="http://xbrl.org/2008/variable"
targetNamespace="http://xbrl.org/2008/assertion/existence" elementFormDefault="qualified">
    <import namespace="http://www.xbrl.org/2003/XLink"
schemaLocation="http://www.xbrl.org/2003/xl-2003-12-31.xsd"/>
    <import namespace="http://xbrl.org/2008/variable" schemaLocation="variable.xsd"/>
    <import namespace="http://xbrl.org/2008/validation" schemaLocation="validation.xsd"/>
    <element id="xml-existence-assertion" name="existenceAssertion"
substitutionGroup="validation:variableSetAssertion">
        <complexType mixed="true">
            <complexContent mixed="true">
                <extension base="validation:assertion.variableSet.type">
                    <attribute name="test" type="variable:expression" use="optional"/>
                </extension>
            </complexContent>
        </complexType>
    </element>
</schema>
```

A.21 值断言

```
<schema xmlns:va="http://xbrl.org/2008/assertion/value" xmlns:validation="http://xbrl.org/2008/validation"
xmlns="http://www.w3.org/2001/XMLSchema" xmlns:variable="http://xbrl.org/2008/variable"
targetNamespace="http://xbrl.org/2008/assertion/value" elementFormDefault="qualified">
    <import namespace="http://www.xbrl.org/2003/XLink"
schemaLocation="http://www.xbrl.org/2003/xl-2003-12-31.xsd"/>
    <import namespace="http://xbrl.org/2008/variable" schemaLocation="variable.xsd"/>
    <import namespace="http://xbrl.org/2008/validation" schemaLocation="validation.xsd"/>
    <element id="xml-value-assertion" name="valueAssertion"
substitutionGroup="validation:variableSetAssertion">
        <complexType mixed="true">
            <complexContent mixed="true">
                <extension base="validation:assertion.variableSet.type">
                    <attribute name="test" type="variable:expression" use="required"/>
                </extension>
            </complexContent>
        </complexType>
    </element>
</schema>
```

参 考 文 献

［1］ http://www.w3.org/TR/REC-xml-names/

［2］ http://www.ietf.org/rfc/rfc3986.txt

［3］ http://www.w3.org/TR/xmlschema-0/

［4］ http://www.w3.org/TR/xmlschema-1/

［5］ http://www.w3.org/TR/xmlschema-2/

［6］ http://www.w3.org/TR/xpath

［7］ http://www.xbrl.org/Specification/implicitFilters/REC-2009-06-22/implicitFilters-REC-2009-06-22.html

ICS 03.100.60
A 11

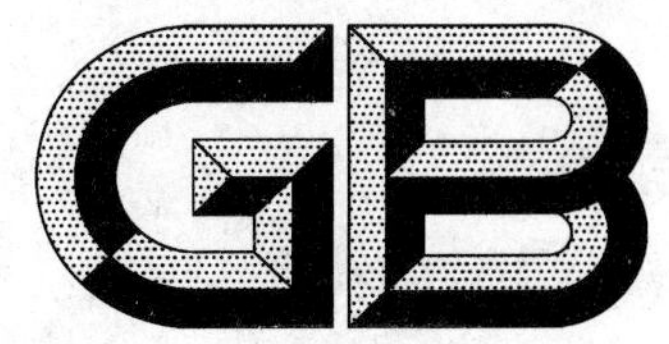

中华人民共和国国家标准

GB/T 25500.4—2010

可扩展商业报告语言(XBRL)技术规范 第4部分:版本

**Extensible Business Reporting Language(XBRL) specification—
Part 4:Versioning**

2010-10-18 发布 2011-01-01 实施

中华人民共和国国家质量监督检验检疫总局
中国国家标准化管理委员会 发布

前　言

GB/T 25500《可扩展商业报告语言(XBRL)技术规范》分为四个部分:

——第1部分:基础;

——第2部分:维度;

——第3部分:公式;

——第4部分:版本。

本部分为GB/T 25500的第4部分。

本部分按照GB/T 1.1—2009给出的规则起草。

本部分技术内容与XBRL国际组织制定的XBRL版本规范1.0版(基础和概念基础)(XBRL Versioning Specification 1.0,Base and Concept base)基本一致。

本部分由中华人民共和国财政部归口。

本部分起草单位:中华人民共和国财政部。

本部分起草人:应唯、王颖、李红霞、黄敏、李敏敏、丁亮、覃东、杨海峰、朱健鹏、杨诚、臧梓伊、童盼盼。

引　言

可扩展商业报告语言(Extensible Business Reporting Language,XBRL)是一种基于可扩展置标语言(Extensible Markup Language,XML)的开放性业务报告技术标准。它通过给财务会计报告等业务报告中的数据增加特定标记、定义相互关系,使计算机能够“读懂”这些报告,并进行符合业务逻辑的处理。

XBRL的构想最早由美国注册会计师查尔斯·霍夫曼在1998年提出。随后,在美国注册会计师协会(AICPA)赞助下提出了第一个XBRL原型。XBRL技术广泛适用于财务会计报告、上市公司年报、金融机构监管报告、税务报告等领域,目前在美国、英国、日本、澳大利亚等很多国家中都已投入实际应用。在我国,XBRL已应用于上市公司信息披露和基金信息披露领域,取得良好效果。

XBRL技术的应用,可以避免报告数据的重复性录入、报送、传输、转换、比对等人工操作,减少差错率,提高数据生成、传递、使用效率和信息化水平。因此,推进XBRL在我国的应用,有利于促进财务会计报告等业务报告信息的深度分析利用,提高监管效能。XBRL技术规范,是各项XBRL应用所需共同遵循的底层技术标准。制定XBRL技术规范,是推进XBRL在我国应用的基础性工作。目前,国际上均遵循XBRL国际组织制定的技术规范。

本部分是GB/T 25500.1《可扩展商业报告语言(XBRL)技术规范　第1部分:基础》的一个扩展规范,定义了XBRL分类标准版本报告的XML语法,提供了两个可发现分类标准集之间差异的结构化描述。

可扩展商业报告语言(XBRL)技术规范
第4部分:版本

1 范围

GB/T 25500 的本部分规定了 XBRL 分类标准版本报告的 XML 语法,提供了两个 DTS 之间差异的结构化描述。

本部分适用于 XBRL 分类标准的制定、实例文档的编制或使用,以及 XBRL 相关开发与应用。

2 规范性引用文件

下列文件对于本文件的应用是必不可少的。凡是注日期的引用文件,仅注日期的版本适用于本文件。凡是不注日期的引用文件,其最新版本(包括所有的修改单)适用于本文件。

GB/T 18793—2002 信息技术 可扩展置标语言(XML)1.0

GB/T 25500.1 可扩展商业报告语言(XBRL)技术规范 第1部分:基础

GB/T 25500.2 可扩展商业报告语言(XBRL)技术规范 第2部分:维度

GB/T 25500.3 可扩展商业报告语言(XBRL)技术规范 第3部分:公式

3 术语和定义

GB/T 18793—2002、GB/T 25500.1、GB/T 25500.2、GB/T 25500.3 中界定的以及下列术语和定义适用于本文件。

4 命名空间及其前缀

元素或者属性的命名空间前缀使用以 ns:name 为例,其中 ns 是命名空间的前缀,name 是本地名称。关于命名空间前缀到实际命名空间的映射,本部分与表 1 保持一致。表 1 中的前缀列是非规范性的,命名空间 URI 列是规范性的。

表 1 命名空间和命名空间前缀

前缀	命名空间 URI
ver	http://xbrl.org/2010/versioning-base
vere	http://xbrl.org/2010/versioning-base/error
xs	http://www.w3.org/2001/XMLSchema
gen	http://xbrl.org/2008/generic
xlink	http://www.w3.org/1999/xlink
vercb	http://xbrl.org/2010/versioning-concept-base
vercbe	http://xbrl.org/2010/versioning-concept-base/error

5 版本规范概述

5.1 总体概述

XBRL 基础规范以 XBRL 分类标准的形式使提取特定报告场景的结构化元数据成为可能。分类标准很少是固定对象，而是需要根据各种原因定期更新，这些原因包括：赖以构建分类标准的业务需求的变化（例如，会计准则的变化），分类标准技术设计的变化，或者是简单的错误更正。新版本分类标准的发布将对该分类标准的所有使用者产生影响，包括：

a) 实例文档创建者，实例生成软件开发者；

b) 该分类标准的扩展分类标准创建者，扩展分类标准生成软件开发者；

c) 希望能够对依据不同版本分类标准编制的实例文档进行比较的用户。

本部分定义了 XBRL 版本报告的 XML 语法，其规范化模式文件见 A.1。版本报告用于允许分类标准创建者以一种结构化的格式传递关于两个分类标准版本之间的变动信息，以便将版本更新给分类标准使用者带来的影响降至最低。

版本报告不同于简单的差异报告，版本报告包括通过 DTS 自动比对所不能获取的信息（例如，它可以识别在两个 DTS 中等效但不同名的概念），并且传递关于版本变更背后动因的信息。正是这种传递额外信息的能力使得创建标准化的版本报告具有价值。

针对任何一对 DTS，都可以编制版本报告。

5.2 模块化

XBRL 版本规范是一个模块化的规范（本部分是其中一个部分），它允许版本报告的作者选择不同的粒度来记录版本的变化。这种模块化的方法允许把 XBRL 基础规范扩展（如 XBRL 维度规范）的版本信息作为扩展模块处理。

5.3 背景

XBRL 版本是对“DTS 变动相关信息”报告内容的标准化，以节省 DTS 使用者调整应用程序适应新版本 DTS 的时间。

本部分区分“技术差异”和“语义差异”。“技术差异”是通过比较待观察的一对信息项的属性，软件可以自动发现的差异。“语义差异”是版本报告作者对技术差异的解释。在给定两个 DTS 和 DTS 间的信息项匹配规则下，技术差异集是唯一的；而语义差异集是无限的，因为它们只是技术差异的解释。“语义差异”包含了“技术差异”以及人类可读文档，这对于使用者将应用程序从以前的 DTS 版本向下一个版本迁移，提供了有用的信息。图 1 展示了版本报告信息的不同层级。

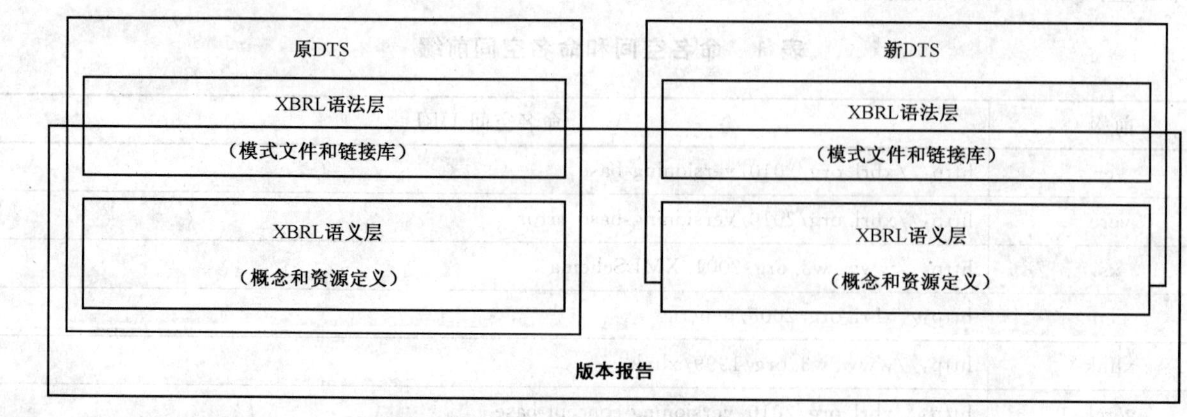

图 1 版本报告的信息源

在不影响使用DTS的应用程序的情况下,DTS中的信息能够写入一个或多个文件中,语义上等效但语法上不同的DTS见示例。

示例:

a) 一个命名空间为http://foo的分类标准模式文件"A.XSD",定义了两个概念tx:One和tx:Two,它引用了一个列报链接库,该链接库使用了http://www.xbrl.org/2003/role中的parent-child弧来连接这两个概念,以表示tx:One是tx:Two的上一级概念。

b) 命名空间同样为http://foo的另一个分类标准模式文件"B. XSD",定义了相同的概念(tx:One和tx:Two),它有两个同样使用http://www.xbrl.org/2003/role角色的嵌入式列报链接库,其中一个将tx:Two定义为tx:One的上一级概念,另一个则禁止了上述关系并设定了另一个关系将tx:One定义为tx:Two的上一级概念。

从DTS用户的角度说,以上两个DTS是等效的,尽管模式文件"A. XSD"和"B. XSD"在语法上完全不同,但它们都定义了同样的概念和同样结果的概念间关系。两个DTS对于处理XBRL元数据的应用程序来说,都定义了相同的信息集,除非XBRL分类标准的编辑者对于列报有更为严格的规定,从而禁止使用者使用关系。

5.4 URI解析

本部分中凡是相对的URI都需根据XML Base规范转换为绝对的URI。

5.5 语法语义规则

版本报告是一个XML文档,它根据本部分中的规则,提供关于两个DTS,即From-DTS和To-DTS,它们之间如何从前者转换到后者的信息。

From-DTS是形成版本报告中的源DTS,通常是版本较低或者发布时间较早的那个DTS。

To-DTS是作为版本报告中的目标DTS,通常是版本较高或者发布时间较晚的那个DTS。

From-DTS和To-DTS之间的每个独立的变化被称为事件。若干个事件组成的逻辑变化被称为行为。而依次再由若干个行为组成的业务级的变化被称为任务。

事件和行为的组合,使得删除事件和新增事件可以被关联起来,从而用于表达替代关系。

本部分允许为任务和行为与人可读文档之间关联起来,同时也提供了任务类别的可扩展机制。任务、行为和事件的应用见示例。

示例:

From-DTS中的一个概念可能被To-DTS中的一对概念所替代,这可通过三个事件来描述:

——从From-DTS中删除一个概念;

——在To-DTS中增加两个概念。

为了使这个过程能更好地被理解为替代,而不仅仅是一个概念的删除和两个概念的新增,这三个事件被组合成一个行为。

这种一个概念被另外两个概念替代的行为可能是更大范围的、由涉及更多其他概念的变化所构成的、业务级的变化中的一小部分。该业务级变化可以通过很多行为来表达,而这些行为还将进一步组合成一个任务。

6 版本报告的结构

6.1 组成

版本报告由以下几部分组成:

a) From-DTS标识符;

b) To-DTS标识符;

c) 任务；

d) 行为；

e) 事件。

6.2 版本报告

6.2.1 XML 表述

版本报告用〈ver:report〉元素来表示，如表 2 所示。

表 2 〈ver:report〉元素的 XML 表示

<table>
<tr><td colspan="2">〈ver:report
  id = xs:ID 〉
  Content: link:linkbaseRef * , ver:reportRef * , ver:fromDTS, ver:toDTS, ver:assignments * , ver:action *
〈/ver:report〉</td></tr>
<tr><th>属　性</th><th>含　义</th></tr>
<tr><td>{related reports}</td><td>通过〈ver:report〉元素的〈ver:reportRef〉子元素来标识的版本报告的集合</td></tr>
<tr><td>{from-DTS}</td><td>由〈ver:report〉元素的〈ver:fromDTS〉子元素来表示的 From-DTS 标识符</td></tr>
<tr><td>{to-DTS}</td><td>由〈ver:report〉元素的〈ver:toDTS〉子元素来表示的 To-DTS 标识符</td></tr>
<tr><td>{assignments}</td><td>由〈ver:report〉元素的〈ver: assignment〉子元素来表示的任务的集合</td></tr>
<tr><td>{actions}</td><td>由〈ver:report〉元素的〈ver: action〉子元素来表示的行为的集合</td></tr>
<tr><td>{events}</td><td>由〈ver:report〉元素的〈ver: event〉子元素来表示的事件的集合</td></tr>
</table>

6.2.2 有效性

仅当以下条件同时满足时，版本报告才是有效的：

a) 根据规范的模式文件所定义的规则，见附录 A，它是有效的；

b) 它符合本部分中定义的所有校验规则。

6.3 DTS 标识符

6.3.1 XML 表述

DTS 标识符是一个或多个 URI 的集合，每一个 URI 都是针对所识别的 DTS 发现的起始点。

DTS 标识符由〈ver:dts. identifier〉替换组中的元素来表示，如表 3 所示。

表 3 〈ver:dts. identifier〉元素的 XML 表示

<table>
<tr><td colspan="2">〈ver:dts. identifier〉
  Content:(link:linkbaseRef | link:schemaRef) +
〈/ver:dts. identifier〉</td></tr>
<tr><th>属　性</th><th>含　义</th></tr>
<tr><td>{identified DTS}</td><td>通过从分别由〈link:linkbaseRef〉元素和〈link:schemaRef〉元素所表示的链接库和模式文件出发的 DTS 发现最终所形成的 DTS</td></tr>
</table>

6.3.2 校验规则

DTS 标识符应标识一个符合 XBRL 基础规范的有效 XBRL DTS。

〈link:linkbaseRef〉元素和〈link:schemaRef〉元素已在 GB/T 25500.1 中定义，它们的实例应符合 GB/T 25500.1 的规则和模式文件定义。

6.3.3 From-DTS 标识符

From-DTS 标识符是标识 From-DTS 的 DTS 标识符。

From-DTS 标识符通过〈ver:fromDTS〉元素来表示。

6.3.4 To-DTS 标识符

To-DTS 标识符是标识 To-DTS 的 DTS 标识符。

To-DTS 标识符通过〈ver:toDTS〉元素来表示。

6.4 任务

任务是一组相关的行为的组合。

包含在任务中的行为的组合使得通用文档或分类可与一组相关行为的集合相关联。

任务由〈ver:assignment〉元素来表示。如表 4 所示。

表 4 〈ver:assignment〉元素的 XML 表示

```
〈ver:assignment
  id = xs:ID 〉
  Content:ver:category *
〈/ver:assigment〉
```

ver:category 替换组中的任何元素都可以是 ver:assignment 的子元素。

属　性	含　义
{categories}	任务类别集是通过〈ver:category〉替换组中作为〈ver:assignment〉元素的子元素的元素来表示的
{actions}	含有包含了任务的{assignment}属性的版本控制报告中的行为的集合

6.5 任务类别

6.5.1 类别

本部分提供了任务归类的可扩展机制。该机制可被用来根据变化的诱因来将任务归类。

任务类别是可与任务相关联的类别。

本部分定义了 3 个标准的任务类别，如表 5 所示。

表 5 标准的任务类别

类别名	元　素	描　述
Business	〈ver:businessCategory〉	表明任务使分类标准更趋同于当前的业务要求
Technical	〈ver:technicalCategory〉	表明任务由技术要求驱动
Errata	〈ver:errataCategory〉	表明任务会修正分类标准中的错误

6.5.2 自定义任务类别

除了预定义的标准任务类别，版本报告还可使用自定义任务类别。

自定义任务类别由 XML 模式文件的元素声明来定义，定义是直接或间接地通过作为〈ver:category〉替换组的替换组附属的链来实现的。如果自定义类别包含属于另一种类别元素的替换组，则它表示该类别的子层级。如下给出了自定义任务类别的示例。

示例：

用〈ver:category〉的替换组来声明的元素会被认为是自定义任务类别，它和其他三种预定义的标准类别可在一起使用。用〈ver:businessCategory〉的替换组来声明的元素将标识特殊类型的业务变化。

6.5.3 XML 表述

任务类别由〈ver:category〉替换组中的一个元素来表示。如表 6 所示。

表 6 〈ver:category〉元素的 XML 表示

```
〈ver:category
id = xs:ID 〉
Content:none
〈/ver:category〉
```

6.6 行为

6.6.1 概述

行为由一组相关事件组成，用来表达单独的、互不相关的分类标准的改变。

一组相关事件通过将 From-DTS 中被删除的组件和 To-DTS 中增加的组件组合起来表示替代关系。在适用的条件下，语义的理解建立在类似组件在单独事件类的定义。

6.6.2 XML 表示形式

一个〈ver:action〉代表一个事件。如表 7 所示。

表 7 〈ver:action〉元素的 XML 表示

```
〈ver:action
   id = xs:ID 〉
   Content:ver:actionRef * , ver:event *
〈/ver:action〉
```

```
〈ver:actionRef
   ref = xs:IDREF 〉
   Content:none
〈/ver:actionRef〉
```

特　性	表 达 含 义
{任务}	由〈ver:action〉元素的若干个〈ver:actionRef〉子元素的 ref 属性标识的任务的集合
{事件}	由〈ver:report〉元素的若干个〈ver: event〉替换组元素子元素标识的事件的集合

6.6.3 校验规则

元素〈ver:actionRef〉中的 ref 属性应标识一个〈ver:assignment〉元素。

6.7 事件

事件是 From-DTS 与 To-DTS 之间的个别差异。

本部分及其扩展模块定义了事件，其代表差异的特殊类型。一个事件通常包括一个或多个 From-DTS 或 To-DTS 中组件的标识符。

一个事件由〈ver:event〉替换组元素表示。〈ver:event〉元素拥有开放式内容模型；特殊事件由定义特殊内容模型的非抽象元素表示。

6.8 标识符

Identifier 标识符是 From-DTS 或 To-DTS 里的要件标识符；

From 标识符是 From-DTS 中要件标识符；

From 标识符是 To-DTS 中要件标识符；

单独标识符类应将指定自有的 XML 表示形式。

6.9 标签和引用

6.9.1 概述

本部分定义了组件的标签和引用语义，及与组件相对应并与通用标签和通用引用相关联的 XML 元素，见表 8 所示。也可为在版本报告中提供其他元素的标签和引用，但本部分中并未定义这些标签和引用。

表 8 组件及对应元素的标签和引用定义

组　件	元　素
Versioning Report	〈ver:report〉
Assignment	〈ver:assignment〉
Action	〈ver:action〉
Event	〈ver:event〉

6.9.2 标签和引用链接库的发现

一个版本报告可通过链接库引用对定义通用标签和通用引用的链接库进行引用。

6.9.3 链接库引用

6.9.3.1 链接库引用概述

链接库引用是一个连接到 XBRL 链接库的 XLink 简单链接。

6.9.3.2 XML 表示形式

链接库引用由〈ver:report〉元素的若干个〈link:linkbaseRef〉子元素标识，〈link:linkbaseRef〉通过 XBRL 基础规范定义。

6.9.3.3 校验规则

一个链接库引用应遵循在XBRL基础规范中定义的规则。

6.10 相关版本报告

6.10.1 概述

一个相关报告是一个版本报告与另一个版本报告使用者可相关的报告。

一个版本报告可包含相关版本报告的引用,这种引用称为版本报告引用。

版本报告与相关版本报告的关系不存在任何限制。尤其对From-DTS与To-DTS之间的吻合或交叠不存在任何限制。以下给出了相关版本报告的示例。

示例:

一个扩展分类标准(基于“基础分类标准”扩展的)的版本报告是基础分类标准版本报告的相关版本报告。

版本报告引用是一个连接到XBRL相关管理报告的XLink简单链接。

6.10.2 XML表示形式

版本报告引用用〈ver:reportRef〉元素表示,〈ver:reportRef〉是一个XLink规范简单链接。见表9所示。

表9 〈ver:reportRef〉元素的XML表示

〈ver:reportRef xlink:type = xs:string xlink:href = xs:anyURI xlink:arcrole = xs:anyURI xlink:role = xs:anyURI〉 *Content*:none 〈/ver:reportRef〉	
特　性	表达含义
{相关版本报告}	通过解析属性xlink:href的值来找到版本报告,相对URLs通过XML Base规范转换为绝对URLs

6.10.3 校验规则

属性xlink:type的值应为“simple”。

相关版本报告应是一个本部分定义的有效版本报告。

属性xlink:arcrole应出现且值为“http://xbrl.org/arcrole/2010/versioning/related-report”。

7 基础事件

7.1 命名空间名称事件

命名空间名称事件如表10所示。

表10 命名空间名称事件

代　码	元素	From标识符	To标识符
[NamespaceName]	〈ver:namespaceMapping〉	命名空间标识符	命名空间标识符

命名空间名称事件使 From-DTS 和 To-DTS 中的命名空间名称相关联。

7.2 角色 URI 事件

角色 URI 事件如表 11 所示。

表 11 角色 URI 事件

代码	元素	From 标识符	To 标识符
[RoleURI]	〈ver:roleMapping〉	角色 URI 标识符	角色 URI 标识符

角色 URI 事件使 From-DTS 和 To-DTS 中的角色 URI 相关联。

8 标识符

8.1 命名空间名称标识符

命名空间名称标识符是标识命名空间的 URI 引用。

URI 引用的 URI 属性应等于下列 DTS 中模式文件的目标命名空间：

——From-DTS，如果命名空间名称标识符用于 From 标识符；

——To-DTS，如果命名空间名称标识符用于 To 标识符。

8.2 角色 URI 标识符

一个角色 URI 标识符是定义角色 URI 的 URI 引用。

URI 引用的 URI 属性应等于下列 DTS 中定义的角色类型的 roleURI：

——From-DTS，如果命名空间名称标识符用于 From 标识符；

——To-DTS，如果命名空间名称标识符用于 To 标识符。

8.3 URI 引用

一个 URI 引用是 anyURI 的抽象标识符。

一个 URI 引用的表达可由下列两部分组成：

——一个〈ver:fromURI〉元素，如果用于 From 标识符；

——一个〈ver:fromURI〉元素，如果用于 To 标识符。

〈ver:fromURI〉和〈ver:toURI〉在 XML 中的表示如表 12 所示。

表 12 〈ver:fromURI〉和〈ver:toURI〉在 XML 中的表示

<table>
<tr><td colspan="2">〈ver:fromURI
value = xs:anyURI〉
Content:None
〈/ver:fromURI〉</td></tr>
<tr><td colspan="2">〈ver:toURI
value = xs:anyURI〉
Content:None
〈/ver:toURI〉</td></tr>
<tr><td>特　性</td><td>表 达 含 义</td></tr>
<tr><td>{URI}</td><td>〈ver:fromURI〉或〈ver:toURI〉元素的 value 属性的值</td></tr>
</table>

9 映射

9.1 命名空间映射

命名空间映射是 From 命名空间和相对应的 To 命名空间之间的关联。

一个 From 命名空间是 From-DTS 中的模式文件中的目标命名空间名称。

一个 To 命名空间是 To-DTS 中的模式文件中的目标命名空间名称。

一个命名空间映射由命名空间事件来定义。一个单独的命名空间名称可参与多个命名空间映射。

9.2 角色 URI 映射

角色 URI 映射是 From-Role-URI 和相对应的 To-Role-URI 之间的关联。

一个 From-Role-URI 是 From-DTS 中角色定义信息所定义的一个角色 URI。

一个 To-Role-URI 是 To-DTS 中角色定义信息所定义的一个角色 URI。

一个 To-Role-Mapping 是由一个角色 URI 事件所定义。一个单独角色 URI 可参与多个角色 URI 映射。

10 概念基础

10.1 概述

商业概念是商业信息的一个独立的抽象定义，一个 XBRL 概念是一个商业概念的具体实例化。XBRL 概念和商业概念的区别与本部分相关，这是由于一个单独的商业概念可能会在不同的 DTS 中由不同的 XBRL 概念表现。版本规范报告可以识别此类等价概念。A.2 的规范化模式文件对概念基础的语法进行了描述。

当两个 XBRL 概念代表相同的商业概念时，这两个 XBRL 概念为等价概念。事实报告使用任何一个概念来表达相同的信息都会被用户理解。概念等价性要求不会在概念的 XBRL 表现形式上强加特殊的限制。等价概念可能有不同的本地名称、命名空间、标签、引用或者数据类型。由于两个概念均代表同一个的商业概念，因此，两个概念的数据类型应该拥有相同的值空间，该值空间中所有商业概念的值均为有效值。在实际操作中，允许值空间不同。以下给出了数据类型不匹配的等价概念的示例。

示例：

在 From-DTS 的一个概念 A 中有一个数据类型字符串，而在其等价概念 To-DTS 中有一个带有限制形式的字符串数据类型更接近于商业概念的有效值。进一步讲，数据类型定义的错误意味着商业概念的有效值对另一个概念而言是无效的。但这并不能阻止两个概念成为等价概念。

本部分中数据类型变更的注释可以通过事件与相关概念关联。版本规范概念扩展规范提供了事件，这些事件允许专门为数据类型的变更附加注释，而不仅仅在概念层面提供注释。

当潜在商业概念的定义中有重叠时，两个 XBRL 概念被认为是相关概念。不同于等价概念，根据一个概念报告的事实未必和根据另一个概念报告的事实拥有相同的商业意义。相关概念可以为一个 DTS 中没有等价概念的概念指明逻辑后继者。

10.2 事件

基础概念事件中共定义了三类事件。这三类事件与命名空间映射一起，生成了成对概念。成对概念的两个概念分别来源于 From-DTS 和 To-DTS。成对概念包括等价概念和相关概念。基础概念事件如表 13 所示。

表 13 基础概念事件

码	元　　素	来源标识符	目标标识符
[ConceptDelete]	〈vercb:conceptDelete〉	Concept Identifier	—
[ConceptAdd]	〈vercb:conceptAdd〉	—	Concept Identifier
[ConceptName]	〈vercb:conceptName〉	Concept Identifier	Concept Identifier

10.3 概念标识符

10.3.1 概念标识符

概念标识符是 From-DTS 或者 To-DTS 中的一个概念的标识符。

10.3.2 XML 表现形式

一个概念标识符表现为：

——作为来源标识符(From Identifier)使用时，表现为一个〈vercb:fromE〉元素；

——作为目标标识符(To Identifier)使用时，表现为一个〈vercb:toE〉元素。

XML 表现形式总结如表 14 所示。

表 14 XML 表现形式总结：vercb:fromE 和 vercb:toE

<table>
<tr><td colspan="2">〈vercb:fromE
　href = xs:anyURI〉
　Content:None
〈/vercb:fromE〉</td></tr>
<tr><td colspan="2">〈vercb:toE
　href = xs:anyURI〉
　Content:None
〈/vercb:toE〉</td></tr>
<tr><td>特　　性</td><td>表达含义</td></tr>
<tr><td>{Concept}</td><td>通过解析@href 属性的实际值来获得概念定义</td></tr>
</table>

10.3.3 概念校验规则

概念标识符的@href 属性必须解析为以下 DTS 中一个有效的概念定义：

——当概念标识符作为来源标识符(From Identifier)使用时，概念定义在 From-DTS；

——当概念标识符作为目标标识符(To Identifier)使用时，概念定义在 To-DTS。

10.4 概念映射

概念映射信息通过以下版本报告获取：

a) 当一个行为包含以下内容时，From DTS 中的概念 CF 和 To DTS 中的概念 CT 是相关的概念：

——带有用于标识 CF 的来源标识符(From Identifier)的概念删除事件；

——带有用于标识 CT 的目标标识符(To Identifier)的概念增加事件。

b) 当存在以下情况时，概念 CF 和概念 CT 为等价概念：

——行为包含一个带有用于标识 CF 的来源标识符(From Identifier)和带有用于标识 CT 的目标标识符(To Identifier)的概念名称；

——不存在任何带有用于标识 CF 的来源标识符(From Identifier)的概念删除事件或概念名称事件，也不存在任何带有用于标识 CT 的目标标识符(To Identifier)的概念增加事件或概念名称事件，且 CF 和 CT 拥有相同的本地名称，存在命名空间映射为 From-Namespace 等于 CF 的命名空间名称及 To-Namespace 等于 CT 的命名空间名称。

附 录 A
（规范性附录）
模 式 文 件

A.1 版本——基础

```
    〈xs:schema xmlns:gen = "http://www.xbrl.org/2008/generic" xmlns:ver = "http://xbrl.org/2010/versioning-base"
xmlns:xs = "http://www.w3.org/2001/XMLSchema" xmlns:xl = "http://www.xbrl.org/2003/XLink"
xmlns:link = "http://www.xbrl.org/2003/linkbase" xmlns:xlink = "http://www.w3.org/1999/xlink"
targetNamespace = "http://xbrl.org/2010/versioning-base " elementFormDefault = "qualified "〉
    〈xs:import namespace = "http://www.xbrl.org/2003/linkbase "
schemaLocation = "http://www.xbrl.org/2003/xbrl-linkbase-2003-12-31.xsd "/〉
    〈xs:import namespace = "http://www.xbrl.org/2003/XLink "
schemaLocation = "http://www.xbrl.org/2003/xl-2003-12-31.xsd "/〉
    〈xs:import namespace = "http://www.w3.org/1999/xlink "
schemaLocation = "http://www.xbrl.org/2003/xlink-2003-12-31.xsd "/〉
    〈xs:annotation〉
        〈xs:appinfo〉
            〈link:arcroleType id = "versioning-label " arcroleURI = "http://xbrl.org/arcrole/2008/versioning/
label " cyclesAllowed = "none "〉
                〈link:definition〉
                  has versioning label
                  〈/link:definition〉
                〈link:usedOn〉
                  gen:arc
                  〈/link:usedOn〉
            〈/link:arcroleType〉
            〈link:arcroleType id = "versioning-reference " arcroleURI = "http://xbrl.org/arcrole/2008/versio-
ning/reference " cyclesAllowed = "none "〉
                〈link:definition〉
                 has versioning reference
                 〈/link:definition〉
                〈link:usedOn〉
                 gen:arc
                 〈/link:usedOn〉
              〈/link:arcroleType〉
        〈/xs:appinfo〉
    〈/xs:annotation〉
    〈! --general nodes needed --〉
    〈xs:attributeGroup id = "xml-common.attributes " name = "common.attributes "〉
        〈xs:attribute name = "id " type = "xs:ID " use = "optional "/〉
        〈xs:anyAttribute namespace = "http://www.w3.org/XML/1998/namespace " processContents = "lax "/〉
    〈/xs:attributeGroup〉
    〈xs:attributeGroup id = "xml-required.common.attributes " name = "required.common.attributes "〉
        〈xs:attribute name = "id " type = "xs:ID " use = "required "/〉
        〈xs:anyAttribute namespace = "http://www.w3.org/XML/1998/namespace " processContents = "lax "/〉
    〈/xs:attributeGroup〉
    〈xs:complexType id = "xml-idref.type " name = "idref.type "〉
        〈xs:attribute name = "ref " type = "xs:IDREF " use = "required "/〉
        〈xs:attributeGroup ref = "ver:common.attributes "/〉
    〈/xs:complexType〉
```

```
〈! --report node --〉
〈xs:element id = "xml-report " name = "report "〉
    〈xs:complexType〉
        〈xs:sequence〉
            〈xs:element ref = "link:linkbaseRef " minOccurs = "0" maxOccurs = "unbounded "/〉
            〈xs:element ref = "ver:reportRef " minOccurs = "0" maxOccurs = "unbounded "/〉
            〈xs:element ref = "ver:fromDTS " minOccurs = "1" maxOccurs = "1"/〉
            〈xs:element ref = "ver:toDTS " minOccurs = "1" maxOccurs = "1"/〉
            〈xs:element ref = "ver:assignments " minOccurs = "0" maxOccurs = "unbounded "/〉
            〈xs:element ref = "ver:action " minOccurs = "0" maxOccurs = "unbounded "/〉
        〈/xs:sequence〉
        〈xs:attributeGroup ref = "ver:common. attributes "/〉
    〈/xs:complexType〉
〈/xs:element〉
〈xs:element id = "xml-reportref " name = "reportRef " substitutionGroup = "xl:simple "〉
    〈xs:complexType〉
        〈xs:complexContent〉
            〈xs:restriction base = "xl:simpleType "〉
                〈xs:attribute ref = "xlink:arcrole " use = "required "/〉
                〈xs:anyAttribute namespace = "http://www.w3.org/XML/1998/namespace " processContents = "lax "/〉
            〈/xs:restriction〉
        〈/xs:complexContent〉
    〈/xs:complexType〉
〈/xs:element〉
〈! --fromDTS and toDTS node --〉
〈xs: element id = " xml-from-dts " name = " fromDTS " type = " ver: dts. type " substitutionGroup = " ver:
dts. identifier "/〉
〈xs:element id = "xml-to-dts " name = "toDTS " type = "ver:dts. type " substitutionGroup = "ver:dts. identifier "/〉
〈xs:element id = "xml-dts-identifier " name = "dts. identifier " type = "ver:dts. type " abstract = "true "/〉
〈xs:complexType id = "xml-dts. type " name = "dts. type "〉
    〈xs:choice minOccurs = "1" maxOccurs = "unbounded "〉
        〈xs:element ref = "link:linkbaseRef "/〉
        〈xs:element ref = "link:schemaRef "/〉
    〈/xs:choice〉
〈/xs:complexType〉
〈! --category node --〉
〈xs:element id = "xml-category " name = "category " type = "ver:category. type " abstract = "true "/〉
〈xs:complexType id = "xml-category. type " name = "category. type "〉
    〈xs:attributeGroup ref = "ver:common. attributes "/〉
〈/xs:complexType〉
〈! --predefined categories --〉
〈xs:element id = "xml-errata. category " name = "errataCategory " type = "ver:category. type "
substitutionGroup = "ver:category "/〉
〈xs:element id = "xml-business. category " name = "businessCategory " type = "ver:category. type "
substitutionGroup = "ver:category "/〉
〈xs:element id = "xml-technical. category " name = "technicalCategory " type = "ver:category. type "
substitutionGroup = "ver:category "/〉
〈! --assignment node --〉
〈xs:element id = "xml-assignments " name = "assignments " type = "ver:assignments. type "/〉
〈xs:complexType id = "xml-assignments. type " name = "assignments. type "〉
    〈xs:sequence〉
        〈xs:element ref = "ver:assignment " minOccurs = "1" maxOccurs = "unbounded "/〉
    〈/xs:sequence〉
    〈xs:attributeGroup ref = "ver:common. attributes "/〉
〈/xs:complexType〉
〈xs:element id = "xml-assignment " name = "assignment "〉
```

```
    <xs:complexType>
        <xs:sequence>
            <xs:element ref="ver:category" minOccurs="0" maxOccurs="unbounded"/>
        </xs:sequence>
        <xs:attributeGroup ref="ver:common.attributes"/>
    </xs:complexType>
</xs:element>
<!--action node-->
<xs:element id="xml-action" name="action">
    <xs:complexType>
        <xs:sequence>
            <xs:element ref="ver:actionRef" minOccurs="0" maxOccurs="unbounded"/>
            <xs:element ref="ver:event" minOccurs="0" maxOccurs="unbounded"/>
        </xs:sequence>
        <xs:attributeGroup ref="ver:common.attributes"/>
    </xs:complexType>
</xs:element>
<xs:element id="xml-actionref" name="actionRef" type="ver:idref.type"/>
<!--mapping nodes-->
<!--arcroles are not served in versioning-base.xsd <xs:element id="xml-arcrole.mapping" name="arcroleMapping" substitutionGroup="ver:mapping"/>-->
<xs:element id="xml-namespace.mapping" name="namespaceMapping" substitutionGroup="ver:mapping"/>
<xs:element id="xml-role.mapping" name="roleMapping" substitutionGroup="ver:mapping"/>
<xs:element id="xml-mapping" name="mapping" type="ver:mapping.type" substitutionGroup="ver:event" abstract="true"/>
<xs:complexType id="xml-mapping.type" name="mapping.type">
    <xs:complexContent>
        <xs:restriction base="ver:event.type">
            <xs:sequence>
                <xs:element ref="ver:fromURI"/>
                <xs:element ref="ver:toURI"/>
            </xs:sequence>
            <xs:attributeGroup ref="ver:common.attributes"/>
        </xs:restriction>
    </xs:complexContent>
</xs:complexType>
<xs:element id="xml-from.uri" name="fromURI" type="ver:uri.type"/>
<xs:element id="xml-to.uri" name="toURI" type="ver:uri.type"/>
<xs:complexType id="xml-uri.type" name="uri.type">
    <xs:attribute name="value" type="xs:anyURI" use="required"/>
    <xs:attributeGroup ref="ver:common.attributes"/>
</xs:complexType>
<!--event node-->
<xs:element id="xml-event" name="event" type="ver:event.type" abstract="true"/>
    <xs:complexType name="event.type">
        <xs:complexContent>
            <xs:restriction base="xs:anyType">
                <xs:sequence>
                    <xs:any namespace="##any" minOccurs="0" maxOccurs="unbounded"/>
                </xs:sequence>
                <xs:attributeGroup ref="ver:common.attributes"/>
                <xs:anyAttribute processContents="lax"/>
            </xs:restriction>
        </xs:complexContent>
    </xs:complexType>
</xs:schema>
```

A.2 版本——概念基础

```
<xs:schema xmlns:xs="http://www.w3.org/2001/XMLSchema"
xmlns:vercb="http://xbrl.org/2010/versioning-concept-basic" xmlns:ver="http://xbrl.org/2010/versioning-base" targetNamespace="http://xbrl.org/2010/versioning-concept-basic" elementFormDefault="qualified">
  <xs:import namespace="http://xbrl.org/2010/versioning-base" schemaLocation="versioning-base.xsd"/>
  <!-- Parents of the events -->
  <xs:element name="fromConcept" type="ver:uri.type" id="xml-from-e"/>
  <xs:element name="toConcept" type="ver:uri.type" id="xml-to-e"/>
  <!-- complexTypes event nodes-->
  <xs:complexType name="add.element.event.type" id="xml-add.element.event.type">
    <xs:complexContent>
      <xs:restriction base="ver:event.type">
        <xs:sequence>
          <xs:element ref="vercb:toConcept"/>
        </xs:sequence>
      </xs:restriction>
    </xs:complexContent>
  </xs:complexType>
  <xs:complexType name="delete.element.event.type" id="xml-delete.element.event.type">
    <xs:complexContent>
      <xs:restriction base="ver:event.type">
        <xs:sequence>
          <xs:element ref="vercb:fromConcept"/>
        </xs:sequence>
      </xs:restriction>
    </xs:complexContent>
  </xs:complexType>
  <xs:complexType name="change.element.event.type" id="xml-change.element.event.type">
    <xs:complexContent>
      <xs:restriction base="ver:event.type">
        <xs:sequence>
          <xs:element ref="vercb:fromConcept"/>
          <xs:element ref="vercb:toConcept"/>
        </xs:sequence>
      </xs:restriction>
    </xs:complexContent>
  </xs:complexType>
  <!-- Concept events -->
  <xs:element name="conceptAdd" type="vercb:add.element.event.type" substitutionGroup="ver:event"
id="xml-concept.add.event"/>
  <xs:element name="conceptDelete" type="vercb:delete.element.event.type" substitutionGroup="ver:event"
id="xml-concept.delete.event"/>
  <xs:element name="conceptRename" type="vercb:change.element.event.type" substitutionGroup="ver:event"
id="xml-concept.rename.event"/>
</xs:schema>
```

参 考 文 献

[1] http://www.w3.org/TR/xmlschema-0/

[2] http://www.w3.org/TR/xmlschema-1/

[3] http://www.w3.org/TR/xmlschema-2/

[4] http://www.iso.ch/iso/en/CatalogueDetailPageCatalogueDetail? CSNUMBER=16387

[5] http://www.ietf.org/rfc/rfc2396.txt

[6] http://www.ietf.org/rfc/rfc2732.txt

[7] http://www.xbrl.org/resourcecenter/downloadspecs.asp? rid=2&fname=XBRL_2.0a&demos=XBRL-2001-12-14231.doc

[8] http://www.w3.org/TR/xhtml-modularization/

[9] http://www.w3.org/TR/xmlbase/

[10] http://www.w3.org/TR/xlink/

[11] http://www.w3.org/TR/xpath

[12] http://www.w3.org/TR/xptr-framework/

[13] http://www.xbrl.org/Specification/gnl/PR-2009-03-31/gnl-PR-2009-03-31.htm

[14] http://www.xbrl.org/Specification/genericReferences/REC-2009-06-22/genericReferences-REC-2009-06-22.html

[15] http://www.xbrl.org/Specification/genericLabels/REC-2009-06-22/genericLabels-REC-2009-06-22.html

ICS 91.060
Y 71

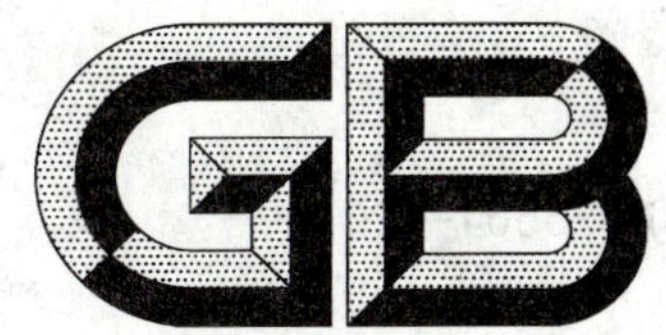

中华人民共和国国家标准

GB 25501—2010

水嘴用水效率限定值及用水效率等级

Minimum allowable values of water efficiency and water efficiency grades for faucets

2011-01-10 发布

2011-07-01 实施

中华人民共和国国家质量监督检验检疫总局
中国国家标准化管理委员会 发布

前　言

本标准的4.2和4.4为强制性的，其余为推荐性的。

本标准由国家发展和改革委员会和全国节约用水办公室提出。

本标准由全国工业节水标准化技术委员会用水产品和器具用水效率分技术委员会归口。

本标准起草单位：中国标准化研究院、国家排灌及节水设备产品质量监督检验中心、九牧集团有限公司、申鹭达集团有限公司、辉煌水暖集团有限公司、中宇建材集团有限公司、唐山惠达陶瓷(集团)股份有限公司、佛山市法恩洁具有限公司、福建福泉集团有限公司、宣城市银河洁具有限责任公司、乐家洁具(佛山)有限公司、和成(中国)有限公司、广东希恩卫浴实业有限公司、佛山市美加华瓷陶有限公司、鹤山市康立源卫浴实业有限公司、合肥天诺测控科技有限公司。

本标准主要起草人：白雪、朱双四、李爱仙、梁秀英、程晓敏、靳广春、王若虹、林孝发、洪建城、唐敏俊、王建业、蔡建设、宋子春、严邦平、洪金福、易明卿、李潇、邵则亮、黄镇怀、邓广深、黄记源、姜平。

水嘴用水效率限定值及用水效率等级

1 范围

本标准规定了水嘴的用水效率限定值、节水评价值、用水效率等级、技术要求和试验方法。

本标准规定的水嘴适用于安装在建筑设施上冷热水管路上，供水压力不大于1.0 MPa、介质温度不大于90 ℃条件下使用。

本标准不适用于浴缸出水部分的浴缸用水嘴、淋浴用水嘴、洗衣机水嘴和温控水嘴。

2 规范性引用文件

下列文件中的条款通过本标准的引用而成为本标准的条款。凡是注日期的引用文件，其随后所有的修改单(不包括勘误的内容)或修订版均不适用于本标准，然而，鼓励根据本标准达成协议的各方研究是否可使用这些文件的最新版本。凡是不注日期的引用文件，其最新版本适用于本标准。

GB 18145 陶瓷片密封水嘴

CJ/T 194 非接触式给水器具

QB 1334 水嘴通用技术条件

3 术语和定义

下列术语和定义适用于本标准。

3.1

流量均匀性 difference among flow rates

水嘴(带附件)在不同动压下最高平均流量与最低平均流量之差。

3.2

水嘴用水效率限定值 minimum allowable values of water efficiency for faucets

在标准规定的测试条件下，水嘴在符合加工装配质量、外观质量和使用性能要求的情况下，所允许的最大流量。

3.3

水嘴用水效率等级 water efficiency grades for faucets

在标准规定的测试条件下，水嘴在符合加工装配质量、外观质量和使用性能要求的情况下，依据产品流量的均匀性和流量值，划分为1、2、3三个等级，1级表示用水效率最高，3级表示用水效率限定值。

3.4

额定用水效率等级 rated water efficiency grade

水嘴出厂时，由生产厂家按本标准规定注明的水嘴用水效率等级。

4 技术要求

4.1 基本要求

在标准规定的测试条件下，陶瓷片密封水嘴应符合GB 18145规定的性能要求，通用水嘴应符合QB 1334规定的性能要求，非接触式水嘴均应符合CJ/T 194规定相应的性能要求。

4.2 流量均匀性(ΔF)

流量均匀性应不大于0.1 L/s。

4.3 水嘴用水效率等级

在(0.10±0.01)MPa 动压下,依据表1的水嘴流量(带附件)判定水嘴的用水效率等级,此用水效率等级不应低于其额定用水效率等级。双档水嘴的大档用水效率等级不应低于3级,以小档实际达到的用水效率等级作为该双档水嘴的用水效率等级级别。

表1 水嘴用水效率等级指标

用水效率等级	1级	2级	3级
流量/(L/s)	0.100	0.125	0.150

4.4 水嘴用水效率限定值

水嘴用水效率限定值为用水效率等级的3级。

4.5 水嘴节水评价值

水嘴的节水评价值为用水效率等级的2级。

5 试验方法

流量均匀性(ΔF)测试分别在(0.10±0.01)MPa、(0.20±0.01)MPa和(0.30±0.01)MPa动压下各测试3次,分别计算平均值,并计算最高平均流量与最低平均流量之差。

在(0.10±0.01)MPa测试3次的流量分别为f_{11}、f_{12}、f_{13},平均值为$F_1=(f_{11}+f_{12}+f_{13})/3$。

在(0.20±0.01)MPa测试3次的流量分别为f_{21}、f_{22}、f_{23},平均值为$F_2=(f_{21}+f_{22}+f_{23})/3$。

在(0.30±0.01)MPa测试3次的流量分别为f_{31}、f_{32}、f_{33},平均值为$F_3=(f_{31}+f_{32}+f_{33})/3$。

其平均值最大值为F_3(以实际的最大值),其平均值最小值为F_1(以实际的最小值)。

流量均匀性$\Delta F=F_3$(以实际的最大值)$-F_1$(以实际的最小值)。

水嘴流量均匀性及流量测试装置应满足图1的规定。

水嘴按图1连接在测试装置上,手柄开启到最大位置,进水口引入规定的压力值。

单柄双控水嘴检测流量时,在冷水端将手柄开启到最大位置,再从冷水端转动手柄到热水端最大位置,取其流量最大值。

双柄双控水嘴检测流量时,分别将手柄开启到冷、热水最大位置,取两个流量的最大值。

单柄单控水嘴检测流量时,将手柄开启到最大位置,取其流量值。

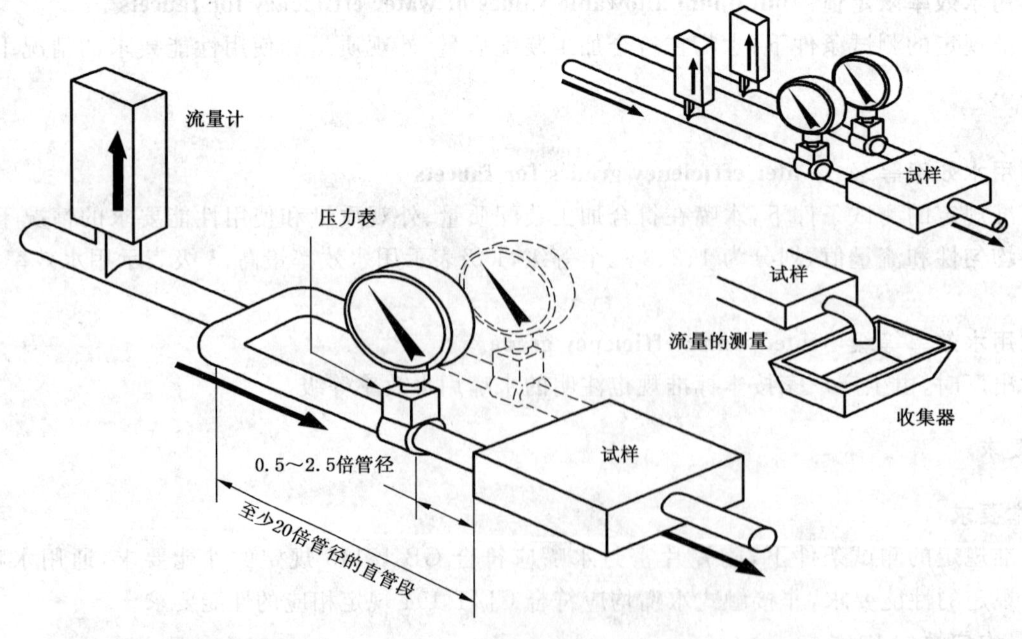

图1 流量测试装置

6 用水效率等级说明

生产厂家应根据本标准的要求和测试结果，确定产品的流量和额定用水效率等级，出厂说明书及包装上注明该产品的流量、额定用水效率等级、所依据的标准号。

ICS 91.140.70
Q 31

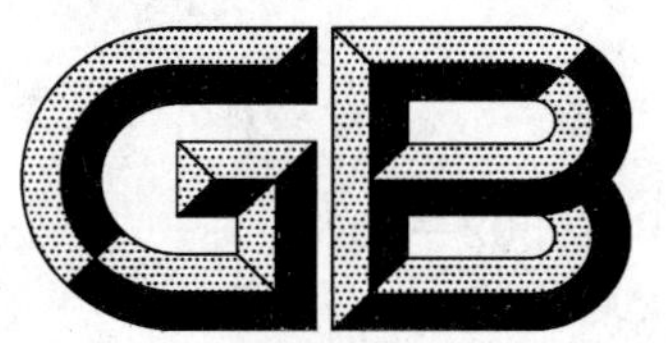

中华人民共和国国家标准

GB 25502—2010

坐便器用水效率限定值及用水效率等级

Minimum allowable values of water efficiency and water efficiency grades for water closets

2011-01-10 发布　　2011-07-01 实施

中华人民共和国国家质量监督检验检疫总局
中国国家标准化管理委员会　发布

前　言

本标准的4.3为强制性的,其余为推荐性的。

本标准由国家发展和改革委员会和全国节约用水办公室提出。

本标准由全国工业节水标准化技术委员会用水产品和器具用水效率分技术委员会归口。

本标准起草单位:中国标准化研究院、国家排灌及节水设备产品质量监督检验中心、申鹭达集团有限公司、九牧集团有限公司、辉煌水暖集团有限公司、中宇建材集团有限公司、唐山惠达陶瓷(集团)股份有限公司、佛山市法恩洁具有限公司、福建福泉集团有限公司、吉博力(上海)贸易有限公司、乐家洁具(佛山)有限公司、和成(中国)有限公司、阿波罗(中国)有限公司、潮安县康纳陶瓷洁具有限公司、佛山市美加华陶瓷有限公司、合肥天诺测控科技有限公司。

本标准主要起草人:金明红、朱双四、白雪、邢献军、王先宏、孙静、赵跃进、洪建城、林孝发、王建业、蔡建设、宋子春、严邦平、洪金福、周欣泳、彭益群、邵则亮、吴坚、陈淑定、邓广深、姜平。

坐便器用水效率限定值及用水效率等级

1 范围

本标准规定了坐便器的用水效率限定值、节水评价值、用水效率等级、技术要求和试验方法。

本标准规定的坐便器适用于安装在建筑设施内冷水管路上，供水压力不大于 0.6 MPa 条件下使用。

2 规范性引用文件

下列文件中的条款通过本标准的引用而成为本标准的条款。凡是注日期的引用文件，其随后所有的修改单(不包括勘误的内容)或修订版均不适用于本标准，然而，鼓励根据本标准达成协议的各方研究是否可使用这些文件的最新版本。凡是不注日期的引用文件，其最新版本适用于本标准。

GB 6952—2005 卫生陶瓷

JC 987—2005 便器水箱配件

3 术语和定义

下列术语和定义适用于本标准。

3.1

坐便器用水效率限定值 minimum allowable values of water efficiency for water closet

在标准规定的测试条件下，坐便器在符合一般技术要求、冲洗功能要求、配套性技术要求的情况下，所允许的最大用水量。

3.2

坐便器用水效率等级 water efficiency grades for water closet

在标准规定的测试条件下，坐便器在符合一般技术要求、冲洗功能要求、配套性技术要求的情况下，依据产品用水量的大小，划分为 1、2、3、4、5 五个等级，1 级表示用水效率最高，5 级表示用水效率限定值。

3.3

额定用水效率等级 rated water efficiency grades

坐便器出厂时，由生产厂家按本标准规定注明的坐便器用水效率等级。

4 技术要求

4.1 基本要求

在标准规定的测试条件下，卫生陶瓷坐便器应符合 GB 6952—2005 规定的一般技术要求、功能要求、便器配套性技术要求，其他坐便器的冲洗功能要求、便器配套性技术要求应符合其依据的标准。

4.2 坐便器用水效率等级

4.2.1 坐便器平均用水量

单档坐便器的平均用水量即为其平均实测用水量。

双档坐便器的平均用水量是指一次大档用水量与二次小档用水量之和的平均值，按式(1)计算：

$$V=\frac{V_{1}+V_{s1}+V_{s2}}{3} \qquad \cdots\cdots(1)$$

式中：

V——双档坐便器的平均用水量，单位为升(L)；

V_1——双档坐便器一次大档的用水量，单位为升(L)；

V_{s1}、V_{s2}——分别为双档坐便器两次小档的用水量，单位为升(L)。

4.2.2 用水效率等级

依据表1中坐便器的平均用水量判定其用水效率等级，此用水效率等级不应低于该坐便器的额定用水效率等级。

表1 坐便器用水效率等级指标

用水效率等级			1级	2级	3级	4级	5级
用水量/L	单档	平均值	4.0	5.0	6.5	7.5	9.0
	双档	大档	4.5	5.0	6.5	7.5	9.0
		小档	3.0	3.5	4.2	4.9	6.3
		平均值	3.5	4.0	5.0	5.8	7.2

4.3 坐便器用水效率限定值

坐便器的用水效率限定值为用水效率等级的5级。

4.4 坐便器节水评价值

坐便器的节水评价值为用水效率等级的2级。

5 试验方法

卫生陶瓷坐便器依据GB 6952—2005、JC 987—2005中规定的试验方法进行试验；其他坐便器的一般技术要求、功能要求、便器配套性技术要求应按其依据的标准规定进行试验。

6 用水效率等级说明

生产厂家应根据本标准的要求和测试结果，确定产品的用水量和额定用水效率等级，产品说明书上注明该产品的用水量和额定用水效率等级、所依据的标准号。

ICS 91.140.99
P 45

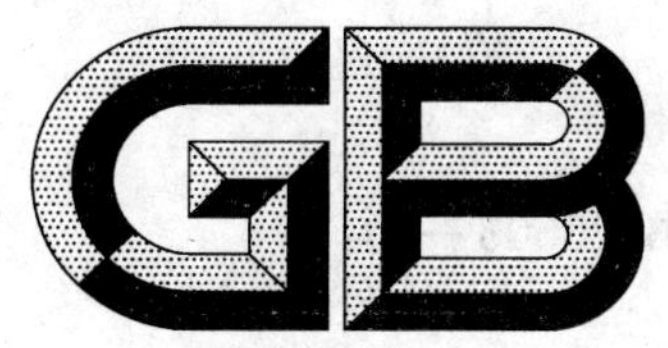

中华人民共和国国家标准

GB 25503—2010

城镇燃气燃烧器具销售和售后服务要求

Requirements in sell and market service of city gas burning-appliances

2011-01-10 发布 2011-10-01 实施

中华人民共和国国家质量监督检验检疫总局
中国国家标准化管理委员会 发布

前　言

本标准 3.2、4.2、4.3、4.10、6.1、6.7 为强制性的，其余为推荐性的。

本标准由中华人民共和国住房和城乡建设部提出。

本标准由住房和城乡建设部归口。

本标准起草单位：中国市政工程华北设计研究院、广东万和新电器有限公司、广州迪森家用锅炉制造有限公司、南京艾欧史密斯（中国）热水器有限公司、青岛经济技术开发区海尔热水器有限公司、广东万家乐燃气具有限公司、大连孚雷姆国际贸易有限公司。

本标准起草人：张维华、钟家淞、付安涛、鞠平、郑涛、仇明贵、高金民、杨小丰、渠艳红。

城镇燃气燃烧器具销售和售后服务要求

1 范围

本标准规定了城镇燃气燃烧器具(简称燃气具)生产者、销售者、安装者、维修者和消费者,在销售和售后服务活动中的基本要求和职责。

本标准适用于燃气具生产者、销售者、安装者、维修者销售和售后的服务活动。

本标准不适用于工业用途燃气具的销售和售后服务活动。

2 规范性引用文件

下列文件中的条款通过本标准的引用而成为本标准的条款。凡是注日期的引用文件,其随后的修改单(不包括勘误的修改单)或修订版均不适用于本标准。然而,鼓励根据本标准达成协议的各方研究是否可使用这些文件的最新版本。凡是不注日期的引用文件,其最新版本适用于本标准。

GB/T 15497 企业标准体系 技术标准体系

GB/T 15498 企业标准体系 管理标准和工作标准体系

GB/T 16784 工业产品售后服务 总则

GB/T 16784.2 工业产品售后服务 第2部分:维修

CJJ 12 家用燃气燃烧器具安装及验收规程

3 燃气具生产者、销售者、安装者和维修者的基本要求和职责

3.1 各方均应按GB/T 15497、GB/T 15498、GB/T 16784和GB/T 16784.2的规定,制定有专业营销和售后技术服务活动的标准或文件,标准或文件的水平不应低于相关国家标准或行业标准的要求。

3.2 各方均应建立有专业营销和售后服务活动的联系和反馈系统,掌握售后燃气具的流向、故障及缺陷情况;保证售后燃气具出现故障时给予处理和维修服务;该系统应能连续满足用户在使用燃气具时对质量、排烟、安装、维修和安全等方面的诉求。

3.3 各方均应建立有专业营销和售后的专门管理组织机构,应明确其责任;应有从事营销和售后服务活动必要的资源、手段和条件。

3.4 各方在服务活动中,发现燃气具的安装或使用有风险时应及时维修,如果不能及时进行维修,应与消费者约定维修时间,以上过程应记录在案。服务人员在检查、整改、检修过程时的记录应进行保存,保存时间至少应为3年。

3.5 燃气具安装者和维修者应取得规定的从业资质。

4 燃气具生产者和销售者的职责

4.1 燃气具生产者和销售者(委托的代理营销商)出售燃气具时,应承担销售给消费者燃气具的安装和维修的职责。燃气具生产者和销售者应向自行设置或委托的安装和维修企业,提供包括燃气具使用、安装和维修说明书在内的技术资料、安装配件、维修备件及负责技术培训等活动。

4.2 燃气具生产者和销售者出售燃气具时,应将服务电话或网络地址等信息,标示在燃气具外包装上和燃气具安装、使用说明书内,并应标明具体服务时间。

4.3 燃气具生产者和销售者售出燃气具后,应每2年至少1次对消费者使用该燃气具的情况进行了解。

4.4 燃气具生产者和销售者出售燃气具时,应对消费者进行燃气具安全使用的宣传和示范活动。使消

费者了解燃气和燃气具的可预见的风险和可以预见的误使用风险，尤其是泄漏、排烟、接地的风险。

4.5 燃气具生产者和销售者出售燃气具时，应向消费者提供有效发票和保证文件；向消费者提供和说明燃气具生产者和销售者自行设置的安装或维修企业，或委托的安装或维修企业的名称、地址、邮政编码、联系电话、网址等，并立即建立用户档案。

4.6 燃气具生产者和销售者出售燃气具时，应向消费者提供和说明，燃气具在安装或在使用中出现故障或质量问题时，应由经燃气具生产者自行设置的或委托的安装或维修企业进行安装或维修。应用电话或在网络上进行联系，待安装或维修企业进行登记后，商定上门安装或维修时间。

燃气具生产者和销售者应规定上述安装和修理企业上门安装和负责维修的时间，并对其活动实施监督。

4.7 燃气具生产者或销售者出售燃气具时，燃气具生产者均应与委托的代理营销商（燃气公司、商场、超市等）签订委托协议，协议中应明确销售的燃气具安装和维修的职责。

4.8 从事燃气具安装和维修的企业，应是燃气具生产者和销售者自行设置的，或燃气具生产者和销售者委托的企业；燃气具生产者和销售者应与委托者签订委托协议。

4.9 燃气具生产者应对自行设置的和委托设置的从事燃气具安装和维修企业的从业人员，进行燃气具安装和维修的技术培训，并颁发技术培训合格证明。燃气具生产者应负责对自行设置的安装和维修企业，以及委托设置的安装和维修企业从业人员的安装和维修工作的质量进行监督。

4.10 在燃气具判废年限内，无论生产者转产或停产，均不应解除对燃气具服务的职责。

5 燃气具安装者服务职责

5.1 安装者在燃气具安装、检查、调试后，应填写安装记录单，安装记录单在安装者和用户双方签字后，由安装者和用户分别保存。

5.2 安装者应依据燃气具安装说明书的要求，检查燃气具生产者提供的安装部件的质量情况。

5.3 安装者应依据燃气具安装说明书的规定安装，应在安装后进行检查、调试，检查燃气具安装和排烟是否符合 CJJ 12 的要求。

5.4 安装者有责任对用户进行安全宣传，使消费者了解燃气具使用时燃气泄漏、排烟、接地等可预期风险和可以预期的误使用风险。

6 燃气具维修者服务职责

6.1 燃气具维修者在燃气具判废年限内，应在接到用户报修要求时，对用户燃气具进行维修。

6.2 维修者应在维修前，与消费者电话约定具体检查燃气具的时间。维修者应携带证件，供消费者要求查看时出示。

6.3 燃气具维修完毕后，应填写维修单，并由维修者和消费者双方签字后，由维修者和消费者分别保存。

6.4 维修者应依据维修文件的规定，查明燃气具质量问题的情况。

6.5 维修者在维修中所使用的元器件、零配件等维修备件应符合相应燃气具标准的要求。

6.6 维修者有责任对消费者进行安全宣传，应使消费者了解燃气具修理后再使用时的可预期风险和可以预期的误使用风险。

6.7 燃气具维修者应在 24 h 内接受消费者报修；在接到报修后，应按照其承诺的时限内或者与消费者约定的时间，派人到现场维修；对燃气泄漏的报修，应先行告知消费者需采取的应急措施，并立即派人到现场抢修。

7 消费者的义务

7.1 消费者有责任配合燃气具生产者或燃气具销售者、安装者或维修者的服务工作，对其提出的整改、检修要求应积极参与协助。

7.2 消费者应认真阅读安全宣传材料和燃气具安装及使用技术说明书，并且应按使用技术说明书的规定正确地使用燃气具。

7.3 消费者应认真地按安装技术说明书的规定，提供符合燃气具安装要求的安装场所。

7.4 消费者在发现燃气管道系统或燃气具使用有异常时，应立即关断燃气开关，停止使用燃气具，并及时与相关单位联系取得技术支持和保护。

ICS 67.160.10
X 62

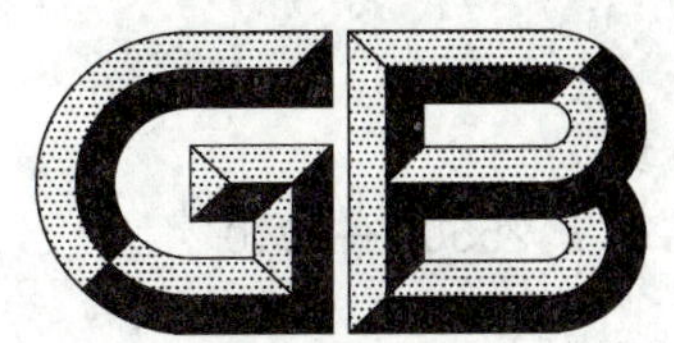

中华人民共和国国家标准

GB/T 25504—2010

2011-01-10 发布　　2011-09-01 实施

中华人民共和国国家质量监督检验检疫总局
中国国家标准化管理委员会　发布

前　言

本标准由全国食品工业标准化技术委员会提出。

本标准由全国酿酒标准化技术委员会归口。

本标准起草单位：中国食品发酵工业研究院、中国农业大学葡萄酒科技发展中心、烟台张裕葡萄酿酒股份有限公司、中法合营王朝葡萄酿酒有限公司、辽宁张裕冰酒酒庄有限公司、辽宁省本溪市质量技术监督局、辽宁省本溪市桓仁县质量技术监督局。

本标准主要起草人：郭新光、黄卫东、李记明、张春娅、郑继成、樊希武、于臣业。

冰 葡 萄 酒

1 范围

本标准规定了冰葡萄酒的术语和定义、要求、分析方法、检验规则、标签标识和包装、运输、贮存。

本标准适用于冰葡萄酒的生产、检验和销售。

2 规范性引用文件

下列文件对于本文件的应用是必不可少的。凡是注日期的引用文件,仅注日期的版本适用于本文件。凡是不注日期的引用文件,其最新版本(包括所有的修改单)适用于本文件。

GB/T 191 包装储运图示标志(GB/T 191—2008,ISO 780:1997,MOD)

GB 2758 发酵酒卫生标准

GB 10344 预包装饮料酒标签通则

GB 15037 葡萄酒

GB/T 15038 葡萄酒、果酒通用分析方法

3 术语和定义

下列术语和定义适用于本文件。

3.1

冰葡萄酒 icewines

将葡萄推迟采收,当气温低于−7 ℃使葡萄在树枝上保持一定时间,结冰,采收,在结冰状态下压榨,发酵,酿制而成的葡萄酒(在生产过程中不允许外加糖源)。

4 产品分类

按颜色分为红冰葡萄酒和白冰葡萄酒。

注:白冰葡萄酒可简称冰葡萄酒。

5 要求

5.1 感官要求

应符合表1的规定。

表 1　感官要求

<table>
<tr><th rowspan="2">项　　目</th><th colspan="2">要　　求</th></tr>
<tr><th>白冰葡萄酒</th><th>红冰葡萄酒</th></tr>
<tr><td>色泽</td><td>浅黄色或金黄色</td><td>棕红色或宝石红色</td></tr>
<tr><td>澄清度</td><td colspan="2">澄清，有光泽，无明显悬浮物(使用软木塞封口的酒允许有少量软木渣，装瓶超过1年的葡萄酒允许有少量沉淀)</td></tr>
<tr><td>香气</td><td colspan="2">具有纯正、丰富、优雅、怡悦、和谐的干果香、蜜香与酒香，品种香气突出，陈酿型的冰葡萄酒还应具有陈酿香或橡木香</td></tr>
<tr><td>口味</td><td colspan="2">圆润丰满、酸甜适口、柔和协调</td></tr>
<tr><td>风格</td><td colspan="2">典型性突出、明确</td></tr>
</table>

5.2　理化要求

应符合表 2 的规定。

表 2　理化要求

<table>
<tr><th colspan="3">项　　目</th><th>要　　求</th></tr>
<tr><td colspan="3">酒精度[a]/(%vol)</td><td>9.0～14.0</td></tr>
<tr><td colspan="2">总糖(以葡萄糖计)/(g/L)</td><td>≥</td><td>125.0</td></tr>
<tr><td colspan="2">干浸出物/(g/L)</td><td>≥</td><td>30</td></tr>
<tr><td colspan="2">蔗糖/(g/L)</td><td>≤</td><td>10</td></tr>
<tr><td colspan="2">挥发酸(以乙酸计)/(g/L)</td><td>≤</td><td>2.1</td></tr>
<tr><td colspan="2">铁/(mg/L)</td><td>≤</td><td rowspan="4">应符合 GB 15037 的规定</td></tr>
<tr><td colspan="2">铜/(mg/L)</td><td>≤</td></tr>
<tr><td rowspan="2">甲醇</td><td>白冰葡萄酒/(mg/L)</td><td>≤</td></tr>
<tr><td>红冰葡萄酒/(mg/L)</td><td>≤</td></tr>
<tr><td colspan="4">[a] 酒精度标签标示值与实测值之差不得超过±1.0%vol。</td></tr>
</table>

5.3　卫生指标

应符合 GB 2758 的规定。

6　分析方法

6.1　感官要求

按 GB/T 15038 检验。

6.2　理化要求

6.2.1　酒精度、总糖、干浸出物、挥发酸、铁、铜、甲醇

酒精度、总糖、干浸出物、挥发酸、铁、铜、甲醇按 GB/T 15038 检验。

6.2.2 蔗糖

6.2.2.1 原理

蔗糖随流动相进入色谱柱，由于蔗糖和其他糖在色谱柱上保留程度不同，达到分离蔗糖与其他各种糖的目的，再通过示差检测器进行检测，通过外标法对样品进行定量测定。

6.2.2.2 仪器和材料

6.2.2.2.1 高效液相色谱仪(配有示差折光检测器和柱恒温系统)。

6.2.2.2.2 色谱柱：氨基键合柱，填料粒径：5 μm；柱尺寸：ϕ4.6 mm×250 mm 或分析效果相类似的其他色谱柱。

6.2.2.2.3 流动相真空抽滤脱气装置及 0.2 μm 或 0.45 μm 微孔膜。

6.2.2.2.4 分析天平：精度 0.1 mg。

6.2.2.2.5 微量进样器：10 μL。

6.2.2.3 试剂和溶液

6.2.2.3.1 乙腈：色谱纯。

6.2.2.3.2 水：二次蒸馏水或超纯水。

6.2.2.3.3 蔗糖标准品：纯度应为 95%以上，用蔗糖标准品在 0.1 mg/mL～1.0 mg/mL 范围内配制 5 个不同浓度的标准液系列。

6.2.2.4 分析步骤

6.2.2.4.1 样液的制备

将试样稀释 10 倍，经 0.45 μm 过滤，待测。

6.2.2.4.2 色谱条件

流动相为乙腈：水＝80：20(体积比)。在测定的前一天接通示差折光检测器电源，预热稳定，安上色谱柱，调柱温至 35 ℃，以 0.1 mL/min 的流速通入流动相平衡过夜。正式进样分析前，将所用流动相输入参比池 20 min 以上，再恢复正常流路使流动相经过样品池，调节流速至 1.0 mL/min，走基线，待基线走稳后即可进样，进样量为 5 μL～10 μL。

6.2.2.4.3 绘制标准曲线

将蔗糖的标准液系列分别进样后，以标样浓度对峰面积作标准曲线。线性相关系数应为 0.999 0 以上。

6.2.2.4.4 样品的测定

将 6.2.2.4.1 制备好的试样进样。根据标准品的保留时间定性样品中蔗糖的色谱峰。根据样品的峰面积，以外标法计算蔗糖的含量。

6.2.2.5 结果计算

样品中蔗糖的含量按式(1)计算，数值以%表示。

$$X_1 = \frac{A_i \times \frac{m_s}{V_s}}{A_s \times \frac{m}{V}} \times 100\% \qquad \cdots\cdots\cdots\cdots (1)$$

式中：

X_1——样品中蔗糖的含量，%；

A_i——样品中蔗糖的峰面积；

m_s——标准品中蔗糖的质量，单位为克(g)；

V_s——标准样品稀释体积，单位为毫升(mL)；

A_s——标准品中蔗糖的峰面积；

m——样品的质量，单位为克(g)；

V——样品的稀释体积，单位为毫升(mL)。

计算结果保留至整数。

6.2.2.6 精密度

在重复性条件下获得的两次独立测定结果的绝对差值应不超过算术平均值的1%。

7 检验规则

7.1 组批

同一生产期内所生产的、同一类别、同一品质，且经包装出厂的、规格相同的产品为同一批。

7.2 抽样

7.2.1 在成品库内随机抽样，抽样单位以瓶计。

7.2.2 每批抽样独立包装不应少于6瓶(总数不少于1 500 mL)。

7.2.3 采样后应立即贴上标签，注明：样品名称、品种规格、数量、制造者名称、采样时间与地点、采样人。将两瓶样品封存，保留两个月备查。其他样品立即送化验室，进行感官、理化和卫生等指标的检验。

7.3 检验分类

7.3.1 出厂检验

7.3.1.1 产品出厂前，应由生产厂的质量监督检验部门按本标准规定逐批进行检验，检验合格，并附上质量合格证明的，方可出厂。产品质量检验合格证明(合格证)可以放在包装箱内，或放在独立的包装盒内，也可以在标签上打印“合格”或“检验合格”字样。

7.3.1.2 检验项目：感官、酒精度、总糖、干浸出物、蔗糖、挥发酸、净含量、总二氧化硫、菌落总数。

7.3.2 型式检验

7.3.2.1 检验项目：本标准中全部要求项目。

7.3.2.2 同一类产品的型式检验每年至少进行一次，有下列情况之一者，亦应进行：

a) 原辅材料有较大变化时；

b) 更改关键工艺或设备时；

c) 新试制的产品或正常生产的产品停产3个月后，重新恢复生产时；

d) 出厂检验与上次型式检验结果有较大差异时；

e) 国家质量监督检验机构按有关规定需要抽检时。

7.4 判定规则

7.4.1 出厂检验项目全部符合标准，判定为合格。

7.4.2 出厂检验项目如有一项或一项以上不合格时，应重新自同批产品中抽取两倍量样品进行复检，复检结果如仍不符合标准，判该批产品为不合格。

7.4.3 形式检验项目全部符合标准，判定为合格。

7.4.4 形式检验项目如有一项或一项以上不合格时，可取备样进行复检，复检结果如仍不符合标准，判该批产品为不合格。

8 标签标识

8.1 预包装冰葡萄酒标签除按 GB 10344 的规定外，还宜标示含糖量。

8.2 外包装纸箱上除标明产品名称、制造者（或经销商）名称和地址外，还应标明单位包装的净含量和总数量。

8.3 包装储运图示标识应符合 GB/T 191 的要求。

9 包装、运输、贮存

9.1 包装

9.1.1 包装材料应符合食品卫生要求。

9.1.2 包装容器应清洁，封装严密，无漏酒现象。

9.1.3 外包装应使用合格的包装材料，并符合相应的标准。

9.2 运输、贮存

9.2.1 用软木塞封装的酒，在贮运时应“倒放”或“卧放”。

9.2.2 运输和贮存时应保持清洁，避免强烈振荡、日晒、雨淋，防止冰冻，装卸时应轻拿轻放。

9.2.3 存放地点应阴凉、干燥、通风良好；严防日晒、雨淋；严禁火种。

9.2.4 成品不得与潮湿地面直接接触；不得与有毒、有害、有异味、有腐蚀性物品同贮同运。

9.2.5 运输温度宜保持在 5 ℃～35 ℃；贮存温度宜保持在 5 ℃～25 ℃。

ICS 47.020
U 15

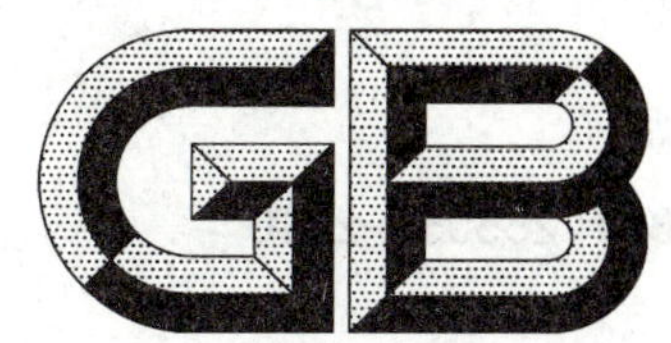

中华人民共和国国家标准

GB/T 25505—2010

海洋渔业船舶系泊、航行及捕捞试验通则

General provisions for programming mooring, sea trials and fishing of sea going fishery vessel

2011-01-10 发布　　　　2011-07-01 实施

中华人民共和国国家质量监督检验检疫总局
中国国家标准化管理委员会　发布

前　言

本标准的附录 A、附录 B 为资料性附录。

本标准由中华人民共和国农业部提出。

本标准由全国渔船标准化技术委员会(SAC/TC 157)归口。

本标准起草单位:中华人民共和国山东渔业船舶检验局、中华人民共和国渔业船舶检验局。

本标准主要起草人:于怒涛、魏广东、宁乾冰、姜朋乐、赵景涛、史本建、张华忠、李瑞华。

海洋渔业船舶系泊、航行及捕捞试验通则

1 范围

本标准规定了海洋渔业船舶(以下简称渔船)系泊、航行及捕捞试验的一般要求、试验条件、试验项目及方法。

本标准适用于新建造的船长不小于 24 m 的柴油机动力渔船,其他船舶可参照执行。

2 一般要求

2.1 新建渔船的试验应在满足本标准规定的试验条件时进行。

2.2 首制渔船航行试验前应进行倾斜试验,其倾斜试验报告和完工稳性计算书应经验船部门批准。航行试验应在消除了系泊试验中发现的故障、缺陷后进行。

2.3 每一船厂建造的同型第一艘或第一对捕捞作业渔船,应进行捕捞试验;捕捞试验应在消除了航行试验中发现的故障、缺陷后进行。

2.4 每个项目的试验结果应符合适用的规则、规范和标准的要求。

2.5 试验中使用的测试设备和仪器应经国家质检部门检定合格,并在有效期内。

3 系泊试验

3.1 锚装置及锚机试验

3.1.1 试验条件

具备以下条件方可进行锚装置及锚机试验:

a) 锚机及其系统、锚链、锚、弃链器、止链器、摩擦鼓轮等安装合格;

b) 安全阀、减压阀及过载保护校验合格。

3.1.2 试验项目

3.1.2.1 锚机空载运转试验

3.1.2.1.1 液压锚机进行正、倒车全速连续运转 30 min,试验时每隔 5 min 正、倒车变换一次,观察传动装置及各运转部件有无异常发热及敲击现象,检查液压系统的工作情况。

3.1.2.1.2 电动锚机进行正、倒车连续运转各 15 min,观察运转部件有无异常发热和敲击现象,检查电气控制设备各档调速和电磁制动器是否可靠,对防水型电动机尚应检查放水孔和空间加热器的工作情况,如为直流电动机尚应检查其换向情况。

3.1.2.1.3 机械式锚机连续运转 30 min,运转中离合五次,观察各运转部件及传动装置有无异常发热和振动现象。

3.1.2.1.4 人力起锚机做人力转动试验,检查各转动部件的工作情况。

3.1.2.2 锚设备的效用试验

3.1.2.2.1 将锚分别抛出,在抛锚过程中用制动器刹车两次,然后用锚机将锚收起,检查离合器操纵的方便性、刹车装置工作是否可靠,以及锚链和卸扣通过锚链筒、止链器和链轮的情况,锚链在链轮上应无跳链和扭曲现象;并检查止链器位置是否正确以及锚收回后锚爪与船壳的贴合情况。

3.1.2.2.2 检查锚链冲水装置的工作情况。

3.1.2.2.3 检查应急人力起锚装置的效能。试验时将锚及锚链拉起的长度应大于 2 m。

3.1.2.2.4 在每根锚链装入锚链舱时，检查锚链标记及其末端系固情况并做弃锚装置脱钩试验；锚链收起后检查在锚链舱内的堆放情况。

3.1.2.2.5 机械式起锚机检查卷索滚筒的工作情况。

3.1.2.2.6 对于人力起锚装置，检查起锚的效能，有条件时测量在操纵手柄上施加的力。

3.1.3 试验记录

试验记录内容及表格如下：

a) 电动锚机试验时应记录空载各档的转速、起动电流、工作电流和电压，试验前后，分别测量记录电动机及电气控制装置的冷、热态绝缘电阻；
b) 液压锚机试验时，应记录转速和工作压力；
c) 试验记录报告格式参见表 A.1、表 A.2。

3.2 舵装置及舵机试验

3.2.1 试验条件

具备以下条件方可进行舵装置及舵机试验：

a) 舵机及操舵系统安装完好；
b) 液压系统的溢流阀、缓冲阀、程序阀等按技术要求调试完毕；
c) 安全阀校验合格；
d) 操舵装置的报警系统模拟试验(包括动力源失电、断相、过载、控制电源失电、油泵失压、油柜低液位等)合格。

3.2.2 试验项目

3.2.2.1 电动、电动液压或柴油机驱动(简称机带)液压舵机应进行不少于 30 min 的空载运转试验，并做如下检查：

a) 检查舵角指示器与舵叶之间的误差，检查时自中间位置向两舷转舵，舵角每增加 5°核对一次，并作记录。误差值要求如下：
   1) 舵机实动角 0°时，不得超过 0.5°；
   2) 舵机实动角 0°～5°时，不得超过 1.0°；
   3) 舵机实动角 5°～35°时，不得超过 1.5°。
b) 检查舵角电气限位器动作及机械限位器安装位置的正确性。

3.2.2.2 电动、电动液压或机带液压操舵装置应进行连续操舵试验，试验要求如下：

a) 试验时每路电源、每套控制系统及每套动力源均应连续使用不少于 30 min；
b) 试验时检查操舵装置的电气设备、液压泵及液压系统的工作情况，检查电动机的换向(对直流电动机)、轴承温升及振动情况，检查液压泵等主要元件是否有异常响声及液压系统有无泄漏现象；
c) 连续操舵试验时应在 0°→左(右)35°→0°→右(左)35°→0°交替进行，并应不小于 10 个循环。试验时，初步测定自一舷 35°转至另一舷 30°所需时间。

3.2.2.3 电动或电动液压舵机应在驾驶室和舵机室分别作操舵效用试验。

3.2.2.4 机带液压舵机应进行各机带液压泵的转换试验。

3.2.2.5 如设有辅助操舵装置时，应进行主辅操舵装置转换试验，并以辅助操舵装置进行操舵 15 min。

3.2.2.6 对有独力应急电源的舵机，应进行应急电源操舵试验、自动起动及自动供电试验。

3.2.2.7 人力操舵装置左、右满舵试验各操作三次，舵叶自 0°至右(左)满舵，舵轮圈数应符合设计要求，一般不超过八圈。

3.2.3 试验记录

试验记录内容及表格如下：

a) 电动或电动液压舵机连续试验时应记录电动机的起动电流、工作电流、电压、转速，测量记录电动机、电气控制设备的冷、热态绝缘电阻，测量记录液压缸的油压等，对于机带液压舵机尚应记录发动机转速；

b) 试验记录报告格式参见表 A.3。

3.3 渔捞机械试验

3.3.1 试验条件

具备以下条件方可进行渔捞机械试验：

a) 渔捞机械设备安装合格；

b) 液压系统的溢流阀、缓冲阀、程序阀等按技术要求调试完毕，安全阀校验合格。

3.3.2 试验项目

3.3.2.1 空载运转试验

3.3.2.1.1 各种渔捞机械正、倒车连续运转各 30 min，试验过程中离合、换向各三次，检查各运动部件及轴承温度是否正常；绞机排绳器的离合、运行、自动换向是否灵活、平稳。

3.3.2.1.2 液压渔捞机械在试验过程中应检查各档转速、压力及液压系统中各元件是否有异常振动、噪声和泄漏现象。

3.3.2.1.3 电动渔捞机械在试验过程中应检查电动机的调速(对直流电动机)和制动是否可靠。

3.3.2.1.4 机械式渔捞机械应检查各传动和运转部件的工作情况。

3.3.2.1.5 安全保护装置、报警装置做模拟试验。

3.3.2.2 负荷试验

3.3.2.2.1 起网机应做额定负荷起网试验，条件受限制时，允许用吊重试验代替。

3.3.2.2.2 绞机应按额定负荷进行绞收钢索试验，条件受限制时允许用其他有效的方法加载试验。

3.3.2.2.3 电动与机械式绞机的负荷试验允许用吊重法，但当负荷大于吊杆的安全工作负荷时应采取有效的安全措施或用其他设备替代。

3.3.2.2.4 液压式绞机允许用其制动装置刹车加载试验，试验三次，每次停留时间不超过 2 min。应检查在额定负荷工况下绞机工作情况是否符合要求。

3.3.3 试验记录

试验记录内容及表格如下：

a) 电动渔捞机械应记录各档转速、起动电流、各档工作电流及电压，测量记录电动机及电气控制设备的冷、热态绝缘电阻；

b) 液压式渔捞机械应记录工作压力及转速、负荷试验前后油温；

c) 试验结束后测量记录各轴承温度；

d) 试验记录报告格式参见表 A.4。

3.4 起重设备试验

3.4.1 试验条件

起重设备安装合格。

3.4.2 试验项目

3.4.2.1 吊杆装置或吊杆式起重机的试验

3.4.2.1.1 每台绞车应在空载情况下做 30 min 正、倒车试验，试验时每隔 5 min 正、倒车变换一次。

3.4.2.1.2 每根吊杆在吊重试验前进行升、降动作试验，检查吊杆升降装置是否可靠。

3.4.2.1.3 试验时，吊杆应处于设计规定的仰角位置，试验负荷为安全工作负荷(SWL)的 1.25 倍，安全工作负荷(SWL)的确定参见附录 B。

3.4.2.1.4 将吊杆调整到设计的角度，使用经过称重或具有质量证明的重物悬挂于吊钩或吊具上，吊离甲板一定高度，保持悬挂时间不少于 5 min。

3.4.2.1.5　慢速升、降重物，并进行制动试验。制动试验在负荷下降 3 m 距离时进行，试验不少于两次。

3.4.2.1.6　将吊杆连同试验负荷在设计所允许的最大角度向左、右两舷方向慢慢回转或摆动，不少于两次。

3.4.2.1.7　吊杆连同试验负荷进行缓慢变幅操作，不少于两次，变幅范围应不超过设计规定。

3.4.2.1.8　吊杆装置或吊杆式起重机如设有负荷指示器或超负荷保护装置则应进行校核或动作试验。

3.4.2.1.9　试验后应检查吊杆、卸扣、眼板、钢索、滑轮、吊钩等是否有异常磨损及变形情况。

3.4.2.2　人字形吊杆的试验

3.4.2.2.1　装有动力滑车的人字形吊杆，应在动力滑车上加挂相当于 1.25 倍安全工作负荷(SWL)重物的情况下做变幅试验不少于两次，变幅过程中应急停两次。

3.4.2.2.2　试验后应检查吊杆、钢索等是否有异常变形或损坏。

3.4.2.3　起重机的试验

3.4.2.3.1　每台起重机应按 3.4.2.1.3 规定的试验负荷进行试验。

3.4.2.3.2　负荷试验前，应进行变幅、回转、制动、仰角限位的空载试验，对可行走的起重机应进行空载行走试验，检查起重机系统是否处于有效的工作状态。

3.4.2.3.3　试验应使用具有质量证明的重物。臂架应放置在设计的最大臂幅位置。试验时将重物悬挂于吊钩或者吊具上进行，重物吊离甲板后保持悬挂时间不少于 5 min。

3.4.2.3.4　重物悬挂时，起吊稳定后应无明显下滑移动。

3.4.2.3.5　重物悬挂试验后，起重机应在试验负荷下进行慢速起升、回转和变幅试验。同时还应进行起升、回转和变幅机构的制动试验，可行走的起重机尚应在试验负荷下进行慢速全程行走试验。

3.4.2.3.6　对具有不同臂幅对应不同安全工作负荷的起重机，一般应在各个不同臂幅对应的各个试验负荷下进行试验，对要求减少中间臂幅试验负荷的试验，应予以特别考虑。

3.4.2.3.7　对有超负荷保护装置、超力矩保护装置的，应进行动作试验。

3.4.2.3.8　液压起重机如无法起升全部试验负荷时，可适当减少试验负荷进行试验，但在任何情况下所采用的试验负荷应不少于 1.1 倍安全工作负荷(SWL)。

3.4.2.3.9　起重机经超负荷试验后，应进行安全工作负荷下的操作试验，试验起升、回转和变幅的各档运转速度以表明运转情况、超负荷效能、负荷指示器和限位器等均处于良好工作状态。

3.4.2.3.10　起重机试验后，应进行全面检查是否有变形或其他缺陷存在。

3.4.2.4　门桅的试验

3.4.2.4.1　门桅的试验负荷为 1.25 倍安全工作负荷(SWL)，除按 3.4.2.1.4、3.4.2.1.5 试验外，尚应将吊起的试验负荷以设计所允许的最大角度或以实际作业时的角度向船首、尾方向作摆动试验往复三次。

3.4.2.4.2　试验后应检查各部件有无永久变形及损坏现象。

3.4.2.5　天索吊的试验

3.4.2.5.1　试验负荷按 3.4.2.1.3 的规定。

3.4.2.5.2　试验前，应检查天索、滑车、吊钩、转环等设备是否处于有效的工作状态。

3.4.2.5.3　试验所使用的重物应具有质量证明。将重物悬挂于吊钩上，重物吊离甲板后，保持悬挂时间不少于 5 min。

3.4.2.5.4　保持悬挂试验认为合格后，尚应进行慢速升降重物及绞车的制动试验。

3.4.2.5.5　按设计要求做重物的移动和摆动试验。

3.4.2.5.6　试验完毕后，应全面检查各部件是否有变形或其他缺陷存在，不允许出现永久变形或损伤。

3.4.2.6　工作艇收放试验

工作艇收放试验参照 3.6 的规定进行。

3.4.2.7 标记

试验结束后，应将安全工作负荷(SWL)(参见附录B)醒目地标在起重设备上。

3.4.3 试验记录

试验记录内容及表格如下：

a) 测量并记录各起重绞车空载试验时的各档转速、起动电流和工作电流；

b) 测量并记录液压泵工作压力、液压泵和液压马达的转速；

c) 测量并记录电动机的转速及工作电流、电压，测量并记录电动机及控制设备的热态绝缘电阻值；

d) 试验记录报告格式参见表A.4～表A.7。

3.5 系缆装置试验

3.5.1 试验条件

系缆装置安装合格。

3.5.2 试验项目

3.5.2.1 系缆机做空载运转试验。

3.5.2.2 电动系缆机中速正、倒车运转至少15 min(交流电动机按工作定额进行)，试验过程中正、倒车每隔1 min变换一次。

3.5.2.3 液压系缆机全速正、倒车连续运转至少30 min，试验过程中正、倒车每隔3 min变换一次。

3.5.2.4 检查各运动部件应无异常发热，液压系统应无泄漏；检查电动机及电气控制设备的工作情况。

3.5.3 试验记录

试验记录内容及表格如下：

a) 测量记录液压泵工作压力、液压泵和液压马达的转速；

b) 记录电动机启动电流、工作电流、电压及转速；

c) 记录电动机、控制设备的冷、热态绝缘电阻值；

d) 试验记录报告格式参见表A.4。

3.6 救生设备试验

3.6.1 试验条件

救生设备的布置、安装、种类和数量，应符合设计图样要求。

3.6.2 试验项目

3.6.2.1 救生艇和救助艇收放试验

3.6.2.1.1 每艘新的吊架降落式救生艇和救助艇，加载至最大工作负荷的1.1倍，通过释放装置将其释放下水，艇放到接近水面时，试验其脱钩装置，进行艇推进装置的起动运转试验。

3.6.2.1.2 对自由降落式救生艇，应加载至最大工作负荷的1.1倍，在船舶正浮及最轻载航行水线的状态下，将其安全降落下水。

3.6.2.2 救生艇和救助艇收放装置试验

3.6.2.2.1 艇绞机空载运转不少于30 min，工作应正常。

3.6.2.2.2 吊艇架转出舷外试验：试验每副吊艇架，在船舶正浮状态下，当艇载有艇员相当重量(一般为四人，每人按82.5 kg计)时，能按照放艇操作程序，操纵艇绞机将艇转出舷外。

3.6.2.2.3 满载试验：艇满载额定乘员及属具的代替荷重(质量分布应均匀，每人按82.5 kg计)，操纵甲板上的降放控制器将其释放。

3.6.2.2.4 加载降落试验(仅指制动器)：在正常满载基础上，再加上10%的负荷，操纵甲板上的降放控制器将其降落。当达到最大降落速度时，进行紧急制动。

3.6.2.2.5 检查并试验降落装置的手动与电动联锁装置，确认手动和遥控降落装置处于有效状态。

3.6.2.2.6 回收试验：艇装置和艇绞机进行回收艇的试验，按操作程序将艇回收到存放位置。检查吊艇架、吊艇索的复原情况及限位开关、联锁装置动作是否可靠。

3.6.2.2.7 对艇筏降落站和登乘处所由应急电源供电的应急照明及弃船警报系统进行效用试验。

3.6.2.2.8 露天设置的艇绞机制动器，在进行上述试验时，应在制动器上洒水，以试验在不良天气情况下的工作是否可靠。

3.6.2.2.9 手动放艇装置做效用试验，检查其工作是否可靠。

3.6.3 试验记录

试验记录内容及表格如下：

a) 记录船舷与救生艇中部舷边缘之间的距离、试验负荷、降落及回收艇的速度；

b) 测量记录艇绞机的起动电流、工作电流及冷、热态绝缘电阻值；

c) 测量记录艇绞机降落回收救生艇、救助艇的速度；

d) 试验记录报告格式参见表 A.8。

3.7 舷梯装置试验

3.7.1 试验条件

舷梯装置安装应符合设计图样的要求。

3.7.2 试验项目

3.7.2.1 舷梯强度试验：舷梯强度试验时，舷梯和水平线夹角不超过 60°。在单数踏步放置 150 kg 负荷或每一踏步放置 75 kg 负荷及下平台上放置 150 kg 负荷，在上平台放置 300 kg 负荷，放置 15 min 后卸去负荷，舷梯应无永久变形、裂纹及卡住现象，舷梯各旋转部分仍应转动灵活。

3.7.2.2 舷梯收放翻梯试验：进行空梯的翻梯、放下、吊起试验三次，同时检查舷梯翻转装置收放的灵活性及限位开关和制动器工作是否可靠。

3.7.3 试验记录

试验记录内容及表格如下：

a) 试验时记录电动机电流、电压、转速；

b) 试验后测量记录电动机及其控制设备的冷、热态绝缘电阻值；

c) 试验记录报告格式参见表 A.9。

3.8 门、窗、舱口盖及其他开口的关闭装置试验

3.8.1 试验条件

具备以下条件方可进行门、窗、舱口盖及其他开口装置试验：

a) 各门、窗、舱口盖及其他开口装置的布置、安装应符合设计图样的要求；

b) 试验时，若外界气温低于 0 ℃，应采取适当的防冻措施。

3.8.2 试验项目

3.8.2.1 冲水试验

3.8.2.1.1 对干舷甲板上的水密舱口及舱口盖、机舱天窗、第一层甲板室的风雨密门、窗及其他开口的关闭装置，非液舱壁水密门及其他开口关闭装置做冲水试验。

3.8.2.1.2 试验用水枪喷嘴直径应不小于 16 mm，水柱高度应不小于 10 m，喷嘴距被试部位应不大于 3 m。试验时将水枪从外面垂直对准被试的接缝和手柄处喷射，对垂直接缝应自下而上喷射。检查被试部位的反面，不应有渗漏现象。

3.8.2.2 淋水试验

3.8.2.2.1 根据设计要求，对指定的门、窗、舱口盖做淋水试验。

3.8.2.2.2 试验时向试件外侧淋水，使自由降落的水滴淋到门、窗、盖的接缝处，持续时间 3 min，内侧不得有渗漏现象。

3.8.2.3 水密门启闭效用试验

3.8.2.3.1 绞链门效用试验：分别在隔堵两侧进行启闭效用试验。

3.8.2.3.2 手动滑动门效用试验：在船舶处于正浮状态时进行。用手动装置使门完全关闭，并测定其所需的时间。

3.8.2.3.3 动力操纵滑动门效用试验：用每组独立的动力源，分别进行启闭所有控制门的试验。试验时在门的两侧及总控制站，分别进行启闭试验，同时检查声响警报器工作是否正常。如用液压操纵时，应试验每一动力源所属的泵在 60 s 内关闭各扇门的可能性，并连续做三次启闭试验(即关闭—开启—关闭)。如装有手动装置，尚需做手动启闭的效用试验三次。

3.8.2.4 防火门关闭装置的效用试验

检查防火门在其两侧启闭的方便性及门框的吻合情况，然后进行自动关闭的效用试验或自动关闭和失火报警联合动作试验。自闭式防火门，除经常关闭者外，应能由控制站及门处脱开。同时当脱开机构的控制系统失灵时，门能否自动关闭。

3.8.2.5 其他开口的启闭试验

3.8.2.5.1 在机舱天窗内侧做启闭试验；在其外侧做关闭试验。检查其操纵的方便性。

3.8.2.5.2 各种水密舱口盖做启闭效用试验，检查其工作是否可靠及使用的方便性。

3.8.3 试验记录

试验记录内容及表格如下：

a) 记录试验部位、方法、相应的试验要求和试验结果；

b) 试验记录报告格式参见表 A.10。

3.9 探火及失火报警系统试验

3.9.1 试验条件

具备以下条件方可进行探火及失火报警系统试验：

a) 探测器的分区、布置及安装应符合设计图样要求；

b) 系统的控制板及报警信号指示装置布置、安装合格。

3.9.2 试验项目

3.9.2.1 系统电源故障报警功能进行模拟效用试验，系统电源出现故障时应自动发出同火灾报警信号有明显区别的声光故障信号。

3.9.2.2 系统主电源与应急电源自动转换功能进行模拟效用试验。

3.9.2.3 安装有感温、感烟或紫外火焰探测器的处所，对各探测器进行人工模拟效用试验。如果在 2 min内报警信号未引起注意，则应向所有船员起居处所和服务处所、控制站及 A 类机器处所发出声响警报。

3.9.2.4 抽烟式探火系统的取样风机进行不少于 30 min 的效用试验。检查风机及电动机运转时是否有异常振动及发热现象。

3.9.2.5 抽烟式探火系统的取样风机做转换动作试验。取样管路压缩空气冲洗装置做效用试验。

3.9.2.6 各手动报警按钮进行动作试验。

3.9.3 试验记录

试验记录内容及表格如下：

a) 效用试验后，测量记录控制设备、报警装置的热态绝缘电阻；

b) 试验记录表格式参见表 A.11。

3.10 灭火系统试验

3.10.1 试验条件

具备以下条件方可进行灭火系统试验：

a) 各系统的布置、安装应符合设计图样的要求；

b) 各系统管路经密性试验合格；

c) 安全阀校验合格。

3.10.2 试验项目

3.10.2.1 水灭火系统试验

3.10.2.1.1 消防泵和应急消防泵在最大设计参数下分别进行运转试验30 min,检查是否有异常振动及发热现象。

3.10.2.1.2 每一台消防泵以及应急消防泵分别运转,检查管路的畅通性及各处消防栓的压力。

3.10.2.1.3 两台消防泵同时工作,从任何相邻的消防栓用规定的水枪输送消防水,切换水枪喷射型式三次,对船长大于或者等于45 m的船舶,在每一消防栓处最小压力应不小于0.25 MPa;对船长小于45 m的船舶,在每一消防栓处最小压力可为0.20 MPa。试验时一般选最高和最远的相邻消防栓来进行试验。

3.10.2.1.4 消防泵如兼用于泡沫灭火系统、自动喷水系统以及船上其他用水的消防系统时,上述试验应在各系统同时工作时进行。

3.10.2.1.5 如应急消防泵的驱动动力为柴油机,则应对该柴油机做起动试验。

3.10.2.2 二氧化碳灭火系统试验

3.10.2.2.1 各舱室二氧化碳施放管,分别以压缩空气做畅通性试验,检查各喷头的畅通情况。

3.10.2.2.2 进行二氧化碳施放机构及报警装置动作试验,测定二氧化碳施放预报警的时间。

3.10.2.2.3 检查二氧化碳站室内通讯工具的性能。

3.10.2.3 机器处所固定式高倍泡沫灭火系统试验

3.10.2.3.1 进行送风效用试验时间不少于30 min,检查风机是否有异常发热和振动现象。检查各喷射口的风量是否均匀有效。

3.10.2.3.2 泡沫发生器的风机应进行当供水发生故障时自动停止运转的效用试验。

3.10.2.3.3 检查输送管路上的手动或自动挡板,自动挡板应能转换到手动操纵,进行动作试验。

3.10.2.4 压力水雾系统试验

3.10.2.4.1 检查各喷嘴的水雾情况及在该处所的分布是否均匀有效。

3.10.2.4.2 任意选择一个喷嘴做压力试验,检查其出水率。

3.10.2.4.3 检查供水泵自动投入工作是否可靠。

3.10.2.4.4 检查防止喷嘴被水中的杂质或管路、喷嘴、阀门和水泵的锈蚀物所阻塞的措施是否有效。

3.10.2.5 自动喷水系统试验

3.10.2.5.1 检查供水泵自动投入工作是否可靠。

3.10.2.5.2 进行失火报警和自动喷淋系统的动作试验。

3.10.2.5.3 分别使用主电源及应急电源进行效用试验,检查此两种电源的转换开关操作的灵活性和是否可靠。同时检查指示自动喷水系统的声光信号的效用情况。

3.10.3 试验记录

试验记录内容及表格如下:

a) 测量记录电动消防泵的电动机在效用试验前后的冷、热态绝缘电阻值;
b) 测量各控制设备、报警装置在效用试验后的热态绝缘电阻值;
c) 试验记录报告格式参见表A.11、表A.12、表A.36。

3.11 舱底系统及油污水滤油设备试验

3.11.1 试验条件

具备以下条件方可进行舱底系统及油污水滤油设备试验:

a) 舱底水系统按图样安装完整,密性试验合格;
b) 舱底水吸口处止回阀应灵活、有效,吸口高度应符合要求;
c) 舱底已进行清洁。

3.11.2 **试验项目**

3.11.2.1 **舱底系统试验**

3.11.2.1.1 各舱底泵在最大设计参数下进行排水效用试验，时间不少于 30 min。电动机、泵及管路应无异常发热、泄漏和敲击等现象。

3.11.2.1.2 各污水井注水，用舱底泵分别将其排除，做向舷外排水的试验，要求排水畅通。检查当一台泵进行舱底排水，另一台泵同时进行另一用途工作时是否能正常工作。

3.11.2.1.3 舱底水应急吸口进行效用试验。

3.11.2.1.4 如设有污水水位报警器装置，按设计要求进行调整，做报警效用试验。

3.11.2.1.5 舱底泵设有自动起动控制时，应进行自动起动模拟试验。

3.11.2.2 **油污水滤油设备效用试验**

3.11.2.2.1 试验前，向机舱舱底注入含油量为 1% 的试验用油水混合物。

3.11.2.2.2 试验时间应根据滤油设备型式确定，一般应不小于 1 h。试验时设备应无异常发热、振动等现象。

3.11.2.2.3 滤油设备的自动控制做三次效用试验，并同时检查警报器的工作效能。滤油设备的自动排放按设计要求进行试验。当污水经过过滤设备后其含油量大于 15 mg/L 时，应发出声光报警。设有自动停止排放功能的过滤设备，应检查其功能是否可靠及准确性。

3.11.2.2.4 试验过程中，对过滤后的水每隔 15 min 进行取样分析，检查其含油量，应满足有关规定。

3.11.3 **试验记录**

试验记录内容及表格如下：

a) 各舱底泵进行试验时应记录电动机的起动电流及工作电流；

b) 试验后测量并记录各电动机及控制设备的冷、热态绝缘电阻值；

c) 滤油设备效用试验中，应测量记录分离后水的含油量；

d) 试验记录报告格式参见表 A.12、表 A.13、表 A.14。

3.12 **压载系统试验**

3.12.1 **试验条件**

具备以下条件方可进行压载系统试验：

a) 各压载舱空气管已安装验收，并畅通；

b) 压载系统安装完整，密性试验合格；

c) 系统内各阀件灵活，操纵系统工作可靠。

3.12.2 **试验项目**

3.12.2.1 压载泵在设计最大参数下进行运转试验，时间不少于 30 min。检查电动机、泵及管路，应无异常发热、泄漏和敲击等现象。

3.12.2.2 结合泵的运转试验，对各压载舱进行注水和排水效用试验。首制船舶试验时，应记录压载舱注满及排空所需的时间。同时将水从一舱驳到另一舱进行转驳试验，检查压载系统转驳的方便性。各压载舱在排空水后测量舱内残水深度，一般应不超过 50 mm。

3.12.2.3 用模拟或实船压载水舱放水的方法，对压载水舱的液位指示器进行动作试验，检查低位、中位和高位等位置的正确性，并核对与操纵台指示板上指示的一致性。

3.12.3 **试验记录**

试验记录内容及表格如下：

a) 各压载泵进行试验时应记录电动机的起动电流及工作电流；

b) 试验后测量并记录各电动机及控制设备的冷、热态绝缘电阻值；

c) 试验记录报告格式参见表 A.12、表 A.13。

3.13 供水及甲板疏排水系统试验

3.13.1 试验条件

具备以下条件方可进行供水及甲板疏排水系统试验：

a) 各供水系统的管路及设备安装完好，并密性试验合格；

b) 各水柜清洗完毕；

c) 各压力水柜的水位及各水泵的控制调整完毕。

3.13.2 试验项目

3.13.2.1 按设计图样要求的压力调整海水压力柜、淡水压力柜、热水柜、饮水柜的安全阀起跳压力。试验时，用泵向压力柜供水，当压力柜的压力达到规定的起跳压力时，压力柜的安全阀应打开，试验三次。

3.13.2.2 按设计图样要求，调整各压力水柜的压力继电器、温度调节器，并进行效用试验。

3.13.2.3 供水系统各个泵进行不少于30 min的效用试验，检查供水系统向全船各处的供水情况以及电动机运转是否有异常振动及发热现象。

3.13.2.4 甲板疏排水进行效用试验。各排水管和泄水管从船内开口端进行灌水时，各管的泄、排水应流畅。船舷防浪阀的甲板强制关闭装置也应进行效用试验。

3.13.3 试验记录

试验记录内容及表格如下：

a) 试验后做好各安全阀起跳压力记录；

b) 试验后记录各水柜自动控制泵起动和停止时的压力；

c) 各泵进行试验时应记录电动机的起动电流及工作电流；

d) 试验后测量并记录各电动机及控制设备的冷、热态绝缘电阻值；

e) 试验记录报告格式参见表A.12、表A.13、表A.15。

3.14 卫生排泄系统和生活污水处理系统试验

3.14.1 试验条件

具备以下条件方可进行卫生排泄系统和生活污水处理系统试验：

a) 系统的管路安装完整，密性试验合格；

b) 生活污水处理系统安装合格。

3.14.2 试验项目

3.14.2.1 向大便池和小便池中注水，当打开通往生活污水处理装置的控制阀时，应能将水排至生活污水处理装置；当打开通往舷外的控制阀时，应能将水排至舷外，以试验卫生排泄系统的畅通性。

3.14.2.2 高低位报警装置试验。往污水处理装置内加水至设计规定的高位时，液位装置应能报警，然后放水，使水位下降，此时应停止报警。当放水至设计规定的低水位时，液位报警装置再次报警，试验三次。

3.14.2.3 排放泵在箱体水位处于中水位时，自动起动向外排水，在水位至设计规定的低水位时，应能自动停止工作，试验各两次。

3.14.2.4 系统中各泵进行运转试验的时间不少于30 min。检查电动机、泵及管路是否有异常发热、泄漏、敲击等现象。

3.14.3 试验记录

试验记录内容及表格如下：

a) 各泵进行试验时应记录电动机的起动电流及工作电流；

b) 试验后测量并记录各电动机及控制设备的冷、热态绝缘电阻值；

c) 试验记录报告格式参见表A.12、表A.13。

3.15 通风系统试验

3.15.1 试验条件

具备以下条件方可进行通风系统试验：

a) 通风设备及系统安装合格；

b) 各通风舱室施工完毕。

3.15.2 试验项目

3.15.2.1 各通风机进行效用试验，时间应不少于30 min，检查风机及其电动机的运转情况和风道(管)情况，应无异常振动及过热现象。风闸及风门的启闭应可靠，风道各出口的布风应均匀。

3.15.2.2 机舱、居住舱室通风系统及风机控制装置做效用试验两次。主要进出风口关闭装置以及机舱通风筒(管)、烟囱、百叶窗等透气开口的关闭装置，进行关闭效用试验。

3.15.2.3 蓄电池室或二氧化碳室如设有通风机及联锁装置时，应进行效用试验。

3.15.2.4 应急切断装置进行效用试验。

3.15.3 试验记录

试验记录内容及表格如下：

a) 风机进行效用试验时，应记录其电动机的起动电流及工作电流；

b) 试验后测量并记录风机电动机及控制设备的冷、热态绝缘电阻值；

c) 试验记录报告格式参见表A.12、表A.16、表A.36。

3.16 空气压缩机和压缩空气系统试验

3.16.1 试验条件

具备以下条件方可进行空气压缩机及压缩空气系统试验：

a) 空气压缩机及压缩空气系统的布置和安装合格；

b) 压缩空气系统(包括空气瓶)气密试验合格。

3.16.2 试验项目

3.16.2.1 校验压缩空气系统各安全阀开启压力。空气瓶安全阀的开启压力应不高于工作压力的1.1倍，且不超过设计压力，关闭压力应不低于工作压力的0.85倍。做效用试验三次。减压阀按设计图样规定的压力进行调整。

3.16.2.2 主、辅空气压缩机做1 h效用试验，检查空气压缩机在运转时是否有敲击声和异常发热现象。测定所有主空气压缩机同时向主机起动空气瓶充气时，由大气压力升至所规定额定工作压力所需的时间，应不超过1 h。

3.16.2.3 空气压缩机自动控制装置做效用试验，其动作值应符合设计要求。

3.16.2.4 如设有应急空气压缩机，且由手起动的柴油机或其他有效的装置驱动时，应进行效用试验，包括原动机的起动及对空气瓶的初始充气试验。

3.16.2.5 压缩空气吹洗管进行对海水箱格栅的吹洗效用试验。

3.16.2.6 汽笛进行效用试验。

3.16.2.7 其他由压缩空气系统提供动力源的动作进行效用试验三次。

3.16.3 试验记录

试验记录内容及表格如下：

a) 试验时应测量记录电动机起动电流和工作电流；

b) 测量记录电动机及其控制设备的冷、热态绝缘电阻值；

c) 试验记录报告格式参见表A.12、表A.17。

3.17 滑油、燃油及冷却系统试验

3.17.1 试验条件

具备以下条件方可进行滑油、燃油及冷却系统试验：

a） 系统管系按设计图样要求进行安装，并经密性试验合格；

b） 泵与电机的安装质量经检验认可。

3.17.2 试验项目

3.17.2.1 冷却系统的高温报警装置进行模拟试验，滑油系统的高温及低压报警装置进行模拟试验。

3.17.2.2 滑油泵及滑油系统、燃油低压输送泵和驳运泵及燃油管系，及海、淡水冷却泵、冷却系统等在最大设计参数下进行时间不少于30 min的效用试验，试验时检查泵及电动机的运动部件是否有异常发热、泄漏、敲击等现象。

3.17.2.3 各系统主、备用泵做转换试验，应灵活可靠。

3.17.2.4 检查海、淡水冷却系统应急转换装置是否可靠。

3.17.2.5 油柜上的速闭阀及燃油泵的舱室外应急切断装置做效用试验。

3.17.2.6 进行手动燃油驳运泵的效用试验（如设有时）。

3.17.2.7 厨房燃油炉灶做效用试验。检查燃油柜、燃油管路的安全性是否可靠。

3.17.3 试验记录

试验记录内容及表格如下：

a） 试验结束后，测量记录电动机及其控制设备的冷、热态绝缘电阻值；

b） 试验记录报告格式参见表A.12、表A.13。

3.18 燃油及滑油分油机试验

3.18.1 试验条件

具备以下条件方可进行燃油及滑油分油机试验：

a） 系统安装完整，所有管系密性试验合格；

b） 各报警系统校验合格。

3.18.2 试验项目

3.18.2.1 燃油及滑油分油机进行分油效用试验2 h，并进行手动排渣工作情况检查。对分离后的油取样检查分离效果。分油机运转时应无异常振动、发热等现象。

3.18.2.2 进行加热系统的效用试验（如设有时）。

3.18.2.3 分油机工作的自动控制、自动排污按产品技术条件进行调整和试验。

3.18.2.4 应急切断装置进行效用试验。

3.18.3 试验记录

试验记录内容及表格如下：

a） 试验结束后，测量记录电动机及其控制设备的冷、热态绝缘电阻值；

b） 试验记录报告格式参见表A.12、表A.18。

3.19 辅锅炉试验

3.19.1 试验条件

具备以下条件方可进行辅锅炉试验：

a） 锅炉及其管路系统的布置和安装合格；

b） 锅炉及其管路系统密性和液压试验合格；

c） 安全阀校验合格。

3.19.2 试验项目

3.19.2.1 锅炉阀件及附件的效用试验

3.19.2.1.1 检查各水位表所示水线的一致性，做水位表冲刷的效用试验。

3.19.2.1.2 检查蒸汽压力表的准确性，必要时以标准压力表进行校验。

3.19.2.1.3 排污阀及系统做排污效用试验。

3.19.2.1.4 锅炉本体上的各阀件，做启闭操作效用试验。

3.19.2.1.5 燃油管的速闭阀及燃油泵的舱室外应急关闭装置进行效用试验。

3.19.2.2 **锅炉安全阀试验**

3.19.2.2.1 安全阀起跳试验应将锅炉内蒸汽压力升至设计起跳值进行,检查安全阀的起跳和关闭压力值。

3.19.2.2.2 安全阀的手操纵开启装置做开启操纵试验,检查操纵的灵活性。

3.19.2.2.3 安全阀的屏汽试验,应将锅炉所有蒸汽阀关闭,并在炉膛内充分燃烧的情况下,测定汽压升高值。烟管锅炉在安全阀开启后 15 min 内的汽压升高值和水管锅炉在安全阀开启后 7 min 内的汽压升高值均应不超过锅炉设计压力的 10%。

3.19.2.3 **控制系统试验**

锅炉自动控制系统和手动控制系统各做三次效用试验,其动作应准确、可靠。

3.19.3 **试验记录**

试验记录报告格式参见表 A.19。

3.20 **制冷系统试验**

3.20.1 **试验条件**

具备以下条件方可进行制冷系统试验:

a) 系统安装合格,符合设计图样要求;
b) 各安全阀及易熔塞校核合格;
c) 制冷剂应急泄放管的畅通性检查合格;
d) 按规定配备的防毒面具配置齐全。

3.20.2 **试验项目**

3.20.2.1 **通风机效用试验**

3.20.2.1.1 制冷机室和速冻间的通风机做 1 h 效用试验。

3.20.2.1.2 R717 制冷机室和速冻间的应急通风机做 1 h 效用试验。制冷机室和速冻间的通风机的室外控制装置做三次效用试验。

3.20.2.2 **制冷系统气密试验**

3.20.2.2.1 所用的气体应为氮气或干燥洁净的空气,试验温度应不低于 5 ℃。

3.20.2.2.2 试验程序如下:

a) 第一步,关闭安全阀前的截止阀,压力为 1.25 倍的设计压力,保压 30 min 不得泄漏。
b) 第二步,减压至 1.0 倍的设计压力,保持 24 h。前 6 h 的压力降应不超过 2%,其余 18 h 应能保持压力稳定。如试验时外界环境温度变化较大,则按式(1)进行换算:

$$p_2 = p_1 \times \frac{273 + t_2}{273 + t_1} \qquad \cdots\cdots(1)$$

式中:

p_1、p_2——分别为试验开始时和结束时的绝对压力值,单位为兆帕(MPa);

t_1、t_2——分别为试验开始时和结束时的大气温度值,单位为摄氏度(℃)。

c) 第三步,减压至表 1 所示的压力,打开安全阀前的截止阀,卸下安全阀外接管,保压 30 min,安全阀前的截止阀至安全阀出口处不得有泄漏。

表 1

单位为兆帕

制冷剂名称	R717	R22	R134a
高压侧设备	1.65	1.65	1.00
低压侧设备	1.30	1.30	0.82

3.20.2.3 **制冷系统真空试验**

试验时应使系统的残余压力不大于 5.33 kPa 的绝对压力,将压缩机的吸排气阀关闭,8 h 后系统压力回升值应不大于 1.33 kPa；然后将压缩机的吸排气阀开启，再经 8 h，与初始压力比，压力总回升值应不大于 9.33 kPa。

3.20.2.4 **控制系统效用试验**

3.20.2.4.1 自动控制系统按设计图样要求调试，做三次效用试验。

3.20.2.4.2 故障报警系统做三次模拟效用试验，动作应准确可靠。

3.20.2.4.3 自动保护系统做三次模拟效用试验，动作应准确。

3.20.2.4.4 冷藏鱼舱或装有蒸发器的处所，其求援报警装置做效用试验。

3.20.2.4.5 R717 制冷机室和速冻间的应急洒水系统做效用试验，水量、压力和喷洒方向应符合设计要求。室外控制装置做效用试验。

3.20.2.5 **制冷试验**

3.20.2.5.1 效用试验应在上述各项试验结束后进行。

3.20.2.5.2 试验时鱼舱为空舱，密闭舱口盖、轴弄盖（如有时），关闭出入门及换气管。

3.20.2.5.3 按设计要求，制冷机组同时投入工作，等鱼舱温度降低到设计所要求的低温时，可轮流运行机组，但应始终保持舱内要求的温度。在此期间各台机组的工作时间应大致相同。

当设有速冻装置时，应同时进行速冻装置的效用试验，可用鱼盘装水冻结。记录当鱼盘中冰的温度达到设计要求的冻结温度时所需的时间，应符合设计要求。

从试验开始到试验结束，总试验时间应不少于 24 h。

3.20.2.5.4 试验时制冷机组运转应平稳，无异常发热和敲击现象。冷却水泵、盐水泵、冷风机运转应正常。测定从压缩机开始制冷至舱内达到设计要求温度时所需的时间，同时对下列各参数每隔 1 h 测量并记录一次：

a) 制冷压缩机的吸、排气温度和压力，润滑油压力和温度；
b) 冷凝器制冷剂压力；
c) 冷凝器冷却水进、出温度及压力；
d) 冷藏鱼舱各测点温度；
e) 外界大气温度；
f) 盐水进、出鱼舱的温度及压力；
g) 空气冷却器空气进、出口温度及压力。

3.20.2.6 **热平衡试验**

3.20.2.6.1 首制船的冷藏装置应做热平衡试验。试验应在冷藏鱼舱达到设计所要求的低温，并消除绝热层等的潜在热量和使舱温稳定一段时间后进行，试验时间为 8 h。

3.20.2.6.2 试验时，鱼舱温度应保持在设计温度，如有减少则应不大于 1 ℃。为了达到试验要求，可改变制冷机组运转台数或转速，亦可使压缩机间歇运行。上述每种改变，均应准确记录其改变时间。应注意，所有上述改变均不得借助于自动调载或自动控制系统。

3.20.2.7 **冷藏舱温度回升试验**

3.20.2.7.1 在制冷试验或热平衡试验结束后，做舱温回升试验。

3.20.2.7.2 试验中冷藏舱保持密封状态，制冷机停止工作。试验开始时舱温为设计要求的最低温度，试验时间为 6 h，每隔 1 h 检查记录一次温度回升情况，经 6 h 后的冷藏舱温度回升值应不大于表 2 所示的数值。

表 2

单位为摄氏度

外界温度与冷藏舱温度的初温差	60	55	50	45	40	35	30	25	20	15
冷藏舱温度回升值	14.4	13.2	12.0	10.8	9.6	8.4	7.2	6.0	4.8	3.6

3.20.2.7.3 试验结束后，对各冷藏舱、冻结间进行外部检查，舱壁外面应无结霜现象，各组蒸发盘管、冻结干板或盘管应全部结霜，霜层应薄而连续、均匀，不应有融霜现象。

3.20.2.8 融霜效用试验

3.20.2.8.1 电热融霜装置做效用试验，检查融霜效果。融霜控制器通电、断电应准确、可靠。

3.20.2.8.2 热排气融霜及热盐水融霜按设计文件规定的操纵方法做效用试验，检查融霜效果。

3.20.3 试验记录

试验记录报告格式参见表 A.20～表 A.23。

3.21 空调系统试验

3.21.1 试验条件

具备以下条件方可进行空调系统试验：

a) 系统安装合格，符合设计图样要求；

b) 各安全阀校核合格。

3.21.2 试验项目

3.21.2.1 系统的气密试验应达到设计要求。制冷系统应以抽真空法进行干燥。

3.21.2.2 进行空调风管的防火闸门效用试验。

3.21.2.3 各种自动控制器动作的温度或压力按有关规定进行调定，然后进行效用试验。

3.21.2.4 在各舱室和通风管调试好以后进行降温效用试验。试验时间不少于 2 h，每 1 h 应测量被试验舱室和空调装置的各项参数。如果试验时的环境条件和设计条件有较大差别时，可考虑只做制冷机组的工作试验。

3.21.2.5 进行热风空调试验，试验时间不少于 2 h，每 1 h 应测量被试验舱室和空调装置的各项参数。如果试验时的环境条件和设计条件有较大差别时，可考虑只做空气加热器的加热效用试验。

3.21.3 试验记录

试验记录报告格式参见表 A.20。

3.22 推进系统试验

3.22.1 试验条件

具备以下条件方可进行推进系统试验：

a) 主机、齿轮传动装置、轴系及螺旋桨等安装合格；

b) 试验前主机经磨合试验，并已初步调整主机的工作参数；

c) 主机各联锁装置功能试验合格；

d) 保证推进系统运行所必需的辅助装置及管系已经试验合格。

3.22.2 试验项目

3.22.2.1 主机起动试验

3.22.2.1.1 压缩空气起动试验：试验时起动用空气瓶压力应充至额定工作压力，且中途不进行补充充气，在冷机状态下对每台主机连续进行起动试验。对可换向的主机应正、倒车交替连续起动，起动次数应不少于 12 次；对不可换向的主机连续起动应不少于六次。

3.22.2.1.2 电起动试验：先将起动用蓄电池充足，在中途不补充充电的情况下，冷机连续起动每台主机应不少于六次。

3.22.2.2 主机负荷试验

3.22.2.2.1 主机试验工况和时间见表 3。转速根据螺旋桨的实际特性确定，若倒车试验受条件限制可免试。

3.22.2.2.2 主机在运转过程中，检查各工况下的运转情况，各部件是否出现异常响声、发热和振动现象，调速器是否稳定。测量并记录燃油、滑油、冷却水、排气等的温度和压力。在额定工况时每隔 1 h 测量记录一次，其他工况在结束时测量记录。因主机本身条件限制而无法测量的参数可以免测。

表 3

工况序号		扭矩比值/%	试验时间	
			中、高速机	低速机
1	正	39	0.25 h	0.5 h
2	正	63	0.25 h	0.5 h
3	正	83	0.50 h	0.5 h
4	正	100	2 h	3 h
5	倒	70%额定转速	10 min	10 min

3.22.2.2.3 主机负荷试验应连续进行，在正车100%负荷试验时间内，因故障停车应不超过一次，时间不超过15 min。

3.22.2.2.4 试验时齿轮传动装置、离合器、轴系应工作正常，无异常振动、响声和过热现象。齿轮传动装置滑油压力和温度应符合产品技术说明书的要求。

3.22.2.2.5 负荷试验结束后，必要时测量主机各轴承温度、臂距差（热态）以及轴向间隙，其数值应满足柴油机使用说明书的要求。

3.22.2.3 安全保护装置试验

主机安全保护装置做模拟试验，不少于三次，检查其动作是否准确可靠，并校核整定值。

3.22.2.4 主机遥控操纵装置的试验

3.22.2.4.1 主机遥控操纵装置应按设计要求做三次操纵试验。

3.22.2.4.2 做驾驶室遥控与机舱操纵的转换试验，各操纵站之间的联锁应可靠。

3.22.2.4.3 检查集中控制台或集中监视台各种指示仪表的准确性，对各种故障报警装置做模拟效用试验。

3.22.2.5 齿轮传动装置试验

3.22.2.5.1 齿轮传动装置的滑油低压及高温报警装置做模拟效用试验，动作应准确可靠。

3.22.2.5.2 可倒顺齿轮传动装置应做三次倒、顺车试验，试验时主机转速应不低于其额定转速的65%。从正车（或倒车）操纵至倒车（或正车）开始运转为止，所需时间应不大于15 s。

3.22.2.5.3 双速比齿轮传动装置应做三次速比切换试验。

3.22.2.6 离合器及操纵装置试验

3.22.2.6.1 摩擦离合器在正常运转时不得打滑，在空车运转时，不得使推进轴系跟转。

3.22.2.6.2 气动或液动操纵的离合器，做应急操纵或应急连接装置的动作试验。

3.22.2.6.3 检查气胎离合器结合和脱开信号装置动作准确性，对空气高、低压报警装置做模拟效用试验。

3.22.2.7 可变螺距螺旋桨及其操纵装置试验

3.22.2.7.1 螺旋桨叶片做传动操纵试验，使桨叶螺距角从正角到负角，再从负角到正角各试验两次。

3.22.2.7.2 检查螺距角指示器的准确性，与螺旋桨的实际螺距角的偏差应不超过±1°。

3.22.2.7.3 任意运转工况下，螺旋桨工作应稳定，在0°螺距角时，其波动值应不超过±0.5°。

3.22.2.7.4 机舱与驾驶室内的操纵系统做转换试验。

3.22.2.7.5 备用手动机械操纵装置做实际操纵试验。

3.22.2.7.6 液压操纵系统的失压报警装置做模拟效用试验。

3.22.2.7.7 螺旋桨液压传动系统的备用油泵做1 h替换试验。

3.22.3 试验记录

试验记录报告格式参见表A.24、表A.25。

3.23 辅柴油机试验

3.23.1 试验条件

具备以下条件方可进行辅柴油机试验：

a) 辅柴油机及保证其运行所必需的辅助装置及管系已经安装试验合格；

b) 试验前辅柴油机经磨合试验，并已初步调整工作参数。

3.23.2 试验项目

3.23.2.1 起动试验

3.23.2.1.1 压缩空气起动试验：试验时起动用空气瓶压力应充至额定工作压力，且中途不进行补充充气，在冷机状态下对辅柴油机连续进行起动试验。功率最大的一台辅柴油机的起动次数应不少于六次。其他辅柴油机连续起动三次。

3.23.2.1.2 电起动试验：先将起动用蓄电池充足电，在中途不补充充电的情况下，进行冷态起动试验。每台辅柴油机连续起动次数应至少三次。

3.23.2.1.3 应急柴油发电机组柴油机自起动试验，连续起动次数应不少于三次。

3.23.2.1.4 应急柴油发电机组柴油机第二能源起动试验，起动次数不少于三次。

3.23.2.2 安全保护装置试验

安全保护装置做模拟试验，不少于三次，检查其动作是否准确可靠，并校核整定值。

3.23.2.3 辅柴油机负荷试验

辅柴油机的负荷试验根据其用途进行。测量并记录燃油、滑油、冷却水、排气等的温度和压力。在额定工况时每隔 1 h 测量记录一次，在其他工况时于结束时测量记录。

3.23.2.4 驱动发电机的柴油机调速特性试验

3.23.2.4.1 突卸负荷：在额定负荷下突卸全部负荷。

3.23.2.4.2 突加负荷：在空负荷下突加 50％额定负荷，稳定后再加上余下的 50％负荷。应急柴油发电机组柴油机一次突加 100％负荷。

3.23.2.4.3 测量柴油机调速率，瞬时调速率应不大于额定转速的 10％，稳定调速率应不大于额定转速的 5％，稳定时间不超过 5 s，并联运行的柴油机发电机组，其柴油机调速器的稳定调速率应尽量相同；在额定转速时的转速波动率应不大于 0.5％。

3.23.3 试验记录

试验记录报告格式参见表 A.24、表 A.25、表 A.26。

3.24 发电机试验

3.24.1 试验条件

发电机组、配电板的安装及有关电缆的敷设应满足设计要求。

3.24.2 试验项目

3.24.2.1 负荷试验

3.24.2.1.1 发电机负荷试验的工况及时间见表 4。

表 4

序　　号	工况/％	时间/h
1	25	0.25
2	50	0.25
3	75	0.5
4	100	2
5	110	0.5

3.24.2.1.2 试验中发电机应无异常振动，冷却、润滑应正常。测量并记录各种负荷工况下的电压、电

流、功率因数、转速、励磁电流，其中100%负荷时每隔1 h记录1次，其他工况在试验结束时即行记录。检查直流发电机换向器及交流发电机的滑环和电刷的工作情况，检查直流发电机换向器的火花。100%负荷试验结束后，立即测量记录发电机温升。

3.24.2.1.3 额定负荷试验后，做110%额定负荷的过载试验，此时发电机应无异常振动和响声。

3.24.2.2 电压调整率及电压调节范围试验

3.24.2.2.1 复励直流发电机在负荷试验后，做静态调压特性试验。在额定负荷下，将发电机转速调至额定转速，然后以20%负荷为始点使发电机的电压偏差在额定电压的1%以内，再分别调整发电机的负荷为额定负荷的50%、75%、100%，测量并记录各负荷点电压偏差。

3.24.2.2.2 额定负荷试验后，做交流发电机的静态调压特性试验。在额定负荷下，将发电机的电压、频率、功率因数调至额定值，使发电机负载在满载至空载再由空载至满载的范围内按100%→75%→50%→25%→0→25%→50%→75%→100%的顺序变化(功率因数保持额定值)，测量并记录各负荷点的电压和频率，计算其稳态电压变化率。

3.24.2.2.3 在交流发电机负荷为空载、转速为额定转速、电压接近额定电压的状态下，突加和突卸60%额定电流及功率因数不超过0.4(滞后)的对称负载，测试其瞬态电压值及电压恢复到与最后稳定值相差3%以内时所需的时间。

3.24.2.2.4 调试直流发电机手动电压调整器的电压调节范围。在发电机允许的工作范围内，当负载在空载和额定负载之间变化时，调节并记录发电机的电压。

3.24.2.3 并联运行试验

3.24.2.3.1 将发电机按设计要求并联运行的台数分别组合，并按设计的并车操作方法进行并联运行试验。运行中的发电机在50%额定负载时，将电压和频率调为额定值，并入发电机，然后将各发电机的负载调至其额定值的75%作为起并负载点，按75%→50%→20%→50%→75%→100%→75%的顺序改变负载进行并联运行试验。每一负载点各并联运行10 min，测量并记录各负载点每台发电机的有功功率、电压、电流、频率和功率因数。

3.24.2.3.2 将一台发电机与另一台在额定状态下运行的发电机并联，进行负载转移试验，检查发电机负载转移是否可靠。

3.24.3 试验记录

a) 负荷试验前测量记录发电机的冷态绝缘电阻；

b) 负荷试验结束后，测量发电机的热态绝缘电阻；

c) 试验记录报告格式参见表A.27～表A.32。

3.25 应急发电机试验

3.25.1 试验条件

应急发电机、应急配电板的安装及有关电缆的敷设，应满足设计要求。

3.25.2 试验项目

3.25.2.1 应急发电机做负荷试验，试验工况及时间见表5。

表5

序　号	工况/%	时间/h
1	50	0.25
2	75	0.25
3	100	1

3.25.2.2 应急发电机的调压特性试验按3.24.2.2规定进行。

3.25.2.3 应急发电机做自动起动、自动连接试验。

3.25.3 试验记录

负荷试验后测量应急发电机的热态绝缘电阻,试验记录报告格式参见表A.27～表A.31。

3.26 配电装置试验

3.26.1 试验条件

各配电装置的安装质量,应满足设计图样的要求。

3.26.2 试验项目

3.26.2.1 检查主配电板、应急配电板、岸电箱之间相互联锁是否可靠。

3.26.2.2 检查各控制和保护装置,校核主配电板的过载、欠压、过压、逆功率(逆电流)及自动卸载保护装置的动作整定值和延时时间。校核应急配电板的各种保护装置,检查应急电源的自动供电情况。

3.26.2.3 检查三相三线或四线系统各线(或相)间负载的不平衡度。

3.26.2.4 各发电机做充磁效用试验。

3.26.2.5 测量配电装置所有载流部分对地及载流部分的极间或相间的热态绝缘电阻。

3.26.3 试验记录

试验记录报告格式参见表A.33。

3.27 拖动电机及控制装置试验

3.27.1 试验条件

具备以下条件方可进行拖动电机及控制装置试验:

a) 各拖动电机及控制装置的安装应满足设计要求;

b) 各自所拖动的设备应安装调试合格。

3.27.2 试验项目

3.27.2.1 检查各控制装置,校核保护装置整定值。

3.27.2.2 检测各电动机起动和工作电流、电压。

3.27.3 试验记录

测量各系统的冷、热态绝缘电阻,试验记录报告格式参见表A.12。

3.28 蓄电池组及充放电控制装置试验

3.28.1 试验条件

蓄电池组的安装质量应满足设计要求。

3.28.2 试验项目

3.28.2.1 做充放电效用试验,测量最大充放电电流、电压调节范围及电解液的密度。

3.28.2.2 检查充放电板逆流保护装置是否可靠。

3.28.2.3 应急蓄电池组做自动投入的效用试验,检查放电指示器的工作情况。

3.28.3 试验记录

测量系统的热态绝缘电阻,试验记录报告格式参见表A.34。

3.29 主、应急照明及诱鱼灯系统试验

3.29.1 试验条件

各系统和照明灯点的安装布置应满足设计要求。

3.29.2 试验项目

3.29.2.1 对各照明灯进行效用试验。

3.29.2.2 检查照明变压器的工作情况。

3.29.2.3 诱鱼灯做效用试验,检测各回路的工作电流。

3.29.2.4 抽测照明系统或航行灯系统最后分路的电压降值。

3.29.3 试验记录

测量各回路的热态绝缘电阻,试验记录报告格式参见表A.35。

3.30 **电取暖器、电空调器、电风扇试验**

3.30.1 **试验条件**

各设备的安装应满足设计要求。

3.30.2 **试验项目**

3.30.2.1 对各设备进行效用试验。

3.30.2.2 测量各设备的热态绝缘电阻。

3.30.3 **试验记录**

试验记录报告格式参见表 A.35。

3.31 **船内通信及信号装置试验**

3.31.1 **试验条件**

各设备的安装应满足设计要求。

3.31.2 **试验项目**

对各设备进行效用试验。

3.31.3 **试验记录**

测量各设备的热态绝缘电阻,试验记录报告格式参见表 A.35。

3.32 **无线电通信设备试验**

3.32.1 **试验条件**

各无线电设备安装调试合格。

3.32.2 **试验项目**

3.32.2.1 **天线装置**

3.32.2.1.1 检查天线的安装质量,确认天线的型式、规格、独立的高频接地及防止触及的保护装置是否符合设计要求。

3.32.2.1.2 测量天线对地(船壳或接地板)的绝缘电阻。

3.32.2.2 **供电电源**

3.32.2.2.1 各变流机组或整流装置做效用试验。

3.32.2.2.2 检查蓄电池组及充放电控制装置、主电源、备用(或应急)电源的工作情况,应满足设计要求。

3.32.2.2.3 检查整流装置对无线电通信设备的干扰情况。

3.32.2.3 **甚高频(VHF)无线电话的试验**

3.32.2.3.1 利用设备的自检装置进行自检试验。

3.32.2.3.2 在工作频道上进行通话效用试验,话音应清晰。

3.32.2.3.3 检查 16 频道的优先通话功能。

3.32.2.3.4 检查数字选择性呼叫(DSC)装置识别码(MMSI)是否置于设备之中。

3.32.2.3.5 在数字选择性呼叫(DSC)工作状态下,进行文件的编辑、贮存、发射和接收试验。

3.32.2.3.6 检查 70 频道数字选择性呼叫(DSC)值班功能。

3.32.2.4 **渔船用无线电话机的试验**

3.32.2.4.1 利用设备的自检装置进行自检试验。

3.32.2.4.2 检查渔船识别码是否输入。

3.32.2.4.3 在 221 频道与岸台进行通话,检查其呼叫工作情况,话音应清晰。

3.32.2.4.4 检查遇险报警、接收等操作功能的情况。

3.32.2.5 **中频(MF)和中频(MF)/高频(HF)无线电设备的试验**

3.32.2.5.1 利用主、备用天线,检查发信机在每一个波段上采用不同的发射类型时的调谐情况。

3.32.2.5.2 将 MF 或 MF/HF 无线电设备置于无线电话状态,利用船用电话(SSB)与岸台联系,检查收发信机的功能。

3.32.2.5.3 检测收发信机的频率准确度。

3.32.2.5.4 在电传工作状态下，检查窄带直接印字电报(NBDP)终端的控制功能。按产品说明书的要求，检查电文编辑、贮存、调出、打印、删除等功能。

3.32.2.5.5 在数字选择性呼叫(DSC)工作方式下，检查文件的编辑、贮存、发射和接收的功能；检查数字选择性呼叫(DSC)值班接收机的功能。

3.32.2.6 船舶地球站的试验

3.32.2.6.1 利用设备的自检装置进行自检试验。

3.32.2.6.2 检查船舶地球站识别码(MMSI)是否已置入设备之中。

3.32.2.6.3 进行入网试验，按产品说明书的要求检查设备的各项功能。

3.32.2.6.4 检查驾驶室遥控起动船对岸遇险报警装置，做遇险报警效用试验。

3.32.2.7 增强群呼接收机(EGC)的试验

EGC 在接收状态下，接收 EGC 岸台发射的信息，检查设备的工作情况。

3.32.2.8 航行警告接收机(NAVTEX)的试验

3.32.2.8.1 利用设备的自检装置进行自检试验。

3.32.2.8.2 接收附近 NAVTEX 发射台的信息，检查设备的工作情况。

3.32.2.9 雷达应答器(SART)的试验

3.32.2.9.1 利用设备的自检装置进行自检试验。

3.32.2.9.2 检查设备的安放情况及电池的有效期。

3.32.2.10 应急无线电示位标(EPIRB)的试验

3.32.2.10.1 检查设备电池的有效期。

3.32.2.10.2 检查静水压力释放器及其有效期。

3.32.2.10.3 检查标注在设备外部的识别码是否清晰可见，并核查识别码的书面证明及输码记录。

3.32.2.10.4 利用设备的自检装置进行自检试验。

3.32.2.11 救生艇筏双向无线电话的试验

3.32.2.11.1 检查设备电池有效期或充电装置的效能。

3.32.2.11.2 使用 16 频道和另一频道进行通话试验，检查静噪及音量控制装置效用情况及波段转换功能。

3.32.3 试验记录

试验记录报告格式参见表 A.43、表 A.44。

3.33 助渔、助航设备试验

3.33.1 磁罗经

3.33.1.1 试验条件

磁罗经安装位置、安装误差应符合设计图样要求。

3.33.1.2 试验项目

3.33.1.2.1 灵敏度检查：用磁棒使罗盘转向 1°～2°，然后将磁棒拿开，罗盘应回到原来的刻度，允许误差±0.2°。

3.33.1.2.2 半周期检查：人为地使磁针偏离平衡位置 20°～30°，然后让其自由返回，用秒表测量磁针绕平衡位置摆动的半周期时间。

3.33.1.2.3 自差消除：采用适当的方法将固定自差、半圆自差、象限自差和倾斜自差消除，以减小由于地区磁场不同所引起的自差。

3.33.1.2.4 检查照明及为保证其正常工作的附件是否满足要求。

3.33.2 **电罗经**

3.33.2.1 **试验条件**

设备安装调试合格。

3.33.2.2 **试验项目**

3.33.2.2.1 主罗经首尾基线与船舶纵中剖面的平行度误差不应超过±0.5°。两舷分罗经应尽可能安装在可以得到180°以上的最大视野的位置。

3.33.2.2.2 按产品说明书的要求进行效用试验，重点检验如下内容：

a) 应备有两套电源，且能够自动转换；当主电源失电时，能够发出声光报警；

b) 检查罗经启动后，可以在6 h内稳定，所谓稳定就是在不改变航向的情况下，罗经指向在没有外界影响的情况下应是一条直线；

c) 检查主罗经和分罗经之间的跟踪和匹配精度，偏差应不超过±5°；

d) 检查罗经输出信号的工作情况，以保证其他设备工作正常。

3.33.2.2.3 测量电罗经的接地电阻和热态电阻。

3.33.3 **雷达**

3.33.3.1 **试验条件**

设备安装调试合格，处于工作状态。

3.33.3.2 **试验项目**

3.33.3.2.1 按产品技术条件或使用说明书的规定进行效用试验。

3.33.3.2.2 检查船首标志线、距离、方位指示的准确度。

3.33.3.2.3 测量系统的热态绝缘电阻。

3.33.4 **自动雷达标绘装置(ARPA)**

3.33.4.1 **试验条件**

设备安装调试合格，处于工作状态。

3.33.4.2 **试验项目**

3.33.4.2.1 能够迅速捕获出现的目标并测出距离和方位。同时在自动跟踪、处理、显示并不断更新信息的目标数量上，具有自动/人工捕获功能。

3.33.4.2.2 设置警戒圈。当目标接近时能发出声光告警信号，当被跟踪目标丢失，应标出该目标的最后跟踪位置。

3.33.4.2.3 对任何跟踪目标，需要时应能立即以字母和数字的形式提供下列信息：

a) 现在至目标的距离；

b) 现在目标的方位；

c) 预测目标的最接近点(CPA)距离；

d) 预测至CPA的时间(TCPA)；

e) 计算的目标真航向；

f) 计算的目标真速度。

3.33.4.2.4 检查以矢量和图形显示的被捕获目标的航向和速度。所显示的矢量应为时间比例可调的或具有固定时间比例的真矢量与相对矢量两种选择的明确标示。

3.33.4.2.5 测量系统的热态绝缘电阻。

3.33.5 **测深仪、探鱼仪**

3.33.5.1 **试验条件**

具备以下条件方可进行测深仪、探鱼仪试验：

a) 换能器的安装应符合设计图样要求；

b) 换能器在船底开口部位的水密试验合格。

3.33.5.2 **试验项目**

3.33.5.2.1 按产品技术条件或使用说明书的规定进行效用试验。

3.33.5.2.2 检查探测方位、深度的准确度及回波映象的清晰度。

3.33.5.2.3 检查测深仪换能器的升降、回转、俯仰机构的动作灵活度。

3.33.5.2.4 检查零位线及走纸速度。

3.33.5.2.5 检查设备的防干扰措施。

3.33.5.2.6 测量电源及换能器的绝缘电阻。

3.33.6 **卫星导航接收机**

3.33.6.1 **试验条件**

具备以下条件方可进行卫星导航接收机试验：

a) 设备安装调试合格，处于工作状态；

b) 试验时能够接收到足够的和有效的可用卫星信号。

3.33.6.2 **试验项目**

3.33.6.2.1 利用设备的自检功能进行自检。

3.33.6.2.2 按产品技术条件或使用说明书的规定进行效用试验，检查其跟踪、定位精度及各种报警功能是否满足要求。

3.33.6.2.3 检查主电源、备用（或应急）电源的工作情况。

3.33.7 **计程仪**

3.33.7.1 **试验条件**

具备以下条件方可进行计程仪试验：

a) 试验水深应满足设备要求；

b) 传感器或换能器在船底开口部位的水密试验合格。

3.33.7.2 **试验项目**

3.33.7.2.1 按产品技术条件或使用说明书的规定进行效用试验，并重点检查如下内容：

a) 水压式计程仪，应检查满载情况下不同航速时升降装置的工作情况；

b) 设计成可以伸缩的计程仪的任何部件应进行伸缩试验，其动作应正常；

c) 计程仪的指示误差标准如下：

1) 速度误差：水压式：5%或 0.5 kn，取大者；电磁式：2%或 0.3 kn，取大者；

2) 航程误差：水压式：5%或 0.5 n mile，取大者；电磁式：2%或 0.3 n mile，取大者。

3.33.7.2.2 检查计程仪信号输出接口装置与其他导航设备接口的连接。

3.33.7.2.3 检查设备的接地电阻和线路的绝缘电阻。

3.33.8 **试验记录**

试验记录报告格式参见表 A.37～表 A.42。

3.34 **信号设备试验**

3.34.1 **试验条件**

信号设备（号灯、声响信号等）的布置、数量和安装情况，应符合设计图样要求。

3.34.2 **试验项目**

3.34.2.1 对号灯按图样规定进行通电试验，检查各灯的发光情况。

3.34.2.2 检查航行灯两路电源的转换及各指示、报警装置的工作是否可靠。

3.34.2.3 声响信号等做效用试验。号笛应能发出持续时间为 1 s 的短声和 4 s～6 s 长声。

3.34.2.4 将号笛施放装置置于自动雾号状态，检查是否能发出规定的雾号及同步信号指示灯显示是否正常，并检查自动雾号是否能立即停止。

3.34.3 试验记录

测量记录号灯及其控制箱的绝缘电阻值。

3.35 系柱拖力试验

3.35.1 试验条件

具备以下条件方可进行系柱拖力试验：

a) 风力不超过蒲氏三级，海浪不超过二级，潮流平稳，试验区域水深应不小于三倍螺旋桨直径；

b) 船舶距岸堤应有足够的距离，系泊用缆索长度应不小于三倍船长；

c) 拖力试验前，应查验试验用测力计是否在检定有效期内。

3.35.2 试验项目

3.35.2.1 测量主机额定输出扭矩下的系柱拖力。

3.35.2.2 试验时，将主机转速缓慢调至螺旋桨设计计算书中系柱的转速，稳定 10 min，记录测力计读数。

3.35.2.3 测量并记录此时主机的排气温度和爆发压力。

3.35.3 试验记录

试验记录报告格式参见表 A.45。

4 航行试验

4.1 船舶性能试验

4.1.1 试验条件

试验海域应开阔，能见度良好，有足够水深、足够的助航距离和回旋余地，风力不超过蒲氏三级，海浪不超过二级，潮流平稳。船舶处于试航状态。

4.1.2 试验项目

4.1.2.1 测速试验

4.1.2.1.1 按照船舶设计的正车工况，分别测定设计要求的每一工况（规定的主机转速）的船舶航速。

4.1.2.1.2 试验时可采用叠标法，也可采用其他有效的测试方法。

4.1.2.1.3 船舶在进入测速区之前，应使主机达到每一工况的稳定转速。

4.1.2.1.4 对每一工况应进行顺、逆相间的连续三个单程试验，三个单程中，主机的转速应保持不变。每个单程都要尽可能在同一测速线上。进入测速段后要保持稳定的罗经航向，偏差应不大于 2°。

4.1.2.1.5 船舶航速按式(2)计算：

$$v=\frac{v_1+2v_2+v_3}{4} \qquad \cdots\cdots(2)$$

式中：

v ——平均航速，单位为节(kn)；

v_1、v_2、v_3——分别为往、返、往单程测得的航速，单位为节(kn)。

4.1.2.1.6 对于双螺旋桨船，建议增测在单螺旋桨推进时的船舶速度；对多机单桨船，应增测各单机推进时的船舶速度。

4.1.2.1.7 试验时记录主机有关参数及风向、风速、船舶航向和水流向。

4.1.2.2 停船试验

4.1.2.2.1 船舶在预定的航向上，以规定的航速稳定直线航行 2 min 后开始试验，试验过程中船舶应保持舵角为零。

4.1.2.2.2 分别测定全速正车→停车、半速正车→停车两种情况下，自停车令发出至船舶停止前进时的滑行距离、时间、船首偏转角度。

4.1.2.2.3 分别测定全速正车→全速倒车、半速正车→全速倒车两种情况下，自倒车令发出至船舶接近对水移动停止时的滑行距离、时间、船首偏转角度(按主机和齿轮箱操作规程操作)。

4.1.2.2.4 停船试验应顺、逆流各做一次,取其平均值。

4.1.2.3 **回转性试验**

4.1.2.3.1 测试船舶在全速情况下,向左、右回转时的回转直径、最大横倾角。

4.1.2.3.2 试验前应使主机转速保持稳定,满舵时舵角不得变动,以形成稳定的回转区。

4.1.2.3.3 船舶以全速稳定直航 2 min～3 min,按规定操舵至左(右)35°或允许最大舵角,待船首向角变化达 540°时,即一个回转试验结束。按照相同程序反方向操舵进行下一个回转试验。

4.1.2.3.4 对于双螺旋桨船,还应按规定的航速进行正倒车交错回转试验,测定回转直径。

4.1.2.3.5 在回转过程中,连续记录时间、首向角、横倾角和回转速度等。

4.1.2.4 **航向稳定性试验**

4.1.2.4.1 保持舵角不变,测量航向变化情况

船舶以全速在预定航向上稳定直线航行,稳定 3 min～5 min 后,保持正舵不变,每隔 10 s～30 s 记录一次航向,连续测量 3 min～5 min,顺、逆流各测一次。

4.1.2.4.2 保持航向不变,测量操舵情况。

4.1.2.4.3 船舶以全速在预定航向上稳定直线航行,测定为保持航向不变所需操舵次数和最大操舵角度,连续测定 3 min～5 min,顺、逆流各测定一次。试验中每次操舵角不应大于 5°,操舵次数不应超过 12 次/min。

4.1.2.4.4 对于双螺旋桨船舶,应测量左、右单桨推进时,为保持航向不变所操舵的次数和最大操舵角度。顺、逆流各测定一次。

4.1.2.5 **侧向推进器试验**

4.1.2.5.1 船舶为零航速时:

a) 分别开动船首或尾侧向推进器,在其最大功率时,测量船首向角变化,记录时间,连续试验 3 min～5 min;

b) 若为首、尾侧推渔船,首、尾侧推器联合作用,在其最大功率时,测量船首向角变化,记录时间,连续试验 3 min～5 min。

4.1.2.5.2 船舶为低航速时,将舵置于满舵角,重复 4.1.2.5.1 的试验。

4.1.3 **试验记录**

试验记录报告格式参见表 A.46～表 A.50。

4.2 **操舵试验**

4.2.1 **试验条件**

试验海域有足够的回旋余地,水深不影响船舶操纵,风力不超过蒲氏三级。

4.2.2 **试验项目**

4.2.2.1 **主操舵装置的操舵试验**

4.2.2.1.1 船舶在最大营运速度前进时,进行操舵试验。试验时操舵装置的各路电源、各台机组、各套控制系统及操纵站应交替进行。

4.2.2.1.2 试验时操舵程序如下,每个操舵动作保持 10 s 后再进行下一动作,同时测定使舵自任何一舷的 35°转至另一舷的 30°所需的时间:

a) 正舵 0°→右满舵 35°;

b) 右满舵 35°→左满舵 35°;

c) 左满舵 35°→右满舵 35°;

d) 右满舵 35°→正舵 0°;

e) 正舵 0°→左满舵 35°;

f) 左满舵 35°→正舵 0°。

4.2.2.1.3　试验时,检查电动机和液压系统及各运动部件应无异常发热、敲击和渗漏等现象。测量电压、电流、油压、操舵时间、船舶最大横倾角等。

4.2.2.1.4　有两套控制系统或液压系统的主操舵装置,应检查其转换是否可靠。

4.2.2.1.5　对装有蓄能装置的操舵装置,应试验当蓄能器贮压达到规定压力情况下,停止油泵工作,测定从一舷满舵至别一舷满舵的操舵次数、所需时间、压降。

4.2.2.2　辅助操舵装置试验

4.2.2.2.1　船舶在半速但不小于 7 kn 速度时,进行辅助操舵试验。

4.2.2.2.2　操舵试验程序如下,每个操舵动作保持 10 s 后再进行下一动作,测定使舵自任何一舷的 15°转至另一舷的 15°所需的时间:

a）正舵 0°→右舵 15°;

b）右舵 15°→左舵 15°;

c）左舵 15°→右舵 15°;

d）右舵 15°→正舵 0°;

e）正舵 0°→左舵 15°;

f）左舵 15°→正舵 0°。

4.2.2.2.3　试验过程中,检查辅助操舵装置的工作是否可靠。

4.2.2.3　主、辅操舵装置做转换试验

船舶在半速但不小于 7 kn 速度时,连续进行三次主操舵与辅操舵之间的操舵方式互换,检查切换是否迅速、方便。

4.2.2.4　应急电源操舵试验

断开主供电电源,转换到应急电源,进行操舵试验,检查应急电源工作是否可靠。

4.2.2.5　自动舵操舵试验

轮流启动每套机组,设定船舶航向,保持航向 10 min,检查各部件液压系统的工作情况和航向保持能力及其性能是否符合设备技术要求。检查各部件的工作是否可靠,检查自动操舵转换到随动操舵或相反转换的方便性和是否可靠。

4.2.2.6　人力操舵装置效用试验

检查其工作是否可靠,其结构应保证不致对操舵手轮产生破坏性的反冲作用。测定自一舷 15°至另一舷 15°的操舵时间应不超过 60 s,测定操作力应不超过 160 N。

4.2.3　试验记录

试验记录报告格式参见表 A.51。

4.3　抛锚试验

4.3.1　试验条件

具备以下条件方可进行抛锚试验:

a）试验海域的水深宜大于 55 m;

b）对航行于遮蔽航区、沿海航区的船舶,试验水深可按实际情况商定。

4.3.2　试验项目

4.3.2.1　左锚、右锚分别抛出各一次,在抛锚过程中刹车三次,检查刹车是否可靠。

4.3.2.2　锚抛定后,用甲板止链器固定锚链,再用慢车或利用潮流和风向将锚链拉紧,检查止链器是否可靠。

4.3.2.3　起动锚机分别收起左锚、右锚,破土后应测量起锚速度,单锚的起锚速度应不小于 9 m/min。锚收回后,检查锚和船体的贴合情况是否良好,止链器的位置是否正确以及锚和止链器的紧固装置是否可靠。

4.3.2.4　深水抛锚装置做效用试验,其试验条件应尽量满足该装置的工作条件或设计技术要求。抛锚

时试验刹车三次，抛锚后应掣紧锚索，使掣锚器和缓冲器进行工作，停留时间应不少于 15 min。破土后的起锚速度，应不小于 30 m/min。

4.3.2.5 在试验过程中应检查下列项目：

a) 锚链和卸扣通过锚链筒、止链器和链轮情况，锚链通过链轮时，应无过分跳动和翻链情况；
b) 锚链冲水装置的冲水效果；
c) 各运动部件应无异常发热、敲击等现象；
d) 测量液压泵工作压力及液压泵、液压马达的转速，液压系统应无渗漏现象；
e) 检查电动机及换向器（对直流电动机）工作情况，测量电动机的起动电流、工作电流及冷、热态绝缘电阻；
f) 检查电气控制设备及各档调速和电磁制动器的工作是否可靠。

4.3.3 试验记录

试验记录报告格式参见表 A.52。

4.4 推进系统试验

4.4.1 试验条件

主机、齿轮传动装置、离合器及轴系部分系泊试验合格，各辅助设备运转正常。

4.4.2 试验项目

4.4.2.1 主机运转试验

4.4.2.1.1 主机航行试验工况及时间见表 6。试验应连续进行，100%负荷时因故障停车应不超过一次，时间应不超过 15 min。

表 6

工况序号		转速/%	试验时间	
			中、高速机	低速机
1	正	80	0.5 h	0.5 h
2		91	0.5 h	0.5 h
3		100	3 h	4 h
4		103	0.5 h	0.5 h
5	倒	70	10 min	10 min

4.4.2.1.2 检查各部分运转情况，测量并记录主机燃油、滑油、冷却水、排气的温度、压力及爆发压力等参数，在额定工况时，每隔 1 h 测量记录一次，其他工况于结束时测量记录。

4.4.2.1.3 负荷试验结束后，必要时测量主机各部轴承温度。

4.4.2.1.4 主机遥控操纵装置在驾驶室和机舱集控室分别进行操纵试验。控制主机按正车快速→正车慢速→停车→倒车慢速→倒车快速，然后再按上述相反的顺序操作几个回合，检查控制功能是否正常。

4.4.2.1.5 可燃用重油的主机，做轻、重油的转换试验。重油加热、离心分油机等设备做效用试验。

4.4.2.1.6 测定主机最低稳定工作转速，并在此转速下运转 10 min，最低稳定工作转速应符合柴油机说明书规定。

4.4.2.1.7 做热车换向试验。在最低稳定工作转速下，从换向操纵开始到在相反方向工作为止，所需时间应不大于 15 s。

4.4.2.1.8 航行试验结束后，检查机油滤清器的清洁度，必要时可对主机做吊缸检查，并在冷态时复测曲轴臂距差。

4.4.2.2 轴系部分运转试验

4.4.2.2.1 检查减速齿轮箱、离合器、推力轴承、轴系的工作情况，离合器是否跟转、打滑，操纵是否灵活，测量并记录齿轮箱、轴系的冷却及润滑系统的压力、温度及各轴承的温度。

4.4.2.2.2 可倒、顺齿轮传动装置的倒、顺车试验应不少于三次。试验要求同3.22.2.5.2。

4.4.2.2.3 对可变螺距螺旋桨及其操纵装置的试验按3.22.2.7各项试验方法进行。

4.4.2.2.4 主机功率大于441 kW的首制船，应做扭振测量。

4.4.3 试验记录

试验记录报告格式参见表A.25。

4.5 辅锅炉试验

4.5.1 试验条件

具备以下条件方可进行废气锅炉试验：

a) 锅炉烟气调节气门安装合格；

b) 锅炉及其管路系统密性和液压试验合格；

c) 安全阀校验合格。

4.5.2 试验项目

4.5.2.1 锅炉本体上的各阀件，做启闭操作效用试验。

4.5.2.2 安全阀起跳试验应将锅炉内蒸汽压力升至设计起跳值进行，检查安全阀的起跳压力值。

4.5.2.3 安全阀的手操纵开启装置做开启操纵试验，检查操纵的灵活性。

4.5.2.4 主机全负荷航行时进行锅炉效用试验，测量进出锅炉废气、蒸汽、给水等的温度和压力。

4.5.2.5 锅炉自动调节及安全报警装置进行效用试验，其动作应准确、可靠。

4.5.3 试验记录

试验记录报告格式参见表A.53。

4.6 海水淡化装置试验

4.6.1 试验条件

系统布置和安装检验合格。

4.6.2 试验项目

海水淡化装置进行效用试验，时间不少于2 h，检查所造淡水的水质和造水量。

4.6.3 试验记录

试验记录报告格式参见表A.54。

4.7 柴油发电机组试验

4.7.1 试验条件

具备以下条件方可进行柴油发电机组试验：

a) 发电机和配电板各种试验满足设计要求，控制及运行可靠；

b) 为发电机服务的各辅机试验均满足要求，控制及运行可靠；

c) 船舶上安装的大功率负载试验完毕，满足试验要求，控制及运行可靠。

4.7.2 试验项目

4.7.2.1 各柴油发电机组交替进行工作，检查电站的监测、控制及报警装置的工作情况。

4.7.2.2 主机轴带发电机作效用试验。

4.7.2.3 检查三相三线或三相四线系统各相(或线)间负载的不平衡度。

4.7.2.4 在船舶最大负载工况下，起动船上最大功率电动机，此时不应使运行中的交流电机失步、停转或电器自行脱扣。

4.7.2.5 应急发电机组做效用试验，检查其工作情况。

4.7.3 试验记录

a) 在各种负载工况下测量记录电站的各种有关数据及柴油机的油、水、气的温度和压力；

b) 测量各发电机及配电板的热态绝缘电阻；

c) 试验记录报告格式参见表 A.25、表 A.27、表 A.28。

4.8 无线电通信设备试验

4.8.1 试验条件

无线电通信设备系泊试验合格。

4.8.2 试验项目

4.8.2.1 船舶地球站、MF 或 MF/HF 无线电设备进行实效试验。

4.8.2.2 按产品技术条件与岸台进行实效通信，检查各设备的工作是否可靠、稳定性和频率的准确性。

4.8.2.3 检查收信机在各工作频率上有无影响正常收信效果的噪声和干扰。

4.8.2.4 VHF 和渔船用无线电话与岸台进行实效通信，检查工作是否可靠。

4.9 助渔、助航设备试验

4.9.1 磁罗经

4.9.1.1 试验条件

试验场地具有清晰可见的专用叠标。

4.9.1.2 试验项目

4.9.1.2.1 检查磁罗经的照明及保证其正常工作的附件是否满足要求。

4.9.1.2.2 船舶做 360°圆周航行，根据八个点的磁偏差进行自差校正。

4.9.2 电罗经

4.9.2.1 试验条件

具备以下条件方可进行电罗经试验：

a) 试验场地具有清晰可见的专用叠标；

b) 能见度满足试验要求，海况不大于三级。

4.9.2.2 试验项目

4.9.2.2.1 测定电罗经的固定误差，检查主罗经和分罗经的跟踪误差。

4.9.2.2.2 船舶在海面上做匀速直线航行，测定直航向上罗经读数的稳定性。

4.9.2.2.3 船舶在海面变速变向航行，测定机动航行时罗经读数的稳定性。

4.9.2.2.4 检查电罗经与其他电气、电子设备之间的相互干扰情况。

4.9.3 雷达

4.9.3.1 试验条件

具有雷达方位和距离校准的试验场地。

4.9.3.2 试验项目

4.9.3.2.1 按产品出厂技术条件检查雷达测定目标的准确度，用固定和活动距标测试雷达的最大作用距离。

4.9.3.2.2 将量程置于最小档，测试雷达的最小作用距离。

4.9.3.2.3 检查雷达与其他电气、电子设备之间的相互干扰情况。

4.9.4 卫星导航接收机

4.9.4.1 试验条件

试验时可用于定位的卫星满足试验要求。

4.9.4.2 试验项目

4.9.4.2.1 按产品技术文件检查设备的定位精度。

4.9.4.2.2 检查设备与其他电气、电子设备之间的相互干扰情况。

4.9.5 测深仪、探鱼仪

4.9.5.1 试验条件

试验海域的海况、水文条件满足设备的使用要求。

4.9.5.2　**试验项目**

4.9.5.2.1　按产品技术条件，在不同水深处检查设备的测深精度。

4.9.5.2.2　检查设备与其他电气、电子设备的干扰情况。

4.9.6　**计程仪**

4.9.6.1　**试验条件**

具备以下条件方可进行计程仪试验：

a）试验海域的海况、水文条件满足设备的使用要求；

b）试验时应保持航向不变。

4.9.6.2　**试验项目**

4.9.6.2.1　按产品技术条件检查设备的测速精度。

4.9.6.2.2　检查设备与其他电气、电子设备的干扰情况。

4.9.7　**试验记录**

试验记录报告格式参见表 A.55～表 A.59。

5　捕捞试验

5.1　**一般要求**

捕捞试验时一般具备下列条件：

a）试验的海域、海况应符合试验渔船的安全作业条件；

b）各种网具及其附属用具应满足渔捞作业的要求，并符合渔政部门的规定；

c）船上所装的油、水及其他生活用品应满足试验航次的要求。

5.2　**拖网渔船试验**

5.2.1　**拖网试验**

拖网作业时应按设计要求的主机转速，每 30 min 测量并记录拖网速度及水深、主机转速及排温。

5.2.2　**起网试验**

5.2.2.1　按操作规程完成起网试验全过程，测量记录绞纲机、卷网机的绞纲和卷网速度、时间及工作油压、油温（电压、电流）。

5.2.2.2　起吊渔获物时应分包起吊，保证使起吊重量不超过起重装置的安全工作负荷。

5.2.2.3　舷侧起吊作业时应避免船舶向另一侧摇摆时起吊。

5.2.2.4　试验时应检查：

a）起网过程中应检查操纵装置、刹车装置是否可靠，离合器工作是否灵活，排绳机械运行是否正确、平稳，有无阻滞现象；

b）起重设备各部件（滑车、吊钩等）有无变形或损坏；

c）排水装置工作情况，运鱼车、皮带输送机的工作情况；

d）尾滑道渔船尚应检查门吊起重装置及落鱼口盖开闭机械的工作是否可靠；

e）单拖渔船网板、网板架的工作情况；

f）中层拖网渔船专用装置的工作情况。

5.2.3　**试验记录**

试验记录报告格式参见表 A.60。

5.3　**围网渔船试验**

5.3.1　**诱鱼灯试验**

5.3.1.1　诱鱼灯进行开启和关闭试验，水下诱鱼灯按设计深度进行放、收效用试验。

5.3.1.2　试验时检查诱鱼灯电力系统的工作情况、诱鱼灯及其附件的工作情况和水下诱鱼灯水密情况，测量记录其工作电流、电压。

5.3.2 围网捕捞试验

5.3.2.1 按操作规程完成放网、围网、起网、理网的全过程。起网时测量记录主机转速，绞纲机、起网机、理网机的工作油压（电压、电流）、油温，绞纲和起网速度及时间。

5.3.2.2 试验时检查：

a） 渔捞机械的工作情况；

b） 作业时船舶的操纵、回转性能及围网时船体横倾角；

c） 起重设备工作情况，起鱼装置、吸鱼泵等的工作情况。

5.3.3 试验记录

试验记录报告格式参见表A.61。

5.4 其他作业方式渔船试验

5.4.1 延绳钓渔船试验

延绳钓机等渔捞机械应进行不少于一个航次的钓鱼试验，一般放、收钓绳不少于10次，条件受限制时允许进行效用试验。

5.4.2 鱿鱼钓渔船试验

鱿鱼钓船的海锚、尾帆，钓机等设备应进行不少于一个航次的钓鱼试验，一般放、收不少于10次；条件受限制时，允许进行效用试验。诱鱼灯进行开启和关闭试验，水下诱鱼灯进行放、收效用试验。

5.4.3 流刺网渔船试验

流刺网渔船应进行不少于三个网次的试验。

5.4.4 其他

5.4.5 使用其他渔具渔法的捕捞船，可将其具体捕捞方式归结为拖网、围网、绳钓、光诱及渔获物起吊等内容，分别参照5.2、5.3及5.4的相关内容和方法进行试验。

5.4.6 试验检查内容

试验时检查内容如下：

a） 为诱鱼灯供电的发电机组功率是否与诱鱼灯总功率匹配，工作是否正常；三相三线或三相四线交流系统的各相电流是否平衡；

b） 钓机放绳是否灵活，收绳速度是否符合设计要求。鱿鱼钓机钓绳抽动幅度和频率等是否符合设计要求；

c） 海锚、尾帆的放、收及调整是否灵活可靠。

5.4.7 试验记录

试验记录内容及表格如下：

a） 电动渔捞机械的起动电流、工作电流和电压，液压渔捞机械的起动油压、工作油压和油温；

b） 渔捞机械的工作转速及起收线速度；

c） 试验记录报告格式参见表A.4。

5.5 其他设备试验

5.5.1 具有冷冻加工和冷藏设备的渔船，应对其冷冻、冷藏设备进行实际冻结和冷藏试验。其加工能力和冷藏效果应符合设计要求。

5.5.2 捕捞试验过程中，应将渔船上的各助渔仪器和设备同时进行试验，并检验其实际使用效能是否符合设计要求。

附　录　A
（资料性附录）
试验记录报告格式

电动锚机试验记录报告格式见表 A.1。

表 A.1

船名				试验日期			
型号				制造厂			
额定电流/A				额定转速/(r/min)			
额定功率/kW				额定电压/V			
工作状态	档数	电流/A			工作电压/V	火花等级	备注
		起动	工作	破土			
	1						
	2						
	3						
	4						
	5						
	1						
	2						
	3						
	4						
	5						
备注	绝缘电阻:冷态________MΩ,热态________MΩ,减速箱滑油温度________℃。						
结论							

试验员____________ 检查员____________

液压锚机试验记录报告格式见表 A.2。

表 A.2

<table>
<tr><td>船名</td><td colspan="2"></td><td>试验日期</td><td colspan="2"></td></tr>
<tr><td>液压马达型号</td><td colspan="2"></td><td>液压泵型号</td><td colspan="2"></td></tr>
<tr><td>转速/(r/min)</td><td colspan="2"></td><td>转速/(r/min)</td><td colspan="2"></td></tr>
<tr><td>制造厂</td><td colspan="2"></td><td>制造厂</td><td colspan="2"></td></tr>
<tr><td rowspan="2">工作状态</td><td colspan="2">转速/(r/min)</td><td rowspan="2">压力/MPa</td><td rowspan="2">油温/℃</td><td rowspan="2">备　注</td></tr>
<tr><td>正常起锚时</td><td>锚破土时</td></tr>
<tr><td></td><td></td><td></td><td></td><td></td><td></td></tr>
<tr><td></td><td></td><td></td><td></td><td></td><td></td></tr>
<tr><td>备注</td><td colspan="5"></td></tr>
<tr><td>结论</td><td colspan="5"></td></tr>
</table>

试验员＿＿＿＿＿＿＿＿ 检查员＿＿＿＿＿＿＿＿

操舵装置的试验记录报告格式见表 A.3。

表 A.3

<table>
<tr><td>船名</td><td colspan="2"></td><td colspan="2">试验日期</td><td colspan="2"></td><td colspan="2">试验地点</td><td colspan="3"></td></tr>
<tr><td>风力</td><td colspan="2"></td><td colspan="2">风向</td><td colspan="2"></td><td colspan="2">水深</td><td colspan="3"></td></tr>
<tr><td>浪高</td><td colspan="2"></td><td colspan="2"></td><td colspan="2"></td><td colspan="2">舵机型号</td><td colspan="3"></td></tr>
<tr><td colspan="3">项目</td><td>单位</td><td colspan="8">测试数据</td></tr>
<tr><td colspan="3">操舵顺序</td><td></td><td>1</td><td>2</td><td>3</td><td>4</td><td>5</td><td>6</td><td>7</td><td>8</td></tr>
<tr><td colspan="3">操舵角度</td><td>(°)</td><td></td><td></td><td></td><td></td><td></td><td></td><td></td><td></td></tr>
<tr><td colspan="3">操舵时间</td><td>s</td><td></td><td></td><td></td><td></td><td></td><td></td><td></td><td></td></tr>
<tr><td colspan="3">主机转速</td><td>r/min</td><td></td><td></td><td></td><td></td><td></td><td></td><td></td><td></td></tr>
<tr><td colspan="3">船舶最大横倾角</td><td>(°)</td><td></td><td></td><td></td><td></td><td></td><td></td><td></td><td></td></tr>
<tr><td rowspan="4">电动舵机
参数测定值</td><td colspan="2">起动电流</td><td rowspan="2">A</td><td></td><td></td><td></td><td></td><td></td><td></td><td></td><td></td></tr>
<tr><td colspan="2">最大工作电流</td><td></td><td></td><td></td><td></td><td></td><td></td><td></td><td></td></tr>
<tr><td colspan="2">电压</td><td>V</td><td></td><td></td><td></td><td></td><td></td><td></td><td></td><td></td></tr>
<tr><td colspan="2">转速</td><td>r/min</td><td></td><td></td><td></td><td></td><td></td><td></td><td></td><td></td></tr>
<tr><td rowspan="6">液压舵机
参数测定值</td><td rowspan="2">油压</td><td>液压缸</td><td rowspan="2">MPa</td><td></td><td></td><td></td><td></td><td></td><td></td><td></td><td></td></tr>
<tr><td>安全阀</td><td></td><td></td><td></td><td></td><td></td><td></td><td></td><td></td></tr>
<tr><td rowspan="4">电动机
参数值</td><td>工作电流</td><td rowspan="2">A</td><td></td><td></td><td></td><td></td><td></td><td></td><td></td><td></td></tr>
<tr><td>最大电流</td><td></td><td></td><td></td><td></td><td></td><td></td><td></td><td></td></tr>
<tr><td>电压</td><td>V</td><td></td><td></td><td></td><td></td><td></td><td></td><td></td><td></td></tr>
<tr><td>转速</td><td>r/min</td><td></td><td></td><td></td><td></td><td></td><td></td><td></td><td></td></tr>
<tr><td>备注</td><td colspan="11">绝缘电阻:冷态＿＿＿＿＿＿MΩ,热态＿＿＿＿＿＿MΩ。</td></tr>
<tr><td>结论</td><td colspan="11"></td></tr>
</table>

试验员＿＿＿＿＿＿＿＿ 检查员＿＿＿＿＿＿＿＿

绞纲/缆机试验记录报告格式见表 A.4。

表 A.4

船名						试验日期							
型号						制造厂							
工作状态		空载试验						负荷试验					
		试验时间/min	电流/A		工作电压/V	油压/MPa	转速/(r/min)	试验时间/min	电流/A		工作电压/V	油压/MPa	转速/(r/min)
			启动	工作					启动	工作			
正车	1												
	2												
	3												
倒车	1												
	2												
	3												
绝缘电阻	电机	冷态______MΩ,热态______ MΩ。						冷态______MΩ,热态______ MΩ。					
	控制设备	冷态______MΩ,热态______ MΩ。						冷态______MΩ,热态______ MΩ。					
	刹车	冷态______MΩ,热态______ MΩ。						冷态______MΩ,热态______ MΩ。					
绞纲(缆)速度/(m/s)													
轴承温度/℃													
油温/℃													
备注													
结论													

试验员________________ 检查员________________

吊杆装置试验记录报告格式见表 A.5。

表 A.5

船名				试验日期					
变速等级	安全工作负荷/kN	试验负荷/kN	工作仰角/(°)	电动机		电机转速/(r/min)	油泵压力/MPa	制动情况检查	备注
				工作电压/V	工作电流/A				
升速 1									
升速 2									
升速 3									
下降 1									
下降 2									
下降 3									
备注	绝缘电阻:冷态__________MΩ,热态__________ MΩ。								
结论									

试验员________________ 检查员________________

起重机试验记录报告的格式见表 A.6。

表 A.6

船名				试验日期			
试验项目			单位	试验幅度			
安全工作负荷			kN				
试验负荷	静负荷	荷重	kN				
		持续时间	min				
	动负荷		kN				
回转角度			(°)				
制动情况							
试验结束后检查							
电动机	起动电流		A				
	工作电压		V				
	工作电流		A				
	电机转速		r/min				
绝缘电阻(冷态/热态)			MΩ	/			
备注							
结论							

试验员＿＿＿＿＿＿＿＿　检查员＿＿＿＿＿＿＿＿

门桅/天索吊试验记录报告格式见表 A.7。

表 A.7

船名				试验日期			
设备名称							
试验项目			单位				
安全工作负荷			kN				
试验负荷	静负荷	荷重	kN				
		持续时间	min				
	动负荷						
摆动角度			(°)				
制动情况							
试验结束后检查							
电动机	起动电流		A				
	工作电压		V				
	工作电流		A				
	电机转速		r/min				
绝缘电阻(冷态/热态)			MΩ	/			
备注							
结论							

试验员＿＿＿＿＿＿＿＿　检查员＿＿＿＿＿＿＿＿

吊艇设备试验记录报告格式见表 A.8。

表 A.8

船名		试验日期	
艇号	航速/kn	机器型号	机器转速/(r/min)

吊艇架负重试验					
试验项目	单位	艇架编号			
		1	2	3	4
试验重量	kg				
吊重时间	min				

艇的降落试验					
试验项目	单位	艇编号			
		1	2	3	4
试验重量	kg				
降落速度	m/s				
起升速度	m/s				
艇壳与船壳距离	mm				
吊艇机起动电流	A				
吊艇机工作电流	A				
吊艇机绝缘电阻(冷态/热态)	MΩ	/	/	/	/

备注	
结论	

试验员＿＿＿＿＿＿＿＿＿＿　检查员＿＿＿＿＿＿＿＿＿＿

舷梯系泊试验记录报告格式见表 A.9。

表 A.9

<table>
<tr><td colspan="3">船名</td><td colspan="2"></td><td>试验日期</td><td></td></tr>
<tr><td colspan="4">舷梯试验项目</td><td>单位</td><td>左　　舷</td><td>右　　舷</td></tr>
<tr><td rowspan="8">强度试验</td><td colspan="3">舷梯与水平线夹角</td><td>(°)</td><td></td><td></td></tr>
<tr><td rowspan="5">载荷分布</td><td colspan="2">上平台</td><td>kN</td><td></td><td></td></tr>
<tr><td rowspan="3">踏步</td><td>总数</td><td></td><td></td><td></td></tr>
<tr><td>压重数</td><td>kN</td><td></td><td></td></tr>
<tr><td>总压重</td><td>kN</td><td></td><td></td></tr>
<tr><td colspan="2">下平台</td><td>kN</td><td></td><td></td></tr>
<tr><td colspan="3">持续时间</td><td>min</td><td></td><td></td></tr>
<tr><td colspan="3">试验结果</td><td></td><td></td><td></td></tr>
<tr><td rowspan="3">收放试验</td><td colspan="3">舷梯收放动作</td><td></td><td></td><td></td></tr>
<tr><td colspan="3">限位联锁开关动作</td><td></td><td></td><td></td></tr>
<tr><td colspan="3">刹车工作</td><td></td><td></td><td></td></tr>
<tr><td rowspan="4">电动机</td><td colspan="3">起动电流</td><td>A</td><td></td><td></td></tr>
<tr><td colspan="3">工作电压</td><td>V</td><td></td><td></td></tr>
<tr><td colspan="3">工作电流</td><td>A</td><td></td><td></td></tr>
<tr><td colspan="3">绝缘电阻(冷态/热态)</td><td>MΩ</td><td>/</td><td>/</td></tr>
<tr><td>备注</td><td colspan="6"></td></tr>
<tr><td>结论</td><td colspan="6"></td></tr>
</table>

试验员＿＿＿＿＿＿＿＿　检查员＿＿＿＿＿＿＿＿

门、窗及舱口盖试验记录报告格式见表 A.10。

表 A.10

<table>
<tr><td>船名</td><td colspan="2"></td><td colspan="2">试验日期</td></tr>
<tr><td>试验部位</td><td>试验方法</td><td>试验压力/MPa</td><td>试验要求</td><td>试验结果</td></tr>
<tr><td></td><td></td><td></td><td></td><td></td></tr>
<tr><td></td><td></td><td></td><td></td><td></td></tr>
<tr><td></td><td></td><td></td><td></td><td></td></tr>
<tr><td></td><td></td><td></td><td></td><td></td></tr>
<tr><td></td><td></td><td></td><td></td><td></td></tr>
<tr><td></td><td></td><td></td><td></td><td></td></tr>
<tr><td></td><td></td><td></td><td></td><td></td></tr>
<tr><td></td><td></td><td></td><td></td><td></td></tr>
<tr><td></td><td></td><td></td><td></td><td></td></tr>
<tr><td>备注</td><td colspan="4"></td></tr>
<tr><td>结论</td><td colspan="4"></td></tr>
</table>

试验员＿＿＿＿＿＿＿＿　检查员＿＿＿＿＿＿＿＿

灭火、探火及失火报警系统试验记录报告格式见表 A.11。

表 A.11

<table>
<tr><td colspan="2">船名</td><td colspan="2"></td><td>试验日期</td><td colspan="2"></td><td></td></tr>
<tr><td rowspan="3">消防泵名称</td><td rowspan="3">消防泵型式</td><td rowspan="3">出厂编号</td><td rowspan="3">排量/(m³/h)</td><td rowspan="3">工作压力/MPa</td><td colspan="3">试验记录</td></tr>
<tr><td colspan="2">喷射高度/m</td><td rowspan="2">消防栓处压力/MPa</td></tr>
<tr><td>水枪 1</td><td>水枪 2</td></tr>
<tr><td></td><td></td><td></td><td></td><td></td><td></td><td></td><td></td></tr>
<tr><td></td><td></td><td></td><td></td><td></td><td></td><td></td><td></td></tr>
<tr><td></td><td></td><td></td><td></td><td></td><td></td><td></td><td></td></tr>
<tr><td></td><td></td><td></td><td></td><td></td><td></td><td></td><td></td></tr>
<tr><td colspan="8">探火及失火报警系统试验</td></tr>
<tr><td colspan="2">电源故障功能试验</td><td colspan="2">主用/应急电源自动切换试验</td><td>探测器功能试验</td><td colspan="2">手动火警按钮动作试验</td><td>控制设备热态绝缘电阻/MΩ</td></tr>
<tr><td colspan="2"></td><td colspan="2"></td><td></td><td colspan="2"></td><td></td></tr>
<tr><td colspan="2"></td><td colspan="2"></td><td></td><td colspan="2"></td><td></td></tr>
<tr><td colspan="2"></td><td colspan="2"></td><td></td><td colspan="2"></td><td></td></tr>
<tr><td colspan="2"></td><td colspan="2"></td><td></td><td colspan="2"></td><td></td></tr>
<tr><td colspan="8">注：水枪出水口径________mm。</td></tr>
<tr><td>备注</td><td colspan="7"></td></tr>
<tr><td>结论</td><td colspan="7"></td></tr>
</table>

试验员________________ 检查员________________

电动机试验记录报告格式见表 A.12。

表 A.12

<table>
<tr><td colspan="3">船名</td><td colspan="4"></td><td colspan="3">试验日期</td><td colspan="4"></td></tr>
<tr><td rowspan="3">序号</td><td colspan="6">电动机名称及规格</td><td colspan="7">试验记录</td></tr>
<tr><td rowspan="2">用途</td><td rowspan="2">型号及出厂编号</td><td rowspan="2">额定电压/V</td><td rowspan="2">额定电流/A</td><td rowspan="2">额定功率/kW</td><td rowspan="2">额定转速/(r/min)</td><td rowspan="2">起动电流/A</td><td rowspan="2">工作电压/V</td><td rowspan="2">工作电流/A</td><td rowspan="2">火花等级</td><td colspan="3">绝缘电阻/MΩ</td></tr>
<tr><td>冷态</td><td>热态</td><td>控制箱</td></tr>
<tr><td></td><td></td><td></td><td></td><td></td><td></td><td></td><td></td><td></td><td></td><td></td><td></td><td></td><td></td></tr>
<tr><td></td><td></td><td></td><td></td><td></td><td></td><td></td><td></td><td></td><td></td><td></td><td></td><td></td><td></td></tr>
<tr><td></td><td></td><td></td><td></td><td></td><td></td><td></td><td></td><td></td><td></td><td></td><td></td><td></td><td></td></tr>
<tr><td></td><td></td><td></td><td></td><td></td><td></td><td></td><td></td><td></td><td></td><td></td><td></td><td></td><td></td></tr>
<tr><td></td><td></td><td></td><td></td><td></td><td></td><td></td><td></td><td></td><td></td><td></td><td></td><td></td><td></td></tr>
<tr><td></td><td></td><td></td><td></td><td></td><td></td><td></td><td></td><td></td><td></td><td></td><td></td><td></td><td></td></tr>
<tr><td colspan="2">备注</td><td colspan="12"></td></tr>
<tr><td colspan="2">结论</td><td colspan="12"></td></tr>
</table>

试验员________________ 检查员________________

泵及系统试验记录报告格式见表 A.13。

表 A.13

船名						试验日期					
序号	泵主要参数							试验项目			
	名称	型号	制造厂	出厂编号	转速/(r/min)	排量/(m^3/h)	压头/MPa	试验名称	时间/h	转速/(r/min)	压力/MPa
报警及应急控制装置											
备注											
结论											

试验员__________ 检查员__________

油污水滤油设备试验记录报告格式见表 A.14。

表 A.14

船名				试验日期			
滤油设备型式		制造厂		出厂编号		处理能力/(m^3/h)	
试验时间	分离前含油量/(mg/L)			分离后含油量/(mg/L)		配套泵压力/MPa	
备注							
结论							

试验员__________ 检查员__________

日用压力水柜试验记录报告格式见表 A.15。

表 A.15

船名		试验日期		
名　称	容量/m^3	安全阀起跳压力/MPa	水泵自动控制压力/MPa	
			起动	停止
海水压力柜				
淡水压力柜				
热水压力柜				
饮水压力柜				
备注				
结论				

试验员__________ 检查员__________

通风机试验记录报告格式见表 A.16。

表 A.16

船名			试验日期			
试验时间/h	风机			电动机		
	名称	排量/(m^3/h)	压头/MPa	功率/kW	绝缘电阻/MΩ	备注
备注						
结论						

试验员__________ 检查员__________

空气压缩机及压缩空气系统试验记录报告格式见表 A.17。

表 A.17

船名			试验日期		
空压机型号		出厂编号		排气量/(m^3/h)	
制造厂		工作压力/MPa		空气瓶数量及容积	
空气瓶编号	工作压力/MPa	容积/m^3	初始压力/MPa	结束压力/MPa	充气时间/min
备注					
结论					

试验员__________ 检查员__________

燃油和滑油分油机试验记录报告格式见表 A.18。

表 A.18

船名			试验日期				
分油机型号		制造厂		出厂编号		排量/(L/h)	
序号	试验名称	试验时间/h	油温/℃	运转情况	取样检查分离效果		
备注							
结论							

试验员__________ 检查员__________

燃油锅炉试验记录报告格式见表 A.19。

表 A.19

<table>
<tr><td colspan="2">船名</td><td></td><td>试验日期</td><td></td></tr>
<tr><td colspan="2">型式</td><td></td><td>蒸发量/(t/h)</td><td></td></tr>
<tr><td colspan="2">出厂编号</td><td></td><td>受热面积/m²</td><td></td></tr>
<tr><td colspan="2">设计压力/MPa</td><td></td><td>工作压力/MPa</td><td></td></tr>
<tr><td colspan="2">项目</td><td colspan="3">试验结果</td></tr>
<tr><td colspan="2">水位表</td><td colspan="3"></td></tr>
<tr><td colspan="2">排污阀</td><td colspan="3"></td></tr>
<tr><td colspan="2">给水阀</td><td colspan="3"></td></tr>
<tr><td colspan="2">蒸汽阀</td><td colspan="3"></td></tr>
<tr><td colspan="2">燃油速闭阀</td><td colspan="3"></td></tr>
<tr><td colspan="2">燃油泵舱室外
应急关闭装置</td><td colspan="3"></td></tr>
<tr><td rowspan="3">安全阀</td><td>起跳</td><td colspan="3">开启压力为＿＿＿ MPa,关闭压力为＿＿＿ MPa,开启后压力升值＿＿ MPa。</td></tr>
<tr><td>屏汽</td><td colspan="3"></td></tr>
<tr><td>拉启</td><td colspan="3"></td></tr>
<tr><td rowspan="6">自动控制</td><td>给水</td><td colspan="3">当水位为＿＿＿＿＿ 时开泵,当水位为＿＿＿＿＿＿ 时停泵。</td></tr>
<tr><td>燃油加热</td><td colspan="3">当燃油温度为＿＿＿＿＿时切断燃油。</td></tr>
<tr><td rowspan="2">燃油燃烧</td><td colspan="3">当气压为＿＿＿＿＿ MPa 时自动点火,当气压为＿＿＿＿ MPa 时自动切断燃油。</td></tr>
<tr><td colspan="3">当锅炉水位＿＿＿＿ 时自动切断供油。</td></tr>
<tr><td>扫气</td><td colspan="3">点火前扫气时间＿＿＿＿＿s,熄火后扫气时间＿＿＿＿＿s。</td></tr>
<tr><td>安全保护</td><td colspan="3"></td></tr>
<tr><td colspan="2">手动控制</td><td colspan="3"></td></tr>
<tr><td>备注</td><td colspan="4"></td></tr>
<tr><td>结论</td><td colspan="4"></td></tr>
</table>

试验员＿＿＿＿＿＿＿＿＿＿ 检查员＿＿＿＿＿＿＿＿＿＿

制冷系统密性试验记录报告格式见表 A.20。

表 A.20

<table>
<tr><td>船名</td><td colspan="2">试验上质</td><td colspan="2"></td><td colspan="2">试验日期</td><td colspan="2"></td></tr>
<tr><td rowspan="3">试验范围</td><td colspan="4">气密试验</td><td colspan="4">真空试验</td></tr>
<tr><td colspan="3">试验压力/MPa</td><td rowspan="2">试验时间/h</td><td colspan="3">真空度/MPa</td><td rowspan="2">试验时间/h</td></tr>
<tr><td>开始</td><td>结束</td><td>压力降</td><td>开始</td><td>结束</td><td>压力降</td></tr>
<tr><td>高压系统</td><td></td><td></td><td></td><td></td><td></td><td></td><td></td><td></td></tr>
<tr><td>低压系统</td><td></td><td></td><td></td><td></td><td></td><td></td><td></td><td></td></tr>
<tr><td>备注</td><td colspan="8"></td></tr>
<tr><td>结论</td><td colspan="8"></td></tr>
</table>

试验员＿＿＿＿＿＿＿＿＿＿ 检查员＿＿＿＿＿＿＿＿＿＿

冷藏装置制冷试验记录报告格式见表 A.21、表 A.22。

表 A.21

船名		大气温度					试验日期			
压缩机编号	时间/h	制冷压缩机						压缩机电动机		
		冷剂吸入压力/MPa	冷剂排出压力/MPa	吸气温度/℃	排气温度/℃	滑油温度/℃	滑油压力/MPa	电压/V	电流/A	转速/(r/min)
备注										
结论										

试验员____________ 检查员____________

表 A.22

时间 H	冷凝器冷却水			盐水			空气冷却器			冷藏舱温度/℃				速冻装置冻结温度/℃			
	温度/℃		压力/MPa	温度/℃		压力/MPa	温度/℃		压力/MPa								
	进	出		进	出		进	出		1	2	3	4	1	2	3	4
备注																	
结论																	

试验员____________ 检查员____________

冷藏舱温度回升试验记录报告格式见表 A.23。

表 A.23

船名			试验日期		
冷藏舱名	大气温度/℃	时间/h	冷藏舱温度/℃		回升值/℃
			试验开始时	试验结束时	
备注					
结论					

试验员__________ 检查员__________

柴油机起动试验记录报告格式见表 A.24。

表 A.24

船名		试验日期											
柴油机型号		额定功率/kW					额定转速/(r/min)						
柴油机编号		冷却水温度/℃					机油温度/℃						
环境温度/℃		大气压力/MPa					相对湿度/%						
	起动次数	1	2	3	4	5	6	7	8	9	10	11	12
压缩空气起动	起动前空气瓶压力/MPa												
	起动后空气瓶压力/MPa												
电起动	起动前蓄电池电压/V												
	起动后蓄电池电压/V												
	起动时间/s												
备注													
结论													

试验员__________ 检查员__________

柴油机试验记录报告格式见表 A.25。

表 A.25

船名				试验日期			
柴油机型号				柴油机编号			
环境温度/℃				大气压力/MPa			
相对湿度/%							
试验内容		单位	测量参数					
转速		r/min						
功率		kW						
扭矩		N·m						
试验时间		h						
排气温度		℃						
冷却水温度		℃						
爆发压力		MPa						
压缩压力		MPa						
冷却水压力	海水	MPa						
	淡水							
滑油压力	进机	MPa						
	出机							
滑油温度	进机	℃						
	出机							
增压器	油温	℃						
	油压	MPa						
	增压压力	MPa						
齿轮箱	油温	℃						
	油压	MPa						
主轴承温度		℃						
曲柄轴承温度								
活塞销轴承温度								
中间轴轴承温度								
推力轴轴承温度								
安全保护装置试验								
曲轴轴向间隙								
臂距差								
备注								
结论								

试验员____________ 检查员____________

柴油机调速性能试验记录报告格式见表 A.26。

表 A.26

船名		柴油机编号		试验日期	
突卸负荷试验	突卸负荷前转速/(r/min)	突卸负荷后			
		瞬时最高转速/(r/min)	稳定转速/(r/min)	稳定时间/s	
突加负荷试验	突加负荷比值/%	突加负荷后			
		瞬时最高转速/(r/min)	稳定转速/(r/min)	稳定时间/s	
转速波动范围/±(r/min)					
最低稳定工作转速/(r/min)					
备注					
结论					

试验员__________ 检查员__________

交流发电机负载试验记录报告格式见表 A.27。

表 A.27

船名							试验日期					
发电机型号							制 造 厂					
额定电压/V							额定电流/A					
额定功率/kW							额定转速/(r/min)					
测量时间	负载/%	功率/kW	电压/V	电流/A	频率/Hz	转速/(r/min)	励磁		空气温度/℃		机舱温度/℃	备注
							电压/V	电流/A	进机	出机		
绝缘电阻/MΩ												
项目			定于				转子			加热器		
冷态												
热态												
额定负载试验后温度/℃												
发电机			励磁机				励磁装置					
定子绕组	转子绕组	轴承滑环	电枢绕组	磁场绕组	换向器轴承		电抗器	变压器	半导体整流器			
备注												
结论												

试验员__________ 检查员__________

直流发电机负载试验记录报告格式见表 A.28。

表 A.28

船名					试验日期				
发电机型号					制 造 厂				
额定电压/V					额定电流/A				
额定功率/kW					额定转速/(r/min)				
测量时间	负载/%	功率/kW	电压/V	电流/A	转速/(r/min)	换向器火花级	空气温度/℃		机舱温度/℃	备注
							进机	出机		
绝缘电阻/MΩ										
项目				定子				转子		
冷态										
热态										
额定负载试验后温度/℃										
定子绕组			转子绕组			轴承			滑环	
备注										
结论										

试验员＿＿＿＿＿＿ 检查员＿＿＿＿＿＿

交流发电机电压调整率试验记录报告格式见表 A.29。

表 A.29

船名		发电机规格			试验日期		
负载/%	功率/kW	电压/V	电流/A	功率因数(cosϕ)	频率/Hz	电压调整率/%	备注
备注							
结论							

试验员＿＿＿＿＿＿ 检查员＿＿＿＿＿＿

直流发电机电压调整率试验记录报告格式见表 A.30。

表 A.30

船名		发电机规格		试验日期	
负载/%	功率/kW	电压/V	电流/A	电压调整率/%	备注
备注					
结论					

试验员________ 检查员________

交流发电机突加或突卸负载试验记录报告格式见表 A.31。

表 A.31

船名		发电机规格			试验日期				
负载/%	测量状态	电流/A	功率因数(cosϕ)	转速/(r/min)	频率/Hz	电压/V	稳定时间/s	调整率/%	
								电压	频率
0	变化前								
60	瞬时								
	稳定								
0	瞬时								
	稳定								
0	变化前								
60	瞬时								
	稳定								
0	瞬时								
	稳定								
备注									
结论									

试验员________ 检查员________

发电机并联运行试验记录报告格式见表 A.32。

表 A.32

船名					试验日期						发电机规格					
总负载	#机组			#机组			#机组			无功负载分配/%			有功负载分配/%			备注
	功率/kW	电流/A	功率因数(cosϕ)	功率/kW	电流/A	功率因数(cosϕ)	功率/kW	电流/A	功率因数(cosϕ)	#机组	#机组	#机组	#机组	#机组	#机组	
当并联运转的____台发电机的负载为____kW时,起动____kW的电动机,电网工作稳定。																
备注																
结论																

试验员________ 检查员________

配电板保护装置试验记录报告格式见表 A.33。

表 A.33

船名							试验日期					
配电板	发电机	主开关型号	试验次数	过载长延时		优先脱扣		欠压保护		逆功率保护		备注
				动作电流/A	延时/s	动作电流/A	延时/s	动作电流/A	延时/s	动作值/kW	延时/s	
主配电板	No.1		1									
			2									
	No.2		1									
			2									
	No.3		1									
			2									
	No.4		1									
			2									
应急配电板	应急发电机		1									
			2									
备注												
结论												

试验员________ 检查员________

蓄电池组充放电试验记录报告格式见表 A.34。

表 A.34

船名				试验日期					
蓄电池组	额定容量/(A·h)	额定电压/V	充电电压/V	充电电流/A	放电始压/V	放电电流/A	放电终压/V	放电时间/min	电解液密度(ρ)	绝缘电阻/MΩ
备注										
结论										

试验员＿＿＿＿＿＿＿＿ 检查员＿＿＿＿＿＿＿＿

绝缘电阻测量试验记录报告格式见表 A.35。

表 A.35

船名		试验日期	
代号	用途	绝缘电阻/MΩ	
备注			
结论			

试验员＿＿＿＿＿＿＿＿ 检查员＿＿＿＿＿＿＿＿

报警系统和安全系统试验记录报告格式见表 A.36。

表 A.36

船名		试验日期				
代号	名称	设定值	报警位置			备注
			集控室	驾驶室	其他	
备注						
结论						

试验员＿＿＿＿＿＿＿＿ 检查员＿＿＿＿＿＿＿＿

计程仪试验记录报告格式见表 A.37。

表 A.37

<table>
<tr><td>船名</td><td></td><td>机号</td><td></td><td>试验日期</td><td></td></tr>
<tr><td colspan="2">项目</td><td>技术要求</td><td>试验结果</td><td colspan="2">备注</td></tr>
<tr><td colspan="2">接地电阻/MΩ</td><td></td><td></td><td colspan="2"></td></tr>
<tr><td rowspan="2">绝缘电阻/MΩ</td><td>热态</td><td></td><td></td><td colspan="2"></td></tr>
<tr><td>冷态</td><td></td><td></td><td colspan="2"></td></tr>
<tr><td colspan="2">零位误差</td><td></td><td></td><td colspan="2"></td></tr>
<tr><td colspan="2">灵敏度</td><td></td><td></td><td colspan="2"></td></tr>
<tr><td colspan="2">输出接口电压/V</td><td></td><td></td><td colspan="2"></td></tr>
<tr><td colspan="2">其他(若有其他项目)</td><td></td><td></td><td colspan="2"></td></tr>
<tr><td colspan="2">备注</td><td colspan="4"></td></tr>
<tr><td colspan="2">结论</td><td colspan="4"></td></tr>
</table>

试验员______________ 检查员______________

测深仪、探鱼仪试验记录报告格式见表 A.38。

表 A.38

<table>
<tr><td>船名</td><td></td><td>机号</td><td></td><td>试验日期</td><td></td></tr>
<tr><td>序号</td><td>试验项目</td><td>技术要求</td><td>试验结果</td><td colspan="2">备注</td></tr>
<tr><td>1</td><td>成套性及外观检查：
a) 成套性；
b) 外观</td><td></td><td></td><td colspan="2"></td></tr>
<tr><td>2</td><td>仪器外壳接地电阻及绝缘电阻检查：
a) 接地电阻；
b) 换能器对地绝缘电阻；
c) 整机电源输入端对地绝缘电阻</td><td></td><td></td><td colspan="2"></td></tr>
<tr><td>3</td><td>电动机转速检查：
a) 记录器；
b) 指示器</td><td></td><td></td><td colspan="2"></td></tr>
<tr><td>4</td><td>检查零位信号、零位线及零位熄灭：
a) 指示器零位信号；
b) 记录器零位线；
c) 零位熄灭</td><td></td><td></td><td colspan="2"></td></tr>
<tr><td>5</td><td>记录器工作情况检查</td><td></td><td></td><td colspan="2"></td></tr>
<tr><td>6</td><td>连续工作情况检查</td><td></td><td></td><td colspan="2"></td></tr>
<tr><td>备注</td><td colspan="5"></td></tr>
<tr><td>结论</td><td colspan="5"></td></tr>
</table>

试验员______________ 检查员______________

磁罗经试验记录报告格式见表 A.39。

表 A.39

船名		机号		试验日期	
序号	试验项目		技术要求	试验结果	备注
1	成套性及外观检查	成套性			
		外观			
		罗盆内气泡			
2	轴帽与轴针配合灵敏度检查				
3	半周期检查				
4	“正常”与“应急”检查				
5	安装误差校正	a） 标准磁罗经	±0.5		
		b） 操舵磁罗经	±0.5		
6	倾斜自差消除				
备注					
结论					

试验员＿＿＿＿＿＿＿＿ 检查员＿＿＿＿＿＿＿＿

电罗经试验记录报告格式见表 A.40。

表 A.40

船名		机号		试验日期		
序号	试验项目		单位	技术要求	试验结果	备注
1	成套性及外观检查					
2	设备的接地电阻检查		MΩ	≤10		
3	绝缘电阻检查		MΩ			
4	加速稳定装置工作检查					
5	电动发动机转速检查		r/min			
6	罗经的三相电流检查		A			
7	阻尼电路工作情况检查					
8	冷却系统工作正常性检查					
9	陀螺球高低位置检查		mm			
10	各分罗经与主罗经的匹配精度检查		(°)	≤±0.1		
11	方位分罗经安装正确性检查		(°)			
12	随从系统灵敏度检查		(°)			
13	随从系统的跟踪速度、跟踪时间差和振荡次数检查	跟踪速度				
		跟踪时间差				
		振荡次数检查				
14	无阻尼振荡周期检查		min			
15	正常起动时间和指向稳定性检查	正常起动时间	h			
		指向稳定性	(°)			
备注						
结论						

试验员＿＿＿＿＿＿＿＿ 检查员＿＿＿＿＿＿＿＿

雷达试验记录报告格式见表 A.41。

表 A.41

船名		型号		试验日期	
试验项目		单位	技术要求	试验结果	备注
接地电阻		MΩ			
绝缘电阻	无线电动机	MΩ			
	变流机	MΩ			
磁控管电流	短脉冲	mA			
	长脉冲	mA			
晶体电流	手动	mA			
	自动	mA			
无线电动机转速		r/min			
高压延时		min			
船首标志线偏差		(°)			
备注					
结论					

试验员＿＿＿＿＿＿＿＿ 检查员＿＿＿＿＿＿＿＿

卫星导航接收机试验记录报告格式见表 A.42。

表 A.42

船名			型号		试验日期	
序号	试验项目		技术要求	试验结果	备注	
1	接地电阻/MΩ					
2	接口检查	电罗经				
		计程仪				
		打印机				
3	效用试验	设备自检				
		键盘操作				
		定位精度				
		打印输出				
		报警功能				
4	应急电源					
备注						
结论						

试验员＿＿＿＿＿＿＿＿ 检查员＿＿＿＿＿＿＿＿

甚高频(VHF)无线电话试验记录报告格式见表 A.43。

表 A.43

船名		试验日期		试验地点		天气情况	
序号	型号	工作频道	工作种类	自动搜索功能	岸台	船台	话音质量
天线对地(船壳或接地板)的绝缘电阻/MΩ							
数字选择性呼叫(DSC)识别码(MMSI)检查							
数字选择性呼叫(DSC)工作试验		值班功能					
		呼叫试验频率/MHz					
		接收试验频率/MHz					
备注							
结论							

试验员＿＿＿＿＿＿ 检查员＿＿＿＿＿＿

中频(MF)和中频(MF)/高频(HF)无线电设备试验记录报告格式见表 A.44。

表 A.44

船名		试验日期			试验地点		天气情况		
序号	型号	天线		工作频率	工作种类	自动调谐	岸台/船台	收信质量	
		主用	备用					报	话
天线对地(船壳或接地板)的绝缘电阻/MΩ									
数字选择性呼叫(DSC)识别码(MMSI)检查									
数字选择性呼叫(DSC)工作试验		值班功能							
		呼叫试验频率/kHz							
		接收试验频率/kHz							
窄带直接印字电报(NBDP)工作试验		频率/kHz							
		工作方式							
备注									
结论									

试验员＿＿＿＿＿＿ 检查员＿＿＿＿＿＿

系柱拖力试验记录报告格式见表 A.45。

表 A.45

船名		海况		风向及风力	
拉力计型号		规格		水深/m	
艏吃水/m		拖缆长度/m			

项目	单位	1	2	3
主机转速	r/min			
排气温度	℃			
爆发压力	MPa			
设计拖力	kN			
实测拖力	kN			
备注				
结论				

试验员____________ 检查员____________

航速试验记录报告格式见表 A.46。

表 A.46

船名		试验地点		试验日期	
天气		海况		风向风力	
水深/m		航标间距/n mile		设计航速/kn	
艏吃水/m		艉吃水/m		横倾角/(°)	

试验数据								
序号	主机转速/(r/min)	顺风或逆风	顺流或逆流	航行时间/min				航速/kn
				1	2	3	平均	
1								
2								
3								
4	平均航速/kn							
备注								
结论								

试验员____________ 检查员____________

停船试验记录报告格式见表 A.47。

表 A.47

<table>
<tr><td>船名</td><td colspan="2"></td><td>试验地点</td><td></td><td>试验日期</td><td></td></tr>
<tr><td>天气</td><td colspan="2"></td><td>海况</td><td></td><td>风向风力</td><td></td></tr>
<tr><td>水深/m</td><td colspan="2"></td><td>航标间距/n mile</td><td></td><td>设计航速/kn</td><td></td></tr>
<tr><td>艏吃水/m</td><td colspan="2"></td><td>艉吃水/m</td><td></td><td>横倾角/(°)</td><td></td></tr>
<tr><td colspan="7">试验数据</td></tr>
<tr><td>序号</td><td>工况</td><td>主机转速/(r/min)</td><td>滑行距离/m</td><td>滑行时间/s</td><td>试验前船首方位</td><td>船停时船首方位</td></tr>
<tr><td>1</td><td>全速正车→停车</td><td></td><td></td><td></td><td></td><td></td></tr>
<tr><td>2</td><td>半速正车→停车</td><td></td><td></td><td></td><td></td><td></td></tr>
<tr><td>3</td><td>全速正车→全速倒车</td><td></td><td></td><td></td><td></td><td></td></tr>
<tr><td>4</td><td>半速正车→全速倒车</td><td></td><td></td><td></td><td></td><td></td></tr>
<tr><td>备注</td><td colspan="6"></td></tr>
<tr><td>结论</td><td colspan="6"></td></tr>
</table>

试验员__________ 检查员__________

回转试验记录报告格式见表 A.48。

表 A.48

<table>
<tr><td colspan="2">船名</td><td></td><td colspan="2">试验地点</td><td></td><td colspan="2">试验日期</td><td colspan="2"></td></tr>
<tr><td colspan="2">天气</td><td></td><td colspan="2">海况</td><td></td><td colspan="2">风向风力</td><td colspan="2"></td></tr>
<tr><td colspan="2">水深/m</td><td></td><td colspan="2">航标间距/n mile</td><td></td><td colspan="2">设计航速/kn</td><td colspan="2"></td></tr>
<tr><td colspan="2">艏吃水/m</td><td></td><td colspan="2">艉吃水/m</td><td></td><td colspan="2">横倾角/(°)</td><td colspan="2"></td></tr>
<tr><td colspan="10">试 验 数 据</td></tr>
<tr><td rowspan="2">序号</td><td rowspan="2">主机转速/(r/min)</td><td rowspan="2">回转方向</td><td rowspan="2">操舵角度/(°)</td><td rowspan="2">最大横倾角/(°)</td><td rowspan="2">回转直径/m</td><td rowspan="2">回转直径与船长之比</td><td colspan="3">回转时间/min</td></tr>
<tr><td>1</td><td>2</td><td>平均</td></tr>
<tr><td>1</td><td></td><td></td><td></td><td></td><td></td><td></td><td></td><td></td><td></td></tr>
<tr><td>2</td><td></td><td></td><td></td><td></td><td></td><td></td><td></td><td></td><td></td></tr>
<tr><td colspan="2">备注</td><td colspan="8"></td></tr>
<tr><td colspan="2">结论</td><td colspan="8"></td></tr>
</table>

试验员__________ 检查员__________

航向稳定性试验记录报告格式见表 A.49。

表 A.49

船名		试验地点		试验日期		试验时间	
天气		海况		风向风力		舵机型式	
水深/m		艏吃水/m		艉吃水/m		横倾角/(°)	

项目		单位	试验数据										
舵角不变	主机转速	r/min											
	航行时间	s											
	罗经指示方位角	(°)											
航向不变	主机转速	r/min											
	开始时罗经指示方位角	(°)											
	航行时间	min											
	每分钟操舵次数												
	最大操舵角度	(°)											
	操舵时航向差	(°)											
备注													
结论													

试验员________ 检查员________

侧向推进器试验记录报告格式见表 A.50。

表 A.50

船名		试验日期		试验地点	
风力		风向		浪高/m	

试验数据											
项目		单位	测试数据								
试验侧推器			首侧推器/尾侧推器/首、尾侧推器								
操舵顺序			1	2	3	4	5	6	7	8	9
侧推转向时间		s									
船首向角		(°)									
船舶航速		kn									
船舶最大横倾角		(°)									
电动机参数测定值	起动电流	A									
	最大工作电流										
	电压	V									
	转速	r/min									
备注	绝缘电阻:冷态______MΩ,热态______ MΩ。										
结论											

试验员________ 检查员________

操舵试验记录报告格式见表 A.51。

表 A.51

<table>
<tr><td>船名</td><td></td><td>试验日期</td><td></td><td>试验地点</td><td></td><td>风向风力</td><td></td></tr>
<tr><td>水深/m</td><td></td><td>浪高/m</td><td></td><td>航标间距/n mile</td><td></td><td>设计航速/kn</td><td></td></tr>
<tr><td>艏吃水/m</td><td></td><td>艉吃水/m</td><td></td><td>横倾角/(°)</td><td></td><td></td><td></td></tr>
<tr><td colspan="8">试验数据</td></tr>
<tr><td>序号</td><td>主机转速/(r/min)</td><td colspan="2">操舵角度/(°)</td><td>操舵时间/s</td><td>船舶最大横倾角/(°)</td><td colspan="2">油压/MPa</td></tr>
<tr><td>1</td><td></td><td colspan="2"></td><td></td><td></td><td colspan="2"></td></tr>
<tr><td>2</td><td></td><td colspan="2"></td><td></td><td></td><td colspan="2"></td></tr>
<tr><td>3</td><td></td><td colspan="2"></td><td></td><td></td><td colspan="2"></td></tr>
<tr><td>4</td><td></td><td colspan="2"></td><td></td><td></td><td colspan="2"></td></tr>
<tr><td>5</td><td></td><td colspan="2"></td><td></td><td></td><td colspan="2"></td></tr>
<tr><td>6</td><td></td><td colspan="2"></td><td></td><td></td><td colspan="2"></td></tr>
<tr><td colspan="2" rowspan="2">考核操舵时间测定</td><td colspan="2"></td><td></td><td></td><td colspan="2"></td></tr>
<tr><td colspan="2"></td><td></td><td></td><td colspan="2"></td></tr>
<tr><td>备注</td><td colspan="7"></td></tr>
<tr><td>结论</td><td colspan="7"></td></tr>
</table>

试验员________________ 检查员________________

抛锚试验记录报告格式见表 A.52。

表 A.52

<table>
<tr><td colspan="2">船名</td><td colspan="3"></td><td>试验日期</td><td></td></tr>
<tr><td colspan="2">试验地点</td><td colspan="3"></td><td>海况</td><td></td></tr>
<tr><td colspan="2">水深/m</td><td colspan="3"></td><td>风力</td><td></td></tr>
<tr><td colspan="4">试验内容</td><td>单位</td><td>左锚</td><td>右锚</td></tr>
<tr><td colspan="4">锚链抛出长度</td><td>节</td><td></td><td></td></tr>
<tr><td colspan="4">起锚平均速度</td><td>m/min</td><td></td><td></td></tr>
<tr><td rowspan="5">电动锚机</td><td colspan="3">电压</td><td>V</td><td></td><td></td></tr>
<tr><td colspan="2" rowspan="3">电流</td><td>启动</td><td rowspan="3">A</td><td></td><td></td></tr>
<tr><td>工作</td><td></td><td></td></tr>
<tr><td>破土</td><td></td><td></td></tr>
<tr><td colspan="3">绝缘电阻(冷态/热态)</td><td>MΩ</td><td>—</td><td>—</td></tr>
<tr><td rowspan="3">液压锚机</td><td colspan="2" rowspan="2">转速</td><td>正常起锚</td><td rowspan="2">r/min</td><td></td><td></td></tr>
<tr><td>锚破土时</td><td></td><td></td></tr>
<tr><td colspan="3">油压</td><td>MPa</td><td></td><td></td></tr>
<tr><td colspan="2">备注</td><td colspan="5"></td></tr>
<tr><td colspan="2">结论</td><td colspan="5"></td></tr>
</table>

试验员________________ 检查员________________

废气锅炉试验记录报告格式见表 A.53。

表 A.53

船名		试验日期	
型式		制造厂	
蒸发量/(t/h)		受热面积/m^2	
设计压力/MPa		工作压力/MPa	
项目		试验结果	
锅炉阀件			
安全阀	起跳	开启压力为______ MPa,关闭压力为______ MPa,开启后压力升值____ MPa。	
	屏汽		
	拉启		
自动控制			
手动控制			
锅炉效用试验			
备注			
结论			

试验员____________________ 检查员____________________

海水淡化装置试验记录报告格式见表 A.54。

表 A.54

船名		试验日期	
型号		制造厂	
试验时间/h		造水量/(L/h)	
备注			
结论			

试验员____________________ 检查员____________________

磁罗经校正试验记录报告格式见表 A.55。

表 A.55

船名				型号				试验日期			
机号				磁差				海　况			
校正记录				自差表							
位置	纵向	朝向	规格	船首方位/(°)	自差/(°)	西			东		
						6°	4°	2°	2°	4°	6°
				N000							
				015							
				030							
				NE045							
				060							
				075							
				E090							
				105							
				120							
				ES135							
				150							
				165							
垂直		数量	位置	S180							
				195							
				210							
软铁数量		左	右	SW225							
				240							
				255							
距离				W270							
				285							
A				300							
				NW315							
B				330							
				345							
备注											
结论											

试验员＿＿＿＿＿＿＿＿ 检查员＿＿＿＿＿＿＿＿

电罗经航行试验记录报告格式见表 A.56。

表 A.56

船名		型号		试验日期	
机号		磁差		海　　况	
序号	试验项目	技术要求	试验结果	备注	
1	罗经在匀速直线航行时的航向误差检查				
2	罗经在机动航行时的航向误差检查				
备注					
结论					

试验员＿＿＿＿＿＿＿＿ 检查员＿＿＿＿＿＿＿＿

导航雷达航行试验记录报告格式见表 A.57。

表 A.57

船名		型号		试验日期	
机号		海况		天　　气	
试验项目		技术要求		试验结果	备注
最大作用距离/n mile					
最小作用距离盲区/n mile					
方位精度/(°)					
备注					
结论					

试验员＿＿＿＿＿＿＿＿ 检查员＿＿＿＿＿＿＿＿

卫星导航接收机航行试验记录报告格式见表 A.58。

表 A.58

船名		型号		试验日期	
机号		海况		天　　气	
试验项目		技术要求	试验结果		备注
动态定位					
冷启动					
备注					
结论					

试验员＿＿＿＿＿＿＿＿ 检查员＿＿＿＿＿＿＿＿

探鱼仪(测深仪)航行试验记录报告格式见表 A.59。

表 A.59

船名		型号		试验日期	
机号		海况		天　气	

试验项目	深度范围/m	仪器测深/m	测深锤测深/m	误差/m
备注				
结论				

试验员________________ 检查员________________

拖网渔船捕捞试验记录报告格式见表 A.60。

表 A.60

船名		作业海区		试验日期	
风级/浪级		船舶型号		主机型号	
作业水深/m		船舶吃水/m		主机功率/kW	

试验项目		单位	网次				备注
			1	2	3	4	
主机拖网转速		r/min					
拖网航速		kn					
拖网时间		min					
绞纲时间		min					
绞纲时主机转速		r/min					
各档转速	一档	r/min					
	二档						
	三档						
油压	一档	MPa					
	二档						
	三档						
油温		℃					
电流	一档	A					
	二档						
	三档						
鱼货量		t					
鱼货种类							
起吊渔获物或渔具操作最大横倾角		(°)					
试验吃水为______m 时,船舶横倾的甲板边缘入水角为________°。							
备注							
结论							

试验员________________ 检查员________________

围网渔船捕捞试验记录报告格式见表 A.61。

表 A.61

船名		作业海区		试验日期	
风级/浪级		船舶型号		主机型号	
主机功率/kW		作业水深/m		船舶吃水/m	

试验项目			单位	网次				备注
				1	2	3	4	
放网速度			m/min					
放网时间			min					
括纲绞收	绞收时间		min					
	各档转速	一档	r/min					
		二档						
		三档						
	油压/电流	一档	MPa/A					
		二档						
		三档						
	油温		℃					
底纲/绞收	绞收时间		min					
	各档转速	一档	r/min					
		二档						
		三档						
	油压/电流	一档	MPa/A					
		二档						
		三档						
	油温		℃					
动力滑车起网	起网速度		m/s					
	油压/电流		MPa/A					
舷侧滚筒起网	起网速度		m/s					
	油压/电流		MPa/A					
起网时主机转速			r/min					
诱鱼灯电压/电流			V/A					
围网、起网或起吊渔获物时的/最大横倾角			(°)					
试验吃水为______m时，船舶横倾的甲板边缘入水角为______°。								
备注								
结论								

试验员______________ 检查员______________

附　录　B
（资料性附录）
渔船起重设备安全工作负荷（SWL）的确定

B.1　吊杆式舷侧起网起重设备

吊杆式舷侧起网的起重设备安全工作负荷（SWL）应包括渔网、索具、渔获物及含水量、船舶横摇及渔网同船舷摩擦等引起的附加力。推荐按式（B.1）计算鱼包重，按式（B.2）计算安全工作负荷：

$$W = 2 + 1.2W_y \qquad \cdots\cdots\cdots\cdots (B.1)$$

式中：

W——鱼包重（包括渔获物、网具及含水量），单位为千牛（kN）；

W_y——渔获物净重，单位为千牛（kN）。

$$SWL = \left(1.38 + \frac{0.83B}{T\theta}\right)W \qquad \cdots\cdots\cdots\cdots (B.2)$$

式中：

SWL——安全工作负荷，单位为千牛（kN）；

B——船宽，单位为米（m）；

T——横摇周期，单位为秒（s）；

θ——横摇角，为22.5°；

W——鱼包重[见式（B.1）]，单位为千牛（kN）。

B.2　门桅式起重设备

安全工作负荷应包括网具、渔获物及含水量，渔网同艉滑道摩擦等引起的附加力。推荐按式（B.3）计算安全工作负荷：

$$SWL = 2.76 + 2.65W_y \qquad \cdots\cdots\cdots\cdots (B.3)$$

式中：

SWL——安全工作负荷，单位为千牛（kN）；

W_y——渔货物净重，单位为千牛（kN）。

检02